Peat
Engineering

“十三五”国家重点出版物
出版规划项目

Peat
Engineering

泥炭工程学

孟宪民 刘兴土 编著

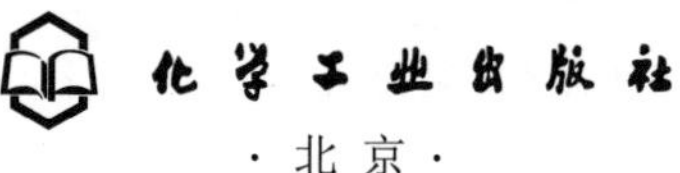

·北京·

本书以泥炭资源与经济、社会、环境协调发展为理念，以地质学、资源学和工程学为手段，针对泥炭开发和保护过程中涉及的泥炭矿床成因、勘查评价、开采运输、产品加工、标准检验、迹地修复、保护管理等工程技术问题进行了系统研究和分析论证，详细介绍了泥炭矿床地质、泥炭勘查与评价、泥炭开发利用方案、泥炭资源开发与环境影响、泥炭加工综合效益评价、泥炭开采与迹地修复工程、泥炭基质制备工程、退化土壤修复工程、泥炭腐植酸与功能肥料制备、泥炭能源工程与健康工程、泥炭标准化与检验工程、泥炭地保护以及泥炭产业国际化等内容，力图用最少的社会、经济和环境成本，实现为人类提供高效、安全、绿色、健康的泥炭产品和服务目标。

本书是国内第一本系统论述泥炭开发和保护管理工程的技术专著，可为我国泥炭资源开发与保护管理提供理论和工程技术指导。

图书在版编目（CIP）数据

泥炭工程学/孟宪民，刘兴土编著. —北京：化学工业出版社，2018.11
ISBN 978-7-122-32986-8

Ⅰ. ①泥… Ⅱ. ①孟…②刘… Ⅲ. ①泥煤-研究 Ⅳ. ①TD94

中国版本图书馆 CIP 数据核字（2018）第 207529 号

责任编辑：刘　军　张　艳　　文字编辑：向　东
责任校对：边　涛　　装帧设计：王晓宇

出版发行：化学工业出版社（北京市东城区青年湖南街 13 号　邮政编码 100011）
印　　装：中煤（北京）印务有限公司
710mm×1000mm　1/16　印张 30　字数 584 千字
2019 年 2 月北京第 1 版第 1 次印刷

购书咨询：010-64518888　　售后服务：010-64518899
网　　址：http://www.cip.com.cn
凡购买本书，如有缺损质量问题，本社销售中心负责调换。

定　　价：168.00 元

作者简介

孟宪民，东北师范大学泥炭研究所教授，中国腐植酸工业协会泥炭工业分会秘书长，国际泥炭学会中国国家委员会秘书长，国际泥炭学会泥炭经济专业委员会副主席。长期从事泥炭资源勘查评价和泥炭开发与保护研究，先后主持和参加国家科技攻关项目等课题18项，获国家科技进步奖2项，省部级奖励3项，授权发明专利4项，发表论文160余篇，出版专著2部。近年来根据我国泥炭现状，积极倡导引进国外优质资源和技术，主张推行泥炭分类管理、合理利用，引进吸收颗粒分选、粒径组配基质制备工艺和设备，促进泥炭土壤改良剂、泥炭功能肥料研制和推广，有力地推动了中国泥炭产业快速发展。

刘兴土，中国工程院院士，中国科学院东北地理与农业生态研究所研究员，我国泥炭、泥炭地学科具有突出成就的学术带头人。一直致力于全国湿地、泥炭地、东北区域农业领域的研究，首创沼泽湿地稻一苇一渔复合农业生态工程模式，开创了沼泽定位研究先河，完成了低湿地农田治理、区域生态保育与农业可持续发展等多项重大成果，先后获得国家科技进步奖二、三等奖3项，省部级科技进步一、二等奖5项。

序

泥炭是死亡植物残体在渍水还原条件下积累形成的天然有机矿产，是新型绿色农业资材和生物质能源。泥炭洁净、安全、可生物降解；通气、透水、缓冲容量大；低灰分、高腐植酸、抗污染能力强；品位稳定、结构松软、便于商业化加工；富碳、低硫、有效热值高。泥炭是生产热电的清洁能源、培育新生种苗的襁褓、修复退化土壤的女娲、栽培蔬菜花卉的温床、维护人类健康的良药，是再造绿色、再造生命的最佳母质。在“一带一路”串联起世界主要泥炭资源地和最大泥炭市场、国际泥炭市场重心东移、国内加强生态文明建设、加快现代农业进步的背景下，国内泥炭资源需求迅速增长，泥炭产业加快发展，对泥炭工程学提出了现实需求。泥炭产业知识技术密集，资源绿色安全，符合国家产业政策，成长潜力大，综合效益好，对我国经济社会全局和长远发展具有重大引领带动作用。培育和促进泥炭新兴产业形成和发展，对带动国内绿色能源、现代农业、环境修复、健康医疗、生态文明进步、去库存、补短板、增价值、增加优质供给、推进我国现代化建设、建成小康社会、实现中国梦，都具有重要现实意义和长远战略意义。

泥炭工程学是研究泥炭开发利用和保护管理的技术科学。泥炭工程学是根据地质学、资源学、工程学的基本原理，研究泥炭矿产形成发育规律，探索泥炭矿产地质特征，采用一定工程技术手段开采泥炭并进行科学加工和环境管理的一种工程活动和科学技术。泥炭工程学的研究目的是泥炭开采的安全、高效、低能耗、少排放和加工技术的高产、低耗、增值和减排，这就要求泥炭工程学要综合运用现代科学理论与相关工程技术，深入分析、研究泥炭矿产开采的复杂多变、影响多样的客观条件，掌握和利用泥炭开采的基本规律，探索高效、安全、高收率的开采作业条件和现代化泥炭加工的科学理论及工程技术。同时，泥炭工程学还必须广泛吸取相邻学科的先进理论和技术手段，针对泥炭资源的特性特征，努力开发高效环保、健康绿色的新产品，提高泥炭资源附加值，努力解决泥炭开发过程中复杂的社会、经济和环境问题，增加企业利润和国家税收。所以，泥炭工程学面临的问题不仅涉及物理、化学、经济学等基础学科，还与地区的社会、经济和环境关系密切，对区域社会、经济和环境的可持续发展具有重要的意义。

我国泥炭产业方兴未艾，泥炭工程学历史浅近，学科基础薄弱，大规模工程设计实践较少。我相信，随着我国泥炭产业迅速发展，随着泥炭产业相关工程实践不断增加，泥炭工程学在为泥炭产业发展提供方向和路线的同时，自身也会不断改进完善，不断发展，成长为体系完整、基础扎实、科学实用的新兴学科。

中国工程院院士
中国科学院东北地理与农业生态研究所研究员
刘兴土
2018 年 7 月

前言

泥炭产业是以泥炭、椰糠、木纤维为主要原料进行加工制备，为现代农业和环境修复服务的新兴产业。同时，泥炭产业也是泥炭等原材料开采供应、泥炭产品研制生产、泥炭设备开发制造、泥炭标准编制宣贯、泥炭行业管理组成的业态总和。泥炭产业知识技术密集，资源绿色安全，资金物流横跨境内外，符合国家产业政策，成长潜力大，综合效益好，对我国经济社会全局和长远发展具有重大引领带动作用。培育和促进泥炭新兴产业的形成和发展，对带动国内绿色能源、现代农业、环境修复、健康医疗、生态文明进步、去库存、补短板、增价值，增加优质供给、推进我国现代化建设、建成小康社会、实现中国梦，都具有重要现实意义和长远战略意义。

泥炭产业发展既离不开深厚的基础研究支撑，也离不开引领泥炭产业健康发展的工程技术手段。1958 年陆续成立的东北师范大学泥炭沼泽研究室（现东北师大泥炭沼泽研究所）和中国科学院东北地理研究所沼泽研究室，陆续对全国主要泥炭地进行了重点深入调查研究，1983 年地质矿产部组织领导的全国泥炭地质调查，对全国泥炭资源储量、类型、分布、质量、开发利用价值进行了系统全面研究，将泥炭列为我国矿产资源，并根据国外泥炭产业发展现状和趋势，对我国泥炭开发利用保护方向提出了明确的建议和意见。从 20 世纪 80 年代开始，我国泥炭资源利用改变了过去群众运动、简单粗放的开发方式，陆续开展了泥炭资源深度开发和产业化研究，种苗生产逐渐引入泥炭基质并逐步扩大，城市绿化开始引入泥炭原料。但总体来说，我国泥炭产业规模仍然较低，产品门类十分单一，企业投资不足，科技成果难以转化。泥炭产业发展缓慢既有经济发展水平较低、市场难以接受质优价高的泥炭产品和服务的原因，也有我国泥炭产业发展理念和工程技术手段落后的原因。进入 21 世纪，特别是进入第二个十年，我国社会经济经过 40 年改革发展，经济基础明显增强，现代农业不断推进，科技绿色成为主流和方向，形成了对泥炭产品和泥炭产业的现实需求，我国泥炭产业发展的大好时代才真正来临。

尽管我国经济发展快速，泥炭市场需求旺盛，泥炭产业发展对我国社会经济发展全局和长远发展具有重大引领带动作用，泥炭产业发展具有巨大的潜在优势，但我国泥炭产业发展受资源禀赋、发展理念、政策法规和工程技术手段制约的问题迫切需要解决。我国泥炭资源虽储量巨大，但分布不均，交通运输不便；泥炭类型以单一草本泥炭为主，缺乏藓类泥炭和木本泥炭，需要综合分析、从长计议，提出我国泥炭资源配置战略，满足泥炭产业长远发展需求。由于我国泥炭发育形成环境以区域水文条件为主导，水文条件的维持或改变是导致泥炭地变迁的关键因素，需要重新审视我国退化泥炭地恢复重建的自然、经济可行性，探讨可持续发展和责任管理对策。泥炭矿产具有独特的赋存特征、矿体结构和质量品位变化规律，需要从矿产资源角度研究泥炭勘查方式、经济技术指标和评价方式，设计规划符合中国国情的开采开发和迹地修复方案，深入研究泥炭地开发对环境产生的直接和间接影响。我国泥炭产品当前集中在种苗基质市场，而栽培基质、土壤调理剂、功能肥料、绿色能源、医药健康领域却少有人问津，尚处于空白状态，需要从概念、技术、装备、产品、市场等多领域进行创新发展，广泛借鉴吸收西方泥炭产业发达国家经验和理念，进行改进提高、创新发展，实现弯道超车、跨越发展。标准化和检验检测是泥炭产业发展的两只翅膀和两只车轮，是规范泥炭产业健康发展的衡器和法规。我国泥炭检验检测标准尚属空白，泥炭产品标准亟待建立，需要建立符合我国国情的泥炭标准化战略。因此，编写《泥炭工程学》一书的根本目标是回答我国泥炭产业发展面临的上述问题，为我国泥炭产业发展提供工程技术手段和建设思路。这也是《泥炭工程学》写作的必要性和重要性所在。

本书以泥炭资源与经济、社会、环境协调发展为理念，以地质学、资源学和工程学为手段，针对泥炭开发和保护过程中涉及的泥炭矿床成因、勘查评价、开采运输、产品加工、标准检验、迹地修复、保护管理等工程技术问题进行系统研究和分析论证，力图用最少的社会、经济、环境成本，实现为人类提供高效、安全、绿色、健康的泥炭产品和服务目标。本书是国内第一本系统论述泥炭开发和保护管理工程的技术专著，可为我国泥炭资源开发与保护管理提供理论和工程技术指导。

本书由孟宪民撰稿，其中泥炭产品能值评价部分参考了学生晋建勇的研究生论文，泥炭地责任管理部分参考了学生徐金斌的研究生论文。全书最后由刘兴土院士审核修改。

本书读者对象为从事泥炭资源勘查规划、泥炭产品开发生产、泥炭地环境修复等领域的科研、教学、规划、设计、生产、管理、保护领域的技术工作者，尤其对从事泥炭开采、产品制备、标准检测和保护管理的从业人员有重要参考价值。

编著者

2018 年 7 月

目录

第一章 绪论 001

01 Chapter

第二章 02 Chapter

泥炭矿床地质

025

第三章 03 Chapter

泥炭勘查与评价

063

Chapter

第四章 04

泥炭开发利用方案与可研报告编制

085

Chapter 04 第四章

泥炭开发利用方案与可研报告编制

Chapter 05 第五章

泥炭资源开发与环境影响

第五章 05 Chapter

泥炭资源开发与环境影响

05 Chapter 第五章

泥炭资源开发与环境影响

06 Chapter 第六章

泥炭开采与迹地修复工程

第六章 06 Chapter

泥炭开采与迹地修复工程

148

第七章 07 Chapter

泥炭基质制备工程

179

07 Chapter
第七章

泥炭基质制备工程

第七章 07 Chapter

泥炭基质制备工程

179

第八章 08 Chapter

退化土壤修复工程

243

第九章 09 Chapter

泥炭腐植酸与功能肥料制备

270

第十章 Chapter 10

泥炭能源工程

306

第十一章 Chapter 11

泥炭健康工程

323

第十一章 11 Chapter

泥炭健康工程

323

第十二章 12 Chapter

泥炭标准化与检验工程

345

第十二章 12 Chapter

泥炭标准化与检验工程

第十二章 12 Chapter

泥炭标准化与检验工程

345

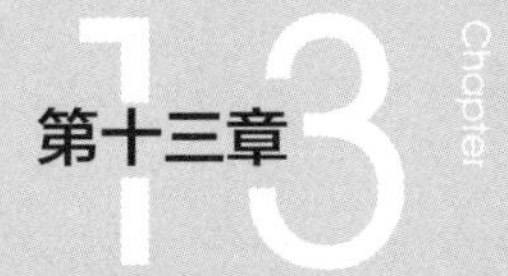

泥炭地保护和责任管理

402

第十三章 13 Chapter

泥炭地保护和责任管理

13 Chapter 第十三章

泥炭地保护和责任管理

14 Chapter 第十四章

泥炭产业国际化

第一章 绪论

作为一种新型有机矿产资源，泥炭具有特殊的物理、化学和生物学性质，泥炭沼泽具有显著的湿地功能和湿地效益，因而泥炭的利用和泥炭沼泽保护受到了世界各国政府、产业和学术部门的广泛关注。随着泥炭应用范围不断扩大，泥炭科学的各个学科研究不断深入，学科分工越来越细，泥炭新兴分支学科也不断涌现。与此同时，各个学科之间的联系不断加强，交叉学科不断涌现。一些相对独立的学科如地质学、资源学、生态学、保护学、工程学等，由于与泥炭科学的紧密联系，围绕泥炭开发利用和泥炭地管理逐渐形成了一些新兴交叉学科，泥炭工程学就是这些新兴交叉学科之一。

第一节　泥炭工程学的研究对象和任务

一、泥炭的概念

由于泥炭科学发展历史浅近，泥炭的概念和名词至今尚未统一，给泥炭贸易和学术交流中造成不必要的混淆和麻烦。在我国，民间把泥炭称为草炭、土煤或草垡子，煤炭学界根据泥炭处于成煤过程第一阶段，沿用俄文文献称呼，将泥炭称为泥煤。事实上，用草炭统称泥炭是不符合科学事实的，因为藓类泥炭是藓类植物残体构成的，木本泥炭是木本植物残体构成的，藓类植物和木本植物都不是草本植物，因而也就不能用草炭一词统称。而泥煤一词只有煤炭学界使用，学科覆盖范围较小。为了学术和产业交流的一致性，避免商业纠纷发生和学术交流歧义，应该对泥炭名称进行统一和规范。

在国际贸易和学术交流中，泥炭一词在英文里是 peat，俄语里是 торф，德语里是 torf，芬兰语中是 turve，瑞典语中是 torv，这些名称在国际交流中是通畅和没有歧义的。但一些俗名或者生僻单词常常在交流中出现一定的混淆。德国泥炭学家韦伯将泥炭地划分为高位、中位和低位三种类型，分别对应着高位泥炭、中位泥炭和低位泥炭，经常被误解为泥炭质量的高低，而其本意是泥炭发展阶段和营养类型，应该翻译为贫营养泥炭、中营养泥炭和富营养泥炭会更准确一些。而在英文词汇中，表示贫营养泥炭的词语是 oligotrophic peat，中营养泥炭的专用词语是 mesotrophic peat，富营养泥炭的专用词语是eutrophic peat。为了统一起见，可以用 sphagnum peat 藓类泥炭代表高位贫营养泥炭，而用 fen peat 草本泥炭代表低位富营养泥炭。此外，白泥炭和黑泥炭两个名词有时分别代表藓类泥炭和草本泥炭，但也可能用于区分不同分解度的藓类泥炭。两种称呼在泥炭生产和学术研究中约定俗成，有时甚至用于企业之间的贸易合同。特别需要提出的是，sphagnum 和 moss 两个词虽然都指藓类泥炭，但 sphagnum peat 主要指藓类植物残体已经转变为泥炭，而 sphagnum moss 往往指尚未转化为泥炭的活藓层。sphagnum 是植物学上的泥炭藓专用名词，中文既有翻译为水藓的，也有翻译为水苔的，我们认为还是统一翻译为泥炭藓更好。对于普通用户来讲，只要知道是 sphagnum 和 moss 都是藓类泥炭，不是草本泥炭就足够了。我国泥炭以草本泥炭为主，英文中表示草本泥炭的词语是 fen peat，属于富营养泥炭（eutrophic peat）。如果植物残体以苔草为主，可以用苔草泥炭表示（sedge peat），如果以芦苇残体为主，也可以称为芦苇泥炭。但无论如何草本泥炭不能用 moss peat 作英文译名。

不仅泥炭名词存在模糊问题，泥炭概念和定义也有较大的争议，特别是确认泥炭特征的技术指标在不同国家间也有很大不同。因为泥炭由植物残体、腐殖质和矿物质三大组分构成，所以泥炭定义既要看泥炭有机质含量的最低标准，又要看其中的有机物分解状况。柴岫等人在其所著的《泥炭地学》绪论中提出，泥炭是由不同分解程度的松软有机堆积物构成，其有机质含量应在 30%以上。这种定义可以将泥炭与褐煤、草根层以及枯枝层加以区分。褐煤中未分解的有机体极少，残体难以辨认，含水量少，炭化程度高，C/H 值和 C/N 值都比较高，而且大多石化。枯枝落叶层的残体分解很少，枝叶保存完好，易于与泥炭区分。草根层是泥炭的形成层，草根层中有机质含量大多超过 30%，但活植物根系含量也可能超过 50%以上，这就可能导致草根层具有一些泥炭层中所没有的新鲜成分。此外，草根层处于好氧通气状态，植物残体的分解以好氧分解为主，因此，可以根据这些特征将草根层和泥炭层区分。

有机质是泥炭的主体，是泥炭的基本属性。但是不同国家秉持不同的开发理念和保护政策，所以各国泥炭的有机质含量下限也不尽一致。有的国家将有机质含量 30%以上定为泥炭，有的国家将有机质含量 50%以上定为泥炭，目前看采用有机质含量 30%作为泥炭标准下限的国家占多数。另外从矿产资源利用价值上看，泥炭矿产除了有机质含量要超过一个标准外，其泥炭层厚度和泥炭矿规模也要达到一定标准。世界多数国家的泥炭层最低厚度在自然湿地状态下是 50cm，在疏干状态下是 30cm。

二、泥炭地和泥炭矿的概念

泥炭地就是泥炭的产地或有泥炭堆积的地方。拥有繁茂的沼泽植被和稳定的沼泽水文情势、正在持续进行泥炭形成和积累的泥炭地叫泥炭沼泽，英语中将这类泥炭地称为 mire，即活着的泥炭地。如果泥炭地被掩埋、疏干、开垦，沼泽植被、沼泽水文情势完全丧失，泥炭形成和积累完全停止，则称为衰亡泥炭地。可见泥炭地是包含了正在积累泥炭的自然泥炭地和停止泥炭形成和积累的退化或衰亡泥炭地的统称。

英语中关于泥炭地、泥炭沼泽有一些特定词语和用法，熟悉和理解这些词语对提高国际学术商务交流水平、加强国际合作具有一定意义。首先，中文里的沼泽是一个笼统的包容性很强的词语，只要生长湿地植被、存在湿地水文情势、土壤积累泥炭或土壤严重潜育化的地段都可以划入沼泽的范畴。但在英语中，不同类型的沼泽有不同的专有名词。mire 专指仍在形成和积累泥炭的泥炭沼泽，也就是我们所说的自然泥炭地或现代泥炭地。swamp 是指森林沼泽或芦苇沼泽，多数情况下有泥炭积累，也有因为反复泛滥掩埋，不能形成泥炭积累，如红树林沼泽和芦苇沼泽。fen 专指富营养草本泥炭沼泽，有草本泥炭积累。marsh 则特指没有泥炭积累的草本沼泽，国内一般翻译为矿质沼泽。在泥炭沼泽中，由藓类植物为主导群落的、泥炭地表中心凸起的藓类泥炭沼泽叫 bog，中文可以翻译为凸起藓类沼泽或高位沼泽；在水汽丰沛、气候冷湿的大西洋东岸山坡上广泛发育的藓类泥炭沼泽 blanket，中文可翻译为披盖式泥炭沼泽。芬兰等国还有垄洼复合的 apaa 沼泽，中文可以翻译为垄洼复合沼泽。

因为中英文泥炭地名词语境的不同，在中英文互译中经常发现没有准确对应的表达词语。拉姆萨尔 Ramsar 公约的湿地定义是一个管理指向的综合概念，将各种富水的自然体如沼泽、湖泊、河流、海滨以及稻田水塘等全部并入湿地范畴。从表 1-1 可以看到，湿地公约的 bog 是凸起藓类沼泽，fen 是草本泥炭沼泽，swamp 是森林沼泽或芦苇沼泽，marsh 是矿质沼泽（包括淡水沼泽和盐沼）。而 Ramsar 公约定义中的 peatlands（泥炭地）却有边界模糊的问题。因为泥炭地一词既可能是具有湿地植被和湿地水文、正在进行泥炭形成和积累的现代泥炭沼泽，也可能是已经疏干退化、湿地植被和湿地水文缺失、泥炭形成和积累完全停止的衰亡泥炭地。这种衰亡泥炭地已经彻底丧失了湿地功能和效益，已经不属于湿地范畴，只不过是碳的储存场所，且这种储存功能也因为泥炭沼泽排水后通气性加强、有机质分解加快而逐渐耗散，不能真正起到保护有机碳库的作用，这种衰亡泥炭地中的泥炭会因为不断分解耗散，不可能留给子孙后代。

表 1-1　泥炭地、湿地、景观与世界

世界(world)														
社会、经济、管理(society,economy,government)	景观(landscape)													
	非湿地(non-wetlands)					湿地(wetlands)								
	农田、森林(farmlands,forestry)	泥炭开采区(peat harvest area)	牧用泥炭地(pasture peatlands)	林用泥炭地(forest peatlands)	农业泥炭地(crop peatlands)	泥炭沼泽(mire)					矿质沼泽(marsh)			
						凸起藓类沼泽(bog)	披盖式沼泽(blanket)	垄洼复合沼泽(apaa)	草本泥炭沼泽(fen)	森林沼泽(swamp)	淡水沼泽(fresh marsh)	盐沼(salt marsh)	河湖塘坝(river,lake and pond)	稻田(paddy field)

泥炭矿是从矿产开发角度提出的专用名词。所谓泥炭矿，就是达到合理技术经济指标的泥炭含矿地段。为了泥炭开发的技术经济合理性，泥炭矿中的泥炭品位不仅要达到规定的最低标准，还要求有一定泥炭厚度和储量。不同储量规模和品位的泥炭矿其开发条件和开发利用方向以及开发利用效益都有很大差别。所以，我国规定，作为矿产的泥炭资源品位至少要达到30%以上。其中有机质含量在30%～50%的泥炭定为劣质泥炭，有机质含量大于50%定为优质泥炭，劣质泥炭和优质泥炭的利用价值不言而喻。泥炭储量依据于泥炭地面积、平均深度和容重，所以泥炭的最低厚度也是泥炭矿的基础指标之一。我国规定，疏水前的泥炭层厚度必须大于50cm，排水后的泥炭层厚度必须大于30cm。如果是多层泥炭矿，则至少一层泥炭要达到可采厚度。在泥炭储量上，我国规定总储量1万～10万吨（烘干重）的为小矿，10万～100万吨的为中矿，大于100万吨的为大矿。

三、泥炭工程学的概念

泥炭工程学是研究如何从地球表层获取泥炭矿产资源并进行高效加工的技术科学，换句话说，泥炭工程学是研究泥炭矿产开采与利用的技术科学。泥炭工程学以工程学理念和方法为手段，以泥炭矿产合理利用和经济、社会、环境协调发展为目标，综合运用物理学、化学、地质学、环境学、经济学、社会学和土木工程、机电技术等知识和手段，系统分析和深入研究泥炭矿产开发和保护过程所涉及的成矿过程、勘查评价、规划设计、开采运输、矿石处理、产品加工、市场推广、迹地修复、保护重建和项目管理等一系列工程技术问题，以达到用最少的社会、经济、环境成本，为人类提供高效、安全、有用的泥炭产品和服务的目的。

泥炭工程学是研究泥炭开发利用和保护管理的技术科学。泥炭工程学是根据基础科学原理，研究泥炭矿产的形成发育规律，探索泥炭矿产的地质特征，综合运用泥炭地质学、水文地质学、工程地质学、矿山安全科学与技术，按科学的工程程序，采用一定的机电设备及配套管理体系，采出矿床里的泥炭资源，并进行科学加工和应用推广的一种工程活动和技术科学。泥炭工程学的研究目的是泥炭开采的安全、高效、低能耗、少排放和加工技术的高产、低耗、增值和减排，这就要求泥炭工程学综合运用现代科学理论与相关工程技术，深入分析、研究泥炭矿产开采的复杂多变、影响多样的客观条件，掌握和利用泥炭露天开采的基本规律，系统研究和深入开发高效、安全、高收率、具舒适作业条件的现代化泥炭开采的科学理论和工程技术。同时，广泛吸取相邻学科的先进理论和技术手段，针对泥炭资源的特性特征，努力开发高效环保、健康绿色的泥炭新产品，提高泥炭资源附加值，增加企业利润和国家税收，促进社会、经济和环境可持续发展。

泥炭资源属于新兴矿产资源，泥炭赋存于地表浅层，和周边气候、水文、植被、土壤、人类活动关系密切。泥炭矿产开采主要采取露天开采方式，空间完全开放，容易对外界产生影响；开采施工可能造成地表道路、水系、建筑物、耕地、林地发生必要的改变；泥炭矿多分布在负地形内，泥炭开采后地表高程进一步降低，形成更深的负地面，易于造成水分积聚。但由于我国泥炭层厚度普遍较薄，泥炭地面积广大，整体地面高程下沉，会形成新的相对地表形态，所以开采迹地的修复和再利用并不困难；泥炭矿石的干燥、加工利用过程可能产生一定粉尘和噪声。这些泥炭开采加工过程都必然面临诸多需要解决的社会、经济和环境问题，需要进行系统的、综合的、全面的规划和安排，提出相应的对策和措施，也需要泥炭工程学提出科学解决途径。所以，泥炭工程学面临的问题不仅涉及物理、化学、经济学等基础学科，还与地区的社会、经济和环境关系密切，对区域社会、经济和环境的可持续发展具有重要的意义。

四、泥炭工程学的研究内容与任务

泥炭工程学是一门综合性科学与面向生产实际的工程技术，它涉及泥炭矿产地质特征勘查，采集和分析样品，规划设计与开采方案，评价泥炭开采和加工的环境影响，编制设计泥炭开采加工可行性研究报告，设计开采后泥炭原料包装标识，设计组织泥炭产品的研发、产业化和生产工艺，组织实施泥炭标准化，开展泥炭开采迹地的修复重建，设计规划泥炭地保护工程，推进实施泥炭地责任管理等内容。泥炭工程学学科内容涉及泥炭地质学、水文地质学、工程地质学、气象气候学、植物修复学、机电工程技术、系统科学与工程、计算机科学与技术、环境保护、安全技术与工程、机械设计修理等多个学科门类，目前已经形成了许多研究方向。

（一）泥炭地质学

泥炭是泥炭沼泽的产物。以矿产地质学理论和方法，对泥炭成矿因素和成矿过程进行深入研究，查明泥炭矿床成因、矿床和矿体地质特征，分析泥炭品位变化规律，调查泥炭矿区水文地质和工程地质特征，以便为合理规划设计泥炭开采和排水方案、规划实施泥炭开采迹地修复重建及保护利用提供科学依据，实现合理开发利用泥炭资源、提高开采率、降低贫化率、减少开采风险的目标。

（二）泥炭勘查工程

包括勘查阶段划分、勘查网度布置、勘查手段选择、取样方法选择、检测项目和方法选择、储量计算方法和储量计算、矿区测绘、泥炭矿区开发利用条件评价等。鉴于泥炭矿床规模、矿层变化和品位变化的特殊性，常规用于煤田地质勘查方法和手段无法照搬到泥炭矿产勘查中，现有的煤田、泥炭地质勘查规定在勘探网度布置上也显得宽严不当。根据泥炭矿产特征，研究适度、经济、高效的泥炭矿产勘查方法和技术手段，合理布局泥炭取样和检测数量和种类，对于提高勘查效率、降低勘查成本、提高勘查精度，具有重要的实践意义。

（三）采矿系统工程学

根据泥炭采矿工程的内在规律与基本原理，以系统论、现代数学方法、计算机协调技术研究和解决泥炭开采工程优化问题。通过对地质勘查数据、块段品位、区段储量计算进行泥炭资源评价，对不同开采量与加工产量、开采设计和投资效益分析的矿山生产工艺深入分析，研究开采工艺与设备选择、开采和加工工艺综合协调与单向作业优化，推进泥炭矿山生产管理、生产过程监控、生产安全与项目管理，实现泥炭的系统、综合开采加工规划设计。在与矿山业主沟通和充分考虑业主现有物质、财力、技术资源和计划产量基础上，对泥炭矿区的开采方式、开采设备、道路运输、矿石处理、产品工艺、排水工程、电力供应、劳动保护、污染控制、投入产出进行系统分析和论证，提出合理科学开发利用方案，是泥炭开采方案设计的重要内容。

（四）泥炭开采的环境影响评价

建设项目环境影响评价是对建设项目实施后可能造成的环境影响进行分析、预测和评估，提出预防或者减轻不良环境影响的对策和措施，跟踪监测的方法与制度。环境影响评价必须在泥炭开采方案基础上，对泥炭开采、矿石运输、产品加工等各个环节中可能产生的环境影响类型、影响范围和影响程度做出评价，提出环境变化控制措施，制订环境变化监测方案。采矿诱发灾害是根据物理、化学、力学、地质、矿物学、岩石学、采矿学、社会学及人类学等学科原理，研究在泥炭资源开采影响条件下诱发灾害的成因、发生条件、机理、预测预报以及防灾减灾技术措施的科学技术基础，获得有效的各种灾害的预测、预报以及减灾防灾的各种技术措施，达到防灾减灾的目的。泥炭地质勘查报告、泥炭开采方案、环境影响评价和泥炭开采风险评价是泥炭开采证申请的四大必备文件。

（五）泥炭地排水系统设计与施工

以水文学、水文地质学、泥炭水力传导系数、排水定额以及开采作业面宽度和泥炭水分的要求，研究排水渠道宽度、深度、间距、渠底坡度、排水去路与泥炭地水位下降关系，探索不同排水设备、流量和抽水周期，设计规划不同气象条件下的泥炭地排水工作方案，以达到确保泥炭正常开采、成本最低的目的。

（六）泥炭开采技术

以运筹学、系统科学与工程、露天开采学为基础，研究泥炭切割、破碎、采装、运输、排卸设备和工艺、露天开采技术与生产组织、自动化调度系统、生产计划与过程的优化、开拓运输系统和采装系统的设计与优化、泥炭干燥工艺与优化等研究与开发，形成机械化、自动化、电子化、计算机化等多学科的交叉研究。同时，以工程地质学、水文地质学、岩石力学、散体力学、露天开采学、环境科学为基础，研究露天开采采场与排土场边坡稳定理论和技术，边坡优化设计、边坡稳定的自动化监测与预警系统开发，边坡破坏的防止理论和技术等。

（七）泥炭产品生产工程

以物理工艺学、化学工艺学、机械设备学、机电技术为手段，以市场需求为导向，以经济成本和环境效益为基准，以产品利润和项目经济、社会和环境综合效益为目标，深入开展泥炭基质、泥炭功能肥料、泥炭土壤调理剂、泥炭保健品等泥炭高新技术产品的工艺、设备、标准、检验、管理方面的创新，努力提高产品附加值，降低资源消耗和环境负效应，打造高效、绿色、健康、规模的泥炭产业。

（八）泥炭标准与检测工程

泥炭标准和检验是对市场经营和交换的各种泥炭产品与服务进行全面规范的具有法律属性的管理手段和措施。泥炭标准化与泥炭产品质量检验监督是泥炭产业之车的两轮，泥炭产业之鹰的两翼，共同保障着泥炭生产和泥炭市场的经济有效和正常运行。泥炭标准化建设包括国家标准征集、标准调研立项、编制修改评审、上报审批发布、宣传推广贯彻等严格程序。泥炭检验工程建设包括国家评审立项、检验机构建设、人员全面培训、制度规章制定、行业抽样检验、仲裁权威检验、行业质量控制等，需要科学、严谨、细致、系统、全面、深入和长期的努力和积累。

（九）泥炭开采迹地修复重建

研究在具备修复重建条件、符合地方环境规划的泥炭开采迹地，通过生态技术或生态工程手段对退化或消失的湿地进行修复或重建，再现开采前的泥炭地生态系统结构、功能以及相关的物理、化学和生物学特征，使其发挥应有的湿地功能和湿地效益。深入研究不同条件、不同湿地的恢复目标和恢复策略，探索泥炭开采迹地修复的关键技术，建立生态、经济和环境效益可持续发展的湿地修复示范工程，是泥炭工程学的重要研究内容之一。利用 3S 技术动态监测矿区环境，揭示主要环境影响的时空变化规律以及影响程度，深入揭示采矿对环境的影响机理，特别是对景观格局与地表覆盖、耕地生产力等方面的影响机制，绿色开采及矿区可持续发展对策，探讨在采矿与生态环境保护并行的先进采矿环境修复一体化工艺、绿色开采技术以及矿区环境保护与可持续发展的管理办法和管理模式，探索土壤复垦的原理和方法、复垦土地景观重构与水土保持技术、快速恢复植被技术、复垦土地土壤改良与植物群落重建技术、矿区固体废物的处理和利用、矿区固体废物的堆置技术与设计要点、矿区固体废物的综合利用技术与矿区固体废物场的绿化技术。

（十）泥炭沼泽保护与管理

研究泥炭沼泽在自然环境中的作用，探索泥炭沼泽与周边环境相互协调、相互制约的性质和程度，研究保护区域生态平衡的措施。特别要研究泥炭沼泽对地方气候的影响，对河川径流与区域水体平衡的影响以及对大气二氧化碳聚集的影响，对动物、植物多样性的影响，制定保护原则和措施，创造新的生态平衡条件，把不利因素转变为有利条件。

（十一）泥炭产业创新工程

任何一个新兴产业都要经历从产品创意、技术开发、产品开发、市场开发到产业发展的一系列过程。在泥炭产业创新中，概念创新是基础，技术创新是关键，组织创新是保障，产品创新是载体，市场创新是体现，产业创新是目标。泥炭产业必须经过概念创新、技术创新、组织创新、市场创新和产业创新的完整过程，实现从产品概念到产业创新的飞跃，推动我国经济、社会和环境可持续发展。

五、泥炭工程学面临的挑战和机遇

随着我国经济快速发展，现代农业技术进步，对泥炭资源及其产品产生了巨大市场需求，市场对泥炭价格的承受能力也急速提升，泥炭资源的利用和保护管理达到与之相适应的水平，泥炭工程学迎来了前所未有的历史机遇。这些年来，泥炭基础研究和应用研究不断发展，技术装备和信息化水平不断提高，给泥炭资源的保护和开发提供了全新的理念和手段，物理、化学、生物学等基础研究成果，促进了开采和加工利用技术的变革。高新技术和相邻学科的渗透，使泥炭工程发生着日新月异的变化，大马力胶轮拖拉机、大型气动采收车、螺旋翻耙机、机械采收车、液压切块开采机等设备的广泛应用，不仅大大提高了开采效率，也保证了产品质量，降低了贫化率，提高了开采质量。由此可见，泥炭工程学正面对前所未有的大好局面，是一个千载难逢的历史机遇。

我国是一个幅员辽阔、农业比重大、经济发展迅速的国家，泥炭产业发展的市场潜力巨大。我国总泥炭蕴藏量约 124 亿立方米，但我国泥炭资源存在分布不均、品位偏低、经济基础差、泥炭企业技术水平低、泥炭产品市场发育不足等问题，泥炭资源的开发利用长期徘徊不前。其主要原因有五点：①我国泥炭以低位草本泥炭为主，高质量的藓类泥炭储量很少，因此开发工业泥炭产品成本高，副产品多，经营效益不佳；②我国裸露泥炭地主要分布在东北山地平原和西北西南高原，华北、东南沿海地区泥炭大多为埋藏的分解度很大的劣质泥炭，而泥炭市场却集中在华北、东南沿海或内陆干旱地区，泥炭资源产地与泥炭市场距离遥远，泥炭应用必须经过长途运输，大大提高了泥炭成本，直接限制了泥炭在我国的普遍应用；③传统的泥炭利用以原料泥炭的直接开采销售或低值简单加工为主，技术附加值很低，运输体积庞大，运费高，企业经营困难，自我发展实力不足，限制了泥炭产业的自我发展；④泥炭资源无序开发，缺乏系统的规划设计，滥采乱挖严重，开采迹地未能及时复垦重建，浪费和破坏了泥炭资源和泥炭地环境，给区域社会、环境的可持续发展留下隐患；⑤一些媒体和政府管理部门不能正确区分可开采泥炭地和应保护湿地的界限，简单武断地认为只要涉及泥炭资源即属于湿地保护对象，限制泥炭勘探证和开采许可证办法，不利于资金和技术向泥炭产业流动，也制约了泥炭产业的发展。

六、泥炭工程学的基本科学问题

泥炭开发与环境保护是一对尖锐对立的矛盾，泥炭地利用和保护相悖的严峻现实和泥炭资源管理中的技术与观念滞后，给泥炭理论和技术研究提出了新的课题。加强泥炭资源的基础理论研究，澄清和明确泥炭资源概念、属性及类型特征，根据我国泥炭资源性质、特征和社会经济条件，提出我国泥炭资源开发利用对策，不仅具有重要的理论意义，而且对提高引领和带动泥炭新兴产业的发展、加强泥炭资源的保护和管理具有重要的实践意义。泥炭开采和加工是一个综合众多学科的大工程，很难统一到一学科框架下进行独立研究。为了加速我国泥炭产业的发展，根据我国泥炭质量、储量、开发利用中存在的问题，建议在以下四个共性的基本科学问题上深入工作。

（一）科学界定泥炭开发保护界限，协调泥炭开发与环境保护矛盾

湿地保护与泥炭开发是相互对立相互矛盾的焦点。按照环境保护观点，泥炭地是人类社会的环境资本，如果被无谓破坏，就可能会永远失去它的许多重要功能和价值。按照经济学观点，发展经济和环境保护总是互相矛盾的，在经济适度发展的同时，少量的环境牺牲是必要的，是换取发展资金改善环境的必要步骤。实际上，上述两种观念都有失偏颇。原封不动的保护将使人们永远停留在洪荒时代，过度开发将导致人类生存生产资源的加快耗失，合理的途径只有选择可持续发展的理念和做法。对于现代泥炭地，因为其湿地植被和水文存在，正在发挥着湿地功能和效益，就应该积极投资建立自然保护区，进行严格的生态、环境和生物多样性保护，以维持社会、经济和环境可持续发展。对于那些因为人为或自然因素造成退化和破坏、已经失去了湿地的环境功能和效益的衰亡泥炭地，则不属于湿地保护范畴，应该在环境评价和规划设计基础上进行有序开发。因为这样的泥炭地本身低洼易涝，冷僵贪青，农业生产力很低，如不加改造很难适应高产稳产的农业生产要求。此

外，排水疏干后泥炭地极易因荒火或人类活动不慎酿成火灾，难以扑灭，造成泥炭资源的无谓浪费和损耗。加之，泥炭本身是天然、绿色生产资料，应用泥炭产品不仅有利于培肥地力，增加土壤有机质，促进农业生态环境可持续发展，也能够提高作物生理活性和抗逆性，增加作物产量，改善品质。泥炭开发实际上是通过市场配置手段，将泥炭蕴藏地冗余资源转移到泥炭稀缺地区，是对泥炭资源价值最大化的实现过程。作为一种多功能、多用途、多价值自然资源，泥炭资源的利用保护必须根据矿产地地域条件，采取相应的管理对策，实现泥炭资本的储存、泥炭价值的转换和持续增长。由于泥炭资本的低可替代性、不可逆性和不确定性，应该确定相应的资源开发阈值，建立泥炭地状态评价标准，根据评价结果，进行分类管理、合理利用，保护处于健康状态的自然泥炭地，开发因为自然和人为干扰造成泥炭地沼泽植被破坏、水文情势改变、已经不具备湿地功能和环境效益的衰亡泥炭地，避免由于自然分解和荒火焚烧造成资源的浪费和损失。

（二）泥炭属性和特性的基础研究

泥炭是沼泽中死亡植物残体积累转化形成的有机矿产资源。泥炭的有机质、腐植酸含量高，纤维含量丰富，疏松多孔，通气透水性好，比表面积大，吸附螯合能力强，有较强的离子交换能力和盐分平衡控制能力，是良好的作物栽培基质。泥炭腐植酸的自由基属于半醌结构，既能氧化为醌，又能还原为酚，在植物体的氧化还原中起着重要作用，具有较高的生物活性和生理刺激作用。泥炭腐植酸还具有较强的抗旱、抗病、抗低温、抗盐渍的作用，在农业生产中有广泛的应用。泥炭是一种全新的有机矿产资源，泥炭的许多特性都需要进行深入专业的探索研究。尤其是泥炭腐植酸，作为成煤的第一阶段，腐植酸的形成过程、形成条件、形态、结构和功能都缺乏深入科学的研究分析，腐植酸的结构秘密至今尚未解开。而这些属性和特性探索和研究都是泥炭高科技产品开发、提高资源利用效率的重要基础。此外，泥炭标准的制定和评审也需要大量的基础研究工作支持，这样才能经得起实践的检验，真正为泥炭产业规范正常发展起到保驾护航的作用。

（三）泥炭加工工艺和泥炭产品创新

泥炭产品创新是提高泥炭开发效益、减少泥炭资源消耗、加速泥炭产业发展的重要基础，也是新泥炭产品对旧泥炭产品的超越过程。在泥炭产品的创新过程中，概念创新是超越过程的先导，技术创新是超越过程的核心，市场创新是超越过程的实现，而产品创新则是整个超越过程的载体。概念创新是在现有产品和研究基础上，经过改进、修正、重组、替换原料等一系列比较分析，建立新产品技术模型的过程。针对我国泥炭资源特征和当前重视环保绿色、生命健康、简便高效的市场需求，泥炭新产品概念创新应积极发展绿色环保、一体化集成的产品，面向高经济价值作物生产，走中高端市场路线。在概念创新基础上，技术创新必须为满足市场需求和产品创新目标进行一系列技术开发活动，达到概念创新的产品设计指标。同时在产品价值和成本分析基础上，在产品性能指标和生产成本之间进行平衡和取舍，取得最佳经济收益。泥炭新产品走向市场必然存在市场交易双方的产品信息不对称问题，厂家对产品的了解多于客户，卖家对商品的认识多于买家。市场创新就是要克服泥炭新产品交易过程中的信息不对称问题，在不减少交易成果的条件下，减少交易费用，扩大泥炭产品的市场铺展速度和覆盖范围，并用完善的市场创新激发概念创新、技术创新的热情，加快产品创新的步伐。所以泥炭产业必须重视泥炭新产品开发，通过科学技术提高泥炭产业的经济效益，减少泥炭资源消耗，逐步改变以出卖原料和简单粗加工维持企业生计的经营方式。

(四) 泥炭工程学基础理论体系的形成和完善

尽管经过长期的研究和实践，泥炭矿产开发和加工形成了一些实用技术体系和基本理论，但随着科学技术进步、泥炭开采方法和规模的变化，加上国家、社会对泥炭开采的要求日益提高，泥炭开采和加工的基础理论研究远远满足不了泥炭产业飞速发展和市场需要，基础理论研究遇到许多新问题。如埋藏泥炭开采中的边坡控制理论、开采区火灾涌水控制理论、高效开采理论、机电一体化理论、泥炭与伴生矿产共采理论等都需要在现代科学技术条件下不断完善和重建，这样才能满足现代社会现代科学技术条件下泥炭开采和加工生产的需要。

七、泥炭工程学的发展战略和战略目标

以超前的科学思想为指导，采取跨越式发展战略，广泛吸取基础科学与相关学科的理论与技术，加强学科交叉，推动泥炭工程变革与重大技术进步，设定相关重点支持方向与重点支持项目。根据国内外泥炭开采发展趋势，针对我国泥炭开采的科技现状和泥炭赋存特点，围绕泥炭开采和加工中的可持续发展和国民经济发展需要，设定泥炭工程学发展的战略目标是：

① 综合运用采矿学、力学、电子、机电、信息、通信、系统科学理论和技术，针对中国泥炭赋存条件和土地占用难题，开展高效、分层、切块、高采出率的泥炭开采理论研究与综合技术开发，实现泥炭开采的综合机械化、半自动化、自动化，提高开采效益，根本改变工人的作业条件和工作环境。

② 建立绿色开采理论和技术体系，结合泥炭开采的理论和技术，综合泥炭与伴生矿产资源，预留足量底层泥炭用于土地复垦和湿地修复，减少和消除泥炭开采导致的积水、滑坡、植被破坏等情况，加强开采矿区生态环境的重建工作，使泥炭开采与矿区环境协调发展。

③ 加强泥炭基础理论研究与高新技术的开发应用，在已有的泥炭开采和加工理论基础上，为适应现代泥炭开采加工需要，加强相关理论的研究，推动理论、技术等方面的创新，注重边缘交叉学科的发展和应用，运用现代相关理论与技术，开发泥炭安全开采新技术。

④ 开展计算机仿真与信息系统建设，深入研究开采过程计算机仿真与优化开采基础研究，构建泥炭开采现代管理信息与决策系统，开发泥炭开采区和矿山的可持续发展评价与预警决策系统。

第二节 泥炭工程学的研究方法

任何一门独立学科都是由基础理论、部门科学和技术方法三部分组成。泥炭工程学是一门面向应用的综合性技术科学，其研究手段和方法大多借鉴相关学科而来。

一、资源学研究方法

泥炭是一种新型矿产资源，泥炭科学的发端始于泥炭资源的调查和评价。因此，资源学方法是泥炭工程学的基本方法。采用资源学方法进行泥炭资源调查评价，查明泥炭资源的储量、质量、矿体变化规律，是泥炭资源的保护和开发利用的前提。对泥炭探明储量、可采储量和远景储量进行数量评价，对泥炭矿物的品位、含矿率、所含有害杂质及有益伴生矿进行质量评价，对泥炭矿层厚度、矿床埋藏深度、可否露天开采、矿物开采的采剥比、水文地质状况等进行矿产开发评价，对泥炭资源的绝对量和社会需要量进行评价等，都是泥炭资源合理开发的重要前提。以泥炭资源开发利用合理性为目标，进行泥炭资源规划以预测未来泥炭资源变化规律和满足需求程度的泥炭资源决策，探索泥炭资源开发时序，进行泥炭产业开发、产品结构、生态保护、经济发展等一系列决策，对泥炭资源的保护、增值、开发利用等做出全面安排，是对人与自然（资源）相互关系的调整，可以保证人类生产和生活的物质基础与进一步发展。对具备泥炭沼泽保护条件的要坚决保护，调整其再生速率与开发利用速率在一个适宜比例上。对已经彻底退化的泥炭地，要有计划地适度开发和利用，决不可竭泽而渔。我国泥炭资源虽然比较丰富，但相对于人口众多和经济快速发展，我国的泥炭资源是相对稀缺的。这就要求我们对有限的、相对稀缺的资源进行合理配置，以便用最少的资源耗费生产出最适用的商品和服务，获取最佳的效益。所以正确处理环境与发展决策，贯彻可持续发展战略，把经济规律和生态规律结合起来，对经济发展、社会发展和环境保护统筹规划，合理安排、全面考虑，实现最佳的经济效益、社会效应和环境效益，就是泥炭工程学中资源学方法的重要功能。

二、系统工程学研究方法

系统工程学是实现系统最优化的科学，1957 年前后正式定名，1960 年左右形成体系，是一门高度综合性的管理工程技术。系统工程学涉及应用数学（如最优化方法、概率论、网络理论等）、基础理论（如信息论、控制论、可靠性理论等）、系统技术（如系统模拟、通信系统等）以及经济学、管理学、社会学、心理学等各种学科。系统工程的特点是根据总体协调的需要，综合应用自然科学和社会科学中有关的思想、理论和方法，利用电子计算机作为工具，对系统的结构、要素、信息和反馈等进行分析，以达到最优规划、最优设计、最优管理和最优控制的目的。系统工程技术已经渗透到社会、经济、自然等各个领域，逐步分解为工程系统工程、企业系统工程、经济系统工程、区域规划系统工程、环境生态系统工程、能源系统工程、水资源系统工程、农业系统工程、人口系统工程等，成为研究复杂系统的一种行之有效的技术手段。

泥炭工程学是一个包罗了资源勘查、规划、开采、加工、市场、标准、管理等诸多内容的庞大系统，涉及自然科学、社会科学、管理、法律、标准、市场等诸多领域，是一个复杂交叉学科。所以必须采用系统工程学的理论和方法，从总体布局，系统解决泥炭工程学和泥炭产业发展的关键问题。在泥炭开发过程中，可以利用系统工程方法，解决泥炭生产和市场之间的物流优化问题；可以利用系统工厂方法，实现企业管理供应链中企业资源计划（enterprise resource planning，ERP）应用、生产计划与调度、流水线机器调度和非流水线机器调度；实现企业运营计算机模拟等方面进行资源管理最优化问题；采用系统工程中的逻辑推理、定量分析、实证研究等决策方法，解决众多泥炭开发利用方案和产品可选择方案的评价、选择和决策；采用系统工程中的项目管理方法，以计算机技术和网络技术为手段，研究泥炭产业内部多种项目的计划、调度、控制和统一管理；将绩效评价应用于项目中，研究针对项目的绩效评价方法和体系；研究项目管理的工作原理和流程，在此基础上研究项目管理信息系统的设计和开发，包括程序设计的研究；研究项目风险的预测、评价方法和理论；采用系统工程的理论和方法，研究泥炭矿床模型机矿床资源条件可开发性评价，矿床开采境界与产量规模的优化、矿山开采设计的最优化、矿区开发的最优化、泥炭开采工艺的选择、矿山生产系统分析与优化、矿山水文地质与工程地质的排水和边坡稳定的系统分析，泥炭采掘计划与施工管理的系统优化，矿山检测及管理的系统优化。

三、工业技术方法

泥炭作为一种矿产资源，其合理开发和加工利用必须采用现代工业技术，才能提高泥炭开采效率，降低开采成本，提高价格技术附加值，减少泥炭资源的浪费和环境的污染。同时，泥炭开采迹地的修复和重建也必须采用工业装备和生物工程手段，以实现高效、绿色、稳定、低耗的目的。

泥炭属于一种柔软性物质，泥炭开采和处理过程主要采取物理技术和装备进行。排水后的泥炭地采用专用装备进行切割可以达到分层开采、提高泥炭矿石品位、减少贫化率的效果。采用大型牵引车进行翻耙作用，打碎表层泥炭，然后通过翻晒设备扰动，利用太阳能带走多余水分，可以降低泥炭湿度。泥炭的处理可以采用齿轮筛、链条粉碎机进行破碎和筛分。泥炭基质和土壤调理剂的生产很少涉及复杂的化学反应，可以通过物理混合和粒度调配进行。

泥炭产品的物理生产是充分利用了泥炭自身的结构和构造优势，制备出其他物质材料所不具备的泥炭产品。但是，单纯的泥炭物理产品技术附加值有限，不利于提高产品价值和降低泥炭消耗，所以泥炭的化学加工就成为必然选择。例如泥炭腐植酸提取和纯化，就必须采用化工设备和化工工艺，以提高泥炭腐植酸纯度和活化度，从而大幅度提高泥炭的技术附加值，增加企业利润和地方税收。类似的产品如钻井泥浆调整剂、水泥添加剂、饲料添加剂、医药原料、环保材料、蓄电池调整剂等都是泥炭的化学加工产品，化工技术是泥炭加工中的关键技术之一。

泥炭的生物加工主要是利用了泥炭可以作为微生物能源和营养源的富含碳水化合物，将泥炭作为生物菌剂的发酵底物或者载体制备生物菌肥。生物菌肥是绿色环保肥料，泥炭的比表面积大，吸收能力强，抵抗温度、水分变化能力强，是生物菌肥不可替代的载体。

第三节　泥炭工程学的发展与研究现状

一、泥炭工程学的产生与发展

泥炭工程学是关于泥炭开发利用的科学技术，泥炭工程学伴随着人类对泥炭的开发利用发展而发展，但泥炭工程学尚未形成独立的学科体系，我们只能从泥炭科学和泥炭产业发展的过程捕捉泥炭工程学发展脉络，探索泥炭工程学发展由来。一般地，人们把泥炭科学和泥炭产业划分为 4 个发展阶段：第一阶段为 18 世纪以前的萌芽期；第二阶段为 18 世纪初到 19 世纪末的扩展期；第三阶段为 20 世纪初到 20 世纪 80 年代的成熟期；第四阶段为 20 世纪 80 年代到现在的鼎盛期。

（一）萌芽期

萌芽期可以追溯到 18 世纪以前，人类从利用泥炭、开发泥炭的生产过程中，逐渐提高了对泥炭和泥炭地的认识。西方最早的泥炭记载始于 1536～1543 年 J. 莱兰德的《旅行游记》。17 世纪的荷兰已经将开采泥炭燃料与扩展农业用地联系起来，泥炭利用与泥炭地改造十分盛行。17 世纪中叶，爱尔兰的 G. 博特和荷兰的 M. 斯库克分别发表了泥炭地分类和泥炭的专著。而我国早在春秋时期的《礼记·王制》和后来的《徐霞客游记》中也大量记载了泥炭地特征、形成过程和利用资料，泥炭开发利用也较西欧更早。广东、广西、湖北、江西、云南、四川等地均发现泥炭层中的“阴沉木”或“乌木”，有些树干至今保持完好，被用作建材和燃料（赵德祥，1982）。这个阶段仅仅开展了泥炭的简单利用，文献记述的主要是一般的泥炭利用现象和利用方式。

（二）扩展期

18世纪初到19世纪末，由于对泥炭地开发利用日益广泛，对泥炭和泥炭地的考察研究不断增多，泥炭基础理论研究也不断深入，为泥炭工程学的形成奠定了基础。其中M. B. 罗蒙诺索夫在《大地表层》一书中对不同成矿条件下的泥炭性质价值进行了较详细的论述。英国的J. 沃尔克编写的《地质学讲义》对泥炭的起源、成因分类和地理分布规律进行了详细论述。B. B. 道库恰耶夫对泥炭沼泽与地质构造、下伏岩层、水文状况以及区域气候的关系进行了深入研究。进入19世纪，J. A. 戴卢斯论述了湖泊沼泽化过程及泥炭地植物带状演替规律；R. 伦尼在他的《泥炭沼泽的自然史与起源》一书中，对泥炭地的演化旋回和泥炭形成的限制性因素进行了深入研究；C. 莱尔对造炭物质来源与泥炭保存机理进行了深入研究。总之，在本阶段里，对泥炭成矿环境和成矿过程设计的成矿物质来源、成矿因子、泥炭成因类型、成矿过程与泥炭矿分布规律以及开发利用方面都做了一些探讨，提出了一些假说，一些理论至今仍有重要的理论价值，一些泥炭开采手段在现今一些交通不便地区仍在使用。

（三）成熟期

20世纪初到20世纪80年代是泥炭地学的蓬勃发展期，也是成矿作用研究的快速发展期。德国的C. A. 韦伯根据泥炭地的水源补给、地表形态及营养状况，论述了泥炭地发育过程的三个阶段，划分了低位、中位和高位三种泥炭地类型，成为成矿过程研究的经典理论。B. H. 苏卡乔夫（1962）对水体沼泽化做了详细论述，阐述了水体变陆地的过程和机理。P. B. 威廉斯阐述了草甸沼泽化机理，H. N. 皮雅夫钦科阐述了森林沼泽化，E. A. 卡尔金娜提出了沼泽发育八阶段理论，H. 卡茨绘制了欧亚大陆泥炭沼泽的分布图及泥炭聚集强度分区，C. H 丘列姆涅夫绘制了世界泥炭分布图，英国的P. D. 穆尔和D. J. 贝拉米（1974）著有《泥炭地》，日本的阪口丰著有《泥炭地地学》。在此期间，苏联的C. H. 丘列姆涅夫（1976）等合著的《泥炭矿床》第一次将泥炭作为矿产写入著作，泥炭沼泽已经被学术界接受为一个特殊的独立研究对象，新技术和新手段的运用使泥炭地的概念、成因、分类及分布规律的研究更加深入，泥炭开发和利用广泛深入，从而确定了泥炭科学完整、系统的科学理论和方法论，形成了一门独立学科。在泥炭利用方面，泥炭的园艺利用、能源利用、农业利用、医药利用已经十分普遍，一些泥炭勘查技术、开采技术、排水技术、加工技术、运输包装技术已经非常成熟，泥炭产业已经达到了极为成熟的阶段。

（四）鼎盛期

20世纪80年代以后，随着人类重视环境、重视健康和现代工业技术与信息技术的飞速发展，泥炭地在全球变化中的作用日益受到广泛关注，泥炭产品的绿色环保价值受到用户和社会的追捧，泥炭利用的科技水平和利用规模得到长足发展。首先，由于泥炭地“碳汇”在大气二氧化碳平衡中的地位和泥炭地“碳汇”在全球环境变化中的特殊重要性，人类社会为了控制温室气体增长，加强了泥炭地聚碳过程和“碳汇”作用的研究，加深了对泥炭地碳源、碳汇关系时空分布特征、驱动因子以及泥炭地对全球变化的响应和反馈，阐明了泥炭地碳循环在全球变化中的地位。研究的重点是泥炭地聚碳过程对二氧化碳吸收或聚集的具体过程与机制，分析聚碳作用在大气碳清除量和二氧化碳排放量中的比例及未来变化，评价聚碳作用对履行减排、限排任务的作用和影响。同时，进一步加强了维持泥炭地聚碳作用的稳定性、聚碳环境的生物多样性、聚碳系统的水文调节及其他有利于人类社会与自然环境的功能和效益的分析评估与相关技术措施研究，进一步提出和实施了泥炭地责任管理概念，泥炭沼泽的保护管理进入和全新阶段。由于人类追求健康环保的生活品质与泥炭绿色环保的本质属性高度契合，泥炭资源成为新时代健康环保的代名词。泥炭发电具有低硫、低污染特性，也是西方国家工厂化温室有机食品生产不可缺少的栽培基质。泥炭是美化生活、绿化环境的不可缺少的物质投入，旺盛的市场需求推动大量现代工业技术和资本投入泥炭产业中来。泥炭开采手段、开采设备、加工技术得到质的提升，泥炭产品技术附加值不断提高，泥炭健康产品不断涌现。围绕泥炭产业发展的产品、技术、设备、标准与管理迅速提升，信息化技术和水平不断提高，泥炭产业国际化已经成为不可阻挡的历史潮流。在泥炭产业的迅猛发展中，泥炭工程学逐渐初露头角，显现出完整学科脉络。

二、我国泥炭工程学的兴起

我国早在春秋时期的《礼记·王制》中就有对泥炭沼泽的描述——“水草所聚之处谓之沮洳或沮泽”，《孙子兵法》《宋史》《太湖备考》中也有类似的记述。《左传》《徐霞客游记》中也有大量关于泥炭沼泽和泥炭利用的记载。

我国对泥炭资源的利用比西欧更早，杭嘉湖、苏北和古云梦泽等地都是古代沼泽区，现在的鱼米之乡。长江以南的两广、湖北、江西、云南等地均发现了泥炭层中的腐木、乌木。新中国成立以来我国开展了泥炭沼泽开发与利用试验，在改造农田、牧场和育林地等方面积累了宝贵经验，取得了明显成效。广东三水、四会草堂的大片沼泽经过排水疏干，变成了高产水稻和甘蔗田；吉林省部分地区采用混土压沙、大垄熟化、挖沟排水等方法，将泥炭沼泽改造成水田旱田；在长白山地和小兴安岭林区，采取挖坑驻台、大垄筑台和开沟排水等措施，改沼泽为林地，营造出大面积用材林。

我国 20 世纪 50 年代开始进行泥炭沼泽研究，各地结合土壤普查工作开展了一些泥炭沼泽调查工作。但是对泥炭地进行系统、专门的调查研究和开发利用研究则是在 60 年代初期东北师范大学泥炭沼泽研究室和中国科学院长春地理研究所沼泽研究室成立以后开始的。60～70 年代，国务院主管农业的王震副总理推动腐植酸和泥炭开发利用工作，在全国范围内开展了轰轰烈烈的腐植酸造肥运动，点燃了腐植酸和泥炭产业发展的燎原烈火，相继在全国各地开展了泥炭和腐植酸调查和开发利用工作。1982 年，地质矿产部组织了全国范围的泥炭资源地质调查，培养了一批泥炭地质人才，统一了工作方法，制定了相关工作规范。2002 年，国土资源部进一步修编了泥炭普查勘探规定，将泥炭和煤炭勘探规范合并一起，制定出版了泥炭、煤炭普查规范。这次全国范围的泥炭资源调查，按照统一规范和工作方法，调查获得全国泥炭总储量 124 亿立方米，查明了泥炭资源品位和类型，为我国泥炭资源的开发利用奠定了坚实基础。

在泥炭开发利用方面，我国先后开展了泥炭有机肥、泥炭有机-无机复混肥、一体化育苗营养基、专业育苗基质等泥炭产品开发研究，一些产品已经进入市场，受到用户的广泛好评。泥炭在花卉、绿化、改土、治碱、治沙等方面的工作得到广泛应用。为了适应泥炭产业发展需求，中国腐植酸工业协会批准成立了泥炭工业分会，国际泥炭学会批准成立了国际泥炭学会中国国家委员会，开展与中国泥炭产业的国际合作，中国泥炭产业快速发展的大好机会已经来临。

三、泥炭工程学未来展望

一个学科的发展水平取决于研究的深入程度。纵观国内外，每年都有大量泥炭科学论文和研究报告发表，一些国家建立了专业研究机构和培养人才的高等院校。苏联在 1923 年建立了全苏泥炭工业研究所，专门从事泥炭沼泽基本理论和泥炭工业利用研究，近年来除了保持泥炭基质、肥料等传统领域之外，泥炭活性炭研究、泥炭包装、开采设备研究也在国际享有盛誉。加里宁工业学院开设了泥炭专业，在各地的科学院分院或农业科学院也建立了从事泥炭研究的专业研究机构。芬兰的赫尔辛基大学森林沼泽系是国际知名的泥炭研究机构，两届国际泥炭学会主席均出自该系。芬兰泥炭研究机构众多，研究领域遍及农业、园艺、能源、工业、环境、湿地、设备、生态恢复等，泥炭应用十分广泛。全国共有泥炭发电厂 248 座，国际著名的 VAPO 公司就是多种泥炭机械的制造者，更是芬兰泥炭电厂的业主。VAPO 公司旗下的凯吉拉公司是国际知名泥炭品牌 Kakilla 的拥有者，该品牌是中国用户熟悉的泥炭品牌。瑞典的泥炭研究集中在瑞典农业大学和其他研究机构，泥炭发电厂 124 座，泥炭利用广泛，现代工厂化温室的蔬菜全部栽培在泥炭基质中。美国的明尼苏达大学是美国主要泥炭研究机构之一，泥炭湿炭化研究在国际上有一定影响。美国泥炭生产者协会是国际泥炭学会的国家会员。美国泥炭年开采量 1000 万立方米，每年向欧洲出口 400 万立方米。加拿大在新布伦思韦设立了泥炭研究所，全国泥炭生产者协会设在西部的埃德蒙顿。日本的北海道大学建立了泥炭研究会。荷兰园艺业建立在现代化温室和优质泥炭基质上，泥炭是荷兰园艺享誉世界的根基。除此之外。荷兰的泥炭国际贸易、泥炭开采加工设备等都在国际有较大影响。在泥炭标准和泥炭基质研究方面，英国和奥地利是欧洲重要的研究力量，许多欧盟泥炭标准均是由这些国家的科技人员编写。

为了加强泥炭国际交流和合作，在1954年第一届国际泥炭大会、1963年第二届国际泥炭大会和1968年第三届国际泥炭大会基础上，正式成立了国际泥炭学会(International Peat Society)。国际泥炭学会的泥炭大会此后每四年举办一次，泥炭研讨会每年举行一次。近年来每年都有中国泥炭专家出席相关国际会议。国际泥炭学会是由从事泥炭开发、泥炭地责任管理和泥炭地合理利用的集体会员、个人会员组成的非营利技术组织，其作用是分享泥炭知识经验，促进会员间的合作交流，帮助泥炭企业、科研、产业和商业领域所有业务相关者进行定期的交流沟通，推动泥炭经济社会和环境价值得到接受和认可。

国际泥炭学会于1968年成立于加拿大魁北克，并在芬兰注册，秘书处设在芬兰屈韦斯莱市，拥有1511个个人会员、集体会员和来自44个国家的国家会员。国际泥炭学会主要通过专业委员会和定期组织大会、研讨会、谈论会，出版来自科研、教育和产业的研究成果等方式促进交流合作。总体来说，国际泥炭学会是一个论坛和平台，聚集来自不同领域的专家，解决泥炭和泥炭地面临的问题。国际泥炭学会的主要活动是通过具有明确科学目标的专业委会进行的。在某些情况下，专业委员会下还有一些特殊的工作组进行计划的实施和执行。各专业委员会对所有会员开放。

国际泥炭学会原来设立9个专业委员会，分别是：泥炭层序、编目和泥炭地保护专业委员会，泥炭与泥炭地在园艺、能源和其他经济目的利用专业委员会，泥炭地与泥炭在农业领域应用专业委员会，泥炭化学、物理和生物学特征专业委员会，泥炭地恢复、重建和开采后泥炭地利用专业委员会，泥炭医疗、药物和泥炭浴疗专业委员会，森林泥炭地的生态和管理专业委员会，泥炭地和泥炭文化专业委员会，热带泥炭地专业委员会。2016年为了满足飞速发展的泥炭产业需求，减少工作层级，提高国际泥炭学会运行效率，国际泥炭学会将原有的9个专业委员会合并成3个专业委员会，即泥炭地与经济专业委员会、泥炭地与社会专业委员会、泥炭地与环境专业委员会，国际泥炭学会也正是更名为国际泥炭地学会。

泥炭是沼泽中死亡植物残体积累转化形成的有机矿产资源。泥炭的有机质、腐植酸含量高，纤维含量丰富，疏松多孔，通气透水性好，比表面积大，吸附螯合能力强，有较强的离子交换能力和盐分平衡控制能力，是良好的作物栽培基质。泥炭腐植酸的自由基属于半醌结构，既能氧化为醌，又能还原为酚，在植物体的氧化还原中起着重要作用，具有较高的生物活性和生理刺激作用。泥炭腐植酸还具有较强的抗旱、抗病、抗低温、抗盐渍的作用，在农业生产中有广泛的应用。国外泥炭农业中应用十分广泛，园艺泥炭已经成为一个庞大的产业。欧洲每年泥炭开采利用量达到6400万立方米，其中用于园艺的泥炭就达2300万立方米。我国面对加入世界贸易组织后的国际市场竞争，加快了农业产业结构调整和科技进步，促进了现代农业朝着高产、优质、高效、无污染的方向迈进，形成了对泥炭产品的现实市场需求，农业企业和农民的经济实力和科技意识的提高使人们已经愿意接受或有能力接受环保绿色、科技含量高的泥炭高新技术产品，泥炭企业逐渐增加，泥炭产品开发和应用数量逐年增多，一个新兴的泥炭产业正在形成和发展。

第四节 泥炭产业发展理念

泥炭产业是以泥炭、椰糠以及其他生物质资源为原料进行加工利用的新兴产业，是泥炭工程学研究的目标和服务对象。泥炭产业知识技术密集、资源绿色安全、成长潜力大、综合效益好、资金物流横跨境内外，对我国现代农业和环境建设全局和长远发展具有重大引领带动作用，属于我国经济创新发展的新动力、新技术、新产业和新业态。紧紧抓住国际泥炭市场战略东移和国内现代农业加速发展、生态文明建设不断强化的重大需求和历史机遇，加强泥炭工程学基础和技术研究，打造绿色创新动力，培育和壮大泥炭产业，带动国内设施园艺、环境修复、立体绿化、功能肥料、医疗健康等领域技术进步，对促进我国产业结构调整、转变经济发展方式、提供优质供给、去库存、补短板、增价值、推进我国现代化建设、促进经济社会可持续发展、建成小康社会、实现中国梦，都具有重要现实意义和长远战略意义。

一、创新是泥炭产业发展的动力

创新是泥炭产业发展的动力源泉。通过理论创新、技术创新和产品创新，可以加快企业产品差异化进程，增加企业核心竞争力，实现企业的跨越发展。通过机制创新、市场创新和管理创新，可以培育泥炭产业发展动力，优化配置资源、资本、技术、人才、管理要素，加快形成有利于泥炭产业创新发展的市场环境、产权制度、投融资体制、分配制度、人才培养引进使用机制，激发创新创业活力，释放新需求，创造新供给，推动新技术、新产业、新业态蓬勃发展。创新不仅是泥炭产业自身的发展动力，泥炭产业创新发展还能成为现代农业和环境修复产业发展的动力来源。泥炭产业作为欧洲现代园艺和环境建设产业的强大引擎，已经引领欧洲科技、绿色、健康、安全的百年发展，取得了举世公认的成就。

泥炭产业要创新，就必须知道技术创新前沿在哪里。粒度组配是基质制备的关键技术，是基质制备进入定制化阶段必须采取的工艺手段。传统的粒度分选采用的是各种孔径的滚筛，通过更换不同孔径的滚筛筛片来实现对粒径的分选。操作过程中存在粉尘大、易堵塞、效率低等问题。荷兰 Slootweg 公司开发生产的齿轮筛却从根本上颠覆了传统滚筛的机械结构和筛分方式。它通过一组同向滚动轴上的齿轮之间的间隙实现对基质物料粒度的分选。速度快，效率高，符合粒径要求的颗粒落入齿轮筛下部的料仓，超过粒径要求的物料继续前行进入下一个齿轮间隙稍大的齿轮筛，以此类推。如果物料颗粒超过基质配制最大粒径，这些物料会重新回到粉碎机粉碎，并入后续物料重新筛分。齿轮筛的技术创新和产品创新，极大提升了基质制备工艺技术水平，直接将基质制备从标准化基质制备阶段推入定制化阶段，基质制备技术出现革命性的飞跃，由此可以看出科技创新对泥炭产业发展的巨大推动作用。芬兰碧奥兰公司、凯吉拉公司、德国维特公司、德国克拉斯曼公司、荷兰Legro公司、荷兰BVB公司都已经全部采用粒度分选、颗粒组配工艺，尤其是荷兰BVB公司在定制基质方面研究得更加深入，公司开发的10000多个产品配方，只要用户提出具体作物种类和栽培条件，生产商都可以生产出符合客户种植环境、种植模式的定制产品，产品效果奇佳，竞争力显著。

我国基质制备长期停留在配合基质阶段，企业在制备基质时仅仅关注基质物料的配比，从不关心基质粒径的分布。实际上，基质的通气透水状况完全取决于0～5mm颗粒的多寡，0～5mm颗粒越多，基质的通气性越差，持水性越强。基质使用过程中出现的绿苔主要是0～5mm颗粒过多导致。但是基质大颗粒并不是越多越好，大颗粒组分的多寡主要看栽培植物的种类。大颗粒越多，通气性越好，但保水性越差，需要频繁灌溉，增加了后期管理的难度。所以我国基质制备的技术创新方向是基质原料的粒度分选和组合配料，通过不同粒度物料的组配比例不同，制备不同通气透水比例的专业基质，适应不同用户的个性化需求，而产品加入固定粒径固定比例的基质原料后，企业就可以确切地掌控产品技术指标和使用效果，彻底避免因为传统基质制备过程中对粒径无法操控而出现的产品质量和使用效果不可控的局面。因此，采用粒度组配工艺生产基质可以使企业的基质制备水平提高到定制基质阶段，彻底摆脱基质制备的同质化问题，个性化产品保证了企业产品的差异化，形成了企业的技术门槛和核心竞争力，从而避免同质化产品之间不得不降价销售、恶性竞争的血腥局面。

我国作为泥炭产业后发国家，没有必要重复前人走过的老路，完全可以在学习、借鉴、参考欧洲泥炭产业发展的基础上，根据我国国情进行集成、改造和提高，完全可以从泥炭产业发展趋势和国内技术优势出发，找到欧洲泥炭产业发展的弊病和不足，加以完善、改进和创新，力争在泥炭基础科技领域做出较大创新，在关键技术领域取得较大突破，全面提升我国泥炭产业自主创新能力，进而取得自主知识产权，实现弯道超车，创新发展。通过泥炭全行业的资本、技术、资源、管理要素的优化配置，为现代农业和环境修复提供科技高效、产品安全、资源节约、环境友好的高效资材和高新技术。虽然从总体上看，欧洲泥炭基质生产已经进入第四代，全面采用颗粒组配工艺，可为用户提供定制化产品，而我国泥炭基质制备仍然停留在第一代阶段，成套设备、工艺技术、质量标准、检测方法均落后于欧洲发展水平，但欧洲基质制备的粒度分选尚未达到精确控制基质水气水平，基质酸度、盐度、缓冲容量调配尚未达到统筹优化水平，养分纵向和横向调节也只是停留在启动肥阶段，后期营养需求仍然需要通过滴灌、叶面施肥方式补充，增加了用户劳动量，降低了产品竞争力。只要国内泥炭产业在粒度筛分机械、精确组配和最优化管理等关键技术领域取得突破，完全有可能超过欧洲基质制备水平，从配合基质直接跨越标准化基质和定制基质阶段，直接进入功能基质阶段，在生产、流动和服务领域全部信息化管理基础上，开创智慧基质新纪元。

二、协调是泥炭产业发展的方法

要促进泥炭产业健康发展，就必须综合协调国内外泥炭资源供给，拓宽泥炭产业发展空间，补齐薄弱领域发展短板。我国泥炭储量虽大，但因为资源空间分布不均、品种单一、开采贫化严重等问题，导致依靠国内资源无法满足快速发展的多样化的泥炭市场需要。要协调发展泥炭产业，就必须在合理开发国内泥炭资源的基础上，从全球配置资源，积极引进北欧、北美、俄罗斯的藓类泥炭资源以及东南亚的木本泥炭资源和椰糠资源，以满足不同用户的个性化需求。要推动内陆泥炭市场发展，开辟国外泥炭进入内陆地区的运输通道，降低运输成本，简化通关手段，开通进口泥炭陆路通道，促进内陆泥炭市场取得扩展，实现泥炭产业的空间协调。在“一带一路”战略框架下加强与拉脱维亚泥炭生产者协会供应商的合作，协调中欧班列回程配货，建立中国-欧洲泥炭产业战略合作和良性互动，将中国-欧洲泥炭产业合作备忘录列入“一带一路”规划，将中欧泥炭产业合作上升为国家战略。积极沟通促使有关部门在欧亚班列配货、通关、标准、质检互认等一系列问题上与相关国家谈判，为中欧贸易便利化、贸易平衡做出实质性的支持，为解决我国泥炭市场沿海内陆平衡发展创造条件。

协调发展中国泥炭产业，还必须在积极发展种苗基质的同时，加快栽培基质、土壤调理剂、有机-无机复混肥和医药健康产品的发展，形成我国泥炭产业的四大板块，以满足不同市场不同用户的个性化需求，不断做大做强泥炭产业体量和规模。在发展产品品种的同时，要加快成套机械设备开发，为大规模工业化生产、提高劳动效率、确保产品质量提供装备和手段。在技术创新和产品创新的同时，加快行业标准和检验方法研究，为规范行业经营秩序、抑制假冒伪劣、净化行业风气创造条件。

三、绿色是泥炭产业发展的方向

泥炭是天然、绿色、有机、健康资源，泥炭产业本身就是健康安全、惠益民生的绿色产业。坚持绿色发展，就是坚持节约资源和保护环境的基本国策，坚持可持续发展，坚定走生产发展、生活富裕、生态良好的文明发展道路，倍加珍惜每一升泥炭资源，让每一升泥炭产品都发挥其最大生产、生态和环境效用。要大力推进资源节约型、环境友好型泥炭产业建设，通过技术创新和产品创新，不断提高泥炭产品的使用价值，降低资源消耗，减少加工过程的废气、废水和废渣排放，形成人与自然和谐发展的现代化泥炭产业格局，推进美丽中国建设，为全球生态安全做出新贡献。泥炭产品的应用重在促进人与自然和谐共生，构建科学合理的现代园艺生产模式、城市立体绿化模式，修复退化受损农田生态系统，建立优良生态安全格局，建立绿色低碳循环发展产业体系。

芬兰碧奥兰公司旗下生态活藓公司（Ecomoss）积极探索泥炭地表活藓工业化采收的工程设备和工艺技术。一块300hm^2的泥炭地分三年轮换巡回采集，泥炭活藓三年生成量与采集量同步吻合，实现了泥炭活藓资源的生成和开采平衡。这种创新性、可持续性泥炭利用方式，开辟了泥炭资源利用、湿地保护并行不悖的崭新途径，是泥炭产业的重大创举，值得我们学习和借鉴。芬兰在泥炭开采迹地上建设的生态旅游区，为人们提供了休闲度假空间和环境，为野生动植物保护提供了多样化生境，在湿地环境中，死亡植物残体不断积累，泥炭地发育和积累过程重新恢复。根据瑞典泥炭学会研究，泥炭开采后，修复重建为湿地或种植林木，对二氧化碳捕集固定效率远远大于泥炭地本身，而甲烷和氧化亚氮释放量却远远小于泥炭地。研究数据告诉我们，泥炭产业绿色发展与湿地保护并非根本对立。我们应该做到实事求是，因地制宜，而不是一刀切，违反自然规律强行保护已经死亡的泥炭地。为了商业化利用泥炭藓资源，同时又不改变湿地湿生环境，德国开展了大面积泥炭藓种植试验示范工程，把过去毫无经济产出的自然泥炭地改造成泥炭藓种植试验区，既保持了湿生环境，又生产了市场急需的泥炭苔藓，单位面积产值已经超过放牧奶牛所创造的价值，为我们提供了可持续利用泥炭苔藓、可持续湿地环境的成功范例。

走向生态文明新时代，建设美丽中国，是实现中华民族伟大复兴中国梦的重要内容。泥炭产业绿色发展的中心是人与自然和谐，目的是建设资源可持续利用和环境友好的美丽中国。由于我国地处温带季风气候区，大气降水量小于蒸发量，泥炭地水源补给主要以地表径流和地下水补给为主。我国泥炭地一旦水分补给发生改变，泥炭积累就会立即停止，泥炭地水文情势和植被类型随之发生难以恢复的退化。因此，我国泥炭地保护比北欧、北美难度更大，成本更高，成功可能性更小。鉴于我国泥炭形成环境和积累过程的本质特征，我国不应该背负不可能承担的泥炭地保护责任，而应强化湿地保护。因为湿地水文条件允许周期性波动，对一些已经退化衰亡泥炭地进行抢救性开发，既可以避免优质泥炭资源分解浪费，开采迹地湿地修复后，又可以重建湿地生态系统，多样性生境所产生的湿生木本植物可以实现比泥炭地更大的二氧化碳捕集和碳素积累，从而推动泥炭产业绿色发展、循环发展和低碳发展。通过构筑尊崇自然、绿色发展的泥炭生态体系，解决好工业文明与生态文明的矛盾，以人与自然和谐相处为目标，实现世界的可持续发展和人类的全面发展。

四、开放是泥炭产业发展的战略

要坚持开放发展泥炭产业，顺应我国经济深度融入世界经济的趋势，奉行互利共赢的开放战略，发展更高层次的开放型泥炭产业，从全球层面配置资源，提高我国在全球泥炭资源和泥炭产业的话语权，构建中国泥炭市场和西北欧、俄罗斯以及北美泥炭资源供应利益共同体。我国要积极吸引国外泥炭企业在我国建立办事处推广其泥炭产品。我国泥炭企业也要通过资金技术走出去、资源利润带回来的方式，参与国际泥炭市场竞争。要充分发挥“一带一路”平台优势，加快我国泥炭产业国际化步伐，不仅可以推动沿线国家泥炭产业要素自由流动、泥炭资源高效配置和泥炭市场深度融合，开展全产业链、高水平、深层次的泥炭产业合作，共同打造创新绿色动力，为沿线国家特别是中国的现代农业和环境修复服务；还能在引进消化国外技术、装备、认证的基础上，创新发展，弯道超车，取得自主知识产权，在“一带一路”的中亚、东南亚等经济发展落后地区整合资源、技术和投资，实行泥炭产业跨国经营，构建国际先进、地区领先的泥炭产业集团，推进我国泥炭产业向全球产业价值链中高端迈进，不断强化我国泥炭产业对全球和沿线泥炭产业合作进程的主导性影响，与沿线各国共同打造政策协调、产业融合、资源共享的利益、责任和命运共同体。

改革开放 40 年来，我国对外开放取得了举世瞩目的伟大成就，但受地理区位、资源禀赋、发展基础等因素影响，我国泥炭资源总量和品种相对稀缺，泥炭产业方兴未艾；而西北欧、俄罗斯、加拿大、热带国家泥炭资源富集，泥炭产业技术先进。“一带一路”连接亚太经济圈和欧洲经济圈，亚太经济圈市场规模和潜力独一无二，欧洲经济圈泥炭资源丰富、技术先进，但需求疲软。“一带一路”是推进泥炭多边跨境贸易、交流合作的重要平台，也是沿线国家合力打造平等互利、合作共赢的“利益共同体”和“命运共同体”的重要途径。通过双边多边投资保护协定，避免双重征税协定磋商，保护泥炭投资者和泥炭贸易经营者的合法权益。通过与沿线国家海关加强泥炭贸易信息互换、监管互认、执法互助合作，通过与沿线国家检验检疫部门加强泥炭检验检疫、认证认可、标准计量、统计信息合作，加强泥炭供应链安全与便利化合作，推进跨境监管程序协调，推动泥炭检验检疫证书国际互联网核查，开展“经认证的经营者”（AEO）互认，以降低泥炭非关税壁垒，提高泥炭技术性贸易措施透明度，提高泥炭贸易自由化、便利化水平，推动世界贸易组织《贸易便利化协定》生效和实施，简化泥炭通关条件，降低泥炭贸易成本。

“一带一路”平台既是一个全方位对外开放的倡议，又是一个泥炭产业转型升级、生产力水平提高的机遇。既要充分利用“一带一路”所创造的有利外部环境来推动泥炭产业转型升级和技术创新、加强泥炭产业能力建设、加快泥炭产业国际化步伐，又要与多边合作伙伴互利共赢，为他们企业和国家经济发展造血。对中亚、东南亚经济基础和技术薄弱国家，政府可以推动并出资，与沿线相关国家谈判协商建立泥炭产业园区，为我国泥炭企业抱团出去参与国际泥炭产业竞争创造条件，避免个别企业单打独斗走出去所面临的不利局面。泥炭企业可以走出去到这些国家建厂生产泥炭产品，帮助沿线各国创造亟须解决的就业、发展问题。加大对我国泥炭企业、我国泥炭品牌和我国泥炭产品的推广，坚决打击各种假冒伪劣产品和侵权行为，树立我国泥炭产品和我国泥炭产业形象。充分利用现代信息技术，打造网络“丝绸之路经济带”和“21 世纪海上丝绸之路”，拓宽泥炭产业合作发展途径。

五、共享是泥炭产业发展的归宿

坚持泥炭产业共享发展，就是对外坚持互惠互利、包容发展，对内坚持泥炭产业发展是为了人民、发展成果要由人民共享，使人民在泥炭产业共建共享中有更多获得感，增强发展动力，朝着共同富裕方向稳步前进。从增加公共服务供给角度，从解决人民最关心最直接最现实的食品安全和环境修复问题入手，提高泥炭产品的公共服务共建能力和共享水平，加大对现代园艺、立体绿化、土壤修复、平衡施肥、医药健康的泥炭投放力度，让广大人民群众因为泥炭产业发展得到食品安全、环境修复、生活美化的实惠。发展共享泥炭产业，可以促进就业创业，带动产品推广、运输物流领域的就业创业，提高农民收入。积极争取国家优惠政策，降低用户和农民生产成本。通过科技高效、绿色健康的泥炭产品使用，为用户带来更高产量、更好品质和更佳收益。

参 考 文 献

[1] Lappalainen E. Global Peat Resources. Jyska：International Peat Society and Geological Survey of Finland，1996：358，appendices.

[2] 柴岫．泥炭地学．北京：地质出版社，1990：1-3.

[3] 黄锡畴．试论沼泽的分布发育规律．地理科学，1982，2（3）.

[4] 韩德馨，等．中国煤岩学．北京：中国矿业大学出版社，1996：197-206.

[5] 21世纪初科学发展趋势课题组．21世纪初科学发展趋势．北京：科学出版社，1996.

[6] 封志明．资源科学导论．北京：科学出版社，2004：2-12.

[7] Maltby E，Immirzi C P. The Global Status of Peatlands and Their Role in Carbon Cycling. London：Friends of the Earth Trust Limited，1992.

[8] Moore P J，Bellamy D J. Peatlands. London：Paul Elek Scientific Books Ltd，1974.

[9] 张则友．泥炭资源开发与利用．长春：吉林科技出版社，2000：15-16.

[10] IMCG，IPS. Global Guidelines For the Wise Use of Mire and Peatlands，2000.

[11] 孟宪民．湿地与全球变化．地理科学，1999，19（5）：385-391.

[12] 黄锡畴．沼泽生态系统的性质．地理科学，1989，9（2）.

[13] 牛焕光，等．东北地区沼泽．自然资源，1980（2）.

[14] 马学慧，刘兴土．中国湿地生态环境质量现状分析与评价方法．地理科学，1997，17（增刊）：401-408.

[15] 柴岫．中国泥炭的形成与分布规律的探讨．地理学报，1981，36（3）.

[16] 马学慧．我国泥炭性质及其发育的探讨．地理科学，1982，2（2）.

[17] 马学慧，牛焕光．中国的沼泽．北京：科学出版社，1991：133-195.

[18] 黄锡畴，马学慧．我国沼泽研究的回顾与展望．地理科学，1988，8（1）：1-10.

第二章 02

泥炭矿床地质

深刻认识泥炭矿床和矿体地质特征，掌握泥炭成矿条件和成矿规律，根据不同矿床地质特征和矿区社会经济条件，因地制宜，科学规划，分步实施，是合理利用泥炭资源，科学管理泥炭沼泽环境，实现社会、经济和环境可持续发展的重要基础。研究泥炭矿床地质规律，既要分析泥炭成矿条件和成因类型，查明泥炭矿床地质规律和矿体空间分布、形态、产状以及规模等外部特征，也要研究泥炭矿体质量、技术物理性质、结构构造、矿石类型与品级以及矿石的加工特性，计算矿床中泥炭矿石中有用组分、伴生组分的储量，查明矿区水文地质、工程地质条件及其他有关自然经济条件，对泥炭矿床做出确切、全面的工业评价，才能为矿山设计建设、矿山生产或者为泥炭沼泽的责任管理提供科学依据。

第一节　泥炭成矿条件

泥炭矿床是一种历史自然体，是自然环境综合作用的产物。一切可以影响泥炭沼泽的发生、发展与特征的自然因素，都是泥炭矿产形成和赋存的控矿因素。控制泥炭地发生发展的因素包括地质、地貌、水文、气候、生物、时间等，但最基本的因素是水分和热量，其他因素都是通过改变和分配水热条件而间接地起到控制作用。水热组合的不同直接决定着有机质生长量和有机残体分解量的对比关系，决定泥炭矿床成矿过程中成矿物质输入通量，控制着泥炭地的特征、功能和效益。泥炭矿只有在含碳物质增长量超过其分解量时，才能得以形成、发育和扩展。

泥炭矿床既是诸多成矿因素综合作用的结果，也是自然环境的组成部分。泥炭矿区地质构造、新构造运动幅度、强度与频率、围岩和下伏岩层的岩性与空间形态、水源水量、水质与稳定性、植被组成与生物量、微生物区系与活性以及气候、人类活动干扰等都是决定泥炭矿床成矿作用强弱的重要因素，这些因素的组合对自然环境起到反馈作用。分析这些成矿因素的特征、作用以及在泥炭成矿作用中的影响，对认识成矿发生过程和成矿机制，合理开发和保护泥炭资源，都具有十分重要的意义。

一、气候因素

泥炭矿床作为一种生物成因的有机矿床，控制泥炭沼泽发生发展及其生态特征的基本因素来自于影响生物生长和分解的地表环境，特别是来自水分和热量因素。温度控制植物的生物生产量，湿度制约植物残体分解速度，不同的水热组合不仅直接决定有机质增长量和有机残体分解量的对比关系，也决定着无机界和有机界相互作用的性质和差别，决定着泥炭地与环境间的物质能量交换方向和速度。

水热组合不仅取决于气候条件的地带分布，也取决于泥炭矿区的地质、地貌、水文、植物等因素对水分、热量的再分配，因此泥炭的空间分布既具有一定的地带性规律，也具有相当大的非地带性。因为热量在纬度分布具有的鲜明地带性，而热量和降雨又具备一定的吻合性，因此，泥炭地空间和类型变化具有鲜明的地带性特点。从不同地带的植物残体堆积量和分解量可以看出，植物堆积量总趋势大致从极地冻原带向森林草原带逐渐增加（见表 2-1），此后因干旱而迅速减少，至亚热带森林地带又突然增多，及至赤道雨林地带其植物残体的堆积量达到最大。这种有规律的变化显然是受光热支配的结果。从植物残体的分解能力看，从寒带向热带逐渐增加，其间以温带、亚热带荒漠带分解力最大，显示出温度对植物残体的分解影

表 2-1 不同地带的植物残体堆积量与分解量（柴岫，1990）

地带	最热月平均气温/℃	堆积量/[t/(hm² · a)]	分解力/[t/(hm² · a)]
极地冻原带	<0.0	0.3	极弱
苔原带	7.2	1.4	微弱
针叶林带	17.0	8.0	6.0
阔叶林带	18.5	9.0	7.5
森林草原带	21.0	10.0	10.0
草原带	22.0	5.0	11.0
草原荒漠带	25.0	2.0	14.0
温带荒漠带	28.0	0.2	17.0
亚热带荒漠带	28.5	0.4	17.5
亚热带森林	25.5	11.0	15.0
热带稀树草原	27.0	6.0	16.0
季雨林	26.5	13.0	15.0
赤道雨林	26.0	16.5	15.0

响。水热组合的地带分布特点与泥炭类型和分布呈现强烈的相关性。

在接近北冰洋永冻土苔原地带，因为气候寒冷，降水量少，地表冷湿，所以尽管泥炭沼泽面积广，但泥炭层积累很薄，造炭植物以中营养和富营养的植物群落为主。在寒温带湿润针叶林地带，气候冷湿，植物残体分解缓慢，是世界上泥炭资源发育最广泛、面积最大、泥炭积累速度最快、泥炭质量最好的地带。造炭植物类型以贫营养的藓类植物为主，是国际园艺泥炭市场的主要资源来源。进入中温带和暖温带，气候温和，蒸发量大于降水量，湿度趋干，泥炭沼泽面积明显减少。只有在地下水源丰富补给和具有稳定积水条件的特殊地貌部位才能形成具有工业价值的泥炭矿产。而这样的水文地貌条件下形成的泥炭，因为受地表水水质影响，造炭植物群落必然以富营养草本植被为主，加上地表水源供应不如寒温带气候区那样稳定，所以所形成的草本泥炭具有鲜明的富营养、高分解、高腐植酸特点。我国绝大部分国土处在中温带和温带地带中，气候条件不利于泥炭积累，造成我国很少发育积累贫营养藓类泥炭，但广泛发育富营养草本泥炭。由于我国国土辽阔，自然环境差异巨大，具有草本泥炭发育的环境众多，泥炭总储量巨大，所以我国仍然属于泥炭储量较丰富的国家之一。到了热带雨林地区，虽然植物残体分解加快，但由于有机质生长速度更快，也导致大量泥炭积累，这就是在印度尼西亚和马来西亚大量热带木本泥炭发育的主要原因。

湿度对植物的生长和微生物的活动以及泥炭地的发育发展同样具有重要意义。当年平均降水量超过年平均蒸发量时，泥炭地就可以得到广泛的发育，所以在寒温带针叶林地带形成了泥炭强烈堆积区。如果湿润系数很大，不仅低洼地易于发育泥炭沼泽，甚至在正地貌上也可以形成泥炭沼泽，如在爱尔兰、英格兰和挪威的西海岸可以见到大量披盖式泥炭沼泽广泛发育，由于这样的泥炭地营养主要来自降水，所以绝大多数植物群落是贫营养的，所形成的泥炭都是贫营养藓类泥炭。

湿度影响微生物的活动强度。一般在湿度超过土壤最大持水量的60％～80％时，微生物的活动就会严重受到抑制（坂口丰，1982），当土层中的水分达到饱和时，则完全阻碍空气进入土壤，造成土层缺氧，抑制土壤中的微生物区系扩大和生命活动，阻碍有机质的氧化和生物化学作用，使植物根部呼吸发生困难，抑制中生、旱生植物定植和扩展，促进湿生、沼生植物繁衍，有利于造炭植物的生长和泥炭的积累。除此之外，水分和湿度还控制和决定造炭植物群落组分、分布和生物生产量。伊万诺夫（1957）和皮雅夫钦科（1959）研究发现，如果土壤潜水位经常高于根系分布深度，树木便会停止生长，而草本植物和苔藓植物会侵入生长。三江平原广阔原野上除了地势相对略高的局地生长了岛状林之外，地势平缓地带则全部生长草甸和沼泽植物，也是湿度选择的结果。在泥炭地内部，因为湿度条件的不同，植物呈带状分布，从泥炭地中心到边缘，植物群落组成依次是沼生植物、湿生植物、草甸植物、中生植物，直至过渡到旱生植物。这种湿度的差异，直接影响了泥炭地对植物残体的保护能力，造成泥炭地不同部位泥炭品位的明显差异。

全球泥炭的矿产分布既具有纬度变化规律，也有经度变化规律，即由极地到热带依次为寒带湿润弱泥炭堆积区、寒温带湿润贫营养强泥炭堆积区、暖温带弱泥炭堆积区和热带雨林强泥炭堆积区；从海洋到陆地的经度方向上，随着大陆度增强，泥炭积累减少，即沿海多于内陆，反应在垂直地带性上，泥炭地的分布高程由低向高变化，距海越远，泥炭分布高程越高。

了解控制泥炭成矿的水热因素与泥炭分布规律关系，可以为泥炭国际贸易和泥炭资源全球配置提供科学依据。由于寒温带处于泥炭强积累区，泥炭地营养来源以大气降水为主，气候条件有利于泥炭积累，泥炭类型也以藓类泥炭为主，是我国急需的高品位藓类泥炭的主要来源。我国位于中温带和暖温带的泥炭弱积累区，泥炭的发育和积累依靠地下水出露和地表水补给，矿质营养丰富，所以主要发育和积累低位草本泥炭，藓类泥炭矿产储量极少。市场所需要的高质量藓类泥炭，只有从国外大量进口，别无他策。由于北温带泥炭强烈积累区水热条件适于泥炭矿床形成和发育，导致泥炭沼泽广泛发育和泥炭的强烈积累。在这些有利条件下即使泥炭开采完毕，开采迹地只要稍加平整，排水去路封闭，泥炭沼泽很容易重新建立起来，泥炭积累和成矿过程就重新开始，泥炭沼泽重建可能不是一件需要耗费巨资的工程。而我国地处中纬度地带，蒸发量大于降水量，泥炭积累的水热条件不利，不利于泥炭沼泽的广泛发育，只有丘陵沟谷地下水出露地带或者是平原区的废弃河道稳定集水区的局部地段才有泥炭发育和积累。由于我国泥炭以地表水、地下水为主要营养来源，所以我国泥炭主要以草本泥炭为主，藓类泥炭只在大小兴安岭和长白山地有少量发育，且大多交通不便，保护严格。由此可见，我国泥炭沼泽完全依靠地下水、地表水的稳定程度，只要地下水、地表水资源稍有变化，即可对泥炭沼泽发展积累进程产生直接影响。所以，从泥炭地保护条件来讲，我国泥炭沼泽更容易受到外部环境变化而改变发展方向，受供水条件改变造成的泥炭沼泽退化更严重，恢复重建更艰难，需要投入的资金、人力、技术更大。从这个意义上来说，我国应该现实地、科学地定位自己的保护责任，不能不计成本和气候区域条件就承担与寒温带泥炭强烈堆积地区相同的国际责任，在水热条件不稳定的中纬度地带，泥炭积累强度、积累潜力和所需时间不可能与寒温带相提并论，我国的泥炭成矿环境是脆弱的、易变的，重建是艰难的，这是制定泥炭开发和保护政策时政府必须认清的现实。

二、地质地貌条件

地质条件对泥炭矿床的控制作用主要表现在新构造升降运动、岩石地球化学成分以及断裂破碎造成的水分补给对泥炭成矿的间接影响。新构造运动既影响地表形态变化，又影响地表侵蚀和堆积强度，从而影响矿区水文地质状况。地表形态与地表岩性的不同，也势必引起水热组合条件发生复杂变化，制约着泥炭沼泽的发育和分布。

新构造运动对泥炭成矿作用的影响是因地壳沉降上升对地表形态变化和地表侵蚀和堆积强度的控制作用，从而通过左右水文地质条件，直接或间接地控制水热条件方式，制约着泥炭的形成和发展。沉降运动所产生的断裂或节理容易受到风化剥蚀而扩展为洼地，利于水源的聚集，提供了泥炭地的有利地貌和水文条件，成为泥炭成矿场所。同时，构造运动的幅度、速度、频率等也影响着泥炭成矿过程、矿层的层数和厚度。由于泥炭形成历史大多为数千年到 1 万年，而一般的构造运动需要动辄上百万年、千万年的时间跨度，地质条件对泥炭成矿作用的影响主要来自地质背景和岩性条件。在长期下沉地区，地表处于堆积状态，地表低平，水流漫散，易于形成有利的泥炭成矿地貌条件。如果地壳下沉速度与泥炭积累速度接近，则泥炭沼泽的地表水分状况和植被类型以及分解速率将会保持稳定，就可能形成巨厚的泥炭矿床。如果地壳下沉速度大于泥炭积累速度，就会发生泥沙掩埋，造成泥炭沉积间断，出现夹层现象。而在地壳上升区，地表易于形成侵蚀切割地貌条件，积水条件不稳定，不利于泥炭形成和积累。

地貌形态是决定和引起水热分配及组合变化的重要因素，而地貌形态对泥炭形成和发育的影响在不同地貌类型中的反映是不同的。泥炭主要在负地貌部位发生发育，特别是冰川冰缘地貌对泥炭沼泽的发育形成十分有利，流水地貌中的间歇性流水和经常性流水塑造的各种洼地也是发育泥炭沼泽的有利场所。滨海地貌常在沙坝间、泻湖等地段形成稳定的成矿条件。构造运动的升降起伏和气候作用决定了第四纪地层的厚度和岩性分异，在负地貌区沉积了粉沙黏土、黏土或亚黏土层，创造了较好的积水条件，利于积水发育泥炭沼泽。地貌对泥炭成矿作用的影响还体现在矿床矿体形态上，地貌是泥炭矿床或矿体的围岩，地貌形态控制着矿床矿体的形态。平坦的基底，往往形成巨大面积的泥炭矿床，曲折回转的牛轭湖则决定了泥炭矿体的形态是矿体狭长、宽度狭窄的线条状，蝶形洼地上发育的泥炭矿床大多呈锅底状形态。了解围岩对矿床形态的控制可以在布置泥炭勘探工程中降低勘探成本，提高勘探效率。

泥炭地地表因水分条件的差异，不仅会造成成矿作用变化，表现出成矿条件和成矿强度的变化，还会产生不同微地貌类型。泥炭成矿过程中由于生物成矿作用，会在泥炭地表形成不同形态的微地貌，这些微地貌条件既是泥炭成矿条件作用的结果，反过来又对泥炭成矿过程起到正负反馈作用，加重或减弱泥炭发育和积累强度，加强或减弱泥炭地环境效应和功能。从表 2-2 可见，不同泥炭矿床地貌类型中，地貌形态对水分分配起到重要的分配作用，而不同形态微地貌又对泥炭成矿产生直接和间接的影响。

决定泥炭矿床发生发育的重要因素是矿区补水保水条件。矿区水分的积累和分布很大程度上取决于基底的机械组成。矿区存在一定厚度的不透水层，是保证矿区保水滞水能力的重要基础。矿区周围存在一定涌水能力的含水层，是泥炭发育水分

表 2-2 泥炭地微地貌特征

泥炭矿床地貌型	泥炭矿床地貌种	特征
低洼型	团块状草丘	植物受地表水或地下水补给,植被由密丛型草本植物组成
	垄状与垄网状草丘	因泥炭地表水分多寡呈梯度分布,所以这些孤立草丘相互连接形成同心圆状,随泥炭地表水分差异呈梯度分布
平坦型	微小草丘	受降水补给,位于低位泥炭地中心和高位泥炭地边缘
	草丘-藓丘	受降水补给,位于低位泥炭地中心或高位泥炭地边缘
凸起型	藓丘	位于高位泥炭地中心,脱离地下水影响
	垄岗-湿洼地	位于缓坡圆形泥炭丘的边坡上,呈等高分布
	垄岗-湖洼地	位于缓坡圆形泥炭丘的边坡上,呈等高分布
复合型		两种以上微地貌复合而成
阿帕型		低洼泥炭沼泽外侧镶嵌发育高位凸起藓丘
披盖型		高位泥炭发育覆盖在起伏山峦岗地上

的重要稳定来源。稳定的地下水供应，比地表水的间歇性供应更有利于泥炭发育。

三、水文情势

水文因素是泥炭地成矿的重要控制因素，水文因素必须与地貌条件紧密配合，水文补给方式、频率、补给量以及水化学性质都直接或间接地控制和影响泥炭成矿过程，制约着泥炭矿的规模和质量。水文情势是泥炭成矿区域内各种水文要素的时空变化状态，包括降水、蒸发、汇流、下渗、外流、水位等指标的时空动态。泥炭沼泽的水文情势既受气候带的影响，更受局地环境对水热资源分配的制约。因此，泥炭地分布既具有地带性的趋势，也有非地带性的特点。

地带性大气降水和蒸发比值制约着泥炭沼泽的分布区域，全球两个泥炭沼泽集中分布带是沿纬线延伸的寒温带针叶林和赤道雨林带，这两个地带都是降水丰富和潜水埋藏浅的湿润地带。其中俄罗斯的泰加林带平原辽阔，冲积、洪积和坡积潜水丰富，大气降水和冰雪融水形成的地表径流汇集在各种平坦低洼地形上，难以外泄，所以地表水淹水频率大多超过半年，常年积水深度在 10～20cm 左右。丰富的降水和地表积水的稳定造成本区泥炭沼泽发育广泛、类型众多。泥炭积累速度快，泥炭矿层深厚。赤道雨林地区同样降水丰富，成矿区域水源丰富，满足了泥炭地长期积水的环境要求，使植物生长旺盛、分解缓慢，从而使泥炭快速积累。

从泥炭发育地域的水分条件看，泥炭沼泽既可以在冷湿的条件下发生发育起来，也可以在高温高湿的条件下发生发育起来，只要水源充足，且地表长期为水饱和，适宜的造炭植物就会侵入，泥炭地就必定发育发展起来。在冷湿的寒温带气候区，大气降水已经能够满足泥炭发生发育的基本条件，水文条件有利于泥炭形成和积累。所以，可以在各种地貌部位经历水体沼泽化或陆地沼泽化过程积累贫营养的藓类泥炭。在这样的水文气候条件下，即使泥炭开采完毕，遗留的开采迹地也会迅速地恢复沼泽化过程，继续进行泥炭积累。由于我国地处中纬度地带，总体水热条件对泥炭成矿不利，只有在地表水源丰富稳定、水中携带营养丰富的山区、山区平原交界和平原区的河流废弃河道中才有大面积泥炭地发展扩展，因此我国泥炭地成矿具有鲜明的地域特色和类型特色。在我国的三江平原地区，在河漫滩上、阶地上以及湖滨上分布着大面积沼泽湿地，其水源补给主要有河川泛滥、地表径流和大气降水，由于地表低平、排水不畅，造成地表积水或过渡湿润，形成大面积沼泽湿地。特别是挠力河中段河漫滩宽广，最宽达 34km，来自山区和挠力河上游的丰富径流给河漫滩带来丰富水源。由于该区坡降平缓，水流漫散，排水不畅，造成沼泽发育极为广泛。但是，尽管本区水源丰富，由于本区沼泽蒸发量远远大于降水量，地表径流供给的水源具有明显的季节性特点，干湿交替明显，水文情势中的淹水周期、淹水频率和淹水深度三个指标无法满足泥炭积累所必需的常年稳定积水的要求，所以本区泥炭面积远远不及估算的面积大，只有在积水稳定的牛轭湖、旧河道、深洼地和山区沟谷地带才有较多的泥炭积累。

四、生物群落

泥炭地是一个生物化学主导的成矿系统，各种成矿因子是泥炭地成矿的外因，湿地生物生产和分解合成是泥炭地成矿的内因，成矿因素通过湿地生物起作用。湿地植物的生存和生长与环境关系密切，在植物生长过程中，从环境中吸收必需营养，成矿环境对造炭植物群落类型和生物生产量起决定性的作用。同时植物也对成矿环境产生直接的反馈作用，对环境产生影响。造炭植物在对环境的适应中，形成了特殊的形态结构以及生态习性。因此，每种造炭植物只能在它所适应的环境里生活，使造炭植物与成矿环境之间形成了相互影响、相互制约、对立统一的辩证关系。

泥炭的形成是死亡植物残体分解与分解产物再合成的过程。在嫌气无氧环境中，植物残体破碎软化，一些分解产物在微生物作用下重新合成腐植酸，从而使泥炭具有其他有机物缺少的特殊性质，成为重要的矿产资源。含碳物质的分解和再合成是微生物活动的结果，因此，控制泥炭矿中微生物数量、组成、活性的环境因子对成矿作用的强弱起着重要作用。由于泥炭地中不同空间位置的水、热、营养、通气条件的差异，导致泥炭矿中不同位置微生物数量、组成和活性的差异，由此控制泥炭地不同位置含碳物质的保护能力的差异，表现为泥炭品位的空间变化。

对森林沼泽、藓类沼泽、草本沼泽三种泥炭地的植物生产量和泥炭堆积量的测验研究表明（Reader，1972），不同沼泽植物生长量和残存量极不相同，其中以泥炭藓沼泽的一年内残存量最多，有机体损失最小（表 2-3）。说明不同植物群落的生产量和残存量因环境的差异和植物抗分解的能力不同而不同，导致泥炭的积累速度也不相同。从泥炭积累量看，泥炭藓积累量最少，边缘洼地堆积量最高，这可能与堆积时间、分解度不同有关。积累时间越短的，泥炭的积累率越高。

表 2-3　不同植物群落的生物生产量与泥炭积累堆积量（柴岫，1990）

类型	生物量/(g/m²)	枯叶量/(g/m²)	一年后枯落物量/(g/m²)	泥炭厚度/cm	泥炭积累时间/年	泥炭年堆积量/(g/m²)
森林沼泽	709.9	48.8	344.6	185～190	4525±126	36.3
藓类沼泽	922.6	846.0	638.3	200～205	7939±103	26.8
草本沼泽	1631.0	1128.0	843.5	80～85	2960±73	23.7

土壤微生物和土壤动物包括细菌、放线菌、真菌和一些小型土壤动物，是沼泽生态系统中的分解者。细菌和真菌能分泌消化酶，把动植物残体中的有机物变成可溶状态，然后被植物吸收利用。通过这一过程，有机物被分解成无机养分，返回于环境之中。一些小型土壤动物如线虫、蚯蚓、蓟马等在动植物残体分解过程中也起着重要作用，它们与细菌、真菌一起加速了生物残体的分解与转化，对沼泽生态系统中物质转化、能量流动起着重要作用，制约着沼泽类型的分异和演替。由于微生物对生态环境变化比较敏感，沼泽土壤微生物主要类群的组成和数量变动也是表征沼泽类型性状的重要指标。从不同沼泽土壤类型微生物的数量和组成看，无泥炭的矿质沼泽土层中各层次中微生物数量均大于泥炭沼泽，其中好氧细菌高出 0.2 倍、放线菌高出 0.4 倍、真菌高出 2 倍，土壤中好氧纤维分解菌、芳香族化合物利用菌、铁还原菌数量均大于泥炭沼泽土壤，只有反硫化细菌的数量小于泥炭沼泽土壤（表 2-4），这符合泥炭沼泽土壤还原性强、通气不好、反硫化细菌数量少的一般规律。

表 2-4　不同沼泽环境中每克干土中的微生物数量和组成　　单位：万个

样品类型	采样部位	微生物总数	好氧细菌	厌氧细菌	放线菌	真菌
泥炭沼泽	草根层	2838.29	2767.99	22.96	35.15	12.19
	泥炭层	53.77	43.15	2.3	7.92	0.40
	腐泥层	36.02	32.66	1.17	2.15	0.04
	潜育层	16.38	15.41	0.17	0.78	0.02
矿质沼泽	草根层	3181.51	3148.56	11.66	12.42	8.87
	腐殖质层	648.89	614.56	8.15	15.62	10.56
	过渡层	59.60	55.92	0.57	1.97	1.14
	潜育层	13.14	11.38	0.29	1.44	0.03

从表 2-4 可以看到，沼泽环境距某物种最适条件越远，该物种的数量越小，生态位值越低。泥炭沼泽长期积水，通气性差，介质酸性强，地温低且上升慢，造成好氧细菌数量降低，但利于厌氧细菌和反硫化细菌的数量及活性增加。同样，泥炭沼泽的生态条件由于通气性差，也不利于放线菌的生长和繁衍，因此表现出泥炭沼泽的放线菌和真菌数量总体上低于矿质沼泽。氧的缺乏可能是真菌实际上很少存在

于未经排水的泥炭沼泽的主要原因。Wakesman 和 Steves 对美国一个低位泥炭沼泽土壤样品的微生物学分析也证明了这一点。矿质沼泽则由于积水不稳定，氧化还原条件更迭频繁，比泥炭沼泽更利于多种微生物的增殖。在渍水的矿质沼泽中，真菌数量也可能降低到泥炭沼泽的程度，但水分一经排干，真菌便迅速恢复。在矿质沼泽的良好通气和水分条件下，较有利于好氧菌如纤维分解菌、芳香族化合物利用菌和铁细菌等的增殖和发育，从而促进了矿质沼泽中纤维素、半纤维素、木质素的分解，也有利于土体中变价元素如铁、硫、锰等的转化，加快了矿质沼泽中物质转化和能量流动及土壤剖面的发育。两类沼泽土壤中真菌区系种群组成鉴定结果表明，尽管在真菌数量上二者相差悬殊，但其真菌优势类群却基本相似。两种沼泽真菌优势类属中，木霉属的出现频率最高，一般占 35%以上。两种沼泽真菌优势类属的差异，主要表现在泥炭沼泽中发现了青霉属（*Penicillium* sp.），而矿质沼泽中未发现，这可能与两类沼泽的生态环境有一定关系。此外两种沼泽土壤微生物数量随土壤深度增加而减少。不论哪个季节，土壤微生物数量的表聚性都很明显，这表明草根层是沼泽生态系统中物质转化和能量流动最活跃的层位，土壤微生物在其物质能量交换中起着重要作用。总的来看，两种沼泽土壤中各种微生物的数量均有明显的季节变化，一般以夏、秋两季较高，冬、春两季较低。

泥炭沼泽和矿质沼泽的微生物数量存在差异，导致在植物残体的分解和转化途径上也存在重大差异。矿质沼泽微生物数量多，活性大，尤其是放线菌和真菌数量较多，有利于死亡植物残体的迅速分解，加速各种生命元素的地球化学循环，不利于有机质的积累和泥炭的形成。泥炭沼泽微生物数量少、活性弱、还原作用强烈，不利于植物残体的分解，有利于泥炭的转化和积累。这是生物因素对沼泽分异和泥炭积累的直接作用。

湿地土壤中的微型动物数量也因其环境的胁迫作用而较低，湿地中常见的土壤动物有 35 类，隶属于 3 门、7 纲、13 目、22 科。大型土壤动物 20 类，其中优势类群（个体数占总个体数 10%以上）3 类，常见类群（个体数占总个体数的 1%～10%）8 类；中小型土壤动物 26 类，其中优势类群 3 类。在不同湿地类型中，因渍水还原条件的差异，土壤动物的差异也较明显。各景观中，无论是大型还是中小型土壤动物的类群数与个体数量（占总数量的百分数）均以沼泽化草甸为高，表明该景观的环境条件最适宜土壤动物生存和繁衍。而在最湿的芦苇沼泽和最干的农田，土壤动物的类群数个体数量均为低值。土壤动物生物量表现出表层高于下层的特征。沼泽化草甸土壤动物的多样性与均匀性最高而优势度最低，说明了相对干的环境中土壤动物类群的不稳定性和个体数量的高度集中性。大型土壤动物与中小型土壤动物相比，表现出较大的差异性。多样性与均匀性以芦苇沼泽为最高而优势度最低。在其他景观中广泛出现数目较大的线蚓、线虫和蚁类在该景观中没有或极少分布。芦苇沼泽积水较深及酸度较高的环境，形成以鞘翅类昆虫、双翅类幼虫、跳虫和蜘蛛为主体的稳定而特殊的土壤动物群落。另外，能疏松土壤、增加土壤肥力、使土壤形成良好结构的线蚓、蚯蚓等在芦苇沼泽和农田中几乎没有分布，而较多地分布在沼泽化草甸中。从土壤动物的垂直分布看，无论是大型还是小型土壤动物，其类群数、个体数量与生物量均表现出表层大而下层小的特征（见表 2-5）。

表 2-5 不同湿地类型土壤动物生物量 单位：g/m²

景观类型	表层土壤	下层土壤	合计
芦苇沼泽	0.8190	0.0070	0.8260
膨囊苔草-小叶章沼泽	13.1226	0.0426	13.1652
沼泽化草甸	13.2750	0.0404	13.3154
农田	0.0714	0.0092	0.0806

五、时间因素

时间和空间是物质运动的基本形式，一切运动的物质都有其时间和空间的存在形式，也只有在一定的时间空间中才能存在、运动和发展。时间是物质运动的顺序和持续，空间是物质运动的外延和发展。任何物质都有一定的范围以及同其他物质的位置关系。泥炭物质的来源是大气中的二氧化碳，二氧化碳是在泥炭沼泽的特殊环境中，通过植物和微生物的生命活动，经过一系列复杂的合成分解过程，将随机混乱分布的二氧化碳和水建构起层次分明、富集独立的泥炭矿床。这种在太阳能驱动下的含碳物质运动，既包括了矿体在垂直和平面空间上的增厚和扩展，不断改变矿体与周围环境的相对关系，同时也包含了泥炭矿体从起源到扩展、直到顶级阶段的历史过程。考察时间对泥炭矿床的控矿作用主要从泥炭垂直方向上的积累率和从平面状态的扩展率来进行。

泥炭矿是一个生物源导入的历史自然体，有其发生发育发展直至衰亡的过程。泥炭控矿条件为泥炭发生发育提供了环境，泥炭矿储量要达到具备开发利用价值的工业规模，则必须经历数千年到 1 万年左右的时间。在这数千年的时间长河里，如果控矿条件维持稳定，则泥炭地将形成连续完整的矿层，并且随着泥炭层增厚，泥炭矿床面积也在不断扩展，矿床规模不断扩大。但是，泥炭矿层在不断加厚、矿体不断扩展的同时，泥炭地也会对成矿环境产生反作用，泥炭地积累环境发生相应的变化。例如，矿体加厚了，矿床地表高程与矿床周边地面高程会产生相对变化，水分进入泥炭矿床的量和质也会发生改变，由此造成泥炭地地表植被组成的改变，进而制约着泥炭物质输入量和分解动力的变化。如果泥炭地厚度增长到一定程度，泥炭地含碳物质输入量就将达到与分解量相平衡的状态，泥炭地就将进入平衡-衰亡期。因此，时间对泥炭矿床的影响告诉我们，任何泥炭矿床都有起源、扩展和平衡衰亡的历史过程，我们所看到的泥炭地只不过是泥炭成矿运动历史的一瞬，如果我们的研究工作能够探知泥炭地所处的历史阶段和对周边环境的关系，我们就能对泥炭地开发利用、保护提出精确科学的建议。

泥炭的形成和积累是泥炭沼泽发育的最基本形式，对沼泽的发育、发展起着决定性的作用。泥炭积累速度取决于植物生产量和分解量的平衡，只有在每年植物生产量超过分解量时，才有泥炭的形成和积累。考察时间对泥炭成矿的影响，学术界通常采用泥炭积累率（或堆积率）和累计量两种方式表示（张则有，2001）。前者用单位时间里泥炭积累的垂直厚度表示，单位为 mm/a。后者用单位时间、单位面积泥炭堆积的数量表示，单位为 $g/(m^2 \cdot a)$ 或 $kg(t)/(hm^2 \cdot a)$。在开展泥炭研究之初，泥炭积累率采用泥炭地中松树树干生长与造炭植物生长的关系测定，其结果为 3.3～4.9mm/a。因为此方法只适于表层泥炭积累率测定，此层的植物残体尚未泥炭化，因此数据结果明显偏高（张则友，2000）。在放射性碳测年技术没有成熟之前，杜尔诺（1961）、韦伯（1967）、瓦尔克（1971）等采用孢粉分析对深层泥炭积累率进行测定分析，结果显示，全新世泥炭积累速度为 0.12～1.9mm/a。这种方法由于孢粉分析不能得到绝对年龄，加之气候周期的局限性，实用范围很小。放射性测年技术发展起来之后，使泥炭积累率测定精度有了明显提高，与孢粉分析方法相结合，还可以分析泥炭积累的古气候、古地理环境。此外，根据造炭植物残体中纤维素分解释放出二氧化碳所放出的能量，赵谷华 1983 年提出以植物残体的耗失量测定泥炭的积累率和泥炭化作用时间。根据各国泥炭积累率研究结果，世界各地不同时期泥炭积累速度差异很大（表 2-6）。

表 2-6 苏联全新世泥炭积累速度（柴岫，1990）

时代	绝对年代	积累速度/(mm/a)			样品数
		最小	最大	平均	
全新世早期	7700～9800	0.09	1.91	0.63	21
全新世中期	2500～7700	0.12	0.67	0.32	48
全新世晚期	0～2500	0.20	2.00	0.99	60

表中泥炭积累速度差异既有泥炭积累环境的原因，也有计算方法和计算依据的偏差，给人们提出了寻找更可靠评价指标的要求。近年来，由于对大气二氧化碳浓度增加和全球变暖的关注，对泥炭积累率研究增多，表达方式趋向于使用单位面积单位时间的碳素积累率方式。对最近 300 年以内泥炭中碳积累率变动研究表明，积累率变幅因泥炭地类型和泥炭分解程度的不同变化在 10～300$g/(m^2 \cdot a)$（Tolonen，et al，1996）。Turunen 研究了芬兰 1302 个泥炭剖面数据，证明在未排水现代泥炭地的积累率为 18.5$g/(m^2 \cdot a)$。加拿大、俄罗斯西西伯利亚积累率为 20$g/(m^2 \cdot a)$ 和 17.2$g/(m^2 \cdot a)$（Turunen，2000），芬兰采用测地雷达、无线湿度、电导、温度探头和 82 个放射性碳计年方法，研究了芬兰 2 个高位泥炭的横向、垂向扩展速度。其平均碳素积累率为 8.0～20.5g $C/(m^2 \cdot a)$。证明了大气碳向泥炭地的净转移趋势，高位泥炭地的含碳物质积累率远远高于低位泥炭地，确认了北半球泥炭地对全球的重大意义。

从泥炭积累率研究结果看，由于气候的空间差异和时间上的变化，泥炭积累速度在同一时期、同一气候带内是相似的，而同一时期不同气候带的泥炭积累速度则不相同。同一气候带，积累时期不同也会有很大差别。多数研究结果认为，全新世晚期气候温凉湿润，对泥炭积累有利，所以泥炭积累速度最快。全新世中期气候温暖湿润-温凉干燥，对泥炭积累不利，所以泥炭积累速度最慢，不足全新世晚期的1/3。全新世早期气候冷温干燥，泥炭积累条件介于全新世中、晚期之间。这个推断结果与实际情况有很大差异，因为底层泥炭形成后，仍然处于缓慢分解过程中，全新世早期的泥炭因形成时间早、泥炭经历分解时间长，因而泥炭分解细碎，残留量相对较少，表现在泥炭积累速度就低。全新世晚期的泥炭形成时间短，经历分解时间少，残留率高，因而在同样时间长度内，泥炭积累率数值必然比下层的高，显示出全新世晚期泥炭的高积累率。泥炭剖面是由不同年龄的泥炭层交替叠置而成，以不同厚度泥炭的年龄差计算出的泥炭积累率在表征和对比不同地区、不同类型、不同层位的泥炭积累差异时，就会出现许多问题。特别是泥炭年龄的测定结果是随机的，很难有相同时间段泥炭层数据可以相互对比。不同泥炭地相互比较时，只有采用相同时间段或相同积累期的泥炭积累率数据相互比较才有意义。传统泥炭积累率因为是通过现存泥炭厚度所经历的积累时间计算的，因而又称为表观积累率（IMCG，2000），它只可以大致地表达从泥炭积累以来到现在的泥炭积累率，因为不是泥炭的真实积累率，所以绝对不能用不同层位的积累率计算数据来对比不同泥炭地的真实积累率。

从泥炭积累过程看，如果含碳物质输入泥炭层后，不经历任何分解，那么泥炭层中的含碳物质积累就应该呈线性，它是每年输入泥炭中的含碳物质总和。由于泥炭过程也伴随着少量分解，泥炭积累是输入量大于分解量的结果，因此泥炭积累是一个指数增长过程。曲线的弦LORCA是泥炭长期表观积累率，即通常所说的泥炭积累率，它表示泥炭自积累开始到现在每年的泥炭积累量。泥炭积累曲线的斜率则是泥炭积累过程中的各个此刻泥炭的瞬间积累率，它表示了聚碳系统在不同时刻的泥炭真实积累率。因为它准确地表达了泥炭物质输入、分解与积累的关系，可以真实地反映不同泥炭地、不同时期的实际泥炭积累率。

第二节 泥炭成矿过程

成矿过程是在各种有利成矿条件下，矿物矿体经历一系列物理、化学、生物学和地质作用，聚集形成具有工业价值矿产的过程。泥炭成矿过程由成矿途径、物质积累、性质转变、能量转化四个基本过程组成，泥炭成矿过程是一个从无序走向有序的自然过程。研究泥炭成矿过程、积累规律、性质转变和能量聚集，对认识泥炭矿床地质特征、分析泥炭矿体地质条件、合理利用泥炭资源、科学保护泥炭沼泽，具有重要的现实意义。

一、泥炭成矿途径

泥炭成矿是在有利控矿环境下从非泥炭沼泽演变为泥炭沼泽的地表过程，是泥炭矿形成发育的基础。由于初始控矿条件不同，所以泥炭成矿途径和成矿结果必定不同，由此控制和决定着泥炭积累的品位和矿床规模。根据泥炭成矿途径受水体的影响程度和初始物质来源与物质积累方式的不同，可以将泥炭成矿途径划分为水体沼泽化和陆地沼泽化两大类型。不同成矿途径具有不同的成矿环境、物质来源和物质积累方式，因而具有不同的泥炭矿规模、品位和利用方向。

（一）水体沼泽化

水体沼泽化是泥炭积累的重要途径之一。水体沼泽化主要发生在湖泊、水库、河流等陆地水体。但是并不是所有水体都具备水体沼泽化的条件，水体沼泽化只有在水的深度不大、波浪较小、水温适宜、含盐度低的条件下才能进行。咸水湖或碱水湖因盐分较大，植物生长困难，泥炭沼泽化则难以发生。有些大型的构造湖、火口和吞吐湖，因水深岸陡，波浪剧烈，水位变幅显著，植物生长困难，也难以实现泥炭沼泽化。一些河流由于水流湍急，边岸陡峭，冲刷强烈，水位变化强烈，也不利于植物生长和泥炭沼泽化的进行。

在水体沼泽化中，又有缓岸湖泊沼泽化和陡岸湖泊沼泽化两种，见图 2-1。两种水体泥炭化过程在植被带推进过程和物质组成上都有一定差异。

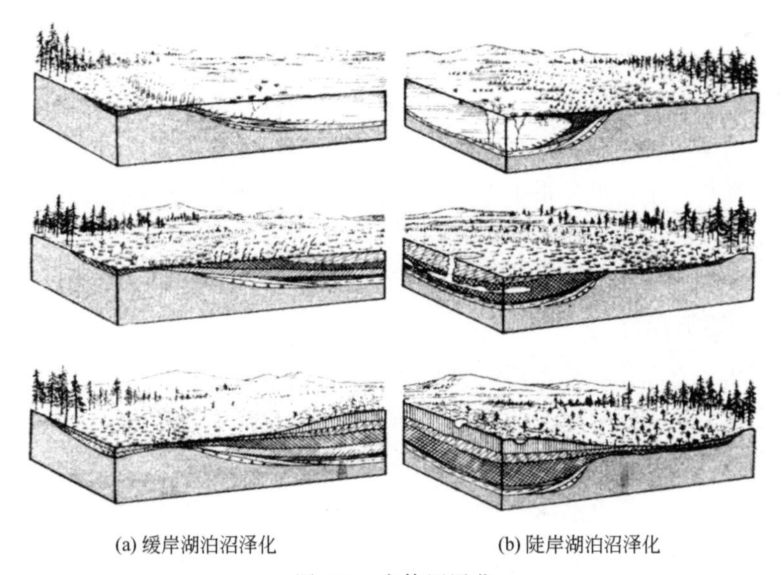

(a) 缓岸湖泊沼泽化　　(b) 陡岸湖泊沼泽化

图 2-1　水体沼泽化

1. 缓岸湖泊沼泽化

缓岸湖泊沼泽化是从边缘开始的。首先在岸边浅水带生长挺水植物，因水深不同，挺水植物群落呈带状或同心圆状有规律分布，向湖心逐渐生长沉水植物。注入湖泊的水流所携带的泥沙淤积和死亡植物残体的堆积，使浅水带逐渐向湖心推移，沼泽植物也向湖心蔓延，最后整个湖泊长满了沼泽植物。

2. 陡岸湖泊沼泽化

陡岸湖泊沼泽化是从水面植物繁殖过程开始的。在背风侧的湖面生长着长根漂浮植物，它们根茎交织，常与湖岸连在一起，形成较厚的漂浮植物毡，俗称漂筏。随着植物不断繁殖、生长，浮毡逐渐扩大，厚度增加，浮毡下部的植物残体在重力作用下脱落湖底，年积月累，使湖底变高。浮毡布满水面，但与湖底之间尚存在水层，随着时间推移，湖底泥炭堆积愈来愈厚，直至水层消失，两者相接，湖泊最后演化为沼泽。漂浮植物毡布满湖面需经历长期的演化过程。初期由于风浪作用，往往使浮毡碎裂，小块漂筏像绿色小舟，随风漂游散布在湖中；沼泽化后期，各漂浮植物毡逐渐扩大，彼此结合，布满整个湖面，但在个别接触处还有局部明水，称为湖窗。此外，因漂浮植物种属不同，以及受其他因素影响而造成生长状况的差异，使浮毡厚薄不均，薄层地段人畜行走其上，有沉陷危险，在东北地区把这种现象叫作“大酱缸”。当年中国红军长征走过的“草地”中，有些沼泽就是“人陷不见头，马陷不见颈”的漂筏沼泽。

陡岸湖泊沼泽化在中国东北和西南地区以及西北内陆地区的一些湖泊都可看到。此外，人工湖泊——水库，也可以沼泽化，在岸边形成漂筏层。上面所举的都是湖泊正在沼泽化的例子。由昔日的湖泊演变为沼泽的可通过地貌形态特征的观察以及植物孢子花粉和残体的分析鉴定证明。

3. 河流沼泽化

在流速缓慢或水流停滞的小河或河流的个别河段，在岸边甚至到河心，常见到水草丛生的沼泽化现象，其发育过程大部分与湖泊沼泽化相似。如三江平原的一些河流，由于地势低平、坡降很小、水流缓慢、河道弯曲、水草丛生，具有沼泽性河流的特点。沼泽化河流的泥炭层一般较薄，有的地段没有泥炭堆积，这是因为死亡植物未完全分解的残体在缓慢流动的河水中被冲走的缘故。

（二）陆地沼泽化

如果说水体沼泽化对生态环境的变化是由水趋陆的过程，那么陆地沼泽化恰恰相反，是在不断增强湿地生态环境。陆地沼泽化过程主要有以下三种。

1. 草甸沼泽化

由于大气降水或河流泛滥，地面季节性积水或土壤季节性过湿，发育了草甸植物群落。在地表水和地下水作用下，土壤孔隙长期被水填充，通气状况恶化，造成厌氧环境，并引起土层严重潜育化，死亡的植物残体在厌氧条件下，分解非常缓慢，使地表形成的草根盘结层加厚。草根层具有很强的蓄水能力，进一步加强了地表湿润程度，致使大量的喜湿植物侵入。随着沼泽化过程不断发展，土壤营养元素不断累积在未分解的植物残体中，使土壤灰分元素渐趋贫乏，要求营养成分不太高的沼生植物逐渐取代了湿草甸植物，最后演变成沼泽。如三江平原的平原面上的沼泽区，大部分沼泽是由于地势低平、降水宣泄不畅、地表积水过湿、草甸植物逐渐演替为湿生植物而来。总之，草甸沼泽化过程是草甸过度湿润导致土壤严重潜育化形成的厌氧环境以及植物残体强烈的蓄水能力共同作用的结果。

2. 森林沼泽化

在我国高寒山区森林带，特别是寒温带、温带的针叶林和针阔叶混交林带，常有面积不等的沼泽分布其间，有的镶嵌在林海中间，有的分布在林下，严重影响树木生长和更新。在一般情况下，森林是不易发育沼泽的，只在森林采伐迹地或火烧迹地才能看到沼泽化现象。因为树木消失后失去了巨大的吸水能力，破坏了土层的水分平衡，使土层过湿或地表积水，导致迹地沼泽化。在季节冻土时间长并有永冻层分布的山地，水分下渗困难，地表过湿，也容易引起林地沼泽化。林下沼泽或林间空地的沼泽不断向四周扩展，恶化了树木的生长环境，造成树木大量死亡而形成“站杆”，或因限制了树木的正常发育，出现树木枯梢、生长缓慢现象，使树木变成矮小的“小老树”。这种现象，在大、小兴安岭和长白山都可以看到。

3. 冰缘沼泽化

在无冰川覆盖但又受寒冷气候影响和以冻融作用为主的冰缘地带，由于地下冻层存在造成地表积水无法下渗，导致地表过湿，形成沼泽。冰缘沼泽化在寒温带地区广泛分布，在我国只有大兴安岭局部地区可以发现。

二、泥炭成矿作用

从死亡植物残体演变为泥炭，需要经历生物化学分解和生物化学合成两个重要阶段，由此产生泥炭独特的物理、化学和生物学性状以及不可替代的特殊功能。

典型泥炭剖面由两个重要层位组成：地表 10～20cm 的活性层（acrotelm）和下面的惰性层（catotelm）。活性层对应中文的草根层或泥炭形成层，即造炭植物根系生长生活的地方，泥炭积累的植物残体就是在这个层位生长生活直至衰老死亡，倒伏地表，回归自然。一个泥炭地如果活性层受到影响和破坏，泥炭的积累就无从谈起。由于地表水一般不能淹没活性层，整个活性层基本处于好氧状态，所以栖息和活动的微生物主要以好氧细菌、放线菌和真菌为主，分解力强大，分解产物相对彻底。泥炭地的惰性层位于活性层之下，常年地下水位能够淹没或充满惰性层，因此惰性层的植物残体分解以厌氧分解为主，分解强度较弱，分解效率较低。因此，从活性层转来的植物残体在此处逐层积累起来，形成泥炭矿体。

在活性层的好氧条件下，植物残体遭受彻底分解，转化为二氧化碳和水，只剩下矿物质残留，这个过程称为灰烬化作用。我国很多矿质湿地不能形成泥炭积累的重要原因就是植物残体在水分不稳定的好氧条件下遭受彻底分解的灰烬化作用。

植物遗体在地表活性层好氧微生物作用下，腐朽变干，但随后积水突然增加，使植物残体迅速沉入水底，植物细胞壁中的木质素和纤维素在微生物参与下脱氢、脱水，碳含量增加，植物遗体迅速转入弱氧化或还原环境中，或被上层植物残体覆盖后中断氧化作用，免受进一步的腐败而转化为丝炭的过程称为丝炭化作用，丝炭化作用形成的泥炭将进一步转化为镜丝煤等。

在有些沼泽中，地表水流比较通畅，氧化环境稍弱，植物残体中的纤维素、木质素等大部分有机组分被微生物破坏，形成二氧化碳和水，只有比较稳定的角质层、树皮、孢子、花粉、树脂等有机组分在底部残留富集起来，形成各种光泽暗淡的残植泥炭，这个过程称为残植化作用，残植化作用形成的泥炭在后续转化中可以形成残植煤。

在水流停滞的湖泊泡沼厌氧环境中，藻类遗体脂肪被转化成脂肪酸和甘油，而脂肪酸在微生物的作用下，进一步转化、凝聚、缩合成腐泥物质，形成含有丰富有机质的腐泥泥炭，这个过程称为腐泥化作用，腐泥化作用产生的腐泥在后期转化为腐泥煤。低等植物经分解、缩合和聚合，形成富水棉絮状的胶体物质，经脱水和压实，形成腐泥。腐泥的颜色一般为黄色、暗褐色和黑灰色。

在植物残体向泥炭转化过程中，氧气充分的活性层中的植物残骸中有机化合物经氧化分解、水解，转化为简单的化学性质活泼的化合物，而进入惰性层的植物残体和分解产物则在厌氧还原环境中，对植物分解产物进行再聚合作用，形成新生的具有独特功能和效益的腐植酸。腐植酸的合成产物既可能来自植物残体分解出来的木质素、蛋白质，也可能来自植物残体分解产物中的酚、鞣质和芳香族化合物，此外纤维素、半纤维素也可能是腐植酸的重要来源。这种在泥炭化过程中由植物残体和分解产物之间合成为较稳定的腐植酸、沥青质等稳定大分子复合物的过程称为腐殖化作用。这些大分子复合物是泥炭化过程中的最重要产物，具有重要的经济、社会和环境价值。

植物残体在泥炭化过程中经历了腐殖化作用后，植物残体主要组成部分经过生物化学变化和物理化学变化，形成以腐植酸和沥青质为主要成分的胶体物质。由于植物的木质素和纤维素在物理化学性质上都属于凝胶体，吸水能力强，在还原环境中逐渐分解，细胞壁先吸水膨胀，胞腔缩小，最后完全丧失细胞结构，形成无结构胶体，或进一步转化为溶胶；当电性、酸碱性、温度变化时，产生胶体化学变化，上述物质形成凝胶状态。因为这一过程既有厌氧生物作用，又有胶体化学作用，所以又称“生物化学凝胶化作用”。所以泥炭分解度越大，凝胶物越高，越容易出现胶溶现象，导致干燥后结块，湿润时吸水量降低。

三、泥炭成矿热力学

泥炭成矿过程是将太阳能迅速转变为化学能，并在泥炭地中经过一系列生物地球化学作用转变为有机矿产的过程。成矿过程在形式上是含碳物质不断运动的表现，而含碳物质运动的实质是能量的变化，因此可以从能量变化的角度来了解成矿作用的本质规律。热力学是用能量的观点从宏观上考察研究自然现象发生变化过程、分析各种形式能的转变规律，研究在给定条件下某一过程自发发生的可能性、方向和限度的科学。采用热力学理论，研究泥炭成矿系统的始态（initial state）和终态（final state）间的能量变化，是探索泥炭成矿系统宏观变化规律和成矿热力学系统时间行为，揭示成矿过程、成矿作用基本规律的重要手段。

热力学研究泥炭成矿系统的宏观状态，研究泥炭成矿系统大量分子集体作用所产生的平均行为，强调的是系统的总体特征。而要描述一个泥炭成矿热力学系统，只需面积、厚度、温度、压强、浓度、密度等几个宏观热力学参量，这些宏观热力学参量都可以从实验中测定出来，因而可以为成矿作用研究提供简便而可靠的方法。

（一）泥炭成矿系统的内能变化

根据能量守恒定律，体系内能的增加是体系从环境吸收能量，同时对环境做功和对外交换热量的过程。在泥炭成矿过程中，当太阳能转变为化学能进入泥炭成矿系统后，成矿体系的内能增加。当植物残体和泥炭分解时，化学能就转变为热量释放到环境中去，减少成矿体系的内能。随着泥炭厚度增长，面积扩大，泥炭矿体积不断增大，成矿系统克服外力做功，减少体系的内能。因为泥炭成矿系统是一个与环境不断发生物质能量交换的开放系统，系统不仅可以通过对外界做功和交换热量使其内能发生变化，而且可以通过与外界交换物质改变系统的内能。如果每单位含碳物质进入系统时，系统内能增加为 μ（μ 为化学势），则成矿系统的内能变化为进入的化学能减去分解释放热量和体积膨胀功：

$$\mathrm{d}E=\mu\mathrm{d}N-\mathrm{d}Q-P\mathrm{d}V$$

式中 $\mathrm{d}E$——成矿系统从初态到终态的内能增量；

$\mathrm{d}N$——成矿系统因植物死亡输入的能量；

$\mathrm{d}Q$——成矿系统因分解释放的能量；

$P\mathrm{d}V$——成矿系统对外界所做的功，也即泥炭矿体积扩大所消耗的能量；

μ——化学势，即单位物质的量的含碳有机物使成矿系统内能增加值。

根据拉瓦锡-拉普拉斯（Lavoisier-Laplace）定律，化合物的分解热等于它的生成热，而符号相反。也就是说，从二氧化碳和水经光合作用合成碳水化合物所需要的能量，等于碳水化合物分解成二氧化碳和水释放出的能量。只要测定分析出含碳物质的形态，就可以确定含碳物质中所含能量。再根据盖斯定律，化学反应的热效应，只取决于体系的始态和终态，与反应进行的中间过程无关，即含碳有机物的分解不管中间经过多少步骤，最后的分解产物相同，所释放出的能量也必然相同。虽然碳水化合物进入成矿系统，在变成最后产物的过程中，经过复杂的途径并参与很多反应，但所有这些反应的热效应总和却等于进入成矿系统的含碳物质完全燃烧的热效应。因此，只要测定出含碳物质的实际燃烧热量，就能确定其在体系内分解所释放的热量，即成矿系统的变化是能量输入、输出总量的代数和。很显然，一个成矿系统现存能量越高，表明其成矿能力越强。

（二）泥炭成矿作用的方向和限度

根据能量的不灭性和不可创造性原理，可以确认泥炭成矿系统内能变化与进入泥炭成矿体系的含碳物质携带的能量、含碳物质分解释放的热量和体积膨胀做功之间的数量关系，肯定了成矿体系内能的增加值是输入含碳物质所带能量与分解释放和体积膨胀做功消耗能量的代数和。但是，热力学第一定律仅能从原则上告诉我们，高品位泥炭向低品位泥炭演化释放的能量和低品位泥炭向高品位泥炭演化耗用的能量相同，高品位泥炭向低品位泥炭演化会伴随热量释放，低品位泥炭向高品位泥炭演化则需要能量的补充，而自然界发生的任何变化都是不必借助外力的帮助而自动实现的，如热自发地从高温物体传递到低温物体，直到两者温度相同；气体自发地从压力大的方向转移到压力小的方向，直到两者的压力均衡为止；电流自发地从高电势流向低电势，直到两者的电势相等为止。对成矿系统来说，泥炭总是通过分解作用从高品位变为低品位，直到泥炭品位与周围环境相同为止。这些现象表明，自发过程单向趋于平衡，绝不可能自动倒向进行，任何自发过程都是热力学的不可逆过程。如果不通过补充能量方式，体系就不会从终态恢复到始态。那么，原本杂乱无章、分散分布的碳、氮、氢、氧等各种元素为什么会自动聚集形成层状结构明显、聚碳和环境功能强大的泥炭矿体？成矿作用是在什么条件下自发地形成具有特定结构和功能的成矿系统，成矿系统未来会向什么方向发展，进行到什么程度，则需要从非线性热力学角度进行分析和阐释。

根据热力学第二定律，在封闭系统中，可逆过程微变化的熵变等于体系吸收的能量与吸收能量时的热力学温度之比。在不可逆过程时，微过程的熵变大于吸收热量与热力学温度之比。在孤立系统中，系统和外界无热量交换，所以熵变为 0。就是说，在任何孤立体系内发生不可逆变化时，体系的熵将增大，而可逆变化时熵不变，即体系处于平衡状态。在一定条件下，体系熵达到最大的状态，就是过程进行的限度。由于天然自发过程都是不可逆过程，所以，孤立体系内发生的任何自发过程或天然过程都是向熵增加的方向进行。孤立体系的 $\Delta S>0$ 和 $\Delta S=0$，就是判断一个孤立体系中某一过程能自发进行的方向和限度的依据。

（三）泥炭矿层有序结构

泥炭沼泽是一个与外界不断交换物质和能量的开放系统，泥炭成矿过程的演化方向和程度不仅取决于泥炭矿内部各种不可逆过程产生的熵，也取决于泥炭矿与环境之间物质能量交换带来的熵变。根据 Prigogine 的理论，系统的总熵可以分解成系统与外界交换物质能量引起的熵变（熵交换）与系统内部各种不可逆过程所产生的熵（熵产生）：

$$\mathrm{d}S=\mathrm{d}_eS+\mathrm{d}_iS$$

对上式积分，并应用高斯公式，可以得到：

$$\frac{\mathrm{d}S}{\mathrm{d}t}=\frac{\mathrm{d_e}S}{\mathrm{d}t}+\frac{\mathrm{d_i}S}{\mathrm{d}t}$$

如果用J_s定义熵流，用σ定义熵产生，则：

$$\frac{\mathrm{d_e}S}{\mathrm{d}t}=-\int_{\Sigma}\mathrm{d}\Sigma nJ_s$$

$$\frac{\mathrm{d_i}S}{\mathrm{d}t}=\int_V\sigma\mathrm{d}V$$

将上面的微分式比较，可得熵流和熵产生表达式：

$$J_s=\frac{j_q}{T}-\sum_i\frac{\mu_i}{T}j_i$$

$$\sigma=j_q\times\nabla\frac{1}{T}-\sum_i j_i\times\nabla\frac{\mu_i}{T}+\Sigma\frac{A_p}{T}\omega_\rho$$

负熵流是系统边界处由于物质能量交换过程使系统熵减少的熵流。因为负熵流可以使系统的熵减小，使成矿系统向有序的方向发展，通过上式，可以分析确定物质能量输入输出对系统熵流的影响。在能量交换过程中，能量流入泥炭成矿系统：

$$\frac{\mathrm{d_e}S}{\mathrm{d}t}=-\int_{\Sigma}\mathrm{d}\Sigma\frac{nj_q}{T}=-\int\mathrm{d}\Sigma\frac{1}{T}j_q\cos\alpha>0$$

α是能流j_q与面积元$\mathrm{d}\Sigma$的外向法线方向n的夹角，能量流入使得$\cos\alpha<0$（$\pi/2<\alpha<\pi$），所以引起正熵流。而能量通过热辐射流出成矿系统：

$$\frac{\mathrm{d_e}S}{\mathrm{d}t}=-\int_{\Sigma}\mathrm{d}\Sigma\frac{1}{T}j_q\cos\alpha<0$$

因为能量流出成矿系统使$\cos\alpha>0$（$0<\alpha<\pi/2$），引起负熵流，导致成矿系统趋向稳定。而含碳物质流入成矿系统，使得成矿系统获得负熵流，导致成矿系统朝有序方向发展：

$$\frac{\mathrm{d_e}S}{\mathrm{d}t}=\int\mathrm{d}\sum_i\frac{\mu_i}{T}nj_i=\int\mathrm{d}\sum_i\frac{\mu_i}{T}j_i\cos\alpha<0$$

α是物质流j_i与面积元$\mathrm{d}\Sigma$外向法线方向n的夹角，因为流入使得$\cos\alpha<0$。同样，物质流出成矿系统引起正熵流，导致系统趋向退化。

泥炭品位是成矿体系的宏观性质，是体系所有含碳质点的个别性质的统计平均值。在没有形成造炭植物前，大气中的二氧化碳和环境中的水以及矿质元素在成矿空间中随机分布着，此时熵值最大。在太阳能作用下光合作用形成造炭有机物输入泥炭地后，使泥炭地成矿系统获得了负熵流，克服了泥炭成矿系统的熵产生造成的有序结构退化，减小了泥炭成矿系统的总熵值，导致泥炭成矿系统向有序方向发展，含碳物质相对聚集，所以就形成了泥炭地特有的有序层状结构（图 2-2）。含碳物质的分解造成含碳物质向环境释放输出，导致成矿体系熵值增大。当含碳物质的分解输出造成的熵产生超过因含碳物质输入引入的负熵流时，泥炭品位就会逐渐降低，最终单位质点含碳量与环境含碳量达到平衡，熵值逐渐增至最大。

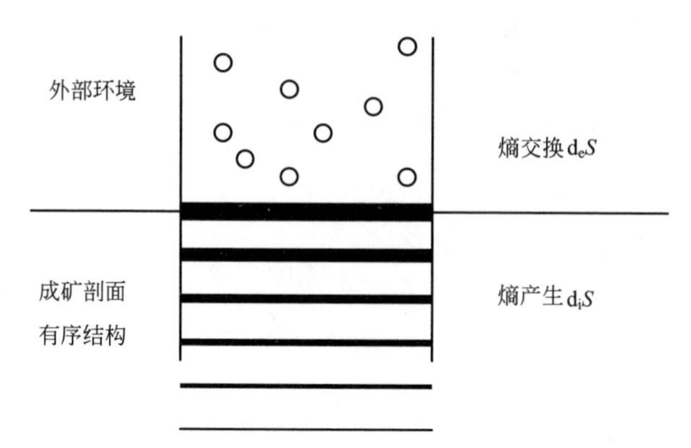

图 2-2　成矿系统有序结构的形成

孤立系统和处在非平衡线性区的开放系统总是朝着均匀、无序、简单和低级的方向演化，消灭自然界万事万物的差别，但是泥炭地发育和积累却是一种由无序到有序、由低级到高级进化演化的典型代表。造炭材料从最初杂乱无章的随机分布到形成具有固定结构和强大功能的成矿体系，就是这样一个由无序到有序、由低级到高级、由简单到复杂的进化方向。成矿体系的熵流导致系统向有序方向发展，熵产生导致成矿体系向无序的方向发展。成矿系统的趋向和限度取决于熵流和熵产生量的对比。当熵流足以抵消熵产生时，意味着潜育沼泽将向泥炭沼泽演替。当熵流与熵产生的比例进一步提高时，富营养泥炭就可能演替为中营养和贫营养泥炭。成矿系统在远离平衡条件下，借助外界的能流和物流而维持的这种时间空间的有序结构就是耗散结构。

四、泥炭成矿过程

泥炭成矿过程就是泥炭地中含碳有机物不断积累的过程，在宏观上表现出面积的扩展和厚度的增加。由于泥炭厚度的增加直接带动泥炭面积的扩展，这里重点研究泥炭厚度增长过程。根据泥炭成矿系统各层位的物理化学特性和对泥炭物质转化所起的作用，将泥炭成矿系统划分为上部的活性层（草根层）和下部的惰性层（泥炭）两个分室。活性层地表生长造炭植物，固定大气二氧化碳，然后以地上植物残体和地下根系形式输入活性层。进入活性层的造炭原料，一部分被分解，转化成二氧化碳释放回归到大气中；一部分转化成泥炭，移入惰性层。由于惰性层中的积水还原条件，微生物种群数量小、活性低，泥炭分解释放的比例很低，大部分碳素被固定在泥炭中，减少了大气二氧化碳的含量，这是泥炭成矿过程含碳物质的基本流程，也是成矿作用能够降低大气中二氧化碳浓度、减缓气候变暖的理论依据。

根据以上分析，在造炭物质输入、分解、转化率保持恒定条件下，活性层中的有机质和惰性层中泥炭的年变化率都是输入与输出之差（图 2-3）。

图 2-3 中，x 是单位面积活性层造炭物质总量；y 是单位面积惰性层泥炭总

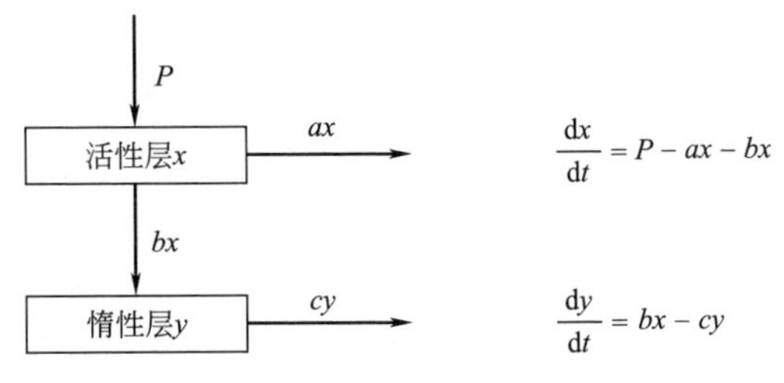

图 2-3 成矿物流框图

量；P 是单位面积造炭物质年输入量，g/(m^2 · a)；a 是造炭物质年分解速率；ax 是单位面积活性层造炭物质年分解量；b 是单位面积活性层造炭物质向泥炭层的年转移速率；bx 是单位面积惰性层每年从活性层向惰性层转移的造炭物质量；c 是单位面积内惰性层泥炭的分解速率；cy 是单位面积惰性层中泥炭的分解量。

假定上述各参数已知，代入公式，可以计算出一个泥炭矿体泥炭积累的全部过程。随着相应层位中的含碳物质积累量的增加，分解量 ax 和 cy 逐渐增大，输入量和分解量的差值越来越小，直到与输入量逐步趋于平衡，达到给定条件下聚碳量的高峰（图 2-4）。

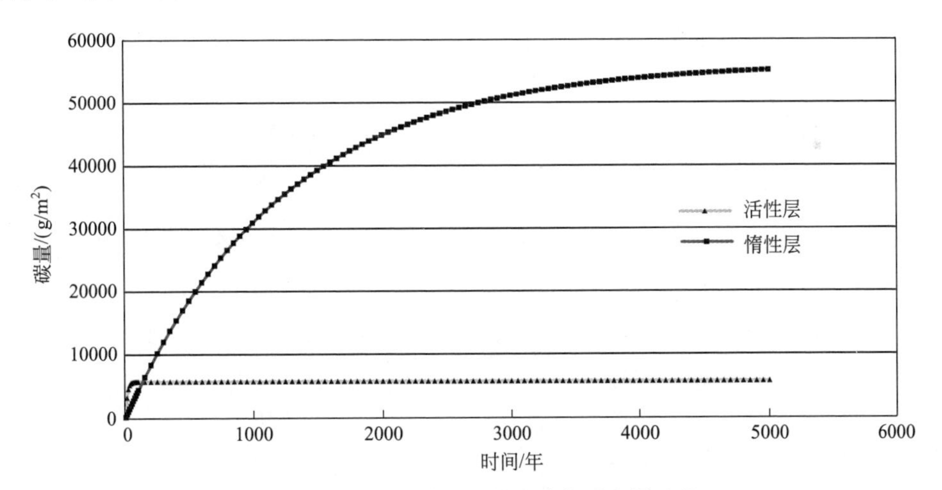

图 2-4 活性层和惰性层的含碳物质积累过程

从图 2-4 可以看到，无论是活性层还是惰性层，在泥炭成矿环境保持不变情况下，都会经历初期快速增长，中期速度逐渐减缓，最后趋于平衡的发展过程。这是因为在积累前期，两个层位中含碳物质的现存量少，含碳物质的分解量（ax，by）也小，远远不能抵消含碳物质输入量，致使含碳物质剩余量大，所以积累增长快速。随着泥炭层中含碳物质现存量的增加，分解量逐渐接近输入量，输入量与分解量之差越来越小，最后趋于平衡，当泥炭矿中含碳物质输入量与分解量相等时，泥炭地即达到了平衡状态，自此泥炭地进入了泥炭积累阶段。

活性层和惰性层中含碳物质的积累量与含碳物质输入量成正比，与分解量成反比，但分解率对含碳物质积累的影响更大。由于惰性层中的泥炭分解率有时可能低于10^{-4}，活性层含碳物质的分解率却大多达到10^{-2}，所以泥炭层含碳物质积累量远远大于泥炭化层，最深可能达到数米至20余米，而活性层含碳物质积累厚度可能最多只能达到20～25cm。由此可见，含碳物质积累量的高低取决于输入量和分解量的组合，积累同样重量泥炭既可能通过高输入量和高分解率，也可能通过低输入量和低分解率，输入量和分解率的高低取决于聚碳条件。从图2-5可以看到，不同参数组合的泥炭积累量的变化过程，含碳物质输入量越高，前期积累量上升越快。泥炭分解率越小，达到平衡状态的时间越长，最终泥炭积累量越高。

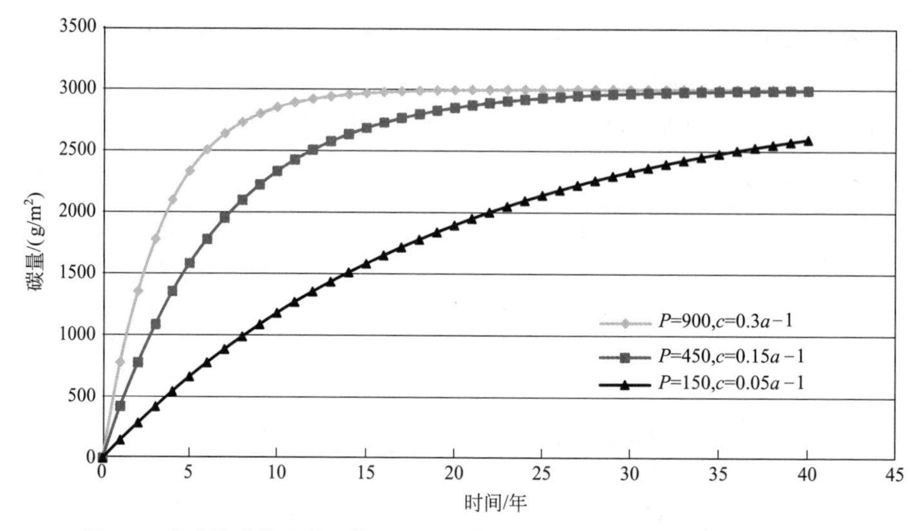

图2-5　含碳物质输入量$P[g/(m^2 \cdot a)]$、分解率c对含碳物质积累的影响

从达到某一指定积累量所需时间计算公式可以看到，积累一定量含碳物质所需时间只与含碳物质的分解和转化有关，与含碳物质的输入量无关。分解速率越高，达到平衡所需的时间越短，因此含碳物质的积累量就少。反之，降低含碳物质分解速率，可以大大延长含碳物质的积累时间，增加含碳物质的积累量。一般地，草本泥炭活性层200年以内就可以达到最大积累量，而惰性层却需要至少3000年的积累时间。

泥炭积累过程可以划分为起源期、扩展期和稳定期三个阶段（柴岫，1990）。根据活性层和惰性层含碳物质积累过程可以看到，泥炭沼泽从开始发育到活性层达到平衡状态，标志着泥炭矿的泥炭积累已经正式开始，可以把这段时期确定为泥炭成矿的起源期。经过起源期，泥炭积累的惰性层正式建立起来，每年从活性层转移下来的含碳物质进入惰性层，由于惰性层的厌氧还原环境，含碳物质分解进一步降低，导致泥炭逐渐积累增厚，所以可以把活性层进入平衡期到惰性层进入平衡期这一阶段定义为扩展期。惰性层进入到平衡期，意味着此时泥炭地每年输入的含碳物质和每年因为分解而耗散的含碳物质相等，达到一个动态平衡，即进入稳定期。进入稳定期的泥炭地，如同进入60岁的老人，生命趋向衰亡。

第三节 泥炭类型和主要性质

一、泥炭分类依据与类型

（一）泥炭分类依据

分类的目的是把复杂的自然现象归类并加以系统化，为有效合理开发利用与保护泥炭资源提供科学依据，泥炭分类是泥炭科学的重要任务之一。泥炭分类有科学分类和应用分类两种。科学分类根据泥炭的本质属性，具有相对长期性、稳定性和预见性，但与生产实际结合不一定十分紧密。应用分类只是为了满足生产实践的暂时需要，为某种利用目的而加以划分，因此在学术上可能没有科学分类严谨。

由于藓类植物、草本植物和木本植物的化学成分差别很大，转变为泥炭后仍然表现出明显的化学差异，因此第一级分类依据泥炭形成的原始物质，即主要植物残体组成确定。第二级分类根据造炭植物残体分解度和灰分含量确定。随着分解度增强，泥炭中的细碎颗粒随之增多，灰分含量也随之加大。而造炭植物组成和分解度、灰分含量是特定成矿条件综合作用的结果，一定的泥炭类型只能在一定的成矿环境下生成。见表2-7。

表2-7 泥炭分类系统

类	亚类	指标	
		分解度/%	灰分/%
草本泥炭	弱分解较少灰分泥炭 中分解较多灰分泥炭 强分解多灰分泥炭	<20 20～40 >40	15～20 30～49 >50
木本泥炭	弱分解少灰分泥炭 中分解较少灰分泥炭 强分解较多灰分泥炭	<20 20～40 >40	5～14 15～29 30～49
藓类泥炭	弱分解极少灰分泥炭 中分解少灰分泥炭 强分解较少灰分泥炭	<20 20～40 >40	<5 5～14 15～29

（二）各类泥炭的主要特征

草本泥炭是各种草本植物残体占植物总组成的50%以上的泥炭。植物残体以莎草科为主，苔草、芦苇较普遍，有时夹有杂草类和灰藓。草本泥炭灰分高，分解度强，酸碱度微酸性-微碱性，含水量比其他泥炭低，颜色暗，弹性差。我国泥炭多属于此类。草本泥炭腐植酸含量高，养分吸收螯合作用强，有利于养分的吸持和固定，因此草本泥炭可以用于育苗基质和土壤调理剂制备。

木本泥炭主要由乔木和灌木的枝干和根系及其果实、叶片分解而成。木本残体含量不能低于泥炭有机残体总量的50%。由于木本植物残体木质素含量高，分解比较缓慢，分解弱的残体保存较好，呈碎块状；分解强的则呈碎屑状，其灰分含量一般较草本泥炭低，含水量小，红褐色，弹性差，主要分布在热带海洋性气候区。木本泥炭腐植酸含量高，残体呈碎块状，没有藓类泥炭和草本泥炭拥有的纤维，因此，木本泥炭主要用于土壤调理剂制备和功能肥料生产。

藓类泥炭主要由贫营养的苔藓植物残体组成，其含量占泥炭有机物总量的50%以上，有时会混入少量草本植物和木本植物残体。这类泥炭由于灰分含量低，分解度小，纤维保持完好，多呈酸性和强酸性；色泽浅淡，弹性强，是各种基质栽培的良好原料。

二、泥炭主要性质

表征泥炭性质和质量的指标很多，但查明了泥炭残体组成，检测了泥炭的分解度、有机质、腐植酸、酸碱度和电导率等六项指标，便可以基本上划定泥炭质量和性质。

（一）植物残体组成

形成泥炭的植物主要有四种：泥炭藓（sphagnum）、真藓（bryales）、苔草（sedges）和木本植物（woody plants），每类植物残体都有自己独特的性质，因此，所形成的泥炭也具有不同的性质，并因此决定泥炭利用方向。

1. 泥炭藓

泥炭藓属于泥炭藓属，是高位泥炭地最典型的沼泽植物种。全球大约有300种泥炭藓，芬兰发现37种，中国发现23种。泥炭藓的重要性不仅在于泥炭藓是改变淹水土地和浅湖景观生态，更在于泥炭藓作为泥炭的主要造炭植物，为专业基质制备提供了无与伦比的优质原料。

泥炭藓是一种非常原始的植物，植物的顶部仍在生长，而底部却已经死亡并转化为泥炭。泥炭藓最重要的组成是叶和茎，这些叶和茎带有没有特别变化的细胞组织。泥炭藓的叶子只有一个细胞的厚度，泥炭藓组织由可能含有叶绿素的活细胞和含有水分空气的死细胞或泥炭藓细胞组成。活细胞构成了网状结构，把泥炭藓细胞包被在网的网眼中。见图2-6。

泥炭藓之所以具有极高的园艺价值，是因为其独一无二的细胞结构。泥炭藓细胞是薄壁的，而细胞内却有很大的内腔，其功能是吸收和转运水分。泥炭藓细胞的重要性质是有环形、螺旋形或蝶形的木质化的细胞壁，从而保证在泥炭干燥时不会崩塌变形。泥炭藓的细胞壁非常坚韧，以至于泥炭干燥以后仍然能够吸收和转运水分。由于细胞中水分蒸发，细胞腾出的空间就可以被空气充填。泥炭藓的细胞壁较

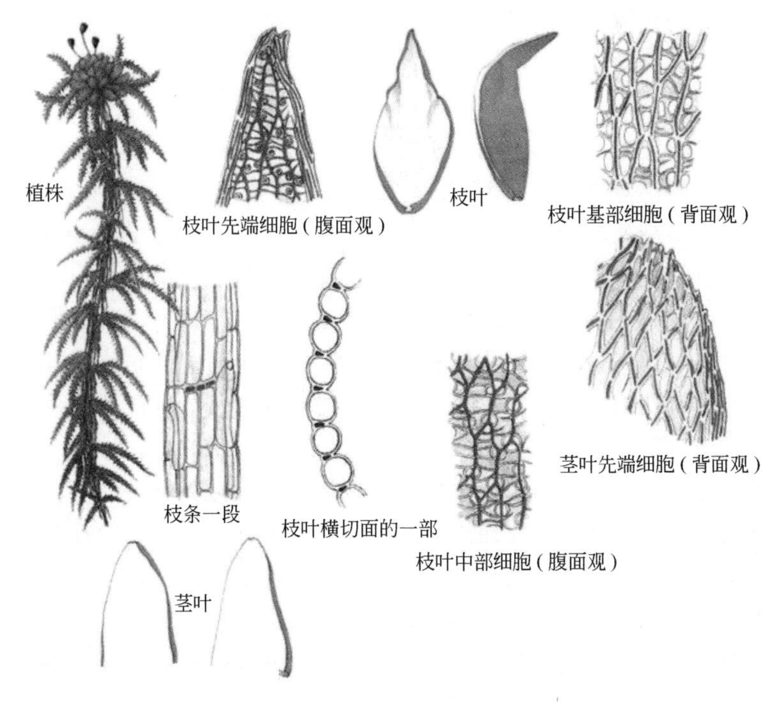

图 2-6 泥炭藓显微结构

粗叶泥炭藓（*Sphagnum squarrosum* Pers.）（吴锡麟 绘）

厚，所以能保证在泥炭干燥后不会崩塌。很容易理解为什么泥炭藓是专业基质的最佳原料，因为其他材料很难在提供氧气的同时仍然能够保持充足的水分。适当润湿泥炭，就可以维持植物理想的水分和通气效果。

泥炭藓的持水能力还因为泥炭藓细胞壁上有许多孔，这些孔能让水分进入细胞并转移到植物体其他器官上。值得注意的是泥炭藓的吸水并不是植物生命活动相关联的现象，而是平缓毛细作用的结果，而且其作用直到死亡后也照样进行。试验结果表明，泥炭藓的毛细作用可以将水分从水面提升 50cm 高度，这个作用在颗粒中也可以发现。

泥炭藓的叶子和茎都是具有表面活性的，这意味着泥炭藓茎叶具有和高等植物根毛和表皮细胞相同的摄取养分的能力。泥炭藓能够吸收、储存和随后释放大量的植物营养，而其他植物残体要具有这种功能只有在打碎或者腐殖化以后才可以。泥炭藓不需要工业堆肥处理，可以直接用于基质生产。综上所述，泥炭藓是一种最佳基质原料，也是目前能够找到的最佳材料，这就是为什么泥炭藓成为国际贸易的主要产品。

2. 真藓

真藓没有泥炭藓那样储存水和营养的能力，其残体只有经过发酵分解过程之后才能具备这个功能。真藓既没有水细胞也没有强硬的细胞壁，所以真藓与其他植物一样都必须经历同样分解，形成腐殖质，才具备良好的吸收水分和矿质营养的能力。真藓往往只能生长在北极圈附近的弱酸性的阿帕沼泽上。

3. 苔草

苔草是仅次于泥炭藓的典型沼泽植物。苔草的茎可以向根系传输氧气，所以苔草能生长在积水的沼泽地带。沼泽湿度越大，苔草在形成泥炭过程中的重要性越大，芬兰北部很多高位泥炭沼泽中，泥炭是由苔草组成的，在中国多数泥炭地的植物残体是由苔草组成。沼泽越干，苔草在泥炭组成中的作用越小。因为苔草分解后只有根系才可以残留下来，所以很容易根据残体认出苔草。苔草既不吸水，也不吸收营养，与矿石土壤中的沙粒组分很相似，苔草只有经过分解转化为腐植酸才能具有良好的营养固持功能。由于苔草泥炭对水的吸持能力较差，所以水分很容易淋滤流失，造成泥炭基质的干旱。

羊胡子草是苔草科下的一个属，生长在泥炭藓相同的环境条件中，其叶鞘组织具有和苔草根系相同的性质，在泥炭中容易鉴别其残体，因为它们具有大量像马鬃毛一样的纤维。羊胡子草让泥炭具有较多的空隙，但更容易排水，从而导致泥炭缺水。羊胡子草不易分解，也不容易破碎，所以能让泥炭更加粗糙。除了能让泥炭具有更多的空隙外，从园艺植物的角度看，羊胡子草残体形成的泥炭性质不是园艺植物理想的状态。

4. 木本植物

沼泽中的木本植物通常是灌木和乔木，通常生长在高位泥炭地的干燥部位。树木对泥炭形成非常重要，因为树木残体分解非常缓慢，特别是桦树和树皮最难分解，绝大多数泥炭腐泥是木本植物经历长期分解形成的。

（二）泥炭分解度

分解度是泥炭有机质腐解转化的重要特性，是反应分解特性强度的动态指标。泥炭植物残体除了化学分解之外，还可通过机械摩擦方式将大植物组织变成小植物组织。泥炭植物残体碎片会因为间歇性冻融交替而不断减小，导致泥炭纤维不可逆转的崩解。从泥炭结构的观点来说，泥炭的物理分解和化学分解常常是难以分辨的。泥炭分解度反映泥炭聚碳环境的变化，是研究泥炭形成和发展的重要依据。泥炭分解度也是泥炭重要物理性质之一，直接或间接决定了泥炭的化学组成，是评价泥炭质量的重要指标，对合理利用泥炭有重要参考价值。

泥炭分解度对泥炭性质影响巨大。泥炭藓从未分解到适度分解（H1～H5），泥炭总孔隙度逐渐降低，但仍可达94%～96%，容重逐渐增加，但也只有60～100kg/m^3。低分解藓类泥炭空气孔隙最高可达50%～55%，含水孔隙度最高可达83%～84%，具有显著的高水孔隙度和高空气孔隙度特点。藓类泥炭有机质含量可达94%以上，因为矿物质含量很低，所以电导率和植物矿质营养都很低。当藓类泥炭分解度增大到H6～H10时，总孔隙度、空气孔隙度明显降低，水孔隙度则明显提高。对于泥炭总孔隙度和含气空孔隙下降，将泥炭经过越冬冻结处理后，空气容量会明显改善。藓类泥炭低 pH 值和低养分含量，更方便人为调整提高，满足特定植物生长要求。由于泥炭形成环境和形成过程时代距今久远，泥炭中不会含有现代园艺发生的土传性病虫草害。泥炭的处理、加工、筛分和混合操作简单，没有健康风险。由于泥炭属于自然矿产，不需要复杂开采、处理、运输手段，所以泥炭商业价格与其他成分的基质成分相比极具有竞争力。从长远看，泥炭因其质量稳定均一，将在基质中长期占据主导地位。

表 2-8 不同分解度藓类泥炭的技术指标

评价指标	检测方法	单位	分解度				
			低	低-中	中等	中-高	高
腐殖化	DIN11540	H	2～4	3～5	4～6	5～7	6～8
干容重	EN13041	kg/m^3	50～80	60～100	80～130	120～170	160～220
总孔隙度①	EN13041	%	95～97	94～96	92～95	90～93	87～91
含水孔隙①	EN13041	%	42～83	46～84	55～85	63～85	71～85
含气孔隙①	EN13041	%	14～55	12～50	10～40	8～30	6～20
收缩值①	EN13041	%	20～30	25～35	30～40	35～45	40～50
电导率	EN13038	MS/cm	0.1～0.3	0.15～0.4	0.2～0.5	0.25～0.6	0.3～0.7

① 体积分数。

从表 2-8 可以看到，同为藓类泥炭，随着分解度提高，容重逐渐提高，总孔隙度和空气孔隙度逐渐降低，含水空气逐渐提高，结构稳定性下降，泥炭收缩值逐渐增加，电导率逐渐增加，有机质含量逐渐降低。分解度对泥炭性质指标的影响对草本泥炭也有类似的规律。

低容重、高孔隙度、良好的水分和空气容量以及较高的有效水容量都是泥炭最显著的优势。但是，针对特定作物和栽培方式时，这些特性也需要做适当改变和调整。泥炭的开采、运输和粉碎技术对泥炭基质物理性质影响极大。泥炭基质的颗粒分布是泥炭孔隙度、空气体积、水体积特性的基础。当选择不同比例的不同粒径组配，就可能获得不同的基质物理性状。基质的空气含量对长生育期作物是极为重要的参数。同时，研究还证明，不仅基质的空气容量对植物生长有重要影响，基质的气体交换、气体扩散等，都是植物稳定生长的控制因子。一品红和几内亚凤仙栽培最理想基质粒径为 2～10mm，当气体扩散值达到最大时也能取得最佳栽培效果。

泥炭的性质受制于其植物组成和分解度，弱分解藓类泥炭主要由泥炭藓构成，超常的细胞结构完全不同于其他植物组织，这是苔藓泥炭具有独一无二特殊结构的重要基础。藓类泥炭茎叶组织内部细胞结构确保了泥炭极高的总孔隙度，保证了理想的空气体积、良好的水分固定能力以及良好的结构稳定性。

分解度是指植物残体由于分解而失去细胞结构物质的相对含量，也就是泥炭中无定形腐殖质占有机质的百分数。标示分解程度的方法，除了常用的分解度外，还有纤维含量、泥炭化度、腐殖化度以及磷酸钠指数等。

泥炭分解度在不同类型泥炭之间、不同地区泥炭之间和不同层位泥炭之间差异显著。一般来说，藓类泥炭分解度弱，草本泥炭分解度强。藓类泥炭分解度常在15%～20%，草本泥炭分解度常在25%～35%，木本泥炭分解度常在30%～50%。在同一类型泥炭中，所处区域气候环境温度高，水分不稳定的泥炭分解度高；气候冷湿，霜冻时间长的，泥炭分解度小。在同一块泥炭地中，表层0～40cm泥炭分解度一般大于中下层，但底层腐殖质层例外。

泥炭分解度直接影响到泥炭性质和利用价值。随着分解度增加，碳氢元素增加，氧硫元素减少，腐植酸含量和沥青含量增加，碳水化合物含量减少，此外，随着泥炭分解度增加，盐基交换量增加，电导率上升。分解度提高后，有机质含量降低，灰分含量增加，泥炭颗粒变小，结构紧实，孔隙度降低，泥炭透水性和最大持水量也随之降低。泥炭分解度与泥炭比表面积大小也有密切关系，分解度小时，比表面积增量很小，但分解度从60%增加到80%时，泥炭比表面积急剧增大，对矿物元素和水分的吸持能力快速增加。轻微分解泥炭具有较松的结构和较低的容重值。随着泥炭分解的进行，泥炭颗粒直径减少，泥炭结构变得密集，容重同步升高。泥炭分解度越高，密度越大，容重值越高。不管是化学分解，还是机械摩擦即物理分解，都会伴随泥炭容重的增加。

目前已经开发了几种测定泥炭分解度的方法，有些可以直接用于野外，有些可以用于实验室精确测定。野外测定泥炭分解度使用最广泛的方法是冯·波斯特法。这个方法将泥炭分解度H值用1～10的十个数字表示，H1表示完全没有分解，H10表示彻底分解。分解强度随着数字增大而增强。在野外工作中，分解度测定是采用手攥挤压新鲜泥炭，检测泥炭的挤出状态和挤出水的多少和颜色来测定的(见表2-9)。这个方法适用于泥炭藓泥炭，用于苔草泥炭和木本泥炭需要谨慎。

表2-9　冯·波斯特野外分解度测定的详细描述

分解度	从泥炭中挤出的水	从指缝中挤出的泥炭比例	手中泥炭残留
1	清澈,无色	无	弹性的
2	近清澈,黄棕色	无	弹性的
3	稍微浑浊,棕色	无	无弹性
4	非常浑浊,棕色	一点	稍微腐烂
5	非常浑浊,暗色	中等	中等软烂
6	深色	1/3的泥炭可以挤出	强度软烂
7	颜色很深	1/2的泥炭可以挤出	只剩木片根系等残留
8	只能挤出少量泥水	2/3的泥炭可以挤出	只有木片、根系残留
9	没有自由水挤出	几乎所有东西都能挤出	几乎没有残留
10	没有自由水挤出	所有	没有残留

此外，在实验室可以通过鉴定植物残体的方式来测定泥炭分解度，但其结果往往主观性较强，鉴定结果与经验和技术关系较大。详细检验指标见表 2-10。

表 2-10 泥炭分解度的纤维镜检法

分解度	植物残体辨识
1	植物可以辨认，部分为活体
2	部分植物可以辨认，根系已经死亡
3	相当大比例的植物残体难以辨认
4	相当大比例的植物残体难以辨认
5	植物结构的主要特征可以辨认
6	植物结构不清晰
7	只有部分植物结构稍微可辨
8	只有很好保护的植物残体器官可以辨认，如树皮、根系、羊胡子草纤维
9	没有可辨认的植物残体
10	完全不能辨认

（三）泥炭有机质

泥炭有机质是泥炭中最重要的矿物成分。泥炭有机质来源于动物、植物、微生物残体，其中最主要的是高等植物的根、茎、叶等有机残体及其分解和代谢产物。受造炭植物类型和水源补给条件影响，我国泥炭有机质最高含量为 94.64%，最低含量为 30.97%，平均含量为 55.29%。有机质含量高的泥炭主要集中在高寒与温暖湿润、亚湿润气候的青藏高原东南缘、云贵高原、东北山地等。有机质含量的高低对泥炭性质质量关系极大。随着有机质含量增加，全氮、腐植酸含量随之增加。有机质含量增加，泥炭的吸氨量、吸湿水和持水量也随之增加。因此，有机质含量是评价泥炭质量的重要指标，决定了泥炭的利用价值。

泥炭有机质含量与泥炭类型也有密切关系。藓类泥炭有机质含量高，多在 90%以上。草本泥炭多在 50%～80%。草本-藓类过渡泥炭有机质含量多在 70%～90%。我国受自然条件影响，藓类泥炭分布极少，储量很低。其原因是我国藓类泥炭聚集区自全新世晚期到现在，气温偏高，湿度偏低，不利于藓类植物生长，致使藓丘高度低缓，而藓丘下部又经常受周围地表径流影响，致使灰分偏高，导致有机质含量偏低。国内外泥炭有机质含量对比见表 2-11。

（四）泥炭酸碱度

泥炭酸碱度（表 2-12）是泥炭化学性质的综合反映，也是泥炭形成过程综合因子作用的结果，酸碱性偏强，超过植物生长生理限值，就需要提前调节。泥炭酸碱性的产生主要是造炭物质转化中产生的酸性碱性物质，使泥炭溶液中含有一定量的 H^+ 和 OH^-。H^+ 来源于泥炭有机质所产生的有机酸和碳酸，OH^- 则来自于泥

表 2-11　国内外泥炭有机质含量对比　　单位：%

样品来源＼类型	草本泥炭	过渡泥炭	藓类泥炭
中国	55.29	71.76	84.66
苏联	92.4	95.3	97.6
爱尔兰中部	96.62	97.88	98.17
美国明尼苏达	80.90		92.57
日本北海道	68.20		92.36
波兰	85.20		98.90
加拿大	74.20		

表 2-12　各类泥炭的酸碱度

泥炭类型	水浸 pH	盐浸 pH	水解酸度/(meq/100g)
藓类泥炭	4.5	4.0	71.2
木本-藓类泥炭	3.4	3.0	80.5
木本-草本-藓类泥炭	4.3	3.5	60.5
木本-棉花莎草泥炭	5.6	4.8	48.50
苔草泥炭	6.2	5.4	27.07
芦苇-苔草泥炭	6.4	5.2	30.5
木本-草本泥炭	5.9	5.0	28.71

注：1meq/100g=1cmol/kg。

炭中的碳酸盐和其他碱式盐。由于 H^+ 和 OH^- 的含量变化及其作用，使泥炭具有不同的酸碱反应。根据 pH 值大小，将泥炭酸碱性分为强酸性（pH<5.5）、酸性（pH 5.5～6.5）、中性（pH 6.5～7.5）、碱性（pH 7.5～8.5）、强碱性（pH>8.5）。

根据泥炭酸碱作用来源，可以把泥炭酸性分成活性酸和潜性酸两种。活性酸属于泥炭溶液中的氢离子，用水即可浸提测定，故称为水浸酸度，潜性酸包括 Al^{3+}，可用中性 KCl 浸提，所以称为盐浸酸度。藓类泥炭呈强酸性反应，其水浸 pH 值多在 3.5～4.5，盐浸 pH 值多在 3.0～4.0。草本泥炭酸性较弱，水浸和盐浸 pH 值分别在 5.5～6.5 和 4.5～5.0。木本泥炭的酸性与藓类泥炭类似。造成不同泥炭酸碱性的差异的原因是泥炭植物残体组成和泥炭形成环境的水分补给条件。藓类泥炭主要接受大气降水补给，矿化度一般小于 50mg/L，水中矿物质平均含量为 34mg/L，其中的氧化钙含量只有 1.6mg/L，不足以中和植物残体分解过程中产生的有机酸，所以藓类泥炭酸性较强。草本泥炭主要依靠地下水和地表水补给，水中氧化钙含量较高，能够中和泥炭分解过程中产生的有机酸，所以泥炭的酸度较弱。厚层木本泥炭因为主要接受大气降水为主，所以泥炭的酸性与藓类泥炭类似。

（五）泥炭电导率

泥炭电导率（EC）是泥炭中各种可溶盐基离子总量，反映泥炭中带有可溶盐含量的溶液浓度，直接影响营养液的平衡。因为可以使用电导仪测定，方法简单快捷，所以普遍用于测定泥炭可溶盐总量，以现场指导基质制备和植物栽培。泥炭电导率单位用毫西门子/厘米（mS/cm）表示。

电导率是泥炭、泥炭产品质量测定的重要指标之一，对泥炭和泥炭产品质量管理和使用关系极大。当电导率小于0.37～0.5mS/cm时，说明泥炭的可溶盐含量较低，可以添加一定量的矿物肥料。当泥炭的电导率大于1.3mS/cm时，使用就要倍加小心，必要时需要用水洗盐。

泥炭电导率与泥炭的盐基代换量（CEC）和泥炭缓冲容量关系密切。盐基代换量是指一定酸碱条件下，泥炭含有可交换阳离子的数量，是泥炭对无机矿物营养的吸附保持能力，可以使肥料离子免遭水分淋洗并能缓慢释放出来供应植物吸收的能力，对营养液的酸碱反应也有缓冲作用。泥炭的盐基代换量较高，缓冲性强，可以抵抗养分淋洗和pH的过度升降。不同物料的盐基代换量与电导率见表2-13。

表2-13　不同物料的盐基代换量与电导率

物料种类	盐基代换量/(meq/100g)	电导率/(mS/cm)
藓类泥炭	80～90	0.5
草本泥炭	100～140	0.5～0.7
蛭石	100～150	0.8
树皮	70～80	0.8
岩棉	0.1～1	1.0

第四节　泥炭矿床成因类型

泥炭矿床成因研究是运用植物学、孢粉学、水化学、煤化学、煤岩学、沉积学等技术手段，从泥炭矿体三度空间形态入手，研究泥炭矿体在垂直和横向的相互关系，剖析构造运动背景下的含炭建造的控矿环境和成矿模式，解释矿区范围内影响泥炭层、泥炭质量变化的沉积控制因素，从而查明泥炭成矿环境和成矿控制因素，为矿床开发利用规划提供科学依据。

泥炭矿床因为是生物遗骸沉积转化而形成的生物成因矿床，当然属于外生矿床。成矿模式是对矿床赋存的地质环境、矿化作用、随时间变化显示的各类特征（地质的、地球物理的、地球化学的和遥感地质的）和成矿物质来源、迁移富集机理等矿床成因要素进行的概括、描述和解释，是某类矿床共性的表达方式和共同认为是典型矿床研究的最终成果和成矿规律的表达方式。

含矿建造是泥炭形成的总体古地理环境，反映了泥炭层及其共生的沉积物长期持续聚集的过程。泥炭成矿环境可以简单地理解为“一个发生泥炭聚集的地貌单位”。在这个地貌单位里，所进行的泥炭成矿作用及其产物具有相对独立的物理、化学、生物过程，并将这些特征保留在泥炭建造中。虽然泥炭的特征与造炭物质本性有关，但最重要的控制因素还是成矿环境。在不同的成矿环境中，形成了不同的含炭建造，产生了不同的成矿模式，也聚集了不同类型和不同品位的泥炭。柴岫等(1990)根据泥炭建造形成的成矿环境，划分了两大类含炭建造类型，每一种含炭建造代表一种成矿模式（见表 2-14）。

表 2-14　成因类型与成矿模式（柴岫，1990）

成矿途径	成因类型	含矿建造与成矿模式
水体沼泽化	废弃河道型	在废弃河道中的河床相沉积物上经水体沼泽化沉积的优质泥炭与洪泛洼地的河床相沉积物上经水体沼泽化沉积灰分含量较高的劣质泥炭
	湖泊型	在湖盆基底上经水体沼泽化聚集，底部藻类含量较高、品质较差的泥炭，上部聚集植物种属简单、品质较高的泥炭
	岩溶型	岩溶盆地中积水经水体沼泽化，在湖底粉沙黏土层上堆积形成巨厚泥炭
	火山型	在火口积水成湖经水体沼泽化，在火山碎屑岩底板堆积厚度不同的泥炭，或因熔岩堰塞积水成沼，经水体沼泽化堆积形成品质较高、层位深厚的泥炭
	海湾泻湖	在泻湖浅水水体经水体沼泽化逐渐淤浅，植物生长推进，形成兼有咸水、淡水两种生物遗体的泥炭
陆地泥炭化	三角洲型	在三角洲上的叉河间洼地中和废河道上，经草甸沼泽化形成间有海相、陆相生物化石的泥炭
	潮坪型	在潮水反复影响下，在粉沙、淤泥基底上，死亡植物残体堆积形成含有丰富半咸水、咸水的生物化石的品质较差的泥炭
	溺谷型	入海河谷的沼泽植物残体被海水浸淹形成泥炭
	冰川冰缘型	在冰川侵蚀和融化形成的洼地中，因永冻层和季节冻层造成地表水排水不畅，地表湿润，经草甸沼泽化堆积形成品质较好的泥炭
	山地沟谷型	在沟谷碎屑沉积底板上，丰富的水源供应导致地表过湿，导致草甸沼泽积累品位较高的泥炭
	冲洪积扇型	在山地平原过渡冲积扇、洪积扇缘的粗大颗粒底板上，因地下水出露，经草甸沼泽化积累沉积品位较高的泥炭
	山地林地型	在山区有林地段，因树木砍伐造成地表排水不畅，导致积水湿润，经历森林沼泽化积累泥炭

从表 2-14 可以看到按泥炭形成和发育过程的沉积环境或地貌等因素划分的矿床类型。矿床成因类型划分的原则及依据为：一级类别是以泥炭成矿途径为主，结合沉积环境；二级类型以泥炭赋存时所处的地貌部位、湖盆洼地成因及其沉积环境综合考虑。不同成因类型的泥炭矿床不但具有不同的地貌类型，而且具有各自的沉积特征。因此，有些泥炭矿床虽已被泥沙等沉积物掩埋或失去了原有的地貌景观，但可根据泥炭层顶部和底部沉积物的性质、结构、构造、古生物特点来推断泥炭形成时的沉积环境。

第五节　泥炭矿体地质特征

矿体地质是以矿体为研究对象，主要研究和阐明矿体的形态、产状、规模、物质成分、内部结构等各种标志的变化特征和变化规律，以及控制这些特点变化的地质因素，为选择合理勘探方法和矿床工业判断提供依据。一方面，泥炭矿体的变化主要受矿床成因所控制，为了查明矿体变化就必须了解矿床成因特点；另一方面，不同成因的泥炭矿体及其变化性也往往是不同的，通过泥炭矿体变化性研究可以有助于查明泥炭矿床成因问题。因此，泥炭矿体地质研究和泥炭矿床地质研究需要紧密配合。

泥炭矿体地质在外部形态标志上重点研究泥炭矿体厚度、形态、产状和规模，在泥炭矿体内部结构标志上，重点研究泥炭品位、品级、泥炭类型和夹石有无等。泥炭矿体研究的重点是研究泥炭矿体外部特征和内部特征的变化性质、变化程度和变化控制因素。

一、泥炭矿体变化性质

矿体变化性质就是某种矿体标志在矿体不同空间位置上相互之间的联系特点与变化的特征和规律。矿体的三度空间不同部位取大量泥炭品位、厚度等数字，按照不同方向的实际顺序排列起来，它们的升高或降低所形成的各种各样的自然变化和规律就是泥炭矿体的形态或厚度的变化性质。

泥炭矿产是积水条件下生物遗骸分解转化的产物，因此泥炭矿体的扩展必然与水分条件紧密联系，只有水分条件湿润，泥炭矿体才可能向该方向延伸。只要泥炭地水分能够连续上，泥炭矿体就会彼此连接，如果泥炭地水分不能互相连通，泥炭矿体就会间断分布。有些基底矿体不连续的，随着泥炭积累厚度增加，泥炭层会填平坑洼，上层泥炭连成一体，如果成矿条件长期保持不变，这样的泥炭地往往会连接形成巨型泥炭矿床。由于泥炭矿体扩展完全依赖地表水文状况，泥炭矿形成又只有数千年历史，新构造运动的上升下降尚不能造成矿体矿层倾斜扭曲，因此泥炭矿体产状是水平的，或近似水平的。只有在爱尔兰、苏格兰和挪威等西海岸迎风坡面，由于受大西洋暖流强烈影响，气候条件极为冷湿，所以才能形成产状倾斜的披盖式泥炭地。一般来说，一个泥炭矿最厚矿层往往都是该泥炭矿的起源点，因为该泥炭矿体就是从起源点开始向外逐渐扩展形成的。多数泥炭地是单点起源，然后逐步向外向上延伸和扩展，所以多数泥炭矿体的横断面是两面尖中间厚的浅碟形或锅底形。个别牛轭湖成因泥炭矿的横断面呈 U 形。

泥炭的品位变化也具有从中心向边缘、从上层到下层逐渐降低的变化趋势，越是靠近矿体边缘，泥炭层越薄，积水条件越不稳定，泥炭分解强度越大，泥炭品位就越低。越是靠近下层，泥炭积累时间越长，经受分解时间越多，泥炭分解度越大，泥炭品位越低。理解泥炭矿体主要为水平产状对泥炭开采和质量控制极为重要。为了保持泥炭产品的质量均一性，泥炭开采时必须分层开采，合理利用，才能显著提高泥炭资源经济价值，减少泥炭品位贫化和损失。

矿体的外形和规模取决于泥炭矿形成的时间长短和成矿条件的强弱。泥炭是生物沉积矿产，矿体的形状直接受制于泥炭沉积基底的形态和轮廓。泥炭矿形成年代越久，泥炭层越厚，泥炭矿规模越大。一般地，沟谷形成的泥炭矿体多为树枝状，狭长沟谷形成的泥炭地往往是线形的，一些湖泊成因的泥炭矿体外形多为圆形或近圆形。河流型泥炭地大多随牛轭湖形状而呈弯曲线形。

二、泥炭矿体变化程度

矿体变化程度是矿体标志值的相对变化幅度和变化速度，矿体变化程度对矿床勘探有很大影响。在一定勘探间距和勘探工程下，矿体变化程度越大，勘探精度越低，越需要加密勘探间距，增加勘探成本。矿体变化程度决定了矿床勘探类型划分、勘探手段选择、工程间距的确定，以及矿体的圈定方法与圈定结果的可靠性。

泥炭矿属于典型的外生沉积矿床，其矿体厚度、形态和产状、规模等都是矿体重要变化标志，也是影响勘探精度的重要影响因素。随着矿体厚度变化，矿体形态变得复杂，矿体延长、延伸和规模发生变化时，矿体形态必然发生变化。最典型的矿体厚度变化趋势是横剖面泥炭厚度变化大，纵剖面泥炭厚度变化小。有的矿体横向只有 500m 宽，厚度却从 30cm 加深到 300cm，而纵向厚度长达 2000m。这就要求在布置泥炭勘探网时，横剖面要用 100m 甚至 50m 钻孔间距，纵剖面可用 500～1000m 网度。以便既保证勘探精度，又不增加过多的勘探费用。

矿体品位变化既有不同方向不同地段的泥炭品位变化程度，也有这些变化之间的相互联系。不同地质位置，如顶底板、围岩、集水区、出水口等空间位置的泥炭品级，可以通过钻探工程和坑探工程对不同块段、不同工程、不同剖面的品位变化进行深入剖析，同时，注意局部与整体变化关系，注意分析泥炭品位由高到低的变化趋势、变化程度和变化的均匀度，特别要综合研究泥炭品位变化与矿体形态、厚度、规模和走向的关系。有时不同的探矿方法和研究条件对泥炭品位变化可能产生影响，特别是埋藏泥炭钻孔采样可能产生一定误差。因此，只能采取相同取样条件弥补更换采样方式造成的误差。

三、控制矿体地质变化的因素

泥炭矿体的变化性质和变化程度，主要取决于泥炭成矿成因、成矿方式和成矿条件，取决于含碳物质分解转化与变化情况，同时也取决于成矿后的改造与破坏。

泥炭矿床的大小、性状及产状变化，主要受地质构造和地貌条件控制。在山区泥炭主要赋存于地质构造断裂带，破碎岩石造成地下水出露为泥炭沼泽发育提供稳定水源。地貌条件不同直接控制矿体形态和矿体规模。在分支状沟谷发育的泥炭地往往呈树枝状形态，河流地貌形成的泥炭地往往呈牛轭湖形状，火山口和火山遗迹形成的泥炭矿往往呈圆形。山区沟谷泥炭矿扩展受山体限制，只能向厚度发展，因此山区泥炭矿的厚度比平原泥炭矿的厚度要大，泥炭质量要好。而平原区泥炭地地势平坦，发育空间巨大，如果温度湿度条件适宜，易于发育成巨厚大型泥炭矿床，如俄罗斯和西欧平原巨型泥炭地十分发育，数百公顷甚至数千公顷泥炭矿比比皆是。由于降水量小于蒸发量，中国平原区积水条件不稳定，很难出现大型泥炭矿床。

对泥炭品位控制因素研究证明，控制泥炭内部结构标志的因素很多，但不外乎内生、外生两种。内生因素主要指泥炭形成的含碳物质输入量和分解量的比值，从而表现出泥炭积累的强弱。外生因素主要指泥炭形成和积累过程的外部环境配合程度，泥炭形成后的环境变化是导致泥炭加强分解也是导致泥炭品位下降的重要因素，下层泥炭普遍存在着一层高分解的黑泥炭就是这个道理。

第六节　泥炭矿床地质特征

矿床地质学主要研究矿石的物质成分、结构构造和矿物共生组合、生成顺序以及泥炭矿石的可选性能，了解矿石的形成条件与可行的加工工艺。进行泥炭矿床地质特征研究，就是为了分析泥炭矿床的经济储量、泥炭品位、开采条件以及加工利用条件，从而为合理经济开发利用矿床资源提供科学依据。

一、泥炭储量

一个矿床的泥炭储量既是泥炭成矿过程成矿强度的结果，也是矿床开发利用价值的重要标志。显然泥炭储量越大，开发利用价值越高。我国根据泥炭矿床的总储量划分为小型矿床、中型矿床、大型矿床和超大型矿床。储量小于 1 万吨为矿点，不计入国家储量平衡表。储量为 1 万～10 万吨的矿床为小型矿床，适于小型企业开发利用。储量 10 万～100 万吨的为中型矿床，可供一般生产规模的企业开发利用。储量大于 100 万～1000 万吨为大型矿床，适于大型企业开发利用。储量大于 1000 万吨为超大型矿床，可供超大型企业常年开发利用。

从我国泥炭储量的分布看，40％的是小型矿床，30％是中型矿床，10％是大型矿床，超大型矿床极少，因此，我国泥炭矿床的开发规模主要集中在中型矿床上，大部分企业属于中型企业，这是成矿环境控制的结果。而在寒温带藓类泥炭聚集区和热带木本泥炭聚集区，泥炭地面积常有数百公顷，甚至上千公顷，矿体规模大，矿层厚度深，开采条件极为有利。

二、泥炭品位

泥炭品位既是泥炭质量的重要标志，也是泥炭开发利用价值的重要依据。我国泥炭99%属于低位草本泥炭，灰分含量高，分解度大，所以有机质含量无法与国外藓类泥炭相比。我国规定有机质含量大于30%即可定为泥炭，其中有机质含量30%～50%为准泥炭，有机质大于50%为泥炭，有机质含量大于70%的为优质泥炭。虽然有机质含量越高，泥炭经济价值越高，但也并非一成不变。在某些领域里的泥炭利用分解度略高，有机质含量稍低，可能比分解度小、有机质含量高的泥炭效果更好，比如用于土壤调理剂、有机-无机复混肥制备。

对矿床泥炭品位的评价仅仅罗列泥炭的平均有机质含量还不够，还必须分析泥炭矿床不同部位泥炭有机质的分布，掌握矿床不同空间部位泥炭品位的变化关系，才能全面综合分析泥炭矿床泥炭利用价值，合理有效利用不同品位的泥炭资源，减少贫化率，提高回采率，扩大泥炭矿床的投资经济收益。

三、泥炭开采条件

泥炭矿床的开采条件是矿床开发利用价值的主要因素。泥炭出露地表，剥离表层草根层或熟土层即可直接开采，免除了埋藏泥炭需要剥离大量盖层的麻烦，可以大大降低开采难度，降低开采成本，减少开采管理难度。泥炭矿水文地质条件和工程地质条件也是决定泥炭开发难度和费用的关键因素。如果泥炭地已经辟成旱田，则泥炭开发可不用排水，降低了排水渠系建设成本。但由于泥炭持水量强、排水困难，一般泥炭中仍然含有丰富的孔隙水，泥炭开采后仍需要进行干燥才能后续加工。除此之外，要研究泥炭周边汇水情况，有无外水入侵，是否需要建筑围堰挡水墙，以防露天开采过程中洪水侵袭。泥炭基底是否有地下涌水，涌水量多大，需要提前进行水文地质勘探，查明水文地质条件，以便为泥炭开采设计提供科学依据。

泥炭矿层层数、盖层层数和厚度、泥炭基底黏土的硬度、休止角、摩擦系数等，都是泥炭开采重要条件。矿床距离泥炭加工场地的距离、交通运输方式、电力供应等也是决定泥炭开采难易程度的重要因素。

四、泥炭加工条件

泥炭纤维柔软，便于加工。泥炭成层分布，便于控制产品质量。泥炭粉碎加工颗粒大小与泥炭湿度关系密切，只要控制好适当湿度，就可以加工成任意颗粒的泥炭纤维。

参 考 文 献

[1] Lappalainen E. Global Peat Resources. Jyska：International Peat Society and Geological Survey of Finland，1996：358，appendices.
[2] 柴岫．泥炭地学．北京：地质出版社，1990：1-3.
[3] 冯长根，等．非线性科学的理论、方法和应用．北京：科学出版社，1991.
[4] Clymo R S. A model of peat bog growth//Heal O W，Perkins D F. Production Ecology of British Moors and Montane Grasslands. Berlin：Springer，1978：183-223.
[5] Clymo R S. The limits to peat bog growth. Phil Trans R Soc，1984，303B：605-654.
[6] Clymo R S. Models of peat growth. Suo，1992，43，127-136.
[7] Clymo R S，Turunen J，Tolonen K. Carbon accumu lation in peatland. Oikos，1998，81：368-388.
[8] Klinger L F. Peatland formation and Ice ages：A possible Gaian mechanism related to community succession//Schneider S H，Boston P J. Scientists on Gaia. London：The MIT Press，Cambridge，Massachusetts，1991：247-255.
[9] Franzen L G. Can Earth afford to lose the wetlands in the battle against the increasing greenhouse effect//IPC Proceedings of the 9th International peat congress. Uppsala：Sweden Int peat J Special Issue，1992：11-18.
[10] 张则友．泥炭资源开发与利用．长春：吉林科技出版社，2000：15-16.
[11] 白光润，等．泥炭形成的水热系数指数．地理学报，1986，41（2）：169-172.
[12] Clymo R S. The limits to peat bog growth. Phil Trans R Sco Lond B，1984，303：605-654.
[13] Clymo R S. Productivity and decomposition of peatland ecosystems//Bragg O M. Peatland ecosystems and Man：An impact assessment. Dundee：British Ecological Society International Peat Society，1992：3-16.
[14] Daoushy F，Tolonen E，Rosenberg R. Lead 210 and moss-increment datings of two Finnish Sphagnum hummocks. Nature，1982，296：429-431.
[15] 孟宪民．湿地碳积累模型与参数估计//陈宜瑜．中国湿地研究．长春：吉林科技出版社，1995：73-78.
[16] 邹锐．生态场理论及生态场特性．生态学杂志，1995，14（1）：49-53.
[17] 何池权．从生态系统全息性看湿地生态场//中国典型湿地生态系统结构、功能和保育研究论文集．
[18] 沈永环，等．向量分析、张量分析//应用数学手册．北京：科学出版社，2000：565-587.
[19] 孟宪民．湿地与全球变化．地理科学，1999，19（5）：385-391.
[20] 黄锡畴．沼泽生态系统的性质．地理科学，1989，9（2）.
[21] 中国科学院长春地理研究所沼泽室．三江平原沼泽．北京：科学出版社，1983.
[22] 牛焕光，等，东北地区沼泽．自然资源，1980（2）.
[23] 柴岫．中国泥炭的形成与分布规律的探讨．地理学报，1981，36（3）.
[24] 卡茨 H R. 论北半球寒温带和温带的沼泽类型及其分布．黄锡畴，译．地理译丛，1973（1）.
[25] 赵一宇，杜论聪．大小兴安岭和长白山沼泽成因、类型及其分布规律的研究．东北林业大学学报，1981（6）.
[26] 郎惠卿．兴安岭和长白山地森林沼泽的类型及其演替．植物学报，1981（6）.
[27] 马学慧．我国泥炭性质及其发育的探讨．地理科学，1982，2（2）.
[28] 祖文辰，等．我国泥炭主要特性及其区域差异．地理科学，1985，5（1）.
[29] 窦廷焕．我国泥炭某些有机组分的特征及其地质意义．地理科学，1984，4（1）.

[30] 孙广友．横断山区沼泽与泥炭．北京：科学出版社，1998：82-108.
[31] 中国科学院长春地理研究所泥炭组．吉林省泥炭资源．地理科学，1983（2）.
[32] 宋海远．三江平原古冰丘湖泥炭地//中国东北平原第四纪自然环境形成与演化．哈尔滨：哈尔滨地图出版社，1990：209-218.
[33] 马学慧，牛焕光．中国的沼泽．北京：科学出版社，1991：133-195.
[34] 黄锡畴，马学慧．我国沼泽研究的回顾与展望．地理科学，1988，8（1）：1-10.

第三章 03

泥炭勘查与评价

矿产勘查和评价的最终目的是为矿山建设设计提供矿产资源储量和开采技术条件等方面所必需的资料，以减少矿山开发风险，获得最大的经济、社会和环境效益。泥炭矿产评价是从人类利用的角度对泥炭资源进行鉴定和分等定级的过程。泥炭矿产的勘查评价通常从质和量两方面，同时考虑泥炭资源本身在时间上动态变化和对泥炭资源开发利用的技术水平以及国民经济对资源的不同需求特点采取相应的方法进行评价。泥炭矿产勘查和评价是为泥炭开采服务，是办理泥炭开采许可证、合法开采的必要前置性程序。

泥炭矿产勘查与评价是对泥炭开采必需的资源储量、质量和类型数据和泥炭开采经济技术条件的科学分析。由于泥炭矿产勘查必须研究泥炭矿床地质现象，遵循泥炭地质规律和经济规律，以最小的投入取得最大的地质成果，所以泥炭矿产勘查和评价具有科研与生产双重属性。泥炭矿床属于天然矿产资源，所以必须贯彻节约资源和保护环境的政策法规，避免资源浪费和环境破坏。因此，泥炭矿产勘查和评价兼顾科学、社会和环境效益的本质属性，也是泥炭矿产勘查评价必须注重的要点和必须遵守的基本原则。

第一节 泥炭矿产勘查

一、泥炭矿产勘查阶段的划分

矿产勘查是一个逐步探测的过程。预查提供靶区，普查发现矿产，详查评价其工业价值，勘探提供矿山设计数据，是一个由浅入深、循序渐进的认识过程。勘查阶段是矿产勘查工作有序进行的纲领。每个阶段结束都要提交相应精度的资源储量，预查提供预查资源储量，普查提供普查资源储量，详查提供详查资源储量，勘探提供勘探资源储量，可靠性依次提高，风险性依次降低，其用途也依次提升，勘探信息的价值逐步提升。

我国DZ/T 0215—2002《煤、泥炭地质勘查规范》将泥炭勘查划分为泥炭预查、泥炭普查、泥炭详查和泥炭勘探四个阶段。不同阶段的地质勘查具有不同的地质目标和工作方法。泥炭的预查、普查、详查是地质勘查系统内部对泥炭矿产勘查程度的升级过渡阶段，要求有较高的地质素养和理论水平。泥炭预查、普查和详查工作，必须熟知找矿标志、控矿条件、成矿规律、矿床类型和矿与非矿初步鉴别的技巧，做出有无工业价值的评价，工作比较系统，着眼于总体的控制，只是勘查工程比勘探稀疏，因此理论推断与预测的成分比勘探大，需要深厚的理论和经验功底。泥炭矿床的勘探则需要向矿山建设设计利用提交专业报告，直接向下游产业提供产品，因此，泥炭勘探是有规范约束的，勘探网度、取样数量、研究程度都有具体规定，而普查、详查只有勘查通则。然而正是泥炭勘探的明确目标，给泥炭矿产的普查、详查指明了方向，对预查、普查、详查起到重要的指导作用。泥炭勘查阶段不同，勘查工作目标和方法明显不同。

（一）泥炭预查

依据区域地质资料、卫星数据判读和前人文献资料，进行初步野外观测和极少量工程验证，提出可供普查的地区，有足够依据时可估算预测的资源量。有经验的遥感工作者可以判读大部分泥炭沼泽和退化泥炭地位置、范围和规模，这些是泥炭预查的有效手段。

（二）泥炭普查

泥炭普查的目的是初步查明泥炭资源的分布、资源量和质量，为进一步详查提供依据。普查的工作任务是初步查明区内泥炭的分布面积、矿层层数及其厚度、质量等情况，初步了解泥炭赋存的地质、地貌及水文地质条件和泥炭的成因类型，估算推断的和预测的资源量。初步评价泥炭的开采利用技术经济条件。

泥炭普查的工作方法是：查阅前人有关工作成果，研究区域地质、水文地质等有关资料确定成矿远景区。访问、踏勘、了解泥炭资源的分布和开发利用情况。编制普查工作设计。野外工作底图可选用1∶50000地形图或免费地质图、第四季地质图，较大矿区要圈定范围。有条件的可选用较大比例尺地形图。

勘查手段和施工必须从泥炭普查目的和经济效果出发，根据地质、地形及泥炭埋藏条件，矿层厚度选择探矿工具和手段。根据野外具体情况和采取孢粉和^{14}C样品需要，可布置适当探坑与探井。有条件的可采用遥感技术，配合一定的地面工程，提高普查工作速度。

泥炭普查时，取样和样品分析对含矿面积小于0.5km^{2}的矿点取1～3个，大于0.5km^{2}的矿点不应少于3个，以确定泥炭质量及进行综合利用初步评价为原则。

取样时可采用探坑刻槽或钻孔取样，并要做详细的取样记录。泥炭沼泽取样的湿样质量不应少于 2kg，埋藏泥炭的湿样质量不应少于 1kg。样品包装一般用塑料袋或其他不易污染的材料，样品标签放于两层塑料袋之间并在外面贴上编号胶布。泥炭样品的采样数量和分析项目根据综合利用评价的需要而定。

普查阶段的泥炭样品测试项目主要为一般理化性质测定，包括：泥炭颜色、自然含水量、吸湿水、干容重、纤维含量、pH 值（水浸、盐浸）、粗灰分、有机质、总腐植酸、黄腐酸、棕黑腐植酸、全氮、全磷、全钾。有代表性矿床和样品还应该进行灰成分分析（Si，Al，Fe，Ca，Mg，K，Na），有机组成分析（苯沥青、易水解物、半纤维素、纤维素、腐植酸、木质素、不水解物），微量元素和重金属、有机元素组成（C，H，O，N，S）分析。此外，还应该选择少量有代表性剖面采样进行孢粉、残体、^{14}C 年代分析，进行泥炭成因类型和成矿年代研究。

（三）泥炭详查

对普查圈定的详查区通过大比例尺地质填图及多种勘查方法和手段，系统取样分析检测，对详查区泥炭资源做出是否具有工业价值的评价。

二、泥炭勘探

泥炭勘探的目的是在泥炭详查圈出的范围内详细查明泥炭矿体的规模、储量和质量，做出综合评价。要详细查明泥炭分布范围、面积和矿层厚度、层数及泥炭质量变化规律，详细查明泥炭赋存的地质、地貌及水文地质特征，确定泥炭的成因类型和形成时代，准确圈定矿体边界，控制矿层变化，估算探明的、控制的、推断的资源/储量。评价泥炭开采利用技术经济条件。目前地勘系统提交报告的勘探研究程度精度普遍较高，但对成因类型和形成时代研究普遍缺失。

泥炭勘探阶段要使用比例尺 1∶(5000～10000) 地形图进行地质地形测量，通过地质填图基本查明矿区地层层序、岩性组合、层位时代，观察点密度以能基本控制地质体为原则。进行水文地质调查工作，查明地下水和地表水的补给、排泄条件，计算涌水量。

工程网度按达到探明的资源/储量标准的工程网度进行施工。对简单勘查类型矿床，要取得探明储量，需要布置 200m×(200～100)m 网度钻孔；要获得控制储量，需要布置 400m×(400～200)m 网度钻孔。对复杂性框架类型，要取得探明数量，需要布置 100m×(100～50)m 网度钻孔；要取得控制储量的，需要布置 200m×(200～100)m 网度钻孔。为避免漏掉埋藏较深的泥炭层，应打 1～2 个深孔，普查或详查阶段已有深孔控制除外。矿体边界控制在地形变化不明显地段，其外侧要在两个钻孔不见矿时方可圈定。

勘探阶段提交的成果储量不是一组简单的数字，而是矿产数量、质量及其经济性三度空间分布规律的表达，为求得三度空间内每一点上的一组数据，都要通过探矿工程、取样测试来取得。探矿工程越密，数据测量点越多，对矿床的认识就越全面、越接近真实。但是矿产勘查工程的经济性规律要求探矿工程测点越少越好，因此必须寻求一个平衡点，既满足开采设计需要，又用最少的探矿工作量。根据矿体规模、矿体形态复杂程度、内部结构复杂程度，以及矿石有用分布的均匀程度、构造复杂程度等主要地质因素，可以确定勘查类型，区别难易程度，按勘探类型正确选择勘探方法和手段，合理确定勘查网度，就可以用最经济的勘查工程投入完成对矿体及其变化规律有效的圈定和控制。

泥炭矿体裸露地表，矿层厚度普遍不深，一般钻孔成本不高，加密钻孔难度不大。但对埋藏泥炭或深厚矿体，普通人力钻孔难以完成，机械钻孔成本明显提高，增加钻孔密度，提高泥炭勘探网度难度增加。泥炭矿成因类型不同，泥炭矿体厚度变化方向有明显区别。沟谷型、牛轭湖型泥炭矿纵向变化小，横向变化大，有时矿体横向长度小于 200m，如果不加密钻孔，不仅容易漏矿，也无法掌握泥炭厚度变化趋势，给泥炭储量计算带来困难。因此，泥炭勘探网度控制一定要根据矿体厚度变化特征灵活采用，切不可简单机械，贻误工作。

泥炭勘探项目不应将一个矿区都布置成一种网度，勘查工作必须尊重经济规律，遵循以最小的投入满足开采设计需求原则。为了经济评价和开采总体设计必须做全区的控制，同时探矿工程应该由稀到密、由浅入深、由已知向未知探寻，密集工程地段发现总结出的地质规律可以推断稀疏工程地段，稀疏工程地段的推断需要密集工程地段来印证。一个矿区有不同网度、不同可靠程度的块段，其标识就是块段资源储量级别，是 111 等储量类别的细化。低级别的资源储量在矿山生产勘探和储量管理过程中，需要升级，进而进入三级矿量、编制采矿计划，并按照资源储量动态监管制度，上报政府部门统计。

勘探阶段的取样要采用自然发生层或等距采样，样长不超过 1m。孢粉样品应该在矿区有代表性剖面系统采样，包括顶底板，采样间距 0.05～0.2m，样品重量 50g，顶底板样品数量不小于 200g。样品要密封、及时送样鉴定。^{14}C 样品是确定泥炭成矿年代的重要手段，应该在泥炭层顶部、底部和泥炭层中变化明显的层位采样，样厚不超过 0.1m，样品量不少于 500g，普查阶段已有^{14}C 成果，勘探阶段可以不做。勘探阶段的分析项目见表 3-1。

表 3-1　勘探阶段泥炭采样数量和分析项目

取样种类	取样剖面数		分析项目和样品数	
	含矿面积		项目	样品数
	$<0.5km^2$	$>0.5km^2$		
一般分析	3～5	>5	一般分析项目	全测
			有机元素分析	一个剖面样品
			灰成分分析	
			有机组成分析	
			微量元素和重金属元素	

续表

取样种类	取样剖面数		分析项目和样品数	
	含矿面积		项目	样品数
	<0.5km^2	>0.5km^2		
植物残体及孢粉(^{14}C)	1	1	植物残体分析、孢子花粉鉴定、^{14}C分析	一个连续剖面分层样品

第二节 储量分级和计算

因为不同勘查阶段的工作程度和钻孔网度不同，因而获得的储量数据的精确程度和可靠程度有较大差异，储量数据的用途和价值也明显不同。对不同方式获取的储量数据进行分级，便于管理利用储量分析数据，提高储量数据的价值和有效性。

一、储量分类

(一) 根据勘查阶段和工程控制程度划分的储量级别

根据矿产勘查阶段、勘查精度不同和泥炭储量地质可靠程度，泥炭资源储量类型可以划分为：

1. 探明储量

控制了泥炭矿体形状、产状及厚度变化，准确圈定边界，能明确划分泥炭品级，掌握泥炭质量变化规律，查明了影响泥炭矿体储量的夹层和覆盖层厚度，控制了岩性和岩相变化的储量称为探明储量。探明储量等同于以前A、B级储量。探明储量是泥炭矿区开采设计依据。

2. 控制储量

控制储量是确定进一步部署勘探和制定泥炭资源开发利用规划的依据，勘探精度低于探明储量。只有基本控制矿体形状、产状及矿层厚度变化，主矿体边界已经有工程控制，泥炭品级和质量变化已经明确，查明了影响矿体较大的泥沙、腐木等夹层，初步了解覆盖层厚度、岩性和岩相变化的矿体或块段才能列入控制储量。控制储量类似于以前的C级储量。

3. 推断储量

推断储量是进一步布置地质详查和矿山建设所探求的远景规划量，勘探精度低于控制储量。推断的条件是对矿体范围、矿层厚度、产状和质量有初步了解。

4. 预测储量

对具有赋存泥炭资源的地区经过预查，有足够的资料、数据估算出的资源量。

(二) 根据矿产资源可行性研究程度划分资源类型

根据所获储量的可行性研究程度可分为可行性研究、预可行性研究和概略研究三种，对应的储量经济程度是：

1. 经济储量

经济储量的数量和质量是依据符合市场价格的生产指标计算的，在可行性研究或预可行性研究当时的市场条件下开采，技术上可行，经济上合理，环境等其他条件允许，即每年开采泥炭的平均价能满足投资回报的要求。

2. 边际经济储量

在可行性研究或预可行性研究当时，其开采是不经济的，但接近于盈亏边界，只有在将来由于技术经济、环境等条件的改善或政府给予其他扶持的条件下才可能变成经济有效的。

3. 次边际经济储量

在可行性研究或预可行性研究当时，开采是不经济的或技术上不可行的，需大幅度提高矿产品价格或技术进步使成本降低后，方能变成经济有效的。

4. 内蕴经济储量

仅通过概略研究，做了相应的投资机会评价，未做可行性研究或预可行性研究。

（三）泥炭储量分类和编码

将上述勘探程度和经济评价程度结合起来，并根据其可靠性的高低，将泥炭储量划分为相应类型（表 3-2）。其中在探明泥炭资源储量里，可分成：

表 3-2　泥炭矿产资源类型

经济意义	地质可靠程度			
	查明矿产资源			潜在矿产资源
	探明储量	控制储量	推断储量	预测储量
经济储量	可采储量(111)			
	基础储量(111b)			
	预可采储量(121)	预可采储量(122)		
	基础储量(121b)	基础储量(122b)		
边际经济储量	基础储量(2M11)			
	基础储量(2M21)	基础储量(2M22)		
次边际经济储量	资源量(2S11)			
	资源量(2S21)	资源量(2S22)		
内蕴经济储量	资源量(331)	资源量(332)	资源量(333)	资源量(334)?

注：表中所用编码（111～334），第 1 位数表示经济意义，即 1=经济的，2M=边际经济的，2S=次边际经济的，3=内蕴经济的，? =经济意义未定的；第 2 位数表示可行性评价阶段，即 1=可行性研究，2=预可行性研究，3=概略研究；第 3 位数表示地质可靠程度，即 1=探明的，2=控制的，3=推断的，4=预测的，b=未扣除设计、采矿损失的可采储量。

1. 可采储量（111）

指探明经济基础储量的可采部分，即勘查工作程度已达到勘探阶段的工作程度要求，并进行了可行性研究，证实其在计算当时开采是经济的，计算的可采储量及可行性评价结果可信度高。

2. 探明的（可研）经济基础储量（111b）

指探明经济基础储量的可采部分，即勘查工作程度已达到勘探阶段的工作程度要求，并进行了可行性研究，证实其在计算当时开采是经济的，但该储量未扣除设计、采矿损失的储量。

3. 预可采储量（121）

指探明经济基础储量的可采部分，勘查工作程度已达到勘探阶段的工作程度要求，但仅进行了预可研，可行性评价结果的可信度一般。

4. 探明的（预可研）经济基础储量（121b）

指探明经济基础储量的可采部分，勘查工作程度已达到勘探阶段的工作程度要求，仅进行了预可研，可行性评价结果的可信度一般，且未扣除设计采矿损失的储量。

5. 探明的（可研）边际经济基础储量（2M11）

勘查工作程度已达到勘探阶段的工作程度要求，可行性研究表明，在确定当时开采是不经济的，但接近盈亏边界，只有当技术、经济等条件改善后才可变成经济的。

6. 探明的（预可研）边际经济基础储量（2M21）

同（2M11）的差别在于本类型只进行了预可行性研究，估算的基础储量可信度高，可行性评价结果的可信度一般。

7. 探明的（可研）次边际经济资源量（2S11）

勘查工作程度已达到勘探阶段的工作程度要求，可行性研究表明，在确定当时开采是不经济的，必须大幅度提高矿产品价格或大幅度降低成本后，才能变成经济的。

8. 探明的（预可研）次边际经济资源量（2S21）

同（2S11）的差别在于本类型只进行了预可行性研究，资源量估算可信度高，可行性评价结果的可信度一般。

9. 探明的内蕴经济资源量（331）

勘查工作程度已达到勘探阶段的工作程度要求。

二、储量计算

（一）泥炭资源/储量估算的一般规定

估算指标：泥炭品级取决于有机质的含量，分为有机质含量30%～50%的准泥炭和有机质含量大于50%的泥炭两个品级。

储量计算时，泥炭有机质含量须大于等于30%，矿层厚度须大于30cm。切忌将有机质含量<30%的腐泥、腐殖土、黑土列入泥炭。

裸露泥炭（不包括泥炭沼泽的草根层）层厚必须大于等于0.3m，埋藏泥炭层厚度大于等于0.5m，剥采比小于3。

复杂结构矿体的资源/储量计算：当夹层大于等于0.1m，应当剔除，并分层估算资源/储量。泥炭资源/储量是按实际勘探获得资源估算的，储量计算不应包括采空区。

（二）储量计算方法

各类型资源量计算必须按块段划分的要求，划分各类型块段。块段划分原则上以达到相应控制程度的勘查线、泥炭层顶底板界限或主要层位控制线为边界。对块段边界外部没有控制工程的，可以做适当的外推，但储量级别下降。

矿床储量计算是用各个块段的体积与泥炭矿石的容重乘积计算而得。为了避免泥炭含水量不同导致泥炭储量计算的误差，所以规范中将泥炭的容重统一规定为烘干重，这种测定结果固然有数据精确的好处，但国内外科研和行业多以体积计算泥炭量，用烘干重计算泥炭的总储量，仍有许多不便之处。当一个泥炭矿床有多个块段时，泥炭矿床的储量就是这些块段泥炭总储量的总和。

估算单位以千吨（万吨）计。

（三）泥炭勘查资料编录

1. 对原始资料编录工作的基本要求

按勘查设计的要求和有关规程的规定，各种勘查工程的原始记录和数据资料必须齐全、准确、真实、可靠。对自然露头和各种勘查工程所揭露的地质、水文地质现象，都必须按规定的内容和要求，进行观测、鉴定和描述。各种观测、测量记录资料，都应及时进行处理、解释和整理。原始资料编录的工作程序、格式、内容、表达形式、术语等均应符合有关标准的规定。各种原始记录、原始编录资料以及岩心、样品、标本等实物资料，必须按有关规定的要求妥善保管，建立完整的原始资料档案。

2. 充分利用勘探资料

按照边勘查施工，边分析研究资料，边调整修改设计的原则，对各种勘查技术手段所取得的资料均应进行及时且充分的分析研究和利用。

3. 遵守规范

各阶段地质报告的编制，原则上应按有关地质报告编写规范规定的要求进行。

第三节　泥炭矿产评价的意义和概念

一、泥炭矿产评价的意义

泥炭矿产评价是从人类利用的角度对资源进行鉴定和分等定级的过程。通常从质和量两方面来衡量，同时考虑泥炭资源本身在时间上动态变化和对泥炭资源开发利用的技术水平以及国民经济对资源的不同需求特点采取相应的方法进行评价。泥炭矿产开发利用的目的不同和所处勘查阶段不同，评价的内容和方法也就不同。在泥炭矿产勘查的前期，泥炭矿产评价重点考虑泥炭质量本身，同时对泥炭地面积、厚度、储量、覆盖层状况、泥炭地的交通条件以及地区泥炭矿产开发的经济技术条件进行综合评价。在泥炭矿产勘查的后期已经获得比较详尽的泥炭矿床地质、开发利用方向和投资收益资料时，就要进行泥炭矿床地质和矿床经济评价，以便对泥炭矿床工业类型、工业技术指标、合理确定开采率回收率、确定精矿品位、深入分析研究泥炭开采条件和加工利用条件提供科学依据。

从 20 世纪 80 年代开始，科学工作者们在对我国泥炭资源调查、分类的基础上做了大量泥炭矿产评价。最早对泥炭矿产评价主要是单要素评价，基本上以泥炭本身质量评价为主，评价依据是泥炭的理化性质，评价方法为分类描述。随着泥炭应用的发展，根据泥炭用途的不同产生了面向应用的评价。我国在 1982 年确定了中国泥炭分类应用分类系统，对各个类别的泥炭分解度、灰分含量及纤维含量都给出了定量指标，为泥炭资源评价提供了重要的参考价值。科学工作者们对泥炭资源做了一些区域或全国性的评价。东北师大的祖文辰、杨作江对辽宁新宾的泥炭做了质量评价；中国泥炭应用分类协作组按照泥炭的分类对我国泥炭的质量和利用途径做了评价；孙世英等对江西省泥炭做了开发利用评价；陈淑云、祖文辰对我国泥炭资源分别从农业和工业两方面的利用做了较为系统的评价。孙广友等对横断山区的泥炭资源从矿体条件及泥炭质量指标角度做了详细评价。

20 世纪 90 年代以后，随着资源科学的可持续发展研究的深入，人们对泥炭资源评价的研究也转向于综合评价，将泥炭质量本身和泥炭矿开发条件结合起来。张树夫（1991）对江苏省泥炭资源从泥炭理化性质、泥炭开发条件、泥炭工农业利用条件做了综合评价。牟春荣（1992）论述了对泥炭地的综合评价所要进行的若干考虑。祖文辰等（1997）提出了泥炭矿等级划分的依据，并给出了泥炭矿等级划分的定量指标体系，这可能是我国第一个将泥炭矿的质与量相结合的泥炭矿分级理论。张则友（1997）探讨了中国东北泥炭矿评等分级的影响因子及其指标、指数系统。张则友还对国外泥炭开发利用方向与泥炭质量指标要求做了总结（1999）。张生等（2002）对三江平原和横断山区的泥炭资源做了综合评价。虽然以上大部分研究并没有实现泥炭资源评价的完全定量化，但为泥炭综合评价理论的建立奠定了基础。

上述评价都对全国或地区的泥炭资源进行了详细评价，明确了泥炭资源评价的内容，同时为泥炭资源的合理利用提供了科学的依据。评价依据为泥炭的理化性质指标，物理指标依据有泥炭的颜色、结构、容重、含水量、分解度；化学性质指标有分解度、灰分含量、有机质含量、沥青含量、酸碱度、氮磷钾元素含量、发热量等。但这些评价都属于勘查前期的矿产地质评价，缺乏完成泥炭矿床勘探后对泥炭矿床工业类型、矿床工业指标、合理开采损失率和贫化率确定、合理近况品位确定、矿床开采机加工技术评价分析，不能为地质勘查设计单位进行先进的地质评价和经济评价提供依据。

二、泥炭矿产评价的概念和方法

泥炭矿产评价是泥炭矿产评价的组成部分，主要通过对泥炭矿床地质条件、开发条件、交通运输、电力供应以及矿石加工利用条件进行全面分析研究，以评价矿床有无开发利用价值以及开发后将有多大经济价值。

在对泥炭矿床进行了勘探之后，可以获得大量系统可靠的地质信息和地质资料，对泥炭的质量和技术加工特性及其空间变化、矿床开采条件以及水文地质条件等方面有了较深入的研究。因此需要对这些泥炭地质、泥炭技术、泥炭经济数据是否达到本阶段工作程度要求做出评述，在详细分析泥炭矿产资源形势、市场条件、产品方向与前景基础上，根据泥炭矿山建设项目建议书与泥炭矿山总体规划具体要求，详细分析未来拟建矿山建设与生产经营的具体条件。此外，需要根据国家主管部门批准制定的泥炭矿产工业指标计算储量，根据泥炭产品开发试验研究结果，结合泥炭矿床具体参数，计算矿床开发利用的微观经济效益和宏观经济效益。这一矿床评价结果可以作为泥炭矿山建设可行性研究和确定泥炭矿山设计和合理开发利用的技术依据。泥炭矿床评价结果正确与否，直接影响到泥炭矿山建设和开发经济效益好坏，错误的评价结果往往会造成已建矿山被迫停产，给国民经济造成重大损失。

泥炭矿产评价中，泥炭矿床的地质评价是核心内容。其主要通过勘探过程中获得的各种信息，经过整理、加速、分析和综合，对所取得的成果进行解释和判断，从而获得有关泥炭矿床的规模、形态、产状、泥炭质量、开采条件以及加工性能等方面的概念，并据以评定相对开发价值。与此同时，可以根据矿床地质因素以及其他与开发加工有关的综合分析，以计算出在某种具体开发加工条件下的泥炭的经济价值。

矿床评价中的另一个重要内容是矿床的经济评价。泥炭矿床的经济评价任务是通过计算分析，预测出矿床开发利用的经济价值。由于不同开发利用方向可能有不同开发利用效益，进行矿床经济评价能够确定泥炭矿床开发项目的取舍、排序和投资决策提供依据。不同的泥炭矿床可能在泥炭类型和泥炭品位高低、采选难易、地理条件优劣等方面有明显差异，泥炭矿床经济评价可以通过级差矿利法，评估不同条件下泥炭矿产经营管理水平的超额利润，用以评价泥炭矿山经营管理水平。泥炭是一种多功能多用途矿产资源，如果能综合利用其中几个有益组分和不同品位泥炭，可能在经济上获得更大收益。矿床经济评价可以通过经济效益分析对综合利用效益得出明确结论。

泥炭矿产评价的参数和因素包括：地质因素和参数，如矿床储量、泥炭品位及其变化特征、矿体形态及浆状特征等；开采因素和参数，如顶底板岩性、泥炭的机械物理性质、水文地质条件、工程地质条件、覆盖层厚度及矿体分布；泥炭加工因素和参数，如泥炭的纤维组成、结构构造，泥炭类型，泥炭品级与分布、比例以及泥炭的干燥特征等；地理因素，如地形、气候、运输、能源供应、供水、人力等；社会价值因素，如产品价格、生产成本、投资、流动资金、利率、折现等；矿山经营参数，如矿床工业指标、生产规模、开采损失率、贫化率以及加工方式等。

第四节 泥炭矿床工业类型

由于泥炭矿床大多裸露于地表，产状水平，开发利用简单，研究历史浅近，因此以往的泥炭开发过程中大多不需要进行工业类型划分，而仅仅划分泥炭成因类型代替。不划分工业类型，在泥炭勘探和设计中就会遇到问题和困难。

一、泥炭矿床工业类型的概念

矿体工业类型是指作为某种主要矿产来源并在世界经济中起重要作用的矿床类型。对泥炭矿产来说，泥炭矿床工业类型就是世界泥炭矿产来源的主要矿床类型。与泥炭矿成因类型不同，泥炭矿成因类型是特定成矿因素形成的泥炭成矿方式和成矿部位。泥炭矿的成因类型很多，但工业意义差别很大。比如雨养泥炭地比水养泥炭地泥炭质量高，裸露泥炭地比埋藏泥炭地开发成本低，湖盆泥炭矿比牛轭湖泥炭地开采条件更好。

泥炭工业类型划分在依据泥炭矿床的地质特征同时，特别强调泥炭矿床的工业价值，不是所有的泥炭矿床类型都可以列为矿床工业类型，只有那些在国民经济建设中起重要作用的典型矿床才是工业矿床。从泥炭矿产的基本工业需求来说，泥炭的质和量以及开采条件是泥炭矿床的基本需求，因此泥炭矿床工业要求是确定泥炭和非泥炭的界限、矿床和非矿床的界限。根据泥炭的品位、类型和规模，可以划分主要泥炭工业类型，查明各种工业类型的相对意义，分析现阶段技术加工水平以及国民经济发展需求，说明泥炭矿产的经济价值。在泥炭矿床工业类型评价中，可以对泥炭矿床产出的地质环境、矿体形态和产状、泥炭残体组成、结构构造、加工工艺以及该矿床形成条件和成矿规律进行分析评价。

二、制定泥炭矿床工业类型的意义

矿床工业类型研究是应用学科，着重于研究实际资料，解决实际问题。泥炭矿床工业类型研究可以为指导泥炭找矿和矿床评价工作提供依据，为泥炭开采、加工提供决策依据，同时也可以为泥炭矿产资源管理提供科学数据。

泥炭矿床工业类型是找矿勘探工作的依据，并且贯穿于找矿全部过程。在泥炭找矿过程中，工业类型知识将指出找什么类型泥炭矿、到哪里找、怎么去找。对泥炭矿床来说，虽然成因类型较多，但真正具有工业开发价值的矿床类型却数量有限，每种工业类型所处的地质环境就会为找矿指明方向，为找矿工程布置提供科学依据。

泥炭矿床工业类型相同，其泥炭矿石性质、加工利用方向和加工利用技术也基本相近。需要在矿床工业类型研究中，深入研究总结不同泥炭矿床的地质环境、水源补给、矿体形状和产状、泥炭矿石成分、结构构造、加工工艺性能以及该矿床形成的条件及成矿规律。

在采矿、选矿和处理泥炭方面，不同矿床工业类型具有不同的技术特征，应该采用不同的方法和不同的工艺流程。对于大型泥炭矿床，便于机械化平面开采，易于为大众能源用户提供规模化能源产品和园艺产品原料。对于矿体规模中等，但泥炭厚度较深的湖盆型泥炭矿，应该首先建立排水渠系，加大排水力度，实行垂直切块开采，既不会破坏泥炭纤维结构，也不会因为泥炭矿含水量过高，造成矿体坍塌滑坡，影响开采安全。对于山区沟谷型泥炭矿，可以从沟谷下游横向建立开采断面，利用泥炭断面一侧排水降低地下水位，泥炭压实便于机械运行和操作。开采完毕的开采迹地立即将剥离的表层草根层或熟土与开采迹地预留的劣质泥炭混合，构成湿地修复土壤基底，便于湿地植物定植和生长，形成相应的植物群落，开启湿地修复植被建植的序幕。通过矿床工业类型的划分，可以对某一地区的泥炭矿产远景做初步估价，矿山开发单位也可以根据矿床工业类型，制订矿山的设备和经费计划。

三、泥炭矿床工业类型的划分

泥炭工业类型是泥炭开发利用的重要基础。理想的泥炭分类应该既反映泥炭的成因，又突出泥炭特征差异，简明清晰，方便实用。但是，科学准确往往与简明实用相互矛盾，需要科研、生产认识根据具体情况灵活选用。

（一）泥炭分类方式

苏联专家提出的泥炭成因分类方案是一个反映成因与特征、理论和使用比较统一的分类体系，并得到国际泥炭学会承认。这个分类体系首先将泥炭根据泥炭的营养状况划分为低位泥炭、中位泥炭和高位泥炭三类。然后根据地表生态系统，划分为森林、森林-沼泽和沼泽三个亚型。其中，在森林-沼泽亚型下，进一步划分为木本-草本和木本-藓类两个组，在沼泽亚型下划分草本、草本-藓类和藓类三个组。在每个组内，还可以根据造炭植物残体组成进一步划分为亚组。如在低位泥炭草本组里，可以继续划分为苔草、芦苇、木贼等三个亚组。虽然低位泥炭的藓类组里也有灰藓和泥炭藓亚组，但两种藓类植物残体所在比例均超过45%，而在高位泥炭的藓类组里，中位泥炭藓、褐色泥炭藓的残体植物比例均可达到90%以上。见表3-3。

上述分类虽然系统完整，但是略显繁杂难记。国际泥炭学会提出了简便易懂的

表 3-3 苏联泥炭分类体系

类型＼亚型	森林亚型	森林-沼泽亚型		沼泽亚型		
	木本组	木本-草本组	木本-藓类组	草本组	草本-藓类组	藓类组
低位泥炭	赤杨桦 云杉松 沼柳	木本-灰藓 木本-泥炭藓	木本-芦苇 木本-苔草	苔草 芦苇 木贼	苔草-灰藓 苔草-泥炭藓	灰藓 泥炭藓
中位泥炭	木本	木本-苔草	木本-泥炭藓	苔草 芝菜	苔草-泥炭藓	灰藓 泥炭藓
高位泥炭	松	松-棉花莎草	松-泥炭藓	棉花莎草 芝菜	棉花莎草-泥炭藓 芝菜-泥炭藓	中位泥炭藓 褐色泥炭藓

分类方式。这种分类方式有三种，每种分类方式都可以划分出三种泥炭类型（见表3-4）。在这个分类方式中，贫营养泥炭可以对应藓类泥炭（包括木本泥炭），富营养泥炭能对应草本泥炭，中营养泥炭则介于藓类泥炭与草本泥炭之间。

表 3-4 国际泥炭学会推荐泥炭分类

分类级别	分类依据	泥炭类型名称
一级分类	根据植物组成分类	藓类泥炭 草本泥炭 木本泥炭
二级分类	根据分解度分类	弱分解度泥炭 中分解度泥炭 高分解度泥炭
三级分类	根据泥炭营养状况分类	贫营养泥炭(高位泥炭) 中营养泥炭(中位泥炭) 富营养泥炭(低位泥炭)

从表3-4可见，泥炭首先可以划分为藓类、草本和木本三种类型，然后再根据泥炭分解度和灰分差异向下细分。不同类型的泥炭具有不同的利用方向和价值。泥炭企业和泥炭用户在泥炭加工和利用过程中又会对泥炭提出不同的工业要求，各种工业类型泥炭矿床所处地质条件、矿床特征和经济意义也有很大差异。对木本泥炭来讲，主要用于腐植酸提取、腐植酸肥料制造和土壤调理剂的生产。藓类泥炭主要用于种苗基质、栽培基质的生产。草本泥炭既可以用于种苗基质的制备，也可以用于土壤调理剂和功能肥料的生产。泥炭是现代农业和环境修复的物质基础，广泛用于国民经济各部门，特别是蔬菜、花卉、都市农业和人民生活也离不开泥炭。泥炭利用价值的高低，既取决于有机质含量和分解度高低，也取决于泥炭残体植物组成和化学成分。

（二）泥炭矿床工业指标

矿床工业指标是当前技术经济条件下，对矿产质量和开采条件的综合要求。泥炭矿床的工业指标是国内外泥炭产业在认证分析泥炭需求形势、技术水平和经济条件，经过大量技术论证制定的，是圈定矿体、计算储量的依据。

对不同泥炭的一般工业指标来说，三大类型泥炭的边界品位都是有机质含量30%，藓类泥炭的工业品位为70%，草本泥炭和木本泥炭的工业品位均为50%。对于矿层边界厚度，疏干状态时，藓类泥炭是20cm，草本泥炭和木本泥炭均为30cm；充水状态时，三种泥炭矿的边界厚度均为50cm（表3-5）。

表3-5 不同泥炭一般工业指标

泥炭类型	有机质含量/%		泥炭层厚度/cm	
	边界品位	工业品位	疏干状态	充水状态
藓类泥炭	30	70	20	50
草本泥炭	30	50	30	50
木本泥炭	30	50	30	50

对于矿体中有夹层的，其边界厚度是10cm，超过10cm厚度的必须在泥炭层厚度中扣除。泥炭用途不同，其块度要求也不同。对于粉状能源泥炭块度可以在1～5mm，对于棒状能源泥炭块度可以为直径大于10cm。用于种苗基质的泥炭块度可以大于5mm，用于栽培基质的泥炭块度可以大于10mm。用于土壤调理剂和功能肥料制备的泥炭块度可以大于3mm。

（三）泥炭应用分类与开发利用方向

泥炭灰分含量（有机质含量的余数）和分解度是控制泥炭开发利用价值的关键性指标。我国把灰分含量小于25%的泥炭定义为低灰分泥炭，灰分含量在25%～40%的泥炭定义为中灰分泥炭，灰分含量在40%～55%的泥炭定义为较高灰分泥炭，灰分含量大于55%的泥炭定义为高灰分泥炭。将分解度小于20%的泥炭定义为低分解泥炭（用纤维含量测定值70%代替），将分解度在20%～40%（纤维含量70%～40%）的泥炭定义为中分解泥炭，将分解度大于40%（纤维含量小于40%的）的泥炭定义为高分解泥炭。根据四级灰分和三级分解度指标，建立了中国泥炭应用分类系统（见表3-6）。而藓类泥炭和木本泥炭灰分较低，最小只有2%，最大才有25%，所采用的应用分类体系又有很大不同。

表3-6 中国泥炭应用分类系统

项目		高分解	中分解	低分解
		>40%	20%～40%	<20%
低灰分	<25%	低灰分高分解泥炭	低灰分中分解泥炭	低灰分低分解泥炭
中灰分	25%～40%	中灰分高分解泥炭	中灰分中分解泥炭	中灰分低分解泥炭
较高灰分	40%～55%	较高灰分高分解泥炭	较高灰分中分解泥炭	较高灰分低分解泥炭
高灰分	>55%	高灰分高分解泥炭	高灰分中分解泥炭	高灰分低分解草根层

泥炭灰分和分解度决定着泥炭的利用方向和价值。除此之外，泥炭残体组成、酸碱度、钙镁铁铝元素含量等对泥炭利用也有一定影响，由于这些指标都局限在某一利用方向之内，有的只是对利用方法的影响，因此将上述指标列入限制指标（表 3-7）。

表 3-7 不同利用方式的泥炭工业指标

质量要求 用途	工业指标和限制指标			原料种类
	灰分/%	纤维含量/%	限制指标	
功能肥料	25～40	70～40	Fe_2O_3、Al_2O_3 <5%，CaO<5%	低灰分中高分解泥炭 中灰分中高分解泥炭 较高灰分中高分解泥炭
泥炭土壤调理剂	40～70	70～40		多种泥炭
种苗基质	25～40	70～40		低灰分低中分解泥炭 中灰分低中分解泥炭
栽培基质	10～25	20～40		低灰分、低中分解泥炭
垫褥材料	<25	>70	泥炭藓中棉花莎草不超过 10%	低灰分低分解泥炭
泥炭燃料	30～40	<70	发热量 >12.55MJ/kg	低灰分中高分解泥炭 中灰分中高分解泥炭
腐植酸提取	<40	<70	腐植酸>40%	低灰分中高分解泥炭 中灰分中高分解泥炭
泥炭蜡	<15	<70		低灰分高分解泥炭

低灰分低分解泥炭主要是藓类泥炭，我国储量不多，主要靠进口满足供应。藓类泥炭富含有机质和碳水化合物，腐植酸以黄腐酸为主，植物残体以泥炭藓为主，结构呈疏松海绵状和细纤维状，弹性好，吸收力强，利用方向广泛。

中灰分中分解泥炭在我国分布广，储量大，植物残体以苔草、嵩草-芦苇为主，具有细纤维状和粗纤维状结构，矿体多为表露型，部分为浅埋藏型，矿床规模大小不一。

低灰分中高分解木本泥炭我国储量不多，主要集中在马来西亚和印度尼西亚等热带海洋性国家。泥炭腐植酸含量高，分解度大，是腐植酸提取和功能肥料的上好原料。

(四) 泥炭矿床工业类型

根据泥炭矿床成因类型、工业指标以及泥炭开发利用方向，将主要泥炭矿床归类整理成泥炭工业类型，以指导找矿勘探、规划设计以及制定泥炭加工工艺方案（表 3-8）。

表 3-8 泥炭矿床工业类型

矿床工业类型	成矿地质特征	矿体形状	矿体规模	植物残体	矿物指标	矿床实例
沟谷水养草本泥炭矿床	地表水地下水补给，沟谷洼地，草甸沼泽化起源	树枝状、条状	中小型	苔草、睡菜	有机质 50%～70%，分解度 30%～40%	黑龙江桦川申家店泥炭矿
湖盆水养草本泥炭矿床	地下水补给，断陷湖盆、堰塞湖盆、牛轭湖盆地貌，水体沼泽化起源	近圆形、方形	中大型	苔草、眼子菜、芦苇	有机质 50%～60%，分解度 35%～50%	吉林省浑南金川泥炭矿
河床河漫滩水养草本泥炭矿	地表水补给，河流漫滩河床基底，水体沼泽化起源	片状、长条形	中大型	苔草、眼子菜、芦苇等	有机质 45%～55%，分解度 35%～45%	黑龙江饶河别拉洪河泥炭矿
古河道水养草本泥炭矿	地表水补给，古河道基底，水体沼泽化起源	弯曲条形	小中型	苔草、眼子菜、芦苇等	有机质 50%～65%，分解度 35%～45%	内蒙古土慕特旗陶思浩埋藏泥炭矿
河谷盆地水养草本泥炭矿	地表水补给，山间盆地基底，水体沼泽化起源	多边形	大中型	苔草、芦苇等	有机质 45%～65%，分解度 40%～50%	云南石屏宝秀泥炭矿
山原宽谷水养草本泥炭矿	地表水地下水补给，高原宽谷基底，草甸沼泽化起源	片状、条状	大中型	嵩草、芦苇等	有机质 50%～65%，分解度 35%～45%	四川若尔盖日干乔泥炭矿
滨海台地雨养木本泥炭矿	雨水补给，滨海台地基底，木本植物陆地沼泽化	片状	大型	树种	有机质 80%～90%，分解度 35%～45%	马来西亚加里曼丹凯乐泥炭矿
宽谷雨养凸起藓类泥炭矿	雨水补给，宽谷基底，草甸沼泽化起源	面状	大型	泥炭藓、棉花莎草	有机质 85%～95%，分解度 10%～20%	芬兰
坡地雨养披盖藓类泥炭矿	雨水补给，迎风海岸坡面，草甸沼泽化起源	面状	大型	泥炭藓、棉花莎草	有机质 90%～95%，分解度 15%～25%	英国苏格兰佘德兰泥炭矿

第五节 泥炭开采损失率与贫化率的确定

我国泥炭开采的损失率和贫化率都很大，其中既有泥炭产权不清、国家所有权虚置的原因，也有不合理的开采方案、采矿方法、开采工艺的原因。泥炭采矿中的损失率和贫化率是影响泥炭开发效益的主要因素之一。不恰当的损失率、贫化率不仅降低泥炭矿床的经济价值，造成矿山当前的经济损失，而且浪费了宝贵的自然资源，破坏了环境，使国民经济的宏观效益遭到损失。

泥炭开采时的损失率和贫化率与勘探精度、设备选择和开采工艺有密切关系，降低泥炭开采损失率和贫化率固然好，但减少损失、控制贫化意味着增加勘探精度、更换开采设备、采用新型开采工艺与增加开采成本。

一、损失率和贫化率

应用矿床经济评价方法确定经济上合理的损失率和贫化率，首先要计算泥炭开采损失率和贫化率。

泥炭开采损失率按下式计算：

$$\varphi=\frac{Q_g-Q_m}{Q_g}$$

式中 φ——损失率；

Q_g——地质储量；

Q_m——采出矿量。

泥炭开采贫化率分为围岩混入率和品位降低率，其中围岩混入率按下式计算：

$$\rho=\frac{Q_e}{Q_m+Q_e}$$

式中 ρ——围岩混入率；

Q_e——混入采出矿石中的围岩量；

Q_m——采出矿石量。

由于混入泥炭中的围岩难以分离计量，一般采用品位降低率计算贫化率，如下式：

$$\rho_i=\frac{\alpha_a-\alpha_e}{\alpha_a}$$

式中 ρ_i——品位降低率；

α_a——地质平均品位；

α_e——采出矿石平均品位。

我国泥炭因采用挖掘机开采越界混层导致的品质降低率在0.1～0.3，应予避免。

二、降低损失率和贫化率的方法

对于不同采矿方法，损失率和贫化率的相互关系分成两种情况。

泥炭主要采用露天开采方法，因此，泥炭损失率和贫化率关系十分密切。泥炭的开采损失率对应着一定的贫化率，应该根据生产实际数据，确定损失率和贫化率的回归方程。损失率是开采减少的储量占地质储量的百分数，贫化率是采出泥炭品位降低量占矿体平均品位的百分数。矿石贫化是由于围岩混入造成的，泥炭开采过程中，挖掘机分层困难，直接将顶底板黏土混入泥炭，无法分离是造成泥炭品位下降的直接因素。一般随开采损失率升高，贫化率也随之升高，但两者一般是非线性关系。

顶底板黏土混入造成的泥炭品位贫化对泥炭企业经济效益具有严重影响，特别是泥炭矿石价值不高，混入杂质降低品位导致泥炭售价明显降低。因此，国外通常采用平面分层开采方式杜绝泥炭品位的贫化。但我国土地紧张、占用费用高昂，不可能采取国外开采方式，长期占用土地逐年分层开采。我国泥炭开采必须采取垂直开采方式，尽快将泥炭开采完毕，腾出土地，复垦农田。但目前采取的挖掘机垂直开采方式由于距离远，观察困难，难以准确分层，过界挖掘就会将泥炭顶底板黏土混入泥炭，难以分离，造成贫化。将表层熟土混入泥炭，还会带来大量草籽，降低泥炭品质。针对中国泥炭开采面临的问题，最有效的方法是采用垂直切块开采，可以有效保证不混层，不会加入顶底板黏土，保护泥炭纤维，提高泥炭层位。开采迹地可以立即复垦整理或者湿地修复。

三、精矿品位的确定

精矿品位是矿床经济评价的不可缺少的参数之一。精矿品位不同，泥炭原料售价和加工利用方向会有明显区别，从而影响矿床的净现值和级差矿利等矿床经济价值。由于泥炭矿石地质特征也是影响精矿品位的基本因素之一，因此，精矿品位确定需要在泥炭勘探报告编制中予以确定。

不同类型的泥炭，经过不同的开采方式、不同的处理方式可以取得不同的精矿品位。即使同一类型泥炭、同一矿床，选用不同的开采方式或不同的处理工艺，也可以取得不同的精矿。

确定精矿品位的方法比较简单，但具体工作中需要根据泥炭类型、泥炭品位、开采方式、处理方法等因素，选定各工序的投资、成本等参数，收集各种研究资料和数据，然后根据泥炭开采、处理、加工等试验提出几个可能采用的指标备选。

在对不同精矿指标进行经济评价中，可以选用静态法，以投资回收期或泥炭产品总费用作为合理指标约定的根据。也可以采用动态法，以单位泥炭处理成本作为确定合理指标的依据。

获得上述指标后，还要做相关投资变化的分析、能耗分析、环境分析和资源回收率分析，最终才能选定哪个指标可以作为精矿品位。

第六节　生产能力与剥采比的确定

一、泥炭矿山生产能力的确定

泥炭矿山生产能力是指在适应泥炭开采技术条件下所采取的开采方法、工艺设备、人员与管理达到最佳状态的协调与配合，形成整体功能的开采系统，稳定达到所需要的矿石产量。泥炭矿山生产能力确定必须达到需要和可能的统一、经济和安全的统一。

确定矿山生产能力，要全面考虑市场需求、技术可行和经济合理三大因素。要严格遵守合理的开采顺序，遵循由外至内、从上至下、贫富均采的原则，尽量避免违反常规采优弃劣、浪费资源、破坏环境。

矿山合理服务年限是一个泥炭矿山以最佳经济效益确定的矿山建设规模及保有的工业储量求得的服务年限。服务年限长短对泥炭企业的经济效益影响很大。矿山服务年限的计算方法很多，但根据泥炭矿山一般规模以中型矿山为主，大型矿山较少，泥炭开采比较容易，为保证矿山投资效益，一般采用固定资产折旧年限确定矿山合理服务年限，避免过早报废或转移固定资产造成的经济损失。如果经济合理服务年限大于折旧期，就会增加维修费用，降低生产效率。根据国家有关文件，一般的中型矿山综合折旧年限为 19 年，可以用 19 年作为普通泥炭矿产的合理服务年限。

矿山生产能力依赖于技术因素、经济因素和综合因素。泥炭全部采用露天开采，其生产能力的确定主要取决于开采工程的延伸速度和坑布置的挖掘机、切块机或者采收机的数量。因为泥炭矿层简单，产状水平，厚度较小，按可能布置挖掘机数量确定露天开采能力为：

$$A=nNQ$$

$$N=\frac{L}{L_0}$$

式中 A——矿山生产能力；

n——同时开采的采矿段数；

Q——单台挖掘机平均年生产能力，m^3/a；

N——一个矿段上可布置的采矿挖掘机数，台；

L——一个矿段上采矿工作线的长度，m；

L_0——一台挖掘机正常生产所需要的工作线长度，m。

实际上，在泥炭矿山生产能力计算方面，采用经济合理服务年限也是一个常用的方法。经济合理服务年限按下式计算：

$$A=\frac{R\varepsilon_k}{T(1-e)}$$

式中 A——矿山生产能力，t/a；

R——矿床泥炭工业储量，t；

ε_k——采矿回收率，%；

e——废石混入率，%；

T——矿山经济合理服务年限，年。

二、经济合理剥采比的确定

泥炭的经济合理剥采比是指泥炭最终分层时单位地质矿石量在经济上允许分摊的最大顶板黏土剥离量。泥炭矿属于只能露天开采全部矿量的矿床，埋藏不深，覆盖层薄，或无覆盖层的较厚矿层的矿床，但泥炭经济价值不高，要求开采成本低，没有地下开采必要。泥炭矿产的经济合理剥采比计算可以采用的计算方法有产值法、允许最高成本法和允许最低利润法，采用某个经济指标作为允许最高成本值，以保证整个泥炭矿开采范围内的产品成本低于预定值。

产值法是利用单位矿产品的销售收入等于其开采加工成本，求得泥炭矿床的经济合理剥采比指标。允许最高成本法是将单位矿产品的销售成本大于等于预定允许的最高成本作为计算经理合理剥采比的标准。允许最低利润法是利用单位矿产品的销售成本等于预定的允许最低利润计算经济合理剥采比。

第七节　泥炭矿床经济评价

泥炭矿床经济评价是要解决泥炭开采的效益问题，财务评价和国民经济评价都是矿床经济评价的重要内容。

一、泥炭矿床经济评价概述

矿床经济评价的主要任务是计算预测经济价值，但因具体情况不同可能有所差异。矿床经济评价可以为确定矿床勘探或开发项目取舍、排序或投资决策提供依据，也可以为确定矿山最佳经营参数提供依据。同一矿床采用不同的经营参数可能有不同的经营效益，经济评价可以为比选最佳经营参数提供依据。矿床经济评价也可以为评价勘探经济效益提供依据，衡量矿山企业经营管理水平，确定综合利用方案，为矿产有偿占用储量计价以及国家制定矿产资源政策提供依据。

矿床经济评价应该从国家整理利益出发，最大限度满足社会经济发展的需要，最大限度地充分回收利用宝贵的自然资源，在保证社会效益、经济效益的同时，坚决避免采富弃贫、采大弃小、采易弃难现象发生。

矿床经济评价有级差地租法、成本分析法、效益-成本法、多目标法、系统分析法、投入产出法和资源物理学分析法等。其中效益成本分析法通过比较资源开发的多种可行方案，计算全部预期效益和全部预计成本的现值，来评价资源开发方案的可行性。如果方案的总净现值大于0或财务净现值大于同期银行利率。那么这个方案就是可行性的。

二、泥炭矿床的财务评价

在矿床经济评价时，必须使财务评价可行。因为矿山是一个独立经营和核算的单位，矿床财务盈利条件好坏，直接关系到企业今后的生存和发展。通过财务评价分析预测矿床财务效益与费用，可以直接得出矿床财务盈利水平、偿债能力、外汇效果等，从而可判断矿床在财务上的可行性。国民经济评价也是在财务评价基础上，利用财务评价的效益、费用及价格等基础数据，为国民经济评价提供依据。

矿床财务评价要站在企业的角度，区分基础数据中的效益和费用的识别问题。凡是流出的财务款项，均应视作费用，凡是流入的财务款项均应视作效益。投资包括固定资产投资和流动资金投资，成本包括销售成本和经营成本，均属费用，而销售才属于效益。然后，会变成相应报表，才能计算出矿床的净效益及清偿能力，从而为矿床投资做出正确的评价。

折旧是固定资产转移到产品成本中的一部分，因而属于项目的费用。因为折旧在固定资产投资中已经一次性投入，那么在产品成本中就作为资金回收储存起来，以便于今后固定资产更新改造或者产前期用于归还贷款。固定资产在矿床计算期末的残留余值可以作为项目收益回收。同样，矿床初期投入的流动资金在期末矿床不再生产时，也应回收列为矿体末期的收益。引进技术的转让费、许可证费、专利费、设计费与折旧相同，在前期投入支付后，投产后可以作为摊销费用分次计入销售成本，在成本中可以单列，也可列入折旧项中。但在现金流量表中，也可以既不列入费用，也不列为效益，因为该项目在现金流量表已经一次性投入。

矿床计算期包括建设期和生产期，其长短对项目经济评价有重要影响。对泥炭矿床的生产期确定，可以按生产期的综合折旧寿命期来计算，当然必须考虑矿床主要经济地质指标。

财务评价的价格决定矿床的盈利水平，应该采用现行价格或实际交易价格为准。实际应用时为了便于计算，均可以统一价格即以现行价格计算。

根据国家税制及有关财税规定，在财务评价的报表计算中，税金需按不同性质分别计算。土地使用税、房产税、车船使用税、印花税及进口材料、产品的关税可以列入产品成本，从销售收入中直接扣除。从销售收入中直接扣除的还有销售税金、增值税及附加、资源税等。从而可以扣除所得税。

财务评价经济效果可用盈利性指标和清偿能力指标计算。项目盈利性指标包括财务净现值、内部收益率、投资回收期、投资利润率、投资利税率等。其中财务净现值、内部收益率、投资回收期是主要评价指标。项目清偿能力指标主要有固定资产投资偿还期。

三、泥炭矿床的国民经济评价

泥炭矿床的国民经济评价是在矿床经济评价基础上，同时考察项目对国民经济的盈利程度或净效益贡献能力。与财务评价相比，国民经济评价更着重于以国民经济所得和国民经济费用为基础，考察因项目引起的外部效应变化。这些外部效应大部分表现为社会效益和环境效益，需要采用恰当的方法予以确认。国民经济评价的效益费用计算除项目内的直接效益和费用外，还应包括由项目引起的发生在项目外的间接收益和间接费用，将项目内部的财务收益和费用与外部收益费用合并起来才是项目的国民经济评价结果。凡是能导致社会资源和社会产品涨价的均为国民经济意义上的收益，凡是导致社会资源和社会产品减少的均是国民经济的费用。而要使项目社会净效益最佳，就必须考虑资源的合理利用和最佳配置，可以采用引自价格计算效益和费用。

参 考 文 献

［1］［苏］利施特万，等．泥炭生产工艺学理化原理．长春：吉林省泥炭协会，1985.
［2］柴岫．泥炭地学．北京：地质出版社，1990：1-3.
［3］地质部、煤炭部．泥炭勘探地质调查规定．北京，地质出版社，1985.
［4］《采矿手册》编辑委员会．采矿手册：第7卷．北京：冶金出版社，2008.
［5］秦德先，刘春学．矿产资源经济学．北京，科学出版社，2002.
［6］侯德义．找矿勘探地质学．北京，地质出版社，1984.
［7］赵鹏大，等．矿床统计预测．北京，地质出版社，1983.

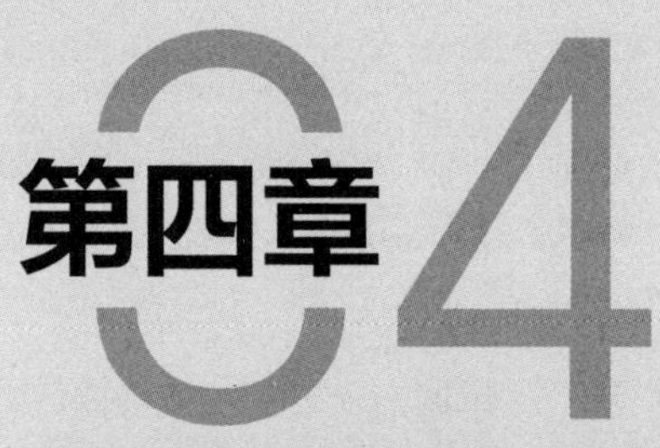

第四章 泥炭开发利用方案与可研报告编制

泥炭资源开发利用方案是企业获得泥炭开采权的重要申报文件之一，是向矿产资源管理部门陈述如何开采泥炭和如何利用泥炭的工作方案和企业承诺。泥炭开发项目可行性研究报告是泥炭矿山建设工程立项和初步设计的基础，是项目建设立项、投资、建设和验收的依据。两个报告都是泥炭开发利用不可缺少的专业性极强的重要文件。了解和熟悉两个文件的编制内容和格式要点，准确提供符合规范的报告，对成功申办泥炭开采证、顺利立项、稳步开展工程建设十分重要。

第一节　泥炭矿产开发管理流程

根据国家矿产资源法和原国土资源部相关规定，一个泥炭矿床的泥炭矿石开发需要经历申办取得探矿权、申报投标取得开采权、申报取得建设项目开工许可证三大步骤。建设工程结束，还需要经过验收评审，建设工程才告完成，工程建设所形成的有形无形资产才能正式合法计入公司资产。泥炭资源开发利用方案、泥炭矿山建设项目可行性研究报告在取得这三项批文和证书过程中起到关键作用。

一、申办泥炭勘探证

根据《中华人民共和国矿产资源法》《中华人民共和国矿产资源法实施细则》《矿产资源勘查区块登记管理办法》（2014 年 7 月 29 日修正版）和《探矿权采矿权评估管理暂行办法》，国家和省级矿产资源行政主管机关负责属地探矿权申请、审批、出让、转让、注销及监督管理。

我国的探矿权管理制度由探矿权人、探矿权、国家对探矿权实施宏观管理和探矿权有关法律责任等构成，目的是使其充分发挥探矿权机能，实现探矿管理有序运行，适应社会主义市场经济发展需要的矿业权管理法律制度。主要内容包括：对矿产勘查区域实行统一的区块登记制度；对目标矿产的勘查实行申请审批制度，获得批准的探矿权人才有权进行矿产勘查，所探明的储量才能进入国家矿产储量平衡表，具备招标、拍卖、挂牌资格，进入矿产开发准备阶段；探矿权人应该聘请具有资质的探矿机构勘探，所取得的勘探成果才会被承认，取得的矿产储量才具备评审收录国家矿产储量表的资格。探矿权的取得实行招标投标制度和评估制度，取得探矿权后实行有偿使用，并可依法转让。探矿资料汇交实行有偿使用制度，后人使用探矿权人取得的探矿资源需要支付前期探矿所有费用。

探矿证与采矿证都由具有颁证权限的国土资源管理部门颁发，但两证的办理难度和用途不同。探矿证手续办理简单，拥有探矿证可以在证上许可的范围内开展探矿工作，但不能采矿；采矿证手续办理复杂，取得采矿证后才可以在证上许可范围内进行基建与采矿工作。因为泥炭资源属于低值非金属矿产，泥炭勘探证由省级国土资源厅审批颁发，泥炭开采证由地市级国土资源部门审批颁发。由于很多政府管理部门认为泥炭开采与湿地保护关系密切，从这个意义上来说，泥炭勘探证的办理批准比泥炭开采证的办理批准要艰难很多。

企业申请泥炭勘探权，必须提前从网上下载填写《探矿权申请登记书》，编绘计划勘探的区块范围图；与地质勘查单位落实泥炭勘探计划，签署勘探合同，审查地质勘查单位的《勘查资格证》是否在有效期内并经年检（复印件）；落实并提交勘查项目资金，制定勘查工作实施方案，交由区（县）地矿管理部门初审并提出初审意见。然后由探矿权申请人将上述材料连同企业《法人营业执照》或公民身份证等有效证件（复印件）一起上报省级国土资源管理部门审批。

根据我国矿产资源勘查规定，由国家投资对矿产资源进行概查和普查，属于社会公益性投资。而矿产开发阶段的详查投资由于密度大，研究程度深，技术要求严格，所以投资巨大。由于勘查完成的矿产资源可以直接进行商业化开采和开发利用，所以详查阶段的勘探投资属于商业化投资，必须由对该矿资源开发有兴趣的企业投资，以最大限度调动社会资源，推动矿产资源的勘查事业发展。为了保证资源勘探和开发有序进行，提高矿产资源开发利用效益，国家规定对矿产资源实行通过招标、拍卖或挂牌等方式向社会公开出让国有资源，即招拍挂制度，以促进矿产资源有效流动，因此实行探矿权有偿取得制度。探矿权使用费以勘查年度计算，逐年缴纳。探矿权使用费标准是第一个勘查年度至第三个勘查年度，每平方公里每年缴纳 100 元；从第四个勘查年度起，每平方公里每年增加 100 元，但是最高不得超过每平方公里每年 500 元。申请国家出资勘查并已经探明矿产地的区块探矿权的，探矿权申请人除依照《矿产资源勘查区块登记管理办法》第十二条的规定缴纳探矿权使用费外，还应当缴纳经评估确认的国家出资勘查形成的探矿权价款；探矿权价款按照国家有关规定，可以一次缴纳，也可以分期缴纳。此外，勘查登记手续费每项勘查许可收费 50 元。

二、申办泥炭开采证

采矿证是采矿权人行使开采矿产资源权利的法律凭证，是由采矿登记管理机关颁发授予采矿权申请人开采矿产资源的许可证明。采矿权许可证由国务院国土资源主管部门统一印制，由各级国土资源主管部门按照法定的权限颁发。根据我国国土资源部规定，泥炭开采证的主要内容包括：泥炭企业名称，经济性质，开采主矿种及共、伴生矿产名称，矿床开采四至范围、有效期限等。采矿许可证不得买卖、涂改、转借他人。采矿许可证可以依法延续、变更和注销。

按照国家有关规定，泥炭矿产开采证由市级国土资源主管部门颁发，实行有偿使用，招标、拍卖、挂牌方式出让。首先由市级国土资源主管部门根据矿产资源规划、矿产资源勘查专项规划、矿区总体规划、国家产业政策以及市场供需情况，按照颁发采矿许可证的法定权限，编制探矿权采矿权招标拍卖挂牌年度计划和招标拍卖挂牌方案，出台招标拍卖挂牌文件，如招拍挂公告、标书、竞买申请书、报价单、矿产地地质勘查报告、矿产资源开发利用方案模板、矿山环境保护和矿山安全生产要求、成交确认书等。招标标底、拍卖挂牌底价，由市级国土资源主管部门依规定委托有探矿权采矿权评估资质的评估机构或者采取询价、类比等方式进行评估，并根据评估结果和国家产业政策等综合因素集体决定。主管部门应当依规定对投标人、竞买人进行资格审查。对符合资质条件和资格要求的，应当通知投标人、竞买人参加招标拍卖挂牌活动以及缴纳投标、竞买保证金的时间和地点。投标人、竞买人按照通知要求的时间和地点缴纳投标、竞买保证金后，方可参加采矿权招标拍卖挂牌活动；逾期未缴纳的，视为放弃。以招标拍卖挂牌方式确定中标人、竞得人后，主管部门应当与中标人、竞得人签订成交确认书。主管部门在颁发采矿许可证前一次性收取采矿权价款，采矿权价款数额较大的，经上级主管部门同意可以分期收取。招标拍卖挂牌活动结束后，主管部门应当在10个工作日内将中标、竞得结果在指定的场所、媒介公布。主管部门应当按照成交确认书所约定的时间为中标人、竞得人办理登记、采矿许可证，并依法保护中标人、竞得人的合法权益。

采矿权申请人申办采矿许可证的，应当在预留期满前向登记管理机关提交下列材料：①采矿权申请登记书；②按照有关规定编制的矿区范围；③矿产资源开发利用方案或者矿山建设可行性研究报告及评审、备案证明文件；④申请人的企业法人营业执照；⑤申请人的资金、技术、设备和纳税情况的证明材料；⑥矿山环境影响评价报告及有批准权的环境行政主管部门的审查意见；⑦矿山地质灾害危险性评估报告及评审、备案证明文件；⑧安全生产监督主管部门对矿山安全措施的审查意见；⑨申请由政府出资探明矿产地采矿权的，还应提交采矿权价款评估、确认及处置的有关证明。在上述企业提交的申报文件中，最重要的是泥炭开发利用方案、环境影响评价、矿山地质灾害危险性评估三个。此外，申请单位应按照原国土资源部《土地复垦方案编制规程》要求，聘请技术部门编制土地复垦方案，报矿山所在县

（市）国土资源部门审查。提出开采迹地复垦或湿地重建方案，预交土地复垦抵押金。

根据《国务院关于第一批清理规范89项国务院部门行政审批中介服务事项的决定》(国发〔2015〕58号)和国务院发布《国务院关于第二批清理规范192项国务院部门行政审批中介服务事项的决定》(国发〔2016〕11号）文件精神，明确取消了矿业权转让鉴证和公示、采矿权申请范围核查、矿产资源勘查实施方案编制、开采矿产资源土地复垦方案报告书编制、矿产资源开发利用方案编制、矿产资源储量核实报告编制、矿山储量年报编制、矿山地质环境保护与恢复治理方案编制、建设项目压覆重要矿产资源评估报告编制9项资质要求，明确取消了矿产资源开发利用方案编制对资质的要求，至此，探矿权新立、延续、变更审批登记所需技术报告编制资质全部取消。

泥炭开采证申办不需要花钱，但在办理过程中需要支付材料编制费、评审费、土地复垦或湿地修复抵押金、采矿权价款等。采矿权价款根据泥炭矿规模大小不同，少则几十万元，多则上百万元。

三、申办泥炭建设项目开工许可证

取得泥炭开采许可证之后，企业即将开始矿山建设、开沟排水、道路修建、厂房修建、设备订购、安装调试等一系列项目建设，而泥炭开发项目建设工程是要经过从策划、评估、决策、设计、施工到竣工验收、投入试车或交付使用的一系列过程。其中，可行性研究既是项目决策的组成部分，也是泥炭开发项目在当地政府立项、申办建设项目开工许可证的重要文件之一。

在泥炭开发项目决策阶段，需要编报项目建议书和可行性研究报告。对于已经获取了泥炭开采证的企业，已经完成了泥炭开发利用方案编制，等同于项目建议书已经获得批准，可以直接进入到可行性研究报告编制阶段。可行性研究是对项目在技术上和经济上是否可行所进行的科学分析和论证。根据《国务院关于投资体制改革的决定》(国发〔2004〕20号)，对于政府投资项目须审批可行性研究报告。《国务院关于投资体制改革的决定》规定，对于企业不使用政府资金投资建设的项目，可不实行审批制，但应区别情况实行核准制和登记备案制。对于需要从政府争取资金支持的企业，或者争取政府出具开工许可证、接受政府消防、安全验收的企业，必须进行可研编制和备案。

可行性研究报告是全面调查研究分析论证泥炭开发利用项目建设的经济技术可行性而提出的一种书面材料，一般只有项目概况和投入产出效益分析，是项目立项报批的重要依据，是争取政府批准立项，统一进行用地、规划、环评等前期工作的重要基础。立项之后，才开始进行方案设计和投资概算。可研批准后进行初步设计，上报批准后建设项目即被列入国家固定资产投资计划，方可进行下一步的施工图设计。施工图一经审查批准，不得擅自进行修改，必须重新报请原审批部门，由

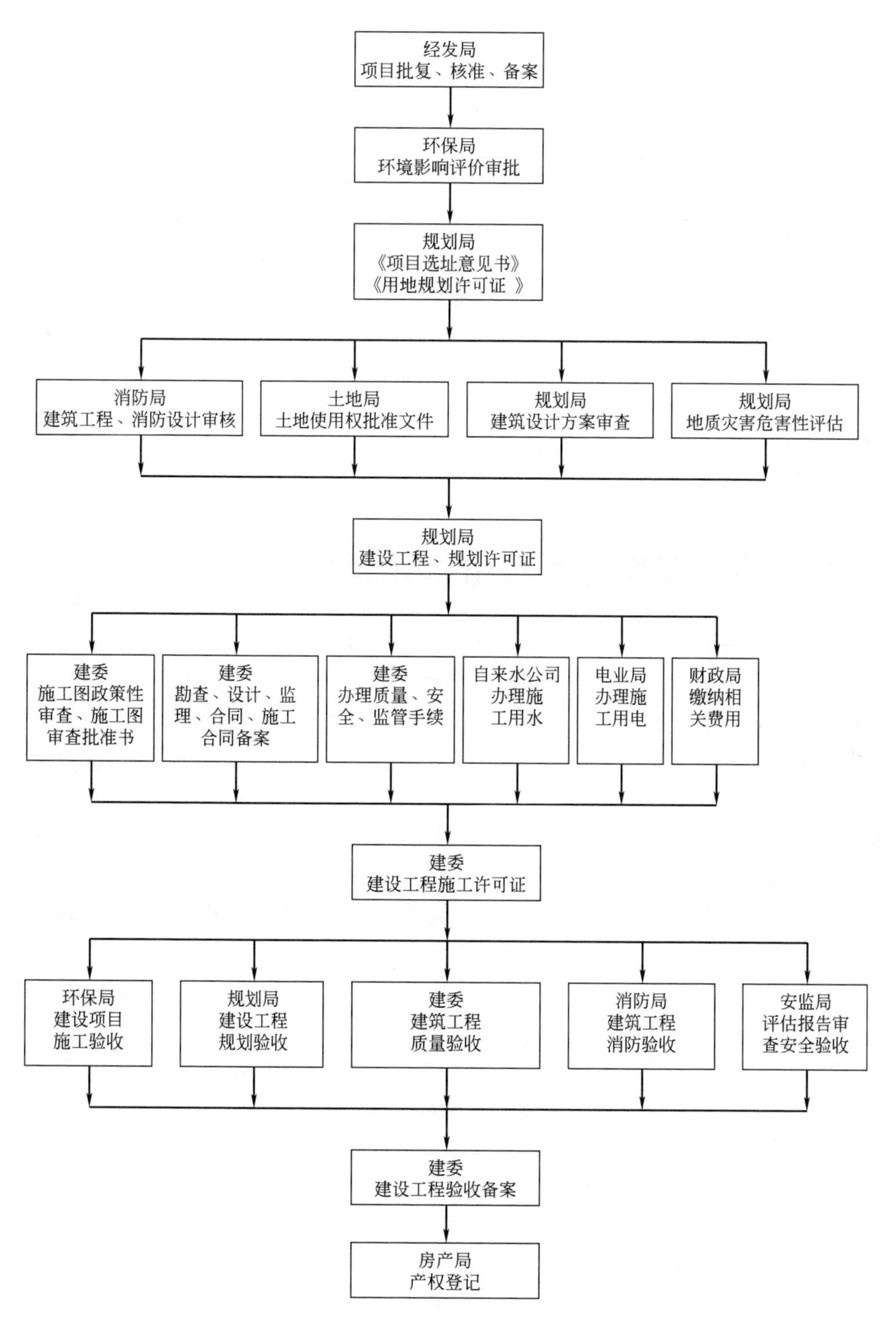

图 4-1 泥炭矿山新建工业项目审批流程

原审批部门委托审查机构审查后再批准实施。初步设计和施工图设计完成后，申报建设局取得开工许可证，工程建设项目才能合法启动。

泥炭矿山新建工业项目审批流程见图 4-1。

四、泥炭项目建设工程竣工验收

建设工程竣工验收是指建设工程依照国家有关法律、法规及工程建设规范、标准的规定完成工程设计文件要求和合同约定的各项内容，建设单位已取得政府有关主管部门（或其委托机构）出具的工程施工质量、消防、规划、环保、城建等验收文件或准许使用文件后，组织工程竣工验收并编制完成《建设工程竣工验收报告》。

工程项目的竣工验收是施工全过程的最后一道程序，也是工程项目管理的最后一项工作。它是建设投资成果转入生产或使用的标志，也是全面考核投资效益、检验设计和施工质量的重要环节。只有完成了项目验收，企业的所有建设项目才能办理房产证，进行财务决算。计入企业资产。

第二节　泥炭开发利用方案编制

泥炭资源开发利用方案是在评价泥炭矿产储量、质量和开发利用条件基础上，针对泥炭矿产的自然地理条件、企业实力和市场需求，对泥炭矿山的排水方案、采掘干燥方案、开拓运输方案、加工处理方案、环境保护方案与设备资金投资效益进行全面论证，提出科学开采和加工利用方案的过程。泥炭资源开发利用方案是企业申报获取泥炭资源开采权的三大重要文件之一，泥炭资源开发利用方案，随同泥炭储量勘查报告、省储量委员会的储量核实报告、泥炭开发利用方案、环境影响评价报告，必要时补充水土保持方案和矿山地质风险评价，与综合治理方案汇总一起，上报上级国土资源管理部门，经过评审，才能被批准颁发泥炭开采证。要合理确定可采储量，区分国家投资勘探获得储量和企业自行探矿获取的储量，要确定合理的产品方案、生产规模、开采方式、开拓方案、采矿方法、选矿工艺，综合回收资源，制定安全生产和环境保护措施，进行经济评价。

泥炭资源开发利用方案和泥炭矿山建设工程可研报告两者之间既有联系，又有区别。开发利用方案是获取泥炭开采证的必要文件，报告内容侧重泥炭资源怎么采，泥炭资源怎么用。开发利用方案实际上更加具体到一个项目的方法、步骤等。泥炭矿产建设工程可行性研究报告是泥炭矿山建设项目立项和初步设计的依据，是取得泥炭开采证之后才能进行的调研规划，可行性报告更加侧重项目的市场、经济、投资方面的分析和项目建设的必要性，为项目投资决策提供依据。当然有时也可以用可研报告作为泥炭资源开发利用方案上报争取泥炭开采证。但是，由于可研报告工作量大，研究范围广，投资大，采用可研报告作为泥炭开采证申报文件，投资风险略大。两种报告编制单位均应该由乙级资质以上设计单位承担。

泥炭资源开发利用方案是申办泥炭开采证三大基础文件之一，方案的核心是如何在指定矿床中开采泥炭、如何运输泥炭、如何加工泥炭并进行初步投资收益分析。矿产资源开发利用方案在确保开采储量的基础上，向着资源节约型、环境友好型的资源开发利用模式方向迈进。开发利用方案实际上是比较具体的项目实施方法和步骤。

国家对泥炭开发利用方案的编制有固定的内容和格式要求。根据原国土资源部国土资发〔1999〕98号文件，泥炭类型非金属矿产资源开发利用方案主要包括如下内容。

一、方案概述

1. 简述

矿区位置、隶属关系和企业性质。如为改扩建或转让矿山，应说明矿山现状、特点及存在的主要问题。

2. 方案编制依据

重点陈述本方案编制依据的法律法规、项目前期工作进展情况、有关方面对项目的意向性协议情况。列出泥炭开发利用方案编制所依据的主要基础性资料的名称、经储量管理部门认定的矿区泥炭地质勘探报告、泥炭分析试验报告、加工利用试验报告、工程地质和水文地质初评资料对改、扩建矿山应有生产实际资料，如矿山总平面现状图、矿床开拓系统图、采场现状图和主要采选设备清单等。

设计所依据的地质资料必须由具有资质的地质勘探单位提供，并依据《矿产资源储量评审认定办法》进行认定，满足相应的设计要求。在经济合理和技术可能的前提下，以合理利用、贫富兼采、综合回收为原则，确定合理的经济开采品位，并以此圈定矿体（矿床）。确定的工业指标应充分考虑矿产品市场等方面的要求。为了便于开采迹地的复垦和湿地修复，应将矿体底部分解读较大的泥炭留出20cm不采。

二、矿产品需求现状和预测

1. 国内外需求情况和市场供应分析

围绕本项目开发利用方向，评述国内外泥炭矿产品现状及加工利用趋向，主要技术、主要采用设备等。对国内外近、远期的泥炭矿产品需求量及主要销售方向进行评述和预测，为本项目泥炭开发利用提供市场依据。

2. 泥炭产品价格分析

调研国内外矿产品价格现状，分析泥炭矿产品价格稳定性及变化趋势。

三、矿产资源概况

1. 矿区总体概况

评述矿区总体规划情况，矿区泥炭矿产资源概况。如矿区面积、矿区地质、矿床地质、矿产产出特征及规模、矿床垂直结构、泥炭层特征、泥炭品位和质量以及泥炭储量。

2. 分析矿床开采技术条件

因为水文条件对泥炭开采影响巨大，所以，必须实事求是分析矿床水文地质条件，查明地表水来源和排水去路，为泥炭开采过程中和开采完毕后湿地修复提供科学依据。查明矿床工程地质条件，确认工程地质类型和边坡角度危害程度。研究泥炭加工工艺技术性能，确认泥炭干燥处理工艺。

3. 泥炭地质勘探报告的评述

分析泥炭勘查和储量计算依据，确认设计利用泥炭资源储量。

四、主要建设方案

在储量有保障、适合大规模开采的泥炭矿区，必须实施统筹规划、合理布局的方针，避免大矿小开、整矿零开。依据开采技术条件、市场需求等因素，在总体规划之后，可采取分期建设、滚动发展、逐步扩大生产规模的方式，使泥炭矿区持续、稳定地发展生产。矿山设计服务年限参考矿山设计规范。

1. 开采方案

根据矿床泥炭储量和泥炭加工利用设备效率以及投资规模，确定建设规模。必要时可以推荐两种建设规模进行比较，对推荐方案进行论证。根据市场需求和企业技术储备，提出可供选择的产品方案，并对推荐的产品方案进行论证。

开采方案应遵循“安全、高效、经济和充分利用资源”的原则来确定。做到贫富兼采、采剥并举、剥离先行。

2. 确定开采储量

采矿权人在登记管理机关划定的矿区范围内，根据矿床赋存条件、勘探程度，并考虑产品方案及建设规模的要求，结合矿石品位变化，对开采品位进行技术、经济论证，确定开采矿体最低品位，在此基础上，圈定矿体，确定回采率，计算矿山服务年限。对上下层位不同品位泥炭应该提出综合利用方案。

3. 矿床开采方式

采矿方式要依据泥炭矿体赋存状况和地质地形条件，通过计算和论证确定。根据泥炭矿体赋存地表和产出特点及开采技术条件，确定露天开采方式，并进行开采方式的技术经济比较，确定最佳方案。采矿回采率、矿石贫化率和选矿回收率等技术指标应比照国内同类矿山的平均先进水平。在经济合理的情况下，首先考虑采取先进平面开采方式，有条件的可以采取垂直切块开采方式。采矿方法依据地质条件和开采技术，考虑排水工程量、回采效率、出矿品位、资源回收率、开采迹地修复等指标，通过方案比较，确定适宜的采矿方法。

根据我国土地紧张、占用费用偏高的实际情况，平面露天开采占地时间过长，开采成本偏高，应积极采用新型垂直切块开采方式，以便减少土地占用，开采后能迅速退出占用土地，实现土地复垦和湿地修复。

4. 开拓运输方案及厂址选择

确定开拓系统要有利于泥炭的开采和干燥，运输系统应减少运输过程中泥炭的矿损失和混杂贫化。根据地形、矿床赋存条件、备选厂址工程地质条件及环保要求，考虑到矿体物理机械性能，对各种可供比较选择的开拓运输系统及厂址配套方案，通过方案比较，进行技术经济论证，可分别提出逐层剥离-车辆运输方案或垂直切块开采、皮带运输方案。

5. 矿山排水防水方案

泥炭开采前必须提前排水至规定深度以下，排水渠系要间距合理，体系完整，去路畅通。当矿床四周有汇水进入矿区，或矿区内部地下涌水，需有地下和地表防水排水措施，以确保安全生产。应在矿区四周修筑挡水围堰，防止外水如今，减轻排水压力。进行全面防治水方案的综合比较，并提出推荐方案。

五、泥炭开采

1. 开采范围拐点坐标

严格按批准的开采范围拐点坐标不知开采工程，不得越界开采、超范围开采。

2. 露天开采境界确定原则

阐明圈定露天开采境界的原则、方法及所采用的经济合理剥采比，确定开采范围。根据采场境界圈定原则和边坡参数，提出设计采场境界参数。

3. 确定边坡角度和台阶数

根据矿体物理机械性质，确定露天采场最终边坡角度。根据开采深度和开采机械臂长，确定需要的台阶数。对于分层平面开采，需要根据分层机械臂长，预留台阶数。

4. 工作面阶段回采率

为了保证开采迹地土地复垦或湿地修复，需要将泥炭底层 0～20cm 高分解泥炭留下不采，确定回采率为 70%～80%。

5. 圈定露天开采境界

应进行不同境界方案比较，确定最优境界。对泥炭矿层规模较大，长度、宽度均超过开采范围的，应以开采范围划定境界。因要在矿体底板留出 10～20cm 高分解泥炭用于复垦基质，需要在开采境界中扣除这部分储量。

6. 剥采比

未耕垦泥炭地表会在矿层之上存在 20cm 左右草根层，已耕垦泥炭地地表会存在 20cm 左右的耕作层或熟土层，必须提前剥离，以免混入泥炭，造成泥炭品位下降。南方地区，一些泥炭地被泥沙掩埋，形成埋藏泥炭，开采时需要剥离上覆盖层，盖层厚度与泥炭厚度之比就是剥采比。由于泥炭本身属于低值矿产，剥采比过大、盖层剥离成本过高，泥炭开采就得不偿失了。

7. 采矿方法

由于我国土地占用价格高昂，平面分层开采虽然有利于保护泥炭品质，但土地占用成本较高。挖掘机垂直开采难以形成稳定块状结构，不利于保护泥炭纤维。挖掘机手难以判别泥炭层与顶底板界限，采挖过界极易造成混杂泥沙草籽，降低泥炭品位，应该尽快改变。针对我国泥炭矿床地质特征和土地税费的具体条件，建议采用垂直切块开采方式，按断面直接开采到底，开采出的泥炭块晒干后运回厂区粉碎加工，开采迹地马上就能进行复垦退给农民耕种，或者进行实地修复重建。

六、环境保护与安全

泥炭矿开发利用方案设计环境保护与安全领域，重点分析草根层和盖层堆场的建设、泥炭粉碎粉尘处理、尾矿水排放方式和影响、土地复垦或湿地修复重建项目方案等。矿山建设项目的环境影响报告书按程序上报并经有关主管部门批准；矿山的开发利用方案中，应有水土保持方案、土地复垦实施方案，并按规定已上报国家有关部门批准。矿山地质风险影响报告，对矿山开采可能引起的地质灾害（崩塌、滑坡、泥石流、水文地质条件的变化）以及对土地资源的破坏应采取预防措施，也是泥炭开采证申办的必需文件之一。

1. 矿山环境保护

泥炭矿床大多位于沟谷之中，开采过程中不产生废渣、废气，排水流出泥炭孔隙水无有毒有害成分，对区内水质不会造成污染。因开采深度不大，边坡不会产生滑坡、泥石流等地质灾害。为了采后复耕或者恢复重建湿地，底部应保留 20cm 高分解泥炭层。顶部剥离的草根层或熟土耕层应集中堆放，回填到采空区，以利于复垦和湿地修复。

2. 安全生产

矿山应设专门安全环保机构，负责安全生产、劳动卫生、环境保护工作。在劳动安全方面，矿体含水应提前，泥炭矿层应达到链轨车、大型胶轮车形成的土力强度，并经安全员检查确认后方可进入作业阶段。要定期检查清理排水沟，保证排水畅通。为便于行走，排水沟上面可架设行车道和行人便桥。任何人不得进入非疏干矿段，避免发生意外。所以开采人员上岗均需经过培训。

矿山企业必须具有保障安全生产的设施，矿山建设工程的安全设施必须与主体工程同时设计、同时施工、同时投入生产和使用。矿山建设工程安全设施设计，必须经劳动安全行政主管部门的审查。

七、综合技术经济效益分析

逐项计算泥炭矿开发利用建设建设项目、建设规模、产品产量、产品方案及出厂价，提出总投资及资金筹措方案，进行财务分析，估算销售收入、产品成本和费用、估算销售税金及附加、估算利润等。

八、开发利用方案简要结论

分项叙述设计利用矿产资源储量和根据矿床规模确定的设计生产规模及矿山服务年限，开拓-运输方案，产品方案及工艺，环境保护现状及措施，对工程项目做扼要综合评价，并写明存在的主要问题及建议。

九、附图

① 开拓系统投影图。
② 带有矿区范围、开采范围的地形地质图。
③ 矿区总平面图。
④ 露天采矿最终境界图。
⑤ 采矿方法标准图。

第三节　泥炭建设项目可研报告编制

泥炭开发项目建设可行性研究报告，简称可研报告，是企业获得泥炭开采许可证后，委托有资质的设计机构编制的专门研究报告。项目可研报告通过对泥炭开发建设工程的市场需求、资源供应、建设规模、工艺路线、设备选型、环境影响、资金筹措、盈利能力等，从技术 、经济、工程三方面进行调查研究和分析比较，并对项目建成以后可能取得的财务、经济效益及社会影响进行预测，从而提出该项目是否值得投资和如何进行建设的咨询意见，是为泥炭开发项目决策提供依据的一种综合性的研究分析方法。泥炭开发建设项目可研报告与泥炭开发利用方案不同，开发利用方案专注于如何开采泥炭和如何利用泥炭，是在确保开采储量基础上，向着资源节约型、环境友好型的资源开发利用模式方向迈进，通过合理的开采方式、开采规模、开拓方式、运输方式、资源利用、安全保护和安全生产措施等内容，对提高泥炭矿产开发具有重大意义，开发利用方案是更加具体的方法和步骤。而可行性研究报告则更加侧重项目的市场、经济、投资方面的分析和项目建设的必要性和可行性研究，具有预见性、公正性、可靠性、科学性的特点，是项目投资决策的依据。

泥炭开发项目建设工程可行性研究报告工作程度高于泥炭开发利用方案，但主要内容大体相似。这里根据一个实例介绍科研报告编写注意事项。

一、总论

泥炭开发建设工程可研报告的总论与开发利用方案类似，需要首先概述矿山位置、开采范围、交通运输、企业概况、设计依据、勘探报告与储量报告评价，更多篇幅概要分析论证泥炭开发项目的设计技术经济指标。如供电供水、前期工作基础、采矿基础、新建项目、设计规模、产品方案、总图运输、环保安全、劳动卫生、投资估算、经济效益分析和评价，最后列入综合经济技术指标，使业主和审批者迅速了解建设项目基本技术经济指标。

二、技术经济

该部分对投资概算、资金筹措、销售收入、成本核算、利润分配、盈利能力和盈亏平衡进行系统概括，提交所有财务报表，使业主和审批部门对项目的财务状况有系统全面的了解。

根据项目建设编制土建投资项目内容、规模和投资额度，编制设备配套名称、数量、单价、用电容量和投资数额，编制土建构筑物名称、面积、结构、造价和投资、编制生产辅助工程名单和投资数额，将上述单项投资合并编制项目投资概算表。

根据投资概算表，计算项目折旧和递延资产估算表，用于产品成本估算。

根据项目工艺流程和生产规模，编制项目用工岗位、用工人数、工资级别和额度，计算人员成本估算。

根据项目流动资产、在产品、产成品、应付货款、应收货款、折旧、工资、估算项目流动资金。

根据产品配方和工艺，计算不同时期产品成本构成、产品固定成本、可变成本、经营成本、盈亏平衡点。

根据产品成本、计划出厂价和各种税收标准，计算编制项目损益表，计算项目投资利税率和投资利润率。一般项目投资利润率达到20%即可认定投资效益较好。

根据项目建设和运行形成的资产、负债和所有者权益，编制项目资产负债表，计算速动比率、流动比率，进行项目资金回收效率评价。一般速动比率和流动比率超过100，意味项目资金回笼较好，风险较小。

编制项目现金流量表，根据项目投资和运行过程中的现金流量，计算项目净现值、内部收益率和投资回收期。一般认为，财务净现值超过0、内部收益率大于行业平均收益率12%，即可认为项目可以保证盈利不亏。

三、地质资源

在该部分中，要详细分析研究矿床地质特征、矿体地质特征、泥炭理化性质、矿床开采技术条件及水文地质条件，以便为排水、开采和开采方式确定奠定基础。

对前期地质勘探工作机制质量进行评述。确认设计储量和储量类型。

四、泥炭开采

（一）开采范围和开发方式

开采范围确认按委托单位提供设计任务出制定范围而定。根据泥炭矿体裸露地表，产状水平特征，泥炭适合露天开采。

（二）露天开采边坡参数

主要根据矿体埋藏条件、泥炭物理机械性质、水文地质条件、矿区地形条件确定泥炭开采条件和采场边坡参数。一般设定最终边坡角22°～60°，工作台阶坡面角45°，工作台阶宽度1.2～1.5m。运输平台宽度4m，线路转弯半径10m。因为中国泥炭普遍厚度1～2m，泥炭矿面积大多20～30hm^2，22°～60°的边坡角度不会产生边坡侵蚀滑坡现象。

（三）泥炭开采方式选择

泥炭开采方式多种多样，各有利弊。国外主要采取固定间距渠道排水-平面开采方式和切块垂直开采两种。平面开采又分粉状开采和棒状开采两种。平面开采最大问题是占地时间长，土地费用大。中国因为土地紧张、土地占用税高，难以采用国外平面开采方式。但挖掘机垂直开采又导致泥炭品位下降，质量不佳。为了节省泥炭地排水成本，东北地区泥炭开采和运输大多采用冬季地表冻结，便于车辆通行的时刻开采，储存在临时堆场，次年再干燥粉碎、包装销售。为了解决我国泥炭开采面临的实际问题，采取垂直切块开采、开采地段立即复垦整理和修复重建为湿地是切实可行的开采方案。

（四）开采境界圈定

为考虑环境保护和植物养护，矿体厚度小于30cm的矿体不划入境界范围内，矿体底板预留20cm高分解泥炭，用于土地复垦或湿地修复重建。根据采场境界圈定原则和采场边坡参数，设计采场境界参数为：上部境界长、上补境界宽、底部境界长、底部境界宽和采场最大深度。

（五）矿山工作制度

对矿山生产能力验证需要确定泥炭矿山规模及工作制度，泥炭矿山的工作制度一般应为每年200d，每天1班8h。

（六）采场生产能力验证

可以按开采工程延深速度验证生产能力 ：

$$A=\frac{PV\eta E}{(1-\rho)h}$$

式中　A——矿山可能达到的生产能力，万立方米/年；

E——地质影响系数，对泥炭可以取 0.9；

P——水平分层矿量，对多数泥炭矿，此为主要开采矿层，m^3；

V——矿山工程延伸速度，m/a；

η——矿石回采率，%；

ρ——废石混入率，%；

h——工作台高度，m。

也可以按照经济合理服务年限验证生产能力：

$$A=\frac{QKE}{(1-\rho)T}$$

式中 A——矿山可能达到的生产能力，万立方米/年；

Q——设计利用地质储量，m^3；

T——经济合理服务年限，10 年；

其他同上。

比较两种最大生产能力，看是否均超过设计生产能力。

对矿山服务年限，可以采用下式计算：

$$T=\frac{Q\eta E}{(1-\rho)A}$$

式中符号意义同上。

根据矿区地形条件和矿体赋存条件，考虑矿体物理性质，设计采用公路开拓——汽车运输方式。

（七）采剥工作

在国外大规模泥炭地均采用露天分层机械采剥法。中国泥炭矿矿体厚度较小，土地占用费用大，难以实行渠道排水-露天分层采剥法，大多采用冬季垂直挖掘-冻土汽车运输，开采速度快，占地时间短。但也存在矿层界限难以控制、混层严重、品位下降等问题。目前看，采用切块机断面垂直开采，可以从根本上解决土地占用和泥炭质量下降问题。

开采时首先将泥炭地表草根层或熟土层剥离集中堆放，避免混入下层优质泥炭，待下层泥炭完全采掘完毕后再回填到开采坑内，成为植物恢复和土地复垦基质。

采掘带深度为 1.2～1.5m，开采时采用切块机沿开采断面逐次切块，然后将切块堆放到已经清理掉草根层和熟土层的矿层地表，自然晾晒干燥，待表皮干燥、块体强度不变时，人工将块体堆叠成垛，以减少占地面积、扩大受风面积，便于防雨。待车间生产需要时用汽车运至生产车间。

泥炭开采过程中矿体内一般没有夹石，矿体底部需要预留 20cm 底层高分解泥炭，与下层矿质土壤混合，用于土地复垦或湿地修复。

可研报告应该编制采掘精度计划，编制采掘精度计划的依据和原则是矿床勘探报告、设计境界内的矿岩量表、矿山生产准备按二级矿量准备。同时计算矿山极限工作量，统计矿床表皮草根层或熟土层剥离土方量、矿体周围挡水围堰及排水渠道工程量，估算矿山极限所需时间和适宜施工时间。再进一步计算上述工程完成后矿山剩余保有储量，分别计算出开拓矿量和备采矿量。通过计算开采境界内的草根层或熟土层剥离土方量和保有矿量，计算剥采比，评价开采工程设计是否经济合理。

（八）排水和防水

泥炭矿层中存在滞留水，来源于周围积水区汇水、大气降水和泥炭本身吸持固定水分。在大规模开采之前，必须排水疏干，以利于机械作业和行走。

可研设计中应该根据矿区地形和矿层结构以及矿床水文地质条件，设计在什么位置开挖排水沟和挡水围堰，确保内水外排，外水不入侵。对排水沟和淡水围堰应该做出断面设计、长度和位置走向设计，计算工程量。

五、泥炭加工

1. 概述

首先需要对泥炭加工流程和产品方案做概要介绍，包括合同规定的产量、品种、工作时间、班制等。

2. 泥炭质量评价

可研编制依据是矿床的泥炭质量，需要准确列出和评价本矿泥炭质量，确定其是否适合生产目标产品。

3. 工艺流程

列出项目产品工艺流程图，并对加工生产过程中的主要环节逐一分述。以泥炭开采生产专业基质为例，见图 4-2。

泥炭块干燥后运回车间，采用松解机将泥炭松解成不同长度的泥炭纤维。然后采用齿轮筛将泥炭筛分成不同粒径组，分别进入不同的料仓。采用铲车将不同粒径的物料、辅料分别装入不同的进料斗，开动电子皮带秤，计量配料。疏松皮带机将不同重量的物料输送进入滚筒混合器，连续出料后的物料进入包装机，经机器人堆码至托盘上，然后用叉车入库等待发运。

六、总图运输

1. 概述

总图运输设计依据、厂区位置、现有交通运输道路、道路等级、车站等级等。

2. 平面布置

具体分析拟建泥炭加工厂区主要建筑物组成、总平面布置、附属设施位置与主厂房关系。附总平面布置图。

3. 竖向布置

新建建筑物与老建筑物的高程关系，各建筑物的标高定位，厂区排水方式等。

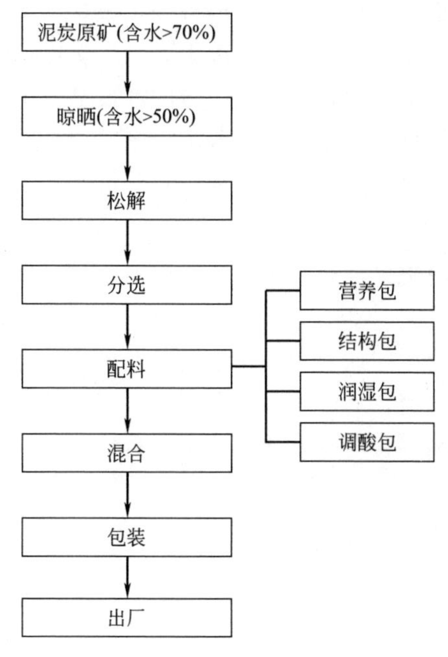

图 4-2 专业基质工艺流程图

4. 道路与运输

概述场内外运输方式。

5. 绿化

按建筑设计和防火要求，在建筑物周围布置绿化工程，保证绿化率。

七、供电

1. 概述

列出供电设计依据、设计范围和内容。

2. 供电系统

明确电力来源于接入方式，根据项目设备用电容量计算变压器容量，确定变压器台上应配套的主要设备，低压配电箱配套设备。根据设备容量统计装机总容量，计算有功负荷、无功负荷和视在容量，根据功率因素，确定补偿容量。

3. 低压供电

在低压端的主要大功率设备旁安装低压配电柜，为车间电机和厂房办公室照明提供电源。对有的电机功率太大，无法直接启动的要配备数字式软启动器，安装在配电箱内，电机采用机旁控制方式，在设备旁设设备操作按钮。

4. 照明和通信

厂区照明采用防水防尘工厂灯，办公室照明采用荧光灯具。办公室设外线电话、线路引自附近分线箱，距离合适。外接互联网，便于企业对外宣传。

八、通风除尘

1. 概述

设计依据除相关国家设计标准外，还应附当地气象资料。

2. 确定粉尘来源和数量

针对项目主要粉尘来源，确定和计算主要除尘对象和粉尘产量，为制定促成方案奠定基础。

3. 除尘方案设计

根据粉尘类型、特征和产量合理确定除尘方案，选择除尘装备和规格，计算促成设备投资。基质生产过程无须干燥，无须加温，不产生烟尘。泥炭基质企业的粉尘产生主要来自泥炭松解工序、泥炭筛分工序、泥炭配料工序和基质混合工序。粉尘产量为 3～5g/m^3。可以考虑将各产尘点合并为一个除尘系统，除尘系统风量约为 30000m^3/h，含尘气体净回转反吹布袋除尘器净化后，通过引风机烟囱排至大气，净化后的气体排放浓度小于 100mg/m^3。除尘器手机下来的粉尘定期回收用于土壤调理剂组分。

4. 主要除尘设备选型

回转反吹布袋除尘器，型号：LHF-570-A；处理风量：L＝34200～51300m^3/h；除尘器阻力：H＝1000～1500Pa。

引风机，型号：G4-73-12No10D；流量：L＝37300m^3/h；全压：H＝3237Pa；电机容量：N＝55kW；U＝380V。

九、土建工程方案

（一）设计依据

土建设计主要依据基本风压、基本雪压、最大冻土深度、地震基本烈度以及建筑工程国家标准。

（二）工程地质基础

新建厂房、库房最好提前能做工程地质勘探，以为确定地基形式和深度。

（三）建构物的结构形式

1. 新建部分

根据产品产量和设计规模，提出新建厂房面积、库房面积，设计厂房库房长宽高、基础结构、钢梁结构、墙壁形态和结构、屋面结构和材料、厂房内部地面结构和地面防护。

对消防水池、道路等新建工程提出结构和规格的设计方案。

2. 利旧部分

能够利用原有厂房的，要尽可能通过改造提升，满足生产要求，降低投资。但需要对原厂房结构、基础质量现状和原设计图纸和地质资料进行评价确认，必要时要通过相关资质质检部门鉴定。

办公室和生活服务设施：评述面积、规格、设施、功能等，确定改造内容。

提出三材用量估算。附加厂房、库房平面剖面图。

十、节能措施

1. 概述

概述项目泥炭开采和泥炭加工的产量、生产活动位置、能源消耗类型和规模。

2. 能源消耗

计算总用电量、总用煤量、总能耗、折算标准煤，计算单位产品能耗。

3. 节能措施

提出主要节能措施，如缩短运输距离、供电补偿装置、选用节能电机、自流排水等。

4. 节能评价

根据总能耗、单位产品能耗，参照国家标准和环保要求，评价项目采取各种节能措施后的能源利用是否合理。

十一、环境影响评价

1. 环境保护设计依据

根据国家大气、噪声、建设项目环保设计规定等国家规范标准，作为环保设计依据。

2. 主要污染及污染物情况

逐项分析和评述本项目所有可能造成污染的污染源和污染物产量，如粉尘产量、噪声强度等。

3. 控制污染源的方法

采取的回转反吹布袋除尘器能否满足粉尘控制要求。

4. 废料利用

评价和分析项目是否有废料、废气、废水产生，能否回收利用。

5. 噪声控制方法

提出风机安装位置，设置消声器，设置减振隔声装置，设置隔声门窗等。

6. 厂区绿化

厂区道路两侧、车间附近、空闲地应种植速生、抗污染树种、草坪，绿化系数应达15%左右。

7. 环境监测

设置专门机构负责厂区环境监测和环境管理。

8. 环境保护投资

提出并计算环境保护和劳动卫生投资数额。

十二、劳动安全与卫生

劳动安全与卫生方便，重点设计如下内容：

1. 设计依据

包括国家标准、采用设计规范。

2. 机构设置

包括对全厂人员配备、班次安全、组织机构、管理层级做出安排，确保人力资源需求，同时也为成本分析中的人力工资计算提供依据。

3. 采矿安全

包括在泥炭开采过程中要注意的安全卫生问题。

4. 加工安全

包括在产品加工过程中的水电设备安全问题。

5. 劳动卫生

包括粉尘防护、噪声防控等。

十三、消防

1. 设计依据

包括消防设计原则和采用的设计标准与规范。

2. 消防措施

包括为应对项目中可能存在的火灾风险采取的工程措施与手段。

十四、投资估算

1. 概述

介绍项目投资的构成、总额等。

2. 编制依据

包括项目投资的编制依据等。

3. 投资概算表

包括项目投资总额和构成、资金来源、偿还计划等。

十五、财务分析

1. 产品成本估算

根据产出产品或服务的原材料投入、人力、能源、包装、折旧、财务等投入，核算产品的成本。

2. 损益分析

根据产品成本、税收、销售费用等数据，计算产品和服务的主营业务收入、增值税、所得税、利润总额、利润总额，估算项目投入产出效益。

3. 资产负债分析

根据项目的成本、投入、产出、资产、负债和所有者权益，计算分析项目资金的速动比率和流动比率，确认项目投资回本可靠性。

4. 现金流量分析

根据项目的成本、收益、税收、债务、利息和未来收益，估算财务净现值和内部收益率，评价项目的盈利可能性，计算投资静态回收期和动态回收期。

5. 敏感性分析

变动项目几个关键条件,分析项目财务净现值、内部收益率变化，检测项目抵抗风险能力。

参 考 文 献

[1] 地质部，煤炭部．泥炭勘探地质调查规定．北京：地质出版社，1985.
[2] 周镇江．轻化工工厂设计概论．北京：中国轻工业出版社，2006.
[3] 李在国，乔新国．使用电器工程概预算．北京：中国电力出版社，2004.
[4] 《采矿手册》编辑委员会．采矿手册：第7卷．北京，冶金工业出版社，2008.
[5] 《采矿手册》编辑委员会．采矿手册：第6卷．北京，冶金工业出版社，2008.
[6] 秦德先，刘春学．矿产资源经济学．北京，科学出版社，2002.
[7] 刘卫国，宫绍宁．工矿供电技术．徐州：中国矿业大学出版社，2012：381-432.

第五章 05

泥炭资源开发与环境影响

泥炭资源、环境与经济是相互依赖、相互作用的统一整体。经济活动是以人为主体的能动过程，资源是对人类有用的劳动对象，环境是人类生产和生活的空间和条件，经济系统对资源环境具有积极的、能动的作用，资源环境对经济活动具有最基本的和后发的影响。一个协调运转的经济系统可以实现对资源的最优配置和高效利用，实现对环境的永续利用。良性互动的资源、环境和经济活动，可以产生尽可能多的正品，生产尽可能少的负品；恶性循环的泥炭资源、环境和经济活动，超越了环境容量和缓冲能力，必然导致环境破坏，最终导致泥炭资源的开发难以持续进行。

泥炭产业是以泥炭生产资料进行开采加工，为现代农业和环境修复服务的新兴产业。泥炭产业知识技术密集，资源绿色安全，符合我国创新、绿色、开放、协调的产业政策，成长潜力大，综合效益好，对我国经济社会全局和长远发展具有重大引领带动作用。泥炭新兴产业的加速形成和跨越发展，对促进我国现代农业、环境修复、健康医疗、绿色能源等领域的科技进步，调整产业结构，推进供给侧改革，强化现代化建设，建成小康社会，都具有重要的现实意义和长远的战略意义。因此，了解泥炭的属性，分析泥炭资源与经济、环境的关系，界定泥炭地和湿地保护与开发的界限，分析泥炭地保护与开发的社会经济和环境效益，科学评价泥炭开发项目的环境影响，才能实现泥炭资源、开发活动和社会进步的可持续发展。

第一节　泥炭资源的属性和特征

泥炭资源是通过泥炭化过程形成、周转和积累在泥炭地中的天然有机矿物，属于典型的自然资源，同时也是自然环境的组成要素。随着社会进步和科技发展，人类对泥炭资源的认识不断增强，泥炭开发利用的范围、规模、种类和数量也在不断扩大。但是，由于泥炭科学发展历史浅近，仍有许多未知科学等待认识和发掘。因此，人类对泥炭资源不能一味索取，而应强调保护、治理、抚育、恢复、重建、更新与可持续利用。泥炭资源不仅是一个自然科学的概念，也是一个经济学概念，同时也涉及文化、伦理和价值观。人类不能用有限的泥炭资源来满足社会的无限需要。泥炭资源的稀缺性、低可替代性、不可逆性和不确定性，以及泥炭资源的多功能、多用途、多价值性，决定了泥炭资源的利用保护管理必须根据具体情况，采用多目标决策和最优化方法，制定科学的管理对策，实现泥炭资本的储存、泥炭价值的转换和持续增长。

一、泥炭资源的稀缺性

任何自然资源都是相对人类需求而言的，人类社会与自然资源关系的核心问题就是人类需求的无限性与自然资源的稀缺性的矛盾。一般来说，人类的需要是无限的，而自然资源是有限的，这就产生了泥炭资源稀缺的固有特性，即泥炭资源相对于人类需要在数量上的不足。我国现有泥炭资源 46 亿吨（烘干基），居世界前列，但相对于我国庞大的人口数量和经济快速发展形势，泥炭资源显然是有限的。随着改革开放和现代农业的发展与人们生活水平的不断提高，国内对泥炭资源的需求量逐年上升，人均消耗泥炭资源的数量也在不断增加，从原来的单纯泥炭出口国变成了泥炭进口国。由于泥炭资源再生极为缓慢，每年每平方米的泥炭生成量仅有20～40g，相对于人类世代延续的无限性，泥炭资源的稀缺性更加明显。当泥炭资源的总开发量大于总生成量时，就会造成吃祖宗的饭、断子孙的粮，形成绝对稀缺。此外，我国泥炭资源的空间不平衡性和泥炭资源利用上的竞争性，也使我国泥炭资源的稀缺性表现得更为明显和现实。我国东北和青藏高原泥炭资源较为丰富，但因为地域广阔，土地肥沃，泥炭需求不大，泥炭价格低廉。而华北、东南和西南地区泥炭蕴藏稀少，现代农业发展迅速，对泥炭需求增长较快，表现出明显的绝对稀缺和相对稀缺，造成了泥炭资源供应的短缺和价格的上升。因此，如何在不同地域、不同用途、不同代际间科学配置泥炭资源，保证资源、环境和社会可持续发展，需要在资源科学理论基础上深入探索和综合分析。

二、泥炭资源的多用性

泥炭资源具有多种功能和多种用途。泥炭既可以作为肥料、化工原料和燃料，也可以作为植物栽培基质。泥炭地既可以提供芦苇、木材、药材、食物等资源，创造经济收入，也具有保护野生动植物、调节洪水、降解污染、促淤造陆、防风固岸的生态功能。由于不同类型泥炭资源间具有一定的互补性和替代性，所以并不是所有泥炭资源的潜在用途都得到显现。要使泥炭资源的利用价值得到最大发挥，就需要根据泥炭的成因类型、分解度、有机质、灰分、含水量、纤维含量、腐植酸含量、发热量等特性，对泥炭资源开发利用方向进行充分论证与科学决策。不同泥炭开发方向的决策所需指标各异，在综合评价方法基础上对产品开发方向进行模糊产生式决策，可以确保泥炭资源的自然价值得到最大发挥。

三、泥炭资源的整体性

泥炭资源与环境是自然历史的复合体。人类对泥炭资源的利用主要针对泥炭资源本身，甚至仅仅是泥炭资源的某一部分。而泥炭资源是相互联系、相互制约构成的整体系统，利用一种资源时必然对泥炭整体系统产生影响。例如，开采泥炭可能会破坏鸟类巢穴，影响水禽的栖息和繁殖；抽取水源，可能导致泥炭地水位下降，破坏泥炭地水文自然节律和元素循环；上游的毁林开荒可能导致下游泥炭地的冲淤掩埋，上游泥炭地的破坏会导致下游洪水的泛滥；泥炭的开发也会造成周边环境的变化等。自然资源的整体性通过人类与泥炭资源系统的相互联系、相互制约表现出来。因此，人类在开发利用泥炭资源时，面对的是泥炭资源复合系统，必须遵循生态-经济规律，努力按照生态效益、经济效益和社会效益统一的原则，借助系统分析和多目标决策手段，努力减少泥炭开发对环境的影响。泥炭资源开发前，应进行环境影响评价；在泥炭资源开采设计时，应该进行系统的土地复垦规划；在泥炭资源的开发利用过程中，应按照ISO 14000体系建立环境管理标准，严格执行开发规划规定的程序和制度，努力提高资源开采效率，减低贫化率，减少泥炭资源的浪费和损失，降低泥炭开发利用对周边环境的影响，构建人与环境相互关联、和谐共进的资源经济复合系统。

四、泥炭资源的社会性

泥炭对社会的重要性不仅因为其来源丰富，价格低廉，也有其特殊的技术原因。泥炭结构稳定，通气透水性好，酸度和营养含量低，易于通过添加石灰和肥料进行调整和改造；泥炭易于处理加工、运输、分级和包装，使用效果稳定；泥炭具有显著的改良土壤结构、增加土壤肥力、改善植物生理活性、提高植物抗逆性、增加产量、改善农产品品质六大功效；泥炭中没有病菌、虫卵和草籽，是可生物降解的天然无公害绿色生产资料，泥炭已经成为现代农业中的一种无公害、可持续发展的绿质投入。在当前重视环境安全和人类健康的形势下，泥炭资源作为绿色生产资料在农业生产中的地位正在得到广泛的认同，目前没有任何材料能同时具有泥炭的全部优势，即使在荷兰这样的泥炭资源开发殆尽的国家，树皮粉末、岩棉等泥炭替代材料应用数量增加幅度也十分有限。因此，泥炭资源的开发不仅可以将地方的资源优势转变为经济优势，增加就业，促进地方经济发展；同时，泥炭作为无公害的绿色生产资料，其大面积应用还有利于培肥地力，增加土壤有机质，提高作物生理活性和抗逆性，增加作物产量，改善农产品品质，促进农业生态环境可持续发展。泥炭资源的开发是通过市场手段将矿产地富余的绿色生产资料向匮乏地区调配的过程，也是一种优质绿色社会资源合理配置的过程，是对泥炭资源价值最大化的实现过程。

五、泥炭资源的经济性

泥炭资源开发和保护的核心问题是经济问题。任何泥炭产品的生产和使用在产生直接、间接的经济、社会和环境效益的同时，也会因泥炭资源的消耗和泥炭地环境改变而产生直接、间接的负效益。针对人类需求的无限性和泥炭资源的短缺性，必须对有限的泥炭资源生产什么产品和服务、如何生产、生产多少、产品如何分配、泥炭开发的环境后果这些问题做出决策。同类的产品中应该选择生产成本低、资源消耗小、技术附加值高的生产工艺和经济收益最高的泥炭产品。泥炭农用产品应以绿色无公害生产资料产品为主，其市场应侧重价值高的经济作物，才能获得较大经济收益和市场竞争优势。泥炭产品的资源配置应遵循市场规律，满足泥炭资源稀少但对泥炭产品需求迫切的华北、华东和西北市场。泥炭深加工虽然增加了泥炭产品的生产成本，但产品技术附加值提高，使用户获得更大的收益和便利，仍然可以受到用户的欢迎，因而使生产者利润比简单出售原料获得更多的经济效益，从而改变了单一出售泥炭原料和简单生产初级产品的粗放资源利用方式。

泥炭资源的低更新率决定了泥炭在短时间尺度内是不可更新资源，泥炭的利用过程就是泥炭资源的消耗过程。但是原封不动的保护与泥炭资源零损耗零开发既不可能，也不必要，社会发展和人口增加也不可能原封不动地保护泥炭资源。重要的是在泥炭资源保护的机会成本和泥炭资源开发的社会成本中间寻找两者的交叉点，分析泥炭资源最大开发极限，制定泥炭地保护政策与开发许可证审批标准。

六、泥炭资源的市场性

泥炭资源是有价值的资源，因此存在泥炭资源的市场。但是，目前的泥炭资源市场还是不完全市场或薄市场，资源买卖双方并不能就泥炭资源利用中的环境及其他外溢效应达成任何交易，交易双方只是就泥炭资源本身达成协议，而不顾及泥炭地环境的变化。如果一种泥炭资源利用方式没有把环境效益和环境代价的外部成本包括在泥炭产品的市场价格中，实际上就是将环境代价转嫁给了社会，对区域经济、社会和环境的可持续发展构成潜在威胁。泥炭资源价格扭曲或泥炭资源价格定价不合理，低估了泥炭地环境的实际价值，对泥炭资源的合理利用和有效保护十分不利。应该合理评估泥炭资源价值，制定相应标准，充分体现泥炭价值。

第二节 泥炭资源、经济和环境之间的关系

一、泥炭资源、经济和环境之间的相互作用

泥炭资源、经济与环境是相互依赖的统一整体。环境包括自然环境和人文环

境，自然环境是泥炭矿山中与人类和经济发展相互作用、相互影响的大气、水、土壤、生物和阳光等因素的自然环境总和。人文环境是指与泥炭保护和开发相关的所有社会经济活动。泥炭资源是自然环境中可以用于生产、生活的天然有机矿产然环境的组成成分。人类作为社会环境的组成部分，其活动的类型和程度对泥炭资源和环境施加了广泛而深刻的影响，加速了泥炭资源环境的演变，泥炭资源环境的变化反过来又对社会、经济系统产生深远的影响。

泥炭的开发是人类利用泥炭资源以满足人类生产和生活需要的经济活动，它以泥炭矿山环境为场所，以泥炭矿中达到工业品位的泥炭为物质基础和劳动对象，是生产资料、能量、技术、人力、财力投入为主的经济活动。在泥炭的开发过程中，可以生产人类需要的有用产品，这些泥炭产品在消费过程中可以继续发挥其泥炭绿色环保优势，有利于使用地环境的改善和区域可持续发展。当然泥炭资源在开采加工过程中可能因为技术原因和管理原因造成污染废弃物的产生。这些废弃物的产生在一定程度上环境可以容纳和净化，但超过一定限度就会导致资源破坏和环境污染，甚至出现一定范围的生态系统恶性循环，反过来又阻碍社会经济的健康发展。泥炭资源的开发可以促进地方经济的发展，经济发展又可以为环境建设提供资金和技术，保证泥炭资源开发和环境保护的良性循环。所以，泥炭资源、泥炭环境和当地经济三者之间处于相互依赖、相互影响的统一整体之中。

经济活动是以人为主体的能动过程，资源是对人类有用的劳动对象，环境是人类生产和生活的空间和条件，经济系统对资源环境具有积极的、能动的作用，资源环境对经济活动具有最基本的和后发的影响。一个协调运转的经济系统可以实现对资源的最优配置和高效利用，实现对环境的永续利用。众所周知，经济活动的重要特点是具有协调和组织功能，不仅协调生产过程，也协调消费过程。泥炭企业要盈利要扩大市场，就必须生产适销对路的泥炭产品和服务，避免生产那些不能满足人类需要，反而污染环境、浪费泥炭资源、损害人类利益的有害泥炭产品和服务，泥炭企业可以通过满足消费者需求实现调整自身生产目的，从而促进经济和资源、环境协同进化的良性循环。在开放的市场经济环境中，人们可以遵循自然规律和经济规律，根据资源承载力和环境容量进行适当的泥炭开发活动，实现对泥炭资源的合理开发利用，并获得较高的经济效益。增加社会收入后可以对具有泥炭持续积累功能的泥炭沼泽保护投入更多的资金，使后备泥炭资源不断增加以满足经济发展对资源的需求。增加的社会财富可以加大对开采迹地的修复治理，更新改造为高产稳产农田，增加地方土地资源和经济收入。对泥炭开采和加工产生的污染物加强治理，可以使污染物的积累量小于环境容量，又能获得较好的资源效益和环境效益。资源和环境的不断改善，又促进社会经济发展，进而获得良好的社会效益，最终获得经济效益、社会效益与资源效益和环境效益的统一，使社会经济系统与资源环境系统协同进化，良性循环，达到可持续发展的目的。

但是，资源、环境和经济也有各自的运行规律，违背这些规律，将导致相互间的矛盾和制约，甚至恶性循环，形成三者的逆向关系。不规范不合理的乱采滥挖、采优弃劣的泥炭采掘方式，造成泥炭品位下降，泥炭回采率降低，既浪费了泥炭资源，也严重破坏了环境。开采迹地不加整理，土地将凹凸不平，旱涝不均，土地生产力严重下降。泥炭地开垦前后的排水工程、排水措施可能改变局地水文平衡，为后来的环境变化埋下隐患。生态破坏、环境污染既可能造成直接经济损失，也可能使人类生存发展条件与空间潜伏下巨大危机，影响未来的持续发展。泥炭加工过程忽视废水、废渣和废气的处理，就会造成生态破坏，进而导致环境自净能力削弱，环境容量降低，制约经济增长速度和规模。而经济落后无力治理污染和保护环境，将使环境污染和资源危机进一步加剧，长此以往，人类将丧失可持续发展的基础和能力。

对于泥炭资源是否具有再生能力，人们通常的理解是：泥炭虽然可以通过泥炭沼泽不断积累再生，但再生速度远远低于开采速度，所以泥炭与煤炭、石油一样，属于消耗性自然资源。但是，如果站在更大的空间和时间尺度上看，泥炭是可再生的，也是有生命周期的。全球泥炭地总面积 400 万平方千米，进入商业开采的泥炭地面积不到 1%。按照每年泥炭积累厚度 0.5mm，全球每年可新生泥炭 20 亿立方米，而同期每年泥炭开采量为 6820 万立方米，每年泥炭新生量是泥炭开采量的近 30 倍。因为泥炭的开采利用是将产地冗余的资源通过市场化手段配置到泥炭资源稀缺地区，是区域性、全球性的流动资源。因此，从区域、国家和全球尺度上看，全球年泥炭新生量为 20 亿立方米，而每年开采量不足 1 亿立方米，全球泥炭新生量是全球泥炭年开采量的 20 倍，泥炭新生仍然大于开采，泥炭地新生量完全可以弥补泥炭开采的消耗。因此，不能仅仅从衡量一个泥炭地的泥炭开采消耗就说泥炭是不可更新资源。作为一种富碳的矿产资源，泥炭和煤炭、石油一样都是对人类具有重要经济价值的自然资源，同样开采使用也会释放二氧化碳，但为什么煤炭、石油释放二氧化碳是天经地义，合理合法，而泥炭开发就罪不可赦？

泥炭的开发也是经济和社会发展的必然选择。人类对泥炭的开发利用水平必然会随着科技进步不断提高，对泥炭替代资源的开发也会不断扩展，以满足未来社会对泥炭这种消耗性资源的需求。所以除了加强对泥炭沼泽的保护管理外，对一些因为自然或人为原因造成排水疏干、失去了湿地的功能和效益的衰亡泥炭地进行科学规划、合理开发是完全必要的，因为这样的衰亡泥炭地完全丧失了湿地保护价值，排水耕垦已经造成了土壤通气增加，泥炭分解加速，如不进行抢救性开发，100 年左右时间即可分解殆尽，造成泥炭资源无谓浪费。何况衰亡泥炭地大多低洼冷僵、贪青晚熟，属于低产劣质农田，农业产量不高不稳。将泥炭开采迹地进行复垦耕作，还可以改善土壤肥力，提高土壤温度，改造成高产稳产农田，为地方增加后备优质良田。

二、泥炭资源开发的二重性

泥炭来自泥炭地，但泥炭地根据赋存状态可以划分为三种类型，即泥炭沼泽、衰亡泥炭地和退化泥炭地。泥炭沼泽是泥炭正在形成和积累的泥炭地，具有典型的造炭湿地植被和鲜明的湿地水文情势，湿地功能和效益显著，是湿地保护的重点对象。衰亡泥炭地是泥炭形成层缺失或掩埋、泥炭形成和积累完全停止、湿地植被和水文情势完全丧失的泥炭地。这种泥炭地湿地功能和效益完全消亡，已经不具备湿地保护价值，应该抢救性开发，发挥泥炭资源的经济价值，为社会创造财富，开采迹地经过改造可以复垦为高产稳产农田。退化泥炭地介于泥炭沼泽和衰亡泥炭地两者之间，部分湿地植被和湿地水文情势丧失或受到抑制，湿地功能和效益受到削弱。这类泥炭地经过及时的修复重建，可以重新回到泥炭沼泽状态，成为泥炭资源的再生地和湿地环境的保护地。如果不能及时采取适当措施，泥炭地可能继续退化，直到完全衰亡，丧失其保护价值。

经济是受人类需求驱使的复杂组织系统，是利用知识和技术，通过劳动开采和加工自然资源，为人类生产有用商品和服务的过程。生产过程既可能生产对人类有用的商品和服务正品，也可能同时产生对人类无价值或负价值的物质和能量负品。正品通过满足人类需求而有利于人类的生存发展，产生外部经济性。负品产生废物和污染，损害人类利益，产生外部的不经济性。在传统经济发展模式下，人们为了追求经济效益的最大化，忽视环境效益，往往只重视对泥炭资源的掠夺式开发，不重视对开采迹地修复复垦和泥炭资源综合利用。由于经济利益可以很短时间里直接反映出来，而环境效益却需要经历一定时间才能体现出来，具有明显的滞后性，经济效益和环境效益的时效性差别又促使企业只顾眼前、不顾长远，由此导致很多泥炭企业在追求利益最大化的同时，造成了环境污染的外部不经济性。

我国的泥炭资源和环境要素是绝对稀缺的和有限的，泥炭资源北多南少、泥炭市场北凉南热的空间差异性又加剧了泥炭资源的相对稀缺性，因为泥炭绝对稀缺和相对稀缺进而导致我国泥炭产业发展的不均匀性。由于人类欲望的无限性，这种泥炭资源的绝对稀缺和相对稀缺促使人们在有限资源和环境容量条件下最大限度开发泥炭资源。同时，在市场经济条件下，经济活动归属不同的经济主体，各企业的经济活动具有个别性和局部性，而泥炭资源和自然环境则是属于公共财产，代表公众利益，存在经济活动的个体性与资源环境的公共性的矛盾。经济活动的外部不经济性必然造成公共资源的破坏和公众环境的污染。而在传统经济发展模式下的泥炭生产成本中，往往只考虑泥炭资源开发的投入费用，不考虑环境变化和资源更新的费用，而是将这部分隐形巨大费用转嫁给社会，危害了社会环境，增加了公共开支，造成牺牲环境效益换取经济利益的恶果。

在健全的产权体系中，市场就像一只看不见的手，发挥着资源配置的巨大作用。对于泥炭这种稀缺资源，市场的价格机制本来应该发挥其真正作用，纠正短缺，抑制消费，鼓励发现泥炭替代资源，高效利用现有资源。但有时市场并没有发挥其应有的作用，市场价格并没有反映出真实的资源利用成本和效益，扭曲了价格，传递了错误的泥炭资源短缺信息，对泥炭资源保护、管理和有效利用没有产生足够的刺激信号，从而导致对泥炭资源的过度开发或开发不足，既可能造成环境的退化，也可能造成资源的浪费。造成这个问题的根本原因是泥炭资源的产权关系模糊和缺乏产权造成的市场失灵。因为价格已经不能完全反映生产与消费的社会成本，生产者和消费者将过量的污染物和资源消耗带入社会，企业只考虑企业内部的边际成本和边际效益，而不考虑完全的社会边际成本。从而给社会产生了损失而没有补偿，出现了外部不经济性。

三、泥炭资源与经济发展、环境作用规律

泥炭是一种自然资源，而泥炭沼泽是一种自然环境。泥炭沼泽既拥有泥炭形成和积累的能力，也是湿地功能和效益的拥有者。但是当泥炭沼泽退化为衰亡泥炭地时，泥炭的积累过程即宣告停止，湿地植被和湿地水文情势丧失，湿地的功能和效益就无从谈起，即完全丧失了保护的价值。所以，泥炭地保护是要保护那些既拥有完整的泥炭积累过程，也具备健康的湿地植被和水文情势，具备健康的湿地功能和效益的泥炭地。而泥炭开发的对象则是丧失了湿地功能和效益，完全不具备湿地保护价值的衰亡泥炭地。所以，泥炭资源开发是衰亡泥炭地向经济系统提供泥炭地的自然资源，是自然财富转化为经济财富的过程，而经济活动对泥炭资源的影响是向泥炭地返还经济效益资金，用于泥炭沼泽的保护和替代泥炭资源的研发。

泥炭资源是通过泥炭化过程形成、周转和积累在泥炭地中的天然有机矿物，是自然环境中可以用于生产、生活的自然资源，是自然环境的组成成分。环境包括自然环境和人文环境，自然环境是泥炭矿山中与人类和经济发展相互作用、相互影响的大气、水、土壤、生物和阳光等因素的自然环境总和，人文环境是指与泥炭保护和开发相关的所有社会经济活动。人类作为社会环境的组成部分，其活动的类型和程度对泥炭资源和环境施加了广泛而深刻的影响，加速了泥炭资源环境的演变，泥炭资源环境的变化反过来又对社会、经济系统产生深远的影响。随着社会进步和科技发展，人类对泥炭资源的认识不断增强，泥炭资源开发活动的范围、规模、种类和数量也在不断扩大，对环境的影响也越来越深刻。良好的泥炭开发经济活动可以为环境改善和建设提供资金和劳动，促进区域自然环境可持续发展。自然环境对经济活动的影响自然是环境容量和空间，可以保证在一定程度上的泥炭开发和加工活动中的污染和排放。可见泥炭资源和环境、经济之间存在着紧密的相互作用、相互依存关系（图 5-1）。

自然环境是泥炭地周围能够影响泥炭沼泽状态和泥炭资源开发的所有自然因素。泥炭沼泽向自然环境提供的是自然景观的组成成分和相应功能，保证和延续自然环境中泥炭沼泽的均化洪水、调节气候、固碳聚能、生物多样性保护等作用。自然环境对泥炭资源的影响是维持泥炭沼泽所在区域的景观结构和功能，向泥炭沼泽供水、控制泥沙对泥炭沼泽的输入等等。如果泥炭沼泽已经退化进入开发阶段，自然环境对泥炭资源的反馈是提供相应的环境容量和环境空间，允许一定程度上吸纳

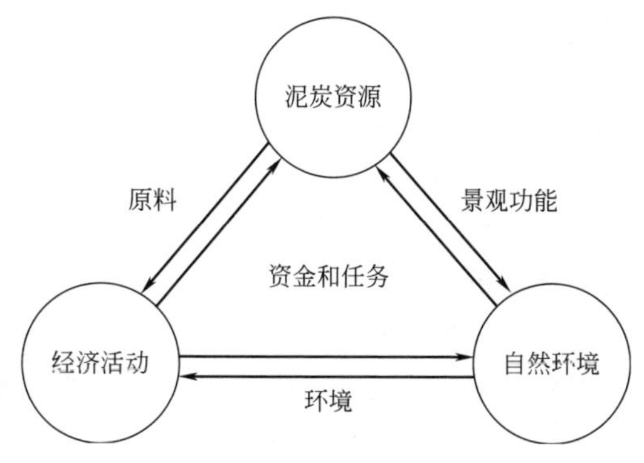

图 5-1 泥炭资源、环境和经济关系

和缓冲泥炭开发对环境的影响，保证泥炭资源开发不会根本上影响矿区自然环境。

经济活动对环境的影响是为环境改善和建设提供资金和劳动，促进区域自然环境可持续发展。自然资源开发对经济活动的影响主要是环境的容量和环境空间。自然环境均有一定的自净能力，能够容纳一定程度的因泥炭开发造成的环境污染和排放。

泥炭资源和环境、经济之间相互作用，相互依存。良性互动的资源、环境和经济活动，可以产生尽可能多的正品，生产尽可能少的负品。恶性循环的泥炭资源、环境和经济活动，超越了环境容量和缓冲能力，必然导致环境破坏，最终导致泥炭资源的开发难以持续进行。

第三节 泥炭地排水的环境影响

排水是干预泥炭地水文情势的重要手段，引起泥炭地退化和泥炭积累系统崩溃，会对泥炭地生态系统现状和发展趋势产生重大影响，并影响到泥炭地流域水文和水化学质量。排水是园艺泥炭和能源泥炭开采的基础，水分管理是开采迹地修复的重要手段。深入研究泥炭地排水和泥炭开采导致的生态系统变化和泥炭地水文变化，探索退化湿地修复和泥炭开采迹地修复的综合技术集成，对科学指导退化湿地重建和开采迹地修复具有重要意义。

泥炭是在积水厌氧环境中植物残体分解转化的产物。要保证稳定的积水还原环境，泥炭只能在水分输入、输出平衡的地貌部位中发育和积累。在降水量大于蒸发量的寒温带地区，各种地貌部位都具备泥炭形成和积累的有利条件，所以泥炭广布，积累深厚。在蒸发量大于降水量的温带地区，多数地段不具备稳定积水条件，因此泥炭积累和分布有限，只有在山区沟谷地貌中，由于地下水稳定出露，形成局部地段的水分平衡稳定，有利于泥炭的形成和积累，相对泥炭积累和部分少于寒温带地区。由于泥炭地所处地貌部位不同，导致两者在水和营养物质来源的根本差异。在寒温带地区，由于降水量大于蒸发量，气候冷湿，植物残体分解缓慢，有利于泥炭形成和积累。由于大气降水是沼泽主要水分来源，而降水中的矿物质含量低，所以主要形成了雨养的高位泥炭沼泽。沼泽呈高酸性（pH＜4），钙和镁含量低，主要形成高位贫营养泥炭。而中温带的山地沟谷，以地下水和地表水补给的沼泽水源富含钙、镁等矿物元素，因此矿养沼泽酸性不强，矿物营养丰富，主要形成富营养低位泥炭。

泥炭地的地下水位的平衡稳定是控制泥炭积累和分解的关键因素。泥炭地对气候或土地覆盖变化带来的水文变化非常敏感，泥炭地潜水位的上部，植物残体暴露在氧气中，因此植物残体的分解是快速的、彻底的。泥炭地潜水位的下部，植物残体是被水饱和的、严重缺氧的，因此植物残体的分解是缓慢的、不彻底的，残留量的比例是很高的。这就是泥炭积累的主要原因。

泥炭排水可能导致泥炭地环境逆转，但也出现了湿地走向恢复的证据。如果要充分恢复退化的泥炭地、保留仍然完好的泥炭地、研究管理行为在流域范围的影响，就必须详细研究泥炭地排水与湿地水文、水化学和生态互动作用过程。

一、泥炭地排水驱动力

在我国，驱动泥炭地排水的力量主要是是人类活动，40％的泥炭地排水是将泥炭地用于开垦农田，50％的泥炭地排水是用于植树造林，只有 10％～15％的泥炭地排水是用于泥炭开采。在欧洲的荷兰、芬兰、俄罗斯、爱尔兰和英国早在 19 世纪初，就开始进行大面积泥炭地排水，爱尔兰泥炭地排水从 1809 年即已开始，第二次世界大战后，泥炭地排水提高了泥炭地农场农牧业产量，扩大了需求。北爱尔兰因为大面积泥炭地排水，仅有 14.2％泥炭地保持自然状态。英国是欧洲最大泥炭地排水用地国家之一，泥炭排水在英国农业史上扮演了重要角色。英国一半以上农田和牧场来自排水泥炭地。英国泥炭排水起步于 17 世纪，延续 300 多年，排水已经导致英国泥炭面积的收缩和厚度沉降。20 世纪开始泥炭地排水开始侧重于降低地下水位，改造泥炭沼泽为农业生产服务。第二次世界大战后期，政府对泥炭地排水支付了 70％的投资。1960～1970 年期间，很多披盖泥炭地也开始排水，在英格兰奔宁山脉，1970 年排水泥炭地面积达到创纪录的 10 万公顷水平。

泥炭地排水除了用于农业，在欧洲北部、东部及不列颠群岛，约有 1500 万公顷泥炭地被排干用于植树造林。英国自 1945 年开始，大约有 19 万公顷厚层泥炭地和 31.5 万公顷浅层泥炭地排水用于种植针叶林。在斯堪的纳维亚半岛、俄罗斯、加拿大、爱尔兰和英国，密集的排水渠使坡面径流变化频繁，不仅在排水初期从泥炭地中排出的水量大，到森林群落已经形成，沟渠排水仍然十分活跃。林冠郁闭增加了对降雨截流，加大了蒸发，增强了蒸散，促进泥炭地干燥和收缩裂缝扩展。芬兰的 570 万公顷泥炭地已被排干，泥炭地森林占全国领地总面积的 1/4。苏格兰 25％泥炭地受到不同强度的排水与造林影响，泥炭地排水不仅增加了下游河流的水量，增大了洪水风险，降低了河流水质，造成河道侵蚀和生态破坏，成为环保抗议和国际社会谴责的焦点。

二、泥炭地排水对流域水文的影响

在对拥有自然排水渠道和人工排水渠道的两种泥炭地的水文研究结果证明，披盖式泥炭地径流产生极其迅速，特别是山坡有密集沟壑网络、已有火灾影响或人工排水渠道时，泥炭地径流对暴雨径流的响应十分敏感，洪水峰值流量更高，来得更早。与此相反，相对地表未被损坏的泥炭地水流则表现出更大滞后时间和更平滑水位过程线。水量平衡计算显示，未侵蚀泥炭地中可以保留更多的水而不会排干。由此可见，披盖式泥炭地排水增加了下游洪水流量，减少了泥炭地本身的容水量。但是，Burke 在爱尔兰 Glenamoy 研究了排水泥炭地水量平衡，结果表明，泥炭地地下潜水位接近地表且没有排水渠地方，径流形成似乎更快，而在有排水渠、潜水位在地下 45～60cm 的泥炭地中，流域产生的径流则要慢得多。分析认为，有排水渠的泥炭地径流大部分通过地下渗透排走，而在无排水系统的泥炭地上，径流主要在泥炭地表面生成，并能很快传播。Baden 和 Egglesmann（1970）在德国泥炭地排水的水量平衡分析也证实了这个结果。即无排水渠道的下游流域的径流/降雨比值只有 23.4%，有排水渠道的泥炭地流域径流/降雨比值则达到 79.2%，达到极显著水平，这个研究结果对流域管理有重要影响。在这样的泥炭地进行排水，将对小溪和河流产生有利影响，洪水的频率和洪量将减少，夏季溪流的流量将在短期内增加。

对于导致泥炭地排水差异的原因，有研究证明，泥炭分解较少、纤维含量较高的泥炭地，其导水率比分解度大、纤维含量低的泥炭地高出一个数量级。但是，造成排水效率差异绝不仅仅是泥炭类型一个原因，泥炭地排水模式可能关系更大。罗宾逊（1980）发现，Moor 之家的泥炭地排水渠深 0.5m、间距 14m，而 Glenamoy 泥炭地，渠道深 1m、间距 4m。大量数据证实，地下水渗透和运移只在排水渠 2m 之内受到影响，4m 的排水间距可能是最科学的间距，排水工作的目的是降低地下水位，但是低导水率和渠道间距太密会造成投资过大和不经济，事实上 4m 的间距排水还是很少应用的。有的研究还证明，排水渠深度如果大于 0.5m，排水流量才受到地下水影响，而沟渠网络和泥炭分解度在确定排水对泥炭地蓄水产流的影响才是最重要的。

很多研究发现，开沟排水后下游洪峰剧增；而排水渠间距减小，则洪峰高度增加。说明排水渠间距会对地下水位产生较大的影响。低洪峰时增加泥炭地临时蓄水，从而降低降雨对径流的影响。Burke 将低位泥炭地与高位泥炭地的水位曲线比较发现，高分解泥炭低位泥炭地的平稳延迟流量远远低于低分解的高位泥炭地流域流量，高位泥炭地排水量更大更急，让我们对不同类型泥炭地排水效果传统思维发生颠倒。泥炭地就像是一块海绵，如果放在水中，就会吸收双倍重量的水。在短期排水的高位泥炭地和低位泥炭地比原始天然泥炭地有更好的“海绵”效应。泥炭地排水是否导致流域径流增加取决于泥炭地类型和排水方式。泥炭地排水导致流域年径流量减少，可能是因为排水后泥炭地的水力传导度下降，地表径流上部泥炭层缺失、洼地下渗、蒸发增加和水闸使用所导致。流域径流量增加这可能由于降雨导致进入排水渠道，来自溪流和沟渠直接的、下渗的及植物间隙水的增加，蒸发、散发的减少，地表水和地下水入渗的减少等。

三、泥炭地排水对泥炭降解和沉降的影响

泥炭地排水可能导致严重的泥炭收缩和分解。大规模的排水作业可以使土壤表面快速沉降。发生收缩的原因是地下水位降低，上部泥炭分解塌落造成泥炭体积密度增加。泥炭地开始排水后的几年内，上部 40cm 泥炭层的容重增幅达 63%。泥炭地沉降是物理分解和表层泥炭加快矿化作用紧密关联，同时也与排水大孔隙减少有关。干燥泥炭表面增加的毛细作用，导致更多的水从次表层中转移到表层蒸发，加重了泥炭层干燥和收缩。从泥炭的本身特性来说，其含水量按质量计可以达到 90%以上，按体积计可以达到 300%以上。Anderson 等研究了在泥炭地造林对地下水的与影响，结果发现，浅耕可以显著降低地下水位，地表持续沉陷，随着泥炭的收缩与紧实，可以提取泥炭水分的能力不断降低，许多排水渠邻近的泥炭层地形形状改变，地表通气导致细菌有氧分解加剧，厌氧环境转变为好氧环境，表层泥炭分解加剧。如果地表泥炭加速干燥到限度，就会由亲水性转变为疏水性，不能恢复其初始含湿量。因此，干燥泥炭的沉降和表面润湿性状的不可逆已经成为泥炭地的连带问题。有的泥炭地排水 18 个月后，沉降可能达到 50cm。在实验室中，用于模拟干旱的泥炭，其结构发生了永久性更改，进而导致水文学性状的改变。

泥炭层地下水位降低导致泥炭分解，从而影响泥炭物理和化学特性。排水主要影响是降低地下水位，增加通气性，促进有氧分解作用，加重微生物活性和分解速率，其分解速率比厌氧分解快 50 倍（Clymo，1983）。有氧分解提高了泥炭营养矿化，加速了被碳绑定的氮、硫和有机磷的释放。一个储存 20t 氮（N）、10t 硫（S）、0.5t 磷（P）和 500t 碳（C）的深层泥炭矿，只要每年增加 1%矿化率，就可能使这些元素大量损失，造成泥炭肥力的下降。波兰泥炭沼泽排水致使表土好氧分解，突破了磷钾养分的限制，加速了泥炭分解和养分释放。

排水和随后降低地下水位致使泥炭地从碳汇转化为碳源，成为大气温室气体的来源。Laine 和 Minkkinen 研究了泥炭地排水 30 年对碳释放的影响。结果发现，不排水和排水泥炭碳储库之间差异表明，无排水观测点的碳积累比有排水的观测点多 $35g/(m^2 \cdot a)$。芬兰对 273 块森林泥炭地调查结果证明，泥炭沼泽排水 60 年后，泥炭地表面平均塌陷（22±17)cm，碳密度增加了（26±15)kg/m^2，储存增加到(5.9±14.4)kg/m^2，暗示排水森林泥炭地中增加了从立木到泥炭并积存在泥炭中的碳流。

大量研究结果表明，排水后泥炭中可交换性阳离子含量小于原始泥炭，排水后

泥炭表层土壤（0～20cm）中，氮和磷总浓度增加，钾却减少。Sundstrom 等（2000）观察到瑞典 60m 排水间距的排水导致泥炭总氮、磷浓度增加，全钾、钙、镁浓度降低，对土壤 pH 值影响很小。由于泥炭容重增加，总 N、总 P 增加更多明显，而排水泥炭中钾含量仅为不排水泥炭含量的 25%～40%。Wells 和 Williams（1996）调查了加拿大排水沟间距对泥炭地和泥炭养分的影响。结果发现，3m 间距排水沟的泥炭容重、总氮浓度（mg/g）和泥炭地中 N、P、K、Ca 和 Fe 含量均显著高于 15m 间距排水沟的泥炭地。可见，排水泥炭地总养分含量增加可能归于容重增加。与此相反，他们还观察到，泥炭容重和最大养分含量受排水影响不明显。

排水后泥炭表层土壤中总氮浓度（mg/g）的增加取决于随着植物残体分解、微生物固氮增加以及泥炭单位体积全氮增加，碳/氮下降。排水和降低地下水位会增加氮矿化，增加氧和氨化细菌、硝化细菌的数量。地下水位从 0cm 降到 50cm 时，泥炭剖面无机氮平均含量增加 1.5 倍。进一步研究发现，水位降低 18cm，表层 10cm 泥炭中矿化氮明显减少，但水位降低到 34cm 时，表层 10cm 泥炭中矿化量明显增加。这说明，泥炭矿化是泥炭地排水的土壤氮素固定响应，其响应程度取决于泥炭分解率、环境变化和泥炭性质。环境因素包括温度、E_h（氧化还原电位）和 pH 值。泥炭性质包括分解阶段、有机质质量、养分含量、土壤溶液化学和生物化学抑制剂对微生物活性影响。要控制泥炭的矿化作用，首先需要限制通气，虽然降低地下水位必然引起通气改善，但土壤温度、pH 值或营养缺乏仍然抑制微生物活性，提高通气性对泥炭矿化率影响可能影响不大。Humphrey 和 Pluth 发现泥炭 pH 值为 4.0 时排水对氮矿化率影响不大，pH 值为 7.2 时排水对矿化影响显著。Updegraff 等指出，排水泥炭沼泽中氮矿化至少是不排水氮矿化的两倍，说明 N 矿化对排水通气的敏感性取决于有机物质数量和质量。

四、泥炭地排水对水化学的影响

排水沟渠建设和排水本身已经引起泥炭地水化学的变化。许多研究结果证明，排水沟建设增加泥炭中营养物质浸出。随着排水和地下水位降低，铵盐（NH_4^+）浓度大量增加，硝酸盐（NO_3^-）浓度变化不大。这表明，泥炭有机氮氨化因排水受益，而有机氮硝化反应平平。但是，随着径流中硝酸盐增加，从微酸性泥炭中碱性阳离子淋失已经明显增加。Sallantaus 发现从排水泥炭地下游的水中钙、镁、钾净损失与不排水泥炭地下游相比，这些营养物质的输入和输出大体上是平衡的。但泥炭地森林因开沟排水导致悬移质泥沙、钙、镁、锰和铝浓度增加，总有机碳（TOC）减少，溪水 pH 值从 4.4 提高到 5.4。苏格兰排水泥炭地 NH_4-N 浓度初期增加，排水中二氧化硅浓度降低。研究结果还发现，排水对可溶有机碳（DOC）浓度提高与水颜色加深相互矛盾，排水泥炭地发现有更多腐殖质化合物和容易水解物质，说明下游径流水质可能发生改变。Edwards 等发现，排水泥炭地比不排水泥炭地的水流颜色更深，随着 pH 值降低，明尼苏达州排水泥炭地比未排水泥炭地的水体颜色更深，水中悬移质泥沙、钾、铁、铝、钠浓度更高。相比之下，英国的 Moore 泥炭地和开采泥炭地，比魁北克省南部原状泥炭地下游的溪流中的溶解有机碳浓度只有轻微的变化。Adamson 等注意到，当地下水位下降到泥炭表面 40cm 以下，在 10cm 深的土壤溶液中，可溶有机碳和可溶有机氮浓度明显降低，流经森林泥炭河流比流经未排水高位泥炭地溪流中的 DOC 和 DON 浓度显著降低。

在排水沟渠穿透泥炭下方矿质土层的地方，泥炭中的营养浓度是钠＞钙＞镁＞钾，而排水中营养浓度则变为钙＞钠＞镁＞钾。其原因是矿质土壤暴露在森林泥炭排水沟渠底部，充当了铝和锰的来源。溪流中 TOC 和 H^+ 浓度下降可能是沟渠基底暴露在矿质土壤中。多数人认为，排水 pH 值增加与排水渠底矿质土壤出露有关。Prevost 等收集了沟渠中心 20cm 和 40cm 深度，距离 1.5cm、5cm 和 15cm 外的土壤溶液，检测发现，土壤溶液可溶物浓度因排水而加强，硫和镁元素浓度与沟渠距离成正比，而氮、钠、钾、钙浓度增加则多在距离 5cm 范围内和 20cm 深处出现。这种溶质的增加与 pH 值轻微下降有关，符合土壤温度增加、水分含量下降、泥炭加速解率的一般规律。

Adamson 等调查了干旱期间高位泥炭地地下水位下降对土壤溶液组成的影响。在 10cm 深度、地下水位降至泥炭地表以下 40cm 时，SO_4^{2-}、Na^+、Mg^{2+}、Ca^{2+}、NH_4^+ 和 H^+ 浓度大幅度增加。当地下水位是在地表 5cm 范围之内时，大部分泥炭剖面处于厌氧状态，厌氧细菌将 SO_4^{2-} 转换为 H_2S。当地下水位下降，好氧环境出现时，H_2S 就被氧化为游离的 H_2SO_4，而 H^+ 会取代其他交换性阳离子导致钠、镁、钙的浓度明显增加。有人从威尔士中部山谷的底部泥炭地中采集泥炭柱分析地下水，也观察到地下水溶液中 SO_4^{2-} 浓度大量增加，NO_3^-、DOC、钠、氯、铁和镁浓度的提高。在排水泥炭地，快速降低地下水位导致可溶物质由泥炭转移向沟渠，而且排水沟渠相比河道，其溶液中的 SO_4^{2-} 浓度至少高出三倍，钙和镁浓度至少高出一倍。

有时候下游水质下降不一定与开沟排水有关，也许与一定相关的生产活动紧密相关。虽然开沟排水为微生物活性提高和养分释放创造了有利条件，但是 N 释放不足仍然可能影响树木生长。因此，泥炭林业种植都需要使用肥料，一些高位泥炭地还需要添加石灰调节土壤酸度。在斯堪的纳维亚半岛和芬兰因森林施肥，流出的水分含有较高的磷和钾。在苏格兰，每公顷施用 58kg，就可能在排出的水中流走 1～2kg 磷。每公顷施用 108kg，就可能在从排水中损失 25～35kg 钾，并刺激排水渠道藻类的生长。

尽管已有的研究查明了开沟排水对立体地水中溶质浓度变化产生的影响和短期内流量的变化，但是排水对水化学影响的持续时间仍然没有确切的答案，因为目前的研究课题很少有超过 5 年时间。另外，多数研究监视的是渠水，而不是土壤溶液，也很少将研究结果与测量过程联系在一起，所以还不清楚泥炭地排水是通过什么机制释放和过滤溶质，在森林泥炭地和高位泥炭地两者之间，高位泥炭地中排水对水化学影响的数据更少。

五、泥炭地排水对侵蚀的影响

泥炭地开沟排水不仅造成泥炭和泥炭沼泽退化，一些排水沟渠还会严重侵蚀泥炭地，迅速成为深而宽的溯源侵蚀通道，大量泥炭进入排水渠道流失。在披盖式泥炭地上，一个 50cm 深的排水沟渠，很快就可能侵蚀到几米深。我国甘南地区的泥炭地溯源侵蚀也是造成泥炭地退化的重要因素（图 5-2）。

图 5-2 甘南泥炭地侵蚀照片

山地泥炭地的侵蚀过程中，排出的水中含有大量泥炭和泥沙，连续 10 年以后才逐渐稳定。5 年后的悬浮物浓度仍比排水前大数倍，侵蚀沟中悬浮物移动导致下游严重的生态问题。英国奔宁山脉南部流域泥炭地在造林前排水、耕种后造成悬移质增加，引起当地水库严重污染和严重淤积。在英格兰北部几个流域在泥炭地排水之后的 8 年间，三文鱼捕获量每年从 1400 条下降到 380 条，而附近的泥炭地没有排水的流域，三文鱼捕获量保持稳定。芬兰北部 Nuorittajoki 河放养周岁三文鱼，泥炭地排水颗粒物高的捕获率远远低于排水颗粒物含量低的捕获率。除此之外，三文鱼尺寸与颗粒物负荷成反比。水文、输沙率改变以及产卵砾石层被有机沉积物掩蔽，致使三文鱼产卵区不稳定，也是导致三文鱼捕获量下降的因素之一。

丘陵地区泥炭地荒火燃烧往往造成泥炭地侵蚀和排水。为了放牧和狩猎，地表火烧虽然可能在某种程度上促进泥炭地植物的发芽，但烧过的裸露泥炭马上就可能被迅速侵蚀，尤其是泥炭地径流流过燃烧后泥炭地地表，在原来的泥炭地表和排水网络内部都增加了悬浮颗粒。过度放牧也会增加泥炭地排水，造成丘陵泥炭地难以维持持续增长。英国奔宁山脉的泥炭地的放牧密度超过 0.55 个单位/hm^2 时，就会因为指标植被覆盖而发生侵蚀。我国的甘南地区高山泥炭地也是藏族牧民聚集区，泥炭地放牧十分普遍，牧压过载可能是该地泥炭侵蚀的重要原因之一。此外，丘陵地区泥炭地排水也会导致边坡失稳，导致泥炭沼泽爆裂或泥炭滑坡，有的泥炭滑动距离甚至超过 1km。由于披盖式泥炭地人工排水过度，英国和爱尔兰泥炭地排水沿线发生了泥炭块体运动，排水沟渠附近经常有裂缝和发生滑坡的迹象。

第四节　泥炭地现状评价

泥炭地环境变化的驱动力既可能来自人类活动，也可能来自自然环境演变。演变过程既可能是可逆的，也可能是不可逆的。泥炭工程学就需要研究评价泥炭地环境变化的现状是什么、变化的程度是什么、是否具备恢复重建的可能性以及不同变化现状泥炭地的利用方式。因此，遵循国家《中华人民共和国环境影响评价法》(以下简称《环境影响评价法》)，按照建设项目环境评价原则、流程和方法，对泥炭地现状和未来发展趋势进行定量、科学、客观、公正的评价，可以确认一个泥炭地是否具有湿地功能和效益，泥炭积累是否受到干扰，从而确认一个泥炭地的湿地保护价值或开发价值，为确定泥炭地利用方向提供决策依据。泥炭地现状评价系统采用科学严格的指标体系和调查数据，针对泥炭地泥炭积累是否受到干扰、植被类型演替方向和水文情势变化进行定量计算，根据该泥炭地的泥炭积累过程受干扰程度、植被类型演替方向和水文情势变化得分进行评判，最后确定该泥炭地的合理利用方式，从而为矿产管理部门是否颁发探矿证和开采证决策提供科学依据。

一、泥炭地现状评价的目的和意义

社会公众易将湿地和泥炭地概念混为一谈，将泥炭开发等同为破坏湿地；有人简单地把中国泥炭地与欧美泥炭地对等挂钩，盲目承担泥炭地保护国际责任；有人自以为是地推论欧美国家全面禁止泥炭开发，根本不知道欧美国家泥炭产业已经发展成现代化、机械化、规模化、专业化的支柱产业；有人片面强调湿地的生物多样性，却选择性地忽略泥炭地恰恰是生物多样性最低的生态系统类型。公众概念混乱，催生了许多妖魔化泥炭开发的奇谈怪论，误导了政府决策，导致全面限制泥炭开发，造成了我国泥炭产业发展步履蹒跚，困难重重。

泥炭地开发与保护是一个十分尖锐对立的问题。造成泥炭地保护和开发争论不休的原因既因社会公众对泥炭地与湿地概念混淆不清，也缺乏行之有效的评价手段和决策依据。事实上，泥炭开发与湿地保护并非根本对立、背道而驰。一块泥炭地可否开发，最根本的是要看泥炭地是否仍然具备湿地功能和价值，是否继续处于正在形成和积累泥炭的过程中。对泥炭沼泽，因其湿地植被和湿地水文循环仍然存在，泥炭形成层正在持续泥炭积累中，正在发挥着湿地的功能和效益，应该积极稳妥地加以保护，以维持社会、经济和环境可持续发展。而退化泥炭地因为地表水文植被条件彻底改变，泥炭形成积累终止，已经不再具有湿地功能和湿地效益，则不属于湿地保护范畴。这些退化疏干的泥炭地，由于通气条件改善，泥炭自然分解速度加快，即使不开发利用，泥炭也在迅速分解消耗中，50 年左右即可分解殆尽。特别是退化泥炭地因积水丧失，极易因人类活动不慎酿成火灾，难以扑灭，造成泥炭资源的无谓浪费。因此，针对泥炭资源开发和保护中存在的尖锐矛盾，澄清退化泥炭地与现代泥炭地两种名词概念的差异，科学制定退化泥炭地和泥炭沼泽现状评价标准，明确各自不同的科学属性和利用价方向，划分泥炭地保护和开发界线，可以为政府主管部门在泥炭地利用方式决策提供手段和工具，为积极保护处于正在积累状态的现代泥炭地，有序开发丧失湿地功能和效益的退化泥炭地提供科学依据。因此，制定泥炭地现状评价技术规范，是完全必要的，对促进我国泥炭产业健康有效发展具有重要意义。

二、泥炭地现状评价的原则

制定泥炭地现状评价除了必须依据国家有关法律、法规、标准管理办法，广泛参考国内外泥炭开发和保护管理最新成果和行业发展趋势外，还必须坚持三个原则。

1. 坚持泥炭地现状评价为科学保护、合理利用服务的原则

通过制定科学严格的概念定义和准确实用的技术指标，在概念上将不同赋存状态的泥炭地进行科学定义，正确区分不同赋存状态的泥炭地在保护和利用上的价值和意义差异，使具备保护价值的现代泥炭地得到科学保护；使丧失泥炭地功能和效益、不属于湿地保护范畴的泥炭地得到有效合理的抢救性开发利用；使介于两者之间的退化泥炭地得到恢复和重建。同时，提出科学准确、简明易行的技术指标，便于野外现场调查和内业分析采用，使得泥炭地状态评价能够简单快速、准确可靠地进行。

2. 坚持关键指标与综合指标相结合的原则

选取判定泥炭形成过程存在与否的关键指标，配合湿地植被指标和湿地水文情势指标，建立综合评判泥炭地开发与保护价值的综合指标，作为泥炭地用途和利用方向的评判依据。

3. 坚持定量与定性相结合的原则

泥炭地现状评价应尽量采用定量方法进行描述和分析，避免人为主观评判。当现有科学方法不能满足定量需要或因其他原因无法实现定量测定时，用途评价可通过定性或类比的方法进行描述和分析。

三、泥炭地现状评价指标体系

所谓泥炭地现状就是指泥炭地赋存状态，是处于正在积累泥炭、仍然具备完整的湿地植被和活跃湿地水文情势的泥炭沼泽，还是处于丧失了泥炭形成层、湿地植被退化、湿地水文荡然无存的衰亡泥炭地状态，抑或是介于两者之间的过渡状态。

如果能够找到代表和表征不同状态泥炭地的关键指标，并能够进行定量综合计算的话，就可能采取定量的技术手段实现对泥炭地现状进项定量评价，从而为确定泥炭地利用方向提供科学依据。

根据以上分析可以发现，泥炭地泥炭积累过程存在与否、植被类型、湿地水文情势是衡量泥炭地所处状态的关键指标。泥炭形成层即草根层是泥炭形成的功能性层位，造炭植物生长于斯，死亡于斯，转化为泥炭于斯。如果泥炭形成层缺失，则意味着泥炭形成的物质来源丧失，形成层下部的泥炭因为失去了形成层保护，就会加剧泥炭的分解，使得泥炭地从大气二氧化碳的汇转化为源，也就失去了泥炭的碳汇功能。泥炭形成和积累过程受到影响或者完全停止，则该泥炭地停止发育，趋向衰亡。除了泥炭形成层存在与否这一关键指标外，植被类型和水文情势也是表征泥炭地现状的辅助指标。如果湿地植被退化或者演替为中生、旱生植被，则表明该泥炭地的湿地功能和效益受到极大影响，甚至失去湿地功能和效益。湿地水文情势改变后，泥炭上的湿地植被和泥炭积累过程必然受到影响，也表征泥炭地的功能和效益受到直接影响，因此选择泥炭形成层是否存在、泥炭地植被演替情况和泥炭地水文情势变化情况作为泥炭地现状评价三个关键指标体系。其中泥炭形成层扰动选择了泥炭化层缺失比例、泥炭地表泥沙掩埋比例和人类活动影响三个次级指标，湿地植被选择泥炭地表旱生植被、中生植被、湿生植被、沼生植被和水生植被所占面积比例五个次级指标，湿地水文情势选择排水去路、淹水历时和水位深度三个次级指标，合计 27 个指标，并根据这些指标在泥炭地现状中的重要性，分别赋予不同的权重，以便根据这些指标的权重和影响范围，计算出不同指标对泥炭地现状的贡献率。为了对不同量纲的数值指标进行统一计算分析，统一设定了归一化指标。鉴于评价方法中所有数据指标均为面积，为了评价结果的互比性，将归一化指数统一设定为 100。

将泥炭化扰动、湿地植被、湿地水文三大指标结果计算后，分别赋予不同的权重，然后计算出泥炭地现状指标。泥炭地现状指标是 1～100 的自然数，根据状态指标的高低，可以确认泥炭地保护价值大小。

四、泥炭地现状评价计算方法

泥炭地状态指数由泥炭化扰动、植被覆盖和泥炭地水文三个分指数以相应权重加和计算得出。

（一）泥炭化扰动指数和权重

以对泥炭形成层扰动程度表征泥炭化过程的强弱或泥炭化过程存在与否，以评价泥炭地健康状态。在泥炭化层缺失比例、泥沙掩埋和人类活动三个次级指标中，对泥炭化扰动的影响基本接近，所以分别赋予了 0.35、0.35 和 0.30 的权重值。而在三个次级指标中，根据各个指标面积占泥炭地总面积的比例不同，分别赋予不同分权重。即当某一指标的影响面积超过泥炭地总面积的 30%时，赋予 0.3 的分权重值；超过总面积的 60%时，其分权重只赋予 0.1，如果未见该指标影响，则赋予 0.6 的分权重，即对泥炭化扰动程度越小，分权重越高，体现了最终结果越高，表示泥炭化受扰动程度越低的目的。泥炭化扰动指数构成及分权重见表 5-1。

表 5-1 泥炭化扰动指数构成与分权重

项目	泥炭化层缺失			泥沙掩埋			人类活动		
权重	0.35			0.35			0.30		
扰动类型	未见泥炭化层缺失	泥炭化层缺失面积小于 30%	泥炭化层缺失面积大于 60%	泥炭地表层无盖层	盖层占总面积 30%以下	盖层占总面积 60%以上	开沟排水	放牧	开采活动
分权重	0.6	0.3	0.1	0.6	0.3	0.1	0.5	0.3	0.2

泥炭化扰动指数计算见下式。

$$D=\frac{A\times(0.35\times L+0.25\times S+0.3\times H)}{T}$$

式中 D——泥炭化扰动指数；

L——泥炭化层缺失面积，m^2；

S——泥沙掩埋面积，m^2；

H——人类活动影响面积，m^2；

T——泥炭地总面积，m^2；

A——泥炭化扰动指数的归一化系数，统一定义为 100。

（二）植被覆盖指数和权重

植被对水分状态反应极为敏感，水生植被、沼生植被、湿生植被、中生植被和旱生植被代表不同的水分状况，是泥炭地现状的重要指标。在泥炭地中，水生植被、沼生植被和湿生植被所占面积比例越高，湿地的健康状态越好，退化程度越低，因此，分别赋予 0.3、0.3、0.2 的权重值。而中生植被和旱生植被出现则表明泥炭地已经退化到旱地程度，所以表征湿地健康状况的权重值只能赋予 0.1。同理，这些植被所占面积的大小也反映了泥炭地退化程度，在分权重赋值时，该植被面积越大，分权重赋值越高。湿地植被指数的分权重见表 5-2。

表 5-2 湿地植被指数的分权重

植被类型	水生植物群落			沼生植物群落			湿生植物群落			中生植物群落			旱生植物群落		
类型权重	0.3			0.3			0.2			0.1			0.1		
占总面积比	60%	30%	0	60%	30%	0	60%	30%	0	0	30%	60%	0	30%	60%
分权重	0.6	0.3	0.1	0.6	0.3	0.1	0.6	0.3	0.1	0.6	0.3	0.1	0.6	0.3	0.1

湿地植被指数计算见下式。

$$V=\frac{A\times(0.3\times Q+0.3\times M+0.2\times W+0.1\times D)}{T}$$

式中 V——湿地植被指数；

Q——水生植被面积，m^2；

M——沼生植被面积，m^2；

W——湿生植被面积，m^2；

D——旱生植被面积，m^2；

T——泥炭地总面积，m^2；

A——植被覆盖指数的归一化系数，定义为100。

（三）泥炭地水文情势指数

泥炭地水文情势要素包括降水、径流、蒸发、输沙、水位、水质等多项指标，为简化调查项目，采用有无排水去路、淹水历时、水位深度3个指标表征泥炭地水文情势综合特征。其中排水去路次级指标中，对泥炭地中切沟深达基底，纵贯泥炭地，造成整个泥炭地排水疏干，则赋予0.1的排水去路。对泥炭地排水切沟与长度影响面积达到泥炭地总面积一半时，则赋予0.3的权重。如果泥炭地中未发现排水切沟，泥炭地无排水去路，则赋予0.6的分权重，表明泥炭地水文情势良好。泥炭地水文情势权重见表5-3。

表5-3 泥炭地水文情势权重

项目	排水去路			淹水历时			水位深度		
权重	0.4			0.3			0.3		
结构类型	矿体表层和边缘无侵蚀面积	切沟深与长度均达一半面积	切沟深达基底，纵贯矿床面积	夏季3个月以上淹水面积	夏季1个月淹水面积	夏季不淹水面积	地表积水>2cm面积	地表积水0～2cm面积	无地表积水面积
分权重	0.6	0.3	0.1	0.6	0.3	0.1	0.6	0.3	0.1

湿地水文情势指数计算见下式。

$$W=\frac{A\times(0.4\times D+0.3\times P+0.3\times S)}{T}$$

式中 W——湿地水文情势指数；

D——排水去路影响面积，m^2；

P——淹水历时影响面积，m^2；

S——淹水深度影响面积，m^2；

T——泥炭地总面积，m^2；

A——湿地水文情势的归一化系数，定义为100。

（四）泥炭地现状指数及其权重

根据泥炭化扰动指数、湿地植被覆盖指数和湿地水文情势指数等三个评价指标对泥炭地现状的贡献程度，赋予不同的权重。将三个指标与其权重乘积加和后，即可获得泥炭地现状指数。见表 5-4。

表 5-4 泥炭地状态评价指标与权重

指标	泥炭化扰动指数 D	湿地植被覆盖指数 V	湿地水文指数 W
权重	0.4	0.3	0.3

$$\mathrm{PSI}=0.4\times D+0.3\times V+0.3\times W$$

式中 PSI——泥炭地现状指数；

D——泥炭化扰动指数；

V——湿地植被覆盖指数；

W——湿地水文指数。

五、泥炭地现状评价与利用方向判别

根据泥炭地现状指数计算结果，可以将泥炭地状态划分为 5 种，即健康泥炭地、亚健康泥炭地、轻度退化泥炭地、中度退化泥炭地和重度退化泥炭地。

其中，泥炭地现状指数大于等于 75 的，可以评定为健康泥炭地，其结构和功能特征为：泥炭地全部地段泥炭形成层完整，泥炭持续积累、湿地植被繁茂健康，湿地水文情势稳定，湿地功能效益价值大。这类泥炭地的利用方向是实施严格保护，绝不能施加任何干扰和开发。

泥炭地现状指标在 55～75 的，属于亚健康泥炭地，其结构和功能特点是：泥炭地上湿地植被组成略有改变，湿地水文情势基本稳定；泥炭地仅有边缘地段泥炭形成层缺失，存在限制泥炭地发育扩展的不利因素。这类泥炭地应该针对发生的不利因素采取得力措施进行修复保护，恢复期自然状态，进入保护序列。

泥炭地现状指数在 35～55 的，属于轻度退化泥炭地，其结构和功能特征是：泥炭地 30％以上地段泥炭形成层缺失，其他地段湿地植被向中生、旱生转变，湿地水文情势劣化，泥炭地趋于退化。这类泥炭地必须坚决采取措施对导致退化的各种自然的和人为的干扰措施进行干预，重建泥炭地的湿地、水文和泥炭积累过程，保证泥炭地能够重回自然状态。

泥炭地现状指数在 20～35 的，属于中度退化泥炭地，泥炭地 60％以上地段泥炭形成层缺失，其他地段湿地植被转变为中生、旱生群落，湿地排水明显，湿地功能和效益已基本丧失。这样的泥炭地基本失去重建恢复可能性，可以根据当属具体情况采取相应的利用性耕作或开采利用措施进行适当开发利用，开垦迹地进行恢复重建。

泥炭地现状指数小于20的，属于重度退化泥炭地，其全部地段泥炭形成层丧失，地表湿地植被缺失，湿地水文情势荡然无存，湿地功能和效益完全丧失，已经毫无保护价值，建议由国土资源部门颁发泥炭勘探证和开采许可证，由具有一定技术、管理、经济实力企业投资进行泥炭开采和深加工，发挥泥炭的自然资源价值，满足社会对泥炭及其产品和服务的需求。

计算出泥炭地现状指数PSI后，对照表5-5中的PSI指标，即可判定该泥炭地的现状类型，针对相应的泥炭地状态描述，确认应采取的保护利用措施，这就是泥炭地现状评价的主要目的。

表5-5　泥炭地现状评价指标体系

类型名称	泥炭地现状评价		
	泥炭地现状指数	状态描述	保护利用方向
健康泥炭地	PSI≥75	泥炭地全部地段泥炭形成层完整，泥炭持续积累、湿地植被繁茂健康，湿地水文情势稳定，湿地功能效益价值大	严格保护
亚健康泥炭地	55≤PSI<75	泥炭地上湿地植被组成略有改变，湿地水文情势基本稳定；泥炭地仅有边缘地段泥炭形成层缺失，存在限制泥炭地发育扩展的不利因素	修复保护
轻度退化泥炭地	35≤PSI<55	泥炭地30%以上地段泥炭形成层缺失，其他地段湿地植被向中生、旱生转变，湿地水文情势劣化，泥炭地趋于退化	重建保护
中度退化泥炭地	20≤PSI<35	泥炭地60%以上地段泥炭形成层缺失，其他地段湿地植被转变为中生、旱生群落，湿地排水明显，湿地功能和效益已基本丧失	选择性利用
重度退化泥炭地	PSI<20	泥炭地全部地段泥炭形成层缺失，地表湿地植被缺失，湿地水文情势丧失，湿地功能和效益完全丧失	开发复垦

第五节　泥炭开发项目环境影响评价

环境影响评价是国家对建设项目环境管理的基本手段。当一个企业申报获取了泥炭开采证，取得泥炭矿开发经营权后，企业除了需要编制泥炭开发建设项目可行性研究报告之外，还需要聘请有具备专业资质的第三方机构编制建设项目环境影响报告。泥炭开发建设项目必须遵循环境影响评价的基本原则和程序逐一调查分析，做出项目环境影响是否能被接受的结论。国家《环境影响评价法》和实施细则，就是泥炭开发项目需要遵循的管理原则和操作程序。

一、环境影响评价的概念

环境影响评价简称环评，是指对规划和建设项目实施后可能造成的环境影响进行分析、预测和评估，提出预防或者减轻不良环境影响的对策和措施，进行跟踪监测的方法与制度。通俗地说就是分析项目建成投产后可能对环境产生的影响，并提出污染防治对策和措施。根据《环境影响评价法》的规定，所有达到规模以上的工程建设项目都必须进行环境影响评价才能开工建设。环境影响评价过程中，对拟议中的建设项目实施后可能对环境产生的影响（后果）进行系统性识别、预测和评估，鼓励在建项目规划和决策中考虑环境因素，最终达到与环境相容的目的。

泥炭矿产开发是对泥炭矿床进行地表清理、排水疏干、开采运输、加工处理、储备销售、迹地修复等全套工程建设过程，必然由此产生地貌、水文、植被、野生生物等环境变化，新建的建筑物、道路和项目运行所产生的运输、物料、噪声、废水、废渣、能源、用水等一系列变化和必然产生一定的环境影响，需要采用科学严格的方法和程序对这些变化的性质和幅度及其对环境的影响进行评价，预测未来环境影响是否超出本地环境容纳范围，评价泥炭开发带给矿区内外的社会、经济和环境全面影响，公正客观地给出评价结论。

泥炭开发环境影响评价是政府主管部门颁发泥炭开采许可证的三大要件之一，也是控制和降低泥炭开发环境影响的首要工作。对泥炭开发项目进行环境影响评价，是强化环境管理的有效手段，对确定项目发展方向和保护环境等重大决策有决定性作用。环境影响评价，可以保证建设项目选址和布局的合理性，科学指导泥炭开发项目的环境保护措施设计，为泥炭资源开发和泥炭矿区社会经济发展提供导向，为促进相关环境科学技术的发展提供科学依据。

国家根据建设项目对环境的影响程度，对建设项目的环境影响评价实行分类管理。建设单位应当按照规定组织编制环境影响报告书、环境影响报告表或者填报环境影响登记表。对可能造成重大环境影响的，应当编制环境影响报告书，对产生的环境影响进行全面评价；对可能造成轻度环境影响的，应当编制环境影响报告表，对产生的环境影响进行分析或者专项评价；对环境影响很小、不需要进行环境影响评价的，只要填报环境影响登记表即可。

二、环境影响评价管理

《环境影响评价法》规定，环境影响评价文件中的环境影响报告书或者环境影响报告表，应当由具有相应环境影响评价资质的机构编制。除国家规定需要保密的情形外，对环境可能造成重大影响、应当编制环境影响报告书的建设项目，建设单位应当在报批建设项目环境影响报告书前，举行论证会、听证会，或者采取其他形式，征求有关单位、专家和公众的意见。建设单位报批的环境影响报告书应当附具对有关单位、专家和公众的意见采纳或者不采纳的说明。

建设项目的环境影响评价文件，需要由建设单位按照国务院的规定报批；建设项目有行业主管部门的，其环境影响报告书或者环境影响报告表应当经行业主管部门预审后，报有审批权的环境保护行政主管部门审批。审批部门应当自收到环境影响报告书之日起六十日内，收到环境影响报告表之日起三十日内，收到环境影响登记表之日起十五日内，分别做出审批决定并书面通知建设单位。预审、审核、审批建设项目环境影响评价文件，不需缴纳任何费用。除了跨省泥炭地开发建设项目需要由国务院授权有关部门审批外，多数泥炭开发项目可由所在省、自治区、直辖市人民政府主管部门审批。泥炭开发项目环境影响评价文件经批准后，建设项目的性质、规模、地点、采用的生产工艺或者防治污染、防止生态破坏的措施发生重大变动的，建设单位应当重新报批建设项目的环境影响评价文件。

2017 年 7 月 16 日，国务院发布《关于修改〈建设项目环境保护管理条例〉的决定》，自 2017 年 10 月 1 日施行。国务院文件决定取消对环评单位的资质管理；将环评登记表由审批制改为备案制；将建设项目环保设施竣工验收由环保部门验收改为建设单位自主验收。同时，删除建设项目投产前试生产、环评审批前必须经水利部门审查水土保持方案、行业预审等审批前置条件、环评审批文件作为投资项目审批、工商执照前置条件等规定。在细化环评审批要求方面，明确环保部门在环评审批中应当重点审查的内容，包括建设项目的环境可行性、环境影响分析预测评估的可靠性、环境保护措施的有效性、环境影响评价结论的科学性。同时，为保证审查的公正性和科学性，增设环保部门组织技术机构对环评文件进行技术评估，并规定不得收取建设单位、环评单位的任何费用的规定。改革的重点是强化事中事后监管，进一步明确建设单位在设计、施工阶段的环保责任，规定建设单位在设计阶段要落实环保措施与环保投资，在施工阶段要保证环保设施建设进度与资金。新增建设项目竣工后环保设施验收的程序和要求，规定建设单位应当按照环境保护部规定的标准和程序验收环保设施，并向社会公开，不得弄虚作假，验收合格后方可投产使用。新增环保部门加强对建设项目环保措施落实情况进行监督检查的规定。为保证上述措施观测实施，国务院决定加大处罚力度，明确建设项目“未批先建”应依据《环境影响评价法》予以处罚。新增对未落实环保对策措施、环保投资概算或未依法开展环境影响后评价的处罚，规定了 20 万元以上 100 万元以下的罚款。严厉打击对环保设施未建成、未经验收或经验收不合格投入生产使用、在验收中弄虚作假等违法行为的处罚，有违法行为的，处 20 万元以上 100 万元以下的罚款；逾期不改的，加重罚款数额，提升至 100 万元以上 200 万元以下，并将原来仅对建设单位“单罚”改为同时对建设单位和相关责任人“双罚”，还规定了责令限期改正、责令停产或关闭等法律责任。新增了对技术评估机构违法收费的处罚，处以退还违法所得以及违法所得 1 倍以上 3 倍以下罚款。新增了信用惩戒，规定环保部门应当将建设项目有关环境违法信息记入社会诚信档案。针对建设单位，规定了建设单位应当依法向社会公开验收报告，未依法公开验收报告的，由环保部门责令公开，处

5 万元以上 20 万元以下的罚款，并予以公告。修改后的《环评条例》将建设项目环保设施竣工验收由环保部门验收改为建设单位自主验收，授权国务院环境保护行政主管部门规定相关的验收标准和程序。环境保护部正在研究制定关于建设单位自主开展建设项目竣工环境保护验收的指导意见，进一步强化建设单位环保“三同时”主体责任，规范企业自主验收的程序、内容、标准及信息公开等要求。

建设单位未依法报批建设项目环境影响评价文件擅自开工建设的，由环境保护行政主管部门责令停止建设，限期补办手续；对建设单位直接负责的主管人员和其他直接责任人员，依法给予行政处分。建设项目环境影响评价文件未经批准或者未经原审批部门重新审核同意，建设单位擅自开工建设的，由环境保护行政主管部门责令停止建设，对建设单位直接负责的主管人员和其他直接责任人员，依法给予行政处分。建设项目依法应当进行环境影响评价而未评价，或者环境影响评价文件未经依法批准，审批部门擅自批准该项目建设的，对直接负责的主管人员和其他直接责任人员，由上级机关或者监察机关依法给予行政处分；构成犯罪的，依法追究刑事责任。

三、泥炭开发项目环境影响评价程序

泥炭项目的环境影响评价需要对项目实施地点进行环境质量评价，对项目实施后的环境影响做预测与评价，在项目实施后通过监测评价环境影响后果，从而确认泥炭开发建设项目与环境的相容性。

一个良好的环境影响评价应该具有判断功能、预测功能、选择功能与导向功能，能够对泥炭开发建设项目实施后可能对环境产生的影响和后果进行系统性识别、预测和评估，以鼓励泥炭开发项目在规划和决策中考虑环境因素，最终达到更具环境相容性的人类活动。要达到上述目的，环境影响评价必须经过一系列的步骤和程序，以确保泥炭开发项目环境评价的环境质量评价、环境影响预测和环境后效监测顺利进行。

环境影响评价工作程序如图 5-3 所示。环境影响评价工作大体分为三个阶段。第一阶段为准备阶段，主要工作为研究有关文件，进行初步的工程分析和环境现状调查，筛选重点评价项目，确定各单项环境影响评价的工作等级，编制评价大纲。第二阶段为正式工作阶段，主要工作为进一步做工程分析和环境现状调查，并进行环境影响预测和评价环境影响。第三阶段为报告书编制阶段，其主要工作为汇总、分析第二阶段工作所得的各种资料、数据，给出结论，完成环境影响报告书的编制。在进行建设项目的环境影响评价时，如需进行多个厂址的优选，则应对各个厂址分别进行预测和评价。如通过评价对原厂址给出否定结论时，对新选厂址的评价应按重新进行。

尽管泥炭开发项目环境影响评价流程和步骤如上所列，但具体实施时，可以根据项目具体条件，调整先后步骤，以降低评价成本，提高工作效率。但是不管流程

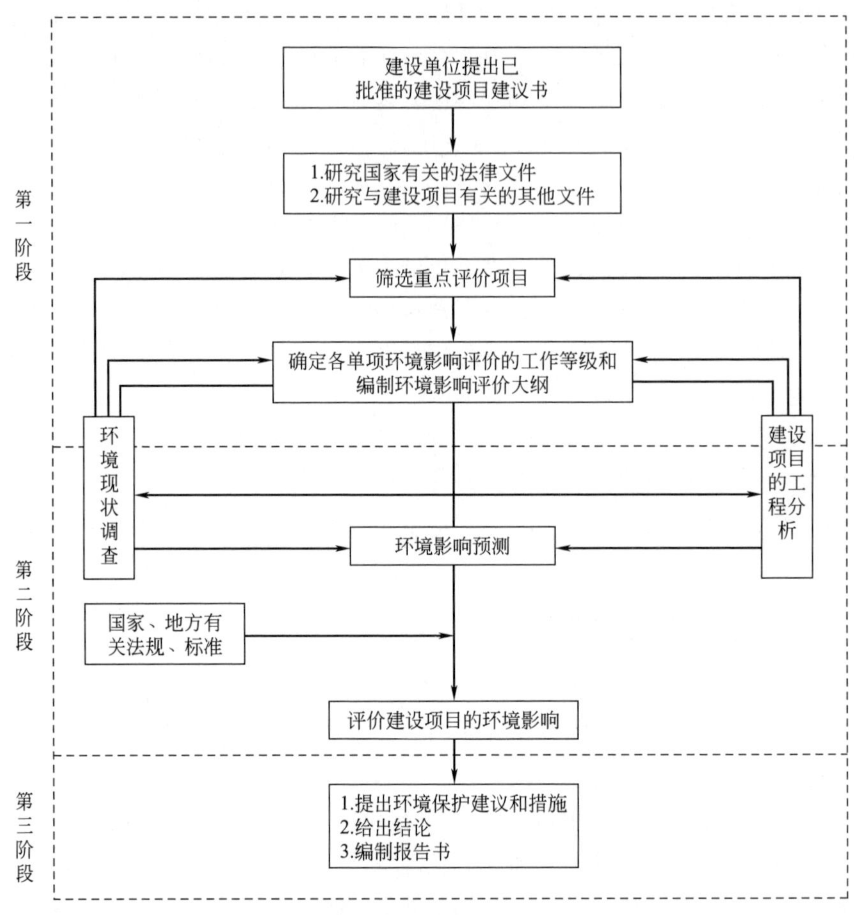

图 5-3　建设项目环境影响评价管理程序

和步骤怎么变化，环境评价必须要基本上适应所有可能对环境造成显著影响的项目，并能够对所有可能的显著影响做出识别和评估，对各种替代方案（包括项目不建设或地区不开发的情况）、管理技术、减缓措施进行比较；必须能够生成清楚的环境影响报告书（EIS），以使专家和非专家都能了解可能影响的特征及其重要性；强化公众参与的广泛性，确保严格的行政审查程序；要能够及时、清晰的结论，以便为决策提供信息。

四、泥炭建设项目环境影响评价方法

泥炭开发项目环境影响评价有三大核心内容：环境质量现状评价、项目工程环境影响和预测以及环境变化监测。三个内容工作重心不同，使用的方法也有差异。

环境质量现状评价，需要进行全面的环境现状调查，采用的方法主要有三种，即收集资料法、现场调查法和遥感的方法。

收集资料法应用范围广、收效大，比较节省人力、物力和时间。环境现状调查时，应首先通过此方法获得现有的各种有关资料，但此方法只能获得第二手资料，而且往往不全面，不能完全符合要求，需要其他方法补充。

现场调查法可以针对使用者的需要，直接获得第一手的数据和资料，以弥补收集资料法的不足。这种方法工作量大，需占用较多的人力、物力和时间，有时还可能受季节、仪器设备条件的限制。

遥感的方法可从整体上了解一个区域的环境特点，可以弄清人类无法到达地区的地表环境情况，如一些大面积的森林、草原、荒漠、海洋等。此方法不十分准确，不宜用于微观环境状况的调查，一般只用于辅助性调查。在环境现状调查中，使用此方法时，绝大多数情况使用直接飞行拍摄的办法，只判读和分析已有的航空或卫星相片。

项目工程环境影响评价和预测是建设项目环评的核心，工程分析是环境影响评价的重头戏。工程分析应以工艺过程为重点，同时关注污染物的不正常排放。资源、能源的储运、交通运输及厂地开发利用是否分析及分析的深度，应根据工程、环境的特点及评级工作等级决定。根据实施过程的不同阶段可将建设项目分为建设过程、生产运行、服务期满后三个阶段进行工程分析。应分析生产运行阶段所带来的环境影响。生产运行阶段要分析正常排放和不正常排放两种情况。对随着时间的推移，环境影响有可能增加较大的建设项目，同时它的评价工作等级、环境保护要求均较高时，可将生产运行阶段分为运行初期和运行中后期，并分别按正常排放和不正常排放进行分析，运行初期和运行中后期的划分应视具体工程特性而定。在建设项目实施过程中，由于自然或人为原因所酿成的爆炸、火灾、中毒等后果十分严重的，造成人身伤害或财产损失的事故，属风险事故。是否进行环境风险评价，应视工程性质、规模、建设项目所在地环境特征以及事故后果等因素确定。由于环境风险评价的方法尚不成熟，资料的收集及参数的确定尚存在诸多困难。在有必要也有条件时，应进行建设项目的环境风险评价或环境风险分析。

当建设项目的规划、可行性研究和设计等技术文件不能满足评价要求时，应根据具体情况选用适当的方法进行工程分析。至今采用较多的工程分析方法有类比分析法、物料平衡计算法、查阅参考资料分析法等。类比分析法要求时间长，工作量大，所得结果较准确。在评价时间允许，评价工作等级较高，又有可资参考的相同或相似的现有工程时，应采用此方法。如果同类工程已有某种污染物的排放系数，可以直接利用此系数计算建设项目该种污染物的排放量，不必再进行实测。物料平衡计算法以理论计算为基础，比较简单。但计算中设备运行均按理想状态考虑，所以计算结果有时偏低。此方法不是所有的建设项目均能采用，具有一定局限性。

项目的环境影响效果评价主要通过后期环境监测对比，确认环境评价和预测和实测环境的差异是否达到显著性水平而定。

第六节 泥炭开发项目环境影响评价的特殊性

一般来说，泥炭开发项目可以分成与泥炭开采相关的矿山建设和泥炭加工相关的生产线建设两部分。第一部分涉及更多的泥炭地环境变化问题，后一部分涉及生产线工艺过程对环境的影响问题。所以在做泥炭开发项目环境影响评价时要根据项目具体要求组织相关工作，对于从外地购进泥炭原料的泥炭加工项目，往往只需要做生产线建设和生产工艺的环境影响评价就可以了。

泥炭开发之所以被妖魔化，根本原因是社会公众对泥炭地和湿地概念的混淆，他们简单地把泥炭地等同湿地，认为开发泥炭地就是开发湿地，湿地开发必然破坏湿地环境。实际上泥炭地和湿地既有联系又有区别。湿地是地表常年或季节性积水、生长湿生植物、土层严重潜育化或正在积累泥炭的地段；泥炭地是正在积累泥炭或者是已经停止积累但仍有泥炭积存的地段。正在积累泥炭的地段称为泥炭沼泽，仍然属于湿地范畴；而那些因为自然或人为因素造成湿地水文情势改变、湿地植被退化和泥炭积累过程中断的地段，则因为丧失了湿地功能和效益，不属于湿地范畴，不再具有湿地保护价值。泥炭开发的对象不是具有湿地水文情势、生长湿生植被、湿地功能和效益健全的自然湿地，而是开发那些已经退化了的完全没有湿地功能和效益的死亡湿地。因此，开发退化泥炭地的泥炭资源不存在破坏湿地问题。

我国地处温带大陆性季风气候区，绝大多数地区的大气降水量小于蒸发量，地表积水不稳定，不利于泥炭沼泽环境的稳定和泥炭的积累。只有在大小兴安岭、长白山、西北西南高原，因为地下水广泛出露，地貌条件有利泥炭沼泽发展的局部地段，才有泥炭的形成和积累。虽然我国湿地面积高达 5300 万公顷，居亚洲之首，但仍然保持自然泥炭沼泽状态或有泥炭积累积存的泥炭地面积只有 104 万公顷，泥炭地面积仅占湿地总面积的 1.9%，而 98.1%的湿地面积却是没有泥炭积累的矿质沼泽、湖泊、河流、农田湿地。这与全球泥炭地面积高达 400 万平方千米，占全球湿地面积的 90%形成鲜明对比。所以，在中国湿地保护和管理的重心是类型多样、功能各异的非泥炭湿地。因此，不要把非泥炭湿地等同为泥炭沼泽，主动承担泥炭地保护的国际社会责任。在中温带广大地区发育的非泥炭湿地是各种自然因素综合作用的结果，其主要功能和价值是生物多样性保护、水文调节与水生生物生产，不具有寒温带湿地拥有的大规模碳汇、碳储集功能。泥炭地一旦退化，便不仅断绝了造炭物质的输入，也改变了湿地水文情势和湿地植被组成，湿地功能和效益立即随之全面丧失。因此，泥炭开发项目环境影响评价必须根据目标泥炭矿的赋存现状，根据泥炭地是否仍然具泥炭积累功能、泥炭地地表植被是否已经向中生、旱生方向演替转化、地表湿地水文情势是否存在，判定评价泥炭地的湿地功能和效益是否存在，明确泥炭开发时一种泥炭资源的抢救性开发措施，对泥炭开采后的环境后果进行评价预测即可。

泥炭是湿地产物，泥炭开发极为敏感，进行环境评价的技术、经济和环境风险也明显大于其他项目，需要环评机构慎重对待。一般的环评项目要么侧重环境评价，要么侧重工程影响，而泥炭开发项目可能既要涉及泥炭矿产的规划、开采运输、环境修复，又要关注泥炭加工工艺及其对环境的影响，而泥炭加工的环境影响的资料缺乏，环境预测难度大。

泥炭开采对环境的直接影响是伴随泥炭开采而来的地表植物清理、景观形态改变、野生动物鸟类栖息环境丧失以及噪声和粉尘等方面影响。泥炭开采的间接影响是湿地生境类型改变、自然单元的片段化、土地利用与其他生产活动的改变等，这些影响往往不容易立刻观察到并难以预测。

在进行环境影响评价时，必须强调不同因子之间的相互作用。根据生物多样性改变与主导因素的关系，预测外部环境变化可能导致的生物多样性的改变。有时各种影响因素之间还会产生交互作用，而交互作用经常在其他因子重复作用或一个特定区域内有几个项目同时作用时产生。比如，排水导致地表植被组成和类型的改变，野生生物的栖息地环境随之变化，水质变化的泥炭通气性增加，泥炭分解加剧，需要在管理层面引起重视。

泥炭开采环境影响评价一般从泥炭项目区现状的描述开始，数据通过开采区编目和单独的调查研究获取。受开采项目影响区域会局限在由于环境改变可能带来影响的区域。

评估目的是查明项目所带来环境变化信息，提出避免环境改变的替代方案。审查部门和政府决策部门的任务是评估环境变化的重要程度，提供防止产生有害影响的措施。如果这种评价无法得出明确的预期变化，存在评估结果不确定性以及项目实施风险等等，都应以开放的明确的态度提供给公众。

第七节　泥炭开发项目环境影响评价内容

西方国家重视泥炭开发项目的环境影响评价研究，经常把泥炭对环境影响评价与环境认证互相联系，既可以保证泥炭开采的环境定位，也对泥炭开发后的环境管理奠定了良好基础。一些国家规定面积超过 $10hm^2$ 以上所有泥炭开采区必须进行环境评价登记，面积超过 $150hm^2$ 的泥炭开采区，必须对泥炭开采进行环境影响评估后才能办理生产许可。此外，根据国家法律管理环境评价的要求，必须告知所有泥炭开采企业和经营者泥炭开采项目可能产生的环境影响。

芬兰泥炭工业协会 1997 年发布了第一个泥炭开采环境影响评价指南，并与芬兰环境影响评价法一起发布实施。1999 年该环境影响评价法进行了修改，标志着越来越多的泥炭开采项目进入到实质性的环境影响评价，并于 2002 年得到进一步完善。

一、泥炭开发对生物多样性和自然的影响

泥炭开发最直接的影响就是湿地中的生物多样性价值，但是，如果待开发泥炭属于退化的或埋藏泥炭地，湿地生物多样性评价就不是主要目标，而开采环境、自然遗产影响将成为主导评价对象。

（一）泥炭开发对植被的影响

在待开发泥炭中，如果没有湿地植被编目，需要收集资料研究地区的泥炭地类型、记载泥炭地植物类别以及区域的、国家的濒危珍稀物种。至少要记录濒危物种的出现频率。特别要注意名录物种、濒危物种、保护物种以及国际责任物种。

如果泥炭地中有泉水或者有指示泉水存在的富营养地点，植被研究就需要更加仔细。航空摄影是植被编目的有效方法，编目的结果可以用植被图表达。沼泽类型也可以在编目中拍下照片。在植被编目中，将来泥炭开采受影响的边界地带必须予以充分标记，如果区内没有保护物种，就将全力研究本带内的植物种属。

借助野外调查数据，研究区的植被特征可以提供非常精细的报告。最具有显示度的成果表达方式就是植被图。

（二）泥炭开发对鸟类的影响

鸟类研究的目的是确认鸟类栖息地点和迁徙季节，以研究泥炭开发对鸟类的影响。调查统计水禽营巢数量是极有价值的资料，用于计算鸟类群落特征。鸟类研究方法因为研究目不同而稍有变化，鸟类的价值决定了研究工作的精度和方法的选择。在最后一批迁徙鸟类到达后和物种种数最多的时期调查是最佳的研究时期。

为了避免和降低偶然性的突发事件和鸟类移动产生的误差，一个地区的鸟类编目至少应进行两次。做本项工作的人员必须有从事本工作的背景或已经做过同类鸟类的编目工作。本地的观鸟协会可能提供编目区鸟类信息和长期的种类变化信息。除了鸟类计数以外，鸟类的观察也可以结合植被的调查一起进行。

在鸟类编目中，要特别重视下列鸟类：特殊保护种属、其他濒危种属、国家控制或地方濒危种属、国际重要种属，以及欧洲保护鸟类监测物种。鸟类编目中还应该注意重要狩猎鸟类。

由于研究对象的特殊性，泥炭开发对环境和自然的影响评估对植被、鸟类之外的项目也是必要的，如昆虫。昆虫工作者和昆虫爱好者可能对研究区提供有价值的编目资料。

（三）泥炭开发对自然遗产的影响

自然环境的多样性即不同群落的变化以及它们的非生命环境、不同物种的数量与内部基因变化。沼泽类型的多样性可用沼泽联合体、沼泽类型、生活在沼泽中的植物、动物生境来表达。沼泽保护区任务是保护沼泽的自然类型以及典型物种的生境。

泥炭开采主要在两个方面影响自然多样性，即泥炭开采减少了天然状态的泥炭地种类数量，也同时限制了植物动物的生境。这种工程上的影响对泥炭开采区的植物动物是严重的和危险的。

泥炭开采区也不是完全没有植物和动物的，除了开采区需要年复一年排除任何植被，在开采区之外地方草甸和灌木还是能够生长的，昆虫和甚至大一点的动物也可以在植被中生存。在泥炭焚烧坑，可以观测到水牛、水虱群落。泥炭地边缘和覆盖植被地段具有物种库的作用。当泥炭开采结束，新的植物和动物群落将产生。新的植物动物群落可能与原来的沼泽植物动物群落不同，但可能是多样的和引人注目的。

泥炭开采对自然多样性的影响可以通过比较开采区与同一地区其他保护沼泽和保护区的自然类型和生境予以评估。图书馆资料、地图和区域发展计划都可能是有价值的比较资料。

二、泥炭开发对生活条件、健康和舒服度的影响

泥炭开发可能会因为泥炭开采粉尘和运输车辆产生的噪声对同一区域居民生活条件和舒适程度产生影响。而这种影响程度与泥炭开采区的位置与居民区的距离有密切关系。

泥炭粉尘的产生主要来自泥炭开采过程、运输过程和装车过程。产生粉尘的数量因气象条件、风力、开采方法以及泥炭的湿度、分解度和颗粒大小不同而异。泥炭粉尘减少可以通过选择粉尘产生少的开采方式来降低，或者在生产区与居住区设置保护带、维护周边保护性林木和与尽可能远离居民区放置泥炭货物与转运等方式来解决。

近年泥炭粉尘扩散的测定一直采用标准沉降法测定。该方法适于有害到舒适性之间的初步评估，也可以用于区域粉尘扩散的评估指南。一般来说，泥炭粉尘在开采区外围下降很快，最大沉降量在5m距离外就减少一半，而距离10m以后粉尘沉降量就减少为1/4。

悬浮量指单位体积空气中悬浮的粉尘量（mg/m^3）。悬浮物可以根据其颗粒大小划分为不同的粒级。悬浮量测定在粉尘扩散体积和气象数据充分的条件下也可以用扩散模型来估计。研究结果还发现，由于运输轨道车和输送机作业至少有中等分解度的泥炭（H6～H7）的生产对周边空气中粉尘体积和可吸入颗粒有相当的增加作用，其百分数随着距离的增加而减少。影响区域也明显受泥炭分解度、泥炭湿度、风向、风速以及工作部位的影响。其粉尘百分数可与给定标准或限制性指标进行对比。

芬兰职业病研究所于1977～1990年研究了泥炭粉尘对健康的影响。研究结果表明，泥炭粉尘可以刺激导致轻微的鼻腔症状，但暴露在泥炭粉尘中的工人尚未见导致肺部损害。有人根据泥炭开采区采集的测定数据评估了由于泥炭开采粉尘导致

的健康风险，结果表明，泥炭生产粉尘对当地常住人口的健康风险是边际性的，未见到可检测性的死亡率增加，采用流行病学方法也没有检测到对人口迁移率的明显影响。即使在小镇，由增加的粉尘导致的对当地区民健康的额外风险是高的，也不能说在大都市此类风险仍然存在。

泥炭生产所产生的噪声量因生产规模的大小、生产方法、生产阶段、所用机械类型以及气象条件而异。噪声的水平可以通过选择机械类型、改变工作时间、调整库房和道路位置以及设置隔离带方式进行改善。

在必要时，可以用噪声模型计算事先研究噪声的影响。早期模型研究已经证明泥炭生产导致的噪声对环境没有产生显著的影响。绝大部分泥炭生产环节的噪声都不超过芬兰国家噪声标准。在泥炭生产噪声最大的工段如棒状泥炭的切割，日间在200～300m 外噪声测定值可能会超过标准的 55dB，夜间在距离生产区 500m 外的噪声测定值为 50dB。超过噪声标准时可以采用选择噪声小的机械和划分生产时段的方式解决。

运输可能导致大量气体排放、噪声和粉尘。交通对环境的影响可以在当地的、区域的甚至全球层面上观测到，可以立即观测到，也可以几十年以后观测到。

道路和交通导致的环境影响减少可以通过将道路建设在导致最小干扰的地方或在对居民影响最小的时段里运输的方式。交通产生的粉尘可以采用泥炭包装或在道路上撒盐的方式。仔细覆盖泥炭道路可以防止运输过程中的粉尘扩散。

交通对环境的最重要影响是排放二氧化碳、一氧化碳、碳氢化合物、氮氧化合物以及二氧化硫。在生产过程中排放物主要来自生产机械以及向用户的运输过程。交通的环境影响主要根据目标物距离的紧密程度。

目前还没有实用的测定交通排放量的装置，所以都根据研究值或采用排放量计算值。欧洲最重要的测定方法是 EuroNorms。车辆购买后的年限和年检结果必须符合相应的限制指标。其排放量计算依据各种年度车辆行驶里程与不同道路类型以及释放系数（g/km）。

三、泥炭开发对社会的影响

在研究泥炭生产的环境影响同时，还应研究泥炭生产的社会影响。泥炭生产和应用通过销售和服务直接雇佣人工也间接雇佣人力，从而为社会创造了福利，提高当地购买力。

1. 景观

人类经验、目标、期望和观念极大的影响欣赏景观的方式。鉴于此，单一景观的评估与景观变化的评估可能完全不同。

在评估景观时，很多注意力放在区域自然特征和对景观画面的影响上。有时人们必须认真考虑地区的地表形态、植被外貌、自然多样性区域的自然状态等。

景观的变化是可以看见的，变化的测定必须使对因泥炭开采造成的景观变化最小。从生境和道路以及一定距离内泥炭开采项目对景观的视觉效果都是景观评价的任务。这种评估也适用评估自然保护区和休闲区。

2. 文化遗产

从泥炭地中曾发现过不连续的人类活动文物，特别是船、滑车或部分部件。如果泥炭地中或其他土地下面更深的土层中发现了硬币、武器、容器、工具和其部件，这个地方一定是从未挖掘或在未经过专家的检测的地方。泥炭开采区的位置要与重要的历史文化环境相联系。

四、泥炭开发对自然资源利用的影响

1. 浆果采集

泥炭地中最有价值的浆果是树莓。泥炭地是否适用于浆果采集区必须根据植被编目结果。如果该泥炭地是有价值的浆果采集地，全部浆果生境就应该保护。

2. 狩猎

有的国家狩猎是土地拥有者的权利。较小的哺乳狩猎动物，只有北极野兔在泥炭地常见。麋鹿进入泥炭地主要是为了采食，因为它喜食植物如车轴草和某些柳树，在开阔的有林泥炭地中很少发现。几乎所有森林鸟类都适于泥炭地中栖息。

在泥炭开采后，一些体育运动也会随之开展起来。道路的建设可能为狩猎和运动组织提供便利条件。这些项目对狩猎的影响研究更加详细，特别是在狩猎活动占重要地位的地区。在鸟类编目中，林鸟的出现应该详细研究。

3. 休闲利用

泥炭地休闲利用受人口、自然吸引力、进入地区的设施与信息的有效性影响。泥炭地的合理休闲利用是浆果采集、狩猎、散步和远足。

有价值的计划提供了利用的目的、泥炭开采区和邻近周边地区的预留区的利用方式。

考虑到浆果采集需求，应该询问邻近的居民本区的休闲需求。休闲利用的信息资料也可以从当地各种户外休闲图和旅游示意图中获得。

4. 泥炭开发对养殖业的影响

在驯鹿养殖区，要评估泥炭开采对驯鹿养殖的影响。泥炭地是驯鹿夏季草场，草场的丧失将损害驯鹿养殖业。

五、泥炭开发的其他影响

在研究泥炭开发的环境影响时，下列事项也应予以充分考虑。

1. 生产中的燃料和物质利用

燃料的平均消耗量，机械和泵站的润滑油，工作地点的燃料储存量。

2. 废弃物管理

泥炭生产区的废物管理计划和废弃物储存量，通常水平的产生与废物处理。

3. 风险和事故预防

泥炭生产区火灾是最重要的事故风险。其他事故的风险：事故总是出现在燃料的运输和储存、废弃物管理与机械失灵或者水池结构在大雨或洪水后破坏。环境事故在泥炭开采区很少。

六、泥炭开采区的再利用

泥炭地开采后的再利用只有在适当大小的连片不间断地段形成以后才能进行。泥炭地开采迹地再利用替代方案已经完成。采弃地再利用根据基底土壤类型、基底高程、水流路径布局以及干湿状态条件而定。从泥炭开采迹地退出的区段可用于造林、传统农业或者种植特种植物。在采弃地重建湿地已经是成功的经验，很多文件资料提供了不同的开采迹地替代利用方式，可用于泥炭开采迹地的再利用。

第八节　泥炭加工对环境的影响

泥炭加工工艺的环境影响侧重对泥炭加工工艺及其加工原料、加工产物和排放做出评估和预测。编制依据和计算排放量，根据国家标准，确认哪些指标是否达到排放标准。

一、泥炭加工工程环境影响评价依据

泥炭开发项目的工艺过程和产品产物对环境是否有影响，影响程度有多大，是否应该列入控制目标，需要根据国家标准、行业标准与业界公认的规范。应该跟踪行业内相关国家标准、行业标准修改步伐，采用最新标准，作为项目工程评价依据。在泥炭加工生产领域内，设计环境质量的常用标准和设计产品生产和排放标准所采用的标准如下：

（一）环境质量标准

《环境空气质量标准》（GB 3095—2012）中二级标准，《地表水环境质量标准》（GB 3838—2002）中Ⅴ类标准，《地下水质量标准》（GB/T 14848—2017）中Ⅲ类标准，《声环境质量标准》（GB 3096—2008）中1类标准。

（二）排放标准

《大气污染物综合排放标准》（GB 16297—1996）表1中二级标准，NH_3执行《恶臭污染物排放标准》（GB 14554—1993）中表2的标准值，《工业企业厂界环境噪声排放标准》（GB 12348—2008）Ⅱ类区标准，锅炉排放执行《锅炉大气污染排放标准》（GB 13271—2014）中第Ⅱ时段燃煤锅炉标准。

二、泥炭加工工艺过程主要污染源排放评价

泥炭基质制备属于物理过程，生产过程不需要热、气，不产生污水、废渣、废

气，没有环境污染。项目建设地点周围没有对环境造成污染的污染源，大气环境质量符合 GB 3095—2012 二级标准。泥炭基质项目无影响环境的取暖锅炉粉尘和废渣排放，生产车间在原料筛分和配料过程中可能产生少量粉尘，可以采用加强通风解决。生活用炊具拥有排风设备，处理后的烟气浓度符合 GB 13271—2008 二级标准。

生活污水经化粪池处理净化达到排放标准后再排放。设备采用消音措施，使车间内的噪声低于 80dB。在厂区内进行绿化，绿化面积 1000m^2。因此泥炭加工项目一般不存在重大环境污染隐患，通过环境评价可能性较大。

第九节 泥炭开发环境影响评价报告编写

环境影响评价报告书有固定的格式，各编制单位应该按照固定的格式统一编写，便于组织评审。环境影响评价报告书的主要内容和编写要点如下。

一、总论

主要介绍项目环评目的、环评依据、环境评价规范、建设项目有关资料、总体构思、评价原则与标准、评价原则、评价标准。在环境影响识别与评价因子的确定方面，要明确泥炭开发对象是否涉及泥炭开采，矿山建设对象是自然湿地、退化湿地还是埋藏泥炭地，土地利用方式是什么。如果主要以对外采购原料为主，就可以只评价新建生产线的工艺工程、产品产物对环境的影响。在评价等级方面，要根据项目规模和对环境空气、地表水环境、声环境、风险评价等描述。总论中要明确评价范围、评价工作重点、评价时段、保护目标及环境敏感点等。

二、项目所在地自然、社会、环境概况

在自然环境概况方面，特别是当泥炭开发项目设计泥炭开采时，更要重点介绍地理位置与交通，地形、地质、地貌，气候、气象，水文和自然资源，研究泥炭地与上述因子之间的关系。在社会环境概况方面，要重点描述社会经济概况、文化教育与医疗卫生、交通、能源、区域规划、乡总体规划、城市总体规划、项目园区规划、项目工程依托设施概况，为项目进行物流、经济分析奠定基础。

三、拟建项目概况

重点介绍基本情况、建设内容、产品质量指标及原料理化性质、总平面布置及其合理性分析、主要原辅料及动力消耗、公用工程、给水、排水、供电、电信及报警、供热、运输、主要生产设备等。

四、工程分析

重点围绕泥炭矿山建设、排水渠系建设、开采平台建设、开采方式和设备、运

输通道建设、矿石堆放地点、矿石降水方案、矿石松解方案等工艺过程及污染因素进行分析、深入研究泥炭开采可能对环境产生的影响。对泥炭加工过程，要从物料平衡、过程工程、产品副产品生成和处理、产物环境保护、项目运行污染物排放汇总、非正常工况排污及处置等进行分析评价，根据相关标准，明确泥炭加工项目的环境影响大小及应采取的工程措施。

五、环境质量现状调查与评价

围绕大气环境质量现状、地表水环境质量现状、声环境质量现状、区域污染源现状进行调查与评价。

六、施工期、生产期环境影响评价

针对泥炭开采、运输、干燥和加工制备对环境影响预测与评价，提出总量控制因子和总量控制建议，围绕施工期和生产期环境空气、水环境、噪声等影响分析以及生产期的固体废物处理进行影响分析。

七、环境风险评价

根据环境风险评价的内容，进行风险识别、评价等级及评价范围，识别潜在的风险因素、识别风险类型，分析事故概率，评价事故发生对环境的影响，提出环境风险防范措施和应急监测方案，建立应急预案体系。

八、环境保护措施及其技术、经济论证

三废及噪声治理措施，环保投资估算。

九、环境影响经济损益分析

概述，环境保护费用，环境保护效益，环境影响经济损益分析，小结。

十、环境管理与监测制度

环境管理，环境监测计划。

十一、结论与建议

建设项目内容、规划符合性分析、环境现状、清洁生产、拟建工程污染物产生及治理情况、环境影响预测与评价、环境风险评价、建设项目的环境可行性、总结论。

第十节　泥炭加工综合效益评价

泥炭产品不仅原料绿色安全，施用于农业生产环境还能增加土壤有机质、培肥

地力、增加产量、改善品质，是一种具有多重经济、社会和环境效益的特殊产品。建立科学的评价指标体系和评价方法，对进一步推动泥炭农用资材产业的形成和发展，促进农业发展、农村进步、农民增收、保护环境具有重要的实践意义。探索能够同时评价泥炭农用资材的经济、社会和环境效益的评价指标体系和评价方法，对丰富学科体系、创新评估方法，也具有重要的理论意义。

产品能值是（energy）产品流动或储存的能量与太阳能的比值。能值分析理论和方法是美国著名生态学家、系统能量分析先驱 H. T. Odum 于 20 世纪 80 年代创立。与传统能量分析不同，能值分析理论把自然、社会、经济三者统一起来，定量分析自然和人类社会经济的真实价值，其原理是将不同种类、不可比较的能量通过能值转换率转换成同一标准的太阳能值进行定量分析，客观地反映了系统中各种能量流、物质流、信息流、货币流的贡献，更为全面地对生态、资源和经济系统进行分析和评价。因此，可以依据多目标决策层次分析方法和模糊评估模式，探索建立泥炭产品能值指标体系，评价泥炭产品的经济、环境和社会综合效益。

对泥炭产品的资源、社会和环境效益综合分析进行能值分析，需要经过 5 个基本步骤，通过与同类非泥炭产品的能值分析结果对比，可以看出泥炭产品的综合效益差异。

一、构建泥炭产品资源-环境-经济综合效益评价指标体系

收集有关能代表资源、环境、社会效益变化的原料、大气、土壤、水、产量、产值、可持续发展等指标，建立一套指标体系，作为泥炭产品资源、环境、社会综合效益能值评价系统。以便让泥炭产品和其他非泥炭同类产品分析比较处于相同指标体系之下。

在泥炭产品环境效益指标中选择固定大气二氧化碳效益、增加土壤有机质效益、降低土壤容重效益、增加土壤营养效益、改变土壤 pH 值效益、改变土壤全盐量效益等指标（表 5-6），这些指标能基本上覆盖泥炭产品使用后对环境产生的影响，通过与使用非泥炭同类产品相同指标对比，可以看出使用泥炭产品和不使用泥炭产品对大气、土壤和水环境的影响。其中，固定大气二氧化碳效益可以通过使用泥炭产品和使用非泥炭同类产品后植物生物量增加所固定的二氧化碳量计算得到，土壤有机质积累能值指标可以通过施用泥炭产品和使用非泥炭产品后土壤有机质增加变化计算得到。土壤容重、土壤营养、土壤 pH 值变化、土壤全盐量等指标能值计算与此类推。

对经济效益评价，通过使用泥炭产品和非泥炭产品后农作物的产量、收益和品质指标进行计算和衡量。其中，产量增加能值可以通过使用泥炭产品和使用非泥炭产品后作物产量的变化予以计算，经济收益可以通过使用泥炭产品和使用非泥炭同类产品所创造的经济收益计算。农产品品质能值可以通过代表农产品品质的维生素 C 含量、糖酸比、硝酸盐含量等指标的变化计算得到。

表 5-6 泥炭产品综合效益评估指标体系

目标层 A	准则层 B	指标层 C
泥炭产品综合效益	环境效益	固定二氧化碳效益能值
		土壤有机质积累能值
		土壤容重减轻能值
		土壤营养增加能值
		土壤 pH 变化能值
		土壤全盐量变化能值
	经济效益	亩产量增加能值
		经济财富增加能值
		农产品品质改善能值
	社会效益	技术进步能值
		可持续发展能值

注：1 亩＝666.7m^2。

对泥炭产品的社会效益评价可以通过计算使用泥炭产品和使用非泥炭产品的技术进步与可持续发展能值的差值计算得到。

由于各地环境-经济条件的差异，可将所有指标转换成与对照种植相比的相对指标；对评价指标中所存在的负效应指标，对其赋予负值或倒数，将其全部转换成正效应指标。但无论怎样处理，都应采用统一规范的计算分析模式，以便数据互比和通用。

二、计算泥炭农用资材的能值

首先对所要评价的产品生产厂进行生产线调查，并收集当地的自然、经济等资料；然后划分生产、消费项目，对泥炭农用资材的生产做能值分析；最后计算单位产品所含有太阳能值。

对泥炭产品生产做能值分析，必须现场调查和测定收集生产过程中各种能量流动数据。通过泥炭产品生产自然、经济、社会资料，划分生产线的生产、消费项目，进行值分析，计算单位产品的能值。泥炭产品能值既有自原料泥炭中的太阳光能、风能和地球循环能，也有辅助材料、电力和包装材料的能值。

三、计算泥炭产品使用过程中的能值收支

通过田间现场或现场调查与数据分析，计算在一个生长季节中泥炭产品和非泥炭同类产品在使用过程中的能量流、物质流和经济流，统计各种资源的投入和产出等，并将不同量纲的原始数据转换成统一的能值单位建立能值分析表。在试验具备局部控制的情况下，泥炭产品和非泥炭同类产品使用同样数量的肥料、机械和人

力，但泥炭产品的产出明显高于非泥炭通气产品，如泥炭基质育苗的果实和地上茎叶生物量中能值可达到 5.62×10^{13}J 和 9.72×10^{13}J，而常规育苗基质的农作物果实和地上生物量能值分别为 4.94×10^{13}J 和 7×10^{13}J，泥炭基质每亩纯收入增加的能值为 3.93×10^{15}J，而常规育苗基质的每亩纯收入增加能值仅达到 2.91×10^{15}J，可以看出泥炭产品使用中比常规育苗基质明显提高了作物果实和地上生物量中能值，增加了作物的经济效益，具有重要的经济价值。

四、筛选指标，确定能值评价模型

对试验中获取的评价泥炭产品的环境-经济效应数据进行主成分分析，检验各种指标与总评价结果的依存程度，舍弃代表性差、占有率小于5%的能值指标，建立最终评价模型。通过分析看到泥炭基质的土壤水磷能值、产量能值、经济财富能值和可持续发展能值大于非泥炭传统育苗基质相应指标，因此选取上述指标做为综合效益评价指标。

五、泥炭产品综合效益能值评估

能值指标数据的优点是可以反映对环境、经济和社会的贡献量，指标单位均统一为太阳能值，数据关系间可以相互比较。传统育苗基质的各项评价指标能值均低于营养基育苗，说明泥炭产品综合效益名义向优于非泥炭同类产品。

表 5-7　泥炭产品综合效益能值指标评估值

目标层 A	准则层 B	指标层 C	泥炭产品能值/J	非泥炭产品能值/J
泥炭产品综合效益 A	环境效益 B_1	固定二氧化碳效益能值(C_1)	3.89×10^{14}	3.33×10^{14}
		O_2释放效益能值(C_2)	3.16×10^{14}	2.71×10^{14}
		土壤水磷负效益能值(C_3)	-3.40×10^{11}	-4.05×10^{11}
	经济效益 B_2	亩产量能值(C_4)	3.38×10^{13}	2.92×10^{13}
		经济财富能值(C_5)	3.93×10^{15}	2.91×10^{15}
	社会效益 B_3	可持续发展能值(C_6)	1.13×10^{16}	6.61×10^{15}

表 5-7 的各项能值指标虽然可以互比和加和，但用多指标数据对不同产品互比仍然想的十分不便。为此，可以采用等级域为 $V=${优，良，一般，较差，差} 三角形分布的隶属函数方法，对各指标进行了标准化处理，计算得出各个评价指标的得分，通过划分得分线来确定对以上指标的评估意见，分别构造的隶属函数，把各指标的得分分别带入式隶属函数，根据隶属函数法计算出指标层 C 的评估向量组成的隶属关系矩阵。根据综合效益中指标层 C 的权向量为：$R_c=(0.168, 0.169, 0.17, 0.171, 0.183, 0.139)$，可计算综合效益评估结果为：$A=R_cC=(0.322, 0.42746, 0.25054, 0, 0)$。对评估结果向量单值化，设给评估项目中的等级域 V，

$V=\{$优(1),良(2),一般(3),较差(4),差(5)$\}$，取值分别为 $V=\{1, 2, 3, 4, 5\}$，则模糊向量可单值化为式中：a_j 为 A 矩阵中的元素值，k 为选定系数（$k=2$），目的是控制较大的 a_j 所起的作用。由模糊向量单值化计算结果值 1.88 可知，数据介于 1 和 2 之间，属于优的范围，说明泥炭产品的综合效益处于优的状态。

$$z=\frac{\sum_{j=1}^{5}a_j^k v_j}{\sum_{j=1}^{5}a_j^k}=\frac{1\times 0.322^2+2\times 0.42746^2+3\times 0.25054^2}{0.322^2+0.42746^2+0.25054^2}=1.88$$

为了验证该评价结果的科学性、准确性与实用性，采取模糊综合评估法对统一数据系统的泥炭产品的资源、社会、经济和环境综合效益进行评估。

首先计算构造综合效益中“三大效益”的总权向量为 $\boldsymbol{R}_A=(0.4415, 0.2743, 0.2842)$；环境效益权向量 $\boldsymbol{R}_{B_1}=(0.4, 0.4, 0.2)$；经济效益权向量 $\boldsymbol{R}_{B_2}=(0.25, 0.75)$；社会效益权向量为 1。将非泥炭对照产品（CK）原始数据作为标准值，对各指标进行标准化处理，求得各级评估指标分数。根据隶属函数法计算出 B_1、B_2、B_3指标体系的隶属关系矩阵 $\boldsymbol{X}_1$、$\boldsymbol{X}_2$、$\boldsymbol{X}_3$。其中，环境效益模糊评估结果为：

$$B_1=\boldsymbol{R}_{B_1}\times\boldsymbol{X}_1=(0.4,0.4,0.2)\times\boldsymbol{X}_1=(0.0000,0.6522,0.3478,0.0000,0.0000)$$

经济效益模糊评估结果为：

$$B_2=\boldsymbol{R}_{B_2}\times\boldsymbol{X}_2=(0.25,0.75)\times\boldsymbol{X}_2=(0.7500,0.0925,0.1575,0.0000,0.0000)$$

社会效益模糊评估结果为：

$$B_3=\boldsymbol{R}_{B_3}\times\boldsymbol{X}_3=1\times\boldsymbol{X}_3=(0.0210,0.9790,0.0000,0.0000,0.0000)$$

综合效益模糊评估结果为：$B=\begin{bmatrix}0.0000,0.6522,0.3478,0.0000,0.0000\\0.7500,0.0925,0.1575,0.0000,0.0000\\0.0210,0.9790,0.0000,0.0000,0.0000\end{bmatrix}$

综合效益评估结果向量为：$A=\boldsymbol{R}_A\times B=(0.2116932,0.59155085,0.19675595,0,0)$对评估结果向量单值化，得：

$$z=\frac{\sum_{j=1}^{5}a_j^k v_j}{\sum_{j=1}^{5}a_j^k}=\frac{1\times 0.2116932^2+2\times 0.59155085^2+3\times 0.19675595^2}{0.2116932^2+0.59155085^2+0.19675595^2}=1.99$$

由模糊评价方法结算的单值化数据为 1.99，与能值评价法的结果一致，综合效益模糊评估单值均大于 1、小于 2，验证了能值评价法的准确性和实用性，可以确认泥炭育苗基质的综合效益评价结果为优级。

泥炭产品能值分析与传统方法分析相比，除权重确定以外，两者评价计算过程类似，评价结果基本一致。两种评价方法的标准值类型是相同的，但单位不同。对于同一评价对象，指标筛选原则与步骤、指标体系的构建都是类似的。但是，在权重获取途径上，传统评价法通过聘请多个相关学科的专家赋予权重，综合得出权重结果，权重值的确定主观性较强。能值评价法以 SPSS 生成的能值指标相关性矩阵作为确定能值指标权重的两两比较矩阵，客观上确定了指标权重。在权重计算方面，传统评价法——需要逐级确定各级指标权重，权重值不精确，计算过程复杂。能值评价法一次性地确定了子指标的权重值，权重确定过程简化，权重值精确化。在指标单位标准化方面，传统评价法单位很难统一，许多定量指标对环境、经济、社会的贡献难以进行比较。能值评价法单位统一为太阳能值（sej），定量指标通过能值转换率转换变成太阳能值进行比较。

泥炭产品综合效益评估结果为 1.88，综合效益处于优的状态，证实泥炭产品是一个既高效又环保的产品。泥炭产品的可持续发展指标为 3.39，对照产品的可持续发展指标为 2.82，说明产品的可持续发展状况都较好，但是泥炭产品比非泥炭产品可持续发展状况更健康。随着环境问题的日益突出及对可持续发展问题的日渐重视，环境效益和社会效益在综合效益体系中的地位还会上升，经济效益对环境效益的可替代性也会越来越低，环境问题将成为综合效益体系中的主体，可持续发展效益将成为综合效益体系中的指挥棒，经济效益会逐渐成为环境效益的补充和实现形式，这是社会发展的必然趋势。

参 考 文 献

[1] 孟宪民．我国泥炭资源的储量、特征与保护利用对策．自然资源学报，2006，21（4）．

[2] Raim sopo. 泥炭开发环境评价．腐植酸，2008（2），21-218.

[3] Adamson J K，Scott W A，Rowland A P，et al. Ionic concentrations in a blanket peat bog in northern England and correlations with deposition and climatic variable. European Journal of Soil Science，2001，52，69-79.

[4] Allott T E H，Evans M G，Lindsay J B，et al. Water tables in Peak District blanket peatlands. Moors for the Future Report No. 17.′ funded by the Environment Agency and National Trust. Hydrological benefits of moorland restoration. 2009.

[5] Anderson D E. A reconstruction of Holocene climatic changes from peat bogs in north-west Scotland. Boreas，1998，27：208-224.

[6] Anderson K，Bennie J J，Milton E J，et al. Combining LiDAR and IKONOS Data for Eco-Hydrological Classification of an Ombrotrophic Peatland. Journal of Environmental Quality，2010，39：260-273.

[7] Armstrong A，Holden J，Kay P，et al. Drain-blocking techniques on blanket peat：A framework for best practice. Journal of Environmental Management，2009，90：3512-3519.

[8] Armstrong A，Holden J，Kay P，et al. The impact of peatland drain-blocking on dissolved organic carbon loss and discolouration of water；results from a national survey. DRAFT REVIEW Peatland Hydrology 44. Journal of Hydrology，2010，381：112-120.

[9] Baird A J，Beckwith C，Heathwaite A L. Water movement in undamaged blanket mires. In Blanket Mire Degradation：Causes，Consequences & Challenges // Proceedings of a conference of the Mires Research Group of the British Ecological Society Tallis J H，Meade R，Hulme P D. Macaulay Land Use Research Institute on behalf of Mires Research Group，Manchester University. 1997：128-139.

[10] Baird A J，Eades P A，Surridge B W J. The hydraulic structure of a raised bog and its implications for

ecohydrological modelling of bog development. Ecohydrology, 2008, 1: 289-298.

[11] Baird A J, Gaffney S W. Cylindrical Piezometer Responses in a Humified Fen Peat. Nordic Hydrology, 1994, 25: 167-182.

[12] Boelter D H. Physical properties of peat as related to degree of decomposition. Proceedings of the Soil Science Society of America, 1969, 33: 606-609.

[13] Bonnett S A F, Ross S, Linstead C, et al. A review of techniques for monitoring the success of peatland restoration. Technical Report for Natural England, Research Specification-SAE03-02-238 University of Liverpool, 2009 .

[14] Bragg O M. Hydrology of peat-forming wetlands in Scotland. Science of the Total Environment, 2002, 294: 111-129.

[15] Burt T P, Heathwaite A L, Labadz J C. Runoff production in peat-covered catchments// Anderson M G, Burt T P, Process Studies in Hillslope Hydrology. Chichester: John Wiley, 1990: 463-500.

[16] Casparie W A, Moloney A. Neolithic wooden trackways and bog hydrology. Journal of Paleolimnology, 1994, 12: 49-64.

[17] Chow A T, Tanji K K, Gao S D. Production of dissolved organic carbon (DOC) and trihalomethane (THM) precursor from peat soils. Water Research, 2003, 37: 4475-4485.

[18] Clymo R A. Peat // Gore A J P. Mires, swamp and fen: ecosystems of the world 4a, Amsterdam: Elsevier, 1983: 159-224.

[19] Cork L, Labadz J C, Butcher D P, et al. Impacts of blanket peat moorland management on quality and quantity of surface water supplies: continued research DRAFT REVIEW Peatland Hydrology 46, 2009.

[20] Daniels S M, Agnew C T, Allott T E H, et al. Water table variability and runoff generation in an eroded peatland, South Pennines, UK. Journal of Hydrology, 2008, 361: 214-226.

[21] Dawson J J C, Billett M F, Neal C, et al. A comparison of particulate, dissolved and gaseous carbon in two contrasting upland streams in the UK. Journal of Hydrology, 2002, 257: 226-246.

[22] Ellis C J, Tallis J H. Climatic control of blanket mire development at Kentra Moss, north-west Scotland. Journal of Ecology, 2000, 88: 869-889.

[23] Evans C D, Monteith D T, Cooper D M. Long-term increases in surface water dissolved organic carbon: Observations, possible causes and environmental impacts. Environmental Pollution, 2005, 137: 55-71.

[24] Evans M, Allott T, Holden J, et al. Understanding gully blocking in deep peat. Moors for the Future report, 2009 (4) .

[25] Evans M G, Burt T P, Holden J, et al. Runoff generation and water table fluctuations in blanket peat: evidence from UK data spanning the dry summer of 1995. DRAFT REVIEW Peatland Hydrology 47, 1999.

[26] Evans M, Warburton J. Sediment budget for an eroding peat-moorland catchment in northern England. Earth Surface Processes and Landforms, 2005, 30: 557-577.

[27] Evans M, Warburton J, Yang J. Eroding blanket peat catchments: Global and local implications of upland organic sediment budgets. Geomorphology, 2006, 79: 45-57.

[28] Freeman C, Fenner N, Ostle N J, et al. Export of dissolved organic carbon from peatlands under elevated carbon dioxide levels. Nature, 2004, 430: 195-198.

[29] Freeman C, Liska G, Ostle N J, et al. Microbial activity and enzymic decomposition processes following peatland water table drawdown. Plant and Soil, 1996, 180: 121-127.

[30] Grayson R, Holden J, Rose R. Long-term change in storm hydrographs in response to peatland vegetation change. Journal of Hydrology, 2010, 389: 336-343.

[31] Haigh M. Environmental change in headwater peat wetlands, UK. Environmental Role of Wetlands in Headwaters, 2006, 63: 237-255.

[32] Heal K V. Manganese and land-use in upland catchments in Scotland. The Science of the Total Environment, 2001, 265: 169-179.

[33] Hobbs N B. Mire morphology and the properties and behaviour of some British and foreign peats. Quarterly Journal of Engineering Geology, 1986, 19: 7-80.

[34] Jonczyk J, Wilkinson M, Rimmer D, et al. Peatscapes: Monitoring of hydrology and water quality at Geltsdale and Priorsdale , Report of Phase 1: Nov 2007-Mar 2009.

[35] Laiho R. Decomposition in peatlands: Reconciling seemingly contrasting results on the impacts of lowered water levels. Soil Biology & Biochemistry, 2006, 38: 2011-2024.

[36] Lindsay R, Bragg O M. Wind farms and blanket peat: the bog slide of 16 October 2003 at Derrybrien, Co. Galway, Ireland. Derrybrien Development Cooperative Ltd, 2005.

[37] Moore, T R, Dalva M. The Influence of Temperature and Water-Table Position on Carbon-Dioxide and Methane Emissions from Laboratory Columns of Peatland Soils. Journal of Soil Science, 1993, 44: 651-664.

[38] Wilby R L, Beven K J, Reynard N S. Climate change and fluvial flood risk in the UK: more of the same? Hydrological processes, 2008, 22: 2511-2523.

[39] Worrall F, Adamson J K. The effect of burning and sheep grazing on soil water composition in a blanket bog: evidence for soil structural changes? Hydrological Processes, 2008, 22: 2531-2541.

[40] Worrall F, Armstrong A, Adamson J K. The effects of burning and sheep-grazing on water table depth and soil water quality in a upland peat. Journal of Hydrology, 2007, 339: 1-14.

第六章 泥炭开采与迹地修复工程

泥炭开采工程是采用各种技术手段，对泥炭矿进行排水、清理、剥离、采掘、干燥和收储的过程。迹地修复是根据泥炭矿所在位置的自然、环境、经济和社会条件，对泥炭开采后的迹地进行地表平整、复垦、水文规划和湿地重建的过程。泥炭开采和迹地修复是一个复杂的系统工程，涉及规划设计、地表清理方式、渠道排水密度、开采方案选择、开采设备选择、运输方式选择、干燥方式选择等一系列工程技术问题；泥炭迹地修复涉及土地利用方式选择、水文控制方式、湿地重建方式、植物群落选择等。只有在科学规划基础上，严格施工，规范操作，才能高效、低耗、安全采出泥炭，满足不同用户对泥炭数量和质量的需求。

泥炭开采工程与加工企业边界见图 6-1。

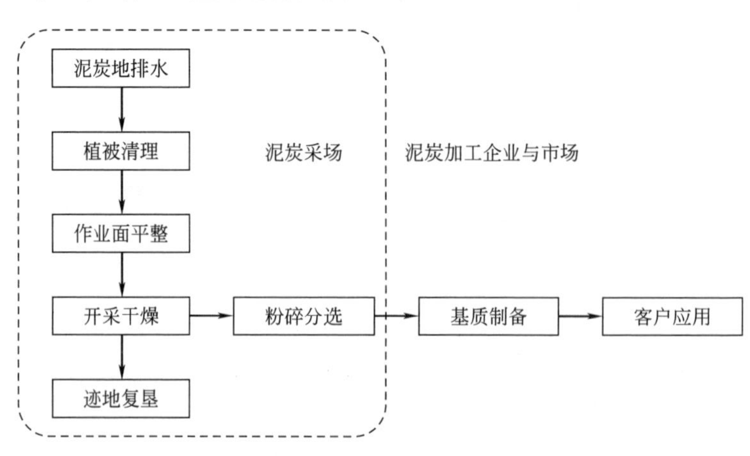

图 6-1　泥炭开采工程与加工企业边界

第一节 泥炭开采准备

一、泥炭开采区总图规划

一块泥炭地获得开采权进入开采之前，必须进行系统的规划设计，根据矿床规模、发展目标和投资计划，通盘谋划泥炭地的排水规划、开采规划、堆放场规划、道路规划、检修区规划和办公生活区规划，以达到用最小投资取得最大经济效果和最低环境影响的目标。

项目规划可在前期泥炭地地质勘探获取数字地形基础上，建立自己的集成优化商务系统，将设备服务系统、泥炭开采系统、迹地修复系统、泥炭资源管理系统、供应链管理系统、运输物流系统、客户管理系统以及财务管理系统紧密联系在一起。在这个管理信息系统中，泥炭开采管理系统包括主排水渠道排布、泥炭开采面排布、根茬清除三个子功能，生产管理系统包括开采平面图方案、产品成本计算和产品规格记录三个子功能，泥炭资源管理系统包括泥炭断面剖分、切割和翻耙三个子功能，物流运输管理系统包括物流价格分析及水运、铁路和集装箱等不同运输方式追踪两个子功能，客户管理包括统一客户数据库、售后服务、销售计划生成三个子功能，设备服务管理包括设备利用率统计、维修登记和设备效益分析三个子功能，供应链管理系统包括库存不足管理、购买订单计划、最小最大储存管理三个子功能，财务分析系统包括债务与信用控制、银行账号集成和财务统计三个子功能，从而将排水、开采、运输、储备、物流、客户、设备紧密联系到一起，实现高效、实时、综合、信息化管理。

泥炭开采区建设包括开采区、储料区、道路、渠系、设备停放区、办公区等土建工程和工艺布局。项目总图布置就是根据拟建项目的开采工艺流程或使用功能的需要与相互关系，结合场地自然条件及外部环境条件、运输条件、安全卫生、环保控制、项目实施和管理等因素，经过多重方案比较后，对项目各个组成部分的位置进行统一布局，合理规划建设场地内各个功能区之间、各建构物之间和各种通道之间的平面位置关系，以便整个项目形成布局紧凑、流程顺畅、经济合理、使用方便的格局。

泥炭开采场地功能分区是总图布置的重要一环，据此可确定各个功能区之间的相互位置和运输联系。由于泥炭矿一般均远离城镇，开采场和泥炭加工厂很难同地建设，所以根据泥炭开采场各建构物的功能特点和布局要求，可以划分为排水控水工程、运输工程、开采工程、储场工程、设备维护停放场、办公生活区等若干功能区。这些功能的分区布置应该遵循保证工艺流程顺畅、生产关系完整的原则，应该充分利用当地的自然条件和地形、地质条件的差异，化不利为有利；要力求外部运输、供水排水、供电的进场出场方向合理，避免货流与人流交叉。功能区之间的布局还要考虑泥炭开采、存放和运输流程走向。泥炭开采工艺流程是泥炭企业生产的主动脉。初级产品、中间产品、最终产品、副产品以及废物排放等在开采区各部的位置、能源动力以及其他共用设施的安排都要服从泥炭开采总工艺流程。总之，进行泥炭开采场功能分区，要从实际出发，既要满足工艺技术要求，又要有利于扬长避短、合理布局，发挥整体最佳效益。

保证泥炭开采稳定进行的条件是避免外水入侵，促进内水的排出。因为首先需要在开采场的外围布局挡水堰和顺水沟，将可能进入泥炭地的外水阻挡在泥炭地外，并通过顺水沟引到泥炭地排水出口。排水渠系是根据泥炭渗透系数设计的由排水渠毛渠、支渠和干渠组成的排水网络，覆盖整个开采区。排水渠系的布置必须根据地形坡向和排水去路综合测算设计，在引出开采区后，要规划排水净化池，将排出泥炭地的积水沉降过滤。去除水中杂质和颜色，再正常就近排入河流。开采区道路主要根据渠系走向和堆料场布局确定，尽可能减少物料运输距离，降低道路碾压。泥炭储料堆一般都布局在车辆进入和运输边界的位置，便于泥炭外运不受季节和道路的影响。在北欧泥炭开采区冬季冻结期很长，地表冻结可以保证车辆能够进入夏季无法进入的地区，泥炭外运大多在冬季进行，也符合多数热电企业冬季对燃料的需求。事实上，泥炭地外围非沼泽地区建设道路并不复杂。只要保证路基高度，降低地下水春季翻浆的影响，对外运输的道路大多是通畅的。但在泥炭地内部，除了冬季运输，如果道路建筑强度不够，可能会影响到夏季泥炭的运输。为了解决夏季泥炭道路松软沉陷的问题，泥炭开采场内部运输可以采用窄轨铁路方式。因为开采出的泥炭含水量已经降低到40%～50%，容重较低，普通的矿车运输自重不大。采用普通木板做枕木的窄轨铁路完全能够满足矿区内里燃料泥炭的运输需求，加之窄轨铁路移动方便，可以在不同储料场之间方便地移动，造价低廉，是泥炭开采场理想运输方式。泥炭开采场可以将管理、生活区规划在泥炭地外围，开采区内设置几个临时机械停放维护点，泥炭储料场顺长方向布置在窄轨铁路行进的方向上，可以减少窄轨铁路转弯和管理的难度。

由于泥炭地道路松软，夏季重车运输难度较大，所以泥炭堆料场的布局关系到运输方式、开采效率和堆储空间的大小。而泥炭堆料场的布局则取决于泥炭开采方式。哈库法（Haku stacks）堆料场布置在开采床的端头，每次开采干燥后的泥炭集中堆放在开采区的一端。对外运输时便于向停留在运输通道上的卡车输送装车。但哈库法运输距离长，场内成本高。派口法（Peco 法）开采运输方式中，泥炭料堆沿着开采床平行堆放，采用横向传输设备在泥炭开采时将泥炭传送到邻近的储料场上，减少了料车运输距离。但在后期运输中，还需要在松软泥炭道路上行驶，所以多采用布置窄轨铁路，或者冬季运输。

图6-2是拉脱维亚一个泥炭开采场的局部卫星图片。从图6-2可以看到，泥炭开采场四周建有挡水与运输功能合二为一的道路，既可以防止外水入侵，也用于泥炭对外运输。左上角是泥炭外运通道。在道路与泥炭开采长交界处是开采场的办公

区与机械设备维护停放场。开采场内部的条带型开采床由排水毛渠分割。开采床宽20m、长200～300m，泥炭堆料场布置在开采床的端点，因为开采床只有200～300m，运输距离不长。

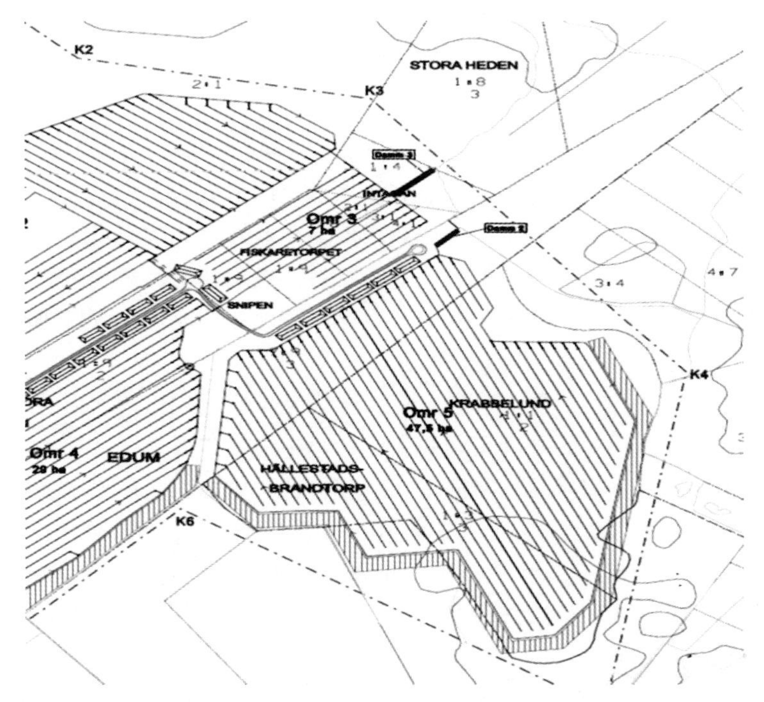

图 6-2　拉脱维亚某泥炭开采场总图规划

二、泥炭地表清理

开采前的泥炭地表一般都会生长树木、杂草，泥炭层上部会有草根层、活藓层，需要清理剥离，去除泥炭地表树木、树根、残茬，防止阻塞设备、降低开采效率。将地表草根层和活藓层剥离清理运出泥炭地，直到泥炭层出露、地表平整，才能开始泥炭开采作业。

不论是对退化泥炭地开采，还是对泥炭农田开采，都需要将泥炭地表草根层或表层土壤剥离，防止这些材料混入下层泥炭，带来病菌、虫卵和草籽，降低泥炭质量。有的泥炭荒地可能生长树木，也需要提前清理树木，整平地面，便于随后的泥炭开采机械运行和工作。

泥炭地上的所有树木，包括树冠，必须归集到一起。木段可绑做木筏作为道路基础，其他树木枝丫可以粉碎制片，销售给当地燃料市场，但应该绝对避免就地烧掉，以防引燃底下的泥炭。

泥炭中含有的树干根茬虽然可以提高泥炭燃烧热值，但在开采过程中容易损伤开采机械，所以还是尽量提前剔除，从细碎结构泥炭中剔除大型树木非常耗费时间，成本非常大，但对大规模工业化开采则需要仔细认真对待，对手工采掘或切割开采问题影响不大。一些小型树木和枝丫可以用磨碎机破碎散布在40cm深度泥炭层中，大型树段可以用固定在挖掘机上树桩拔出装置移除。这个树桩拔出机械可以一次移除1m深的树桩。泥炭中大量的树木如果不能加工利用的话，可能产生严重的储存和运输问题，烧掉更不是满意的处理方式。

因为要将大量泥炭开采运输出来，泥炭地开采比泥炭地用于农业开发更需要考虑泥炭地的可进入性，即车辆机械进入的可能性。在理想情况下，通过水路方式进入是最简单的途径，但是水中航行可能破坏水道控制设施，很多地方并不现实。泥炭地道路是泥炭地开采的重要条件，而泥炭地上建筑道路非常困难。在山区泥炭地建筑道路相对方便，因为易于获取填方土石原料。无论如何通过公路载重汽车运输泥炭的方式都是成本高昂、造价超常的。因此多数泥炭企业都采取自建窄轨铁路方式解决运输问题。

在可行性研究阶段中，要充分研究泥炭开采完毕后泥炭地的利用问题。为了充分研究评价泥炭开采后的土地利用，必须广泛收集适宜矿质土壤主导的农业方式相关信息，因为泥炭开采完毕后，新的水文情势、新的土壤状况将成为主导方式。

初步调查中要对泥炭资源利用方向进行评估，其中泥炭分解度、矿层厚度、木头碎片的大小和数量、下伏基岩的性质以及排水的可行性都是初步调查的核心内容。要通过采集样品、测试分析来确定泥炭的性质，通过烧失量测定，解释灰分含量所获得的热值数据。在初步调查中，如果泥炭和泥炭地的自然条件是重要考虑因素，还要评估气候、泥炭地可进入性、社会经济和泥炭开采的环境影响等方面。

三、泥炭地排水

在泥炭开采区外围，应修筑挡水围堰，以防止泥炭地周边径流进入泥炭开采区，增加开采区排水困难。

除了水力开采，排水是泥炭开采的前提条件。如何快速降低泥炭地下水位，满足机械设备行走作业需求，提高开采效率，减少后期干燥压力，减低开采成本，是泥炭地排水的重要任务。

原始泥炭地含水95%以上，纤维松散，不易成型，地表松软，不利于机械作业，所以开采前必须将泥炭地中自由水释放出去，以便尽可能提高泥炭忍耐机械强度，提高对人和机械的承压能力。泥炭地表需要清理植被，并规整成倾斜弧面，以保证地表径流流出，并提供开采泥炭能够被风和太阳干燥的工作面。排水渠道的间距取决于泥炭渗透系数，但大多在15～25m，排水后的泥炭地泥炭含水量一般在80%～90%。

排水渠系的渠底坡面设计，应在综合分析开采区地貌条件和排水口高程基础上，合理布局。排水渠道坡降越大，排水速度越快，越有利于泥炭地排水。但多数藓类泥炭地具有中间高、四周低的凸起地貌特征，地面排水相对简单。

排水渠道的布置，应该根据泥炭地表坡向合理布局，兼顾泥炭开采作业的合理经济长度。一般地，泥炭排水渠间距 20～25m，长度 200～300m。同一排水小区毛渠汇集到一个排水支渠，数个排水支渠汇集到一个排水干渠。从排水毛渠、支渠到干渠，其断面面积应相应增加，以满足排水量的需求。

一些降水量特大的热带泥炭地排水开渠比温带地区困难更多，所以热带地区很少采用欧洲的大型开渠机械。非洲布隆迪泥炭地因为河流水位远远高于泥炭地排水出口，无法采用自流排水，只能采取水力开采方法。泥炭地采用水泵强排采用风力驱动，能耗极低，可以不计成本和时间。

由于泥炭地地势低平，一个泥炭地从开始排水到进入开采大约需要 5～7 年时间。在热带气候区，泥炭地从排水到开采所需要时间会明显缩短，从泥炭开采的投资和效益回收的角度看，排水两年后进入开采阶段是可以接受的，但实际上排水两年后即进入开采的泥炭矿还是比较少见的，因此在泥炭矿开采设计要充分考虑这些因素。

在初步设计阶段研究影响排水效果的所有因素，对排水出口进行堵塞试验，以检验外水进入带来矿物沉积物的可能性，而这很大程度取决于地方河道、小溪和泥炭地的水文情势。要从泥炭地地形、水文数据和水文演变的角度分析研究水文情势，研究水文情势演变对泥炭开采手段的影响。对国内泥炭地来讲，因为大多处于山区沟谷内部，地表坡降较大，排水难度很小，在泥炭地外围建筑了挡水围堰后，外水影响基本消除，泥炭地排水保障泥炭开采比较容易实现。

排水渠道建成后，需要定期维护和整理，前三年可以免维护，但三年过后每年都需要进行一次疏通检查和修整。当开采深度达到 1m 以后，可以采用机械再次下切开沟排水，为下一个 1m 开采做准备。如果泥炭企业拥有自己的开沟设备，每年定期维护和保持与开采厚度相适应的渠道下切，可以促进泥炭地排水，加快泥炭干燥，有利于提高泥炭开采效率。

传统开渠设备多采用 70 马力（1 马力＝735.499W）拖拉机作为牵引车，拖拉机一般采用履带式而非轮式以减少地面压力，防止陷车。开渠机械利用牵引车输送的动力，通过旋转的切刀将泥炭切削下来，抛向渠道两侧，开渠速度可以达到 20m/min。现代开沟设备采用大马力多胶轮拖拉机，增加了接地面积，提高了摩擦力，行走和运动比履带拖拉机更加轻盈便捷，受到用户的广泛欢迎（图 6-3）。

降水、蒸发、光照和辐射等气象数据决定着一年中最佳泥炭开采干燥期，所以，泥炭平面开采受季节影响最大，有效开采时间极为有限。如果某年的夏季降水量增加，则会出现大范围的泥炭减产，导致泥炭价格飙升。理论上说，每年开采床上蒸发水分可能只有 180～190mm，按这个蒸发强度来说，远远满足不了泥炭干燥的需要；所以，通过排水降低地下水位，减少泥炭中所含水量，是提高泥炭产量的重要手段。粉状泥炭在分层开采条件下，干燥效率基本上能够满足生产需要。但棒

图 6-3　大型胶轮拖拉机牵引的开沟机

状泥炭来自泥炭地表 20～40cm 深度，泥炭含水量更大，但因为泥炭成型后增加了泥炭空气接触面和透光性，干燥效率有所提高，可以在短促高热的天气里很快干燥到 15%～20%的湿度，当泥炭棒的湿度达到不可逆程度时，后续降雨对泥炭棒影响就很小了，这是棒状泥炭开采有利的一面。在旱季中 30d 干燥期可以保证泥炭棒从 90%水分降低到 35%～40%的水分。而在雨季，每日 20～25mm 极为常见，在这种降水量条件下，泥炭棒干燥就极为不利，经常是不等泥炭棒干燥到规定水分，另一场雨又来浇湿了泥炭棒，要迅速将泥炭水分降到 40%水分非常艰难。

第二节　泥炭开采技术

泥炭开采不仅要求效率高，还要防止混入杂质而造成泥炭质量贫化。泥炭开采技术随着时间推移和科技进步不断发展，不断前进。从手工到机械，从平面到立体，从单纯考虑技术问题，到同时考虑、经济、环境和迹地修复利用。泥炭开采要根据各国经济、社会条件和泥炭矿规模，采取恰当开采方式。

一、手工和半机械化开采

手工泥炭开采方法是用锹或类似的工具从疏干泥炭层断面上切下泥炭，然后摊晒在地面上，待达到规定的干燥水分时，集中收集存储（图 6-4）。有的手工开采方法是用锹在泥炭地上挖一个洞，用脚踩踏洞里的泥炭让其混合，然后将混合泥炭装入一个模具里制成固定形状，然后堆放在地面上干燥。手工开采泥炭不仅效率低，质量也很差，泥炭块体硬度不够，不能承受机械处理。手工开采泥炭只能在小规模生产中使用。

泥炭半机械化开采集成了手工和机械两种开采手段，首先用锹挖掘泥炭，用手搬运泥炭，或用篮子搬运到混合挤压机旁边。泥炭用手喂入用电力或柴油机驱动的混合设备中，设备搅动和挤出泥炭在输送带上，输送带将棒状泥炭输送到晾晒场进

图 6-4 手工开采泥炭

一步干燥。

这种半机械开采方式制备的棒状泥炭质量好于手工切削泥炭，但是仍然比机械生产的棒状泥炭质量差，加之半机械方法产量低，每台机械每年最大产量才能达到1000t，无法在大规模工业化生产中使用，仅在一些偏远地方性中小规模泥炭企业才有使用。手工泥炭开采不适于大规模工业化生产，因此也不能满足大型客户对泥炭的需要。在劳动力丰富、价格低廉的地方，使用本地人力资源从事渠道清理、泥炭翻晒或运输等劳动，可以最大限度减少对设备的投入。需要指出的是，这种开采加工方式生产的棒状泥炭，只能用于燃料用途，不可能用于园艺目的。因为泥炭在挤压搅动过程中，泥炭纤维受到破坏，泥炭结构完全改变，泥炭作为基质的优势已经丧失。

尽管使用机械加工泥炭可能产生噪声、粉尘和油污污染，但因为机械挤压棒状泥炭过程中泥炭更加密实、热值更高、产量更大，产生粉尘对工人健康的影响与人工生产相比反而更低。因为人工收集干燥棒状泥炭时，粉尘空气对于员工的呼吸可能产生一定健康影响。

二、水力开采

水力开采也是一种能源泥炭的重要开采方式，在温带和热带地区常用。在印度尼西亚水力开采常常与手工切割相互配合，以清除泥炭中的木头碎片。在水力开采过程中，水流冲刷到泥炭，剩下的树木枝干可采用链式锯清理，用以代替了手工锯来清理。水力开采和链式锯虽然比开沟排水进行分层开采效率低，劳动力消耗大，开采工艺和效果却是非常成功的。从水力开采泥炭的性质特征看，水力开采会冲刷流失大量腐植酸和细粒组分，降低了泥炭的活性和肥力，减少了泥炭对养分的固定吸收能力，因此水力开采的泥炭用于园艺效果肯定不如用于燃料更好，如果开采的泥炭用于园艺和农业，最好不要使用水力开采方式。

水力开采法在一些泥炭生产国都曾先后使用，欧洲和苏联的第一个工业化泥炭生产基地就是采用水力开采方法，但水力开采被粉状泥炭和棒状泥炭开采所代替。

近年来水力开采在芬兰又有应用，其方法是先将吸力挖泥船搬运到一个已经挖好深坑的泥炭沼泽中，然后用挖泥船的吸力龙头对泥炭断面的泥炭冲刷先和泵吸，输送到泥炭地边的旱地上晒干，最终用常规方法在干燥区内生产棒状或粉状泥炭。用挖泥船生产棒状泥炭可以把不同层位泥炭混合一起，从而提高了泥炭燃料质量均匀度。从水中采掘的泥炭在船上直接挤压成棒状，可以显著降低泥炭产品中的水分，有利于降低后期干燥时间。加拿大甚至还成立一个专门用水力开采法和机械去水法的公司提供泥炭开采服务。1983～1985 年布隆迪进行了大规模使用吸力挖泥船进行水力开采的试验示范工程。

20 世纪 60 年代，北欧国家的棒状泥炭生产主要采用挖机船方式进行，由柴油机或电动机提供动力驱动。水力开采系统从 2～4m 垂直断面上冲刷泵吸泥炭，滤去多余水分，然后进入混合挤出机均匀挤出棒状泥炭，再通过长臂输送机输送到邻近的地面上，撒布成条带状以便阳光和风力干燥（图 6-5）。挖泥船输送臂最大伸展范围是 60m，每台挖泥船作业面积是 240hm^2，每年每台机器生产棒状泥炭 25000t。有的挖泥船采用小型柴油机做动力，输送常臂伸展宽度是 22m，每台年产量为 10000t。

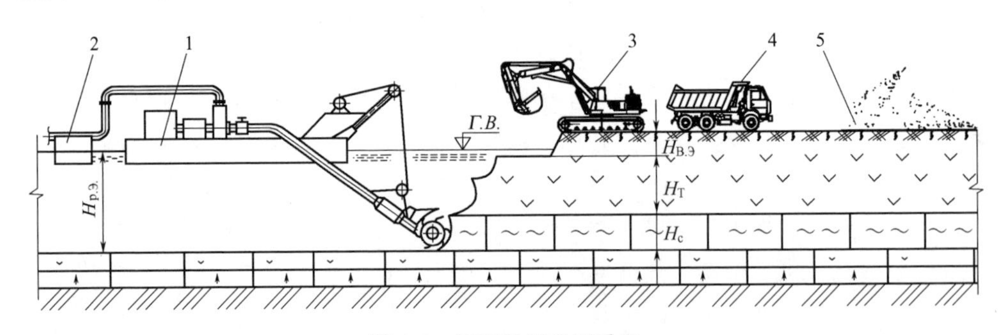

图 6-5　挖泥船泥炭开采机

1—螺旋式吸泥船；2—浮动式输泥管；3—剥离挖土机；4—运送剥离草根层运输车；5—开采清理工程；$H_{р.э.}$—挖泥船的开采深度；$H_{в.э.}$—应剥离盖层厚度；$H_Т$—泥炭厚度；$H_с$—腐殖泥厚度

泥炭水浆通过装设在带有浮筒挖泥船或吸力挖泥船上的螺旋齿轮挖掘吸头实现大规模开采。原则上说，这些采掘挖泥船的泥炭原料开采、污泥泵和泵送过程中泥炭水浆制备的方法都是类似的，只是这些泥炭水浆固体浓度是不同的，装有螺旋采掘头的泥浆固体浓度可以达到 6%，而采用桶轮方式开采的泥炭水浆的固体浓度则只有 4%～5%，而用吸力泵的固体浓度只有 3%～4%。

泥炭的水力开采的突出特点是可以减免泥炭排水和道路建设工程开支，节省基本建设时间，有利于企业迅速进入开采阶段，加快开采企业快出产品，快速收回投资。

还有一种水力泥炭开采法，用篮子或罐子将泥炭捞出水来，然后将泥炭和水混合散布在干燥地表上，厚度 20～25cm，经过初步干燥后，再将泥炭块切割成需要规格的块状，输送到混凝土场地上进一步干燥。这种开采方法需要大面积晾晒场地，也非常耗费劳动力，每人每天干泥炭生产量只有 100kg。

在这种开采方式中，泥炭用水力挖掘出来，放入一个 60～80 马力履带拖拉机拖曳的野外压缩机输送机里，直接输送到远离开采区的存储区。在运行过程中，压缩机中的搅拌器对泥炭进行搅拌和揉捏，到储存地点，压缩机螺旋装具再一次启动，挤出储存罐中矩形孔泥炭使其成为棒状形态，放置在地表接受太阳暴晒和风力干燥。棒状制型器按 375m 长度切断泥炭棒。水力开采制棒方式可用人工代替，但需要清除泥炭中的木头，热带泥炭中的木本残体是泥炭开采机械化中最大难题。

俄罗斯奥林布尔格州的“叶特库尔”矿床采用水力开采，配套干燥制粒设备联产泥炭燃料颗粒（图 6-6）。将水力开采获取的管道湿泥炭经过离心滤去自由水，使其湿度降低到 70%以下，然后使用加拿大 KDS Micronex 系统进行不需辅助能源的动能干燥，可获得 10%～15%的泥炭粉末。干燥磨碎的泥炭直接进入 PSI 制粒机生产处泥炭燃料颗粒，进入市场销售。相对于其他开采方式，水力开采和颗粒燃料联产，可以使泥炭开采季延长，至少比粉状泥炭和棒状泥炭开采方式延长 3 倍，对一些国家和某些气候带可以常年开采使用，这是现有的所有泥炭开采的所不能达到的。水力开采消除了靠天吃饭窘境，生产可靠性大大提高。水力开采和制粒设备能实质性减少投资和运营成本，减少工艺过程对环境的负面影响，预防森林和居住区的泥泥炭自燃。特别重要的是，水力开采和燃料泥炭制粒联产可以适应所有生产环境，并可以直接生产出终端产品，直接为遥远的集中式能源基础设施提供燃料。

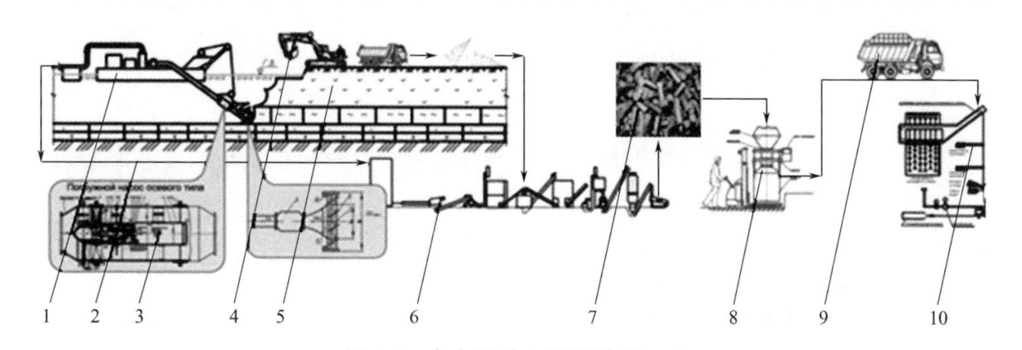

图 6-6 水力开采＋燃料泥炭加工

1—吸泥船；2—干线管道；3—潜式挖泥头；4—剥离工程；5—泥炭层；6—泥炭颗粒燃料制备；7—成品库；8—成品包装；9—物流；10—消费者

三、露天棒状泥炭开采

棒状泥炭是采用挤压装置将泥炭地表以下 0～60cm 深度的泥炭提取挤压制成的泥炭燃料。泥炭通过专门机械切割揉捏挤压成为棒状，摊放到泥炭地表干燥。棒状泥炭适用于电厂和供热工厂，棒状泥炭也适用于温室和家庭取暖。棒状泥炭也可以混合其他生物质燃料如木片。棒状泥炭质量稳定，通常的直径为60～80mm，长度为50～200mm，湿度为25%～30%，容重为300～450kg/m^3，灰分为7%，硫含量为0.17%，热值为11～16MJ/kg。

棒状泥炭开采从地下0～0.5m深层位中切削泥炭，输送进入挤压腔揉捏混合，最后通过端头出口挤压成条状，然后放置到地面上通过阳光和风力使其干燥（图6-7）。泥炭切削有螺旋切削、盘式切削和垂直切削等多种方式，挤压出产品因模具不同而具有不同外形。常见棒状泥炭形态是圆柱形、棱柱形或波状棒形。有的棒状泥炭开采机为了提高干燥效率，还能将挤出的泥炭棒呈波浪形放置在地面上，增加了通气、透光效率，加快了泥炭棒的干燥。

图6-7　棒状泥炭开采

波状泥炭棒技术是最近开发出来的棒状泥炭生产设备，这个技术比以前的柱状泥炭棒更经济、更高效。泥炭通过切割盘将地下0.5m深的泥炭磨碎压缩进入螺旋输送机，然后通过端点进入波形成型器，波浪的形状、泥炭棒的载重容量可以通过控制驱动速度、采掘深度和泥炭棒的规格来调控。

使用最广泛的棒状泥炭开采设备是芬兰的盘式采掘机，该机用采掘盘将泥炭地表切开0.5m深、5～10cm宽沟槽，将泥炭搅和输送到密闭螺旋腔中，螺旋搅和泥炭体并输送到出口，在这里压缩挤出具有一定性状泥炭棒。

切割捏合和撒布泥炭棒是棒状泥炭生产的基本环节，切割捏合占棒状泥炭生产成本的50%。在影响棒状泥炭干燥因子中，撒布密度、运输拖车载重容量、泥炭棒均一性以及泥炭地上泥炭棒连续性等都和棒状泥炭的切割捏合有极大关系。此外，切割捏合也影响泥炭棒的密度、强度以及后续棒状泥炭在采收翻倒过程中的粉细颗粒形成量的多少。

棒状泥炭开采要求泥炭层必须是均质的，不能含有黏土夹层，不能含有树木枝干。如果泥炭含有木本植物根茬、茎段和枝丫，就会妨碍棒状泥炭挤出机运行，堵塞切削器，影响切削效率。所以用机械清理泥炭中的木头碎片是个不可缺少的工艺环节，有一个半机械化的木段捡拾压制系统对提高泥炭棒生产效率是不可缺少的。盘式切削器具有直径900～1400mm切削盘，可以将泥炭中木本残体切削粉碎木块纤维，进入挤压腔，挤出泥炭棒，广泛用于木本泥炭和纤维泥炭开采。

棒状泥炭的机械化生产需要高昂的资本投入，属于高投入、高产出的投资项目，是建设大规模高效率棒状泥炭开采场不二选择。每年2万吨棒状泥炭采用机械开采可能只需要300个台班工作日，而采用人力开采则可需要3万人日工作量。

泥炭棒干燥既要在尽可能短的时间内将刚刚挤出的含水81%～84%泥炭棒水分降到35%以下，同时也要增加泥炭棒强度以应对后续工序对泥炭棒的损坏。适当的泥炭棒形态和地表摊布方式对泥炭棒干燥效率具有重要作用。当水分脱离泥炭棒后，泥炭棒收缩越多，泥炭变得越密实、越坚硬。

全机械化棒状泥炭开采的主要矛盾是需要大面积干燥场地。在平均干燥条件下，1t干燥泥炭棒需要$75m^2$干燥空间，在最好的气象条件下，干燥面积也不能少于$15m^2$。根据生产方式的不同，泥炭棒干燥既可以在泥炭开采床地面上通过翻晒机翻动以强化干燥，也可以在半干时用起垄机起垄，然后让泥炭棒在垄上干燥到规定的湿度。棒状泥炭水分通常干燥到湿度35%，但某些用户可能需要棒状泥炭的干燥湿度低于35%。干燥后的泥炭棒运送到储存区，储料堆上尽量覆盖薄膜，以防雨水侵蚀。

棒状泥炭对气象条件的依赖性比粉末泥炭更低，特别是起垄干燥方式，使得棒状泥炭在不利气候条件下也能正常生产。为了提高棒状泥炭干燥效率，增加棒状泥炭产量，芬兰开发的棒状垄状干燥方法，可以在棒状泥炭半干时，将泥炭棒归集到开采作业面中间成为垄状，让泥炭棒在垄上更有效地利用太阳能，降低了对气象条件的依赖，延长了生产季的长度，提高了泥炭棒的机械强度，也明显降低了各个工序间的泥炭损失。特别是泥炭棒在垄状上干燥时，如果遇到气象变化，也便于进行覆盖防雨。芬兰还研究了在棒状泥炭干燥层上反复多次堆叠棒状泥炭，以节省干燥场地。试验测试结果证明，这种干燥方式因为节省空间和时间，其生产成本甚至低于粉状泥炭生产。

根据气象条件的不同，一个夏季棒状泥炭的生产可能进行1～3次收获。泥炭的开采产量受棒状泥炭的半径影响，使用规格直径大型的棒状泥炭，可以明显提高产量，但干燥时间增长。小尺寸的棒状泥炭可以使泥炭棒干燥更快，但产量可能降低。

粉末碎屑可能会影响棒状泥炭的最终产量。棒状泥炭通常损失量为20%～50%，棒状泥炭产量因为管理不同变幅在150～$300m^3/hm^2$不等。在棒状泥炭的哈库生产法中，可以采用筛子来筛分泥炭棒垄上的泥炭棒和碎屑，然后将泥炭棒用拖拉机牵引的拖车运送到储存区，碎屑自则直接撒布在泥炭开采作业面上，等待下次切割开采。

棒状泥炭既可以直接从地面上采收，也可以先归垄再采收。如果棒状泥炭先归垄，在陇上的棒状泥炭仍可继续干燥。用棒状泥炭采收机从垄上采收棒状泥炭，然后装在拖车上再运到堆场上。在泥炭棒采收时，棒状泥炭的采收方法既有直接从泥炭地开采作业面上直接采收的，也有从泥炭棒垄上采收的。先用自带拖车牵引车辆将泥炭棒收集到地头的小型泥炭堆上，牵引车的类型决定了是在泥炭地面直接采收还是先归垄成垄状然后再采收。操作的原则是采收棒状泥炭进入由拖拉机驱动的挂在前面或侧面的挂车中，泥炭棒在挂车上的皮带传送带上传送到拖斗车的车厢内，破碎的泥炭棒则通过另一条皮带机遗弃在泥炭地上。哈库泥炭开采运输系统则由一台收集拖拉机和牵引拖斗数个拖拉机组成。运输拖拉机的数量要保持与收集量相协调，拖斗的数量以不造成采集车堵塞为好。

四、棒状泥炭开采设备

年产3000～6000t含水30%的棒状泥炭的专业设备可以装在农用拖拉机上，更适用于小至中等规模生产体系中。这种生产系统中的拖拉机也可以在非泥炭生产季节从事其他作业。棒状泥炭挤出机分为碟盘式、链条式、螺旋式和地面机械式四种。

（一）碟盘式棒状泥炭挤出机

通过直径900～1400mm的齿状碟盘切割提取泥炭，叠盘上开有400～600mm深、40～70mm宽倾斜狭缝（图6-8）。碟盘的高速旋转速度可以切断泥炭中偶然存在的小型木棒。80kW的碟盘式棒状泥炭开采机每小时能挤出5t风干棒状泥炭，目前正在研究开发更高产量的棒状泥炭挤出机。

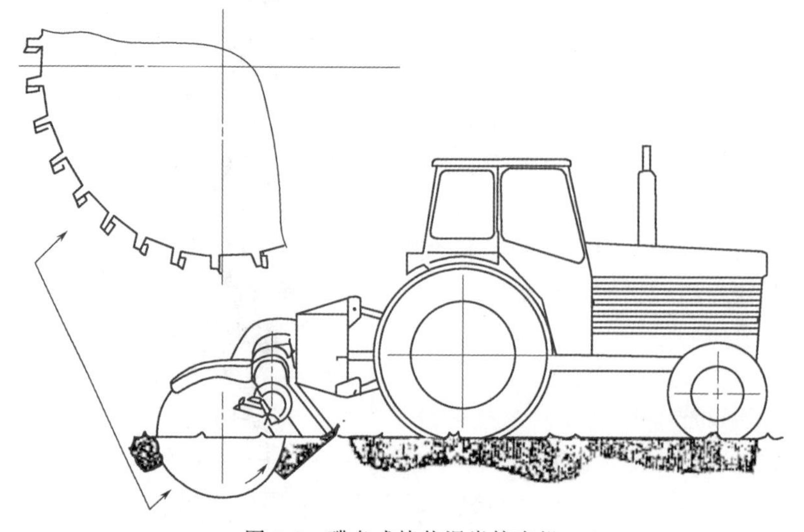

图6-8　碟盘式棒状泥炭挤出机

(二) 链条式棒状泥炭挤出机

链条式棒状泥炭挤出机在一条连续的带有勺形附件的链条上装设了1000～1700mm刀片，刀片携带泥炭进入混合和挤出腔，泥炭通过100mm直径出口挤出来(图6-9)。80kW挤出机每小时产量可达到5t风干棒状泥炭。

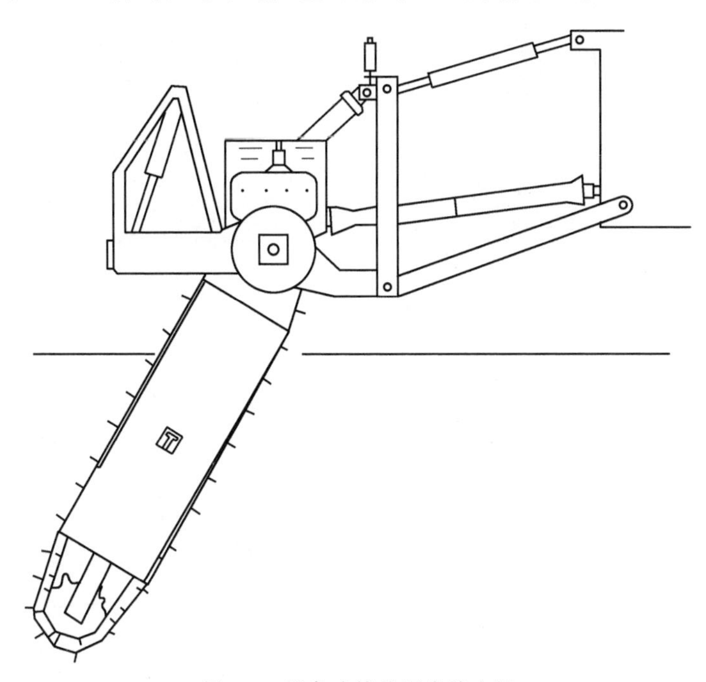

图6-9 链条式棒状泥炭挤出机

(三) 螺旋式棒状泥炭挤出机

螺旋状棒状泥炭挤出机让泥炭通过一个直径40～130mm的螺旋钻提取，螺旋钻可下切400～1000mm深的倾斜缝隙，40～60kW农用拖拉机驱动下，每小时产量可达1～3t风干泥炭棒(图6-10)。目前我已经开发出来更大的螺旋挤出机，挤出机的挖掘斜缝是倾斜的，以便在泥炭挤出后是关闭的。

(四) 地面机械式棒状泥炭挤出机

地面机械式棒状泥炭挤出机结合了水平喂料机和垂直切削盘，泥炭从表层100～300mm处采集后挤出，泥炭湿度可以通过控制改变下切切盘深度来控制，动力需求是60～80kW，产量为每小时3～4t风干棒状泥炭(图6-11)。

现代棒状泥炭生产推荐使用碟盘式挤出机和链条式挤出机。采用碟盘式挤出机的问题是其浅薄的切削深度。由于碟盘直径只有1200mm，其工作深度很少能够超过500mm。另一个问题是随着工作深度不断加深，行走机械的重量变得越来越重要，这种设备在适当分解泥炭深度条件下比较适用。最好的碟盘切削器对泥炭中木棒最有弹性的，所以也是最好的棒状泥炭挤出机。棒状泥炭的性状受控于圆筒状挤

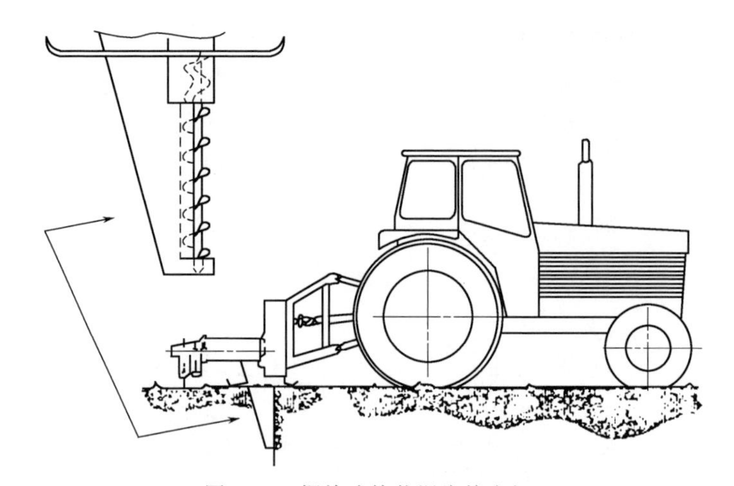

图 6-10 螺旋式棒状泥炭挤出机

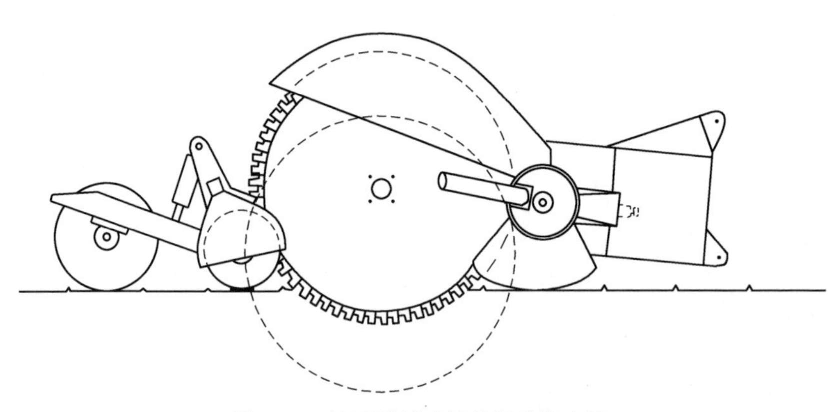

图 6-11 地面机械式棒状泥炭挤出机

出机的出口，其直径是80mm，泥炭棒在挤出100～200mm长时自动断裂在泥炭地表。目前看泥炭棒规格减小，有利于使用螺旋喂料器，适用于泥炭棒在炉膛里的流动。

在良好的气象条件下，棒状泥炭干燥到可以采收湿度30%～35%需要大约1周时间。如果气象条件不好，如或冷或湿，棒状泥炭的干燥可能会延续几周时间，棒状泥炭的良好干燥可以堆叠方式来改进。

五、粉状泥炭开采

粉状泥炭开采早在20世纪50年代在西欧成为替代棒状泥炭的基本开采方式。西欧受海洋性气候影响，冬暖夏凉，粉末泥炭生产比棒状泥炭生产更依赖气象条件，生产管理难度更大，但是粉状泥炭开采成本低廉，便于机械化作业，使之成为欧洲应用最广泛的泥炭开采方法。

粉状泥炭是通过翻耙粉碎机械在泥炭地表面现场破碎干燥生产出来的。粉末泥炭颗粒大小不同，主要由粉末状颗粒和不同大小颗粒组成。而泥炭颗粒大小则因使用设备不同而在3～30mm不等。粉状泥炭的基本规格是：颗粒直径3～8mm，湿度40%～55%，容重250～450kg/m^3，净热量8～12MJ/kg，灰分10%～15%，硫含量0.17%。

采用专门机械可将粉末泥炭制成泥炭砖，以提高能量密度，降低运输成本。由于粉状泥炭的湿度在40%～55%，采用液压设备制砖时，必须人工干燥至10%～20%，以便满足制备泥炭砖和泥炭颗粒要求。采用挤压工艺时，可以直接利用湿度40%～50%的粉状泥炭制成泥炭空心砖，然后通过阴干或加热干燥降低水分至10%～20%，达到泥炭砖工艺指标要求。两种泥炭产品的单位体积热值很高，因此也易于长距离运输。

粉状泥炭的生产周期包括粉碎、翻晒、采收和堆储四个环节（图6-12）。在良好气象条件下，一个生产周期大约是2～3d；如果用气动收集机，一个生产周期只需要1～2d。在爱尔兰每年有4～5个月的生产期，每个月有12个收获次数。而在芬兰全年只有16个收获周期。在热带加里曼丹3h强烈干燥后就可以收获。

图6-12 粉状泥炭开采的粉碎和晾晒工序

粉状泥炭生产可以在开采作业面能够足够支撑设备运行时即可开始。在碎末泥炭生产中，先用专门机械将开采床表层泥炭松解粉碎，其深度通常为5～20cm。松散机通常装设一个旋转切刀——粉碎鼓，将泥炭打散，从而更易于干燥。

粉碎工序利用专门设备将泥炭表层0.5～1mm粉碎磨细，泥炭开采作业面通常宽20～40m、长3000m。粉碎磨细泥炭通过勺形混合器翻转混合，增加透光和新鲜面，促进光温和近地风带走泥炭中水分，直到粉末泥炭水分达到40%～50%。收获次数取决于气象条件，通常2～3d收获一次，但在不利气象条件下，可能要几个星期才能收获一次。归垄是将开采作业面上干燥泥炭收集合拢在开采床中间形成一条垄。

在良好气象条件下，表层粉碎泥炭在几个小时里即可干燥到湿度40%～50%，达到可以收集状态。干燥的表层泥炭是良好的热绝缘体，限制着泥炭干燥速度。所以粉碎泥炭层需要每天用勺形翻转器翻转混合1～2次。在气象条件不好的情况下，泥炭采集周期可能会延续数天甚至数周。当天气转晴，必须立即重新翻转晾晒。粉状泥炭因为含水量在40%左右，热值受水分影响，能值密度只有12MJ/kg，燃烧时需要专门的给料装置，燃烧时需要补偿水分蒸发所消耗等量，因此能量贡献低。

收获方法的选择依据泥炭地类型、泥炭质量、机械设备的类型和需求。泥炭可以采用气动方式收集，每天能从粉末干燥泥炭层中收获5～15t干泥炭。真空采收机见图6-13。每种方法的经济可行性必须根据本地具体情况仔细评估。每年采收次数根据气象条件，爱尔兰每年平均采收次数是12次，芬兰平均采收15～18次，俄罗斯平均采集20～30次，热带卢旺达每年可以采集90～100次（每次采收10～15t/hm²）。

图6-13　真空采收机

粉状泥炭采收既可以采用机械采收机采取，也可以采用气动采收机采收。气动采收机功率大，利用负压原理将泥炭开采床表面的干燥泥炭吸进管道进入料仓，因此所采收的泥炭颗粒较小，粒度均匀，水分较低。采用气动采收机的更大好处是采收过程不需要将拖拉机拖曳刮板机将泥炭合并为垄状，采收过程也是气动吸入，所以采收过程不扬尘，工作条件好，环境压力小。综合比较机械采收机和气动采收机两种采收方式，机械采收机工作效率高，采收成本低，但采收泥炭颗粒大小不一，水分变幅略大。气动采收机成本略高，但采收泥炭颗粒均匀，水分含量低，质量稳定。从园艺应用角度来讲，气动采收适合种苗生产，机械才收适合基质栽培。

粉末泥炭采收方法有两种主要方式：派口（Peco）法和哈库（Haku）法。

在Haku法中，泥炭先沿着开采床径向归垄在床中间，然后用自装的10～20m长的拖斗将泥炭运输到开采床地头储存区，按100～400m间距堆成条状大堆，泥炭堆长可达500～3000m，但底宽只能是20～40m。粉状泥炭也可以直接用特殊的车辆或者是窄轨铁路运到泥炭地边（图6-14）。泥炭堆不大，一般6～8m高，总体积约2000～3000m³。因为泥炭堆小，所以自燃风险比较大。

在Peco法中，泥炭垄用Peco运输车装载到沼泽拖车上，运送到靠近路边的泥炭堆上，这些泥炭堆体积大多是1万～5万立方米，高15m，因为泥炭被压缩紧

(a) (b)

图 6-14 粉状泥炭采收的卷扬装车设备（a）和自走式机械采收车（b）

实。因内部温度很少升高到 50℃的，所以火灾的风险和自燃的风险很低。热带泥炭自燃的风险显然比温带地区的风险大很多。

气象条件的波动对机械采集粉末泥炭的产量影响巨大。降水导致干燥泥炭反复浸湿，甚至被雨水冲刷到排水渠道中。所以，气动采收车和棒状泥炭生产在气候不稳定条件下就更适用。在干热气候条件下，泥炭水分很容易降低到 40%以下，导致粉末泥炭极易产生粉尘，造成泥炭在运输、装卸过程中粉尘飞扬，影响工作人员身体健康，严重时会诱发爆炸。芬兰规定，为了防止粉尘爆炸风险，用于燃烧的泥炭粉末水分不得低于 40%。

六、切块开采

为了提高泥炭原料的纤维长度，欧洲普遍采用切块开采方式，并开发了多种多样的专业切块设备和相应的切块开采工艺技术体系。两种机械的基本原理是利用液压工具，将泥炭在破面原位切削为一定块状，然后直接移出断面，堆晒到地面，利用阳光和流动的风带走泥炭块表面的水分。由于切块开采的泥炭稍加晾晒即可直接运出开采作业区，在储存区堆垛干燥存放，因此，既不需要占地干燥，扩大泥炭开采作业面，也不需要临时租地干燥，从而避免了粉状泥炭干燥过程中混入灰分和草籽，防止泥炭质量下降。待泥炭块水分散失后，泥炭块强度随即显著提高，可以即刻直接装车运输不会破碎。切块泥炭运输时不需要包装，可以大幅度降低包装成本，直接装车运输到用户家中，然后粉碎、筛分、用于泥炭加工生产。

图 6-15 是欧洲的两种液压切块机，通过液压装置在泥炭断面将泥炭分层切成块，移到旁边地面进行短暂干燥，待块体强度增大了，再移到长期堆放区堆垛干燥。上述两种切块机虽然切块整齐、块体均匀，但因为是切块移动一体机，动作连续性不高，产量不高。图 6-16 是一种机械连续切块机，边切块，边堆放，连续运转，开采效率明显提高。

图 6-15　欧洲正在应用的两种切块开采设备

图 6-16　一种机械连续切块机

第三节　我国泥炭开采现状与改进

我国泥炭产业起步晚，规模小，投资不足，泥炭开采方式落后，机械化水平低。尤其是我国土地紧张，占用税偏高，不可能全盘采用国外的平面开采方式，需要认真研究适合我国国情的泥炭开采方式。

一、国内现行泥炭开采方式

我国的机械化平面分层开采肇始于中美合资桦美泥炭有限公司。该公司在取得国土资源管理部门核发的正式开采证后，按照国外的开采场规划设计，清理地表植被，开挖排水沟，采购国外成套粉末泥炭开采设备，建成了国内第一个机械化泥炭开采基地。由于采取分层开采、机械翻耙、机械归拢和机械采收，避免了泥炭混层，泥炭质量十分稳定，生产效率较高，开采成本较低。由于逐年清理排水沟，铲除了杂草，避免了杂草种子成熟和混入，因此泥炭从未混杂病菌、虫卵和草籽，泥炭质量均衡。经过 20 余年的连续开采，桦美泥炭矿层已经达到底层，泥炭分解度增大、纤维细碎，公司已经将泥炭加工方向从基质转向土壤调理剂和有机肥料。

吉林省敦化吉祥泥炭公司是我国第二个实行平面开采的公司。由于该公司获取了国土资源管理部门颁发的泥炭开采证，通过征地获取了开采范围内的土地所有权，具备了平面开采的基本条件和实力，因而成为桦美公司经营转向后国内唯一从事平面开采的泥炭公司。因为平面开采带来的品质和技术优势，该公司泥炭质量稳定性和安全性在国内首屈一指，占据国产泥炭原料的中高端市场。

我国很多泥炭企业因种种原因无法获得泥炭开采证，无法投入大量资金进行平面开采生产，不得不利用冬季冰冻期采用挖掘机突击垂直采掘。挖掘机冬季开采既是政策制约的结果，也有技术装备制约的原因。在政策方面，由于严格限制泥炭开采证颁发，一些有实力的企业不敢投资泥炭开采加工产业，而现有开采企业投资能力和设备手段无法实现机械化工业化全年开采加工。另外，我国土地占用税高，而我国泥炭层厚一般只有 1～2m，如果采用平层开采方式，意味着同样面积的土地，开采年限越长，上缴土地占用税越高，这些税收如果加进泥炭开采成本，就会明显提高泥炭成本和价格，降低产品竞争力，所以国内泥炭开采企业不得不选择一次性垂直开采，而不是平面逐年开采。采用挖掘机一次性垂直开采，无须开挖排水渠、建设运输道路，泥炭企业可以利用冬季地表冻结、便于车辆行走运输、底层泥炭不渗水的有利时机，采用挖掘机开拓-汽车运输方式，在 1～2 个月的有限时间里，将指定面积内的泥炭全部挖掘出来，然后用重型翻斗汽车运到指定晾晒场堆放，待第二年春季泥炭融化之后，再在晒场上翻晒至规定水分，粉碎包装，销售发运。目前我国泥炭开采的主要设备是挖掘机和重型卡车，开采时间也局限在冬季结冻的 12 月、1 月的时间里。由于冬季严寒冰冻，采出的泥炭无法干燥处理，只能等第二年春暖花开、地表冰融后才能继续进行。泥炭开采时间短暂，干燥时间受限，生产不连续，劳动效率低，泥炭干燥受制气候影响严重。

我国利用冬季地表冻结、行车便利时期，采用挖掘机集中时间进行强度开采，这种方法最大的好处是完全省去了常规泥炭开采需要提前修建排水系统、建筑运输道路的施工和投资，节省占地时间，对周边土地农田影响较小。开采完毕的泥炭地可以立即复垦农田，退交农民耕种。但是，冬季挖掘机开采的直接问题是：①冬季泥炭地表的熟土层与相邻泥炭层冻结在一起，挖掘机开采不能剥离泥炭层上面的熟土层，熟土层中携带的病菌、虫卵和草籽就会混入泥炭，导致泥炭品质下降。②下层未冻结泥炭在冬季寒冷温度下散发浓浓雾气，使挖掘机操作手很难观察到挖斗挖掘位置，导致掘入下伏底板矿质土层时有发生，混入底板灰黑色、灰白色亚黏土，增加了泥炭灰分含量，造成泥炭品位下降。③挖掘机采掘方式造成了泥炭结构松散，不利于保护泥炭纤维，这些土状泥炭堆放在一起，无法形成块状结构，不能保护纤维，加之后期的翻晒粉碎过程中，泥炭纤维进一步破碎，细颗粒比率急剧上升，泥炭持水能力快速增大，不利于通气透水，泥炭物理性状劣化。④目前多数泥炭翻晒场是在农田基础上平整镇压而成，在泥炭反复翻晒、收拢过程中，大量晒场上矿质土壤被刮板刮入泥炭，降低了泥炭的有机质含量和质量。因此，我国泥炭的开采方式应该进一步改进完善。

二、国内泥炭开采方式改进方向

由于国内泥炭地面积大多在 20～50hm^2，国外大规模工业化开采装备造价高，折旧费用大，作业面积小，不易回收成本，无法全面采用国外开采设备。我国土地费用高昂，不利于推进平面分层开采。而冬季挖掘机立体开采方式又存在混入熟土草籽、灰分增加、品位下降等问题。此外，国内湿地保护和恢复重建的呼声强烈，泥炭开采迹地的湿地重建是政府积极推动的项目。因此，必须根据我国国情，研究探索既高效开采、保证质量、提高回采率，又能减少土地占用，降低土地占用成本的新型泥炭开采工程模式。

根据我国泥炭矿床开采面临的具体问题，一个有效的开采模式是开发切块开采机械，采取立体分层切块开采方式，沿泥炭断面推进（图 6-17），分层切块，一次开采到泥炭底层，采空区留下 20～30cm 底层高分解泥炭，与下层矿质土壤混合，作为湿地修复或耕地复垦的表土层，用于湿地植被引种或农作物种植的耕层。切块开采的最大优势在于提高了泥炭纤维完整性，避免了泥炭混层造成的灰分增加和品位下降。切块开采可以因为泥炭品位和质量的提高，大幅度提高泥炭售价，增加泥炭企业经营利润。泥炭采空区可以迅速实施土地整理回归农户手中，减少土地占用成本，农民也不会因为泥炭开发而造成失地。在有稳定水源条件的地域，可以在采空区引种湿地植物，进行湿地修复重建，扩大湿地面积，增加湿生环境，保护生物多样性。

图 6-17　切块开采断面

切块开采装置安装在挖掘机上代替挖斗，利用挖掘机的液压油路为动力，实现对泥炭断面的平层切块，将泥炭提起并堆放再放置到地面晾晒，待外层稍干、块体成型，即可人工堆码成花格方堆，便于太阳能、风能尽快带走泥炭块体中的水分，尽快降低到规定水分。

切块开采的前提条件是提前排水，促使泥炭层沉降紧实，以利于切块成型。目前多数泥炭地已经排水疏干多年，开垦为耕地，泥炭中积水大为减少，已经达到了切块开采条件。提前排水还可以使泥炭开采床结构紧密，提高承重力，便于开采机械和运输机械行走。除此之外，提前开挖排水沟，泥炭开采就不会受季节限制，一年中任何时间都可以进行开采。开采出的泥炭块可以堆垛晾晒，无须租赁农田晾晒，既降低开采处理成本，又避免泥炭混入矿质土壤，避免带来病菌、虫卵和草籽，提高泥炭的质量。

切块开采有利于减少土地占用，降低开采成本。由于我国土地紧张，土地占用费高昂，不可能像欧美国家一样，将泥炭地全部转为出让土地，成为企业自有土地，然后连续 20 年逐层开采。因为这些土地占用除了支付土地出让金之外，每年还需要支付 6000 元的土地占用税。如果泥炭层厚度是 2m 的话，20 年开采完毕，总共需要支付 12 万元，而 1 亩（1 亩＝666.67m^2）地的泥炭储量只有 1332m^3，每立方米泥炭的土地占用税是 90 元，成为我国泥炭企业无法承受的负担。而采用切块开采技术，可以当年将泥炭开采到底，采空区当年即可修复整理归还农民恢复农业生产，或者恢复重建为湿地，实现泥炭垂直开采和平面修复同步进行。

第四节　泥炭开采迹地湿地重建

泥炭开采迹地湿地重建是在泥炭开采完毕之后，重建湿地环境和湿地生态的重要目标。在我国泥炭地大面积退化、面积急剧缩小的条件下，通过垂直切块开采方式，逐段逐剖面抢救性开采泥炭资源，开采迹地立即进行湿地水文重建和湿地生态修复，既可以充分利用泥炭资源，又能重获湿地生态、扩大湿地面积，是解决泥炭地开发和湿地保护矛盾的重要手段。研究泥炭开采对局域环境的影响，针对性地规划设计是湿地重建项目，有重要意义。

一、泥炭开采后的矿区环境变化

（一）局域水文情势变化

除了冬季挖掘机开采，几乎所有泥炭开采都需要提前进行泥炭地排水，以提高泥炭对重型机械的承载能力，便于开采车辆、运输车辆在泥炭地上行走。为了达到上述目的，泥炭开采之前，首先需要根据区域水文背景，进行全面的排水设计，在泥炭地周边设置围堰防止外水入侵，减少外水压力，然后按照一定间距设置和开挖排水干渠、支渠和毛渠，形成完整排水网络，以便在2～3年时间内将泥炭地中积水排出，地下水位降低到1m以下，保证泥炭地表达到重型设备运动的承载力。在建有挡水围堰前提下，外水不会再进入泥炭地，大气降水后除部分进入泥炭层外，大部分被迅速通过排水渠道排放到开采区外。泥炭层水位也通过排水渠道长期控制在0.5～1m之下。泥炭地水文情势从过去的季节性、常年积水或湿润冷湿，变成相对干燥的旱地状态，泥炭矿层由长期积水还原状态变成长期干燥好氧状态，外水不再成为泥炭地水分来源，湿地失去水分滋养，湿地修复难度增加。

（二）表土剥离

泥炭开采前必须剥离泥炭活性层或表土层，而活性层是植物生长、死亡、分解、转化的场所，活性层的剥离意味着泥炭形成物质来源被阻断，泥炭积累终止。泥炭地活性层主要由地表枯枝落叶、活动根系和半分解有机质组成，也包括地表生长的植物。表土层是泥炭矿地因为农业、林业利用形成的熟土层。尽管活性层或熟土层有机质丰富，但活性层有时会有一些乔木、灌木生长，需要在开采前清理完毕。如果活性层不剥离，不仅会降低泥炭品质，也会影响大型机械的运动和工作。因此活性层必须彻底剥离，运输到开采区之外，进行适当处理，作为土壤调理剂原料。剥离了泥炭地活性层，意味着湿地植被彻底丧失，泥炭地的造炭功能完全改变，自此泥炭地就从碳汇转变为碳源，不再具备湿地的功能和效益。

（三）确立泥炭工业环境

排水和表土层剥离的泥炭地已经从过去的渍水还原、湿地植物葱郁的湿地生态系统转变为泥炭开采的工业环境。湿地生物多样性转变为单一的工业环境，机械轰鸣，车来人往。干旱季节强风骤起时还会出现粉尘飞扬的偶然污染。一些喜水喜湿的水禽动物将让位于其他陆生生物，湿地植被剥离后，对大气降水的吸纳缓冲作用有所减退，突发的暴雨可能会导致排水沟水量猛涨，悬浮物含量猛增。泥炭开采完毕后，泥炭基底地形可能变成中心下凹、四周稍高的负地形，但开采区四周围堰撤出后，重新恢复汇水功能，有利于后期的湿地修复重建。

二、泥炭开采迹地湿地重建设计

既然湿地重建是泥炭迹地土地利用的重要目标，而泥炭开采又是地表矿区环境的巨大改变，那么必须根据修复对象的自然条件和湿地重建目标，规划湿地重建项目，从而为进行湿地重建奠定基础。

调查矿区原始湿地背景是进行湿地重建的重要基础。要完整保护本区湿地生物、湿地功能和湿地价值，就必须确定需重建湿地类型，确定湿地重建优先顺序，评价湿地保护价值，分析提高保护目标，将重建湿地列为本区典型湿地代表，列为重要水禽迁徙路线或动植物庇护所一部分的可能性。湿地重建的目标和价值越大，湿地重建的意义越大。

确立湿地重建目标后，可以按照以下项目对需要重建湿地进行规划设计：①湿地恢复项目的目的、目标，湿地需要恢复且能够恢复的功能地点。②湿地功能现状、湿地植被覆盖结构。③湿地水文情势，湿地生境希望恢复到什么程度。④湿地功能的干扰因素是什么，控制程度如何。⑤满足重建目标的生物、工程措施是什么，如何应用这些设计和恢复方法。⑥湿地恢复和重建的详细工作排序、实施时间、工程成本。⑦恢复后期管理需求与责任。

湿地重建和修复是两个目的不同但意义相近的两个概念。湿地重建是把湿地恢复到未干扰前的水平，湿地恢复是尽可能利用自然手段，将湿地恢复到某个湿地状态中。重建必须建立在拥有原始泥炭地生态结构功能完整研究基础并容易得到原始重建植被基因、组织或植物种属材料的地段，湿地恢复则不要求一定回到湿地原始状态，但尽量少用人工手段，多用自然过程能够实现本地需求的湿地功能和效益。泥炭开采迹地是修复还是重建，取决于国家湿地政策、业主的资源条件和湿地在国家、流域和地方的社会、经济和环境地位，但是无论是重建还是恢复，都需要在科学预测和严格组织基础之上。在实践中，恢复和重建往往难以严格划分，无论是自然手段，还是人工技术恢复和重建的湿地类型及植被组成，都不可能脱离泥炭地所处自然地理环境，违背植被和自然环境的强制修复是不可能成功和稳定运行的。

湿地环境作为野生生物栖息地和碳储库而受到广泛关注，泥炭地排水将导致泥炭沼泽神经的破坏和关联生态短路，排水后泥炭沉降和分解耗散也是亟待解决的紧迫问题。泥炭开采用于园艺和能源正受到环保团体的集体抵制，泥炭替代品开发已经开始投入商业运行。各国政府都把进一步保护和增强泥炭地环境、动植物多样性、生态功能多样性作为自己的重要责任。欧盟自然保护委员会也是一个目标明确的自然保护机构，积极推动泥炭地生境可持续性，通过活化泥炭沼泽和再生退化泥炭沼泽的栖息地和物种法案确定优先栖息地。根据欧洲法律和英国应承担的义务以及英国环境修复的需要，限制和严格管制泥炭开采，以加强泥炭地恢复和重建。由于泥炭生态系统对水文情势压力并非很有弹性，恢复和重建的植被组合极易受到扰动，泥炭地植被可能自主改变以回应水位和水化学微小变化，因此在泥炭开采迹地修复重建湿地并不是简单任务。对大规模排水和使用肥料导致的泥炭 pH 值和养分改变进行恢复重建可能极为困难。

退化泥炭地的湿地恢复重建最困难的是缺乏对该泥炭地原始状况的了解。因此应深入研究该泥炭地水文条件、现存和以前的植被情况、地质地貌条件、需禁止引进该区或鼓励引进的物种类型、现存的干扰因素、湿地上游汇水区内出现了哪些变化等。因为湿地是环境变化过程的产物，湿地的信息可通过湿地上残存的植被情况、过去的地形图、航空照片或访问当地居民、调查点的特征、观测点的生态物理过程以及汇水区内其他自然条件、水文条件等情况的分析研究获得。

开采迹地湿地修复产物目标应该依据湿地对洪水调节功能、地下水储存与排泄功能、物种栖息地功能以及休闲和景观价值功能，并以条件相似但未受干扰和破坏的湿地为参照依据。湿地恢复重建目标是将湿地建设成与原湿地面貌相同的状态或者接近状态。因为现有资料不足，恢复重建经验也较少，湿地恢复项目具有明显的试验性质，因此任何有用偶然获得的进展对现行恢复重建都是有价值的。每一个即将实施措施或实施后阶段效应都应及时监测，使后续的行动根据前一阶段的情况予以修正和采用。

湿地恢复重建时，应建立恢复重建项目监测计划，指定专职人员负责执行监测。湿地恢复过程中应列入维持重建工作效果的活动内容。湿地恢复的计划还应与保护区的整体管理计划相协调，保证湿地恢复重建项目成为区域湿地管理整体一部分。

第五节　退化湿地重建

开采迹地的湿地退化是人为因素、自然因素干扰结果，因此湿地恢复重建必须去除干扰因子，促进湿地水文情势恢复和管理，然后再恢复植被。对高位泥炭开采迹地，恢复重建的最好方式是将底层泥炭留下 10cm，作为新生植物的生长基质和底物，然后排除人为活动干扰即可。因为雨量充沛、地表湿润，湿地植被会迅速侵入定居，有机质开始积累，就将开始形成自我维持、不再需要人工干预的自然生态系统。对我国以低位草本泥炭为主的开采迹地恢复重建来说，足够稳定的能保证泥炭生成的完整水文持续存在是首要条件。只有充足稳定的水文情势，才可以保证湿地重建、泥炭形成和积累。因此，开采迹地湿地恢复重建的基本要素是对水文条件损害的评估、修复和重建。

一、排除干扰因子

没有任何一个湿地恢复重建项目能在干扰因素存在条件下取得成功。要重建植被条件，必须排除过量取水、富营养化、过度放牧、盐化、污染、病株侵染和非正常火灾等干扰因素。干扰因子排除的目的是缩小、消除干扰因子的负效应，促进湿地植被的恢复。但在低位草本泥炭地的湿地修复，仅仅排除干扰因子并不能保证湿地自行恢复，所以必须采取一系列有效防护措施彻底控制这些干扰因素的回弹和影响。

二、恢复和控制水文情势

自然水文情势和水文过程的改变是造成湿地退化的最常见因素。如果湿地中的水容易被排出，湿地水容易被取走外用，这样湿地的恢复重建就会非常困难。重建水文情势，就是调整湿地水收支与周围土地利用关系的过程。在进行湿地恢复重建时，应该搞清湿地功能与水文过程之间的联系。湿地是个动态环境，它们的长期稳定性与生产力、干湿循环紧密相关。规律性地干湿交替对湿地的健康发育和湿地生境多样化是十分重要的。对退化湿地来说，湿地水文情势是否改变可以通过残存植被、洪水频率、同一汇水区类似湿地水文情势资料、航空摄影、湿地地形和汇水区排水方式以及水质等予以查证。

对于开采迹地的湿地恢复重建来说，将排水沟渠堵塞，提升和控制地上和地下水位，是实现湿地水文情势的重要手段。排水渠阻塞策略可使用带聚乙烯膜的泥炭包装袋直接堵在泥炭排水口，促进泥炭地水位上升，水位的高低可以用泥炭包装袋的多少来控制。应该检测重建地块地下水位、地表水位变化规律，根据自然规律和湿地修复要求，实时调整堵塞泥炭袋的高度，实现对水文的精确调控。在北美地区，有人通过阻塞沟渠，尝试改善泥炭藓再生限制条件，以重新创建媲美自然区域湿地水文情势管理制度。爱尔兰在泥炭开采迹地通过沟渠阻塞减少了沟渠湍流，对原状沼泽地产生类似的响应，减少了冬季枯水量对植被的破坏。但泥炭和塑料袋堵塞不适于填堵坡陡、冲刷严重的地方。在一些坡度平缓的高位泥炭地种子库丰富，营养物质充足，所以沟渠中虽然有少量水流经过，但新生植物会逐渐积累分解淤满沟渠，避免冲刷和侵蚀。

三、控制水体富营养化

人类活动造成营养源输入和盐度提高是导致湿地退化的重要因素。有的国家建立了不同土地利用类型水质限制指标和目标，用于管理点源污染输入，以减少营养输入，建立水质管理标准。目前为止湿地植被定居所需水质需求资料尚少，但水质作为影响植被定居影响因子的重要性却不容忽视。低 pH、高盐度是限制植被定居的重要因素，富营养化或营养富集是由富营养水分如污水、城市雨水、农田径流输入引起。湿地富营养化促进了水生植物生长和有机物增加。植物生长和生物活性的增加可能导致水藻增加，给野生生物和人类带来一系列问题。大型水生生物会改变地方生境，阻断水文调度设施，耗尽水中氧气，杀死鱼类，改变水的物理化学性质。富营养化也能导致沉水植物群落的崩溃，因为水藻的生长形成了厚厚的落叶层。

磷和氮是富营养化重要因素。磷在湿地中是含量有限的元素，所以磷主要来自人类施用农用肥料和含磷洗涤剂。农用肥料属于面源输入，洗涤剂多随污水排放，属于点源输入。增加农作物产量需氮磷的大量投入，如果其中一种元素减少就会显著降低产量。在整个汇水区，氮不是富营养化限制因子，因为蓝绿藻能在水体氮含量低时固定大气中的氮。在某些化学条件下，氮也是容易丢失的元素。事实上也很难准确估计空气、水氮输入的影响。

富营养化过程最易发生在营养积累、水流速度减慢以及氮/磷较低的地方。降低营养输入最有效的方法是控制点源污染和农田非点源污染。设法将携带营养的径流引离湿地，或在径流进入湿地前就将营养去除也是控制湿地富营养化的重要手段。改进肥料使用方式，提高肥料利用率，减少养分的流失，沿湿地外缘建立至少

20m 宽植被缓冲带，利用沿湿地分布本地植物种也可以滤除地表径流中的营养源。

如果湿地已经富营养化，应通过冲洗和添加低营养淡水稀释方式来移出营养，或通过疏浚方式移出和隔离营养沉积物，使用化学方法（如用铝）使磷失去活性，也可以通过对植株收获方式移出营养，以进行营养平衡的重建。

湿地植被能够吸收固定大量营养物质，拦蓄悬浮固体物质。植物能够减缓水流速度，捕获沉积物，加强微生物活性，并通过通气组织固定磷素，聚集超过它们自身需要的多余养分，如芦苇、香蒲在降低水中总氮、总磷及减少悬浮物和浑浊度方面有显著效果。因此，在自然的或人造湿地中利用湿地的水生植物处理输入水中的过量营养和沉积物是行之有效的技术手段。由于水生植物摄取营养数量会随着时间逐渐减少，故这种水生植物处理床也应经常更新。方法是在秋后收获运出这些水生植物，以便带走所吸收的营养和重金属。同时，反复落干以利于氧向根系转移，保证植物在水质管理中作用的不断发挥。

四、盐渍化的处理

目前的湿地管理仍然以集水区内控制水质、水量方法进行有限的湿地管理。在盐渍化情况下，湿地管理主要依靠湿地植被清除过量养分，依靠适当土地管理技术减少地下水输入与排出，预防和延缓盐渍化作用。编制集水区管理计划是控制湿地盐化最有效办法。湿地管理应在计划和政策编制过程中，积极献计献策，确保湿地价值在湿地重建项目中得以提升。

湿地生物组分不同，对盐分的敏感和忍受限度也不同。对水生植物来讲，大部分水生植物是盐分敏感植物，当盐分增至 1000～2000mg/L，就可能达到致死剂量。不同种属和同一种属但不同生境位置的水生植物盐分敏感程度也有很大不同。同样，盐分敏感程度可因不同种属种子种苗与成熟植物体的不同而异。水体中盐分随温度波动将影响水生植物产生毒害的实际盐分水平。野外研究结果表明，水生植物种属的多样性随着盐分水平的提高而降低。无脊椎动物是淡水动物中对盐分最敏感的，但某些种属具有相反效应，能在盐分超过 1000mg/L 的条件下存活。最敏感的三种无脊椎动物是简单多细胞生物、昆虫和蛤类。最耐盐的无脊椎动物是甲壳纲类，但此纲内的一些种对盐分也很敏感。

成鱼对盐分的耐受程度可达 10000mg/L。但在繁殖期内，鱼精子对盐分最敏感，鱼卵对盐分耐受力较强，幼鱼比成鱼对盐分更敏感。青蛙盐分耐受性质资料很少。有资料说在有限时间里，青蛙能够耐受 10000mg/L 盐度，蝌蚪和卵块是湿地盐分生物学效应最敏感的指示物。淡水龟能忍受淡水湿地盐分增高，带有功能盐腺的淡水龟可在 5000mg/L 盐度的湿地中生存。

不同水禽盐分忍受限度有明显不同，许多种属可在盐水中取食，但附近应有淡水水源。许多水禽利用水生植物营巢和栖息，以无脊椎动物为食物，因此，水生植物和无脊椎动物对水禽的盐分取向可能有逆向效应。

由于缺乏大量盐分敏感植物数据和长期盐分致死剂量的研究，盐分增加的精确效应目前还不能确切地肯定。很少受河流、溪流影响的小型湿地如果不断接受盐水输入，其盐分可能会很快上升，而且盐分具有随时间积累的效应。在高盐分沉积的湿地，盐分对植被的效应在植物生长季中受连续的洪水泛滥可得到减轻，盐分偏高的湿地应避免完全排水。

五、湿地植被的恢复

在开采迹地重建中，用于湿地植被重建的方法很多。方法选择取决于湿地恢复重建目的、时间、植物种属以及经费支持程度。将湿地退回到自然湿地状态，减少人为干扰的方法是最可取的方法，这种方法风险小、费用低，易于接受，只是减小时间慢、重建时间长。在此阶段，应利用和发挥自然湿地作用，提倡非干扰因素和自然状态的植被重建过程，在应用主动恢复植被方法时，只有在本汇水区没有此植物种的条件下，才采用育苗移植或从其他地移植，并只限于本地种。当然任何湿地植被恢复方法都不应当成为新的湿地重建恢复的干扰因子。

（一）外来植物种的引进

外来植、动物种对湿地有诸多影响，它们能够与地方种竞争，对野生生物生境产生逆转性影响，限制人类对水资源的利用，恶化水质，增加淤积和洪泛效应。牧草对排除本地种再定居极为有效。在缺乏本地种情况下，引进植物种要慎重。已引进的可保留此种属，但要控制散布，逐渐用本地种以替代。同时需要在开采迹地的预留泥炭上引种植物，以增加水文恢复和保护现有植被。例如，为使苔藓泥炭繁殖体遍布重建湿地表面，需要适当的保护覆盖，使其能够成活繁殖。

我国一些地方外来种引进对地方生态系统造成了不利影响，特别是水生杂草如大米草的侵入已产生很大的负效应。引进植物具有成为湿地杂草、分享湿地资源、快速扩散增殖的能力。所以引种必须十分慎重。生物学侵入往往发生在已有某些干扰活动和对本地种不当处理，如过度放牧、水位固定、富营养化、高频率火灾、土壤或基质的侵扰，都会有助于外来种的侵入，促进杂草扩散。

（二）本地植物种

本地湿地植物可在受扰动的湿地中通过竞争方式以控制其他种属的侵入。高棵多年生植物可以形成大型单一种群，如香蒲和芦苇群丛，飘浮植物能在水面上形成密实的草毡。这些植物能够改变湿地水文情势，增加养分输入。这些种也有快速定居和扩散的能力，所以经常在运河、排水渠和调水建筑物处定居，成为输水的障碍。泥炭地恢复通常有两种形式：第一种是恢复提高地下水位；第二种是引种管理造炭植物，促进湿地制备定居和繁殖。从生态学角度来看，藓类泥炭生长和恢复的必要条件是地下水必须维持在高水平且无明显波动，排水导致地下水位降低和改变造炭植物种属的地段，必须重建泥炭水存储能力，以便泥炭藓再生和生存。一个有效办法是用高分解泥炭重填排水沟，以便泥炭藓重新生长。退化泥炭地水文管理的主要目的是通过堵塞沟渠以尽量减少水流失，封堵水分流失通道。目前多数恢复试尝都集中在泥炭边界地和自然保护边界，可能会小于原始泥炭范围。近几年才有人考虑在泥炭区以外使用缓冲地带采用综合流域管理办法推动泥炭地恢复。

（三）杂草控制

湿地杂草控制管理应以杂草生活史、杂草生态和杂草生物学野外深入研究为基础。要控制杂草，首先要考虑的事情就是控制成本。杂草控制成本应以可能取得的效益为依据。短期眼光所采取的管理措施只考虑眼前的成本和效益，但长期行动可能会省下将来的大笔费用。

杂草控制有两种方法，即机械控制和化学控制。任何一种方法都会受实施地点杂草类型和杂草生活史的影响。良好管理可以预防和减少杂草散布。清洗进过杂草地点后机械车辆的轮胎可以减少杂草种子的携入。通过耕作、收割、砍伐、耕耙、火烧等机械物理方法能显著地达到控制杂草的目的。这种方法可能需要特殊设备，成本也较高。当劳动力和机械成本较高，而杂草控制又需要尽快进行时，杀草剂是重要的化学控制措施。化学控制的成本也较高，而且劳动力和设备需求并不小，而且不合理地使用除草剂会损害当地植物群落，污染环境。所以杂草存在对湿地质量的破坏可能比施用这些措施对湿地质量的破坏要小。

（四）人工建立湿地植被

当以自然方式和过程建立湿地植被有困难时，就必须采取移植方式。人工建立湿地植被时，采集繁殖材料不得破坏采集地的环境，不得影响原功能的发挥。所采集的繁殖材料不得带有病虫害。植物移栽应尽可能在晚冬或早春植物萌发前进行。根系切割仅留根芽2～3个，以降低繁殖体生长。繁殖材料处理后，应立即移栽，如不能立即移栽，应储存于冷湿的沙、泥炭培养基中。晚冬和早春浅水位时将种苗移出，其深度依植物种属不同而定。要根据材料的来源确定放置方式和厚度，一般0.3～1.5m为好。移植密度越大，植被恢复的速度越快。每个移植株可酌情施适量的N、P、K颗粒肥料。

（五）开采迹地湿地重建的水分管理

湿地生物生产量和湿地植被恢复与湿地干湿周期紧密相关，水位波动和植被多样性的关系已得到人们的普遍认识。季节性湿地比永久性湿地更有利于密度大的水生植物。这种植物丰度的增加与环境质量的关系并不大，但却受水位流动所带来的环境变迁的直接影响。用精心策划的水位管理来控制湿地是行之有效的措施。水位下降后效能延续1～2年，水位下降2年以上才会造成损害性效应。研究表明，在水位下降的头一年建立起来的挺水植物，在水位下降延续到第三年时，其数量才会大幅度下降。但滩涂湿地植被在水位下降第三年时，反而会被促进而扩展。水位下降控制方法需要每7～8年进行一次，以维持种属和结构的多样性。

控制湿地水位下降除了使其生态条件适于种子发芽之外，水位下降暴露了基质，促进有机质的分解，加速氮和其他营养元素的吸收和释放。湿地中水管理应促使正在恢复湿地自然干湿模式的再现。在现实工作中，很少有机会人工控制湿地水位。水位下降的管理和后续再复水都需要排水渠道和控水工程以保证水能从湿地灌入和排出。湿地受控复水可能更为复杂困难一些，尤其是水供应有时难以保障。最恰当的湿地水分管理是将湿地尽可能贴近自然，用自然的干湿交替模式来培育和影响湿地植被。

总之，通过维持和恢复自然水分情势来恢复湿地植被时，任何湿地的自然水分状况都应在重建工作开始前进行测定。在有可能重建湿地水位时，就应尽可能重现自然水分条件。原则上，水位下降管理应当着眼于所关心的湿地自然干湿模式的模拟，一般应在 11 月至 1 月的干季进行。水位下降过程应是个缓慢过程，一旦水位下降已经完成，干季不应长于 12 个月，下个冬季必须重新复水。水位下降的频率应反映自然干湿模式，所有的水位下降过程均应予以监测。

在进行泥炭沼泽开发规划时，就要调查研究开采迹地各种可能开发利用方式。首先，泥炭沼泽开发应与农业利用相结合。其次，泥炭沼泽开发可以开始阶段集中泥炭开采，开采后期将泥炭迹地用于农业开发。再次，将泥炭沼泽保持其自然状态，禁止开采，让泥炭地恢复到近自然状态，重新回到泥炭积累状态。选择何种利用方式应该与国民经济需求、国家环境资源政策、开发利用条件以及企业自身的开发实力紧密结合。一般来说，泥炭开采是一种相对快速地泥炭沼泽开发利用方式，而泥炭沼泽的农业利用方式则是历时较长的利用方式。

泥炭地退化排水后，泥炭将随着时间分解、氧化和消耗，直至消耗殆尽。抢救性开发不仅可以充分利用自然资源，还能为地方经济创造利润，增加税收。开采后的泥炭地可以改造为高产稳产农田，可以增加优质农田面积，增加农产品产量，改善当地人生活。对贫营养泥炭地来说，不将泥炭开采出来，这样的土地是永远不可能用于农业的。当然，泥炭开采迹地排水十分困难，农业利用成本高昂，所以应该在决策前进行详细的可行性研究。

泥炭开采迹地是否用于农业，主要取决于下伏矿质土层和在泥炭开采后主导本区水文地形条件。开采迹地积水外泄困难，主要依靠水泵强制排水的，应该用于水体养殖和休闲景观。排水外泄通畅的，才可以用于农业生产。

（六）泥炭开采迹地的复垦利用

泥炭开采迹地进行农业开发时，一定要在开采时最后留下一定厚度的有机质层，将强分解的有机质混入下伏的矿质土层中，可以极大改变土壤结构，增加土壤水分固定容量，创造植物生长有利条件。对一些地下水位较高的开采迹地，可以在矿质土层上留下一定厚度的有机质土层，促进植物生长，成为牧场。

在规划泥炭开采迹地土地利用方式时，还要仔细分析泥炭地自然条件和其所处地貌部位，因为地貌部位可以决定其土地利用方式。位于河流阶地的泥炭地其下往往埋伏着贫瘠河床相砂质土层，海岸泻湖泥炭经常与贫瘠沙丘或者古老沙坝为邻，这里的泥炭往往分解强烈，纤维细碎，可用于生产土壤改良剂，改良本区的砂质土壤，提高农业生产潜力。沟谷泥炭沼泽被贫瘠的矿质土壤所包围，经济的做法是开发泥炭沼泽去种植牧草，和牲畜肥料配肥来改良邻近土壤，而不是将泥炭运到山上改良土壤，这种土地利用方式可以发挥泥炭地和邻近土壤的双重潜力。相似地，一些大型海岸低地泥炭沼泽通常薄层泥炭与河流形成的条带状夹层矿质土壤交互存在，这些矿质土壤农业活动可以与薄泥炭开采层结合，将泥炭开采后的土地用于农业或者建筑用地。在某些缺乏自然资源的干旱国家，农业利用必须在泥炭开采完毕以后立即跟进，特别是靠近人口中心地区，湿地是一种有价值的土地资源，很容易受到城市和工业发展压力。

参 考 文 献

[1] 孟宪民．湿地管理与研究方法．北京：中国林业出版社，2001.

[2] 柴岫．泥炭地学．北京：地质出版社，1990：276-305.

[3] 张则有．泥炭资源开发与利用．长春：吉林科学技术出版社，2000：216-259.

[4] Steve Chapman. A RECIPE for peatland management? Options fot managing used peatlands that enhance biodiversity. Peatlands International，2004，1：28-29.

[5] Michael Trepel. Decision support for multi-functional peatland use. Peatland international，2010，1.

[6] Paul Short. Peatlands and the Canadian horticulturalIndustry. Peatlands International，2012，1：14-19.

[7] Paul short. Green rehabilitation opportunities for hazardous，waste sites. Peatlands International，2012，1：20-25.

[8] Kristina Holmgren. Comparision between climate impact reduced energy peat production and energy production using logging residues in Sweden. Peatlands International，2005，2.

第七章 泥炭基质制备工程

园艺产业是一个既古老又现代的产业，特别是近年来园艺产业将植物学、土壤学、化学、物理学、植物生理学、植物育种学、微生物学以及物流、经济分析等各种新兴技术手段集成为一体，成为一支迅速发展的高新技术产业。在过去的30年来，通过人工控制各种环境条件，最大限度地满足作物种苗和植株生长需求，园艺产业已经在众多沉寂学科中异军突起，迅猛发展。极高的生产率、清洁的生产环境、安全的产品质量以及不断增长的市场需求，已经成为园艺产业发展的巨大驱动力。不断发展的园艺产业除了关注其经济效益同时，也在积极响应市场需求，积极关注现代园艺的生产环境和产品的质量安全，为基质产品的研究发展提出了持续不断的需求。

园艺生产的核心资材是专业基质。基质创造了植物根系环境，根系功能决定了植物的生长效率和发育方向。有的温室植物生长迅速，生物生产量庞大，需要大量水和营养，而这些水和营养都需要通过根系从基质吸收，然后转运地上植物器官。为了保证这些高效吸收和转运，基质必须在保证植物水分、营养吸收的同时，能为植物根系提供充足稳定的氧气供应。反过来，盆栽树木数十年如一日生长在同一个盆钵中，植物生长量极其微小，对水分、营养和氧气的需求也几乎忽略不计，但对结构稳定性要求极高。由此可见，一个优质基质产品必须既能满足特定植物生长和种植方式需求，也能同时兼顾基质的经济、社会和环境价值。基质制备工程就是根据基质功能构成科学原理，采用各种工程技术手段，制备生产能够满足特定植物生长需求和栽培技术方式，具备良好经济、社会和环境效益的产品及服务的成套设备和工艺技术。

第一节　基质的概念和类型

一、基质的概念

土壤是地球陆地表面由矿物质、有机质、水、空气和生物组成的具有肥力并能生长植物的疏松表层。根据土壤的这一定义，欧洲泥炭与基质工业协会（EPAGMA）对基质制定了如下定义：基质是能生长植物的非原位土壤。也就是说，基质是人工配制的能够为种子萌发和植株生长提供根系环境的多元混合物。为了满足植物稳定健康生长要求，商品化、专业化基质至少应该具备四个基本功能：①支持和固定植物，使植物根系伸展和附着于基质中，固定植物使其不致倾倒。②提供良好的水分和通气条件，满足植物对水分和氧气的需求，使植物根系在协调的水气条件下健壮生长；拥有基质良好的润湿性能，保证基质良好的水分展布和固持能力。③提供一定的长效、速效多元营养，控制一定的盐分限值，保障植物的健康生长。④具备一定的结构稳定性，随着使用时间延长，基质的物理结构、化学性质不会发生较大改变。

基质和基质原料是两个不同的概念。基质是根据特定作物需求和各种原料的物理、化学和生物学特性采用不同比例配制而成的混合物，具备支持植物生长的四项基本功能。基质原料是制备构成基质的原始物料，基质原料可能具备基质的某一种或某几种功能，但没有一种物料能够同时具备基质应该有的全部四项功能，可以单独作为基质使用，所以不能称为基质，只能称为基质原料。例如，泥炭具有固定植物根系、提供水气平衡条件和缓冲外部环境变化的功能，但泥炭中的速效养分含量无法满足幼苗或植株生长的需求，必须配加适量的无机营养，才能满足植物生长要求。此外，草本泥炭分解度大，纤维含量低，通气结构不稳定或结构单一，使用过程中经历几次灌溉浇水后，就会发生结构沉实收缩、通气条件变坏，必须补充添加结构性物料，才能保证基质结构稳定，避免因使用时间增长而塌落沉实。藓类泥炭虽然纤维丰富、结构稳定，但营养贫乏、氢离子含量过高，不能满足多数植物生长要求，需要根据不同作物要求补充营养和碱性物料进行调节改造。因为泥炭并不能单独作为基质使用，所以也不能成为基质，而只能称为基质原料。生物质发酵物（堆肥）、锯末、树皮等物料单独使用都无法同时满足基质的四种功能需求，必须复配或添加必要的补充成分，才能达到支持固定植物、提供多元足量植物营养、协调水气平衡、缓冲环境变化的四种功能，所以也只能称为基质原料。

二、描述基质功能的技术指标

基质功能指标与基质质量关系密切。作为工业化产品，要评价其质量高低，仅仅使用“差”“劣”“好”“适合”和“优秀”等主观描述语言是不够的。如果没有具体的可以度量的产品指标，这种定性描述意义不大。每种园艺作物都有自己的地上生长的光、热、湿、水需求，都有自己的根际水、气、肥、热环境需求，这就需要基质生产者根据具体作物的具体种植条件进行个性化定制，才能满足特定作物的生长要求。现代园艺是计算机控制灌溉和施肥方案和光温环境条件的高技术农业，要求基质也能处于管理控制范围，从而实现对作物生长环境的全面控制和真正的工厂化生产。

既然基质应该具备四种功能，那么就应该围绕四个功能建立起对应的指标体系，用来描述和衡量这些功能的大小和优劣。有的功能一个指标就能代表，有的功能需要几个指标各自评价，有的功能目前的技术指标还未建立，或者指标建立但方法不甚理想，需要进一步改进完善。对于基质性状和品质的描述指标，必须从物理、化学、生物学和经济学指标予以衡量，见表 7-1。

表 7-1 描述基质性状和质量的主要指标

物理学	化学	生物学	经济学
结构与结构稳定性	pH	杂草、种子、植物繁殖体	获得的便利性
水分孔隙度	有效营养含量	病原菌	质量稳定性
空气孔隙度	有机质含量	害虫与害虫卵	栽培技术适应性
容重	重金属等有害成分含量	微生物活性	植物需求满足性
润湿性	阳离子代换量	储存的生命体	价格

在基质物理性质方面，基质结构和结构稳定性是基质颗粒分布状况和抗御破坏的能力。由于基质中水分有效性取决于基质颗粒对水的吸力，颗粒越小对水的吸力越强，当基质对水的吸力超过 10000Pa 时，基质中的水分就不能被植物吸收利用，所以在颗粒很细的基质中，因为颗粒对水分的吸力超过了植物根系对水的吸力，尽管基质的含水量很高，但仍然会出现植物干旱的情况。在基质里，水分与空气是相互耦合的关系，控制基质水气比例的决定性因素就是基质颗粒大小和粒径的组合。要制备通气透水效果良好的基质，就必须在基质颗粒组成、颗粒分布方面进行有效的调控。同时还要在基质颗粒组成的稳定性方面进行有效控制，防止随着使用时间增长，基质颗粒直径逐渐退化，从而导致基质水气效果的变差。为了防止基质结构变化，一要选用抗分解的藓类泥炭，二要补充结构性物料。表征基质结构稳定性的指标是单位体积基质在单位重力下基质厚度的变化、吸水干燥后基质的收缩率以及一定时间内基质分解度的变化。

基质的水气平衡功能，是基质具有的在保持最大有效水分供应条件下，能够为植物生长提供最大空气供应的能力。基质空隙中，一部分被水占据，一部分被空气占据；水分体积多，气体体积自然就少，水气体积此消彼长，相互制约，基质水分体积大小决定着基质对植物水分供应能力。基质的空气容量决定着基质通气效果，控制着植物根际环境和根系发育效果。因此基质的空气容量和水分容量就是表征基质通气透水状况的关键指标。因此，现代基质制备技术中，基质结构、原料粒度组成和粒度调配是基质水气平衡的关键。

基质的固定支持功能与基质的容重指标关系密切。容重大，则基质紧密，虽然可以稳定固定植物根系，支持植物生长，但通气性不好，不利于植物根系扩展。容重过小，则基质过于疏松，生长在松散基质中的植物容易倒伏，不利于植物根系的固定。理想的基质容重在湿重状态下应该是0.4～0.8kg/L，在干重状态下应该在0.2～0.4kg/L。蛭石和珍珠岩因为干、湿容重都太轻，不能独立支持植物生长，所以不能独立使用，而是与泥炭、椰糠等材料配合使用，添加量一般也不超过30%。

基质润湿性是基质的重要使用条件。泥炭分解度越高，疏水成分越多，一旦泥炭水分过于干燥，就会因为泥炭的亲水性转化为憎水性，不再容易吸水，因此导致基质吸水困难、吸水不均匀，直接影响育苗效果。良好的润湿性能，决定基质对水分保持和吸收的能力，因此，基质调制过程中，必须根据基质的润湿性进行适当的调整。如果基质的吸水性不佳，就需要添加一定量的润湿剂进行调整。

在基质化学性质方面，pH、养分有效性、电导率、有机质、有害化学物质含量和缓冲容量等是关键技术指标。任何作物都有自己最适酸碱度范围，而不同的泥炭和基质原料因为植物组成和性质的关系，也有不同的酸碱度，因此制备基质时必须进行调节。用户使用时也要根据所栽培作物，选择对应的基质。

基质养分容量主要指有效养分含量，但多数情况下，描述基质养分含量主要使用速效的可溶养分含量，因为缓效性养分对育苗基质来讲不能满足短期养分需要。对于一些使用时间较长的栽培基质，其中若含有一定量的缓效养分逐步释放，满足不同时期养分的需求，前期不能因为过快释放而烧苗，后期不能因为养分供应不足而缺肥。因此，协调基质养分的前后期比例，实现基质的养分纵向平衡是种苗基质养分平衡的重要内容之一。不同的营养元素具有不同的生物学效应，但这些营养元素对植物的作用却是同等重要的。要使植物幼苗均衡生长，健壮发展，为后期提高产量、改善品质和提高抗逆性，就必须根据植物幼苗对不同营养元素的需求和基质的本底营养条件，合理配合不同元素的比例，创造养分横向平衡。

基质盐分的高低对植物影响巨大，盐分偏低可以向上调整，但盐分偏高向下调整就不容易，盐分含量过高就会对植物根系构成胁迫，影响植物生长。基质盐分高低一般用基质水浸液的电导率表征，电导率是基质化学性质的重要指标。

基质中如果含有超量的重金属元素，可能会对种苗生长和作物发育产生影响，进而危害人类生命健康。世界范围内泥炭中重金属含量都很低，远远没有达到国标限量水平，不会有重金属危害问题。但使用活性污泥或废弃物发酵原料作为基质原料，就可能产生相应的重金属污染，需要注意。

基质的生物学指标，主要包括基质中含有的活根、繁殖体和草籽、植物杂草、种子、植物繁殖体、病原菌、害虫与害虫卵、微生物活性、储存的生命体等。其中对种苗生长关系密切的有杂草种子、植物繁殖体、虫卵、线虫等。线虫是检疫性害虫，在泥炭进口时要严格查验，一旦超标，则要进行熏蒸处理，防止传播到国内。有些基质中成分复杂，微生物活性大，可能在使用中发生烧根现象。

基质的经济学指标，包括基质获得的便利性、质量的稳定性、栽培技术适应性、植物需求满足性以及基质的价格等。上述指标主要体现在基质使用的成本和效益，是基质评价中的重要指标。

综上所述，容重是基质支持功能的重要指标，基质的颗粒组成是基质的结构指标，水分容量、空气容量是基质的水气指标，润湿性是基质的亲水指标，电导率是基质盐分指标。大量元素的有效性含量是基质的养分指标，基质收缩性是基质的稳定性指标。优良的专业化、商品化基质的技术指标如下：干容重 0.2～0.3kg/L，湿容重 0.4～0.5kg/L，总孔隙度 80%～90%，有效水/空气体积比 1∶(1.5～2.0)；容易浸润，基质收缩率小于 20%。碱解氮、有效磷、有效钾均为 10mg/kg，pH（水浸 pH）5.5～6.5，电导率 0.5～1mS/cm；无植物病虫害和杂草；质量均匀，价格适中（见表 7-2）。

表 7-2　理想泥炭基质的技术指标

项目	单位	检测方法	理想指标
pH(水浸)		欧盟标准 EN 13037	5.5～6.5
水提取物的电导率	mS/cm	欧盟标准 EN 13038	0.5～2
阳离子交换量	mmol/100g	在 0.5mol/L HCl 中的提取率 1/5	10～100
干容重	kg/m^3	欧盟标准 EN13041	<0.3
湿容重	kg/m^3	欧盟标准 EN13041	<0.6
总孔隙度	%	欧盟标准 EN13041	88～90
空气含量(体积分数)	%	在－1kPa 水势下,欧盟标准 EN13041	20～30
有效水分含量(体积分数)	%	在－5kPa 水势下,欧盟标准 EN13041	55～70
束缚水含量(体积分数)	%	在－10kPa 下,欧盟标准 EN13041	20～30

三、理想基质的特征

所有的基质企业都希望制备出最有竞争力、最大利润的专业基质，所有用户都希望使用的基质效果好、质量高、价格低廉，所有的政府管理者都希望基质生产和使用者商业纠纷少，对环境影响小，带动就业多，上缴税收大。所以，理想基质不仅仅是基质理化性状的优异，还要环境相容性好，经济可持续，社会有进步。而要制备这样的理想基质，就必须在基质原料选择、植物需求、使用方式适应与用户需求分析基础上，进行系统的制备工艺研究。

（一）满足植物生长需求

基质对植物的有效性取决于植物获取水、营养、氧气的充足性。生长的植物根系在吸收基质中的水分、养分和氧气的同时，还会释放出自身生命活动产生的二氧化碳和其他气体，所以对基质孔隙度和松紧度要求极高，因为良好的通气对植物后期根系扩展和根毛生长十分重要。尽管基质的水、营养、病虫害控制可以根据需要随时进行，但关系到根系氧气供应和气体交换的基质结构特性却只能在基质制备和使用前就要达到要求。

基质的突出特征就是具有很高总孔隙度、恰当的水分和气体空间与良好的水分有效性。基质的高孔隙度、高气体空隙和高水分有效性，既取决于基质颗粒直径和颗粒分布，也取决于原料的类型。低分解藓类泥炭与草本泥炭相比具有独特的结构特征，有利于植物根系生长。基质理想的酸碱度和养分含量依据所种植植物种类而不同。对多数园艺植物来说，理想的基质 pH 应该在 5～6，阳离子交换容量必须在 80～100mmol/100g。此外，为了给植物提供良好的生长环境，基质必须无植物健康风险，有机基质中不能存在病原菌和有害虫卵，防止发生病害传播。避免杂草种子是专业基质十分重要的条件。总之，理想基质就是能让植物达到理想生长状态的基质。

（二）适应栽培条件

现代基质要满足现代机械设备和操作工艺规范，适应现代园艺栽培技术要求，基质的均质化是现代化园艺生产的首要考虑因素。用计算机控制的现代温室也对基质提出了更加特别的要求。种苗生产、潮汐灌溉、盆钵栽培和温室生产，栽培技术对不同基质也可能完全不同。用于育苗所需的基质最小用量可能是每个植株 3～5mL，所以每立方米基质可以培育 3 万株种苗。基质结构要求能够填充到每一个穴盘孔中，每个种苗必须摄取足够的水分、营养和氧气，种苗必须生产尽可能快而均衡，这就需要基质细碎但孔隙丰富而质地均一，以保证湿润平稳而快速。基质的运输、处理、灌溉和肥料使用方式也对基质特征提出一些特别的要求。在基质结构方面，基质颗粒必须是稳定的，基质有机物不会在储藏中快速降解，不能在栽培中特别是长期作物栽培中失去抵抗分解的能力。营养稳定并在施肥程序中易于管理的基质会更受欢迎。在选择灌溉方式时必须考虑基质的润湿性、持水性和基质毛管性质，滴灌、渗灌、潮汐灌溉、自吸湿润等灌溉方式不同，对基质的吸水性要求也有较大差异。

（三）环境和经济融合

在发达国家政府主管部门会顺应民意论证基质的环境影响，公众对环境污染和气候变暖的关注，对自然资源利用限制也会对园艺基质采购和利用行动和理念产生影响。因此，理想基质必须考虑原料的可得性，必须努力开发原料的可更新性和可循环性。基质原料必须营养本底较低，具有适当的水分和营养吸持容量，容易更新和易于废渣处理。基质的生产、制造和运输的环境影响必须最小化。为了减少资源的消耗，基质和园艺生产者应该考虑逐步降低对带着基质一起出售的生菜和花卉产量。

四、基质的类型划分

为了便于基质的生产和市场流通，可以根据基质用途、原料的不同将基质划分为不同类型。首先，根据基质的应用对象，可以将基质划分为家用基质和专业基质两类。前者主要用于家庭园艺，如家庭养花、阳台种菜等，一般包装比较小，便于用户采购和携带。专业基质主要用于企业客户和部分农户，这些用户对基质质量标准要求高，重视品牌影响力，关注基质企业的技术水平和生产规模，对基质需求量大，是基质市场的主要用户。

按照基质产品形态，又可以把基质划分为散装和固型两种。不同形态类型的基质生产方式、基质功能和成本不同，目标客户也不相同。散装基质是由多种基质原料配合直接包装而成，使用时直接填装到穴盘即可，工艺简便，成本低廉。因为标准化程度高，配方科学，质量均匀，已经实现了商业化规模化生产，特别适合大型种苗企业使用。但因为散装基质体积大、重量轻、运输成本高，不便于跨地区供货，应尽可能靠近市场建设专业基质生产企业。就近运输时可以采用罐车、笼车，免去包装袋，也可以大幅度降低基质成本。另外，散装基质水分含量高，长期储存会因为微生物生命活动造成发酵伤热而产生自燃，冬季储存和运输过程中会发生冻结，因此，散装基质生产大多要根据订单即时生产，尽可能减少存放储备时间，降低伤热风险（见图 7-1）。

图 7-1 散装基质的包装

固型基质是将富含纤维的泥炭，进行彻底干燥、配料、压缩、成型、包装制成，体积缩小至1/4～1/3，运输成本降低，便于在全国范围内供应市场，有利于周年生产和销售（见图7-2）。但固型基质的原料干燥、成型、包装要耗费大量能源、人工、材料，因此成本明显提高，基质使用时需要人工摆放，不利于自动化、机械化种苗生产设备使用，难以被大型种苗生产企业广泛采用。固型基质是通过各种模具制作出的具有特定形态、可以独立使用、不需要育苗容器的基质。使用时固型基质之间留有间隙，这种间隙扩大了空气进入的通道，有利于增加基质的氧气供应量。基质内根系根尖长出基质后，就会暴露在空气中，空气对根尖的萎蔫钝化作用，有利于去除顶端优势，促进支根毛根大量扩展，提高根系活力。这种强大的空气整根作用，可以诱发庞大的根系和生物量，为本田植株生产和高产奠定强大基础。固型基质可以直接带基移栽，不伤根不缓苗，一般能够提前成熟上市7～10d，增加作物产量20%以上。因此，虽然产品成本高于散装基质，但因为创造的价值和减少的其他投入远远大于散装基质。因此，在没有集中化、工厂化种苗供应的区域，固型基质仍然有较大的市场空间。

图7-2　固型基质

第二节　发展基质产业的意义

工厂化育苗和工厂化无土栽培是现代农业高技术领域，专业化基质是工厂化育苗和无土栽培的关键生产资料。建设和发展专业化、标准化和商品化基质制备产业是构筑农业现代化的基础。随着人民生活水平不断提高和城市建设不断发展，专用于家庭休闲和城市立体绿化的高效功能基质不仅可以提高家庭种植的效率，简化用户劳动，还能避免常规基质的土传性病虫草害，改善家居环境，涵养蓄滞大气降水，促进海绵城市建设发展。针对我国专业基质的巨大市场需求，立足全球层面配置资源，采用国际先进水平的自动化流水生产线和颗粒组配工艺，研究和建设专业基质制备工程，对引领和带动我国专业化、标准化和商品化的基质制备产业的形成和发展，推动我国工厂化、集中化育苗产业技术进步，促进我国高档蔬菜无土栽培产业兴起和发展，提高我国农业现代化水平，改变农业种植形式，创新农业经营方式，增加作物产量，改善农产品品质，保障食品安全，支持海绵城市建设，都有重要的现实意义和深远的历史意义。

一、专业化基质是优良种苗和无土栽培效果的保证

专业基质是在深入研究基质原料特性和栽培对象生物学需求基础上，合理选择基质原料、合理配置粒径、协调基质通气与保水矛盾、科学搭配长效速效养分的纵向平衡和大量元素与微量元素的横向平衡、合理配置植物养分的空间和时间位置、巧妙构建基质润湿性能，采用大规模工业化工艺设备手段，在严格的产品标准和质量控制体系下生产出的商品基质，因此可以为种苗萌发生长和栽培植物提供水气平衡的、营养平衡的、固定支持的、缓冲协调功能，从而为获得优良的种苗素质和无土栽培蔬菜的高产优质奠定坚实基础。科学的基质配制过程是把不同来源不同粒径的基质原料按照目标植物的生物学需求合理搭配，创造出最适生长的孔隙比和平衡水气体系；在基质原料本底养分和目标植物的养分需求深入研究基础上，补充必要的营养元素并进行技术处理，以保证基质营养的横向平衡和纵向平衡，促进幼苗的花芽分化和根系发达，为后期生长和高产奠定基础。因此，只有基质的科学化、专业化和标准化，才能保障种苗生产和无土栽培使用效果和植物产量的提高。

二、标准化基质是种苗生产和无土栽培整齐性和安全性的保证

种苗培育和基质栽培是一项高风险的生物生产过程。种子质量，播种深浅，覆土厚度，基质性状，培育过程中的温度、水分、光线、湿度管理都可能对育苗成败和种苗质量产生重大影响。同样，工厂化无土栽培蔬菜的整齐度也是蔬菜商品率、产量和品质的基础。在这些影响种苗和蔬菜整齐度的因素中，基质标准化和规范化是最重要保障。只有标准化、规范化生产的基质，才能保证产品质量的基础，才能在千差万别的生产条件下，生产出统一质量的种苗，保证种苗生产的整齐一致。使用粗制滥造的育苗基质必然要承担巨大的育苗风险，一旦出问题，对一个集约化育苗中心的打击可能是毁灭性的。

三、规模化基质生产是降低育苗和无土栽培成本的保证

工厂化、集中化育苗的快速发展决定了对专业基质需求迅速增加，预示着种苗基质制备产业必然走向规模化和工业化，种苗企业和无土栽培企业，也只有摒弃自给自足的小农经济，实现大规模工业化生产，才能满足种苗和无土栽培产业不断增长的需求，才能形成和带动专业基质制备新兴产业的形成和发展。也只有采用了大规模工业化专业基质制备生产线，按照统一标准、统一工艺、统一包装组织生产，才能保证提高产品质量，保证集约化育苗企业的种苗生产安全。

四、社会化专业基质服务是健全现代农业产业体系的保证

社会化分工是现代农业发展大趋势，自配自用、自给自足的小农经济种苗和无土栽培的生产方式已经不能满足迅速发展的集约化种苗产业和高档无土栽培蔬菜的发展需求。集中化育苗企业和无土栽培企业虽然在种苗生产和无土栽培管理方面技术优势明显，但在专业基质制备上可能不如专业基质公司更加内行。育苗企业自配基质，因为产量不高，没有完善高效的工艺设备，因此劳动效率注定无法与专业公司相比，在同等原料来源条件下，生产成本注定要远远高于专业公司。现代社会是商品经济社会，每个企业都是产业链条中的一个节点，上下游企业之间的合同和契约是实现社会化服务和社会化分工的有效保证。通过种苗基质的社会化生产和服务，可以为集约化育苗企业提供高效、及时、安全的育苗保障，术业专攻，扬长避短，企业之间的合作促进种苗产业持续发展。

第三节　专业基质的目标市场

专业基质的目标市场分成专业用户和家庭用户两种。专业用户中有大型种苗生产企业和工厂化无土栽培企业，也有园林绿化和垂直绿化企业。产品使用对象则分为种苗生产、无土栽培、海绵城市建设和家庭休闲种植等。基质家庭用户主要是城市居民，购买基质主要用于室内养花种菜，阳台屋顶养花种菜。

一、种苗生产

集中化、工厂化育苗是以专业化、标准化和商品化育苗基质为载体，以订单生产为经营方式，以现代园艺技术为手段发展起来的现代农业种苗工程高新技术，是农业部重点推广项目和蔬菜标准园建设的核心内容。集中化和工厂化育苗对解决我国传统种苗生产依靠手工操作、经验记忆的落后生产方式，提高种苗生产效率，转变经营方式，增加瓜菜作物产量，改瓜菜品质、提高抗病性，减少农药使用都具有显著作用。

育苗是蔬菜和花卉生产的重要环节。随着我国蔬菜种植规模化程度日益增强，生产资料和能源价格不断攀升，农业部积极倡导和推动的节本增效、技术先进的集中化、工厂化育苗，瓜菜育苗逐渐从一家一户分散育苗逐渐过渡到集中化、工厂化育苗，种苗产业已经成为一个极具活力的新兴产业（图 7-3)。山东省 2010 年已经建设育苗企业 227 家，年育苗数量 21.6 亿株。河北省 2011 年年育苗量超过 100 万株的企业有 80 余家，超过千万株的企业有 11 家，年总育苗量达到 1.86 亿株。浙江省集中化育苗数量 1.5 亿株，占育苗总量的 5%。宁夏集中化育苗企业 83 个，年育苗数量达到 6.4 亿株。到 2016 年底，我国各地已经建立起各种规模化、集中化育苗中心 2100 多个，年生产商品苗超过 1000 亿株，规模化、集中化育苗已经成

图 7-3 工厂化种苗生产

为我国蔬菜种苗产业的发展主流和未来方向。

我国共有蔬菜面积 1800 万公顷，每年需要培育各类幼苗 8000 亿株。按照每立方米基质能够培育种苗 20000 株计算，全国每年需要种苗基质 4000 万立方米。此外，我国水稻育苗专业基质需求 2273.3 万立方米，花卉、烟草、西甜瓜德国作物育苗基质总需求为约 2318 万立方米，合计种苗基质总需求为 8591.3m^3。随着我国规模化、集中化蔬菜育苗产业的快速发展，专业化、标准化育苗基质生产的严重滞后已经成为蔬菜集中化、规模化育苗快速发展的制约因素。目前我国规模化、标准化、专业化的大型育苗基质生产企业数量不过 50 家，产量不超过 1000 万立方米，仅能满足市场需求的 12.5％，市场潜力巨大。

二、无土栽培

无土栽培是以专业化、标准化和商品化基质为栽培载体，以光、温、水、肥自动控制为手段，以脱离土传性病虫草害传播，减少或免除农药、化肥使用为特征，进行的蔬菜、瓜果、花卉、药材的工厂化、自动化、洁净化栽培的新型生产方式（见图 7-4）。引进和采用无土栽培生产方式，让蔬菜、瓜果、花卉、药材栽培脱离土传性病虫草害影响，对于解决我国因大棚、温室和农田连年重茬种植、病虫草害严重、农药化肥滥用、蔬菜质量下降、食品安全堪忧等问题具有显著作用。基质栽培是无土栽培中推广面积最大的一种方式。基质栽培将作物的根系固定在有机或无机的基质中，通过滴灌或细流灌溉的方法供给作物营养液。栽培基质可以装入塑料袋内、铺于栽培沟或槽内。基质栽培的营养液是不循环的，称为开路系统，这可以避免病害通过营养液的循环而传播。基质栽培缓冲能力强，不存在水分、空气和养分之间的矛盾，设备较水培和雾培简单，甚至可不需要动力，所以投资少、成本低，生产中普遍采用。

从我国现状出发，基质栽培是最有现实意义的一种方式。基质栽培的优势特点如下。

图 7-4　蔬菜立体无土栽培

1. 节水省肥

在北京地区秋季进行大棚黄瓜无土栽培试验，46d 中浇水（营养液）共 21.7m³，若进行土培，46d 中至少浇水 5～6 次，需用 50～60m³ 的水，节水率为 50%～66.7%，节水效果非常明显。无土栽培不但省水，而且省肥，基质栽培养分利用率为 50%左右，而普通土壤栽培养分利用率仅为 30%～40%，提高了 10%～20%。无土栽培基质中作物所需要各种营养元素是人为配制成营养液施用的，可以保持平衡，根据作物种类以及同一作物的不同生育阶段，科学地供应养分，所以作物生长发育健壮、生长势强，增产潜力可充分发挥出来。

2. 清洁卫生

基质栽培没有病菌、虫卵和草籽，没有臭味异味，不会发生土传性病虫草害，对环境无害、绿色安全，也不需要堆肥场地。土栽培施有机肥，肥料分解发酵，产生臭味污染环境，还会使很多害虫的卵孳生，危害作物，无土栽培则不存在这些问题。尤其是室内种花，更要求清洁卫生，一些高级旅馆或宾馆，过去施用有机花肥，污染环境，是个难以解决的问题，无土养花便迎刃而解。土传病害也是设施栽培的难点，土壤消毒不仅困难而且消耗大量能源，成本较大，且难以消毒彻底。若用药剂消毒既缺乏高效药品，同时药剂有害成分的残留还危害健康，污染环境。无土栽培则是避免或从根本上杜绝土传病害的有效方法。

3. 省力省工、易于管理

无土栽培不需要中耕、翻地、锄草作业，省力省工。浇水追肥同时解决，由供液系统定时定量供给，管理十分方便。土培浇水时，要一个个地开和堵畦口，是一项劳动强度很大的作业，无土栽培则只需开启和关闭供液系统的阀门，大大减轻了劳动强度。一些发达国家，已进入微电脑控制时代，供液及营养液成分的调控完全用计算机控制，几乎与工业生产的方式相似。

4. 避免土壤连作障碍

设施栽培中，土壤极少受自然雨水的淋溶，水分养分运动方向是自下而上。土壤水分蒸发和作物蒸腾，使土壤中的矿质元素由土壤下层移向表层，长年累月、年复一年，土壤表层积聚了很多盐分，对作物有危害作用。温室设施一经建设好，就不易搬动，土壤盐分积聚后，以及多年重茬迎茬种植，造成土壤养分不平衡，发生连作障碍，是个难以解决的老大难问题。客土解决，耗工耗力。使用基质栽培，则从根本上解决了此问题。

5. 不受地区限制、充分利用空间

基质栽培使作物彻底脱离了气候和土壤环境，摆脱了土地的约束。基质栽培可以使沙漠、荒原或难以耕种的地区加以利用。基质栽培还不受空间限制，可以利用城市楼房的平面屋顶种菜种花，无形中扩大了栽培面积。

6. 有利于实现现代农业生产

无土栽培使农业生产摆脱了自然环境的制约，可以按照人的意志进行生产，是一种受控农业的生产方式。无土栽培可按数量化指标进行耕作，有利于实现机械化、自动化，从而逐步走向工业化的生产方式。

三、海绵城市建设

（一）海绵城市概念

海绵城市是新一代城市雨洪管理概念，是指城市像海绵一样，下雨时吸水、蓄水、渗水、净水，需要时将蓄存的水“释放”并加以利用（见图 7-5）。国际通用术语为“低影响开发雨水系统构建”。城市“海绵体”包括河、湖、池塘等水系和屋顶、墙面、桥梁、绿地、花园等城市配套设施上的绿地绿植。雨水通过这些“海绵体”下渗、滞蓄、净化、回用，剩余的少量径流再通过管网、泵站外排，从而有效提高城市排水系统标准，缓减城市内涝的压力。

海绵城市建设遵循生态优先原则，将自然环境与人工措施紧密结合，在确保城市排水防涝安全前提下，最大限度地实现雨水在城市区域的积存、渗透和净化，促进雨水资源的利用和生态环境保护。因此，屋顶、墙面、桥梁、绿地、花园、湿地等绿地绿植就成为海绵城市海绵体。显然，提高屋顶、墙面、桥梁、绿地、花园等绿地绿植建设水平，改善绿地绿植的吸水、蓄水、渗水、净水能力，是减缓城市内涝、提高雨水利用比例、扩大海绵城市雨洪管理能力的关键手段。

根据《海绵城市建设技术指南》，海绵城市建设要以屋顶绿化（图 7-6）、立体绿化、小区绿地、广场绿地、雨洪花园、城市湿地为载体，不断加大绿地绿植等海绵体的规模和容量，提高城市对降水的吸收和利用水平，因而，海绵城市建设已经

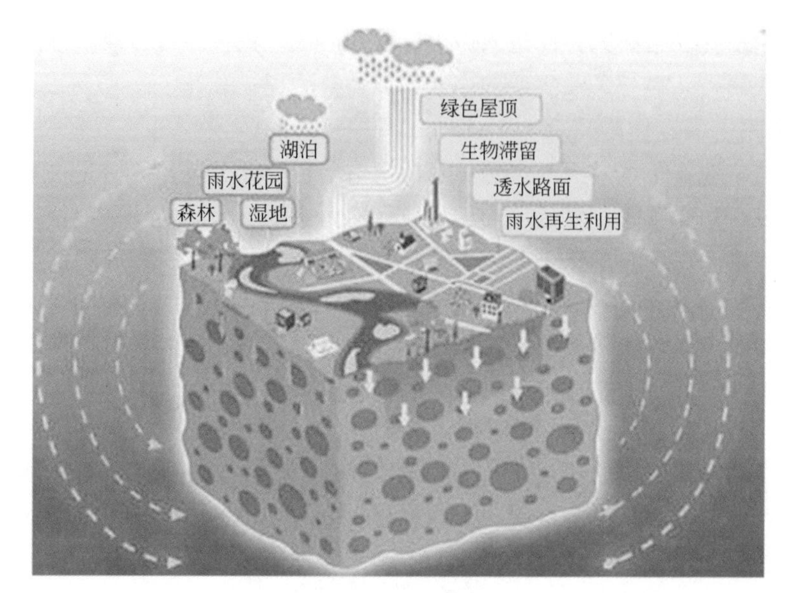

图 7-5　海绵城市概念

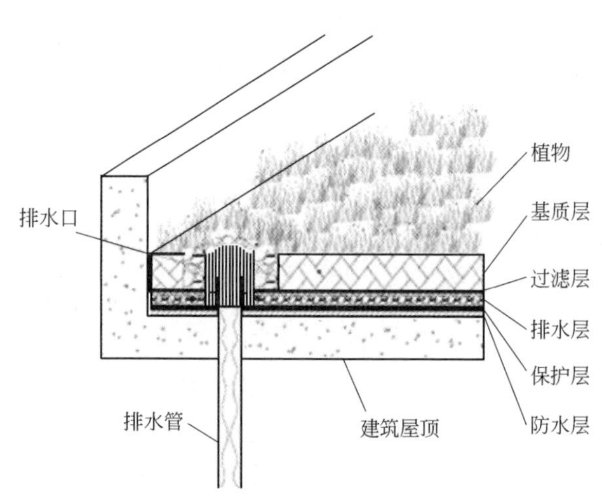

图 7-6　基质在屋顶绿化中的位置

对基质产品产生了强大市场需求。但是由于我国海绵城市建设历史浅近，所采用的基质大多是施工单位自配自用、自给自足，存在配方简单、技术效果不佳等问题。基质原料来源大多以城市生物废弃物，可能存在重金属、抗生素、有机污染物超标，发酵不彻底容易产生有害气味，人体感官不佳等问题。生物废弃物原料基质吸水性差，再润湿能力低，吸收容纳水分能力有限，无法提升屋顶绿化、垂直绿化植物生长效果。多数基质缺少对原料养分酸碱度的调节调制，不符合特定植物对养分和酸碱度的需要，植物叶片颜色和植株健康水平不高。多数基质组分分解快、结构稳定性差，一年后基质层致密、透水变差，不仅影响植物生长，也降低了基质对降水的消纳容量。在暴雨、泥沙、大风等恶劣天气下，基质中分解物和污物会因冲刷堵塞下水道、玷污外墙、尘土飞扬、污染环境，亟待解决。

海绵城市建设是国家重点支持和推进的重大项目，首批16个试点城市每年可获得大量政府专项资金补贴，项目业主和施工企业积极性高涨。与此同时，国家制定了严格的海绵城市建设技术规范和验收指标，社会公众对海绵城市建设关注不断提高，对海绵城市建设业主、设计施工企业提出了严峻挑战。要想提高屋顶绿化、立体绿化、小区绿地、广场绿地、雨洪花园、城市湿地等海绵体的吸水、渗水、蓄水、净水容量和质量，扩大降水回收利用效益，除了提升绿地绿植工程技术水平之外，还必须在基质选择和使用方法上做出明智的选择。由于我国基质产业起步较晚，基质原料、生产工艺、生产装备和基质产品良莠不齐，鱼龙混杂，给海绵体设计和施工单位基质选购和科学使用造成了困扰。为了确保屋顶绿化、立体绿化、小区绿地、广场绿地、雨洪花园、城市湿地等城市海绵体建设经济、社会和环境效益，对基质的选择和使用不仅要考虑基质的性质特征，还要从基质的经济、社会和环境三个方面综合平衡，统筹考虑，使选择和投入带来的是质量、效果、经济、安全和业绩。综合比较不同基质的技术、经济、环境和社会效果和影响，可以看到功能基质具有其他基质无法比拟的优势，必将成为海绵城市建设的首选。

（二）专业基质可以满足海绵城市建设特殊需求

城市废弃有机质和农作物秸秆原料虽然来源广泛，但规模化生产后的成本并不占优势。加之废弃垃圾和有机物可能含有超量的重金属、病菌和虫卵。堆肥发酵生产可能导致基质颗粒细碎，通气透水性不好，不耐分解，结构不稳定。采用椰糠为原料具有容重轻、透气性好的特点，但椰糠含盐量高，必须提前洗盐，以免影响植物生长。树皮和稻壳虽然结构稳定、透气性好，但持水性差、保水能力低，不符合海绵体建设尽量增加保水容量的要求。泥炭原料不含病菌、虫卵、草籽，重金属含量远低于国家限量标准，健康安全，绿色环保，供应充足。全球泥炭地总面积400万平方千米，每年新生泥炭20亿立方米，每年实际开采量不足泥炭生成量的0.5%，泥炭属于可更新生物质资源，可放心使用，无资源枯竭之虞。

（三）专业基质具有极强持水性，是海绵城市最需要的特效材料

城市海绵体建设的重要目标就是提高吸水、蓄水、渗水和净水能力，延缓滞后降水洪峰，减轻城市内涝。因此基质的持水性和保湿型是基质的重要指标。一般的生物质资源制备基质仅能吸持自身重量1倍的水分，而草本泥炭基质可以吸持自身重量7～10倍的水分，藓类泥炭能够吸持自身重量20～25倍的水分。泥炭具有超强持水性和保水性，有利于吸收大气降水，避免形成径流，是唯一能满足海绵体建设的特殊材料。

（四）专业基质容重低，楼板墙体负荷小

以泥炭为主要原料的专业基质干容重为0.15～0.2kg/L，湿容重为0.5～0.6kg/L，有效降低楼板承重，有利于增加基质厚度，提高绿地绿植容水吸水能

力。生物质废弃物制备的配合基质干容重和湿容重都明显高于泥炭原料制备的功能基质，使用量受限，持水量只能达到功能基质的1/20～1/10，吸水保水能力明显低于功能基质。在基质干涸后再润湿方面，功能基质因为添加了极强的润湿材料，既可以防止基质在极端干旱条件下缺水干涸，也能保证基质在重新补水后迅速吸水湿润，保证植物健康生长。而其他基质原料则因为不具备再润湿能力，一旦干涸之后，基质表面就从亲水变为憎水，不容易浸润和吸水，影响植物健康生长。

（五）专业基质具有较强的抗旱抗寒功能和优良热学性质

泥炭基质含有丰富的活性腐植酸，可以关闭植物叶片气孔，抑制植物蒸腾，减少水分散失。泥炭腐植酸具有提高植物细胞活性、增加细胞糖分浓度、提高植物抗寒能力的功能，有利于屋顶绿化、立体绿化工程向北推进。泥炭热容量大，热传导效率低，有利于降低夏季室内温度，提高冬季室内温度。

（六）专业基质针对性强，效果显著

功能基质属于第四代基质，是在定制基质基础上根据栽培植物的水肥气热需求和栽植环境条件，添加功能成分和组件，采用程序配料和专业设备定制生产、柔性生产的专业基质。粒径组配调制技术可以确保稳定的基质结构和平衡的水气比例；纵向横向平衡的养分配比可以保证前期不烧苗、后期不脱肥，最大限度减少用户施肥劳动，使绿色植物枝叶繁茂，叶色浓绿，外形美观。功能基质就是内含软技术的傻瓜产品，海绵体建设对基质的全部要求，都在基质生产过程中固化到基质之内，用户只需按规则使用，一切由功能基质替你完成，简单方便，省工省力。

（七）专业基质采用大规模工业化生产，质量均一，技术可靠

专业基质生产需要深厚的技术积累和大型成套工业装备，原料筛选严格，质量控制复杂。产业链的上下游合作紧密，原料进货质量控制严格，产品售后服务专业。彻底杜绝了配合基质生产中的随性随机行为，保证产品质量均匀一致，保证产品使用后植物生长均匀、整齐划一。现代功能基质生产线普遍实行定制生产和柔性生产，可以最大限度满足不同用户个性化需求，适于海绵城市建设主体多样性和建设施工企业灵活性的实际情况。

海绵城市需要建设无数海绵体，吸水、蓄水、滞水、净水功能强大的海绵体建设离不开功能基质，功能基质将为海绵城市建设提供新兴绿色创新资材和技术服务，功能基质市场前景广阔无垠。

四、家庭休闲种植

家庭休闲种植就是指在室内、阳台、屋顶或是庭院等空间范围内，从事蔬菜、花卉等园艺植物栽培和装饰的活动。家庭休闲种植虽然具有与地面土壤空间相同的作用，但从技术角度说，家庭休闲种植所涉技术更趋高新性，栽培模式更趋基质性，生产产品更趋观赏性与自给性，是在一定高度的阳台或楼顶等空间里所进行的种植活动。由于家庭阳台及楼顶是重要的人居环境，城市土壤资源的稀缺、搬运沉重以及楼房承载限制，家庭休闲种植最好不用在土壤中精耕细作，而是强调脱离土壤、尽量完全采用新型栽培方式。此外，家庭休闲种植更看重的是达到观赏美化兼顾收获的多重效果，为在家居环境装饰中享受到回归自然过程，在利用家居空间环境和创造新的空间环境的过程中，使用专业基质会使上述过程更加顺利和谐。家庭休闲种植可以让人们享受到无限的生活乐趣，具有如下突出特点。

（一）绿色环保，健康安全

家庭休闲种植采用专业基质，没有病菌、虫卵和草籽，不会传播病虫草害，不需农药化肥；种植的蔬菜都是放心菜，营养更高。当前城市化的不断推进，高楼大厦如搭积木般的快速耸立，人均居住面积也没有农村庭院或民宅般宽阔，有阳光可利用的阳台或楼顶也较为有限，不可能再像农业时代具有大庭院宽阳台阔楼顶的充足空间，也不可能像农业闲散时代那样，人们有充足的时间去拨弄花草蔬菜。但城市可以采集的土壤资源有限，质量欠佳，在自行采集的土壤中种植蔬菜花卉不仅难以保证质量，也无法保证蔬菜的健康安全。

（二）傻瓜产品，使用简便

家庭休闲种植使用专业基质是经科学调配而成，营养均衡，种植过程不需施肥。水气协调，不需人为调控与管理，傻瓜操作，简单方便。家庭种植采用装置简单实用，技术先进。无土栽培装置，经过人工智能化配套，也让家庭种植简单轻松。国外一些城市居民吃的蔬菜有五成左右靠“自家阳台菜园”，阳台菜园在新加坡、日本等国家已经非常普遍。阳台的美化绿化、阳台的蔬菜瓜果生产、阳台的小气候环境优化等都为人与自然的和谐、城市文明的建设做出了重要的贡献。

（三）即采即食，水灵新鲜

菜市场的蔬菜往往是经过长距离运输后才周转到消费者手上，鲜度有限。家庭阳台室内无土栽培，产品现收现吃，当然新鲜。阳台种植产品或已经定植好的半成品作为礼物馈赠，有着独特的优势：新颖、有创意、健康、绿色、生态、现实版“开心菜园”、时尚、高科技产品，集成了作为礼品馈赠的所有功能。让接受礼物的主人会长时间记忆犹新，并且每个生长季过后，更换新品种，可再次增加对礼品的印象。这是普通礼品所不能达到的效果。无论是对老年人、青年人还是儿童都会引起内心不同层面的欣喜共鸣。

（四）美化环境，陶冶性情

家庭休息种植可以种出色彩斑斓、多姿可人的蔬菜和水果，摆放在阳台、窗台、居室都可起到绿化美化和家居装饰的效果。管道中种植的芹菜、白菜、苦菜、草莓、生菜等，仿佛使你置身于乡间田园之中。目前所有叶菜类的品种都可以种进阳台居室，营养液在系统中自动循环，各类蔬菜水果形成的是一道道鲜美、即食的果蔬管道。回归自我，把握生活节奏和品位，让身心得到调整，享受清静悠闲的幸福生活。对家庭的小孩来说，家庭种植还是一个很好的科普教育基地，是认识自然、培养科学兴趣的一个鲜活素材，通过栽培体验可培养小孩动手能力与热爱劳动的思想，更是老人晚年寄情怡志的好场所。

高档写字楼通常都是以绿植作为办公室或公共平台绿化、净化空气的首选，但绿植随着时间的推移会有审美疲劳，而且没有个性化的特点。阳台种植产品可以替代部分市场，如高层高管的办公室，一般朝阳，采光较好，将果树种植装备放置在采光的阳台处，既是景观、绿化，也是非常时尚的“开心菜园”，企事业高管在闲暇之余“种种菜”一定别有一番感觉，使种植产品成为企业高管的工作气氛和心情调节剂，同时达到时尚、前卫、绿色、生态、安全、健康和高科技的理念，成为高管在接待客户之余谈及的一个话题！并且每个生长季轮换不同的品种，使得办公环境总有新的生气、新的感觉。

第四节　基质产业发展过程

研究国外基质产业从无到有、从小到大的发展过程，从初级到高级、从简单到复杂的发展阶段，可以为我国基质产业发展提供借鉴和启示，有利于明确自己的产业定位，找到发展方向，寻找弯道超车、跨越发展的途径。

一、国外基质产业发展状况

在园艺产业发展的初期阶段，植物只是长在原位土壤中。随着时间前行，园艺工作者逐渐开始使用容器种植植物，由此产生了减少容器中土壤体积和重量的需要。但是在容器中使用普通的矿质土壤种植植物，却出现了比大田原位土壤种植更差的结果。由此开始了人类为盆钵植物寻找轻质、均一物料的伟大事业。经过长时间试验尝试，人们发现在盆钵土壤中加入一定量的枯枝落叶腐解物、松针和泥炭等有机物后，植物长势明显改善。在19世纪末期，法国就开始用多种有机物料混配矿质土壤进行盆钵植物的栽培。在20世纪初期，随着对有机质重要性的认识逐渐提高，欧洲的泥炭生产商就开始利用各种材料进行栽培基质的制备，开发了第一代无土栽培基质。20世纪20～30年代，美国进行了泥炭配加河沙制备混合基质的试验研究，但后期一直没有商业化生产。1939年英国的John Inne Compost公司开发了第一个发酵生物质栽培基质，其基本组分是有机肥、泥炭和沙。1948年德国的Einheitserde公司开发了泥炭/黏土栽培基质，与此同时，美国土壤科学家开发了用泥炭加蛭石，或泥炭加珍珠岩为原料工业化生产的康奈尔泥炭基质。随后爱尔兰推出了在泥炭市场现有盛誉的全系混合基质和盆钵基质Gartaford，研究结果证实，如果添加适当的石灰调节酸度，基质中补充适量肥料，随着基质中泥炭使用量在40%～90%范围增加，植物生长质量随之明显改善，泥炭基质逐渐在园艺产业中占据领导地位。1950～1960 年期间，德国的 Pennings 教授和芬兰的 Puustjarvi 教授开发了完全使用泥炭为原料的专业基质，从此开启了欧洲和北美专业基质工业化生产新时代，特别是在德国和荷兰研究站、研究所、基质生产者和使用者，都主动投入到基质开发的潮流中来，工业化、社会化生产的专业基质逐渐替代自配自用的基质。20 年后，基质生产进入到计算机控制的商品生产阶段。由于灌溉技术和施肥技术的改进，泥炭基质越来越广泛地应用于园艺栽培，广泛用于增加作物产量，改善产品品质，园艺栽培基质的生产者手中已经积累了数百个配方。特别值得一提的是，泥炭始终在荷兰园艺业发挥主导作用，最初是用于蔬菜育苗，1950 年开始使用泥炭、垃圾与农肥混合制成的栽培基质栽培蔬菜。20 世纪初，荷兰仅有 400hm^2 玻璃温室，1940 年上升到 3000hm^2。荷兰向德国和英国大量出口蔬菜和花卉，逐渐成为这些国家的蔬菜和花卉供应商，这与泥炭基质的广泛应用有密切关系。为了不断降低生产成本，控制产品质量，减少土传性病虫害传播，欧洲编制了第一个栽培基质标准。1970 年，荷兰出现了许多专业化栽培基质公司，从培育种苗到作物栽培生产，泥炭园艺利用越来越广泛，品种和数量需求越来越多，泥炭已经成为蔬菜、花卉与其他园艺作物的主要栽培基质。近年来，由先进复杂设备控制植物生长环境，提供水源、肥料、通风、除虫条件的现代化联动温室，泥炭栽培基质已经成为现代农业最基本最重要的材料。荷兰还因此建立了世界第一个泥炭港口，泥炭基质产业因现代工厂化农业的发展而发生了巨大变化。

二、基质产业发展阶段划分

从开始试验使用基质，到今天基质成为现代园艺和家庭种植不可缺少的生产资料，专业基质经历了 4 个发展阶段，不同的发展阶段有不同的发展背景、需求和面临的问题，取得了不同的技术进步，推动了基质产业的发展（见表 7-3）。

表 7-3 西方发达国家基质发展阶段划分（Schmilewski，2008）

发展阶段	原料来源	研发成果	政策经济支持
1950 年以前配合基质	矿质土壤、树叶、松针、泥炭等	开始树叶、松针、泥炭等基质原料的筛选试验，陆续进入实践应用	产业规模小，自配自用，没有形成产业行为
1950～1975 年标准化基质	泥炭用量不断增加，并开始使用少量其他基质原料	重点研究泥炭基础性质，探索植物水肥气热需求，测试基质特征指标。研究结论认定泥炭是最佳基质原料，建立了泥炭为原料的基质标准和分析方法	泥炭地被大量排水，用于农业生产和植树造林。大规模泥炭开采已经开始，部分地区已有泥炭地保护活动
1975～2000 年定制基质	泥炭在基质原料中占主导地位，发酵生物质、树木纤维和椰糠应用量增加。产品多样性丰富	不断加强以泥炭为主要原料的基质产品和应用技术，不断导入现代栽培技术如滴灌、喷灌、计算机控制的工厂化温室，进一步加强发了对专业基质的需求。为满足集团客户的要求，欧盟出台了世界第一个基质标准	部分国家政府出台政策，要求不断增加泥炭替代品使用，导致产品成本上升，用户经济压力增加。为解决工序平衡，部分国家减少泥炭供应量，开始重建恢复泥炭开采迹地

续表

发展阶段	原料来源	研发成果	政策经济支持
2000年至今 功能基质	泥炭在食品安全中的地位凸显，其他基质原料质量不佳和来源困难，致使泥炭原料仍然主宰基质原料市场，其他基质原料使用将陆续提升	开始研究基质的微生物学、生物学、物理学、化学性质间的相互作用，鉴定基质微生物学性质的生物技术取得突破。生物刺激素和生物控制剂广泛应用，建立基于欧盟标准的市场协调机制	泥炭生产国原料出口增多，非原料生产国泥炭进口数量不断攀升。基质生产从西欧向波罗的海转移，大型和成熟的园艺企业需要更标准化的基质。对泥炭地进行开采认证和管理，增加对泥炭之外的基质原料认证

欧美国家的专业基质发展过程可以概况为四个基本阶段。其中第一阶段主要发生在1950年以前，生产的是第一代配合基质。第二阶段在1950～1975年，这一阶段开发生产了第二代专业基质，即标准化基质。基质生产者主要以泥炭为原料按照一定的工业标准，生产专业化标准化基质。第三阶段主要发生在1975～2000年，由于对基质基本制备原理研究透彻，生产企业可以根据用户需求生产定制基质，最大限度满足用户专业化、人性化需求。第四阶段开始于2000年，主要生产第四代基质，市场称之为功能基质或智慧基质，即在深入研究基质的微生物学、物理学、化学性质相互作用基础上，采用现代生物技术，实现对病虫草害有效控制的高科技傻瓜基质。

与国外先进的基质科技和国内飞速发展的专业基质需求相比，我国基质产业尚处于配合基质阶段，落后国际基质产业发展整整三个时代。我国基质生产水平落后，严重滞后于种苗生产、无土栽培、海绵城市建设和家庭休闲种植发展。主要表现在：基质原料质量低劣，配方粗糙落后，基质性状不佳；缺乏统一规范的基质标准和检验控制手段，基质市场鱼龙混杂，良莠不齐，坑农害农事件时有发生；基质生产设备落后，生产效率低下，产品成本高昂，质量不高不稳；基质企业少，生产规模小，机械化水平低，管理模式落后，品牌影响力弱，制约了基质制备产业快速发展。由于国内专业基质供应严重不足、质量不佳，一些大型育苗企业不得不自行制备基质，增加了企业经营门类，扩大了生产风险。一些企业为了保证种苗生产安全，不得不采用进口育苗基质，大大增加了育苗成本，提高了种苗产品价格。

三、我国基质产业重点发展领域

加大基质产品科技创新力度，采用全新基质制备理念和专用成套设备，进行大规模工业化自动化标准化生产试验示范，提高我国专业基质科技水平，推动我国基质制备技术进步，带动我国现代农业种苗工程和无土栽培产业发展，是十分紧迫又重要的历史使命。

（一）专业基质配方与调制技术

基质是由多种原料配合而成的具有固定根系、提供通气透水条件、保障养分供应和缓冲外部变化四种功能的多元混合物。一种基质产品既要满足植物对水气平衡的要求、提供多种养分缓效速效养分，同时又在植物生长过程中抗御外部环境变化，就必须在基质配方和调制技术上采取多种技术手段，将基质原料筛分处理，然后按不同粒径定量配料组合成目标孔隙度和水气比的多孔聚集体，通过配加多元有机-无机复合营养元素和经过缓释处理的长效肥料，构成大量元素和微量元素结合、长效速效结合的营养载体；最后通过补充骨化颗粒材料，建造出能长期保证结构稳定的专业基质。

根据欧美国家基质产业发展阶段论，我国目前的基质生产水平尚属于起步阶段，生产规模小，工艺落后，原理简单。为了根本解决这些问题，赶超国际基质产业先进水平，东北师范大学泥炭研究所在成功完成一体化育苗营养基研制和产业化开发基础上，根据我国未来种苗产业和无土栽培产业的需求，借鉴国际最先进基质制备理念，在国内率先开展了粒度分级和多元组培的基质配方和调制工艺研究，根据具体作物对基质通气透水、供应养分、稳定结构和固定植物的要求，开发完成了一系列专业基质配方和调制工艺，对不同品级、不同来源、不同粒径的泥炭实现科学组配，通过添加不同比例的骨化组分、缓冲组分、润湿组分和营养组分，高效地满足特定作物对通气透水、营养平衡的需求，实现了泥炭原料开采、干燥、防草、破碎、筛分、配制、包装、润湿等成套技术工艺，基质制备技术填补了国内空白，跟上了国际基质产业前进步伐。

（二）专业基质生产成套设备

基质制备成套设备既是实现基质制备原理、保障基质质量的重要基础，也是迅速提高基质产量、节省劳动用工、降低基质成本的重要手段。目前国内现有基质生产设备落后，工艺简单，无法实现粒度分选、定向配料的需要。此外，国内现有基质包装方式粗放简单、费工费时，既不利于树立高品质产品形象，也不利于保障储运过程中的基质稳定。必须在吸收和借鉴国外先进专业基质生产设备基础上（见图7-7），攻克原料分选关键设备的技术难关，选型配套现有的自动配料系统和产品包

图 7-7 现代基质制备设备

装系统，构建适合我国国情的自动化流水生产线，实现降低成套设备引进成本，减少劳动用工，提高产品产量，保证产品质量和规模化、标准化、自动化生产需求的目的。

（三）产品标准与检验方法

产品标准是产品质量的保证，也是防止假冒伪劣产品、提高技术门槛的重要手段。通过等同采用、修改采用相关国际标准，升级地方和行业标准等方式，提高标准制定速度，提高产品管理水平，掌握行业管理主动权。重点针对智慧生产所涉及的技术标准、管理标准和工作标准开展编制和贯彻实施。在技术标准方面，重点对基质标准化领域中需要协调统一产品标准、产品检测方法标准、产品计量标准和产品包装标准建立标准、技术规范和规程等文件。在管理标准方面，重点对基质标准化领域中需要协调统一的管理事项制定管理基础标准、技术管理标准、经济管理标准、行政管理标准、经营管理标准、开发与设计管理标准、采购管理标准、生产管理标准、质量管理标准、设备与基础设施管理标准、安全管理标准、职业健康管理标准、环境管理标准、信息管理标准、财务管理标准等。在工作标准方面，重点围绕工作过程协调，提高工作质量和工作效率，针对具体工作岗位制定相应的岗位作业指导书和操作规程。

（四）大规模工业化生产线管理模式

对大规模工业化生产线集成、组装、运行、检验等进行技术集成，探索大规模工业化条件下各种基质的配方和调制工艺研究，参与调试检验基质生产成套设备运行状态，实施检验了专业基质标准和检验方法，探索了大规模工业化生产条件下的标准管理、质量管理、物流管理、成本管理和生产管理模式，可以为项目设计和生产过程成功提供可视化、成熟化的管理模式和样板工程，从而带动基质制备产业的形成和发展，为不同类型的基质原料企业探索和建立大规模工业化管理模式和成熟范例。

（五）市场开发、品牌定位和渠道建设

鉴于基质在国内属于新兴产品，目标客户主要是集中化、工厂化育苗企业，产品市场开发应采用主动进攻战略，以打破现有育苗企业自配自用、自产自销的小而全经营方式，利用项目产品的科技、绿色、安全、高效的产品特色和专业化的售后服务，赢得集团客户的认同采用。在竞争策略上，要贯彻总成本领先策略、产品差异策略和重点服务策略，确保产品处于各种竞争力量抗衡中的优势地位，为潜在的进入者设置一道难以逾越的障碍。本着为种苗生产市场提供独一无二产品和服务的理念，以博得客户的信任和对品牌的忠诚，从而使企业在竞争中处于一个相对隔离地带，降低竞争带来的损失和危害。利用产品差异产生较高的边际效益，以减少购买者的讨价还价。

基质具有鲜明的生产资料性质，购买者数量少，但一次购买数量大，市场集

中。用户需求计划性强，市场需求稳定，且不会随便更改。用户一般都具有相应的专业知识，购买时对产品质量、规格、质量和安全有严格的技术要求，一般不存在带有感情色彩的冲动型购买。产品的交易时间长，往往需要进行一定的试验比较才能达成交易。因此，必须据此提炼营销理念，制定营销策略，编制销售计划，建立销售渠道，组织销售活动，制定相应营销模式，充分利用诸如产品特性、价格、销售渠道、促销方式、行政干预和公共关系等各种营销手段，合理制定销售路线，选择、配置中间商，有效安排产品的运输、储存，把专业基质适时、适地、经济方便地提供给客户，达到既满足客户需要，又加速产品流通和资金周转，提高企业销售额的双重目的。确保产品一走入市场，即能迅速扩大市场范围，为企业经营和发展提供动力。

第五节　泥炭在基质组分中的价值

泥炭有机质、腐植酸含量高，纤维含量丰富，疏松多孔，通气性好，比表面积大，吸附螯合力强，有较强的离子交换能力和盐分平衡控制能力。泥炭中腐植酸的自由基属于半醌结构，既能氧化为醌，又能还原为酚，具有较高的生物活性、生理刺激作用和较强的抗旱、抗病、抗低温、抗盐渍作用，可以有效防止化肥流失、农药污染，具有提高产量、改善品质、修复受损环境、促进现代农业发展的显著作用。由于泥炭结构稳定，通气透水性好，酸度和营养含量低，易于通过添加石灰和肥料进行调整和改造，便于机械化工业化大规模生产。泥炭中没有病菌、虫卵和草籽，是天然无公害、绿色育苗原料。泥炭易于处理加工、运输、分级和包装，来源广泛，价格低廉，使用效果稳定，具有其他泥炭替代材料不可比拟的优势，没有任何一种材料能像泥炭这样同时具有如此多优势特性。

一、不同类型泥炭的特征差异

根据造炭植物种类和形成条件的不同，可以把泥炭划分为藓类泥炭、草本泥炭和木本泥炭三种。由于造炭植物组成、分解程度和成因类型不同，泥炭性质和利用方向有明显差异，用户应该根据自己的使用目的，合理选择泥炭种类，以降低生产成本，提高经济效益。在基质制备领域内藓类泥炭和草本泥炭是最佳原料，而木本泥炭因质地坚硬，失去纤维结构，不可能作为基质的生产原料。

(1) 藓类泥炭　主要形成于气候冷凉、降水大于蒸发、地表水难以影响到的地区和地貌部位。由于地表水和地下水难以达到沼泽植物生长部位，植物无法从地表水中得到足够的矿质营养，一些需要大量矿质营养的植物种属难以存活，而耐受低营养的植物种属逐渐侵入。这些植物只要吸收大气降水中的矿质营养就能够满足自身生长需求，而植物本身就必须大量吸收和保持足够的水分才能保证其矿质营养的需求，所以这些种类的植物都具有大量的孔隙结构，便于吸收和保持水分。同时因为这些植物吸收矿质营养很少，所以构成植物体的化学成分酸性较强，进而严重抑制了死亡植物残体的分解，导致植物残体积累快速而形成泥炭。这种以泥炭藓为主的藓类泥炭因为矿质营养极少，地貌部位偏高无法接受地表水的矿质营养进入，因此，有机质都很高，最高的甚至达到98%。因为泥炭酸性较强，常年淹水，所以泥炭抵抗分解和分解的条件不足，所以藓类泥炭的分解度都很小，平均分解度在20%左右，分解度的低下创造了藓类泥炭优良的孔隙结构和优异的气水比。藓类泥炭一般矿层深厚，质量变化微小，便于工业化开采加工，是当前国际种苗产业和无土栽培中最大宗最广泛应用的基质原料。但是，由于藓类泥炭分解度比较小，植物残体呈长纤维状，作为种苗基质显得容重太小，通气性太强，为了提高容重、降低通气性，就必须把藓类泥炭粉碎，与其他基质原料一起配合使用才能保证优良的育苗效果，既增加了育苗成本，也浪费了优质的泥炭原料。综合比较，最适合种苗生产的基质是草本泥炭。

（2）草本泥炭　草本泥炭与藓类泥炭形成条件最根本的差异就在于两者的水分补给方式不同，从而造成造炭植物组成和性质的根本差异。草本发育于低洼地或汇水洼地，地表水的补给给低洼地中的植物带来丰富的矿质营养，因此洼地中生长的植物就只能是嗜好矿质营养的草本植物。也由于草本植物中钙镁等矿质元素丰富，所以在分解后，中和了大部分有机酸，导致草本泥炭的酸度接近于微酸性或中性，有的中西部地区形成的泥炭酸碱度甚至呈微碱性。草本泥炭依靠地表水提供水源，而地表水的稳定性比较低，草本泥炭对水的保持能力又不如藓类植物那么强烈，因此，草本泥炭地表经常会处于露干缺水状态，这就给泥炭通气增温、提升土壤微生物活性创造了条件，因此，草本泥炭的分解度就比藓类泥炭分解度高，一般分解度要在25%～45%，由于分解度大，有机含量降低，纤维含量少，结构细碎，所以泥炭的孔隙度和空气体积明显不如藓类泥炭。但是，草本泥炭富含腐植酸，生理刺激作用明显，对养分的吸附保存能力强，有利于幼苗根系萌发和生长，有利于种苗基质的前后期养分平衡控制。加之，草本泥炭结构细碎，容重适中，是理想的育苗基质。

（3）木本泥炭　木本泥炭的植物残体主要由木本为主，木本植物残体相对致密坚硬，孔隙空间较小，不利于形成稳定的水气平衡结构，不是种苗基质的优良原料。但木本泥炭腐植酸含量丰富，活性较强，主要利用方向应该是提取腐植酸用于工农业生产。

从表7-4数据可以看到，藓类泥炭容重偏低，有机质含量偏高，纤维含量丰富，结构稳定，而氮、磷等矿质养分偏低，适合用于无土栽培原料。草本泥炭容重适宜，虽然受分解度影响而总孔隙度、空气孔隙度、有效水含量与藓类泥炭相比略低，但种苗生产期大多只有30～50d，草本泥炭配加适量的骨性材料，仍然可以达到种苗基质标准要求。特别是草本泥炭腐植酸和矿质养分含量丰富，有利于种苗萌发和生根。我国草本泥炭储量丰富，价格低廉，便于开采加工，是我国种苗基质生产的首选材料。木本泥炭因为容重、水气体积、养分指标与草本泥炭、藓类泥炭相比较差，不适合用作种苗基质原料，但木本泥炭腐植酸含量丰富，其主要用途应该是腐植酸提取和加工。

表 7-4 不同泥炭的基本特征

泥炭类型	容重/(kg/m³)	总孔隙度/%	空气体积/%	有效水体积/%	有机质/%	分解度/%	腐植酸/%	总氮/%	总磷/%
藓类泥炭	59	95.88	39.45	26.0	96.9	18.9	12.3	0.32	0.02
草本泥炭	211	85.3	17.18	38.7	65.5	35.4	35.8	1.56	0.04
木本泥炭	421	45.4	5.45		75.5	53.3	56.4	1.78	0.06

泥炭的突出优势和市场质量要求决定了泥炭在基质原料中的地位。德国是世界最大专业和家用市场基质制造国，荷兰虽然国内泥炭开采完毕，但荷兰基质已经成为荷兰园艺成就的重要基础。同样，基质同样在其他园艺产业发达国家也发挥了重要作用。目前欧洲泥炭进口主要来自波罗的海国家。所以，适当泥炭储备是未来基质生产的重要保障。

二、泥炭在基质原料中的优势

基质原料多种多样，但用量最大、效果最好的原料当属泥炭无疑。在提倡泥炭替代材料、重视湿地保护的西方国家，基质中的泥炭比重仍然超过95%，说明目前还没有找到完全替代泥炭的材料，采用泥炭作为基质的主要原料仍然是国际基质产业的基本特征。泥炭成为基质不可缺少基本原料的主要原因有以下四点。

(一) 泥炭纤维丰富，透气透水性好

藓类泥炭和草本泥炭富含纤维，疏松多孔。泥炭中大孔隙也称非毛管孔或通气空隙，其孔隙直径一般在1mm以上，浇水后所含水分可因重力作用而很快流失，留给气体进入，故主要起储气作用。小孔也称毛管孔隙，其孔隙直径一般在0.001～0.1mm，浇水后水分吸附充满于孔隙内，主要起储水作用。大孔隙和小孔隙分别代表基质中气和水的数量状况，乃是衡量基质优劣的重要指标。通常情况下，排水后基质中充气毛管孔隙的总体积应在15%～30%，气水比以1∶(2～4)为宜。这样，既持水量大，又通气性良好，有利植物生长，管理也方便。既具备良好的通气空隙，又具备充足的储水空隙是泥炭特有的优良特性，可以保证基质疏松通气，保水保墒。与其他基质原料相比，泥炭的有效水分比例更高。

(二) 泥炭没有病菌虫类草籽，不会传播病虫草害

泥炭是死亡的植物残体在厌氧还原环境中长期积累的产物。由于泥炭在数千年的积累过程中，隔绝了空气和人类活动影响，因此泥炭中没有农作物病菌、虫卵和

草籽，不会在育苗过程中传播土传性病虫草害，因此不需要防治药剂，这就降低了育苗成本，减少了育苗风险。泥炭的这些优良特征与其他替代物比起来，具有不可争辩的优势。

（三）泥炭的酸度和养分含量低，便于灵活调整和工业化加工

藓类泥炭 pH 一般在 3.8～4.5，草本泥炭 pH 一般在 4.5～5.5，属于偏酸性。藓类泥炭在育苗时可能需要适当提高其 pH 值，才能满足多数作物小苗的生长要求。众所周知，将 pH 由低向高提升比较容易，操作安全简单。但是将 pH 由高向低调就比较麻烦，不仅成本高昂，操作过程中还可能发生腐蚀伤害事故。同样道理，泥炭本底营养含量低可以通过外加养分方式实现，而将泥炭中的多余养分剔除出去就不是一件容易的事情了。此外，泥炭质地均匀、结构松散，易于开采和工业化加工处理，对设备要求不高，易于实现自动化、机械化生产。

（四）泥炭来源广泛，成本低廉

泥炭是大自然馈赠给人类的自然资产，只要水热条件适宜，就会有泥炭的形成积累。我国泥炭资源丰富，分布广泛，矿层表露，开采成本低廉。虽然我国东部地区需要从东北、西北长途运输外地泥炭，提高了基质生产成本，但与就地发酵加工生物废弃物生产基质相比，仍然具有较大的价格和性能优势，这种性价比优势的存在，让每立方米价格超过 600 元的进口也具有较大市场，进口泥炭也越来越多地成为我国基质的重要原料。

（五）泥炭多功能多效益，综合技术优势明显

与树皮、木质纤维、稻壳、椰糠和堆肥等基质材料相比，泥炭在持水量、空气容量、结构稳定性、酸碱度、盐分含量、病虫草害和容重等 8 项关键指标上均处于绝对优势，任何一种替代材料都无法完全达到泥炭水平，泥炭在基质组分中不可缺少，不可替代。我国南方地区泥炭资源稀缺，当地开发了秸秆、苇末、糖渣等生物质资源工业堆肥技术以制备基质原料，虽然成本低、来源广能够弥补当地泥炭资源不足，但在技术指标上与泥炭相比相差很多，秸秆堆肥制备的基质原料在持水性、通气性、均质化、结构稳定性、盐分、酸碱度指标方面，只能达到泥炭指标的 20％，在病虫害控制方面只能达到泥炭指标的 60％。生物质堆肥的基质原料应用，其实是以牺牲基质技术指标和使用效果为代价的，可见生物质发酵基质原料还有很长的路要走。除了生物质堆肥获取基质原料外，椰糠也是近年推广应用新型基质原料。椰糠是用椰壳剥下的外层纤维后粉碎制成，主要来自印度、斯里兰卡等热带国家。椰糠价格低，容重轻，结构稳定，但吸水性过强，基质空气含量不足、含盐量高，必须在使用前淋洗，使用前需要慎重处理（见图 7-8）。

三、分解度对泥炭性质的影响

泥炭分解度对泥炭性质影响巨大。泥炭藓从未分解到适度分解（H1～H5），

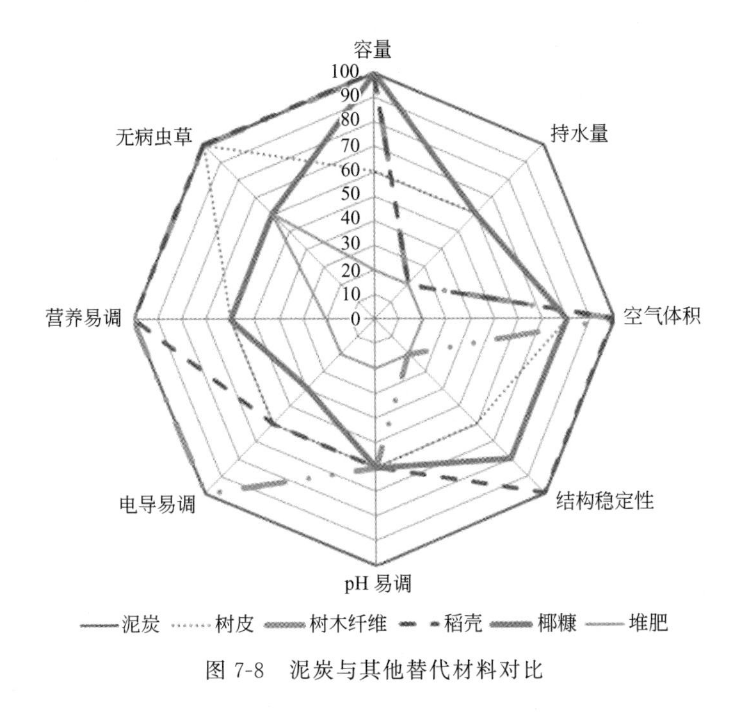

图 7-8 泥炭与其他替代材料对比

泥炭总孔隙度逐渐降低，但仍可达 94%～96%，容重逐渐增加，但也只有 60～100kg/m^3。低分解藓类泥炭空气孔隙度最高可达 50%～55%，水孔隙度最高可达 83%～84%，具有显著的高水孔隙度和高空气孔隙度特点。藓类泥炭有机质含量可达 94%以上，因为矿物质含量很低，所以电导率和植物矿质营养都很低。当藓类泥炭分解度增大到 H6～H10 时，总孔隙度、空气孔隙度明显降低，水孔隙度则明显提高。对于泥炭总孔隙度和含气空孔隙下降，将泥炭经过越冬冻结处理后，空气容量会明显改善。藓类泥炭低 pH 值和低养分含量，更方便人为调整提高，满足特定植物生长要求。由于泥炭形成环境和形成过程时代距今久远，泥炭中不会含有现代园艺发生的土传性病虫草害。泥炭的处理、加工、筛分和混合操作简单，没有健康风险。由于泥炭属于自然矿产，不需要复杂开采、处理、运输手段，所以泥炭商业价格与其他成分的基质成分相比极具有竞争力。从长远看，泥炭因其质量稳定均一，将在基质中将长期占据主导地位。

从表 7-5 可以看到，同为藓类泥炭，随着分解度提高，容重逐渐提高，总孔隙度和空气孔隙度逐渐降低，含水空气逐渐提高，结构稳定性下降，泥炭收缩值逐渐增加，电导率逐渐增加，有机质含量逐渐降低。分解度对泥炭性质指标的影响对草本泥炭也有类似的规律。

低容重、高孔隙度、良好的水分和空气容量以及较高的有效水容量都是泥炭最显著的优势。但是，针对特定作物和栽培方式时，这些特性也需要做些适当改变和调整。泥炭的开采、运输和粉碎技术对泥炭基质物理性质影响极大。泥炭基质的颗

表 7-5 不同分解度藓类泥炭的技术指标（Schmilewski，2010）

评价指标	检测方法	单位	分解度				
			低	低-中	中等	中-高	高
腐殖化	DIN11540	H	2～4	3～5	4～6	5～7	6～8
干容重	EN13041	kg/m^3	50～80	60～100	80～130	120～170	160～220
总孔隙度①	EN13041	%	95～97	94～96	92～95	90～93	87～91
含水孔隙①	EN13041	%	42～83	46～84	55～85	63～85	71～85
含气孔隙①	EN13041	%	14～55	12～50	10～40	8～30	6～20
收缩值①	EN13041	%	20～30	25～35	30～40	35～45	40～50
pH	EN13037		3.5～5.0				
电导率	EN13038	MS/cm	0.1～0.3	0.15～0.4	0.2～0.5	0.25～0.6	0.3～0.7
有机质	EN13039	%	98～99	94～99	94～99	94～99	94～99
N(CAT)	EN13651	mg/L	0～50				
P_2O_5(CAT)	EN13651	mg/L	0～30				
K_2O(CAT)	EN13651	mg/L	0～40				

① 体积分数。

粒分布是泥炭孔隙度、空气体积、水体积特性的基础。当选择不同比例的不同粒径组配，就可能获得不同的基质物理性状。基质的空气含量对长生育期作物是极为重要的参数。同时，研究还证明，不仅基质的空气容量对植物生长有重要影响，基质的气体交换、气体扩散等，都是植物稳定生长的控制因子。一品红和几内亚凤仙栽培最理想基质粒径为 2～10mm，当气体扩散值达到最大时也能取得最佳栽培效果。

泥炭的性质受制于其植物组成和分解度，弱分解藓类泥炭主要由泥炭藓构成，超常的细胞结构完全不同于其他植物组织，这是苔藓泥炭具有独一无二特殊结构的重要基础。藓类泥炭茎叶组织内部细胞结构确保了泥炭极高的总孔隙度，保证了理想空气体积、良好水分固定能力以及良好的结构稳定性。

四、泥炭对其他基质原料性质的优势

泥炭物理化学性质与他基质原料相比差异较大。表 7-6 给出了泥炭物理化学性状指标及其与其他替代材料的对比。从表 7-6 可见，泥炭拥有良好的低 pH 和低可溶盐含量（低 EC 值）性状，有利于基质酸度和养分调节。较高的阳离子交换容量意味着泥炭营养缓冲容量大，使得植物养分管理十分简便。泥炭的总孔隙度高、水含量大，同时空气含量仍然保持在高位，这是其他泥炭替代材料难以匹敌的。泥炭中的营养行为易于预测，化学质量可期待，性质均质，变化稳定，可作为基质的安全组分。尽管如此，研究开发其他基质替代材料仍然是全世界泥炭和基质产业当务之急，泥炭资源管理严格和运输成本过高，资源匮乏地区的泥炭替代材料开发已经成为十分紧迫的任务。

表 7-6　泥炭与泥炭替代材料的性质对比

泥炭种类	pH	CEC /(meq/100g)	容重 /(kg/m³)	总孔隙度 /%	水体积 /%	空气体积 /%	有效水 /%
白泥炭	3.8～4.5	100～150	75	95	68	27	33
黑泥炭	3.5～4.5	100～250	110	92	75	17	25
树皮	6.0～6.8	40～70	270	81	43	38	9
蛭石	5.5～9.0	40～80	130	95	44	51	5
岩棉	7	0～10	70	94	76	18	70
木纤维	4～6	45	100	95	40	55	23
椰糠	5.0～6.8	100～200	80	95	55	40	21

从防病控病角度来说，泥炭是一种特别安全的天然物料。天然泥炭微生物活性很低，因此泥炭易于储藏和长途运输。尽管也可以从泥炭中检出某些腐生真菌和细菌，但不会影响植物健康生长。只有在长时间淹水缺氧条件下，由于厌氧微生物活动才会出现泥炭抑制植物生长的情况。而在基质通气良好、微生物活动高时，微生物可快速消耗根区有效氧，一些富含纤维素和半纤维素的基质原料，如树皮、木材或纸浆废料，可能存在从基质中获取氮素营养的能力，则不会遭受氮素固定的影响。除此之外，泥炭中杂草种子库较小，植物生长的生物制约因素可以忽略不计。

由表 7-7 可以看出，在园艺基质中，泥炭的使用量较多。这是因为泥炭与其他基质相比，具有较强的优势：泥炭纤维含量丰富，疏松多孔，通气透水性好，比表面积大，吸附螯合能力强，有较强的离子交换和盐分平衡控制能力，而且泥炭 pH 值较低，没有病原菌、虫卵和草籽，不会传播虫草害。因为泥炭具有这些优良特性，使用泥炭作为基质，能将生产风险降到最低。因而，泥炭成为所有基质中性质最好的原料，在世界范围内得到广泛的认可。

表 7-7　泥炭与其他材料的性质对比

材料	容重	持水量	空气体积	结构稳定性	pH	盐分	营养含量	病虫害来源
泥炭	＋＋	＋＋	＋＋	＋＋	＋＋	＋＋	＋＋	＋＋
树皮	0	0	＋	0	0	0	0	＋＋
树木纤维	＋＋	〈〈	＋＋	〈〈	0	＋＋	＋＋	＋＋
稻壳	＋＋	〈〈	＋＋	＋＋	0	0	＋＋	＋＋
椰糠	＋＋	0	＋	＋	0	〈	0	0
堆肥	〈〈	〈〈	〈〈	〈〈	〈〈	〈〈	〈〈	0

注：＋＋表示很适宜，＋表示适宜，0 表示中等，〈表示不适宜，〈〈表示很不适宜。

现代园艺是高度自动化的，是强烈技术依赖型的生物生产。园艺生产方式的每一次修正，都必须与现有的操作模式相平衡。基质能够适应特定栽培技术和栽培作物，能够适应多种生产环境和生产操作，泥炭植物组成、分解度、开采方法、搅拌方式以及包装方式，都可能根据栽培方式和用户不同进行调整。如果不考虑泥炭来源受限，基质生产者只需要考虑基质制备技术和设备等因素就行了。

五、泥炭的优异持水能力

基质的物理属性最基本的一条是在没有减少氧气供应条件下，为根系提供充分水分。基质持水能力检测依据基质中水分和空气体积比例，而这个比例与基质对水的吸持能量关系密切。

从物理学观点看，不同类型泥炭可以根据其植物种属、分解度和颗粒大小进行划分。对于同样分解度的泥炭，藓类泥炭一般比灰分含量较高的草本泥炭和其他类型泥炭具有更好的物理性状，具有较强的水分吸持能力和较好的通气能力。同样是藓类泥炭，分解度较低白泥炭与分解度较高（H6～H8）黑泥炭相比，黑泥炭的物理结构明显变差。从泥炭纤维降解的角度看，分解度大的泥炭出现了更细的颗粒结构。因此，分解度大的泥炭会在使用中出现通气性变差和基质初始性状丧失，产生不可逆体积缩减等问题。

从图 7-9 可以看到三种不同分解度泥炭的持水差异。爱尔兰白泥炭分解轻微，水势 0～－1kPa 的空气体积可达总体积的 26%，－1～－5kPa 的有效水体积为 33%，－5～－10kPa 的缓冲水体积为 4%。而德国中等分解黑泥炭空气体积占总体积的 11%，而弱分解白泥炭明显降低，有效水占总体积的 33%，与弱分解白泥炭持平，束缚水占总体积的 9%，比弱分解白泥炭有所提高，表明分解度提高，空气体积减少，被束缚水分增加。波罗的海黑泥炭分解度进一步增大，泥炭中空气体

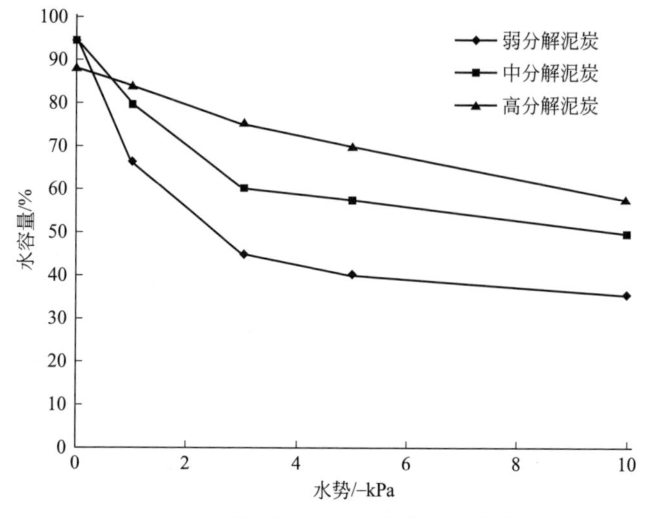

图 7-9　不同分解度的泥炭的持水曲线

积进一步降低，只占总体积的 5%，有效水体积也有所降低，缓冲水体积增加到总体积的 14%。可见随着泥炭分解度提高，空气体积减少，有效水降低，束缚水反而增加。这表明，泥炭的分解度对泥炭三相体积变化影响极大，泥炭分解度越大，泥炭颗粒越细碎，颗粒间的孔隙越小，留给空气存放的空间明显减少，而被泥炭吸持固定的无效水比例明显增加。由此可见，要保证基质理想的水气比例，就必须选择分解度小、颗粒相对粗大的基质原料，而最具备这种优异水气特征的材料就是藓类泥炭。

泥炭分解程度不同导致泥炭颗粒粒径大小差异，而泥炭颗粒粒径分布的差异可以作为划分原料水气特征的依据。基质原料粒径不同，基质吸水和通气容量差异明显（见图 7-10）。泥炭分解度不同是泥炭粒度差异的第一因素，分解度对颗粒的影响远远大于泥炭类型对颗粒粒径的影响。开采方法的不同，泥炭粒径有明显差异，开采方式、干燥方式通过影响泥炭原始结构，进而影响泥炭颗粒粒径。泥炭加工方式如粉碎、调制、筛分等都能对泥炭结构产生重大影响，进而影响泥炭的三项比例和水气特征。从图 7-10 可以看到，粒径 0～10mm 的爱尔兰白泥炭的空气体积占总体积的 11%，有效水体积占总体积的 45%，束缚水是总体积的 8%。而粒径为 10～20mm 的爱尔兰白泥炭空气体积占总体积则提高到 26%，有效水体积占总体积比例则降低到 33%，束缚水占总体积的比例则维持在 4%左右。但爱尔兰白泥炭的颗粒增大到 20%～45%时，则空气体积占总容积的比例提高到 47%，有效水体积占总容积的比例则降低到 19%，束缚水体积占总体积的比例仍然维持在 3%左右。由此可见，泥炭颗粒粒径越小，空气孔隙越小，有效水和束缚水比例越高。哪一种原料空气孔隙和有效水比例指标最好，取决于特定植物类别，而要改善基质的水气比例和容量，完全可以通过泥炭粒径进行调整。

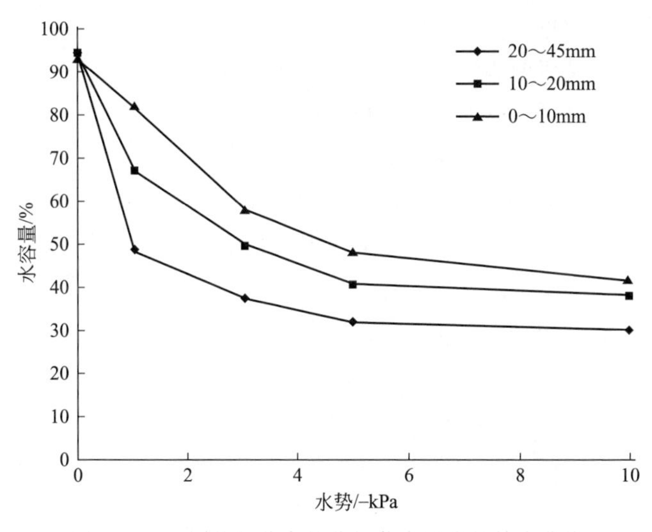

图 7-10　不同粒径分布的分解藓类泥炭的持水曲线

六、泥炭资源储量和可更新性

既然泥炭是最佳的基质原料，就必须在全球层面上考虑泥炭资源储备、更新和生产。表7-8是国际泥炭学会统计的世界泥炭地和湿地面积数据，从数据可见，全球泥炭地总面积是398.5万平方千米，而无泥炭的矿质湿地的总面积是242.8万平方千米。全球泥炭集中分布在地处高纬度地带的北欧、北美和俄罗斯，泥炭地占湿地总面积的72.5%，在欧洲绝大部分湿地都是泥炭地。而地处中低纬度地带的亚洲、非洲和中南美洲地区，泥炭地面积占湿地总面积的比例则明显降低。由此可以看出不同地区降水/蒸发比值不仅控制着湿地类型和泥炭分布，也决定着湿地修复重建的难易程度。

表7-8　全球泥炭地和湿地面积

地区	泥炭地/万平方千米	矿质湿地/万平方千米	湿地总面积/万平方千米
北美洲	173.5	65.7	239.2
亚洲	111.9	114.9	226.8
欧洲	95.7		95.7
非洲	5.8	28.2	34.0
中南美洲	10.2	33.0	43.2
大洋洲(澳大利亚)	1.4	1.0	2.4
合计	398.5	242.8	741.3

欧洲泥炭平均深度为1.57m，世界泥炭平均深度是1.3～1.4m，按此深度计算，世界现有泥炭储量5.5万亿立方米（Lappalainen，1996）。根据Maltby 1996年计算，94%的泥炭地分布在8个国家里，其中，俄罗斯占38%，加拿大占28%，美国占15%，印度尼西亚占6%，芬兰占3%，瑞典占2%，中国占1%，挪威占1%，其他国家合计6%。欧洲泥炭面积是95.7万平方千米，占全球泥炭地面积的25%。

根据国际泥炭学会1999年数据，全球年泥炭产量为9000万立方米，其中44%用于园艺产业，50%用于能源产业。用于园艺泥炭中的碳含量为300万吨，用于能源泥炭释放二氧化碳为680万吨，而全球每年泥炭地碳净积累为1亿吨，从全球层面上说，泥炭再生所积累的碳超过泥炭利用碳释放10倍。欧洲95.7万平方千米泥炭地碳素年积累量是2500万吨，欧洲每年泥炭开采7600万立方米，含碳570万吨，欧洲泥炭地积累碳素是泥炭开发碳素的4.39倍。数据说明，不管是从全球层面，还是从欧洲层面，泥炭积累量远远超过了泥炭开采量，特别在俄罗斯、加拿大、美国、瑞典、芬兰和波罗的海国家，这一数据更得到了进一步印证。泥炭产业就是采用市场经济手段，将泥炭丰富国家的资源配置到泥炭稀缺的国家，满足不同国家的市场需求。

世界范围的园艺泥炭利用是一个重要信息价值的经济数据。根据IPS秘书处统计，园艺泥炭的生产数字见表7-9。

表7-9 1999～2000年不同国家园艺泥炭生产

国家	棒状泥炭/万立方米	粉状泥炭/万立方米	合计/万立方米
加拿大	11	1023.8	1034.8
德国	106.5	840.8	947.3
爱莎尼亚	10.1	338.3	348.4
英国	0	150	150
芬兰	0	103	103
美国	0	137.8	138.8
爱尔兰	20	161.6	182.6
拉脱维亚	0	82.5	82.5
俄罗斯	25	86.5	111.5
瑞典	40	100	140
立陶宛	0	81.9	81.9
白俄罗斯	0	80	80
波兰	0	70	70
乌克兰	0	26.4	26.4
匈牙利	0	21.2	21.2
捷克	0	17.1	17.1
合计	187.6	3320.9	3508.5

世界范围的园艺泥炭年总产量是3500万～4000万立方米，园艺泥炭的主要消费国是德国、荷兰、美国、英国、加拿大、芬兰、瑞典和意大利。欧洲园艺泥炭利用的统计数据见表7-10。

表7-10 1999～2000年间欧洲园艺泥炭利用的统计数据

国家	消费/万立方米	占比/%
德国	430	23
荷兰	340	18
英国	340	18
法国	260	14
瑞典	100	5
意大利	100	5
比利时	80	4
丹麦	65	4
芬兰	55	3
爱尔兰	50	3
西班牙	25	1
合计	1845	100

尽管全世界都在寻找泥炭替代物，但泥炭一直是压倒多数的基质原料。泥炭缺乏国家是寻找替代材料的主力军。中国在强大人口压力下，利用本地废弃资源和可更新材料去生产基质，可以更多应对经济环境约束。但在可以预见的将来，泥炭仍将成为主导性的基质原料，既可以单独用，也可以混合其他材料混合用。泥炭基质生产者必须紧密跟踪现代园艺技术进步，提供适于不同作物和新技术的基质。先进的园艺产业完全依赖于精密的栽培基质，没有其他任何材料能够同时具备泥炭这么多优异特性。

第六节　基质生产的其他原料

尽管泥炭是最具优势的基质原料，但对我国这样在总量上绝对稀缺，类型上相对稀缺的泥炭资源短缺国家来说，必须在全球配置资源，大量从国外引进优质藓类泥炭资源和木本泥炭资源，弥补我国藓类泥炭和木本泥炭的不足。同时必须积极开展替代材料开发，加强对农林废弃生物质资源的加工利用，促进生物质资源的循环利用，既可以弥补泥炭资源的不足，也可以降低运输费用，降低基质加工成本。特别是某些替代资源在改善基质的物理、化学性质方面能够起到泥炭所没有的作用。

一、农林废弃物工业堆肥

农林废弃物发酵作为基质原料比较普遍。德国每年产生约 400 万立方米生物降解堆肥，其中一半质量能满足德国 RAL 系统认证的堆肥材料标准。但其中只有 25 万立方米用于专业和业余基质生产，其原因在于所用藓类泥炭原料来自于沼泽累积，而堆肥则是不同生物废弃物工业堆肥的产物。生物堆肥固体组分占主导地位的往往不是有机质，而是矿物质。由于生物废弃物不能实现有效分离，堆肥中的矿物质含量可能达到 70%或更多。因此，RAL 认证标准中堆肥原料所占比例最大不能超过 40%，见表 7-11。

农林废弃物发酵制备工业堆肥并不能作为专业基质的唯一组分，因为其 pH 值较高，氧化钾含量可能超过 1650mg/L（EN 13651），是 K_2O 含量高、有机质含量也很高的工业堆肥。工业堆肥如果不添加泥炭等材料调节盐分和 pH 值，这样的堆肥就不能单独配制专业基质。因为工业堆肥矿物成分高，所以其体积密度高，基质重量大，增加了运输成本，导致用户产生使用问题。除此之外，堆肥 pH 值、盐度和氧化钾含量都与作物需求不符，必须混合 pH 调整物料，改变基质 pH 和盐度，规避使用风险。从这个意义上来说，泥炭性能是超越堆肥的一种优质材料。

二、木纤维

木纤维是采用机械热提取方式从木材和木材废料提取制备的新型基质物料。用作基质原料的木材可用机械处理木材，但化学胶合木材、用过涂料的木材、喷漆涂

表 7-11 德国堆肥作为基质成分的质量标准（RAL，2007）

项目		值或取值范围	
		类型 1	类型 2
基质中最大允许基质用量(体积分数)/%		40	20
盐分/g/L	≤	2.5	5.0
氮/mg/L	<	300	600
磷(P_2O_5)/mg/L	<	1200	2400
钾(K_2O)/mg/L	<	2000	4000
氯化物/mg/L	<	500	1000
钠/mg/L	<	250mg/L	500
碳酸盐($CaCO_3$)		<10%($CaCO_3$)干性物质(DM)	
植物响应		无氮固定，无植物性毒素物质	
分解度①		Ⅴ(最高比率)	
有机质		>15%(质量分数)干性物质(DM)	
卫生要求		无草籽，无可能植物繁殖体或沙门氏菌	

① 冯·波斯特测定法。

漆木材或经有机或无机物质处理过的木材等，均不能用于基质材料。为了防止木纤维对基质氮素固定，木纤维在投入挤压机前必须向木屑加入氮肥浸渍，以抵消微生物氮固定产生的氮亏缺。

从图 7-11 可见，随着木纤维用量增加，基质容重逐渐降低，基质含水量和水孔隙度也随之降低，基质收缩性质有了明显改变。随着木纤维用量的增加，基质空

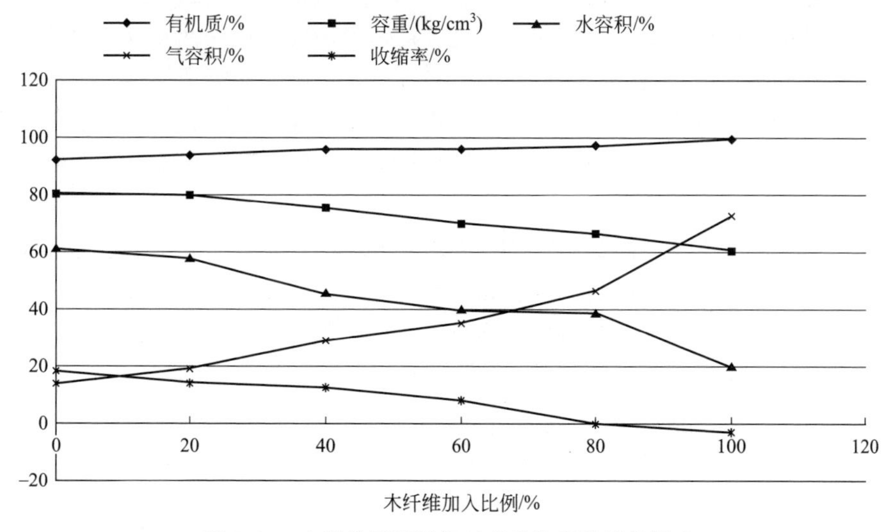

图 7-11 木纤维用量增加对基质物理性质的影响

气孔隙度明显提高，说明木纤维在改良泥炭基质的物理性质、优化基质性能方面具重要作用，木纤维在基质产业领域前景辉煌。

目前我国基质中木纤维使用刚刚开始，木纤维潜能尚未充分利用。以大孔隙的木纤维和小孔隙的工业堆肥相互配合有望成为解决我国泥炭原料不足的重要途径。

目前在欧洲用于常规用途木纤维产品市场前景不佳，但有的木材纤维被德国、瑞士和英国的基质产业广泛接受。Toresa 公司木纤维原料 90%～95%取自云杉属，5%～10%取自冷杉、杨树、水曲柳、柳树和水青冈树种。法国的 Hortifibre 木纤维产品因为原料优质，也获得了欧盟一些国家的认可。

木纤维结构疏松多孔，适于盆栽基质制备，结构稳定性较好。此外，木纤维有较好再湿润性，没有杂草种子和病原体。木纤维 pH 值为 4.5～6.0，适合植物生长。

木纤维来自木材和木材废料的机械/热提取。只能使用机械处理木材作为原料，不能使用有机或无机物质处理的胶合、涂层、涂漆木材或木材不制品。为了防止木材纤维发酵，固定氮素造成的栽培事故，可以在木纤维放入挤出机之前加入某种材料来“浸渍”木材。通过这种处理，木纤维不再需要发酵，可以直接使用。

木纤维特点是松散和弹性，具有低堆积密度、非常高的空气容量、良好的排水性和非常低的水容量。由于低收缩值，它们可以减少营养钵中基质的收缩。此外，木纤维具有良好的可再润湿性，不含杂草种子和病原体。它们的 pH 值在 4.5～6.0(H_2O)。

三、树皮堆肥

云杉和其他软木树皮通过工业堆肥发酵处理，压碎和筛选过的原始树皮被堆放在户外发酵，消除树皮对氮的固定作用，避免导致植物生长问题。在发酵过程开始时，将尿素喷洒到树皮上，以加速微生物活动，促进碳氮比降低和氮固化减少。

将树皮堆肥与基质混合，可以增加空气容量，提高排水能力，提升阳离子交换能力，改善 pH 缓冲效果。但是，树皮堆肥 pH 值和盐含量可能太高，基质生产中树皮堆肥用量高达 50%（体积分数）。而树皮价格上升地区，基质中树皮用量将受到抑制。

为使盆栽基质空气孔隙达到 25%（体积分数），可以通过单独使用泥炭或混合一定比例农林废弃物堆肥、树皮堆肥和木纤维等方式完成。虽然两种混合物的空气能力是相同的，但它们的化学特性差异很大，说明基质制备调制过程中不仅仅需要关注基质水气性质，还要关注基质的化学性质。

四、椰壳和椰糠

椰壳和椰糠是来自椰子果实的副产物。椰子采收后，将果壳、椰肉和椰汁取出后，剩下的椰壳先放入水槽里储存 6 个月，进行熟化。熟化过程是一个厌氧发酵过程，能保证椰糠结构不再发生微态变化，同时固定鞣质，以避免对植物根系特别是细嫩新根产生伤害。经过熟化的椰糠颜色会比新鲜椰糠更深一些。因椰壳含有极高含量的木质素，并不需要经过好氧发酵即可使用，在水中浸泡半年能在一定程度上降低椰壳中的盐分。

捞出熟化的椰壳，用机器切割制成椰块，因椰块具有良好的通气性，所以被广泛用于兰花栽培。不切块椰壳用机器剥离椰纤，用于制作床垫、地垫等。某些椰丝也用于编制椰丝花盆，作为室内种植观赏容器。椰壳脱去椰纤剩下的就是椰糠。椰糠再通过筛选机筛选出不同粗细度，如 0～3mm、3～6mm、6～12mm 等级，用于不同基质制备。当然个别椰糠厂家的筛选机械没有那么精细，很多供应商都只提供 0～6mm 甚至 0～12mm 的细度。

由于椰子生长于海边，根系吸收大量盐分，椰壳中也有大量钠、钾离子集聚，必须通过水洗、盐洗等方式洗去钠、钾离子，防止使用时给植物造成盐害。因此，椰丝处理的关键一步就是冲洗降盐，使椰糠 pH 值趋于并稳定在中性，制成水洗椰糠。使用氯化钙、氯化镁溶液冲洗或浸泡的椰糠称为脱盐椰糠或缓冲椰糠。而经过缓冲处理的椰糠，从里到外的钠钾离子都已经完全被置换出来，被水带走，对植物不会伤害。由于脱盐椰糠价格较高，可以采用水洗椰糠与高分解藓类泥炭或草本泥炭配合使用，以降低椰糠盐分的影响。

椰糠的晾晒非常重要。没有彻底晒干的椰糠，压缩后再泡开体积会不足，甚至出现泡不开的情况。晒干的椰糠再压缩、包装、出厂。

椰糠是椰棕加工副产品，是椰子果实外壳中纤维物质之间的絮状物。椰糠颗粒比较粗，有较强的吸收力，透气和排水性能良好，保水保肥能力强。椰糠不需要堆沤发酵，处理比较简便。椰壳产品起源于椰子果实，其中果皮纤维（外果皮内厚厚的海绵层）为椰壳纤维，果皮其余组织通常被称为椰核、椰糠和椰尘。用“椰糠泥炭”或“椰糠”来定义椰壳纤维是不正确的，因为椰壳纤维不是泥炭。椰壳纤维（coir fibres）简称为椰糠（coir）。有时将椰壳颗粒称为椰壳切段。斯里兰卡和印度是世界主要椰糠和椰块产地，每年向欧洲和亚洲大量提供园艺椰壳产品。中国靠近印度和斯里兰卡，运费相对低廉。椰糠进口增长较快，价格比进口泥炭低廉，未来椰糠进口将有快速发展。

五、蛭石

蛭石是云母类次生矿物，为含镁、铝、铁的硅酸盐，通常呈薄片状。将蛭石原矿在 800～1100℃的温度下加温烧结，蛭石就会膨胀 15～25 倍，形成紫褐色光泽的多孔的海绵状多层薄片。蛭石容重 0.07～0.25g/cm^3，总孔隙度 95%，气水比 1∶4，持水量为 55%，电导率为 0.36mS/cm，含有并能缓慢释放一定量的钙、镁、钾养分。蛭石具有较高的缓冲性和离子交换能力，通气性好，适于与泥炭材料一起配制育苗基质、扦插基质，是一种比较理想的基质材料，目前实际生产中运用较多。

蛭石的吸水能力强，每立方米的蛭石可以吸收100～650kg的水，用于种苗基质的蛭石要用0.75～1.0mm的细粒级别的，便于保持水分，增加基质的容重。用于无土栽培的蛭石要使用3mm以上直径的，以提高蛭石的通气性。由于蛭石使用一段时间后会因为分解、搅拌、沉降等因素使结构破坏，结构变细，孔隙度减小，影响基质的通气和排水，因此在运输和种植过程中要尽量不受重压，使用次数也限制在2次以内。

不同产地的蛭石因为原料和植被工艺的差别，其pH值会在6.5～9，宜于与泥炭等酸性基质原料配合，相互中和，防止因为酸碱度不当造成育苗事故。确属酸碱度偏高的蛭石，事先要采用硫酸调节pH，保证基质pH值在合适的范围。

六、珍珠岩

珍珠岩是将酸性火山岩加热灼烧到1000℃以上时，颗粒膨胀而形成的质地均一、直径1.5～4mm的灰白色多孔性疏松核状颗粒。珍珠岩容重小，一般为0.03～0.16g/cm^3，总孔隙度60.3%（大孔隙29.5%，小孔隙30.8%），气水比1∶1.04，持水量60%，电导率0.31mS/cm，盐基交换量低于1.5meq/100g，几乎没有任何缓冲作用和离子交换能力，pH 6～8.5。珍珠岩吸水量可达自身重量的2～3倍，稳定性好，能抵抗各种理化性质的变化。不易分解，但物理强度不高，易于因为运输和操作过程中受压破碎，造成种苗基质结构破坏，影响基质的通气性。由于珍珠岩质量较轻，生产制备和使用操作中容易粉尘飞扬，刺激呼吸道，混入基质后，也容易因为重量偏轻，在配合和使用过程中逐渐积聚在表面，从而影响基质通气性的改善。

珍珠岩价格低廉，质量均匀，在种苗基质调制中应用广泛。我国很多地方泥炭分解度大，纤维含量低，容重和通气性不好，珍珠岩更是不可缺少的结构性材料。但因为珍珠岩颗粒容易因为扰动而分选，影响种苗基质结构的稳定性，所以在育苗期比较长的基质制备中，用量应有所控制。此外珍珠岩容重轻，尽量避免与其他容重大的物料混配，以免在混配过程中发生重力分选，影响使用效果。

七、菌棒

菌棒是种植食用菌后废弃的培养基。菌棒容重0.41g/cm^3，pH为6.9，持水量为60.8%，总孔隙度70.9%，主要为大孔隙，小孔隙较少，气水比1∶0.36，粉碎后的菌棒颗粒内部孔隙较少，颗粒间的孔隙较多。但食用菌培养基是人工配制而成，氮、磷、钾营养丰富，特别是经过食用菌生命活动后，菌丝体内所含养分能够迅速分解释放，满足种苗生产需求。

食用菌棒是种苗基质的优良原料。我国食用菌产量高，菌棒废弃量巨大，来源广泛。一些食用菌集中产区，废弃菌棒已经成为环境灾害。采用菌棒作为种苗基质的制备基质，既可以为种苗基质开辟新的原料来源，又可以实现当地废弃菌棒的再利用，发展循环经济。使用菌棒作为种苗基质原料前，应将菌棒事先用水浸润，堆成大堆，盖上塑料薄膜，堆沤 3～4 个月，降低碳氮比，防止在基质使用中发酵烧苗。

八、甘蔗渣

甘蔗渣是甘蔗制糖的副产品，在南方产糖区来源广泛。新鲜甘蔗渣容重 127kg/m^3，通气孔隙 53.5%，持水孔隙 39.3%，大小孔隙比 1.36。新鲜甘蔗渣容重偏小，大孔隙偏高，而持水能力不够，不符合种苗基质要求。除此之外，新鲜甘蔗渣碳氮比高达 169，必须经过堆沤，将新鲜有机质转化为二氧化碳释放，将其他养分转化为易利用状态，防止新鲜有机质在种苗生产过程中发酵对种苗产生不利影响。经过堆沤后的甘蔗渣腐殖化程度明显增强，甘蔗渣纤维明显降低，碳氮比降低，容重从 127kg/m^3 增加到 200kg/m^3，通气孔隙降低到 30%以下，持水孔隙增加到 60%以上，残存的甘蔗纤维比例增加，有利于形成良好的基质结构，达到种苗基质制备条件，是我国南方地区种苗基质原料的重要来源。

九、芦苇沫

芦苇沫是造纸厂废弃下脚料，添加一定比例养分，堆置发酵可以用做种苗基质原料。芦苇沫容重 0.2～0.4g/cm^3，总孔隙度 80%～91%，大小孔隙比 1∶(0.5～1.0)，电导率 1.2～1.7mS/cm，pH 7.0～8.0，阳离子交换量 60～80meq/100g，具有较强的酸碱缓冲能力。芦苇沫的矿质营养丰富，基本可与泥炭相当，在拥有芦苇造纸厂的地区是一个可利用的基质资源。

十、炉渣

炉渣灰是民用燃料的废弃物，取材方便。炉渣灰通透性较好，结构稳定，P、K、微量元素和金属元素丰富；炉渣容重为 0.78g/cm^3，有利于固定植物根系。总孔隙度 55%，其中空气孔隙容积为 22.0%、小孔隙容积为 33%，持水量低，电导率为 1.83mS/cm，矿质营养丰富，pH 呈弱碱性。炉渣容重适中，易于固定植物，矿质营养丰富，与其他物料混合配制种苗基质时，可以不加微量元素。炉渣如果出炉后即妥善收集，不被地上杂土污染，则本身不会携带病菌、虫卵和草籽，不会发生病害。炉渣的缺点是保水和吸水性较差，温度变化幅度大，pH 值偏碱性，需要在配制时加以调整。此外，炉渣质地不均匀，颗粒大小悬殊，经常混有石块，影响种苗基质质量的稳定，应该在配制前粉碎、过筛，将小于 1mm 的细粒和大于 55mm 的颗粒剔除，保证种苗基质水气比例的协调和质量的稳定。

基质原料选择应根据当地的实际情况，利用当地丰富的材料资源，降低制作成本，以利于提高育苗效果，促进产业开发，推动种苗育苗的发展，取得较好的经济和社会效益。

第七节　现代基质调制原理

水气平衡、养分平衡、结构稳定是基质制备的核心内容，合理的基质水气比是基质调制的关键。基质是植物生长发育的基础，要为植物生长提供优良的水气条件，只有深入研究基质的水分体积、空气体积是如何影响植物对水分和氧气的吸收的，才能通过一定的技术手段有效调节基质的相应比值，为植物生长创造最佳水气空间。

一、植物根系对基质水的吸力

植物种植在基质中，植物要正常生长，基质根系就必然要从基质中吸收水分。植物根系对基质中的水吸力和基质对水的固持力，决定着植物根系吸水效率的高低。植物根系细胞渗透压是植物根系从基质中吸收水分的能量，基质溶液的渗透压与基质对水的黏着力是阻碍根系吸水的能量。如果用 F 代表植物从基质中吸收水分的力，则植物根系吸收水分能力的大小可以表示为植物根系吸力与基质阻力（基质渗透压和基质黏附力）之差：

$$\Delta F = OP_{\text{植物}} - (OP_{\text{基质}} + P)$$

式中　ΔF——植物根系吸水力；

$OP_{\text{植物}}$——植物根系渗透压；

$OP_{\text{基质}}$——基质溶液渗透压；

P——基质颗粒对水分的吸附力。

根据上式，植物吸水力等于植物根系渗透压和基质水阻力（溶液渗透压＋基质黏附力）之差。当植物根系吸水力大于基质渗透压和基质颗粒吸附力，则植物能够吸收所需的水分；如果植物根系水吸力小于基质阻力，则植物根系无法吸收到应有的水分，即使基质中存在水分也无法吸收进去，从而造成植物缺水萎蔫。要增加植物吸水量，要么增加植物根系吸水渗透压，要么减少基质溶液渗透压（电导率）和土粒吸附力。

所谓渗透压，实际是指植物根系细胞中溶质（如糖分）的浓度，浓度越高，渗透压越大，吸水力越强。对基质溶液来讲，溶液中的含盐量越高，基质溶液的渗透压越高，越难以被植物根系吸收。水分总是要从低渗透压的一方流向高渗透压的一方。所谓基质水分吸附力，是指基质颗粒之间存在的毛管作用力、分子范德华力等对基质颗粒间水分的吸持力，这种力量有时甚至大于基质溶液的渗透压。植物根系要从基质中吸收水分，不仅要使根系细胞渗透压大于基质溶液渗透压，还要大于基质对水分的固持力。

为了形象解释基质中的水分吸持力，可以通过一个试验进行演示（见图7-12）。

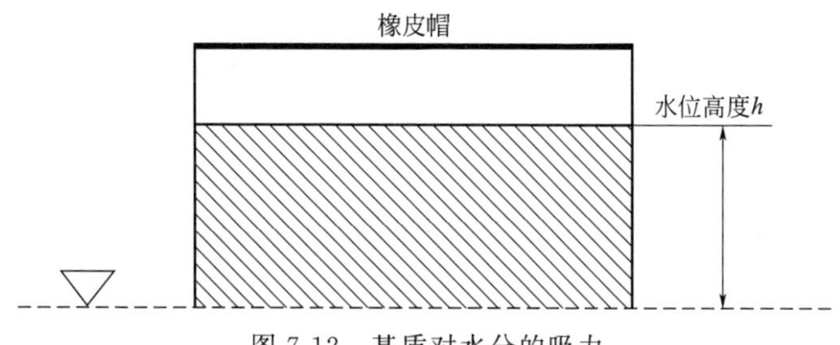

图 7-12 基质对水分的吸力

取一个直径 5～10cm 的塑料管或玻璃管，一头用橡皮帽盖紧，然后向管中装填基质。将装填好基质的容器管倒置，让没有橡皮帽的一端向下，有橡皮帽的一端在上，放置在水深 1～2cm 的平浅盛水容器中，使基质紧密接触自由水面。由于容器上部用橡皮帽盖住，管中基质水分不会自由蒸发，管中基质的水分不会减少。因为基质含水较少，基质水溶液渗透压较高，基质毛细作用强烈，具有较高的水分吸收能力，形成对水盘中水分的吸收力，使容器管内基质中的水位开始上升，逐渐渗透浸湿容器管中的基质。随着管中基质对水的吸收不断增加，管中基质湿润水分锋线逐渐上升，直到停止在某一高度不再升高，这个高度就是基质水吸力与下部自由水相平衡的高度。

从自由水面提升 1g 水到一定高度所需要的能量大小可以用水分上升高度与水分重力加速度乘积来表示，即 gh。g 是重力加速度；h 是水位高度。与容器外面的水位相比，可以看到泥炭具有将 gh 能量的水分绑定吸附在一定高度基质颗粒中的能量。

由图 7-12 可见，从自由水面上升高度为 h，每一层基质的水分含量是不同的，其水分吸持力等于相应高度的水分能量与容器外水盘上中水分能量的差。假定水盘水位为 0，则管中 h 高度的水分能量即为该层位基质对水分吸持力。管中不同层位基质水分含量是不同的，水位高度越低，基质中含水量越大，水位高度越高，基质中含水量越低，基质柱中水分含量随着高度线性下降。对一个均质基质来说，水分吸持力是个常数，也就是说，随着水分高度增加，即水分升高 h，水分含量将相应减少；水分高度降低，水分含量增加，因为 g 是常数。假设基质柱中的基质相对均匀，则各层基质对水分的吸持力可以用自由水面的高度来测定：

$$P_m = pgh$$

式中 P_m——基质水分吸持力，即水势；

p——基质中的水分含量，kg；

g——重力加速度，m/s^2；

h——水分上升高度，m。

根据以上分析，既然基质具有吸持水分的能力，那么植物根系要把基质中的这些水分吸收到植物体中，植物根系的吸水能力就必须大于基质的水分吸力。基质水分吸持力可以称为水势（water potential）。基质水势是在等温条件下从基质中吸取单位水分所需要的能量，单位是巴（bar，1bar＝100kPa＝0.1MPa）。基质水分饱和时水势为零。含水量进一步减少，则水势为负值，基质越干，负值越大。基质水势可以用大气压、水柱高度、pF 等方式表示。根据液体压强公式 $P=\rho gh$，水的密度是 $1g/cm^3$，因此，1033.6cm 水柱产生的标准大气压强是 1 个大气压。已知，$1atm=760mmHg=1033.6cmH_2O=1.01325\times10^5Pa=101325N/m^2$，在计算不要求十分精确情况下，标示基质水吸力大小的水势、大气压、水柱高度、pF 值等指标的相互对应关系见表 7-12。

表 7-12 水分吸力的不同表示方式

表达形式	水吸力				
用大气压表示吸力/atm	0.001	0.01	0.1	1	10
用厘米水柱表示吸力/cmH_2O	1	10	100	1000	10000
用 pF 值表示吸力	0	1	2	3	4
用能量单位表示吸力/kPa	0.1	1.01	10.13	101.32	1013.2

植物根系水吸力即植物根系从基质中吸收水分所要耗费的能量，相当于吸水的难易程度。而基质含水量是指单位体积基质中水分的体积或单位质量基质中水分的质量，分别称为体积分数（%）和质量分数（%）。含水量、水势这两个指标分别相当于电学中的电子密度和电势。但是，含水量不能反映基质水分对植物的有效性。如 15%含水量，在粗基质中已经相当湿润，几乎所有植物都可以生长。如果细基质含水 15%，则几乎所有植物都因不能吸收到足够的水分而无法生存。水势则不同，水势表示的从基质中吸收水分的难易程度，负数越大，植物吸收越难，负数越小，植物吸收越容易。水势数据与土壤性质无关，不管基质粗糙还是细碎，不管基质所在地域空间，如果水势数值小于－10bar，植物都很难吸收到水分。如果水势小于－0.5bar，植物吸水则都很容易，这也是基质水分研究一般用水势作为测量指标，而不是仅仅用含水量作为指标的主要原因。因为单凭含水量无法判断基质的缺水程度，一种植物在 A 基质中生长的最佳含水量为 20%，换成 B 基质情况就不见得如此。因此，用含水量进行植物和环境的关系的研究，其结果一般无法推广。

二、基质的水气关系

基质的基本功能是为植物种子萌发和生产提供协调的水气条件，基质的特色就是在不阻断氧气供应前提下为植物根系供水。研究不同水势条件下的基质水、气容量就是建立水气平衡基质的理论基础。

基质既要有良好的通气条件，也要有良好的水分条件。对藓类泥炭基质测定不同吸水力条件下的固、液、气三相体积发现，基质的固体体积只有7%左右，而93%左右是基质的孔隙（见图7-13）。如果此时基质完全被水饱和，没有任何空气体积，则基质的水吸力为0。基质水吸力为pF 0～1，基质对水分的吸力最小，因为基质中的水分重力大于基质的吸力而自动排出基质，所以这部分水称为自由水。排出水分的基质空间随即被空气占据，其体积约为26%。水吸力为pF 1～5，水主要被吸持在基质的毛管空隙中。由于根系水的吸水力大于基质毛管对水的吸力，所以这部分毛管水很容易被植物吸收，属于毛管松束缚水即有效水，大约占基质总体积的33%。水势在pF 5～10是介于有效水和无效水之间过渡的毛管紧束缚水，植物吸收相对难度略大，但当基质特别干旱时也可以被植物吸收，因此称为缓效水。但基质水吸力大于pF 10以上时，水分则主要存在于10μm以下的颗粒孔径中，难以被植物利用，故称为吸持水或无效水，其水分体积约占基质总体积的34%。从以上分析可以看到，基质的水吸力不同，所固持的水分类型也明显不同。水势pF值小的相对容易被植物根系吸收或者因为蒸发蒸腾散失水分，水分散失后腾出的空间就被空气所占据，形成了水分、空气相互制约、相互依存的紧密关系。一个理想的基质其空气体积应该在25%左右，水分总体积应该是空气体积的2.5～3倍，有效水应该是空气体积的1.5倍左右。当然，基质原料和粒度不同，基质的水分、空气体积的比例也会发生相应的变化，基质配制的技巧和诀窍也就在这里。

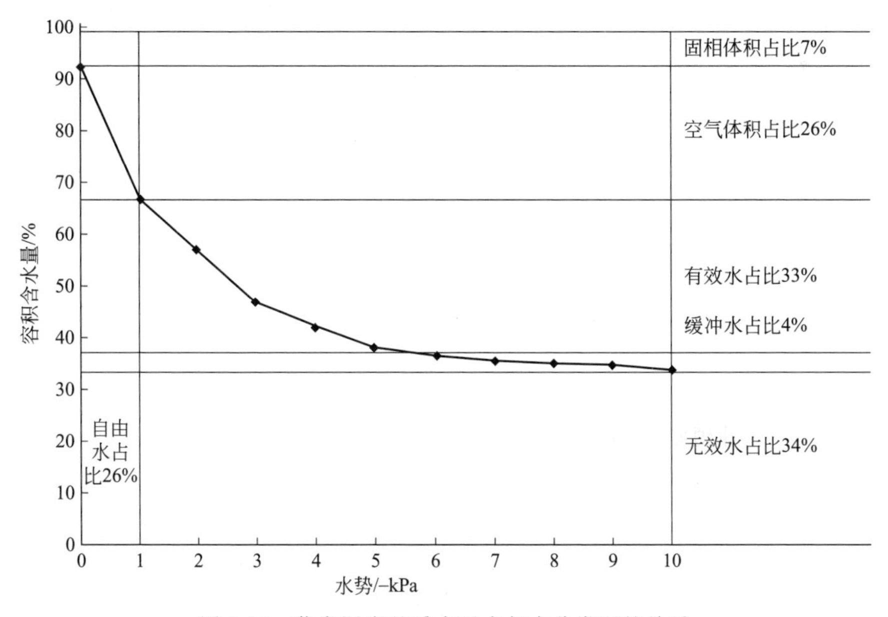

图7-13 藓类泥炭基质水吸力与水分类型的关系

总孔隙度是一定体积内基质或基质原料中的孔隙体积占总体积的百分数。基质空隙中，一部分被水占据，一部分被空气占据，水分体积多了，气体体积自然就少了，水气体积此消彼长、相互制约。传统的总孔隙度测定采用容重和比重数据计算得出，现在已经有简易方法代替，测算结果也能够满足生产实践和科学研究的需要。总孔隙度反映基质的疏松情况和通透性，总孔隙度大的基质通透性较好，有利于幼苗的根系生长，但不利于幼苗的固定；孔隙度小的基质由于通气不良，不利于根系的生长发育。总孔隙度在85%以上，持水孔隙小于70%的基质是最理想的。

气水比是基质的重要物理指标，是说明基质气水关系的一个重要指标。气水比就是气体孔隙与水体孔隙的比值，持水孔隙高，通气孔隙必然低。对多数作物萌发生长来说，适宜的气水比为1∶(3～4)，而气水比的大小则完全取决于基质的颗粒大小和形态。因此，现代基质制备技术中，基质结构、基质原料粒度分布和粒度调配是基质水气平衡的关键。基质的结构是基质初级颗粒和由初级颗粒聚合而成的复合颗粒彼此排列组合而成。所以，定量表征基质水气平衡性状必然涉及基质颗粒的大小和形态，必然涉及颗粒粒径分布以及在这些颗粒间的孔隙连续性。

三、理想基质的孔隙空间

对植物栽培而言，基质可以根据其水分特征曲线划分为以下四种类型(见图7-14)。

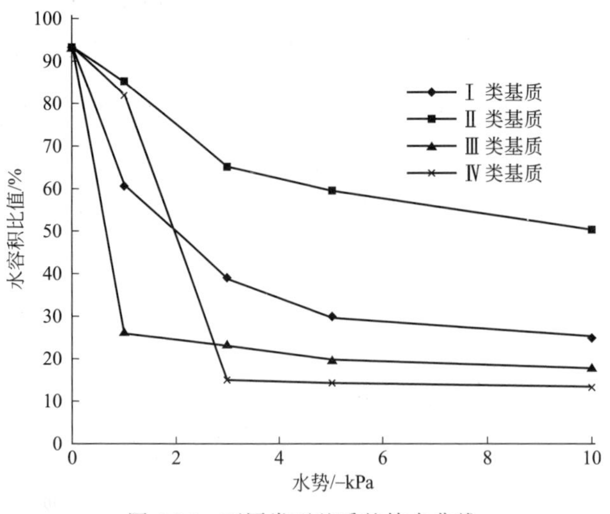

图7-14　不同类型基质的持水曲线

(一) Ⅰ类基质

Ⅰ类基质具有高度水分有效性（有效水大于25%，体积分数），高水分缓冲性，高通气性（空气体积大于25%，体积分数）。这些特征可用藓类泥炭直接制备而成，用其他多种原料合理调制也能实现上述优良性状。这是一种理想的基质类型，灌溉需求现实可行，水分管理受限较少。

从该类基质的水分特征曲线可以看到，0～－1kPa吸力下水分含量下降很快、很陡，一般降低幅度为20%～40%，这是基质的孔隙容积。水势在－1～－5kPa

的水分含量降低幅度也比较大，一般在30%～40%，这部分水体积是植物有效水。在水势－5～－10kPa，基质仍然拥有一定水分空间，这是基质的束缚水体积。

（二）Ⅱ类基质

Ⅱ类基质空气空间很小，但有效水空间仍然较高。由于Ⅱ基质颗粒较细，所以比Ⅰ类基质持水性更强，存在切断植物根系氧气供应的潜在风险。泥炭分解度高，颗粒细，特别是草本泥炭就是这种基质的典型代表。

从该基质的水分特征曲线看，在0～－1kPa水势下，基质中水分含量下降幅度只有10%；在－1～－5kPa水势下，基质水分空间变化也只有20%左右，说明这类基质有效水含量也明显低于Ⅰ类基质；在－5～－10kPa水势下，基质中水分含量明显高于Ⅰ类基质，说明这类基质无效水含量高，占据了大量空气空间，栽培植物时易于发生缺氧、根系发育不良现象。

（三）Ⅲ类基质

Ⅲ类基质属于低水分高通气基质。如果单独用，这类基质需要频繁低剂量灌溉。所以这类基质需要混合Ⅰ类基质和Ⅱ类基质以便改进过于通气而持水性不好的问题。许多有机和无机原料都具有这些特征，如新鲜树皮、发酵树皮、木纤维、珍珠岩和火山灰等。

从水分特征曲线可以看到，0～－1kPa水势下，基质中水分下降十分迅速，下降幅度可达35%～40%，腾出的空间立即成为通气孔隙。在－1～－5kPa水吸力下，水分下降空间只有10%～15%，说明基质的有效水含量很低。在－5～－10kPa水势下，水分体积极小，说明基质的束缚水含量也很低。

（四）Ⅳ类基质

Ⅳ类基质属于高有效水低通气性基质。岩棉、木纤维等材料纤维内部含水很少或基本没有，水主要储存在纤维接触点附近，水分分布不规则，在容器中上部具有极高的气水比，而在容器底部气水比极低。除了高水分有效性以外，该类基质束缚水很低，所以需要持续灌溉和监测。

从水分特征曲线可以看到，在0～－1kPa水吸力下，基质水分下降腾出空气空间为15%左右；在－1～－3kPa水吸力下，水分空间居然达到80%，而缓效水含量极低，说明这种基质水分缓冲性较差，需要连续灌溉。

要调制理想基质，就必须选择优质基质原料，选择的依据是通气性和持水性。因为同时拥有两种优异特性的基质原料很少见，所以最好选择藓类泥炭。要调制理想基质，还要知道理想基质的技术指标。法国园艺技术水平较高，对基质技术指标要求较高。理想基质应：①不存在病原微生物和有毒物质；②基质的水气比平衡，以保证足够的有效水；③基质化学性质对营养供应不会产生较大影响；④能保持一个生长季的结构稳定性。

四、基质颗粒对基质水气平衡的影响

基质是由不同大小的颗粒组成，基质颗粒越小，颗粒的总表面积越大，基质表面固持的水越多。基质的颗粒越小，形成的孔隙越细，其固定的水分越多。具有较细颗粒的基质可以吸收更多的水，比颗粒较粗的基质水分提升高度更大。

同样的规律还反映在不同颗粒吸水量上。小于 6mm 的泥炭颗粒水体积增加，而在 4mm 颗粒以下时，泥炭的水体积增加十分明显，与此伴随的是空气体积的快速减少。从图 7-15 可以看到，大于 8mm 的颗粒不会增加空气体积，颗粒小于 8mm 后，空气体积随着粒径减小而迅速下降。颗粒粒径为 3mm 时，空气体积小于 40%，颗粒粒径在 1mm 时，其空气体积只有不到 20%。基质是由不同直径的颗粒组成，基质颗粒直径越小，基质空气体积降低越多。

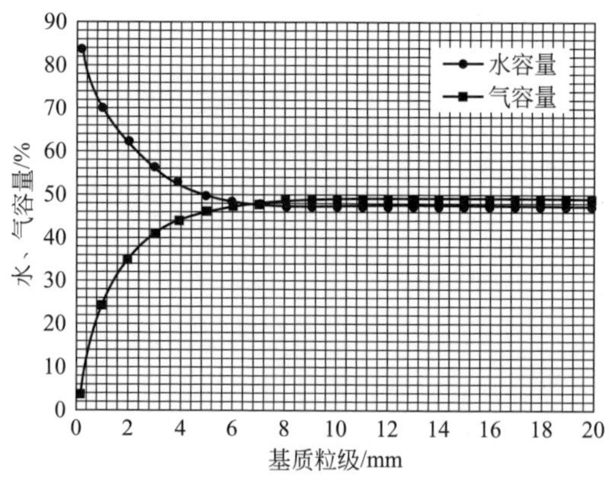

图 7-15　基质粒级对水、气容量的影响

直接影响泥炭中水分有效性的是泥炭对水的吸力，吸力大小由基质水分盐分浓度和毛细管直径所决定。基质电导率越高越不利于植物根系吸水，基质颗粒越小越不利于植物根系吸水。在 0～0.2mm 粒径的基质颗粒中，含水量可以达到 84%，基质颗粒直径在 1mm 时，基质水体积分数降到 70%；当基质颗粒直径增大到 4mm 时，基质含水水量则降到 50%。可见，随着基质粒径的增加，基质中的含水体积在迅速降低，而当基质颗粒直径超过 6mm 后，基质含水量则趋于稳定，维持在 47%左右。与此相反，基质颗粒越小，空气体积越少。在 0～0.2mm 粒径时，泥炭空隙中的气体体积只有 5%，随着粒径增加，空气体积迅速增加。在颗粒直径为 1mm 时，空气容量可以达到 23%；当颗粒直径达到 2mm 时，空气体积则达到 35%；粒径达到 4mm 时，空气体积已经超过了 45%。当泥炭颗粒直径超过 6mm 时，空气体积则趋近于 48%的稳定状态。

种苗培育和无土栽培因受容器限制，根系容积极小，外部环境的温度、水分和营养浓度的些许变化都会导致基质性状的相应变化。基质除了必须提供正常原位土壤的植物锚定功能、充足的营养外，必须为植物根系提供协调的水气关系。为达到这一目的，必须使用包括泥炭在内的多种基质材料，通过控制基质中的颗粒粒径，合理调配不同粒径所占比重，才能达到基质调制技术的目的，因此，粒径调配是现代定制基质的技术核心。

五、基质和基质原料的润湿性

基质原料的润湿性是指原料干燥后的再润湿能力，这是基质的另一个重要特性。基质通过蒸发作用或者通过根系吸收消耗水分后，基质的润湿性决定了基质和植物吸收水分的效率。基质润湿性可以用水滴浸润时间（WDPT）来定性表述，也可以用水滴在固体表面的接触角来定量表示。

从图 7-16 可见，水滴在固体材料表面的接触角小于 90°时，这种材料就称为亲水材料（即水可浸润的，对水有强烈亲和力）；当接触角大于 90°时，这种材料就称为憎水材料（或水平行材料，对水几乎没有亲和力）。无机矿物材料一般都具有显著的亲水特征，而基质中所用有机材料除椰糠外大多是憎水的，这些有机材料在干燥后，就具有了憎水特征。如果泥炭水分降低到 30%，吸水速度就明显下降，当基质水分降低到 20%时，则几乎不吸水。用户在基质使用时，由于基质不吸水，经常造成基质在水面漂浮，无法浸润，不仅影响了基质正常使用，还可能造成育苗事故。在不同泥炭中，高度分解藓类比轻度分解的藓类炭更具有憎水特性，藓类泥炭比草本泥炭更具憎水特性，因此，必须在基质制备时添加润湿剂，以调整基质的润湿性能，改善基质的吸水效果。

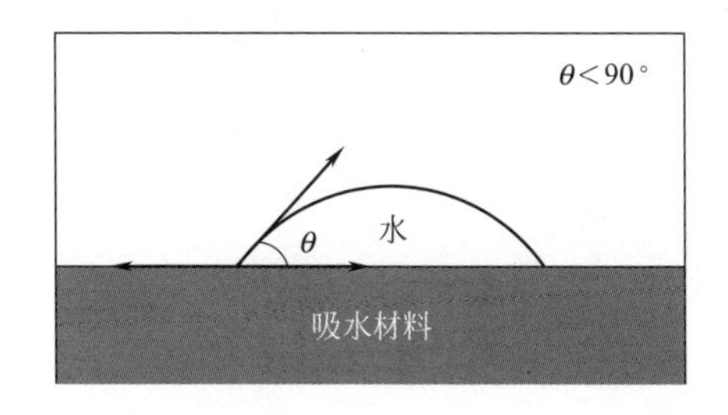

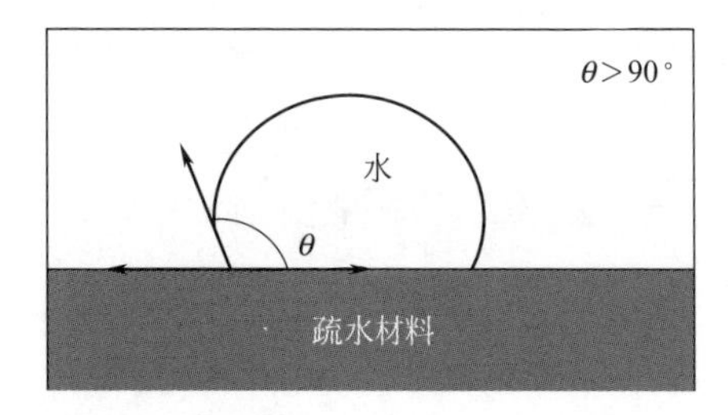

图 7-16 水滴在固体表面的接触角

解决基质憎水性的办法有两种：①在基质中添加表面活性物质，降低基质颗粒的润湿角，这样在干燥的基质再润湿时，可以比较快地湿润，保证基质应用的正常进行。②在基质生产过程、运输和储存过程中，保持基质合理的湿度，避免基质过度干燥，就不会造成基质吸水性能地下降。但是，如果保持基质的湿度，就会增加基质的重量，提高运输成本，增加用户负担。虽然基质计量以体积为单位，适当提高基质湿度，不会造成产品质量追诉的发生，但基质生产、储备、运输、销售过程中，基质水分不可避免散失，仍然会直接影响基质的使用效果。作为基质生产者，为了基质使用效果和育苗的安全性，就不得不使用润湿剂。

六、基质结构稳定性

基质不仅要有生产之初的结构稳定性，还要在运输、使用和植物生长过程中维持结构稳定不变。在结构稳定性方面，基质特别是发酵生物质基质中所含有机物未发酵彻底、基质灌溉的旱涝交替、基质原料抗分解能力的差异都可能在运输、储藏和使用过程中影响基质结构的稳定性，产生严重的水气平衡失调问题。根据基质结构稳定性，可以将基质原料结构稳定性划分为三种类型：①物理稳定的刚性材料，干湿交替不会导致基质总体积和固相与孔隙空间的变化，如蛭石、珍珠岩和树皮等。②物理不稳定的弹性材料，干时收缩，湿时膨胀，同时产生不可逆的总体积减少和相当大的孔径分布改变，导致通气程度降低，持水程度增加，如中高分解的草本泥炭和藓类泥炭。③中间材料，具有假弹性行为，在干时体积收缩，但湿润时体积能完全恢复到原状，基质物理性质没有根本改变，弱分解的藓类泥炭就具有如此特征。表征基质结构稳定性的指标是单位体积基质在单位重力下基质厚度的变化、吸水干燥后基质的收缩率以及一定时间内基质分解度的变化。

市场上很少见拥有适宜通气性和保水性的基质原料。事实上，只有轻度分解的泥炭藓和由多种原料配合起来的基质才能满足植物需要的结构稳定效果。无论从质量上说，还是从来源可靠性上说，目前还没有完全满意的泥炭替代材料，所以泥炭仍然是无土栽培系统不可缺少的材料。但是，泥炭中可以添加一些材料，特别是添加一些改善基质通气性能的材料，这有助于减少泥炭在基质中的使用量。

第八节　基质调制工艺

一、基质水气平衡的调制

现代基质制备的目标是高效、高产、健康、安全。为满足上述要求，专业基质制备原料不仅要具备安全清洁、质量可控、均质稳定和供应可靠的优势，还必须根据客户需求、目标植物和栽培方式，制备满足不同客户个性化需求的定制化、柔性化产品。欧美等西方国家近年研究结果证明，定制基质的专业特性和技术优势，完全可以通过不同原料、不同粒径、不同调配工艺予以实现，从而最大限度地满足不同客户的个性化需求。

（一）不同应用对象对基质粒径的要求

种苗生产基质主要采用细碎泥炭。现代新型筛分技术是保证原料粒度均质化和正确粒度分布的重要手段。通过几种不同粒径不同组分的基质原料组合，可以调制成具备制定功能和技术特征的定制基质，满足不同育苗用户的个性化需求。

花卉种植都需要结构稳定时间更长、通气条件更好的基质。这样的基质必须具有良好的粗糙的外观和用手紧握必须有的手感。只有选择正确原料和正确的粒径及其辅料，基质的物理平衡、化学平衡才能实现。

目前国内盆菜种植很火，生产过程简单便利，效益显著。但盆菜生产所需要的基质与种苗生产、花卉生产的基质特征有所不同。盆菜基质必须同时具有良好均质性和通气性，而只有通过选择合适的原料和恰当的粒度分级，才能满足这种需求。

林业苗木基质与前述种苗基质、花卉基质、盆菜基质有共同特征，但林业苗木基质除了要求组分平衡和结构稳定外，还必须具备恰当的营养水平，必须调节恰当和稳定的 pH 值。当然，栽培容器的大小不同和植物种类不同，林业苗木基质也可以制备成有几种不同的基质产品。

(二) 通过控制原料粒径实现对基质水气平衡的调节

基质原料颗粒粒径的大小决定着颗粒之间的间隙大小。基质颗粒粒径越小，形成的孔隙越细，对水的吸力越强，固定的水分越多，通气性变得越差。由于基质颗粒表面都会形成薄薄的水膜，如果基质颗粒粒径越小，颗粒总面积越大，基质表面固持的水越多，也会造成基质吸水过多而通气不好。当基质颗粒间隙的当量孔径小于 0.002mm 时，基质对水的吸力就能够达到 1500Pa，这样的水分状况不仅空气无法进入，植物根系水吸力不能大于基质颗粒对水的吸力，造成基质中即使水分很大，但却无法被植物利用的生理萎蔫状况。

基质颗粒粒径控制着基质的水/气对比关系。基质原料颗粒粒径决定着基质间隙大小，基质间隙大小控制着基质水气对比关系。

(三) 通过粒度分选实现基质性状调制

基质原料粒度分选的关键设备是齿轮筛。齿轮筛是通过一系列同向转动的滚轴上众多星形齿轮之间的间隙来控制基质原料颗粒粒径的。

由于单一齿轮筛筛分的包含不同粒度的颗粒总和，不能作为颗粒组配的基础原料，所以需要用不同间隙的齿轮筛进行梯度联合，组成基质颗粒筛分生产线，物料从齿轮筛上通过，就可以顺次筛分成不同粒径的物料，为组配调制不同基质奠定基础。专业基质是用不同粒径的不同物料组配而成，颗粒粗细不同，形成不同的孔隙结构，生产出满足不同客户需要的定制产品。

基质原料粒径组配必须满足植物生长和栽培环境需求，而严格的粒度分选和持续的质量控制可以确保基质产品的组分平衡和均质化。目前应用的基质原料中，不同分解度的藓类泥炭、草本泥炭，不同来源的珍珠岩、蛭石、木纤维、黏土颗粒、椰壳纤维和椰糠等都需要经过齿轮筛粒度分选，才能进入基质调配和生产。

蝴蝶兰的栽培需要粒径大于 20mm 的特粗基质。大型盆钵容器植物栽培，同样需要特粗基质。一品红、仙客来等盆栽花卉则需要粒径在 15～20mm 的粗基质，而家庭盆栽、盆菜种植和林业苗木培育，则需要相对中等的粒径组成。对于大孔径穴盘和直径大于10cm的盆钵，一般需要中粗基质。用于蔬菜和花卉种苗生产，则需要小于粒径小于10mm的细颗粒。

二、基质表面润湿性质调节

专业基质必须具备三个基本技术特征：持水性、润湿性和结构稳定性。润湿性是指基质干燥后的再润湿能力，润湿性是影响植物根系对空气和水分利用效率的三个关键物理指标之一。当基质消耗水分之后，基质的再湿润能力决定了基质和植物吸收水分的效率。因此，润湿性也是评估基质原材料性能的关键指标之一。基质原料来源不同，性质不一，除了椰糠和矿物无机原料外，多数基质原料都属于憎水材料，一旦干燥便不容易吸水，影响基质的润湿性和使用效果。要解决基质的润湿性，除了改变基质原料种类外，最简便有效的办法就是使用润湿剂，改变基质原料的表面活性，改善基质的润湿性，提高基质的使用效果。

（一）通过润湿剂改变基质表面性质

前面已经讲过，根据基质原料对水的亲和性质，可以把基质原料分成亲水基质原料和憎水基质原料两种。一般来说，水滴在基质原料表面的接触角小于90°时，这种基质材料就可以称为亲水材料。也就是说，这种基质材料对水有强烈亲和力，是水可浸润的，当然是理想的基质原料。当接触角大于90°时，这种材料就称为憎水基质材料，或者说是水分平行材料，对水几乎没有亲和力。基质原料中的无机矿物材料一般都具有显著的亲水特征，而基质原料中大多数有机材料除椰糠外都是憎水的，这些有机基质原料在干燥后，就具有了憎水特征，不利于水分的浸润，在基质使用中常常出现不吸水、基质漂浮等问题。

湿润泥炭一般都比较容易被水浸润。但是泥炭干燥后，泥炭的亲水性就会转变为憎水性，尤其是强分解泥炭的憎水性比弱分解泥炭的憎水特性更强。造成泥炭亲水性转变的原因是过度干燥，但这种干燥在泥炭开采处理中又难以避免。特别是为了减少运输重量、降低运输成本，泥炭采购双方都会不顾一切地降低水分。此外，在基质栽培过程中水传感器探头灵敏度下降或管理人员的失误都可能造成基质过度干燥，影响基质材料吸水性。

为了解决基质和泥炭原料存在着上述难以调和的矛盾，在基质中添加一定量的表面活性剂就是一种最好的手段和措施。表面活性剂是一种同时带有亲水基团和憎水基团的材料，可以在憎水的基质原料与水之间搭建起一个中介层（见图7-17），表面活性剂的憎水基团与憎水的基质表面连接，表面活性剂的亲水基团与水分子相连，从而改善了基质的再润湿性能，使基质能够快速吸水，并保持稳定的水分能力。

（二）添加润湿剂可以加快基质对水分的浸润速度

基质的吸水速度，特别是前5min吸水速度是衡量基质吸水性的重要指标。

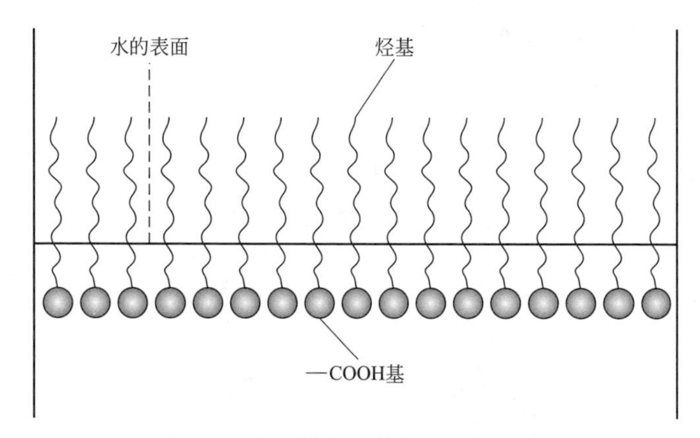

图 7-17 润湿剂在基质表面的作用方式

如果基质不吸水是基质质量的大忌。基质不吸水，基质内部含水量就会不均匀，直接影响种子的发芽和出苗数量。从图 7-17 可以看到，基质中添加了润湿剂，能在 5min 内使基质吸水平衡，而未加润湿剂的基质则需要 200min 甚至更多时间才能达到吸水平衡。不同基质原料对水的润湿性也有很大差异。相对来说，藓类泥炭比草本泥炭更容易吸水，分解度小的泥炭比分解度大的泥炭更容易吸水。但是，只要使用了润湿剂，不管采用什么原料作为基质组分，都可以保证基质的吸水性状迅速改善。基质装入容器后，容器壁一侧的泥炭更容易干燥，所以采用营养钵、穴盘、花盆等容器作为育苗、无土栽培的容器时，就需要能够抵抗失水的基质。用户对不吸水基质有多无奈，对加了润湿剂基质的需求就有多迫切。

既然润湿剂有利于基质吸水，那么基质中添加了润湿剂，会不会使基质吸水太多，基质太湿？会不会造成基质通气空隙减少，影响植物根系活力？在冬季蒸发减少、植物生长缓慢时，会不会造成基质缺氧沤根，影响植物生长？大量的试验数据和生产实践结果表明，使用润湿剂是让基质颗粒表面形成薄薄的水膜，而不是让基质吸收过量的水分。随着基质中含水量增加，基质对水的吸力水随之下降。但是添加了润湿剂的基质对水的吸力却比没有添加润湿剂降低了，这就等于减少了基质中的水量，增加了基质中的空气，不仅不会造成基质过多吸水，反而减少了基质中的水量，这为对抗冬季种苗培育和无土栽培中的低温冷害创造了条件。这是因为润湿剂在基质表面形成水分子膜，堆积成水分吸附面，但是水膜的厚度取决于基质颗粒的大小。基质颗粒越小，基质对水的吸力越大，那么水会充填基质颗粒的空隙，减少基质中空气的比例。但是对颗粒适中的基质来说，基质的毛管孔隙就会明显减小，超过毛管直径的孔隙明显增加，基质表面水层厚度取决于基质对水的吸力，添加了润湿剂的基质因为降低了对水的吸力，在同样吸力条件下，基质的水量比未加润湿剂的基质减少，可见基质中添加了润湿剂，不仅不会增加基质中的水量，反而减少了基质中的水量，增加了基质空气的比例。

（三）通过添加润湿剂保证基质水分稳定供应

作物无土栽培周期一般都有6～12个月，当然希望在整个栽培过程中基质保持水分的稳定，促进植物的正常生长。在无土栽培蔬菜和花卉的销售运输过程中，为保证蔬菜或花卉新鲜稚嫩，就要求基质具有长期保持水分的能力，减少基质表面的水分蒸发。蔬菜或花卉种苗培育完成后需要基质能保持良好的水分状况，以保证幼苗离开苗圃到远方用户的运送期间，能够有稳定的水分供应。基质中添加了润湿剂以后，48～60周（11～14个月）之内基质的保水量没有明显的波动，维持充足的水分供应。60～76周（14～16个月）后基质含水量才略有下降。这说明，润湿剂在基质中很稳定，不会因为土壤微生物活动降低其表面活性，影响基质水分状况，可以长期保持表面活性，促进基质保水性的稳定。

种苗培育和无土栽培过程中最担心的是基质水分的巨大波动，骤干骤湿，造成植物剩余进程受损。在基质中添加润湿剂，可以保证基质迅速湿润和并维持湿润，以促进种苗和蔬菜花卉的健康生长。为了验证不同润湿剂对基质水分状况的影响，试验中有意将基质强度干燥，检验基质经反复多次强度干燥后基质吸水量的变化。使用正品润湿剂基质在三次强烈干燥以后，仍然可以保持极强的吸水能力，并保持较高的含水量。而一些其他品牌的润湿剂在经过一次强烈干燥后，基质吸水量已明显减少，说明选择优质品牌润湿剂对基质质量非常重要。

（四）通过添加润湿剂增加植物根系，提高根重，改善植物生物学性状

基质中添加润湿剂可以明显改善蔬菜和花卉的生物学性状，增加产量，改善品质，提高蔬菜和种苗等级，增加用户经济效益。在基质中添加润湿剂不会对植物和环境产生任何危害作用，即使使用双倍计量的润湿剂仍然不会对植物生长产生负面影响。正规品牌的润湿剂甚至可以当作生物激素，用于植物的浸种，以提高种苗的萌发率。在基质中添加润湿剂，可以增加植物的根长、提高根重。与不添加润湿剂的对照相比，茎长能够增长1倍，根长增加41%，地上物干重提高8.3%，根干重16.6%。种苗生物性状的改善可以提高种苗的商品等级，提高售价，增加企业的经济效益。采用添加了湿润剂的基质栽培蔬菜花卉，可以提高蔬菜和花卉产量，增加用户收益。可见在基质中添加润湿剂不仅提高了基质生产者的产品竞争力，也可以帮助用户改善种植作物的生物学性状，提高经济效益。

（五）通过添加润湿剂降低基质水分，减少运输成本

基质原料供应链中，采购和供应方都希望将泥炭和其他基质原料的水分降低再降低，因为水分含量高低决定着泥炭运输成本和费用。但是水分降低后的泥炭因为改变了表面活性，导致泥炭和基质不再容易吸水，影响基质的使用效果。而在基质使用过程中，能否保持基质稳定的水分状态，维持植物水分、空气供应稳定，也是基质的重要任务。如果基质水分降低10%，意味着运输量减少10%，同样的运输成本就会降低10%，有利于基质生产企业提高产品竞争力，降低用户的产品使用

成本，提高企业的经济效益。

三、基质营养的调制

基质营养调制包括养分种类间的平衡和前后期的纵向平衡，不仅能满足氮磷钾等大量元素的需求，也能满足钙镁等中量元素和锌硼等微量元素的需求。不仅能满足植物生育前期的营养需求，也能满足中后期对营养的需求。做到前期不烧苗，后期不脱肥。

基质营养的横向平衡需要通过规范化试验设计进行配方筛选，以植物生物产量、生物学性状和品质为指标，筛选那些产量高、效益佳、品质好、成本低的配方组合，用以指导基质生产。

从表7-13可以看到，基质中氮、磷、钾用量和比例对番茄幼苗生长具有很大影响，适当提高氮用量和比例可以显著促进幼苗生长，使幼苗茎粗、株高、地上地下干重生物量增加，适量的氮磷养分能够促进番茄幼苗对氮磷钾平衡吸收，提高植物体内养分含量和营养水平，促进植物幼苗健壮生长。在一定试验条件下，氮磷比为1∶2，用量以氮500g/m^3、五氧化二磷1000g/m^{3}为宜。

表7-13 不同氮、磷、钾用量对幼苗茎叶生物量的影响

处理	N/%			P/%			K/%		
	根	茎	叶	根	茎	叶	根	茎	叶
T1	2.049d	1.175f	3.050a	0.207f	0.051e	0.291f	1.557e	5.982a	3.891b
T2	2.223c	1.220e	3.075c	0.729f	0.475e	0.524c	1.557e	6.214b	3.688c
T3	1.825f	1.064g	2.468c	0.428d	0.435d	0.499d	1.808e	6.288b	3.376d
T4	2.072d	1.426c	3.274b	0.346e	0.096f	0.375e	1.688d	6.176c	4.001a
T5	2.520b	1.682b	3.308a	1.004a	0.569b	0.596b	1.853b	6.336a	3.003e
T6	1.881e	1.297d	2.856d	0.517c	0.883a	0.683a	1.647d	3.314a	2.945e
T7	2.975a	2.536a	3.353a	0.182g	0.015g	0.021g	3.236a	2.469e	2.948e

注：以a、b、…、g等字母表示不同处理方式对各种检查指标的影响顺序。

基质营养的纵向平衡主要通过肥料的缓释化、控释化达到在基质制备时一次性加入、全生育期不再施肥的目的。研究表明，含有缓释剂的基质淋洗液电导率值变化幅度明显小于普通基质，减少了土壤盐分淋失，调节了土壤盐分平衡，有利于保持土壤养分，减少对水体生态环境的污染。使用缓释剂基质减少了土壤中铵态氮挥发损失，延缓铵态氮释放，起到提高铵态氮利用率、减少土壤中硝态氮淋失的作用。模拟淋洗试验各处理淋出液各项测定指标表明，基质营养中添加缓释剂，具有调节土壤酸碱性、减少土壤盐分及氮素养分淋失的明显作用，既有利于提高养分利用率，又有利于减少施肥对生态环境的污染。

第九节 专业基质设备

现代基质制备是根据客户需求，将多种粒径、多种原料在计算机控制下优化调配的过程，现代基质更应该是满足客户个性化需求的定制基质。为了实现上述目标，必须拥有相应的成套设备和控制管理系统。在自动化、标准化、专业化基础上的信息化管理，将是智慧工厂、智能生产线和定制基质的未来。

一、工艺流程与设备需求

专业基质生产所用原料最好切块开采，以保持其丰富的纤维，避免堆放和运输过程的细碎化。将切块开采泥炭垛成花格，以增加通气性，加快干燥进度。待泥炭块内部湿度降低到50%时，运回厂区，进入松解分散工序。将泥炭击散但不破碎。分散后的物料输送进入齿轮筛，分选为不同粒径的3～4组物料。其他辅助材料统一处理、分选进入对应的堆料仓。配料时采用铲车分别将不同粒径的物料装入不同的料斗，通过中央计算机控制不同料斗出料速度和出料量，进入主传送带，统一送往滚筒混合器混合，最后根据容重和水分含量，计量包装出厂（图7-18）。

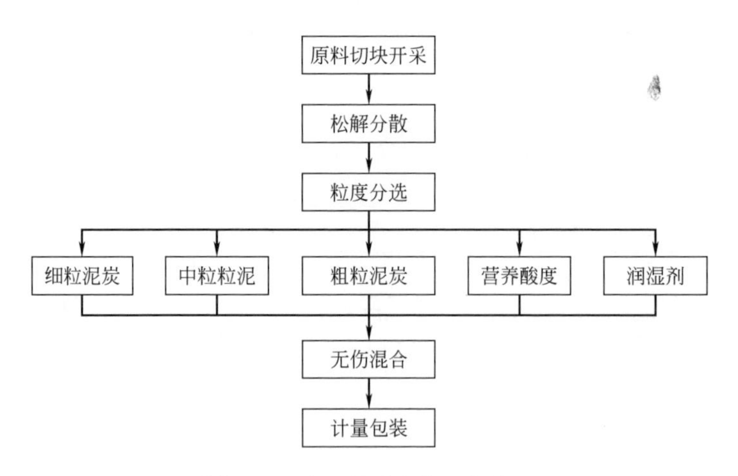

图7-18 专业基质生产工艺流程

二、成套设备

（一）原料粉碎设备

切块开采的泥炭块为保护泥炭纤维、提高泥炭质量奠定了坚实基础。要将泥炭块高效松解，既保护纤维，又不磨碎泥炭，产生大量细碎组分，就需要选择适当的机械和适当的工艺水分。为了保证基质的持水性、通气性和结构稳定性，就需要松散后的泥炭原料无团块、无结节、无粉末，保证块状泥炭结构舒解，打开泥炭纤维最佳的机械是滚齿转筒松散机。

（二）颗粒分选

粒度组配是定制基质的基础，通过专用设备将泥炭等物料分选为不同粒径，然后根据目标作物的水气平衡需求，进行科学组配才能调制成特定作物的专用基质，满足特定客户的个性化需求。粒度分选设备有滚筛和齿轮筛（图 7-19），其中齿轮筛因为速度快、产量高，应用广泛。粉碎完毕的物料分别进入不同的料仓，即将进入基质调配阶段。

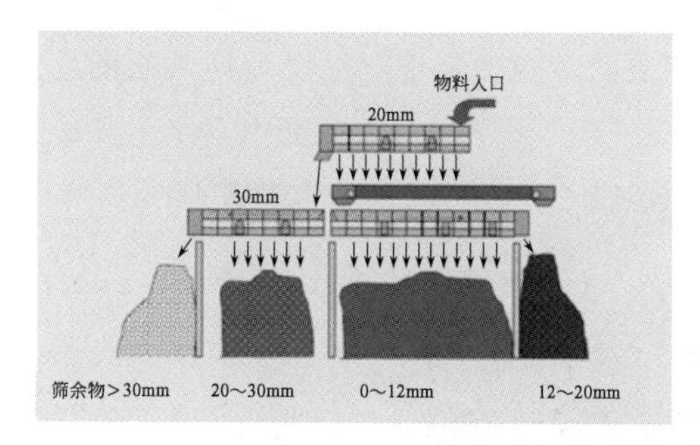

图 7-19 齿轮筛及其内部齿轮结构

不同间隙的齿轮筛筛分的物料具有不同的物料粒径组合，对应着不同的利用方向。由表 7-14 可以看到，采用<40mm 齿轮筛，筛下物属于超粗颗粒，其中 15～40mm 占 25%，10～15mm 占 10%，5～10mm 占 20%，1～5mm 占 20%，<1mm 占 25%。采用<20mm 齿轮筛，筛下物 10～15mm 占 20%，5～10mm 占 18%，1～5mm 占 22%，<1mm 占 40%。采用<10mm 齿轮筛，筛下物中，5～10mm 占 20%，1～5mm 占 30%，<1mm 占 50%。

表 7-14 不同齿轮筛的物料颗粒构成

编号	颗粒类型	齿轮筛规格	不同粒径的颗粒比例
A	粗颗粒	<40mm	25%的 15～40mm，10%的 10～15mm，20%的 5～10mm，20%的 1～5mm，25%的<1mm
B	中颗粒	<20mm	20%的 10～15mm，18%的 5～10mm，22%的 1～5mm，40%的<1mm
C	细颗粒	<10mm	20%的 5～10mm，30%的 1～5mm，50%的<1mm

由于单一齿轮筛筛分的包含不同粒度的颗粒总和，不能作为颗粒组配的基础原料，所以需要用不同间隙的齿轮筛进行梯度联合，组成基质颗粒筛分生产线，物料从齿轮筛上通过，就可以顺次筛分出不同粒径的物料，为组配调制不同基质奠定基础。专业基质是用不同粒径的不同物料组配而成，颗粒粗细不同，形成不同的孔隙结构，生产出满足不同客户需要的定制产品。

（三）基质调制设备

根据目标产品需求，选择相应物料和相应粒径，通过计算机控制的配料系统定量进料。料斗下装设了皮带秤，由计算机控制各个料斗的进料量。皮带秤出料落入输送皮带机，物料在皮带机上定量陆续接收不同物料，形成初始配料，再配加适量辅料和助剂，原料配齐后，就是混合阶段了（图 7-20）。配方是专业基质制备的核心，特别是定制基质，必须根据目标作物根系对基质水气平衡需求、养分平衡需求、结构稳定需求，选择不同粒径按特定比例调制，以达到特定作物需要的水气要求，必须配加不同比例的大量元素、中量元素、微量元素，进行适当的缓释化处理，既满足植物对不同营养的横向平衡需求，又满足作物对前后期营养供应的需求，最大限度地减少用户劳动，提高产品的技术附加值。在基质结构稳定方面，要有意选择部分耐分解的基质物料，提高基质的结构稳定性，保证后期基质的使用效果。

图 7-20 基质配料车间

对完成自动配料的混合物料的混合，可以使用多种机械，但最佳混合器应该是滚筒混合器。滚筒混合器不破坏原料纤维，保障基质粒度，增加基质吸水性、通气性和结构强度。而盘式混合器在物料流动中带动旋转，从而产生对基质的混合。盘式混合器对基质纤维损伤小，不需动力，成本低廉。但搅拌盘硬度要求高，需要频繁更换。基质混合器最忌讳使用双绞龙混合器，搅龙混合对基质物料结构损伤大，纤维破坏作用强，应该尽快改变。

物料混合均匀后，通过定量包装系统包装（图 7-21）。对大客户则采用直接装入封闭运输车直接向用户供应散装基质，用户可以直接使用，节省了大量包装费用，有利于降低用户成本，提高产品竞争力。散装用户要求用户运回即用，卸车和储备场所必须硬化地面，彻底清理，防止混入病菌、虫卵和草籽。

要减低泥炭包装成本最有效的方式就是用捆状自成袋代替预制袋，可以降低成本 15%以上。自成袋能帮助业主降低成本的另外一个原因是，自成袋可以避免停机，提高装袋效率。而在传统预制袋设备中，由于基质粒子的静电作用，经常发生

图 7-21 基质包装设备

因基质颗粒静电导致黏附堵塞包装口，或者因为传统预制包装袋安装袋子位置不当造成操作停滞，从而减少了因为堵塞停机造成的修理劳动。因为桶状膜每卷可以完成 2000 个包装，所以能够降低劳动消耗，提高生产效率。VP-400 桶状膜包装机，7min 完成 24 包。桶状膜包装因为体积精确规整，堆放整齐，节省体积，降低运输成本。压缩包显著提高产品密度，降低运输成本，效果显著，是节能降耗低碳时代减少包装成本、降低包装材料消耗的重要管理手段。

VP 系列四站式压缩包装机能够利用附带的体积计量皮带喂料机喂料，其中水平运动能够防止泥炭进袋过程因泥炭柔性造成搭桥现象，防止堵塞停机事件的发生。这个皮带喂料机以一个固定频率运动包装压缩管中的物料以减少泥炭物料的搭桥。VP-400T 是可以一天 24h、一周 7d、全年工作的新型包装机械，停机时间很少。该机器有 4 个包装动作同时进行。在一个指针盘上 4 个工位分别进行进料、压缩、封口、进出动作。这种机器也是唯一一种可以变换包装袋尺寸的机器。

基质制备全生产线可以实现计算机自动控制，生产线只需要进料铲车驾驶员 1 人、包装工作操作员 1 人、成品入库叉车驾驶员 1 人，控制室 1 人巡视生产线运行。系统任何设备出现故障均可在控制计算机屏幕上显示报警。

第十节 基质产业未来发展

一、我国基质产业面临的形势和任务

2015 年中央一号文件《关于加大改革创新力度加快农业现代化建设的若干意

见》把转变增长方式、调整产业结构作为推进现代农业的重要目标，把科技创新、健康安全作为推进现代农业发展的重要手段，为我国尚处于起步期的基质产业加快发展提供了绝佳机遇。种苗培育和工厂化栽培属于现代农业高技术领域，城市阳台屋顶休闲种植属于品质生活傻瓜技术，专业基质是种苗生产、工厂化栽培和休闲种植不可缺少的现代投入品。我国是蔬菜、花卉、瓜果生产大国，年需培育各类种苗8000亿株，种苗基质需求量巨大；科学高效、清洁健康的工厂化基质栽培在我国方兴未艾，高效绿色的专业基质供应不足是其主要限制因素。我国城市家庭数已达4.3亿户，阳台楼顶养花种菜蔚然成风，专业基质需求量巨大。据此估算全国每年专业基质潜在需求量达1亿立方米以上，年行业产值1000亿元以上。此外，我国障碍土壤修复材料需求巨大，年行业产值数以万亿计，而有机土壤调理剂可以采用与专业基质相同原料、相同工艺、相同设备制备生产。因此，积极培育、大力发展科技高效、绿色健康的专业基质制备新兴产业，对满足国家需求，支持现代农业发展，推进科技进步，导入绿色资材，改善人民生活，不仅具有重要的社会价值和环境价值，也具有巨大的经济价值。

基质是由多种粒径、多种组分的有机-无机物料在特定配方指导下调制生产出的能满足植物健康生长的人造土壤。我国基质产业起步晚、工艺落后、设备简陋、管理粗放，目前仍然停留在配合基质阶段，远远不能满足现代农业发展和休闲种植的庞大市场需求。西方发达国家基质产业已经从1950年前的配合基质（manufacture growing media）阶段发展到1950～1975年的标准化基质（standard growing media）阶段，然后进入到1975～2000年的定制基质（tailer-made growing media）阶段。2000年开始在定制基质基础上添加能防治土传性病虫草害的生物学制剂后，从定制基质阶段提升到智慧基质（intelligent growing media）阶段。严格地说，国外提出的智慧基质概念很不准确，与内涵育苗技术，采用工业化、信息化手段制备、营销和服务的智慧基质还有很大距离。针对我国基质产业整整落后西方发达国家三代的严重现实，根据我国专业基质的巨大市场需求和经济技术水平迅速提高的有利条件，我国基质产业应积极利用后发优势，借鉴德国工业4.0先进理念，充分发挥我国现代基质调制技术、关键装备开发技术和网络信息技术的优势，积极开展智慧基质工厂和智慧基质智能制备技术攻关和试验示范，实行弯道超车，高起点，高标准，跨越国外定制基质和智慧基质阶段，直接从配合基质升级到智慧基质，实现专业基质产业重大技术变革，培育和壮大我国基质制备新兴产业，提高我国基质产业国际竞争力，跻身国际基质产业前列，促进我国物质文明和生态文明建设健康发展。

二、智慧基质的概念和意义

智慧基质由三大部分组成：一是“智能工厂”，负责实施智能化生产系统及网络化分布式管理，实现产业价值链纵向整合；二是“智能生产”，负责基质生产管理、人机互动以及基质调制技术在基质生产过程中的应用；三是“智能物流”，通过互联网、物联网整合物流资源，延伸技术服务，保证智慧基质客户能够快速获得服务匹配，促进智慧基质价值在全产业链整合。

智慧基质是基质产业发展的高级阶段。进行智慧基质的系统开发可以集 PC 互联网、移动互联网、云计算和物联网技术为一体，依托部署在基质生产现场的各种传感器和无线通信网络对基质原料类型、粒度分布、水分含量、养分浓度、酸碱度、容重等技术指标进行实时采集上传，利用云计算、数据挖掘等技术对数据进行多层次分析，将分析指令与各种控制设备联动，完成基质生产和质量管理，为基质生产提供精准化配合、可视化管理和智能化决策，从而实现智慧基质原料资源的高效利用、物料之间协同友好与基质性状优异稳定，为客户提供定制化的、按需使用的、科学具体的基质产品和专业服务，从而促使我国基质制备技术实现跨越式发展和重大技术突破。智慧基质通过基质生产过程增加产品附加价值，拓展更多、更丰富的产品服务，提出更好、更完善的解决方案，可满足不同消费者的个性化需求，实现软性制造+个性化定制目的。智慧基质基于精准的基质性状传感器与智能机械代替人工操作，不仅解决了我国劳动力日益紧缺和成本高昂的问题，降低了基质生产成本，也能实现基质生产高度规模化、标准化和集约化，提高了基质生产对原料、市场环境风险的应对能力，显著提高基质生产企业经营效率。智慧基质是虚拟网络和实体工业的融合体系 CPS，实现了人与人、人与机器、机器与机器之间的对话协同，体现了信息技术与制造技术的深度融合，使基质产业升级由要素驱动转向创新驱动，由低成本竞争转向质量效益竞争，由资源消耗大、污染物排放多的粗放制造转向绿色制造，由基质生产型转向生产服务型。因此，智慧基质是传统基质制备产业的更新换代和重大技术突破，对提升我国和世界专业基质的科技水平，带动我国基质制备产业的发展，提高国际竞争力，打造独具中国特色的现代基质产业，提高基质企业经营效益，都具有重要的现实意义和深刻的长远意义。

开展智慧基质关键技术研制和技术集成，可以在现代基质调制技术和现有基质生产设备基础上，通过不断技术创新和标准质量管理，加快智慧基质关键设备的研制开发，进行智慧基质智能生产设备的组装配套，实现基质原料筛选、处理加工、组配包装、物流配送、使用消费的全过程融入人类智慧，建立完善的满足植物生长需求和环境可持续发展要求的基质制备技术和基质质量管理标准，满足现代农业和休闲种植的高效、经济、清洁和安全要求。由于采用国际先进的粒径组配基质调制技术，可以将基质原料种类从单一的国产草本泥炭扩大到进口藓类泥炭、发酵秸秆、芦苇末、锯末、中药渣、废弃食用菌棒等多种生物质资源，实现生物质资源循环利用，促进循环经济发展，扩大基质原料来源，满足不同地区基质生产对原料的需求，摆脱基质原料对智慧基质生产的制约，对在全国各地布局基质生产基地，就近供应市场，降低产品成本，提高经营利润，具有重要的社会、经济和环境效益。

智慧基质可以彻底转变基质生产者、消费者的观念和组织体系结构。完善的基质科技和电子商务网络服务体系融合，可以使相关人员足不出户就能够远程学习基质知识，获取各种基质科技和基质供求信息；专家系统和信息化终端成为基质生产者的大脑，指导基质生产经营，改变了单纯依靠经验进行基质生产经营的模式，彻底转变了基质生产者和消费者对传统基质工艺落后、科技含量低的观念。智慧基质可以在基质制备过程中对各种原材料和产品标记记录，实现对基质产品的高效可靠识别和对生产过程的监测，确保种苗生产、工厂化栽培与休闲种植安全高效。物联网技术贯穿智慧基质配方设计、生产、流通、消费各环节，实现全过程严格控制，使用户可以迅速了解基质生产环境和生产过程，从而为基质供应链提供完全透明信息，保证向社会提供优质绿色安全高效的基质产品，增强用户对基质安全程度的信心，保障合法经营者的利益，提升可溯源基质产品的品牌效应。智慧基质生产经营规模越来越大，生产效益越来越高，就会迫使小而全和低效耗能的基质生产模式被市场淘汰，催生以大规模基质协会为主体的基质生产供应组织体系，对建立专业、配套、完整的现代农业服务体系具有重要意义。

三、智慧基质系统的构成和建设

（一）智慧工厂构成

研究探索构建基于工业自动化与信息化两化融合的智慧生产制造和企业经营管理体系（见图 7-22），既能进行企业内部从经营到生产的纵向化管理，又能横向整合产业链上下游资源，实现企业的智慧运营。主要包括两部分，即智慧生产制造和智慧企业经营管理。

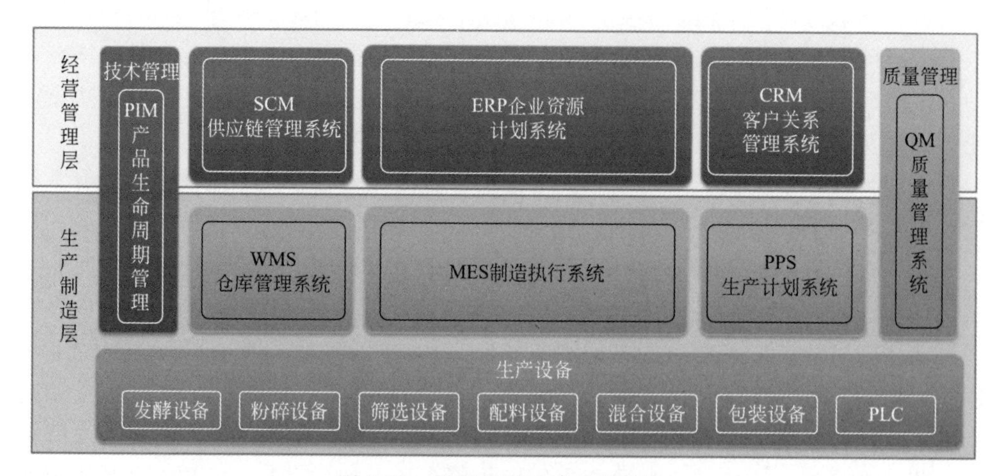

图 7-22 智慧基质工厂系统架构

（二）基质智能生产

通过对传统生产制造过程的自动化和信息化改造，实现从传统半机械化到智慧生产制造的飞跃。见图 7-23。

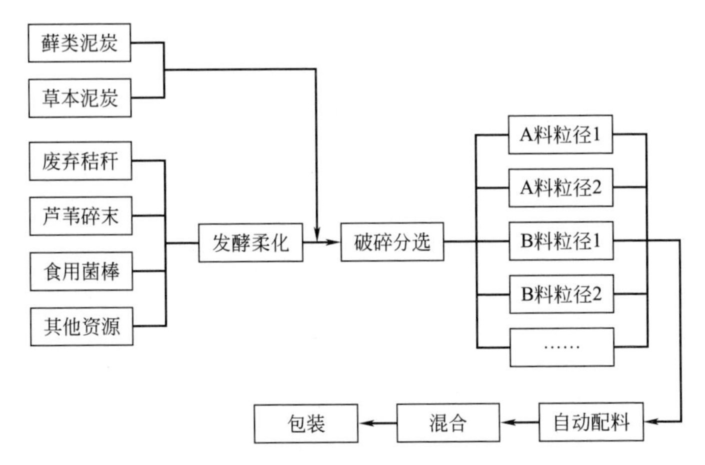

图 7-23 基质智能生产制造流程

在生产设备层面，基于工业互联网，通过智能设备内部自动化系统（传感器、I/O、执行器、伺服和传动、人机界面和智能移动终端、控制器等）的网络化，将设备与设备之间、生产线和生产线之间、车间和车间之间、工厂和工厂之间联网，实现智能工厂生产制造设备的横向集成，建构智慧工厂物流基础。

在生产制造执行管理层面，以 MES 制造执行系统为核心，向下控制并监视生产制造过程，向上及时将生产制造进度等信息输出至 ERP 系统。利用 PPS 生产计划系统，根据订单信息进行排产；通过 WMS 仓库管理系统，及时反馈原料、成品、设备工具等库存信息，既能防止因原料缺失等造成生产停滞，又能有效减少库存而节约成本；通过 PLM 产品生命周期管理系统和 QM 质量管理系统，为产品生产制造环节提供技术和质量管理保证。

（三）智慧基质经营管理

信息化时代，要求企业必须时刻把握市场动向。通过缩短生产周期、增加产品种类、降低库存成本、提高服务质量等方式提高竞争力。智慧化的企业经营管理，首先通过 ERP 系统对企业内部的销售、物料、财务等核心业务进行统一管理。并根据从 CRM 系统接收到的订单信息进行项目排产；通过跟踪监视从 MES 系统上报的生产制造信息，跟踪订单的完成情况；通过 SCM 供应链管理系统，根据生产计划对生产原材料进行采购、运输调配管理，缩短原料准备周期，节约库存成本；通过 CRM 客户关系管理系统，对客户资源进行有效管理，在提高服务质量以巩固既有客户的同时，为新客户的开拓提供系统支持；通过 PLM 产品生命周期管理系统和 QM 产品质量管理系统，为生产制造环节以外的产品研发和售后阶段提供技术和质量管理保证。

同时，建立统一的数据仓库，将智慧工厂各部分的基础数据进行统一保存，并结合业务需要进行数据分析及挖掘，为企业的生产经营提供决策支持。

通过智慧GR工厂的构建，把智慧GR的概念设计、创新研发、生产制造、物流运输、应用消费直至进入再循环的整个生命周期与GR企业需求分析、订单获取、物料供应、仓储运输直至售后服务的整个循环集成起来，实现柔性制备和定制制备。实现由资源驱动型向信息驱动型转变，建立产品生命周期和企业价值链集成。智慧基质管理系统见图7-24。

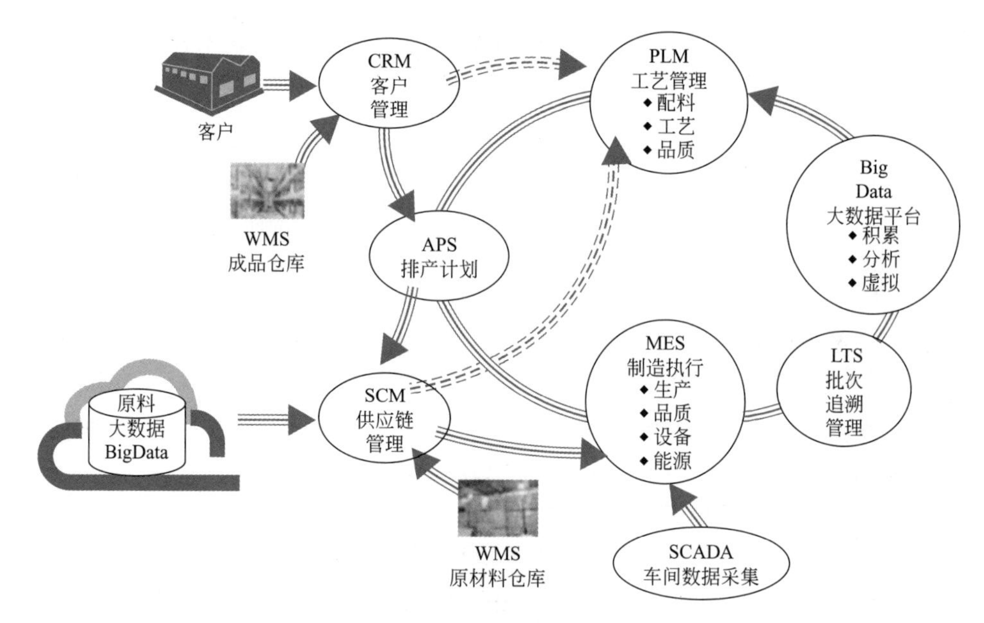

图7-24　智慧基质管理系统

四、智慧基质产品标准、管理标准和工作标准

研究制定智慧基质产业相关的诸如产品、生产过程管理等各项标准，为智慧基质产业的规范有序发展提供标准基础。

通过等同采用、修改采用相关国际标准，升级地方和行业标准等方式，提高标准制定速度，提高产品管理水平，掌握行业管理主动权。重点针对智慧基质生产所涉及的技术标准、管理标准和工作标准开采编制和贯彻实施。在技术标准方面，重点对智慧基质标准化领域中需要协调统一产品标准、产品检测方法标准、产品计量标准和产品包装标准建立标准、技术规范和规程等文件。在管理标准方面，重点对智慧基质标准化领域中需要协调统一的管理事项制定管理基础标准、技术管理标准、经济管理标准、行政管理标准、经营管理标准、开发与设计管理标准、采购管理标准、生产管理标准、质量管理标准、设备与基础设施管理标准、安全管理标准、职业健康管理标准、环境管理标准、信息管理标准、财务管理标准等。在工作标准方面，重点围绕工作过程协调，提高工作质量和工作效率，针对具体工作岗位制定相应的岗位作业指导书和操作规程。

五、智慧基质生产关键技术研制与开发

齿轮筛是基质调制技术的关键设备，也是基质自动化生产线的重要组成部分。由于该设备国内尚属空白，需要组织专业企业研制开发和组织生产，以满足智慧基质生产线配套需要。针对国内基质原料的多样性和性质多变性，要深入探索不同间距、不同转速、不同齿数对各种原料粒径分选的关系，研制开发符合我国原料特性、生产需求的性价比优异专用齿轮筛。

专业 GR 调制技术的核心是物料颗粒直径的组配与植物养分的横向、纵向平衡调节。由于物料选择已由草本泥炭、藓类泥炭进一步扩大到发酵生物资源、锯末、芦苇末、菌棒、秸秆等，需要重新进行物料处理、粒径组合与基质水气性质的测试，为客户订单与 GR 配方寻优选择提供运算依据。

六、智慧基质生产企业的经营管理模式

研究实现基质智能化生产系统及网络化分布式管理，实现产业价值链纵向整合，带动基质制备产业的形成和发展。

选择山东鲁青公司、内蒙古蒙肥公司、吉林吉祥公司、辽宁碧源公司、云南中电公司等企业进行智慧工厂、智慧制备生产线建设，组装集成智慧 GR 经营系统，按照多种物料、单一泥炭物料、泥炭-多物料配合、非泥炭物料、土壤调理剂等多种产品类型进行试验示范，探索大规模工业生产化条件下各种智慧基质配方和调制工艺，调试检验种苗基质生产成套设备运行状态，培训检验 GR 标准和检验方法，开展大规模工业化生产条件下的标准管理、质量管理、物流管理、成本管理和生产管理模式，以便为同类企业和生产过程成功提供可视化、成熟化的管理模式和样板工程，从而带动国内基质制备产业的形成和发展。

七、产研一体化的技术实现

研究利用信息化技术，构建生产企业与科研单位之间的信息交互系统。通过信息化技术手段，构建起企业与科研单位之间的信息交互渠道。一方面使得科研单位的研究成果能够转化为企业生产所需的 BOM 和生产工艺信息，并为企业的生产过程和产品质量管理等工作提供专业化服务；另一方面，企业生产中积累的基础信息，也可以反馈到科研单位，为产品的改进及新产品研发，提供宝贵的实践基础信息。实现智慧 GR 产业内部的良性互动，促进智慧基质产业快速、健康发展。

参 考 文 献

[1] Michel J C. The physical properties of peat: a key factor for modern growing media. Mires and Peat, 2010, 6 (2): 1-6.

[2] Viljo Puustarvi, Peat and its use in horticulture, Turveollisuustiittory, Saarijarven Offset Oy 2004, ISBN

951-95397-0-0.

[3] NF EN 13041 (2000) Soil improvers and growing media-Determination of physical properties-Dry bulk density, air volume, water volume, shrinkage value and total pore space. Association Française de Normalisation, Paris, France.

[4] Michel J C. Influence of clay addition on physical properties and wettability of peat growing media. Hortscience, 2009, 44: 1694-1697.

[5] Michel J C, Rivière L M, Bellon-Fontaine M N. Measurement of the wettability of organic materials in relation to water content by the capillary rise method. European Journal of Soil Science, 2001, 52: 459-467.

[6] Rivière L M, Foucard J C, Lemaire F. Irrigation of container crops according to the substrate. Scientia Horticulturae, 1990, 43: 339-349.

[7] van Dijk H, Boekel P. Effect of drying and freezing on certain physical properties of peat. Netherlands Journal of Agricultural Science, 1965, 13.

[8] Gerald Schmilewski. Guide Values for horticultural Raised bog peat based on Euroupean standards. Peatlands International, 2002: 18-19.

[9] Gerald Schmilewski. 7th IPS symposium "peat in horticulture" focuses on the Life Growingmedia. Peatlands International, 2010, 1: 26-27.

[10] Gerald Schmilewski. Growing media-they all have an environmental footprint! . Peatland International, 2013, 1: 8-11.

[11] Gerald Schmilewski. Sustainable horticulture with peat-a Germany case study. Peatland International, 2000, 1.

[12] Gerald Schmilewski, The role of peat in assuring the quality of growing media, Mires and Peat, 2008, 3.

[13] Wim Tonnis. Peat based horticulture-a big high-tech business in the Netherlands. Peatland International, 2000, 1: 33.

[14] Hans Verhagen. Growing media in balance. Peatland international, 2013, 1: 12-15.

[15] 孟宪民．我国基质产业面临的问题与对策．中国蔬菜，2017，1（8）：16-20.

[16] 孟宪民，2016. 专业基质的概念及其在我国设施农业中的意义．山农业大学学报：自然科学版，36（3）：155-159.

[17] 王忠强，孟宪民．椰糠与加拿大藓类泥炭作为园艺栽培基质的比较．腐植酸，2003（1）：35-38.

[18] 尹善春．中国泥炭资源及其开发利用．北京：科学出版社，1991.

[19] Michel J C, Physical character of peat: key factor of growing media. Mires and Peat, 2010, 6 (2): 1-6.

[20] Lappalainen E. Global peat resource. Finland: International Peat Society, 1996.

[21] 江胜德．现代园艺栽培介质．北京：中国林业出版社，2006.

[22] 尚庆茂，张志斌．蔬菜集约化高效育苗技术．北京：中国物资出版社，2010：67-82.

第八章 退化土壤修复工程

我国农业土壤退化和污染形势严峻，食品安全备受挑战，退化土壤、障碍土壤、污染土壤治理形势紧迫，土壤调理剂和土壤修复剂需求旺盛。截至 2015 年 4 月，全国土壤调理剂登记产品数量共 75 个，全国土壤调理剂总产量 274 万吨，不到两年时间产量增加两倍以上。在我国各种土壤调理剂中，以泥炭为主要原料的土壤调理剂是个新生事物，其产品概念、市场定位模糊，产品标准、检测方法、登记注册、上市推广尚无先例可循。泥炭类土壤调理剂原料来源天然，作用功能多样，环境效益显著，产品质量稳定，在当前多数功能单一的土壤调理剂中具有独特功能和效益优势，国外也已应用多年，产品生命力旺盛。本章就泥炭类土壤调理剂的概念、定位、作用机理和产品开发的相关问题进行分析，希望对泥炭类土壤调理剂的开发和市场扩展提供科学依据。

第一节　泥炭类土壤调理剂的概念和定位

农业部 1998 年版的肥料、土壤调理剂及植物生长调节剂检验标准中，将土壤调理剂定义为：加入土壤中用于改良土壤物理、化学性质或生物学性状的物料；换句话说，一切对土壤性状具有改良和调节作用的物质都可以称为土壤调理剂。尽管泥炭类土壤调理剂在国外已经使用多年，国内也多有试验、应用论文见诸刊物，但泥炭类土壤调理剂的概念、定位、作用机理、使用效益、产品定型还相对模糊，需要进一步厘清和明确。

英文中土壤调理剂（soil conditioner）叫法不多，而土壤改良剂（soil improver）和土壤培肥剂（soil amendment）两个名词则使用较多，尤其在泥炭类土壤调理剂产品中，称为改良剂和培肥剂的更多。在英文文献中，土壤改良剂是指不添加肥料的土壤调理剂，而土壤培肥剂则是指添加了部分肥料的土壤调理剂。此外，英国土壤调理剂还包括覆盖在土壤表面用于防止杂草生长和保护土壤湿度的树皮等覆盖材料。在中文语境中，土壤调理剂、土壤改良剂、土壤培肥剂意义差别不大，都是专指用于改良土壤不良物理、化学和生物学性状，恢复土壤自然肥力的材料。但是，在学术和生产实践中，土壤调理剂与土壤修复剂在概念上仍有一定差异。土壤修复剂主要用于受到重金属和有机物污染土壤的修复重建，以去除污染物质、重建健康土壤环境为基本目标；而土壤调理剂一般不具备去除土壤污染的功能。按照土壤修复剂概念，其功能可以覆盖土壤调理剂，在去除污染的同时，还具有土壤调理功能。而土壤调理剂往往不以污染处理为目标，或者不具备土壤污染处理功能，所以不能代替土壤修复剂。由于泥炭富含有机质和腐植酸，泥炭类土壤调理剂不仅具有较好土壤改良作用，也有较好的土壤污染修复功能，泥炭土壤调理剂既可以用于退化土壤改良，也可以用于污染土壤修复，因此泥炭类土壤调理剂定位如果局限在土壤调理而不涵盖土壤污染去除功能，对泥炭土壤调理剂是不公平的。

土壤调理剂按其作用主体成分来源差异可分为天然物料土壤调理剂、工农业废弃物副产物调理剂和人工合成土壤调理剂。其中，天然物料土壤调理剂原料来自膨润土、石膏、蒙脱石、贝壳、麦饭石等天然矿物，从这个意义上说，泥炭也属于天然物料土壤调理剂。工农业废弃物副产物土壤调理剂原料来自工农业过程中所产生的废弃物和副产物，如磷石膏、碱渣、糠醛渣、菇渣、秸秆、园林废弃物以及上述物料的堆肥等。人工合成土壤调理剂主要指通过人工合成的聚丙烯酰胺、聚酰胺等土壤调理剂产品。显然泥炭既不属于工农业废弃物副产物来源，也不属于人工合成材料，这是泥炭类土壤调理剂的根本特征。

按作用性质，土壤调理剂可以划分为土壤调酸剂、土壤调碱剂、土壤调盐碱剂等。土壤调酸剂主要指采用碱性矿物材料经过煅烧加工后施用于土壤以降低和改变土壤 pH 值，抑制土壤酸化的物料（如贝壳、石灰、麦饭石等）。土壤调碱剂主要采用酸性物料，以减少土壤钠离子活度，降低土壤碱性的物料，如硫黄等。盐碱土壤调理剂主要用天然矿物和工农业副产物等物料，吸收土壤盐分，降低土壤碱性，改良盐碱土壤性质（如磷石膏、堆肥等）。泥炭类土壤调理剂既具有调酸的功能，也具有调碱的功能，在盐碱土改良上也作用显著。因此，泥炭类土壤调理剂难以简单归类到某一具体的土壤调理剂中，而属于多种功能兼备的综合土壤调理剂。

按照作用机理，土壤调理剂又可以划分为物理调理剂、化学调理剂和生物调理剂 3 种。物理调理剂主要指通过各种物理方法和各种物料以改良土壤结构、改善土壤质地、增加通气性、提高保水性、改变土壤紧实致密不良物理性状的物料。化学调理剂主要指通过交换、解离、吸附、螯合等化学过程改变土壤化学性状、改变土壤酸碱性、调整土壤养分强度和容量、增加土壤缓冲容量、改善土壤矿物降解性状等的物料。生物土壤调理剂主要指采用各种生物学方法或生物学物料改变土壤生物学性状的材料，如生物有机肥等。从泥炭属性看，泥炭既具有通过泥炭纤维颗粒的加入改善黏重土壤结构、改变土壤三相比例、改善僵化致密土壤耕性的物理作用，也有通过泥炭腐植酸的吸附、交换、螯合等改变土壤性质的化学作用，更能通过增加土壤微生物碳源和能源，促进土壤微生物活性和增加个体菌数的生物学作用。可见，泥炭土壤调理剂属于多功能土壤调理剂。

按照产品属性，土壤调理剂又可以分为有机土壤调理剂和无机土壤调理剂。有机土壤调理剂来自于生物质材料（泥炭如园林废弃物、作物秸秆、堆肥、厩肥、生物菌剂、食用菌渣等）；人造土壤调理剂大多是有机合成物，也可能划入到有机土壤调理剂类别中来，但人造有机土壤调理剂与天然矿物源土壤调理剂、以生物质材料发酵转化形成的有机土壤调理剂在功能和环境影响性质方面是完全不同的。无机土壤调理剂大多来自矿物材料（如蛭石、珍珠岩、石灰石、砂质、白云岩等），少量来自工农业废弃物（如磷石膏、钢渣等）。有机土壤调理剂可以增加土壤有机质含量，提高土壤通气透水性质，改善土壤养分强度和容量，减少肥料的流失和挥发，环境效益非常明显，因此受到用户的广泛欢迎。许多有机土壤调理剂本身含有植物营养，可以起到有机肥料作用。有机土壤调理剂也是土壤细菌、真菌、放线菌和土壤动物的重要能源和碳源，对土壤物理、化学和生物性质改良可以起到显著作用。无机土壤调理剂虽然大都功能单一，土壤改良综合效果明显不如有机调理剂，但使用中见效迅速、指证明显，容易受到用户欢迎。泥炭属于天然有机物质，毫无疑问可以列入有机土壤调理剂。

农业部肥料和土壤调理剂登记部门按土壤调理剂原料来源，将土壤调理剂划分为矿源调理剂、有机调理剂、合成调理剂和保水剂 4 种。这个分类虽然简单明了，但对泥炭类土壤调理剂归属还是难以准确划分和定位。泥炭既属于矿源调理剂，也属于有机调理剂，泥炭类土壤调理剂产品注册品名可能直接影响泥炭类土壤调理剂的市场定位。泥炭既具有土壤物理、化学和生物学性状改良治理功能，也具有清除重金属和有机污染的功能，如果仅仅按土壤调理剂注册，可能影响该产品在污染土壤修复中的接纳和采用。此外，农业部肥料注册机构强调要严格限定土壤调理剂产品功能标识，不允许随意扩大功能领域和应用对象。所以，泥炭类土壤调理剂作为具有多功能和多效益的土壤调理剂，必须在产品登记和产品市场开发前，进行大量的实验室基础研究和田间试验研究，必要时需要进行泥炭类土壤调理剂的毒理试验和环境影响评价，准确阐明泥炭类土壤调剂对土壤物理性状改良、化学性状改良和生物学性状改良作用机理，深入分析泥炭类土壤调理剂的环境效益，明确肯定泥炭类土壤调理剂的使用效果和投入产出效益，科学评价泥炭类土壤调理剂的经济效益、环境效益和社会效益，才能在产品注册中列入相关功能效益，为泥炭类土壤调理剂产品市场开发和推广应用创造条件。

第二节　泥炭类土壤调理剂的功能和效果

泥炭是沼泽中死亡植物残体积累转化形成的有机矿产。泥炭有机质、腐植酸含量高，纤维含量丰富，疏松多孔，通气透水性好，比表面积大，吸附螯合能力强，有较强的离子交换能力和盐分平衡控制能力。泥炭腐植酸自由基属于半醌结构，既能氧化为醌，又能还原为酚，在植物体的氧化还原中起着重要作用，具有较高的生物活性和生理刺激作用。泥炭腐植酸具有较强的抗旱、抗病、抗低温、抗盐渍作用，在土壤改良和作物生长中作用巨大。泥炭来源广泛，价格低廉，酸度和营养含量低，易于通过添加石灰和肥料进行调整和改造；泥炭成层分布，易于分类开采和处理加工，运输、分级和包装方便，质量均匀，使用效果稳定。泥炭中没有病菌、虫卵和草籽，是天然安全有机材料。泥炭施入土壤以后具有显著的改善土壤结构、增加土壤肥力、增强植物生理活性、提高植物抗逆性、增加作物产量、改善农产品品质等多种功效，是效果较好的同时具备多种功能、环境友好的土壤调理剂。全球泥炭总储量5000亿吨，每年新生40亿吨，是联合国和欧盟认定的可更新自然资源。全球著名泥炭企业均在中国设有销售办事处，泥炭类土壤调理剂原料来源充沛。

一、泥炭对土壤物理性质的影响

（一）泥炭加深土壤颜色，提高地温

使用泥炭改良土壤可以增加土壤有机质含量，使土壤显示出特有的深棕色和黑褐色，从而提高对太阳光辐射的吸收，提高土壤温度。试验表明，使用泥炭类土壤调理剂的旱地土壤温度比贫瘠土高2～3℃。泥炭类土壤调理剂还能降低土壤热传导性能，对温度的突然波动起到缓冲作用，保护土壤生物免受侵害。

（二）泥炭腐植酸是土壤团聚体的桥梁和黏结剂

泥炭腐植酸的胶凝性质促使土壤颗粒相互黏结成稳定的团聚体，创造协调的土壤水、肥、气、热关系，为植物提供良好的生长发育环境。我国东北白浆土、南方红壤、连续重迎茬种植的保护地土壤都可能因为土壤有机质含量低、土壤团聚体含量少、质地细、黏性强和滥用化肥造成土壤结构破坏而密实板结。使用泥炭类土壤调理剂后，土壤团聚体都明显增加。中国科学院沈阳应用生态研究所采用泥炭＋深松方法改良白浆土，明显改变白浆土层各种颗粒微团聚体组成，使＜1mm和1～2mm小粒径微团聚体含量减少，2～5mm和5～10mm粒径微团聚体含量增多，显著提高各级粒径为团聚体中有机碳和全氮含量，增加小颗粒微团聚体磷含量。促进土壤结构的改善。

（三）降低土壤容重，提高孔隙度，改变土壤板结性质

土壤容重、孔隙度和比表面积是土壤物理性质的重要特征。白浆土白浆层容重大、孔隙小、土壤僵冷、通水透水性差；土体构造不良，白浆层下的淀积层土质致密，根系下扎困难；土壤养分低，水分物理性质差，作物产量不高不稳。中科院沈阳应用生态研究所在黑龙江853农场对白浆土使用泥炭类土壤调理剂10～15m^3/亩，

土壤腐植酸增加0.74%，土壤容重降低0.03～0.21g/cm³，孔隙度增加2%。吉林市农科院利用泥炭改良白浆土，每亩施用5～10m³，土壤容重比对照降低0.17～0.23g/cm³，总孔隙度增加6.41%～8.67%，毛管孔隙度增加17.8%～19.85%，土壤持水量增加了17.42%～20.98%，改良白浆土效果明显。泥炭使土壤容重降低，比表面积提高，必然改善土壤结构，使轻质土更加聚集，密实土更加疏松。东北师范大学马云艳使用泥炭改良风沙土，泥炭使用量为土重的0～10%，土壤容重从1.366g/cm³降低到0.931g/cm³，土壤含水量从12.16%提高到26.09%，土壤pH值从8.15降到6.75，土壤有机质从0.9449%提高到6.8015%，提高近6个百分点，而沙土的腐植酸含量从0.47%提高到3.6647%，极大地改善了土壤肥力状态。采用泥炭土壤调理剂改良的土壤可以维持一种疏松、多孔隙和小颗粒状态，从而提高土壤透气性、渗透性、持水性，更有利于根的穿透和种子的发芽。同时，泥炭能够吸持自身重量3～5倍甚至10～200倍的水分，而一般的土壤只能吸持自身重量20%～40%的水分，所以，泥炭类土壤调理剂更有利于提高土壤有效水，使毛细管水高于重力水。一般在砂质土中加入5%的风干泥炭，持水量就能提高20%～30%。

二、泥炭对土壤化学性质的影响

土壤化学性质包括酸碱度、养分强度与容量、阳离子交换量、盐基代换量、盐碱性、碱化度等数据指标。土壤化学性质退化可以通过泥炭类土壤调理剂进行改良和修复。

（一）对pH的调节能力

土壤酸化已成为影响农业生产和生态环境的一个重要因素。土壤酸化是土壤中的氢离子浓度增高所致，与土壤盐基饱和度和Al^{3+}有关。泥炭类土壤改良剂具有提高土壤盐基含量和增强离子交换作用、吸附作用的天然特性，在酸化土壤中施用泥炭类土壤调理剂，可迅速释放大量盐基离子，同时大量吸附酸基及对农作物有害的化合物。每亩投放1000～2000kg泥炭类土壤调理剂，就可达到缓冲土壤酸度的目的，大幅提高各类作物的产量，最高可增产50%。

泥炭腐植酸是包括羧酸-羧酸盐、酚酸-酚酸盐缓冲体系在内的弱酸-碱体系，能在很宽范围内缓冲pH。因此，在土壤pH较高的地区，使用泥炭作为调酸剂，使土壤pH值稳定在5.5～6，克服了用硫酸调节易使pH回升的弊端，明显减少了水稻早春低温烂秧现象。我国南方酸性土壤（包括红壤、黄壤、砖红壤，一般pH 4～6）吸附积累了大量Al^{3+}和Fe^{3+}，加剧了水电离生成H^{+}的过程。使用泥炭可以同Al^{3+}、Fe^{3+}形成稳定络合物，减少了H^{+}的生成概率，起到提高并缓冲pH的效果。在pH＞9苏打盐化土上施用2年泥炭硝基腐植酸肥料，使pH值降到8.6。河北唐海等地用泥炭腐植酸改造碱性稻田，pH由8～9降到6左右，有机质提高将近 1 倍。

(二) 提高土壤阳离子交换能力 (CEC)，降低盐含量

土壤盐渍化发生和发展的基本条件是存在临界水位和土质致密。临界地下水中的盐分随毛管水上升到地表，水分蒸发后，使盐分不断积累在表层土壤。土壤盐渍化不仅会破坏土壤结构，还会对作物生长和土壤微生物活性产生不利影响。因此，增加土壤有机质，改善土壤结构，降低土壤毛细作用，是抑制地下水上升、地表集聚盐分的重要手段。郑福云等采用泥炭土壤调理剂对大庆苏打盐土进行了改良试验。结果表明，随着泥炭土壤调理剂用量提高，盐碱土的 pH 值、全盐量碱化度、容重都有明显下降，土壤有机质含量明显提高。泥炭植物残体的物理作用和泥炭腐植酸的化学作用显著改变了盐碱土壤毛细作用，降低地下水毛管水上升高度，阻断了地表盐分集聚，同时增加土壤有机质，改善土壤耕性和养分状态，提高盐碱土壤的生物生产力。陈伏生等采用盆栽试验进行泥炭和风化煤改良盐碱土研究。结果表明，使用泥炭和风化煤的盐碱土提高了土壤孔隙度，降低了土壤 pH 值，增加了土壤养分，使水稻根系活力明显提高，茎液流速显著增大，株高、穗长、结实率、千粒重和根重都有明显提高。

中科院沈阳应用生态研究所在辽宁康平进行泥炭改良苏打盐渍土试验，结果表明，苏打盐渍土旱作玉米在大量使用泥炭后，强度苏打盐渍土、结皮碱土均呈现良好的土壤改良效果，不良物理性状获得改善，可溶盐、pH 值及交换性钠明显下降，向着有利于土壤钙、镁离子与交换性盐基总量增加的趋势发展，逐渐脱离盐渍土性状。土壤肥力逐渐提高，土壤有机质、全氮、全磷含量均呈上升趋势，使用泥炭的土壤玉米产量比对照增加 1.3～1.8 倍。

导致温室大棚土壤积盐的原因多种多样，如土表蒸发强烈，溶于水中养分离子被带到土壤表层聚集；过量使用化肥造成养分集聚地表；大棚地下水位过高，地下水容易上升导致土壤积盐；大棚土壤得不到天然降水淋洗，加剧了表土积盐；等等。但无论哪种原因积盐，土壤表层养分积累都会随着重茬年份增加而扩大，高者可能达到 1～1.6g/kg，对大棚蔬菜和其他作物生长产生严重影响。李刚等人采用泥炭、沸石、锯末、秸秆等材料制作土壤调理剂，用于温室盐渍化土壤，其土壤电导率可比对照土壤降低 31.5%，发病率降低 46.7%，西芹增产 11.2%～16.8%，盐害程度大幅度减轻。

(三) 提高土壤养分供应强度和容量

泥炭腐植酸对土壤中营养元素的吸附络合极大地影响着这些元素的聚集、流动和输送，而植物所需的养分通过土壤腐植酸固定和矿化过程而不断积累和提供。N、P、S 可存在于复杂有机高分子中，无机阳离子 Ca^{2+}、Mg^{2+}、K^{+} 等碱性营养物质存在于土壤有机质表面，微量元素 Mn^{2+}、Cu^{2+}、Fe^{2+}、Zn^{2+} 等以有机络合物形式存在；土壤中储藏的有机营养物质可以通过生物过程和物理化学过程陆续释

放，施加到土壤中的化学肥料可以通过泥炭的吸附交换而减少流失和挥发，提高肥料的利用率。施用泥炭土壤调理剂的土壤，同时施用化肥和微肥，可以释放相当多的P、S和其他阳离子型元素，原因就在于泥炭腐植酸对被固定元素的活化作用。

李磊等人研究不同泥炭用量对土样养分的影响，结果表明，随着泥炭用量的增加，土壤有机质含量增加，土壤微生物大量繁殖，生物活性迅速提高，产生大量有机酸，分解释放土壤和泥炭中的迟效养分，增加了土壤中养分的供应。与对照相比，使用泥炭处理的土壤碱解氮、速效磷和速效钾，均有所提高，且高使用量的比低使用量的处理养分含量有明显提高，表明泥炭使用对改善土壤养分状况、增加养分供给效果十分显著。

泥炭土壤调理剂面对的市场是保护地、盐碱地、风沙地、矿山用地复垦等障碍土壤。由于保护地土壤连续重迎茬高强度利用，土壤养分元素特别是关键营养元素因为偏好性吸收而日益贫乏，无法满足植物生产对养分的需求。泥炭土壤调理剂对N、K、P有良好的吸附能力和选择交换能力，施入到土壤后可控制肥料养分的释放，起到较好的保肥供肥作用。泥炭土壤调理剂与化肥混合施用，可以防止或减少养分和有效营养元素流失，改善土壤养分供应的强度和容量。每亩保护地使用泥炭土壤调理剂1.5t，能提高蔬菜产量36%，后效持续4～6年。过量使用化肥会影响微量元素的吸收，肥料中氮磷钾与土壤中微量元素产生抵抗作用或比例失调，造成农作物对微量元素吸收困难。这也是为什么植物所需的水分、无机肥分充分供应之后，植物仍旧不能茂盛地成长，根部不能完全地吸收这些养分的原因。

(四) 对污染土壤的修复重建功能

土壤重金属污染是土壤障碍性疾病之一，如何脱出土壤中重金属，降低重金属危害，是土壤修复和重建的重要内容。泥炭中腐植酸与土壤中的重金属形成难溶和不溶性金属络合物，就有可能起到减少甚至消除有害重金属对土壤的污染。李平等人研究了不同土壤改良剂对土壤中铜和镉活性的影响，结果表明，对铜、镉重金属污染土壤使用泥炭等盖土机后，降低了土壤水溶态和交换态Cu、Cd比例，增加了碳酸盐结合态、铁锰氧化物结合态、有机结合态和残渣态Cu、Cd比例，从而降低了土壤重金属的生物有效性和生态毒性，有效阻控了污染土壤上叶菜对镉的吸收，实现叶菜的安全生产。王艳红等研究了石灰与不同用量泥炭混施对镉污染土壤三茬叶菜吸收累计镉的影响。结果表明，与不加土壤改良剂相比，使用石灰和泥炭配合方式，土壤pH值提高了0.76～1.14个单位，土壤DTPA提取态镉含量降低了7.55%～32.0%，叶菜地上部分镉含量降低了35.5%～67.2%，与单施石灰相比，石灰和泥炭配合使用土壤pH值提高了0.04～0.32个单位，第2茬土壤DTPA提取态镉含量降低了2.06%～20.6%，前两茬叶菜地上部镉含量降低1.1%～24.6%，后效可达3年。

泥炭土壤调理剂对大多数污染物有吸附作用和离子交换作用，对各种重金属离子、氨态氮、亚硝酸盐、硫化物的吸附和交换作用明显，效果较好，可以减轻和防治土壤污染。将泥炭土壤调理剂按土壤1%施用量加入被Cd污染的土壤中，莴苣叶子中Cd浓度减少86%。在对铅、汞等污染土壤中，重金属污染浓度降低都在60%以上，最高降低86%。国外研究发现，直接使用原始纤维状泥炭和粒状褐煤作吸附材料，重金属处理效果也较理想。

三、泥炭对土壤生物性质的影响

土壤微生物和动物是土壤生态系统的重要组成部分，土壤生物学障碍是指在自然或农田生态系统中，植物-土壤的相互作用导致土壤生物种群发生不利于某种植物生长和发育改变的现象。连作障碍是土壤生物学障碍的主要表现之一，连作使土壤有害微生物增加，土传病虫害严重，引起土壤微生物种群和数量发生变化。

（一）对土壤微生物数量和活性的影响

土壤中微生物数量庞大，微生物活力对土壤肥力有重大影响。泥炭可为土壤生物和微生物体提供碳源和能量，帮助建立种群，促进微生物活性提高。一般地说，土壤中的细菌、放线菌、真菌、藻类、原生动物数量和活性与土壤有机质和腐植酸含量有正相关关系。

山东滨州渤海活塞股份有限公司研究了不同泥炭配比对盐碱土pH值、有机质、微生物区系数量以及草坪草的影响，使用不同用量泥炭的盐碱土的pH有所改善，增加了土壤有机质含量，明显提高了各种微生物群落数量，促进了微生物区系活动，提高了酶的活性，提高草坪草产量1.59倍。人参土传性病害是困扰人参生产难以回避的难题，新开垦参地的土壤微生物活性会随着种参年数增加，酸性磷酸酶、脲酶、转化酶、蛋白酶的活性分别降低30%～70%，而使用了泥炭土壤改良剂的参地土壤的磷酸酶、转化酶和蛋白酶不仅没有降低，还有明显提高，提高幅度在4%～186%，土壤中的碳、氮、磷转化强度明显增强，改良老参地效果显著。

（二）对土壤生物学健康的影响

由于连续在同一块耕地上种植同一种或同科作物，作物根系分泌物和残留物及某些病原生物在土壤中大量积累，这块耕地土壤成为有病土壤。加之该作物所需要的营养元素因连续被吸收而缺乏，不需要的营养元素在土壤中累积，致使土壤营养失衡。土壤微生物生态群落被破坏，土壤对“有害微生物”的净化能力或抑制作用下降，有害微生物增多，有益微生物减少，生物性质恶化。“土壤-植物系统病”的根源在土壤，表现在作物，当有病的土壤遇到免疫力差的植物，即会以植物病的形式表现出来，生产上常叫作重茬病、连作障碍、再植障碍。对这类土壤使用泥炭土壤调理剂，可以提高土壤微生物活性，增强土壤微生物及其代谢产物吸附和转化有毒金属或非金属元素，将Cu、Mn、As、Fe等低价元素氧化，将有毒的Cr^{6+}、Hg^{2+}还原，将水溶的Cd盐沉淀，降低有毒物质的毒性。大棚温室全年或季节封闭在高温高湿环境下，高度集约化、高复种指数、高强度利用、高频度人为干扰，过量施肥，过量用药，过量灌水，过度耕作与践踏等强烈的干扰和巨大压力下，造成大棚土壤健康急剧恶化，一般种植2～3年，就出现土壤结构破坏、土壤营养失衡、土壤酸化、土壤次生盐碱化、土壤有害物质积累、土壤微生物种群多样性和功能退化等一系列土壤病。4～5年时极为严重，病虫害猖獗，生产成本增加，管理难度增大，农作物产量品质下降，甚至减产绝收，无法继续进行设施种植，被迫放弃、换土或移棚。

第三节 泥炭类土壤调理剂的目标市场

一、温室大棚的保护地土壤

我国日光温室496万亩、塑料大棚1007万亩，其内的土壤绝大多数属于连年重茬种植、病害严重、土壤板结、营养失衡的问题土壤。温室大棚由于连年重茬迎茬种植，土传性病虫草害严重，不得不大量使用农药防控病害，导致农产品污染，农药残留超标。由于连年种植，土壤养分偏好性吸收，导致土壤养分失衡，不得不大量使用化肥补充，造成结构破坏，土壤酸化，土地生产力不断下降。

二、污染土壤

我国农村土壤污染的问题由来已久，目前，我国施用的化肥中以氮肥为主，而磷肥、钾肥和有机肥的施用量低，这会降低土壤微生物的数量和活性，最终导致土壤污染。土壤盐化和酸化长期过量施肥，不管是化肥还是有机肥都会造成盐分在土壤表层累积，发生次生盐渍化。当土壤盐分含量高于0.3%时就会抑制作物，特别是幼苗根系对养分的吸收利用。土壤酸化主要是大量偏施氮肥造成的，它对作物根系和土壤微生物都有不利影响。土壤生物多样性被破坏，为追求高效益而长期连作，使土壤微生物区系失衡，引发根结线虫、枯萎病、疫病等土传病害。这在“黄瓜村”“大蒜乡”等单一种植的地区更为常见、更为严重。土壤中自毒物质累积自毒是指在长期连作条件下，作物根系分泌、分解和淋溶的化学物质对自身、同种或近缘植物产生的抑制作用。它是一种化感作用，大豆、番茄、茄子、西瓜、甜瓜和黄瓜等连作时都容易产生自毒作用。

根据2014年发布的全国土壤污染状况调查公报数据，耕地土壤点位超标率为19.4%。点位污染物超标率指土壤超标点位的数量占调查点位总数量的比例。全国粮食播种面积为20.27亿亩，由此推测有待修复的耕地污染面积约3.9亿亩。根据中国网报道的专家估计数据，采用较为便宜的植物修复法修复土壤，每亩修复成本约为2万元。根据《全国土壤污染状况评价技术规定》，耕地土壤污染程度根据污染指数划分，按照污染程度的不同，每亩耕地土壤的修复成本也有不同，目前进行修复的耕地多为污染程度比较严重的，我们推算全国耕地修复成本接近4万亿（表8-1）。

表8-1 我国土壤修复潜在市场容量预测

土壤按类型分类	土地面积/亿亩	点位污染物超标率/%	有待修复的土壤污染面积/亿亩	土壤修复成本/(元/亩)	土壤修复市场容量/亿元
耕地	20.27	19.4	3.93	—	38331
重度污染耕地	—	1.1	0.22	60000	13378
中度污染耕地	—	1.8	0.36	30000	10946
轻度污染耕地	—	2.8	0.57	10000	5676
轻微污染耕地	—	13.7	2.78	3000	8331

三、盐碱风沙土壤

我国17个省区有盐碱地分布，总面积达到99.13万平方千米，沙漠化及风沙化土地总面积33.4万平方千米，盐碱和风沙土壤是我国潜在的土地资源。按每公顷问题土壤治理使用1t泥炭土壤改良剂计算，每年则需要进口130万吨泥炭腐植酸，泥炭腐植酸在盐碱地、风沙地治理中具有巨大的市场空间和应用前景。

四、矿山修复

矿业生产在获取自然资源的同时，不可避免地会改变矿山环境，包括对地表景观的破坏、对土地资源的占用、对环境的二次污染和对动植物生活环境的影响等。我国现有8000多个国有矿山、11万个乡镇集体矿山、12.2个个体矿山、300多座矿业城市，从业人员超过2000万元，各类矿山遍布全国2000多个市县。矿山生产活动排放各类固体废物，长期占用和破坏耕地总面积达400万公顷，占破坏废弃土地总量的30%。矿山废弃地对环境的危害以及对土地资源的侵占，已经严重制约我国可持续发展能力，矿山废弃地复垦与生态重建已成为世界各国共同关注的课题，正日益受到人们的广泛重视。土地是人类赖以生存和繁衍的场所，对人口众多、耕地少的中国来说，其意义尤为重要。必须正确处理发展矿业与保护环境的矛盾，将采矿作业破坏了的土地及时复垦、予以充分利用。

目前矿区土地复垦根据其用途可分为农业复垦、林业复垦、渔业复垦、自然保护复垦、水资源复垦和工业复垦等，其中农业复垦和林业复垦是最普遍的。土地复垦工艺分为有覆土复垦工艺和无覆土复垦工艺两种。有覆土矿区土地复垦工艺：表土的采集、储存和复用-岩石的排弃和回填-场地整备-铺垫表土-耕作种植。由于一些废弃矿场土壤粒度组成较大，大粒度矿石比例较高而不适于植物生长；排土场及尾矿场土壤质地也与耕地土壤有较大区别，除了回填表层土壤外，补充泥炭土壤调理剂是快捷有效的复垦措施。在一些矿山排土场、尾矿场甚至风化较好的采石场，其表层土质与耕作土壤相近，无需进行表面覆土即可种植；如表层土质与耕作土有较大的差别，如酸性或碱性过高、黏粒含量偏低、某些化学物质的含量过低或过高、土壤肥力低等，也可以增加使用泥炭土壤调理剂，改变土壤的物理结构和化学性质，选择适宜的植物品种进行种植。

第四节　泥炭类土壤调理剂的创制与开发

泥炭类土壤调理剂是一种全新的土壤调理剂产品，泥炭类土壤调理剂的概念创新、技术创新、产品创新、市场创新以及管理创新还远远没有完成。科学分析泥炭天然禀赋与市场与需求，不断寻找泥炭资源高效利用与环境相融的最佳增值途径，积极开展泥炭类土壤调理剂的创制和开发是我国泥炭产业的重要任务之一。任何一个产品从科研到市场都要经历从的创意到技术开发、产品开发、市场开发、产业发展的一系列过程。在泥炭类土壤调理剂的创制和开发中，概念创新是基础，技术创新是关键，产品创新是载体，市场创新是体现，管理创新是保障，产业创新是目标。

一、泥炭类土壤调理剂的概念创新

泥炭类土壤调理剂的概念创新必须从产品的差异性和独特性入手，建立全新的产品概念，打造独一无二的产品品类。现有土壤调理剂产品中，原料来源要么来自无机矿物，要么来自农林废弃物，要么来自人工合成，都不属于天然有机矿物和活性腐植酸，人工合成土壤调理剂则可能存在不易生物降解组分、存在环境风险等问题。即使农林废弃物属于有机来源、有一定量腐植酸含量，但或多或少会受人类活动影响，来源复杂，均质性不好，使用效果不稳定。泥炭是生物有机沉积岩，属于天然有机质，富含活性腐植酸，生物可降解，洁净无污染，有别于现有无机土壤调理剂、有机土壤调理剂和人工合成土壤调理剂。此外，现有土壤调理剂大多成分简单、功能单一，需要多种材料配合使用才能达到综合改良土壤的目的，而泥炭类土壤调理剂则具有多组分、多功能、多品种、多效益的特征，既可以调酸碱，也可以调盐碱；既可以改良理化性质，也能改良生物学性质；既能改良退化土壤，也能修复污染土壤。因此，泥炭类土壤调理剂的概念创新必须围绕天然矿物、多能多效 2 个特征进行，集中精力打造天然有机质、活性腐植酸、生物可降解、洁净无污染的绿色环保特色和多组分、多功能、多品种、多效益的价值特征，着力构建与其他土壤调理剂不同的产品差异和产品定位，为泥炭类土壤调理剂确立核心价值。

二、泥炭类土壤调理剂的技术创新

泥炭类土壤调理剂的概念创新需要技术创新去实现。退化土壤、障碍土壤问题的性质不同，解决问题的手段和方法也不同，不可能用一个通用的泥炭类土壤调理剂产品解决所有问题。如果将泥炭不加处理直接用于土壤改良和培肥，用量就无法明显降低，产品门槛太低也会诱发价格大战，导致行业无序发展。因此，泥炭类土壤调理剂必须根据面临土壤问题进行针对性地调配改造，显著提高使用效果，降低单位面积用量，赢取更大产品市场。黏性土壤应该选用颗粒大的泥炭调理剂，以提高孔隙度，降低土壤容重；沙性土壤应该选用颗粒小的泥炭土壤调理剂，以提高土壤团聚性，促进土壤颗粒形成，改善沙性土壤物理性状。要保证绿色健康的产品特色和优势，泥炭类土壤调理剂就必须在泥炭原料选择、开采方式、处理方式、配料加工等工艺手段上，进行标准化生产管理，确保产品纯洁天然、杜绝杂质、均匀一致和效果稳定。在此基础上，选择合理的工业化装备，采用合理的工艺流程，进行泥炭类土壤调理剂的酸碱调节、养分缓释、粒度控制和水分控制，确保泥炭类土壤调理剂达到概念创新的目的和要求。在技术创新方面要发挥泥炭类土壤调理剂的综合效应，增加土壤有机质含量，并提供很多额外的效益。随着时间增长，有机质改善土壤通气性、水分润湿性，以及水分营养固定量。许多有机土壤改良剂含有植物营养，起到一种有机肥料的作用。有机质也是生活在土壤中的细菌、真菌、放线菌和土壤动物的重要能源。

三、泥炭类土壤调理剂的产品创新

土壤调理剂的概念创新是产品的创意过程，技术创新是产品的发明过程，是将产品创意和产品技术在产品实物上的实现过程。要实现绿色健康和多功多效创意目标，就需要采取特定种类的泥炭资源和特定开采加工处理方式，并在创意和技术在一定成本控制条件下完成。必须通过大量的试验研究，筛选泥炭土壤调理剂的产品形态、技术指标、保存条件、包装方式、运输储存方式、使用计量方式和使用方式等等。在成本倒推成本控制前提下，实现产品开发的技术可行性、经济合理性和环境可融性。

土壤调理剂产品创新离不开原料的创新。藓类泥炭是最佳土壤调理剂原料，藓类泥炭可以固定水分，对砂质土壤十分有利。藓类泥炭是酸性的，对培喜酸植物和花卉栽培极为有利。大部分藓类泥炭都来自北欧、俄罗斯和北美等寒温带地区的高位泥炭地，由于当地气候湿润，藓类泥炭开采完毕后可迅速重新恢复重建。只要控制泥炭开采量不超过泥炭植被重建速度，就可以认为泥炭是可更新资源。但是一些沟谷低位泥炭可能不是最好的土壤调理剂原料来源，因为草本泥炭结构太细，通常pH 值也比较高，盐分相对丰富。草本泥炭地一旦开发，则难以很快恢复，有时甚至要达到数百年才能重新恢复，所以山区沟谷成本泥炭开采可能对当地水文生态影响极大。

在各种有机土壤调理剂中，各种有机物的选择对产品创新也十分重要。一些牲畜粪便和厩肥的盐分可能很高，所以使用量不能太高，后者也会给土壤造成此生盐渍化，经常可以见到死亡植物和灼烧的根系都是养分偏高造成的恶果。此外，厩肥也会因为增加土壤氨量而伤害植物，为了避免这种问题的发生，最好使用越冬或充分堆沤的厩肥，或者将厩肥堆沤后使用。人类病菌包括大肠杆菌是新鲜厩肥的另一个潜在问题，所以一定不能用在蔬菜栽培上。对于直接接触土壤的蔬菜种植，新鲜厩肥一定要在蔬菜收获前的 4 个月使用，对其他国内和蔬菜作物来讲，新鲜厩肥必须在蔬菜收获前的 3 个月前使用。简单地说，新鲜厩肥只能在春季在花园里使用，腐熟厩肥至少存放 6 个月以上，让过量的氨释放完毕。厩肥发酵后的盐分浓度可能会提高，但如果雨水充沛或灌溉频繁可以让多余盐分淋失，免除盐分对植物的危害。堆肥中的病菌、杂草种子需要在 63℃以上温度才能被灭活，如果堆肥没有彻底发酵，可能残留大量病菌和杂草种子。腐熟厩肥通过快速降解其有机质是稳定的，是一种理想的土壤调理剂，盐分水平可能高，也可能在一次降水中淋滤掉。

树木枝丫也可能作为土壤调理剂的原料来源，但未发酵的树木枝丫可能固定土壤中氮素而导致植物中氮素的缺乏。土壤中微生物利用氮素来分解木质材料，几个月到数年时间后，随着微生物完成了快速分解过程，氮就被释放出来，然后再变成可被植物利用的形态。但锯末缺氮的风险更大，因为锯末比木片的表面积更大。

使用木质材料制备土壤调理剂前必须进行工业堆肥过程。通过补充氮素让这些材料快速分解。氮素既可以来自富氮的植物残体，如草坪割下的草屑或者是厩肥，也可以是氮素肥料。绝对不能使用未腐熟的木质堆肥或锯末堆肥作为土壤改良剂，因为这些材料分解缓慢，会固定土壤中的氮素，干扰种植苗床准备，干扰土壤水分和养分的剖面运动。

堆肥是一种简易发酵处理的生物质物料，发酵程度、发酵标准尚缺乏明确标准，市场监管尚十分有限。从商业来源来讲，堆肥主要指已经发酵过的生物质物料。市场上有多种多样的堆肥产品，既有包装的，也有散装的；这些产品既有纯植物源的，也有厩肥源的，污泥的和其他农业副产品如鸡鸭羽毛。在畜牧业发达地区，厩肥源堆肥最常见，但这些堆肥盐分含量太高，所以要谨慎使用。用纯植物源如木片和农林废弃物制备的堆肥盐分很低，使用效果肯定高于厩肥源的堆肥，当然植物源的堆肥价格也高。有人对本地各种堆肥、厩肥样品进行了检测，绝大部分都是高盐分的，使用时一定要谨慎。

许多海绵城市建设需要下沉湿地和雨水公园，采用泥炭土壤调理剂对 0～50cm 土层进行全面改造，可以将景观土壤有机质培育到 4%～5%，大幅度改良土壤通气性和渗透性，加深耕层，扩大根系扩展范围，促进植物生长，提高植物有效捕捉降雨的能力，减少水分流失。

四、泥炭类土壤调理剂的市场创新

产品、价格、促销、渠道是泥炭类土壤调理剂市场创新的核心要素。泥炭类土壤调理剂的产品核心价值因绿色多效有别于其他调理剂产品，因此泥炭类土壤调理剂的定价、促销、渠道以及目标市场选择必须采取与绿色多效产品定位相配套的市场策略。产品价格要跳出低价竞争窠臼，走中上价格竞争路线，体现绿色多效的产品价值。要实现中上价格策略，就必须针对能够认可绿色多效理念和价值的日光温室、工矿复垦和污染土壤修复市场，而盐碱土壤、风沙土壤改良，如果改良后的土地产值不能超过5000元/亩的话，泥炭类土壤调理剂的产品价值就难以被用户接受，市场推广也会比较困难。由于泥炭类土壤调理剂的用量和用法与传统肥料不同，加之互联网经济发展缩短了用户与厂家的距离，泥炭类土壤调理剂的促销和渠道策略也应该在深刻理解泥炭类土壤调理剂产品绿色多效的核心价值基础上，不断强化产品的外延价值，提供更多的线上线下服务，培育稳定铁杆客户。

开发出绿色科技的泥炭类土壤调理剂产品同时，还必须通过大量试验筛选适宜经济用量。理想的土壤有机含量应该在4%～5%，因为在这个水平上，有机质总氮矿化就足以满足植物生长要求，这对那些不使用肥料的土地上植物生长不会受太大影响。但是我国温室大棚土壤有机质大多低于1%，要将土壤有机质含量提高1%，意味着需要向土壤施入1.5t约$6m^3$土壤调理剂（每亩土壤重按150t计算，土壤调理剂有机质含量按50%计算，调理剂容重按0.5计算），这种用量在保护地土壤改良中是可以接受和理解的，但在其他作物和土壤上就显得偏高。土壤调理剂的用量与有机质提升目标是一对矛盾，用量大才能保证土壤有机质提升，才能保证土改良效果，但用量大就必然增加用户成本，因此泥炭类土壤调理剂的推广应用还需要做很多工作。

在市场服务方面，应该为用户提供土壤调理剂选择的依据，替用户提出四个选择标准：①土壤调理剂的土壤中存留时间，②目标土壤结构，③土壤养分和植物对土壤调理剂养分敏感度，④土壤调理剂的盐分含量和pH值。企业应该为用户提供土壤调理剂的养分、pH，有机质含量、容重等技术指标，有需要时可以为用户测定土壤性质，并据此提供进一步的使用技术服务。

所谓土壤改良剂的寿命是指土壤调理剂在土壤中的存活时间。选择长寿命还是短寿命土壤调理剂取决于工作目的，想快速改良土壤物理性质，那就选择快速分解的土壤调理剂；想长期逐步改良土壤性质，就选择缓慢分解的土壤改良剂；想快速改良又想长时间维持；就选择两者结合的。

泥炭和其他有机土壤调理剂一样，其主要功能和价值就是改良土壤结构，即土壤颗粒大小。砂质土壤颗粒大，所以感觉很坚硬。黏性土壤颗粒小，感觉黏性。不管是沙土还是黏土，对园艺工作者来说都是挑战，肥沃的土壤就是不同颗粒土壤的混合体。

在改良沙性土时，目的是增加土壤固定水分和营养的能力，要取得这样的效果，要用强烈分解的堆肥、泥炭和腐熟的厩肥这些土壤改良剂。要改良黏性土壤，其目标是改良土壤团聚性，增加孔隙度和渗透性，改良通气性和排水性，所以要采用纤维丰富的藓类泥炭、木片、树皮和锯末堆肥。

不同土壤具有不同的渗透性和持水性（见表 8-2、表 8-3），就应该区分具体情况使用不同的土壤调理剂。砂质土壤具有很低的持水性和很高的渗透性，所以要选择具有高持水性的土壤改良剂，如泥炭、堆肥和蛭石。黏性土壤渗透性很低，持水性很高，所以要选择高渗透性土壤调理剂，路如木片堆肥、硬木皮堆肥和珍珠岩。蛭石不是黏性土壤的最佳选择，因为蛭石拥有极高的持水性。

表 8-2　不同类型土壤的渗透性和持水性

土壤结构	渗透性	持水性
沙性土	高	低
壤土	中等	中等
淤泥	低	高
黏土	低	高

表 8-3　不同土壤改良剂的渗透性和持水性

土壤调理剂		渗透性	持水性
纤维的	泥炭	低-中	很高
	木片堆肥	高	低-中
	硬木树皮	高	低-中
腐解的	堆肥	低-中	总-高
	长期堆沤厩肥	低-中	中等
无机的	蛭石	高	高
	珍珠岩	高	低

许多用厩肥和淤泥制备土壤调理剂堆肥盐分都很高，甚至超过 3mS/cm，要避免在土壤盐分已经很高的情况下继续使用这种堆肥土壤调理剂，或者不种对盐分敏感的植物，如覆盆子、草莓、豆类、胡萝卜、洋葱、草地早熟禾、枫木、松木、荚和其他对盐分敏感的景观绿地植物。土壤调理剂中也会有盐分，某地土壤本来就是高盐分、高 pH，就不要使用那些高盐分、高 pH 值的土壤调理剂。高盐分土壤调理剂有草木灰、厩肥、厩肥源堆肥、淤泥、淤泥源堆肥等。如果土壤调理剂与盐分含量 1mS/cm 的土壤混合，土壤调理剂盐分含量达到 10mS/cm 时也是可用的。但盐分含量大于 10mS/cm 时就有问题了。如果检测出土壤盐分已经超标，就一定要选择低盐分土壤调理剂。

藓类泥炭和植物源堆肥盐分较低，对各种土壤改良修复都是适宜的。因此，要为客户提供土壤调理剂检测报告，让用户选择购买。如果没有检测分析结果，要劝导用户先购买少量样品试验，取得使用效果再大量购买。此外还要注意，厩肥土壤调理剂的养分含量每一批次都不一样，提供检测报告要留有余地。

五、泥炭类土壤调理剂的管理创新

泥炭类土壤调理剂进入到工业化生产和市场推广阶段，就必须需要通过标准、检验和产品认证等手段进行规范和管理。科学严谨的产品标准是泥炭类土壤调理剂产品生产、质量控制和行业管理的依据，质量检验是企业内部和行业政府管理的手段。标准和检验是泥炭类土壤调理剂的“车之两轮，鸟之两翼”。没有标准，产品质量控制就无从谈起，企业之间竞争就会混乱无序。没有检验，企业产品质量没有约束，红海竞争就无法避免。在良好的行业标准和检验管理条件下，辅以产品认证，可以进一步提升泥炭类土壤调理剂产品质量的稳定性和产品知名度，扩大企业的美誉度，进一步促进泥炭类土壤调理剂产业的发展。

六、泥炭类土壤调理剂的产业创新

中国腐植酸工业协会泥炭工业分会、国际泥炭学会中国委员会要通过年会、行会的方式，加快泥炭类土壤调理剂技术、产品、标准、检测、装备和信息交流，组织力量进行技术攻关，解决困扰泥炭类土壤调理剂的共性关键性问题，促进行业技术进步，推动行业不断发展。在全行业评比优秀产品和优秀企业，褒奖产品质量稳定、企业规模大、社会声誉好的企业，鼓励先进，鞭策后进，带动全行业健康快速发展。行业协会要努力与相关政府机构、相关协会紧密合作，推介产品和技术，共同推动泥炭类土壤调理剂产业健康发展。

第五节　泥炭类土壤调理剂的试验验证

农业部肥料登记评审委员会第五届第十一次会议通过了土壤调理剂田间试验规程。规定了土壤调理剂效果试验的处理设计、试验实施、评价指标、效果评价和报告撰写等内容，可作为申办土壤调理剂登记证的依据。

规则将土壤调理剂定义为加入土壤中用于改善土壤的物理、化学和/或生物性状的物料，以改良土壤结构、降低土壤盐碱危害、调节土壤酸碱度、改善土壤水分状况或修复污染土壤等。特别是对土壤结构改良、土壤盐碱改良、土壤酸碱调节、土壤保水和土壤修复的概念做了明确定义。

一、试验设计

试验目应该根据产品组分和作用机理，对将要调理的土壤属性及适宜的土壤（类型）或区域进行验证，明确产品的作用效果，确定产品可应用的土壤类型或区域，并验证经调理后植物生物学效果。

（一）试验处理

根据试验目的、产品组分、施用方法等设计试验处理。试验处理设计应符合以下要求。

含少量肥料的土壤调理剂应根据产品施用剂型（即水剂、粉剂或颗粒）和组分，设计试验处理。水剂类：主要用于地表喷洒、浇灌的土壤调理剂，至少设三个处理，即处理 1（施用等量的清水对照）、处理 2（施用等量的等养分肥料对照）和处理 3（施用土壤调理剂）；必要时，可增设不同施用量处理。粉剂或颗粒类：主要用于拌土或撒施的土壤调理剂，至少设三个处理，即处理 1（空白对照）、处理 2（施用等量肥料养分对照）和处理 3（施用土壤调理剂）；必要时，可增设不同施用量处理。

不含肥料的土壤调理剂应根据产品施用剂型来设计试验处理。水剂类：主要用于地表喷洒、浇灌的土壤调理剂，至少设两个处理，即处理 1（喷洒或浇灌等量清水对照）和处理 2（施用土壤调理剂）；必要时可增设不同施用量处理。粉剂或颗粒类：主要用于拌土或撒施的土壤调理剂，至少设两个处理，即处理 1（空白对照）和处理 2（施用土壤调理剂）；必要时可增设不同施用量处理。

（二）试验管理

试验重复次数不少于 3 次。试验小区按随机区组排列。每种土壤（类型）或区域中应不少于 2 个试验点。每个试验应至少进行 2 年。对于具有广泛适宜性的产品，应至少应在 3 种土壤（类型）或 3 个区域进行试验。作物验证试验每种土壤（类型）或区域中应进行不少于 2 种作物的效果验证试验。

二、试验实施

（一）田间试验

试验地应选择能代表要调理的典型土壤，要求地块平坦、整齐、地力水平相对均匀，肥力适于试验要求。若为坡地，应选择坡度平缓、肥力差异较小的田块。试验地应避开道路、堆肥场所等特殊地块。

试验前应整地、设置保护行、划分试验地小区。小区单灌单排，避免串灌串排。应取样分析供试地土壤基本性状，包括土壤容重、土壤机械组成、土壤水分、有机质、pH 值等，其他项目根据试验要求进行。

应根据试验设计和供试土壤调理剂要求进行施用和相关操作。试验管理应遵循“最适”和“一致”的原则，除施肥措施外，各项管理措施应一致且符合生产要求。

在作物收获同时采集土样（必要时，根据土壤调理剂的特点增加取样时间点）。采样深度一般为 0～20cm，部分土壤测定盐分时可采至 30cm 或更深。土壤样品采集的时间、数量等应能满足调理土壤的主要性状指标要求。

对试验布置情况、试验地情况、试验栽培管理、土壤性状调查、植物学性状调查进行系统规范的田间调查记载。

根据土壤调理剂的组分和作用机理，选择必要的土壤性状评价指标。土样的采集、制样、分析测试，应符合土壤性状要求，避免混淆或污染。收获应做到真实、准确，以获得准确的试验结果。收获时应先收并运走保护行植株。各小区单打、单收、单计产，不应将重复相同的处理小区混为一体。对于一般谷物，应晒干脱粒扬净后再计重。在天气不良情况下，可脱粒扬净后计重，混匀取 1kg 烘干后计重，计算烘干率。对于甘薯、马铃薯等根茎作物，应去土随收随计重；若土地潮湿，可晾晒后去土计重。对于棉花、番茄、黄瓜、西瓜等作物，应分次收获，每次收获时各小区的产量都要单独记录并注明收获时间，最后累加。室内考种样本，应在收获前按要求采取，并系标签，记录小区号、处理名称、取样日期等。计算产量和分析品质。

数据统计分析方法和手段应符合统计学要求。

（二）盆栽试验

田间试验实施前可进行盆栽试验，用于适宜施用量、施用时间等试验条件的确定，并对其施用效果及可能引起的毒害性进行评价。

土壤采集应具有代表性，即所采土壤样品的各种特性应能最大限度地反映其所代表的土壤（类型）或区域的实际情况。采样深度一般为 0～20cm。取土、装土、运土的工具要干净，避免污染。取回的土壤挑出石子、根茬残体以及各种杂物后过 2mm 孔径的筛子。过筛的土壤充分混匀，存放在专门的地点备用，并标明土壤名称、采集地点、采集时间、含水量及主要土壤性状。

常用的盆钵按原料可分为玻璃盆、搪瓷铁盆、陶土盆和塑料盆，根据试验需要自行选用 20cm×20cm、25cm×25cm、30cm×30cm 等规格。按照使用说明要求，进行播种、土壤调理剂施用。

播种和试验处理时要按照使用说明和试验处理要求，进行播种、对照和土壤调理剂施用。

试验管理与观察：试验管理应遵循“最适”和“一致”的原则，除施肥措施外，各项管理措施应一致且符合生产要求。观察记载包括试验布置情况、试验环境条件及土壤情况、盆栽试验管理经过、土壤性状调查和植物学性状调查。

三、结果评价

（一）评价指标

土壤性状评价指标应根据土壤调理剂组分、作用机理和功能，至少选取如下对应指标进行评价。对具有改良黏重土壤功能的，要测定水稳性团聚体、土壤容重、阳离子交换量；对具有改良沙性土壤功能的，要测定水稳性团聚体、土壤容重、土壤水分、阳离子交换量；对具有改良碱土功能的，要测定总碱度、碱化度、土壤 pH 值、阳离子交换量和脱盐率；对具有改良盐土功能的，要测定土壤全盐量及离子组成、土壤 pH 值、阳离子交换量和脱盐；对具有调节土壤酸碱度功能的，要测定土壤 pH 值率；对具有改善土壤水分状况效果的，要测定田间持水量、土壤含水量（田间与盆栽）。若必要，还要考察土壤性状指标，应包括有机质、全氮、有效磷、速效钾等常规分析项目以及土壤生物性状指标。

（二）评价内容

根据供试产品特点和施用效果，对不同处理土壤性状的差异进行评价。同时，应包括作物验证试验不同处理对作物产量及品质等生物学性状的差异进行评价。必要时，还应对施用所产生的经济效益、环境效益进行评价。

含有肥料的土壤调理剂效果评价，应主要通过土壤调理剂与等养分肥料对照处理间指标的差异，来评价土壤调理剂主要成分的施用效果。同时，根据空白对照的指标与其他处理的差异，评价基质的肥效水平。

不含肥料的土壤调理剂效果评价，应主要通过对照处理与土壤调理剂间指标差异，来评价土壤调理剂的施用效果。

（三）评价要求

土壤调理剂的评价结论应基于综合评价长期连续施用土壤调理剂对耕层土壤基本性状的影响。同时，应结合作物生物学性状等方面的试验结果。土壤性状指标与对照比较，其试验效果应差异显著。

通常情况下，土壤性状指标变化幅度应不低于 5%。pH 值变化不少于 0.5。植物生物学性状（如产量、出苗率等）变化幅度应表现为 $\alpha=0.05$ 水平的显著性差异，正效应不低于 5%。

（四）评价报告

试验报告的撰写采用科技论文格式，主要内容包括试验来源和目的、执行时间和地点、环境条件、试验方案、试验管理、试验数据统计与分析、试验效果评价及结论等。试验报告应于植物收获后两个月内完成，一式四份报委托单位。同时要注明报告完成时间，由执行人签字并加盖试验承担单位公章。

第六节 泥炭类土壤调理剂的应用

一、泥炭类土壤调理剂在园林土壤修复中的应用

2016 年 6 月 16 日上海迪士尼乐园盛大开业，标志着我国首次大规模采用泥炭物料整体土壤置换和修复工程圆满成功。该土壤改良修复工程由上海申迪园林投资建设有限公司、上海市园林科学研究所、吉林省敦化市吉祥泥炭开发有限责任公司等单位组织实施。项目区覆盖上海国际旅游度假区核心区所有绿化区域，总面积 $7km^2$，修复土层深度 1.5m，实现了 1.5m 土层彻底置换和修复，改变了原位土壤

黏重、板结、盐化、重金属超标等问题，使工程区内土壤整体质量达到A类1级水平，土壤重金属和有机污染降到最低限量水平，保障了儿童和其他社会公众游园安全，是目前国内土壤改良修复规模最大、修复标准最高、使用泥炭量最大、修复效果最好的宏伟工程。

上海迪士尼工程项目区地表组成物质以三角洲平原、河口和海湾沉积为主，虽然土壤有机质含量较高，但多以分解细碎的淤泥质为主，导致项目区土质黏重板结，通透性很差。受多次海侵影响，加上农业耕作和过量化肥使用影响，区内60%土地属于低度盐化（含盐量2～5g/kg），26%土地属于中度盐化（含盐量5～7g/kg），4%土地属于重度盐化（含盐量7～10g/kg）。除此之外，项目区受附近电镀、织染厂影响，土壤Cu、Zn、Cd、Hg、As均表现出一定累计，超出土壤背景值标准。20世纪70年代末期，原川沙污灌区横贯浦东新区，致使4000hm^2农田受到Cd、Zn、Cu、Hg、Cr等重金属污染。此外一些农田土壤因大量施用鸡粪、猪粪等有机肥，也导致本区Zn等重金属超标。

针对本区土壤质地细腻、黏重板结、通透性极差、盐分超标、pH值偏碱、重金属超标的实际情况，项目实施单位决定引进鄱阳湖中沙、磷石膏和东北泥炭，配合本地留存的优质表土，进行大规模土壤置换和土壤结构重建。鄱阳湖黄沙粒径2～5mm，经长江和鄱阳湖水多年洗涤，清洁安全，健康环保，是建造土壤结构、增加土壤通透性的良好物料。在土壤组成中加入磷石膏，可用磷石膏中的钙交换土壤中的钠，使土壤胶体在钙离子作用下重新凝聚形成结构。反应生成物中的硫酸钠可被灌溉水或雨水淋洗，从而减低了土壤碱性。泥炭物料具有安全、高效、环境相容性好等特点，对改善园区土壤环境、改善地表植物生长条件、保证游园儿童和成人健康效益显著。泥炭促进土壤结构创建，改变土壤机械组成，打破土壤板结，提高土壤持水量，改善土壤水对植物根系有效性提高植物根系活性。向土壤补充泥炭和腐植酸，可以提高土壤阳离子交换量，增加营养保持性能。在土壤修复中增加泥炭用量，可以向土壤微生物提供碳源和能源，促进健康土壤微生物群落复苏重建。泥炭除了能为地上植物提供营养外，还具有增强植物体免疫力、改善土壤环境、提高防疫、抗旱、抗冻、杀灭害虫、病菌等功效。泥炭是一种没有环境负累和心理责备的绿色健康环境资材，值得大力推广和应用。

在土壤改良和修复领域存在一种悖论，明知道有机质含量在土壤质量中的重要作用，却不愿意出资出力去增加土壤有机质；明知道土壤改良深度对地上植物生长具有决定作用，却又不愿意投资增加土壤改良深度。很多城市草坪建植中的基质层很薄甚至根本没有，外植草坪直接铺设在坚硬地表，导致草坪2～3年后就因为枯萎死亡，不得不推倒重来，造成资金和人力的巨大浪费。上海迪士尼项目并没有按传统的树穴改土方式，只改良树木根区周围土壤，而是按照树木根系分布平均深度，直接将1.5m深度土层全部置换修复，实现了土壤改良修复效果的最大化。如此巨大的改土深度，为树木和草坪根系伸展，吸收雨水，涵养水分，缓冲外部物理、化学环境变化，吸附固定植物养分，创造巨大微生物活动空间都创造了极佳条件。在我国目前的经济条件下，虽然不能保证每个绿化土壤修复工程都能达到1.5m深度，但50cm深度的改土深度是必保的。屋顶绿化和城市绿地的改土深度如果不能达到50cm以上的改土深度，要达到海绵城市建设中的吸收雨水、涵养水源、滞缓洪水的目标是不可能的。

纵观上海迪斯尼乐园土壤改良修复工程，可以看到项目实施单位在因地制宜、配方筛选、改土深度、外来物料引进运用以及工程化机械化手段等方面所取得的成功经验，也可以看到泥炭的大规模运用带来的显著效果。作为新一代土壤改良和修复材料，泥炭有机质和腐植酸含量高，纤维含量丰富，生物活性强。泥炭不携带病菌、虫卵和草籽，没有重金属和有机化学污染，是天然绿色有机建材资源。泥炭被誉为哺育作物种苗的摇篮、修复退化土壤的女娲、栽培优质蔬菜的温床、再造绿色生命的母质，早已在国外现代园艺和环境修复中广泛应用。由于国内公众宣传教育的错位，很多人认为泥炭开发就是破坏湿地，泥炭是不可更新资源，泥炭利用是无本之源，等等，泥炭开发被妖魔化，制约了泥炭现代农业和环境修复中的广泛应用。

二、泥炭类土壤调理剂在重金属污染土壤治理中的应用

我国农业生态环境的特殊性和土地资源利用的超负荷性，完全照搬国外技术与理论都无法切实解决我国农业领域土壤污染所面临的重大环境和科学问题，难以有效地遏制农业环境污染和日趋加剧的发展态势。必须围绕我国农业面源污染、农田重金属污染防治的重大战略需求，积极探索泥炭在农业面源污染和重金属污染农田防治与修复中的作用，围绕保护土壤资源、防治重金属污染、治理环境污染、改善农业农村环境等重大需求，按照“基础研究、共性关键技术研究、技术集成创新研究与示范”全链条一体化设计，组织实施泥炭在农业面源和重金属污染农田综合防治与修复技术研究。尤其要重点研究华南地区由于矿山开发、冶炼导致的流域性农田重金属污染问题，大力开发农田重金属污染防治地球化学工程技术、协同钝化阻隔技术、植物间套作修复技术等，构建华南区域性镉铅等重金属污染农田修复与安全利用技术模式，力争示范区实现土壤镉铅去除率达到20%以上，有效性降低50%以上，农产品质量达到国家食品卫生标准。

污染土壤的修复是以去污染、复质量、再利用、保安康为目的的。土壤修复往往是控污、减污、降毒、化险的综合净化过程，可使土壤恢复生产力、场地安全健康、矿区及湿地生态安全和景观美化。土壤中的污染物难移动、难稀释，加上土壤类型、土地利用方式和污染场地的空间分异，更需要发展针对性和专门化的修复技术与资材。国际上，污染土壤修复技术体系基本形成，虽然我国可以通过引进、吸收、消化、再创新来发展土壤修复技术，但是国内的土壤类型、条件和场地污染的特殊性决定了需要发展更多的具有自主知识产权并适合国情的实用性修复技术与资

材，才能推动土壤环境修复技术的市场化和产业化发展。

土壤重金属污染是土壤障碍性疾病之一，如何脱出土壤中重金属、降低重金属危害，是土壤修复和重建的重要内容。泥炭中腐植酸与土壤中的重金属形成难溶和不溶性金属络合物，就有可能起到减少甚至消除有害重金属对土壤污染的作用。很多研究结果证明，石灰与泥炭混合使用，能显著增加土壤 pH 值，将土壤镉的化合价从 2 价的可溶态提高到 6 价的不可溶态，从而降低了土壤中有效镉含量（见表 8-4）。

表 8-4　石灰和泥炭不同配比对土壤中有效镉浓度的影响

处理	有效镉/(mg/kg)	
	蒸馏水浸提	0.5mol 乙酸铵浸提
对照	(0.067±0.002)a	(0.53±0.006)a
石灰	(0.002±0)a	(0.118±0.005)a
赤泥	(0.002±0.001)b	(0.121±0.003)a
泥炭	nd	(0.126±0.005)a
石灰+赤泥	(0.007±0.001)b	(0.128±0.004)bc
石灰+泥炭	nd	(0.134±0.005)b
赤泥+泥炭	nd	(0.126±0.002)bc
石灰+赤泥+泥炭	nd	(0.123±0.001)b

注：1. nd 表示数据低至不能检出。
2. 同列数据后小写英文字母不同者表示差异显著（$P<0.05$）。

从表 8-4 可以看到，不同土壤调理剂处理土壤的水浸提有效镉含量均显著低于对照。其中泥炭、石灰＋泥炭、赤泥＋泥炭、石灰＋赤泥＋泥炭处理的水浸提有效镉含量均低于检测水平，说明各改良剂的添加均使土壤水提镉含量显著降低。各添加土壤调理剂的乙酸铵提有效镉含量均显著低于对照，其中石灰处理的乙酸铵提有效镉含量最低，比对照下降了 77.9%，石灰＋泥炭、赤泥＋泥炭、石灰＋赤泥＋泥炭的有效镉下降幅度，都比对照下降了 74.9%，达到显著性水平，说明泥炭土壤调理剂的添加使土壤铵提镉含量显著降低。

郭利敏等研究结果表明，单纯使用泥炭作为土壤调理剂虽然提高了土壤中有效镉含量，但却显著降低了小白菜体内镉含量。董宇宁等研究泥炭、堆肥处理对黑麦草吸收镉的影响时也有类似结果。这可能是因为泥炭富含有机质、腐植酸、纤维素等，且比表面积大，吸附螯合能力强，有较强的离子交换能力和盐分平衡控制能力，主要通过与镉形成难溶的螯合物和络合物及吸附作用来降低土壤镉的有效性。黄德乾等用 DTPA 提取有效态镉与土壤有机质显著正相关，与土壤 pH 负相关，有机质的提高效应大于 pH 的降低效应。因此，泥炭虽然在一定程度上提高土壤

pH，促进土壤镉的水解沉淀，但泥炭中丰富的有机质与镉形成有机结合物的能力强于 pH 升高引起的土壤镉水解沉淀的能力，而 DTPA 溶液浸提了部分难以被植物吸收利用的络合态镉，因此泥炭处理能降低小白菜体内镉含量。

泥炭土壤调理剂对大多数污染物有吸附作用和离子交换作用，对各种重金属离子、氨态氮、亚硝酸盐、硫化物的吸附和交换作用明显，效果较好，可以减轻和防治土壤污染。将泥炭土壤调理剂按土壤 1%施用量加入被 Cd 污染的土壤中，莴苣叶子中 Cd 浓度减少 86%。在对铅、汞等污染土壤中，重金属污染浓度降低都在 60%以上，最高降低 86%。国外研究发现，直接使用原始纤维状泥炭和粒状褐煤作吸附材料，固定重金属的处理效果也较理想。

三、泥炭类土壤调理剂在矿山复垦中的应用

矿产开采对矿区自然环境影响巨大。矿山开采尤其是露天开采严重破坏了山坡土体结构，大型采矿设备的重压导致地面塌陷，土壤裂隙产生，养分流失，造成造成土地贫瘠、植被破坏，水土流失加剧。矿山固体废渣经雨水冲刷、淋溶，极易将其中的有毒有害成分渗入土壤中，造成土壤的酸碱污染、有机毒物污染与重金属污染。采空区影响了山体、斜坡的稳定性，导致地面塌陷、开裂、崩塌和滑坡频繁发生，泥石流发生的概率增大。

矿区塌陷、裂缝与矿井疏干排水，使矿山开采地段的储水构造发生变化，造成地下水位下降，井泉干涸，形成大面积的疏干漏斗，地表径流的变更，使水源枯竭。矿山在生产过程中，产生大量的粉尘和有毒有害气体，特别是在露天煤矿中产生的粉尘、煤矸石的氧化和自燃中放出的大量有毒气体会在干燥气候与大风作用下产生矿尘暴，不仅污染矿区大气，破坏作业环境，损害工人身体健康。矿山开采会导致的植被清除、土壤退化与污染、水土流失、水资源的缺失与污染，对生物多样性造成损害。

很多制约因素影响矿山生态修复，如地形地貌、气候特征、水文条件、土壤物理化学生物特征、表土条件、潜在污染等。其中露天采场、废石场、尾矿库生态修复的主要制约因素是地形地貌、潜在污染物等。制约矿山塌陷地区生态修复的因素是塌陷地范围和程度，受污染土地生态修复更为复杂，矿山污染土地主要受重金属污染，而重金属的修复是一个漫长的过程，也是一个世界性难题，一般生态修复率不会很高。所以对矿山进行生态修复需要综合考虑各方面的因素，是结合当地水文、地理、气候条件来进行的一项复杂工程。

矿山生态修复即对矿业废弃地污染进行生态修复，实现对土地资源的再次利用。矿山开采过程中产生的大量非经治理而无法使用的土地，又称矿业废弃地，废弃地存在因生产导致的各种污染。矿山废弃地是指在采矿或采石过程中所破坏的未经一定处理而无法使用的土地。可以分为由剥离表土、开采的岩石碎块和低品位矿石堆积而成的废石堆积地，矿体采完后留下的采空区和塌陷区形成的采矿废弃地，

开采矿石经选出精矿后产生的尾矿堆积形成的尾矿废弃地，采矿作业面、机械设施、矿石辅助建筑和道路交通等先占用后废弃的土地。

边坡治理主要工作就是要稳定边坡。该过程的任务是清除危石、降坡削坡，将未形成台阶的悬崖尽量构成水平台阶，把边坡的坡度降到安全角度以下，以消除崩塌隐患。之后就要对已经处理的边坡进行复绿，使其进一步保持稳定。边坡治理中常用泥炭黏土草籽浆在实现预制的固定网上喷播造绿，可以实现一次性对高斜度岩石或裸露山坡的绿化施工。可以实现机械化快速施工，效率高，成本低，成率快，效果稳定。

矿山开采造成生态破坏的关键是土地退化，即废弃地土壤理化性质变坏、养分流失及土壤中有毒有害物质的增加。因此，土壤改良是矿山废弃地生态恢复最重要的环节之一。使用泥炭作为矿山退化土地修复改良之前，首先应灌注泥浆，包裹废渣，然后再铺一层黏土压实，造成一个人工隔水层，减少地面水下渗，防止废渣中剧毒元素的释放。然后将泥炭与本地土壤或矸石、碎石按 1∶1 或 1∶2 比例混合，平铺到矿山受损严重部位，在土壤上种植植物，通过植物的吸收、挥发、根滤、降解、稳定等作用对受损土壤进行修复。大量泥炭使用增加了矿山地表有机质含量低，使土壤的物理、化学性质得到改良，土壤微生物得到能源和碳源，微生物活性得到加强，植物养分释放加快，植物生长茂盛，缩短植被演替过程，加快矿山废弃地的生态重建。对有重金属污染矿山，可以采取种植重金属耐性植物。这些植物不仅能耐重金属毒性，还可以适应废弃地的极端贫瘠、土壤结构不良等恶劣环境，因而被广泛地用于重金属污染土地的修复。但因中植物要考虑引种可能会带来的生态问题。微生物群落的恢复不仅要恢复该地区原有的群落，还要接种其他微生物，以除去或减少污染物。必要时再泥炭中添加抗污染的菌种，把污染物质作为自己的营养物质，把污染物质分解成无污染物质，把高毒物质转化为低毒物质，同时在泥炭中添加利于植物吸收营养物质的微生物，为植物的生长提供营养物质，比如说固氮、固磷，改善微环境。我国矿山的生态环境破坏比较复杂，要从根本上遏制矿山生态环境进一步恶化，就需要根据我国生态环境建设的实际情况，建立各方面参加的多渠道投入机制，才能推动矿山生态环境恢复治理的开展，防止增加新的污染和破坏，逐步恢复矿山生态环境的良好状态。

四、泥炭类土壤调理剂在温室大棚土壤改良中的应用

我国共有温室大棚面积 266 万公顷，这些温室大棚由于连年种植同一种作物，耕作强度大，无机肥使用量高、有机质补充不足，致使土壤板结、酸化、盐渍化、养分偏好性缺失、病虫草害严重。由于温室大棚种植作物产量高，价格好，农民受益大，造成种养失调、土壤退化严重。温室大棚土壤存在太多的障碍或限制因子，耕作难度较大，作物生长差、产量低，农业生产效益不高不稳。

温室大棚土壤的主要问题是存在障碍因子，因此，深入剖析导致低产病害的障

碍因子并分析其可能的原因，对制定针对性的修复改良策略是非常重要的。根据现有研究结果分析，低产田中存在以下五种主要障碍因子。

（一）有机质贫乏

温室大棚土壤连年高强度集约化种植，土壤有机质消耗严重，有的大棚有机质含量不足 1%，土壤有机质贫乏，不能支撑高强度种植的需求。有机质既是微生物的能源，同时其本身含各种养分、对养分离子亦具有很强的吸附和缓冲能力，并在土壤碳平衡中具有重要作用。有机肥施用少、秸秆不还田、耕作管理不合理等（如轮作制度、翻耕、水分管理等）是导致耕地有机质贫乏的主要原因。

（二）养分匮乏或非均衡化

由于温室大棚长期种植同一种蔬菜，养分偏好性吸收，过分依赖化肥且氮磷钾比例失调、养分特别是中微量养分投入严重不足，导致氮磷钾等大、中、微量养分匮乏，比例失调、供应时期错位，养分匮乏或养分间非均衡导致作物生长不良和低产。

（三）土壤酸化及酸性过强

酸化是指土壤 pH 下降的过程，酸性过强则是因土壤中活性或交换性酸含量过高、pH＜5.0 且严重影响作物生长和产量的现象。大量施用化肥（特别是氮肥）、不合理轮作及水分管理不当等，也是导致土壤酸化的重要原因。土壤酸性过强是导致作物低产的重要原因之一。

（四）土壤盐渍化

温室大棚土壤的盐渍化是指易溶性盐分在耕地表层累积而导致作物生长不良和低产的现象，如果表层土壤中 Na^{+} 的比例高则可导致土壤碱化。大棚土壤因不合理的灌溉和施肥而导致的次生盐渍化问题也十分普遍。

（五）土壤板结

导致土壤板结的主要原因是黏粒含量过高且有机质含量较低，表土黏粒含量高易板结，犁底层或心土层黏粒含量高则不利于水分下渗，易发生土壤上层滞水，并影响作物根系下伸等，同时也不利于土壤通气，且犁耕阻力大、耕性差，因而导致作物低产。长期施用化肥、土壤酸化、单一或不合理的耕作及种植模式等，也是导致土壤板结的重要原因。

实际上，受自然和人为因素的综合影响，低产田在多数情况下会有几种障碍因子同时存在，或者在多个土层中存在，即可能同时受几种障碍因子的影响且相互间具有交互作用，导致其危害加大，改良难度和成本增加。

温室大棚退化土壤的改良修复最有效的手段就是使用泥炭土壤调理剂。泥炭土壤调理剂可以改善土壤物理性状、提高土壤入渗率和水平含量、改善土壤团粒结构、活化土壤矿质养分、修复重金属和有机物污染以及增强宿主的抗病和抗逆性等方面作用显著。泥炭土壤调理剂的使用要与施肥技术、种植模式、良种选育以及病虫害防治紧密结合，通过有机质提升，改善土壤结构和土壤水分状况，提高养分含量和有效性，增强微生物活性等措施提升耕地地力，促进作物生长以获取高产。

泥炭土壤调理剂的不同使用方法和不同用量会产生不同的经济环境效果。采用全层使用的，泥炭土壤调理剂的使用量高、成本大，但施入土壤中的有机质数量多，土壤有机质含量提升明显，土壤物理、化学和生物学性状提升明显。为了既要降低单位面积泥炭土壤调理剂使用量，又要保证良好的使用盖土效果和增产、提质和增收效果，可以将泥炭土壤调理剂进行高技术深加工，提高养分浓度，合理调节养分配比，协调营养和改土关系，播种移栽前将土壤调理剂施于垄沟内后合垄，将植物播种或移栽到垄内已经施用了土壤调理剂的垄上，让土壤调理剂既可以改良根区周围土壤，又可以为植物生长提供营养条件，保证当季作物的增产。次年土地耕种时又可以在新垄沟里施用土壤调理剂，从而实现持续改良。这种根区微域交替改良方法既可以大幅度降低土壤调理剂用量、减少改土投资，又保证当季作物产量提高和品质改善。土壤耕作措施和土壤调理剂的结合可以构建理想土体构型与间套复种种植制度，减少土壤板结、酸化、盐渍化和微生物活性下降，提高有机质含量，强化土壤团聚作用，协调水、肥、气、热，为作物创造良好的生长环境，进而提高土壤生产力，增加作物产量。

参 考 文 献

[1] 邹德乙．泥炭及腐植酸有机物料改良白浆土效果显著．腐植酸，2009（1）：47-48.

[2] 马云艳，赵红艳，谢绿武，等．泥炭和腐泥概念风沙土壤理化性质和白菜生长的影响．西北农业学报，2010，19（2）：172-176.

[3] 郑福云，马献发，曹洪杰，等．泥炭改良盐碱土田间定位试验研究．国土与自然资源研究，2008（1）：41-42.

[4] 陈伏生，曾德慧，王桂荣．泥炭和风化煤对盐碱土的改良效应．辽宁工程技术大学学报，2004（6）：861-864.

[5] 王春裕，武志杰，尹怀宁，等．内蒙古科尔沁左翼后旗的泥炭资源及其改良苏打盐渍土的研究．土壤通报，2001（Z1）：120-123.

[6] 李刚，等．大棚土壤盐分累积特征与调控措施研究．农业工程学报，2004，20（3）．

[7] 李磊，等．不同泥炭配比对盐碱土上草坪草的影响．绿色科技，2014（6）．

[8] 李平，等．改良剂对 Cu、Cd 污染土壤重金属形态转化的影响．中国环境科学，2012，32（7）．

[9] 王艳红，李盟军，唐明灯，等．石灰和泥炭配施对叶菜吸收铬的阻隔效应．农业环境科学学报，2013（12）：2339-2344.

[10] 胡林飞，吴建军，等．泥炭对土壤镉有效性及镉形态变化的影响．土壤通报，2009，40（6）：1436-1441.

[11] 农业部化肥产品检验检测中心．土壤调理剂 通用要求．NY/T 3034—2016.

[12] 李磊，等．改良剂对红蛋植物修复污染土壤重金属铅和镉效果的影响．生态环境学报，2010，19（4）：822-825.

[13] 肖衡林,等．水泥泥炭与纤维基干喷生态护坡基材配方优化及现场试验．农业工程学报，2015，31（2）．

[14] 沈彦,等．泥炭在水土保持中的应用．亚热带水土保持，2013，25（2）．

[15] 邓惠强，聂呈荣．不同改良剂对镉污染土壤中油麦菜生物量及镉含量的影响．2013，31（4）．

[16] 郭利敏．不同改良剂对镉污染土壤中小白菜吸收镉的影响．中国生态农业学报，2010，18（3）．

第九章 泥炭腐植酸与功能肥料制备

人类第一次认识腐植酸是从泥炭腐植酸开始的。从 1786 年德国 Achad 最先从泥炭中提出腐植酸，随后 Vauquelin 于 1797 年从腐解植物残体提取出腐植酸，Thomson 于 1807 年从土壤中提取出腐植酸，腐植酸研究和开发历史已经超过 200 年。众所周知，泥炭是褐煤、烟煤、无烟煤成煤演替序列的第一阶段，正是在泥炭沼泽中，植物残体经过一系列复杂的生物地球化学过程转变为腐植酸，完成了从植物残体到泥炭腐植酸的根本转变。泥炭腐植酸既是煤炭腐植酸的起源，因泥炭腐植酸分子量小，活性基团丰富而比褐煤和风化煤提取的腐植酸活性更强更大，开发利用价值更大。研究泥炭腐植酸形成过程、结构和功能关系，对查明腐植酸基本规律具有重要的科学意义，对提高腐植酸开发利用水平和效果具有重要的经济意义。

进入 21 世纪以来，科学家们提出了功能肥料的新观念。功能肥料除了可以为作物提供营养，还具有营养功能以外的"某种"或"多种功能"。要获得作物高产、高效、优质，不仅需要大量的营养元素，还需要在肥料中添加功能性物质，使其具有增强植物体免疫力、改善土壤环境、提高防疫、抗旱、抗冻、杀灭害虫和病菌等作用。泥炭和泥炭腐植酸就是一种可以为肥料提供防病、抗旱、抗寒、提质、增产功能的新型材料，在各类功能肥料生产中发挥了巨大作用，受到市场的广泛关注。

第一节　泥炭腐植酸的形成、结构和特征

一、泥炭腐植酸的形成环境

自然界的造炭物质既可能来自苔藓植物、蕨类植物和种子植物等高等植物，也可能来自藻类、菌类和地衣等低等植物。高等植物主要由纤维素和糖水化合物组

成，有根茎叶分化，个体较大，生物生产量较高，主要成分是碳水化合物、木质素、蛋白质和脂类化合物，是泥炭形成积累的主体。低等植物主要生长在水体中，没有根茎叶分化，个体较小，生物生产量低，由蛋白质和脂肪组成，是形成腐泥的主要原料。

高等植物转化为泥炭的全过程称为泥炭化阶段。微生物在植物残体向泥炭转化过程中起到非常重要作用，因此泥炭化过程是非常复杂的生物地球化学过程。低等植物转化为腐泥，主要赋存于泥炭底部，是水体沼泽化的最初产物。

泥炭地表层是季节性淹水或具有波动水位的氧化环境，一般厚度为20～50cm。泥炭地表层因为是造炭植物根系生长和死亡植物残体堆积的场所，微生物种类和数量庞大，生命活动活跃，物质能量交换频繁，所以也称为活性层（acrotelm）。泥炭活性层是植物残体进行氧化分解变成简单有机化合物并进而形成腐殖质组分的主要场所。植物残体死亡以后倒伏在泥炭地表，在地表积水较少、湿度不足条件下，植物残体在好氧微生物作用下，纤维组织经脱水作用和缓慢的氧化作用后，多数易水解碳水化合物分解流失，残留纤维素、木质素转化为丝炭化组分。而泥炭化作用过程中如果水介质流动通畅、经常有新鲜氧气供给的情况，凝胶化和丝炭化作用的产物被分解破坏并不断被流水带走，使植物残体中的稳定组分大量集中形成残植化组分。而在泥炭地20～50cm以下深度，则处于积水厌氧状态，微生物种群和数量与活性层明显不同，种群数量减少，微生物总数降低，活性明显减弱，对有机质的分解作用减弱，因此被称为惰性层（catotelm）。在惰性层中，上层活性层形成和积累下来的各种简单的、性质活泼的有机化合物在惰性层的缺氧条件下和有矿物离子参与下，进行复杂的合成作用形成腐植酸及其他化合物，从而产生泥炭的特征组分。泥炭地的表层活性层的分解作用与惰性层的合成作用是泥炭腐植酸形成的两个相互联系、不可分开的整体，而导致植物残体分解和腐植酸合成的根本动力就是土壤微生物和控制土壤微生物组成、数量和活性的环境条件。泥炭地活性层和惰性层见图9-1。

两个层位内通气条件不同，土壤微生物数量和种群类别也有明显区别，造成不同层位微生物活性和植物残体分解强度差异明显，进而导致两个层位物质转化和能量流动速率呈现明显差异。在活性层，主要以好氧分解为主，植物残体分解细碎，大部分转化为二氧化碳回归大气，只有不到5%的植物残体和植物残体分解中间产物如有机酸、纤维素、木质素等得以保存进入泥炭地的惰性层，成为泥炭和腐植酸合成的原料。而在泥炭的惰性层，因为常年淹水，通气不良，植物残体分解和转化以厌氧分解合成为主，死亡植物根系成为泥炭行程的主要原料，上层转入的有机酸、木质素等在缺氧还原环境中合成转化为腐植酸。

二、泥炭腐植酸形成原料的转化

高等植物的主要成分是易水解物、难水解物、蛋白质和脂类化合物四种。这四

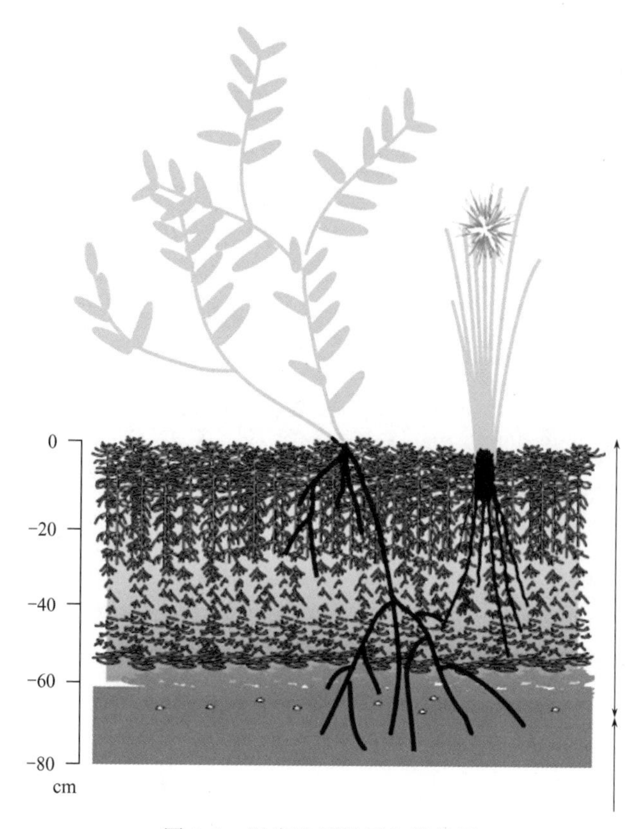

图 9-1 泥炭地活性层和惰性层

种化合物在泥炭地的不同部位经历不同的生物化学过程发生不同的生物化学转化，生成不同的小分子转化产物，再进一步缩合形成不同的腐植酸单体，进而影响泥炭腐植酸的形成和积累。

（一）易水解物的变化

植物中的易水解物是光合作用的初期产物，包括单糖、寡糖、淀粉、半纤维素、复合多糖，以及糖的衍生物。从化学结构特征来说，易水解物含有多羟基的醛类或酮类的化合物，或经水解转化成多羟基醛类或酮类的化合物。由于这些化合物结构简单、分子量小，又处于通气好氧环境中，易于遭受细菌、放线菌和真菌的侵袭和攻击而发生氧化分解，分解产物主要是二氧化碳和水，如果地表潮湿，易水解物的半分解产物就是各种小分子有机酸和其他有机化合物，这些有机酸和有机化合物对泥炭地的主要贡献是增加了泥炭地中的酸性，而对腐植酸形成作用有限。

（二）蛋白质的变化

在植物残体的分解过程中，蛋白质可以水解为氨基酸。如果好氧细菌中的芽孢杆菌数量丰富、活性强大的话，蛋白质的氧化可能进行得非常彻底，蛋白质最后分解为水、二氧化碳、氨及硫、磷的氧化物而逸散在环境中而无法参与泥炭腐植酸的形成。

$$蛋白质\xrightarrow[水解]{氧化}氨基酸$$

很多文献认为蛋白质氧化降解成氨基酸也是腐植酸形成的途径之一。蛋白质分解出的氨基酸可以和纤维素和果胶质分解出的糖类在还原条件下进行合成，形成腐植酸。其中，氨基酸与糖中的醛基结合形成亚氨基化合物，形成腐植酸的缩合产物：

$$CH_2(R)COONH_2 + R'CHO \longrightarrow C_2H_2(RR')COONH + H_2O$$

也有报道称，氨基酸和糖中的羟基结合可生成氨基酸型化合物，构成腐植酸的缩合产物：

$$CH_2(R)COONH_2 + R'CH_2OH \longrightarrow C_2H_2(RR')COONH_2 + H_2O$$

尽管这一学说未得到确认，但是植物转化为泥炭的过程中，蛋白质消失，腐植酸出现却是泥炭腐植酸形成的标志性意义。

(三) 纤维素和木质素的变化

在植物残体的分解过程中，好氧细菌通过纤维素酶的脆化作用，把纤维素水解为单糖：

$$(C_6H_{10}O_5)_n + nH_2O \xrightarrow[水解]{细菌} nC_6H_{12}O_6$$

但环境转为厌氧还原条件时，单糖在还原菌作用下发酵，生成脂肪酸，如丁酸和乙酸：

$$3C_6H_{12}O_6 \xrightarrow[发酵]{厌氧甲烷菌} 2C_4H_8O_2 + 3C_2H_4O_2 + 4H_2 + 4CO_2 + 热量$$

如果地表完全干燥无水，通气好氧，单糖最终转变为二氧化碳和水逸散：

$$C_6H_{12}O_6 + 6O_2 \longrightarrow 6CO_2 + 6H_2O$$

植物残体在活性层主要经历好氧分解，纤维素在好氧菌作用下转化为单糖。由于纤维素是比较耐分解的一类化合物，在好氧条件下和芽孢杆菌存在条件下仍然不能将纤维素完全分解殆尽，在泥炭的惰性层中，氧化环境转化为还原环境，所以会有许多的纤维素遗存。泥炭沼泽的酸性环境对纤维素转变为腐植酸十分有利。从褐煤的木质部检出占总量10%～20%的纤维素，证明纤维素是泥炭腐植酸的主要成分。有人采用纤维素水解高压模拟试验，证明由纤维素产生的腐植酸可达20%，而由木质素产生的腐植酸只有百分之几。

木质素抵抗微生物破坏能力比纤维素强，但在好氧条件下仍然会受到破坏。在氧存在条件下，木质素首先被真菌分解破坏，然后被好氧细菌再分解成芳香酸和酚类化合物。而芳香酸是组成腐植酸的一种带羧基的有机化合物，酚类如苯酚是组成腐植酸的一类带羟基的芳香化合物，后者加热脱水即可形成腐植酸物质的稠环化合物，两者组成腐植酸。但是在泥炭地表的植物残体经受细菌、真菌作用时间有限，木质素不可能很快分解殆尽，进入到惰性层的木质素就成为腐植酸形成的主要原料。无论是纤维素还是木质素，形成腐植酸的数量和性质都取决于原始造炭物质、泥炭沼泽的氧化还原电位和酸碱度。植物物质经过分解合成作用转化为腐植酸和沥青质的过程，实际上也是一种凝胶化过程。植物的纤维素和木质素在物理化学上均属于凝胶体，经分解合成形成的腐植酸和沥青质也是胶体物质。

(四) 脂类化合物的变化

在泥炭化阶段，如果长时间不断有流动水、新鲜氧气的供给和充分的微生物活动，纤维素、木质素、蛋白质等组织及其凝胶化和丝炭化和凝胶作用产物被彻底破坏，最终变成二氧化碳和水逸散掉，所剩下的角质、孢子、花粉、木栓、树脂等稳定富氢组分，由于高度稳定而保留富集下来构成泥炭褐煤的稳定住显微组分，发生了生物化学残植化作用。

三、泥炭腐植酸形成途径

腐植酸的植物起源学说已经得到国际公认。但是植物单体成分在形成腐植酸时所起的作用与形成机制仍有不同观点。在化学聚合、细胞自溶、木质素转化和微生物分解合成四大学说中，木质素转化和微生物分解合成是最早被接受的两种学说。木质素转化学说建立在木质素是腐植酸芳香基团的主要来源基础之上，木质素与蛋白质相互作用形成的木质素-蛋白质复合体是腐植酸的重要阶段。但是有人用无木质素的植物材料也能制备出腐植酸，证明木质素可能不是腐植酸的唯一途径。科诺诺娃认为腐植酸形成过程可以分为微生物主导下的植物残体大分子分解为小分子的第一阶段和将各种腐植酸原料小分子缩合成新的高分子的第二阶段。植物残体的分解在上面已经陈述，腐植酸的合成正是在微生物分泌多酚氧化酶作用下，将多酚氧化为醌，醌再与氨基酸或肽缩合形成原始腐殖物质（见图 9-2）。

由前所述，从死亡植物残体转变为泥炭腐植酸需要经过有机物分解成小分子有机物的分解过程和小分子有机物缩合聚合成大分子腐植酸的两个基本过程。腐植酸形成的初期产物是分子量小、结构简单、活性强大的黄腐酸，在脱水、脱氢等煤化作用下，逐步转化为棕腐酸，最后转化为分子量大、结构复杂、活性减弱的黑腐酸。随着煤化程度加深，黄腐酸比例在不断降低，黑腐酸比例不断增加。随着泥炭腐植酸形成时间的增长和外部环境条件的不断变化，三种腐植酸的比例和数量不断变化，不断降低，三种腐植酸的性质也随之发生相应的变化。了解不同腐植酸含量和性质变化规律，就可以为泥炭腐植酸的开发利用提供坚实基础。

最先形成的黄腐酸颜色为棕黄色，随着泥炭腐植酸化程度的加深，颜色逐渐从黄棕色转变为棕色，直到黑色，反映在泥炭腐植酸溶液光密度上，从黄腐酸到棕腐酸、黑腐酸逐渐提高。腐植酸核的缩合度和分子量上，黄腐酸到棕腐酸和黑腐酸逐渐增加。从活性基团和核上取代基的含量上，从黄腐酸向棕腐酸最终到黑腐酸表现

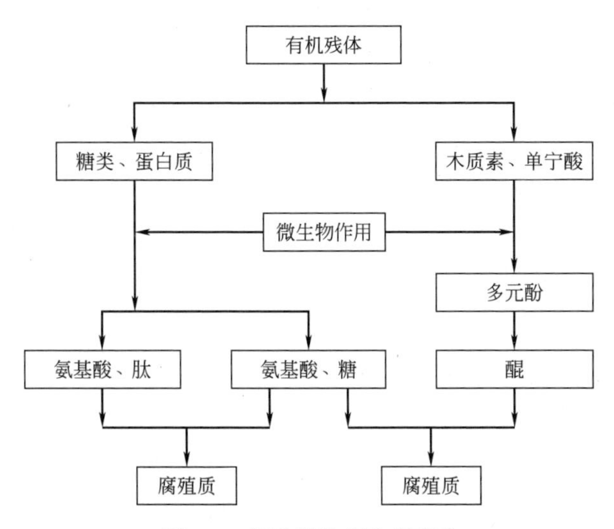

图 9-2 泥炭腐植酸形成图示

出逐渐减少的趋势。从抗氧化稳定性上，从黄腐酸到棕腐酸最终到黑腐酸，表现出逐渐增加的趋势。在腐植酸的凝聚极限上，由黄腐酸向棕腐酸最终到黑腐酸，表现出逐渐降低的趋势。

植物变成泥炭，在化学成分和性质上发生了很大变化，植物所含蛋白质完全消失，木质素、纤维素含量较少，出现了植物中原来没有的腐植酸（见表 9-1）。泥炭的碳、氮含量比植物有所提高，氧、氢含量有所减少。泥炭中含有大量糖类物质和腐植酸是泥炭与褐煤的区别的重要标志，从植物变成泥炭的过程，是各种植物组织不断转变形成显微组分的过程，属于成煤作用演化作用的第一阶段和第一次质变。

表 9-1 植物与泥炭化学组成的比较

植物与泥炭	元素组成/%				有机组成/%				
	C	H	N	O+S	半纤维素、纤维素	木质素	蛋白质	苯沥青	腐植酸
莎草植物	47.09	5.51	1.64	29.39	50	20～30	5～10	5～10	0
木本植物	50.15	5.20	1.05	42.10	50～60	20～40	1～7	1～3	0
草本泥炭	55.87	6.35	2.90	34.97	19.69	0.75	0	3.56	43.58
木本泥炭	65.46	6.53	1.26	26.75	0.89	0.39	0	0	42.88

四、泥炭腐植酸的结构与组成

（一）泥炭腐植酸的结构单元

腐植酸结构非常复杂，也不是单一的有机化合物。腐植酸是由一组相似的、分子大小不同的、结构又不一致的羟基芳香酸组成的复杂混合物。腐植酸的基本结构单元由核、桥键和活性基团组成，若干个结构单元又相互连接形成复杂的混合体。了解腐植酸的这些基本特征，对研究泥炭腐植酸形成过程和形成材料转化十分重要。

腐植酸的核有五元环和六元环，有独立环，也有两个、三个甚至更多连接在一起的缩合环，更有苯环、萘、蒽醌、吡咯、呋喃、吡啶、吲哚等杂环，这些环单个或相互组合形成腐植酸的核（见图 9-3）。

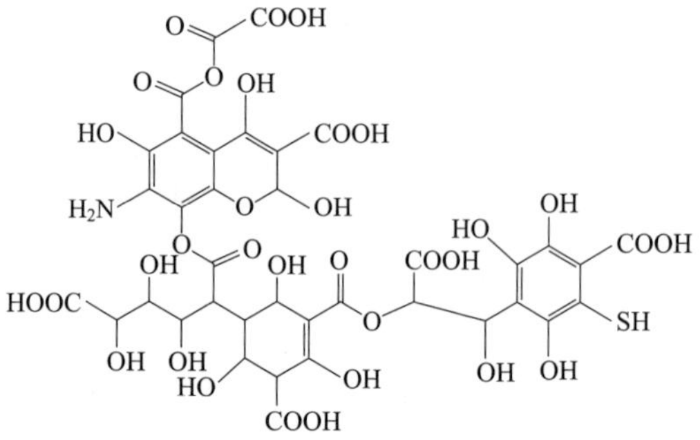

图 9-3 泥炭腐植酸基本结构

桥键：桥键是连接核的单原子或者原子基团的作用力。桥键有单桥键和双桥键两种。核与核可以用一种桥键连接，也可以用两种桥键同时连接。一般的桥键有—CH—、—NH—、═CH—、—O—、—S—等，其中最常见的桥键是—O—和—CH_2—。

活性基团：腐植酸核上都带有一个或多个活性基团，如羧基、羰基、酚羟基、醇羟基、烯醇基、磺酸基、氨基等，其中最活跃的活性基团是羧基、酚羟基、醌基等。这些基团在腐植酸工农业应用中起到重要作用。

（二）泥炭腐植酸的结构组成

根据结构决定功能的构效关系，要认识泥炭腐植酸的性质特征和开发利用泥炭腐植酸，就必须研究泥炭腐植酸的结构，而要研究泥炭腐植酸结构，首先必须研究泥炭腐植酸的构成要素，查明泥炭腐植酸的结构单元。近年来，现代物理、化学手段和生物降解手段，已经为我们揭开了泥炭腐植酸的面纱，让我们可以管窥泥炭腐植酸复杂的内貌和外观。

纸色谱和纸上电泳是研究泥炭腐植酸结构的重要工具。通过纸色谱分离技术，证明泥炭腐植酸含有氨基酸、单糖、香草醛、对羟基苯甲醛、3,4-二羟基苯乙酮、2,4,6-三羟基苯乙酮等成分，用薄层纸色谱从泥炭黄腐酸中还分离出丙氨酸、组氨酸、胱氨酸等成分。由此可见，腐植酸是不同分子量化合物组成的复杂混合物，不仅黑腐酸、棕腐酸组成复杂，即使是黄腐酸仍然是成分复杂的混成物，腐植酸不是一种具有严格分子式的多元混合物。

用化学降解法及生物降解方法研究证实，腐植酸是一组羟基芳香酸，含有芳香结构和脂肪结构，官能团基本相似。差热分析证明，黄腐酸和棕黑腐植酸都含有芳香结构和脂肪结构，但棕黑腐植酸分子中芳香结构占绝大多数，黄腐酸分子中脂肪结构占绝大多数。通过红外光谱分析研究证实，泥炭腐植酸中的官能团主要是含氧官能团，如羟基、羧基、羰基、醇羟基、甲氧基等。

荧光分析证明，腐植酸是聚合程度不同的团聚体，随着腐植酸结构复杂性增加，荧光强度减小，说明团聚作用增大，聚合程度加深。黄腐酸与棕黑腐植酸相比，荧光强度大，说明黄腐酸聚合程度低，团聚体很小，分子基团活跃。用顺磁共振法，发现腐植酸分子含有自由基，其含量与颜色有关。颜色越深，分子结构越复杂，自由基含量越高，其中棕黑腐植酸的自由基含量比黄腐酸高。

从以上腐植酸结构组成可以看到，从黄腐酸到棕腐酸到黑腐酸，分子量增大，结构趋向复杂。黄腐酸含碳量较低，氢含量较多，芳香结构少，侧链较多。黑腐酸碳含量较高，氢含量较低，芳香结构增加，侧链架构减少。可以推测泥炭腐植酸形成的初期产物是黄腐酸，然后进一步缩合加成转化为棕腐酸和黑腐酸。泥炭形成的年龄越年轻，则黄腐酸的比例越高；泥炭年龄越老，分解度越大，棕腐酸和黑腐酸的比例越高。

（三）泥炭腐植酸的结构表征

腐植酸是可溶于碱液的大分子有机物。根据泥炭腐植酸在酸碱溶液和有机溶液中的溶解或沉淀，可以把泥炭腐植酸划分为三个基本组分：将既可溶于碱又可溶于酸溶液的部分称为黄腐酸；将在酸溶液中沉淀，却能在乙醇或丙酮溶液中溶解的部分称为棕腐酸；把在酸和乙醇、丙酮中都不溶的部分称为黑腐酸。

腐植酸的化学组成和结构，不仅是阐明腐植酸起源和生成机理，推断生物地球化学过程和泥炭腐植酸形成演变的基础性工作，对泥炭腐植酸的应用也有重要的指导意义。由于泥炭腐植酸是一种复杂多变的天然大分子混合物和多分散体系，无论怎样精细分离和分析，都不能获得一个准确的化学结构模式。尽管组成腐植酸的结构单元类型是清楚的，这些组分和结构单元之间是用什么方式连接已经查明，但对于腐植酸的立体构型、构效关系、结构单元来源与环境条件对分子结构的关系等等，仍然还有许多不确定问题需要不断探索。尽管如此，我们仍然可以通过一些技术指标对泥炭腐植酸的基本性质、结构特征和活性效果进行评价。腐植酸的元素组成、含氧官能团、分子量、光密度和 E_4/E_6、絮凝极限是表征泥炭腐植酸结构特征的重要指标。

1. 元素组成

组成泥炭腐植酸的大量元素是碳和氧元素，少量元素是氢、氮和硫元素。通过元素分析仪可以直接测定腐植酸的碳、氢、氮和硫的含量，用100%减去碳、氢、氮和硫含量，就可以计算出腐植酸的氧含量。如果不能测定硫含量，这100%减去碳、氢和氮的含量，就是氧＋硫含量。

不同来源有机物中腐植酸的元素组成有一定差异（表 9-2）。从泥炭到褐煤，腐植酸总碳含量逐渐增加，氢、氧元素含量逐渐减少，发热量逐渐增加。说明腐植酸不断缩聚，密度不断增加。

表 9-2　不同演替阶段的泥炭有机质元素含量变化（陈淑云，1998）

煤种	元素组成(有机基)/%			发热量(有机基)/(MJ/kg)
	C	H	O	
泥炭	50～60	5.0～6.5	30～40	20.81～23.72
褐煤	60～78	5	17～28	25.81～30.79
烟煤	80～81	4.5～5.0	2.0～15	31.63～36.21
无烟煤	96	2.0	2.0	33.71～34.96

从 O/C、H/C 和 N/C 的变化趋势看，从泥炭到褐煤逐渐趋于减少，芳香缩合程度依次增高，说明泥炭化过程是氧化脱氢过程，从泥炭到褐煤的美化作用是脱氧过程，反映了微生物活动逐渐减弱，含氮化合物逐渐减少的共同趋势（见表 9-3）。

表 9-3　泥炭和褐煤腐植酸的元素组成分析

样品来源	C/%	H/%	N/%	S/%	O/%	O/C	H/C	N/C
吉林敦化泥炭腐植酸	61.00	5.92	2.43	0.54	27.14	0.45	0.097	0.040
北京延庆泥炭腐植酸	61.82	5.15	1.89	1.10	30.04	0.49	0.083	0.083
黑龙江桦川泥炭腐植酸	61.15	5.61	3.45	29.76		0.49	0.091	0.92
广东廉江泥炭腐植酸	62.66	5.07	1.21	1.36	27.59	0.46	0.081	0.081
广东茂名褐煤腐植酸	60.40	4.25	2.64	2.02	25.05	0.45	0.070	0.70
内蒙古札赉褐煤腐植酸	65.45	4.39		30.16		0.46	0.067	0.067
吉林舒兰褐煤腐植酸	66.37	3.62		30.01		0.45	0.055	0.054

2. 含氧官能团

含氧官能团是腐植酸活性的源头，是腐植酸性质的重要特征，对腐植酸的性质和应用有很大影响。腐植酸中的氧 68%～91%存在于官能团，这些含氧官能团包括羧基（—COOH）、酚羟基（$—OH_{ph}$）、醇羟基（$—OH_{alc}$）、醌基（$—C═O_{qui}$）、甲氧基（$—OCH_3$）和羰基，其中最重要的基团是羧基、酚羟基和醌基，它们决定着腐植酸化学性质和生物学效应的主要活性部位。对不同类型腐植酸，羧基含量黄腐酸＞棕黑腐植酸＞棕腐酸＞腐黑物，羟基在不同类型棕腐酸中含量都较高，而黄腐酸中的酚羟基随着土壤、泥炭、褐煤、风化煤依次降低。羟基含量土壤腐植酸醇＞泥炭腐植酸＞褐煤腐植酸，而醌基在褐煤、风化煤棕黑腐植酸和黄腐酸中含量比较多，泥炭腐植酸中含量最少。泥炭和土壤腐植酸中或多或少含有一定量的甲氧基，而褐煤、风化煤腐植酸中几乎没有甲氧基存在。这些数据说明，随着腐殖化程度提高和煤化作用加深，原始腐植酸中保留的甲氧基、醇羟基等非醌基基团逐渐减少，而醌基基团含量逐渐增多，羧基和酚羟基基团含量无明显变化。对不同类型泥炭腐植酸，从棕黑腐植酸到黄腐酸总酸基和羧基含量增加，醌基减少，酚羟基、醇羟基、甲氧基、总羰基含量差异不大（见表 9-4）。

表 9-4 不同来源腐植酸的含氧官能团（陈淑云，中国泥炭） 单位：meq/g

样品来源	总酸基	羧基	酚羟基	总羟基	醇羟基	甲氧基	总羰基	醌基
吉林敦化泥炭腐植酸	6.05	3.56	2.49	4.95	2.46	0.09	2.30	0.94
北京延庆泥炭腐植酸	4.60	2.90	1.70	5.00	3.30	1.59	1.80	0.80
广东廉江泥炭腐植酸	6.57	3.59	2.62	3.98	1.36	0.23	4.10	1.80
广东茂名褐煤腐植酸	6.33	3.71	2.62	2.70	0.08	0	3.28	1.80
内蒙古札赉褐煤腐植酸	6.55	2.85	3.70	—	—	0.45	—	—
吉林舒兰褐煤腐植酸	6.48	2.35	4.13	—	—	0.37	—	—

3. 分子量

腐植酸分子量是腐植酸的一个重要指标。黄腐酸的分子量无论是泥炭、土壤，还是褐煤、风化煤都比较接近，一般为 300～400；棕腐酸的分子量一般为 $2\times10^3\sim2\times10^6$；黑腐酸分子量一般为 $10^4\sim10^6$。

既然腐植酸是一类大分子分散体系，就不可能有一个确定的分子量，只能是一个大致的范围。因为腐植酸是由不同原始物质和不同条件下转化得来的混合物质，说形成分子量，并非是腐植酸分子间通过各种物理化学结合的胶体聚集体颗粒的大小。这个胶体颗粒大小是随着 pH、离子强度、浓度、温度等环境因素变动而变动，因此，分子量不会具有固定化学结构化合物那样的确定不变的分子量。此外，由于人工分离操作、仪器设备、杂质含量等会直接影响泥炭腐植酸分子量测定精度。一般来说，从黄腐酸、棕腐酸直到黑腐酸，分子量逐渐增大，分子结构趋于复杂，腐植酸提取液的颜色逐渐加深，抗絮凝能力逐渐降低。

4. 光密度和 E_4/E_6

光密度是泥炭腐植酸水溶液在一定波长下的吸光度。

腐植酸的碱溶液在可见光范围内（440～770nm）的吸收光谱是没有特征峰的，表现出随着波长增加，吸光度逐渐下降，所以难以选用某一光谱来表征腐植酸。但是，在一定浓度范围和相同的测定条件下，从泥炭到褐煤再到风化煤，从黄腐酸到棕腐酸和黑腐酸，465nm 的吸光度和 665nm 吸光度的比值（E_4/E_6）却依次降低，表现出与众不同的特征参数。众所周知，E_4/E_6 比值越低，结构化程度越高，芳环缩合度和羰基共轭度越高，说明分子量越大，结构越复杂，所以腐植酸活性越弱。而泥炭腐植酸与褐煤腐植酸和风化煤腐植酸相比，E_4/E_6 比值相对较高，说明泥炭腐植酸比褐煤腐植酸、风化煤腐植酸的结构化程度低，芳环缩合度和羰基共轭度低，所以泥炭腐植酸比褐煤腐植酸和风化煤腐植酸分子量小、结构简单、活性官能团多、分子活性强。同理，从黄腐酸到棕腐酸再到黑腐酸，E_4/E_6逐渐降低，说明黄腐酸比棕腐酸和黑腐酸的芳环缩合度和羰基共轭度高，分子量增大，分子结构复杂，腐植酸的活性降低。

5. 絮凝极限

腐植酸的凝聚极限是指 5mL 0.02%浓度的腐植酸碱溶液在 1h 内絮凝所需要的电解质的最小值，反映的是腐植酸碱溶液对电解质凝聚作用的能力。所用的电解质主要是氯化钡或氯化钙的水溶液，单位用 mmol/L 表示。

一般地说，在泥炭腐植酸、黑莓腐植酸和风化煤腐植酸之间，泥炭腐植酸的凝聚极限最小，风化煤最大，泥炭腐植酸的凝聚极限＞褐煤腐植酸＞风化煤腐植酸。广西合甫泥炭黑腐植酸的凝聚极限为氯化钡 12mmol/L，舒兰褐煤煤黑腐酸的凝聚极限为 10mmol/L，而风化煤黑腐酸的凝聚极限仅仅为 2mmol/L。在黄腐酸、棕腐酸和黑腐酸之间，黄腐酸最小，黑腐酸最大，凝聚极限依次是：黄腐酸＞棕腐酸＞黑腐酸。广西合浦泥炭棕腐酸的凝聚极限为氯化钡 14mmol/L，而同地泥炭的黑腐酸凝聚极限只需要 12mmol/L。可见，凝聚极限变化规律与E_4/E_6比值的变化规律是一致的。

第二节　泥炭腐植酸的提取和活化

泥炭腐植酸的提取与褐煤、风化煤有很大差异。首先，泥炭腐植酸含量低，决定了泥炭提取成本高于褐煤和风化煤；其次，泥炭质量轻，不易沉淀；再次，泥炭颗粒黏稠，造成固液分离困难，回收率很低。但是，由于泥炭腐植酸分子量小，结构简单，活性基团丰富，所以泥炭腐植酸的活性、抗絮凝性都远远优于褐煤和风化煤腐植酸。所以，泥炭腐植酸主要用于高附加值水溶肥和医药健康领域。

一、苛性碱提取

所谓腐植酸提取或称萃取是指用碱性溶剂从泥炭中把腐植酸分离出来的操作过程。提取既有直接分离的过程，也有将腐植酸与非腐植酸解离的过程。

要有效提取腐植酸，提取剂必须能切断腐植酸与各种金属离子的结合键，破坏与非腐殖物质的极性、非极性吸附力，氢键缔合力，有较高的极性和高介电常数，分子尺寸小，以利于渗入腐植酸结构中，能破坏原料中的氢键，代之以腐植酸-溶液间的氢键，同时能固定金属阳离子。符合上述条件的萃取剂很多，但要达到萃取完全、普遍适用、不改变腐植酸结构、成本低廉的要求，只有氢氧化钠、氢氧化钾符合上述要求。泥炭煤化程度低，钙镁含量少，不需要事先去除钙镁，可以用碱液直接提取。

进行泥炭腐植酸工业化提取首先需要在实验室进行工艺参数筛选，然后进行工业化的中间试验，根据中试调整工艺参数，然后才能进入工业化生产。

通常认为泥炭颗粒越细，对提取反应越有利，提取量应该随之增加。但在生产实践中发现，把泥炭烘干、粉碎到 80 目和 100 目时，泥炭腐植酸提取量并没有比通过 40 目筛的未烘干泥炭的提取量大，而且从节约能源、降低成本费考虑，直接采用普通粉碎机粉碎，泥炭无须烘干对腐植酸提取更加有利。类似的实例也证明，泥炭颗粒磨细到 40 目以后，腐植酸提取上升量不再增加，所以生产上可以使用含水量在 60%～70%的泥炭，粉碎至 0～20 目即可。

可以通过梯度试验筛选出苛性碱的最佳浓度。保持泥炭颗粒直径、提取温度在合理范围内。变动碱液浓度，进行反应。反应完成后，取样测定不同碱液浓度下腐植酸提取率，筛选提取率较大的浓度。

从表 9-5 可见，碱浓度过高时，产品中灰分含量明显增加，影响了产品质量。碱浓度过低时，腐植酸提取率下降。综合因素看，碱浓度采用 1%左右为宜。

表 9-5 碱浓度对提取率的影响

碱浓度/%	0.5	1	1.5	2.0
提取率/%	44.30	55.20	58.10	58.40
灰分含量/%	14.13	14.89	16.47	24.15

确定提取腐植酸的提取剂用量十分关键。碱液用量少，腐植酸提取率明显下降。碱液用量多，则增加碱液消耗，增加产品中的无用杂质。试验证明，碱用量应以泥炭中总羧基含量决定，理论碱用量应为泥炭总羧基×泥炭用量×40，实际计算中碱浓度应控制在 1%～1.5%，固液比以 1∶1.5 为宜。

不同的泥炭可能对提取液的反应不同，因此提取剂的选择也是实验室工艺筛选的重要内容。在保持其他工艺条件不变的情况下，选择不同的提取剂进行提取效率的比较，看哪一种提取剂提取效率更高。通常情况下泥炭使用氢氧化钠或氢氧化钾即可取得较好的提取效率，但如果泥炭中钙镁含量较高，则采用氢氧化钠加碳酸氢钠或取得比较好的提取效果。

温度对腐植酸提取率也有一定影响。其他因素不变，设置不同的温度梯度，测定不同温度条件下提取率的变化，可以实现对最佳提取外温度参数的筛选。一般在提取初期，随着温度提高，提取率随之增大。但当温度达到一定值之后，由于提取的腐植酸被降解为小分子，提取率反而下降。通过试验可以获得技术可行经济合理的温度参数。

为了有利于提取液的固液分离，促进残渣加快沉降速度，提取液中可以加入絮凝剂。但是适宜添加比例也需要在实验室小试进行筛选。

实验室小试结果出来后，可以进行工业化规模的放大试验。采用工业化装备和控制仪器，进行工业规模的投料运行试验，以考核实验室小试取得的工艺参数是否重现，考核经济投入和产出，为进入工业化生产提供可靠的技术经济报告。

因为泥炭腐植酸提取采用反应罐间歇式运行，因此按罐投料和控制参数也并不复杂。因为采用含有一定水分的粉碎泥炭作原料，因此在计算体系水分和固液比时需要将泥炭中携带水分统一计算。试验开始前将反应罐夹套通入蒸汽，调整反应罐内温度至规定工艺参数。开动反应罐搅拌器，将已经粉碎的定量泥炭，已经配制好的定量提取剂、絮凝剂顺序加入反应釜内，计时反应至规定时间停机，卸料进入沉降池或直接通过带式压滤机或旋转离心机实行固液分离，残渣用于有机肥、有机-无机复混肥原料，液体通过旋转蒸发器或者喷雾干燥机干燥，获得腐植酸成品。

提取出来的泥炭腐植酸可以继续分离为黄腐酸、棕黑腐植酸。如果用于医药或液体肥料，还需要继续通过物理絮凝、化学淋洗、电渗析、树脂分离、溶剂分离等多种手段将腐植酸纯化。

二、硝酸活化与硝基腐植酸提取

由于泥炭腐植酸分离困难，成本较高，所以除了医药和液体肥领域可以从泥炭中提取、分离、纯化腐植酸之外，多数泥炭腐植酸利用是采取硝酸氧化方式，将泥炭腐植酸整体进行活化，以提高泥炭腐植酸活性，减少使用量，降低生产成本。

用2%的硝酸作用于泥炭腐植酸生产硝基腐植酸盐生长刺激剂，既可以刺激植物生长，也可以刺激动物生长，植物产量和家畜增长率可以提高10%～20%。泥炭硝基腐植酸盐可以刺激细胞呼吸活性，而且在逆境条件下效果更佳，增加生长刺激作用，推荐用量下不致癌也不会产生蓄积毒性，是一种新型安全健康生长刺激材料。

硝化反应对泥炭腐植酸分子中反应性官能团如总酸性基、羧基、酚羟基、醌基含量影响较大。一般随着硝酸浓度增加，各项指标均有所提高，反映了泥炭腐植酸芳构化程度越来越小，分子量逐渐降低的变化趋势（见表9-6）。

表9-6 不同硝酸浓度对泥炭腐植酸官能团含量影响 单位：mmol/g

硝酸浓度/%	总酸性基	羧基	酚羟基	醌基	E_4/E_6
0	5.05	3.39	1.17	2.24	2.04
5	5.36	4.04	1.28	2.60	4.14
10	5.44	4.26	1.41	2.76	4.71
20	5.86	4.48	1.48	4.12	4.89
30	6.03	4.60	1.51	3.66	5.02
40	6.13	4.63	1.56	3.64	5.11
50	6.30	4.71	1.66	3.61	5.28
70	6.77	4.89	1.78	2.56	5.69

从表9-6可以看到，硝酸浓度对泥炭腐植酸官能团含量影响都有先快速增长然后逐渐趋于平缓的变化趋势。硝酸氧解反应前期以氧化为主，腐植酸芳核上的侧链或桥键原子被氧化，达到一定程度后，开始芳香酸的脱羧反应，结果使羧基和其他官能团逐渐降低。在硝化过程中酚羟基含量略有增加，这与酚羟基化学性质不符。因为酚羟基是腐植酸中最易氧化的官能团之一，在硝化过程中应该不断减少。表9-7数据暗示泥炭腐植酸中的酚羟基是处于多取代芳核上的惰性酚羟基，其氧化过程需要经历一系列惰性酚羟基释放过程，所以才会出现随着硝酸浓度的提高，酚羟基含量不断提高的过程。除此之外，硝化过程使腐植酸醌基含量迅速增加，在20%浓度时达到峰值，推测醌基增加主要来自稠环芳烃的氧化。

硝酸活化最重要的是不同硝酸浓度对泥炭硝基腐植酸含量的影响，必须通过专门的试验过程进行筛选。从表9-7可以看到，随着硝酸用量增加，泥炭硝基腐植酸生成量开始增加。硝酸用量从5%增加到10%时，硝基腐植酸含量几乎增加了1倍，但随着硝酸用量增加，泥炭硝基腐植酸的产率反而有所下降。说明硝酸用量较低时，泥炭氧化不完全，泥炭硝基腐植酸生成量较少，所以产率较低。随着硝酸用量加大，生成的泥炭硝基腐植酸被进一步氧化生成低分子化合物，反而使其产率降低。所以硝化反应时应通过控制硝酸浓度来控制氧化降解程度，避免过度氧化降解以致降低泥炭消极腐植酸的产率，同时可以降低硝酸用量、降低生产成本、减少对环境的污染。

表9-7 硝酸浓度和反应时间对腐植酸产率的影响

反应时间/h	产率/%			
	硝酸浓度/%			
	5	10	20	30
1	13.46	27.38	25.42	23.26
2	15.71	28.82	26.75	26.31
4	12.34	27.21	24.75	20.68

从表9-7还可以看到不同反应时间对硝基腐植酸产率的影响。反应时间增长可以加深泥炭硝基腐植酸的氧化程度，使其降解为小分子，降低其产率。一般将反应时间控制在2h之内，既可以增加硝基腐植酸的产率，也能缩短生产周期，提高生产率。

为了活化泥炭腐植酸，可以选择的氧化剂有臭氧、氯气、过氧化氢和硝酸。泥炭活化的基本过程是选择高分解藓类泥炭或草本泥炭，加压脱水，空气干燥，然后用2%硝酸氧化后，再用氨中和，可以得到一个高质量的活化产物。用10%的硝酸会使泥炭强烈氧化，降低了生物活性。同样的泥炭用1%的过氧化氢氧化也有良好的活性，但过氧化氢的成本更高，投入产出比不佳。而泥炭用硝酸氧化水解，泥炭可以全部利用，产物高度活性。

为了测定泥炭硝基腐植酸活性，可以在一个灭菌的恒温通气容器内，用一个合成培养基加入待测泥炭硝基腐植酸，测定加入泥炭硝基腐植酸和未加泥炭硝基腐植酸的对照中酵母的质量比，计算泥炭硝基腐植酸的生理活性系数。

三、干法制取

传统碱提取腐植酸和硝酸氧解工艺都是湿法工艺，这在原料水不溶物含量很高或原料腐植酸含量很低，不经过沉降和沉淀排渣就不可能生产出满足标准要求的产品不得不采取的工作手段。而对于一般工农业用途，质量要求不太高时，也可以使用干法工艺，以简化工艺操作，降低生产成本。

从不同处理方式的风化煤和褐煤的水溶腐植酸含量看，干法和湿法相差不大（表 9-8）。泥炭腐植酸含量不高，但变质化程度低，活性强，易于活化，只是受原料性质影响，难以分离提取。因此完全可以采取干法工艺活化泥炭腐植酸，解决泥炭腐植酸提取难题，泥炭活化产物可以用于有机-无机复混肥和土壤调理剂。

表 9-8　不同处理方式对腐植酸含量的影响

原料	原料腐植酸含量/%	反应方式	反应后腐植酸含量/%	pH
山西灵石风化煤	65.8	干法	62.4	9.5
		湿法	62.9	9.5
七台河风化煤	56.4	干法	50.8	9.4
		湿法	50.6	9.4
寻甸褐煤	62.7	干法	59.4	9.8
		湿法	59.7	9.8
乌海风化煤	45.5	干法	42.4	9.3
		湿法	42.6	9/3

第三节　腐植酸市场

一、国际农用腐植酸市场类型

（一）高端市场

大面积精准农业，农业投入高，从业人员专业基础厚，农业科研和服务体系完整，农产品价格高，可定位为腐植酸的高端市场。第一类市场主要包括：美加地区、西南欧、澳大利亚、日本以及泰国、巴西、阿根廷等相对发达的国家和地区。

（二）中端市场

传统农业国家农业历史悠久，从业人员经验丰富但对新技术掌握不够，农产品价格不高。某些国家由于土地瘠薄，农业发展离不开腐植酸应用，也包括在本类别中，可定位为中端市场，主要包括印度、埃及、部分东南亚和东非、北非等国家和地区，以及海湾地区的阿拉伯国家。

（三）低端市场

一些国家农业生产单一，从业人员受教育低，农业投入不足，国家经济欠发达，包括印度以外的南亚、西非、中南美洲大部分国家、欠发达的中亚和东南亚国家。

中国经济发展迅速，农业受到国家补贴和重视，但各地经济发展水平和从业人员技术水平差异巨大，既有高端的东部现代农业市场，也有中端的传统农业市场，更有少部分的落后低端市场。根据各地对腐植酸产业需求和使用状况分析，把中国列入中端-高端过渡类型市场较为合适。

二、腐植酸产品与市场类型的关系

腐植酸作为植物营养调节剂和土壤调理剂在农业上应用已有一百多年历史，腐植酸广谱适用，效果良好，但不是不可或缺的（沙漠地区除外）。从腐植酸产品发展历史看，从风化煤、褐煤与泥炭的简单利用，到液体腐植酸盐的出现，再到精制腐植酸盐和黄腐酸的广泛应用，产品从粗放到精细，从直接利用到浓缩提取，从不溶物到高水溶性产品，腐植酸产品的进化过程实际上是根据农业生产技术、农业生产装备和条件的发展一步步演化而来。根据不同泥炭产品的使用效果和市场反应，将腐植酸产品与农业生产要求的契合度划分成高、中、低三个类别：

（一）低端腐植酸产品

腐植酸粉剂及颗粒产品、非溶腐植酸盐产品；主要用于改良土壤，改善土壤结构，提高土壤缓冲性能，提高土壤肥力。

（二）中端腐植酸产品

不溶物15%以上，不分离重金属及其他非有效成分的低水溶性普通级腐植酸钠、腐植酸钾；主要用户农业复混肥的复配，改善肥料相容性，减少肥料的流失和逸散，提高肥料利用率，提高作物产量，改善品质，提早成熟，增加农民收入。

（三）高端产品

精致提取的高水溶性、高配伍性腐植酸钾和黄腐酸盐（精提腐钠不在此列）。主要用于喷灌、滴灌、渗灌肥料的制备和使用，可以提高肥料的相容性，提高肥料吸附和吸收效率，减少肥料絮凝沉淀，提高植物抗病抗逆能力，增加作物产量，改善品质，提早成熟，增加用户利润。

不同产品类型对应不同的目标市场。一般来说，高端市场对产品的需求类型多，接受能力强，市场需求量大，低端、中端和高端产品都有需求。低端市场大多接受低端产品，对高端产品的高价格接受困难，产品频谱窄、需求量小。

三、国外腐植酸产品类型

根据多年的市场调查和市场销售经验，结合国际腐植酸市场产品特性、部分国外腐植酸生产企业和腐植酸复配商的参观感受，总结归纳出一个基本结论：国外腐植酸基础生产商只生产低端和高端两大类产品。其中低端产品就是风化煤原矿煤粉，连干燥造粒都不做，突出其产品的纯天然，由腐植酸复配厂商或用户自行处理调配。这类产品在美地区数量众多，此外，德国（Humintech）、西班牙（Daymasa）也大量生产提供腐植酸原矿产品。高端产品就是高纯度、高水溶性、高配伍性、高稳定性的腐钾，主要生产商有加拿大的Blackearth、美国的JB、德国的Humintech、西班牙的Tradcorp、澳大利亚/南非的Omina。中国出口的腐植酸产品主要是中端产品。

国外企业之所以只做两头不做中间，其重要原因是，一些腐植酸生产商占有优质矿源，初级矿石本身就是高纯度低杂质，生物活性较强，田间效果不错，不必提取加工即可出售，省工省力，并能顺应西方社会追求原生态理念，所以这些企业着重做低端的腐植酸原料；美国加州在农产品收获以后要深翻土地时，每公顷施用1000kg的风化煤粉，在翻土时将其与土壤均匀掺混，然后浇透水越冬，次年开春定植前一周再次施用风化煤粉剂1000kg/hm^2，然后浇地、播种、定植，土壤肥力保育作用显著。

除了基础生产商外，一些西方国家因科研基础深厚，则利用现有的腐植酸提取技术、助剂技术和纯化技术，将优质原料深加工后大幅度提高其技术附加值，换取高额利润。这些高端腐植酸产品主要用于作物喷灌、滴灌、渗灌施肥，一般在作物4片叶时开始施用腐钾粉剂2～4kg/hm^2，15d一次，直至收获前一周停用，抗病抗逆、增产增收效果显著。

四、国外腐植酸产品价格

美国农业广泛应用的风化煤粉来自新墨西哥州，颗粒粒度为60目，腐植酸含量＞50％，50kg编织袋包装方式，市场销售价格是每吨800美元。腐植酸钾粉剂水溶性90％以上，腐植酸含量80％，5kg包装，销售价格为每千克5美元，相当于每吨5000美元。未添加其他营养的德国腐钾12％（质量分数，干基）溶液在土耳其的批发价为每升5欧元，零售价为每升10欧元，相当于每吨1万欧元，可见精品腐植酸价值远远高于腐植酸原粉。

国外除了基础腐植酸产品和高端腐植酸钾产品外，还有大量的腐植酸复配商将腐植酸钾、黄腐酸盐与各种植物营养配合制备成种类繁多的植物营养终端产品

(end products)，获利更加丰厚。新疆双龙的精制腐植酸钾，制备 1L 12%的腐钾溶液需要 133g 精制腐钾，主成分物料成本是 1.197 元，约合 0.15 欧元/L，0.15 欧元的腐植酸钾经过加水稀释后，批发价值是 5 欧元，是原精制腐植酸钾成本的 33.33 倍，零售价价格是每升 10 欧元，是精制腐植酸钾的 66.66 倍。这意味着如果新疆双龙腐植酸钾达到德国腐钾的质量，其腐植酸钾就可以创造惊人的延伸价值，商机巨大。

五、腐植酸产品市场需求

腐植酸产品是新型产品，应用领域广阔，市场需求巨大。按美国德克萨斯州农业土地配肥使用量 $1000kg/hm^2$ 计算，42 万公顷农田每年需要固体腐植酸粉末 42 万吨，如果全部土地均采用腐植酸粉末改良土壤，每年的市场销售额将达到 3 亿 6960 万美元，即使 10%用户使用腐植酸粉末，该市场的销售额也可以达到 368 万美元。腐植酸粉末对于风沙、盐碱、干旱的中东地区需求量更加可观。沙特、埃及两国沙漠面积都占到国土面积的 90%以上，澳大利亚其沙漠和半沙漠占全国面积的 35%，集中分布的西部地区年平均降水量不足 250mm。沙特、埃及和澳大利亚政府一直对沙漠地区给予高度的重视，在保护生态环境、防止水土流失和科学利用腐植酸资源方面，积累了丰富经验。腐植酸产品在这些地区的应用主要是改土和施肥，添加腐植酸原粉混合在土壤中，提高土壤的团粒结构，增加土壤对养分的保持能力，提高土壤肥力具有巨大作用。特别是这些地区灌溉技术发达，多数肥料通过滴灌微喷使用，腐植酸在协调肥料配伍和促进活性吸收方面具有特殊效果，高可溶性腐植酸在这些地区具有巨大潜在市场价值。

在世界粮食价格高企的背景下，阿拉伯各国农业发展面临着人口增速过快、自然资源短缺、农业生产方式落后、农业地位遭受忽视等多方面挑战。阿拉伯国家水资源短缺且利用率不高，农业种地面积占世界农业面积的 5%，但水资源仅占世界水资源总量的 1%。由于地面灌溉模式在阿拉伯农业种植中仍占主要地位，水源的浪费很大。阿拉伯国家人均耕地面积仅为 $0.17hm^2$，且大部分分布在干旱环境中，受到的最大威胁是沙漠化，沙漠化面积达 976 万平方千米，占国土总面积的 68%。在这种水源短缺、土壤沙漠化的阿拉伯国家中，腐植酸粉剂和高活性液体腐植酸是十分受欢迎的产品。

因为我国泥炭类型和性质限制，我国泥炭主要应用领域是现代农业。泥炭产品属于高科技、清洁低碳农业生产资料，所以泥炭在农业中的应用主要是面向经济产出高、品质要求严的大棚蔬菜、瓜果、花卉、药材等经济作物，特别是用于蔬菜和瓜果作物种苗生产与栽培、各种高档花卉栽培、绿色环保肥料、鱼池水质净化剂、饲料添加剂以及草坪绿化等等。这些领域对高科技高价格的泥炭产品接受能力强，市场潜力巨大，需求空间广阔，容易使企业获得丰厚的利润回报。

第四节 泥炭功能肥料

果菜茶生产是农业生产的重要组成部分，是农业结构调整、居民饮食结构优化、农民收入增加、人民生活水平提高的重要基础。我国既是果菜茶生产大国，又是果菜茶消费大国，在我国，果菜茶是除粮食作物外栽培面积最广、地位最重要的经济作物。经过近 30 年的发展，我国蔬菜的种植面积达到 2000 多万公顷，年产量超 7 亿吨，人均占有量达 500 多千克，均居世界第一位。在当前市场开放、来源扩大、品种增多的情况下，消费者对果菜茶品质的要求越来越高，绿色蔬菜、有机果菜茶等产品受市场欢迎程度日益增加，果菜茶生产由数量向质量转型。因此，果菜茶总量在结构性、区域性和季节性方面明显过剩的情况下，以质取胜无疑是果菜茶行业再上新台阶的出路。

伴随着中国国民经济的显著增长和全球经济的一体化发展，以及中国从“温饱”型社会向“小康”型社会的成功转型，人们对农产品和食品质量的要求越来越高，尤其是无公害食品、绿色食品的要求。从行业发展上看，目前国内绿色食品市场总体上仍处于导入期。随着我国人民生活水平的提高和消费理念的转变，以及环境污染和资源浪费问题的日益严峻，有利于人们健康的无污染、安全、优质营养的绿色食品已成为时尚，越来越受到人们的青睐。开发绿色食品已具备了深厚的市场消费基础。未来，绿色食品无论在国内还是国外，开发潜力都十分巨大。强调产品出自最佳生态环境。绿色食品生产从原料产地的生态环境入手，通过对原料产地及其周围的生态环境因素的严格监测，判定其是否具备生产绿色食品的基础条件。

果菜茶生产要实施“从土地到餐桌”全程质量控制，通过产前环节的环境监测和投入品检测、产中环节具体生产、加工操作规程的落实以及产后环节产品质量、卫生指标、包装、保鲜、运输、贮藏及销售控制，确保果菜茶整体产品质量，并提高整个生产过程的标准化水平和技术含量，泥炭功能肥料可以在其中发挥重要作用。

一、泥炭功能肥料的概念

功能肥料是指除提供植物营养功能之外，还能同时提供保水、防病、防旱、促根、抗倒、提质等多种功能的新型肥料。采用泥炭和泥炭活化物可以制备泥炭有机肥、泥炭有机-无机复混肥、泥炭腐植酸水溶肥、泥炭悬浮肥和泥炭生物肥等功能肥料，具有良好土壤改良、防病抗逆、增产提质功能。根据我国绿色食品和有机食品种植生产发展趋势，我国功能肥料年需求为 4100 万吨，需求泥炭原料 7240 万立方米。

用于功能肥料添加物的材料有：具有灭虫杀菌功能的物质，具有改善土壤结构功能的材料，具有提高土壤微生物活性功能的材料，具有减少养分流失、增加养分吸收利用率功能的材料，植物生长调节剂，微生物及其代谢产物，海洋生物及植物提取物，化学合成物质等。功能肥料的功能也包括“抗病”“抗虫”等，自然界有很多物质具有农药功能，也可以作功能材料加入肥料。泥炭功能肥料施入土壤以后具有显著的改善土壤结构、增加土壤肥力、增强植物生理活性、提高植物抗逆性、增加作物产量、改善农产品品质等多种功效，是同时具备多种功能、环境友好、效果显著的多功能肥料。

功能肥料是21世纪新型肥料的重要研究、发展方向之一，是将作物营养与其他限制作物高产的因素相结合的肥料，可以提高肥料利用率，提高单位肥料对农作物增产的效率。功能肥料的研究和生产符合生态肥料工艺学的要求，其应用技术属于将农学、土壤学、信息学、化学等多种学科交叉提炼的先进性技术。泥炭功能肥料，可以通过泥炭和泥炭活化物的添加，明显提高化学肥料利用率，改善水分利用率，改善土壤结构，适应优良品种特性，改善作物抗倒伏特性，防治杂草，抗御病虫害。有关泥炭功能肥料的研究和开发，国内外专家都做了许多工作，但目前大多处于起步阶段，尚未大规模工业生产。

二、泥炭功能肥料的作用

（一）改良土壤

泥炭腐植酸及泥炭硝基腐植酸肥料能帮助土壤形成团粒结构，能增加土壤的透水性、保水性、透气性，增加易耕性，调节土壤的酸性，增加大量的常量及微量营养元素，有利于保存土壤中的速效养料。我国温室、大棚保护地土壤连年重茬迎茬种植，土壤板结、硬化、酸化、营养匮乏，病害严重。风沙盐碱干旱土壤结构低劣，盐分超标，肥力低下，急需改良培肥。充分利用泥炭功能肥料作土壤改良剂，在增产农作物、造林、种植牧草、改造山河等领域大有作为。我国的腐植酸肥料工作者在土壤改良方面开展了大量工作。陆欣等利用腐植酸改良剂对华北和西北地区的石灰性土壤进行改良，证明硝基腐植酸在对土壤磷酸酶活性及有效磷含量有正相关作用。泥炭腐植酸功能肥料或硝基腐植酸是良好的硝化抑制剂，可明显提高尿素肥效，延长了尿素氮在土壤中的保留时间。泥炭腐植酸与尿素的相互作用，对于提高土壤肥力、改善有机-无机肥料的农化性质有着重要作用。

（二）提高肥料利用率

在氮、磷、钾及微量元素肥料中，添加少量具有化学活性和生物活性的腐植酸类物质，可以不同程度地提高化肥的利用率。我国目前氮肥品种中以碳铵、尿素、硫铵、硝铵为主要品种。其中碳铵性质不稳定，极易挥发损失。在碳铵中添加腐植酸含量较高的泥炭、褐煤、风化煤制成腐铵，可使碳铵在6d中氮素挥发率从13.1%降为2.04%。在农田试验中碳铵肥效维持20多天，腐铵可达60多天。尿素中添加腐植酸特别是硝基腐植酸，可以生成尿素络合物，使尿素分解减缓，肥效延长，损失降低，使尿素的增产效果相对提高30%，后效增加15%以上。氮肥利用率测定结果表明，添加腐植酸后利用率从30.1%提高到34.1%，吸氮量增加10%。腐植酸不仅对肥料中氮素有影响，对土壤中原有的潜在氮素也有影响。数据表明，土壤中添加腐植酸类物质，可以使土壤中速效氮的含量增加近一倍，为充分利用土壤中潜在的氮源提高了条件。国外已有用腐植酸和尿素制成的腐-尿络合物，作为一种商品缓效氮肥出售，其肥效高于普通尿素。

腐植酸类有机物质可用来保护水溶性磷肥或以磷肥为主的复合肥，减少磷的固定，促进磷的吸收，提高磷肥利用率。普钙、重钙或磷铵中添加10%～20%的腐植酸，可使肥效相对提高10%～20%，吸磷量增加28%～39%。添加腐植酸后，磷肥的当季利用率从15.4%提高到19.3%，腐植酸不仅对肥料磷有积极影响，对土壤中原有磷（作物当季难以利用的磷）也有积极影响。添加腐植酸可使土壤速效磷含量从21.6μg/g提高到26.9μg/g，相对增加24.5%。添加腐植酸可以抑制土壤对磷的固定，减缓磷肥从速效态向迟效或无效态的转化，增加了磷在土壤中的移动距离，扩大了与根系接触的吸收面积。另外腐植酸对根系的刺激作用也使根系发达，促进了对磷的有效吸收。

腐植酸的酸性官能团可吸收、储存钾离子，减少钾在沙土及淋溶强的土壤中随水流失数量。腐植酸可以防止黏土壤对钾的固定，增加可交换性钾的数量。某些低分子腐植酸对含钾矿物有溶蚀作用，缓慢增加钾的释放，提高土壤速效钾含量。腐植酸还可以用它的生物活性，刺激和调节作物生理代谢过程，使吸钾量增加30%以上。

土壤中的微量元素多数处于植物难以吸收的无效状态，向土壤中施入微量元素肥料也很容易被土壤固定。腐植酸与铁、锌等微量元素可以发生螯合反应，生成溶解度好、易被植物吸收的腐植酸微量元素螯合物，有利于根部或叶面吸收，并能促进微量元素从根部向地上部运转。黄腐酸铁从根部进入植株数量，比硫酸亚铁多32%，在叶片中移动数量比硫酸亚铁多一倍，使叶绿素含量增加15%～45%，有效地解决了因缺铁引起的黄叶病问题。其效果与国外使用的有机铁肥相似，但价格却低很多。

（三）刺激作物生长

一定浓度的黄腐酸或腐植酸的钾、钠、铵盐溶液，通过浸种、蘸根、喷洒及根施等方式施用在作物不同生育阶段，都可以产生相应的刺激作用，促进作物生长发育，提早成熟，提高产量，改善品质。腐植酸的刺激作用可使种子萌发提前2～3天，发芽率高，苗全，苗壮。作用于根系可促使活力增强。对根系的良好影响，使部分学者给腐植酸冠以“根系肥料”的称号。除根系以外对地上部分营养体的生长也有促进作用。值得提出的是，腐植酸的刺激作用在作物生育前期尤为显著。腐植酸含有酚羟基、醌基等活性官能团，能促进植物体内酶活性的增加，使呼吸强度、光合作用强度有所提高，对物质的合成、运转、积累有利。植物体内新陈代谢，物质的分解与合成都是靠各种酶来完成的，酶是与生命现象密切相关的物质。腐植酸对多酚氧化酶、过氧化氢酶、抗坏血酸氧化酶、转化酶等的活性，都有促进作用。酶活性的增强，使新陈代谢进程加快，物质积累增加，作物成熟提早。

(四) 增强作物的抗逆性

研究早已发现，腐植酸类物质对改善作物生长环境条件。在不良环境条件下(如旱，涝，寒，热，酸，碱，肥料过多、过少)，腐植酸的作用更为明显，这种现象称为“腐殖质效应”。经研究表明，腐植酸确实可以增强作物的抗逆能力。干热风对小麦的生长是不利的，在小麦拔节期喷洒黄腐酸溶液可以使叶片气孔开张度减小，水分蒸腾作用降低，使水分亏缺现象缓解，小麦穗分化得以完成，使叶绿素含量增加，根系保持较高活力。上述结果使小麦增强了对干热风的抵抗能力。我国这项成果被世界各国承认，引起国际植物界的重视。这项研究的成功对于我国目前部分干旱地区有更为重大的意义。

南方早稻育秧，常常遇到低温多雨，往往发生稻苗烂秧现象。在育床土中添加腐植酸类物质，可以提高秧苗抗寒能力，成秧率从70.7％提高到82.6％，秧苗素质好。在冬小麦越冬前喷施腐钠溶液，可以减少受冻害的影响，用黄腐酸拌种也能增强冬小麦抗寒能力。

苹果树腐烂病是我国苹果产区普遍发生的一种真菌引起的病害，传统的防治方法是加强栽培管理，辅以药物治疗和消除菌源。常用的药虽有疗效，但易烧伤树体活组织，污染环境，成本较高。用2％腐钠溶液在刮除病疤的伤口上涂抹2～3次，可以抑制真菌生长，促进组织愈合，防治效果优于化学药物，且无污染因。腐植酸类物质单独使用，或与化肥混合使用，对防治黄瓜霜霉病、马铃薯晚疫病、辣椒炭疽病均有一定效果，关于防病、治病机理有待进一步研究。

(五) 改善农产品品质

腐植酸类物质对农产品品质改善有一定作用，腐植酸及其盐类可以提高瓜果类果实中糖分、维生素C含量。0.02％～0.05％的腐植酸或其钾、钠盐溶液喷洒在哈密瓜，西瓜叶片上可使哈密瓜糖分增加1度（1％）；西瓜含糖量相对增加13％～31％，维生素C相对含量增加3％～42％。在广柑、黄桃、犁、苹果树上喷施腐钠、腐钾，同样取得糖分、维生素C含量增加，总酸度降低的效果，

马铃薯、番茄、黄瓜、白菜等喷施或根施腐植酸类物质，糖分、维生素C、蛋白质（马铃薯）含量增加，品味改善，容易储存。化肥中增加泥炭等腐植酸类物质，可以提高甘蔗、甜菜含糖量0.9％～1.7％。改善烟叶内在品质，提高上中等烟比例。使桑叶蛋白质含量增加，用以饲蚕，茧丝质量提高。提高粮食、油料作物品质水稻喷施腐植酸钠可提高可溶性糖的积累，增加稻谷中粗蛋白和淀粉含量，相对增加百分数为6.6％和10.5％。花生等油料作物，在化肥中添加腐植酸可使含油

量增加1.2%以上。

腐植酸类物质在农业生产中的应用，证明泥炭腐植酸具有改良土壤、化肥增效、刺激作物生长发育、增强作物抗逆性能、改善农产品的品质等作用。尽管由于腐植酸类物质的来源不同，结构性质复杂，加工工艺、施用方法不同，其效果不尽相同，上述五个作用不是在任何条件下都同时产生。必须根据原料特点，采用相应的加工方式，并根据土壤和作物特点，采用适宜的实施方法，配合其他农业技术措施，才能使腐植酸的增产效果充分发挥出来。

三、泥炭功能肥料的类型

与泥炭有关的功能肥料主要有泥炭有机肥、有机-无机复混肥、冲施肥和生物肥四种。这些肥料制备方式和制备成分不同，所以使用方式和使用对象也有很大差异。

（一）泥炭有机肥料

泥炭是一种天然有机肥料。泥炭在形成和积累过程中已经经历耗氧分解过程将大部分易水解成分转化为小分子基团，经历厌氧发酵将分解产物缩合成腐植酸，一些耐分解成分如纤维素、木质素则形成泥炭纤维结构的骨架。泥炭碳氮比一般为15～17，远小于有机肥腐熟标准的25，泥炭可以直接接触种子用于各种植物育苗和栽培，对植物种子发芽和生长没有任何不利影响，可见泥炭已经属于完成发酵的天然有机质，只是由于泥炭自身矿物营养较低、营养供应潜力有限，因此与动物粪便配合加工施用，可以充分发挥泥炭和粪便的优势，又消除各自不利因素，已经成为是有机肥生产的重要类型。

泥炭有机肥是利用泥炭的载体、结构和吸附作用，吸收动物粪便后，可以吸收动物粪便中的水分和臭气，形成相对疏松的物料结构，有利通气，消除臭味，改善有机肥生产环境。合并发酵过程中，因为通气条件改善，可以迅速进入高温期，粪肥中易水解有机物迅速发酵，降低恶臭，缩短有机肥发酵时间，提高有机肥生产效率。由于泥炭具有良好的吸附作用，可以吸附粪肥中的氨气和其他消除臭味，减少养分挥发损失。

由于我国20世纪70、80年代随着人口的增加，粮食生产的任务加大，导致对土壤的掠夺性开发，造成了土壤毁灭性损害，如土壤、土壤胶体被破坏，有机质降为有史以来最低点，微生物群降低等，严重影响了土壤的再生能力。近年来，土壤结构改良、保护土壤结构成为国家农业的一项重大课题，能够改善土壤结构的功能性肥料随之应运而生。日本、美国在肥料中增加有机成分制备有机-无机复合肥效果较好，在中国大量使用有机肥料，增加土壤有机质，使土壤松散透气，增加微生物群也是功能肥料的重要应用领域。伴随高效农业的发展，改善土壤结构的肥料在温室大棚、果园等的应用也会来越广泛。

常规的农家肥要通过完全熟化，才可施入土壤，并需要在土壤中长时间转化，最终转化成腐植酸作物才能吸收，肥效缓慢。而泥炭有机肥可以给作物直接提供必要的养分，所以它比农家肥更容易吸收，利用率高，见效快。而泥炭有机肥能改善土壤结构，促进团粒的形成，协调土壤水、肥、气、热状况，既能通气，又能保水，不板结。泥炭有机肥能增强土壤保肥供肥能力，保持养肥能力强，减少有效养分损失，供肥时间持久，使各种速效化肥的肥效由“暴、猛、短”变得“缓、稳、长”。同时，泥炭有机肥能改善土壤酸碱性，减轻有毒因子的副作用。泥炭有机肥是土壤微生物的最佳碳源，能提供微生物生命活动所需要的营养，促进微生物的繁殖和活动，增强微生物的活性。泥炭腐植酸与氮结合，氮肥增产率可提高10%左右，磷的利用率可提高一倍以上。泥炭有机肥能促进生根和提高根系吸水能力，作物出根快，根数多，根重增加，并增强根系对养分的吸收能力，增强繁殖器官的发育，提早开花，提高授粉率，增加粒重、果重。泥炭有机肥更特殊之处在于能增强作物抗逆性能，使作物抗寒抗旱，抗病能力明显增强，增强作物多种酶的活性，提高作物吸收水分和养分的能力，增强作物代谢能力，加速生长发育，提早成熟，提高品质。

（二）有机-无机复混肥

有机-无机复混肥是一种既含有机质又含适量化肥的复混肥。它是对发酵动物粪便、泥炭等有机物料，添加适量化肥和微生物菌剂，经过造粒或直接掺混而制得的商品肥料。

发达国家肥料总量的70%～80%是有机-无机复混肥的方式生产。我国长期追求高产发展模式导致国内有机-无机复混肥产量较低，即使加入有机组分也以腐植酸为主，用量一般在5%左右，有机物比例过低，对土壤的改良作用和环境效应有限。究其原因，主要与缺乏优质均质的有机物质来源有关。

有机-无机复混肥有机质部分主要为有机肥，是以动植物残体为主，并经过发酵并腐熟的有机质，能够有效为植物提供有机营养元素。其作物相当于农家肥，但农家肥一般是未经过发酵腐熟，含有大量病原菌、寄生菌等造成烧苗现象。有机-无机复混肥氮磷钾含量均衡，同时含有大量的有益菌能够起到固氮、解磷、解钾的作用，促进氮磷钾的吸收，提高氮磷钾吸收率。相比只施肥氮磷钾，吸收率能提高30%～50%左右。有机-无机复混肥中可以掺有生物菌剂，各种有益菌能够起到有效固氮、解磷、解钾的功效，有益菌代谢产物同样具有营养价值极高的养分。有机-无机复混肥可以添加其他有益元素像微肥、多酶、多肽等，使其营养更加全面，真正做到了养分无短板。

泥炭对化肥营养元素的吸附、螯合、固定、交换作用，使制备出的有机-无机复混肥还有控释、缓释效果，也可以提高肥料的利用率，减少肥料的使用量，减少肥料的流失，减少肥料流失对环境的污染，达到增加产量的目的。泥炭对化肥有增加肥效的作用，^{15}N 示踪测定表明，尿素添加腐植酸铵或硝基腐植酸铵施用，氮的利用率可以从 63.9%提高到 73.3%。普钙添加腐植酸铵后，1～8cm 土层有效磷利用率从 9.28%提高到 14%。泥炭有机-无机复混肥主要用于底肥，在泥炭与无机非混配过程中，还可以添加植物生长调节剂，如复硝酚钠、DA-6、α-萘乙酸钠、芸苔素内酯等，以进一步提高植物对肥料的吸收和利用，提高肥料的利用率，提高肥料的速效性和高效性。

泥炭是无机肥料的挚友，是氮肥的缓释剂和稳定剂、磷肥的增效剂、钾肥的保护剂，是中、微量元素的调节剂和螯合剂，对化肥有显著的增效作用，泥炭有机-无机复混肥未来发展方向是智能化、专业化、复合化、长效化、颗粒化和地域化等的“傻瓜”肥。我国化肥利用率只有 35%，比发达国家利用率的 75%低 40 个百分点。我国耕地面积虽然只占世界的 7%，化肥使用量却占全球总量的 35%。单位面积平均施用量达到 434.3kg/hm^2，是国际公认的化肥施用安全上限的 1.93 倍，这是对我国节能环保和绿色产业提出的严峻挑战。提高化肥利用率与肥效、降低养分流失和环境污染的根本措施，在于有机-无机复合（复混）和养分的科学搭配。泥炭腐植酸类物质是最廉价最有效的化肥增效剂和肥料有机助剂之一。使用腐植酸类复混肥料，可使等养分的化肥利用率平均提高 10 个百分点，如全国全部采用腐植酸复混肥，一年就可少损失化肥 680 万吨，节约原料煤炭 300 多万吨、燃料煤炭 450 万吨，少排放 1200 万吨 CO_2 和 280 万吨氨。

氮肥多以碳酸和尿素为主，铵态氮性质不稳定、极易挥发，与腐植酸肥料混合后，因腐植酸含有羧基、酚羧基等官能团，有较强的离子交换能力和吸附能力，可以减少铵态氮的损失。尿素是酰胺态氮肥，所含氮素需经尿素细菌分泌的尿酶分解转化为碳酸铵后才能被植物吸收。如果把尿素施入石灰质土壤中，尿素分解产生的碳铵也会因碱性造成挥发损失，这是尿素肥料氮利用率不高的原因之一。在尿素中添加泥炭，对尿素有明显的增效作用，既可以抑制尿酶的活动，减缓尿素分解，减少挥发，又能与尿素生成络合物，逐渐分解释放氮素，使尿素的肥效延长，同时泥炭的生物活性可促进植物根系发育和体内氮素代谢，促进氮的吸收。

速效磷肥施入土壤，可溶性磷很容易被土壤固定。在酸性土壤中，磷主要被游离的铁铝离子固定，在石灰性土壤中，磷主要被钙固定，结果使速效磷转化为迟效磷甚至无效磷，当季磷利用率只有 10%～20%。将泥炭与化学磷肥混合施用以后，能抑制土壤对水溶性磷的固定，减缓速效磷向迟效、无效态转化，降解的硝基腐植酸增加磷在土壤中的移动距离，促使根系对磷的吸收。

泥炭腐植酸含有官能团可以吸收、储存钾离子，既可防止其在沙土及淋溶性土壤中随水流失，又可防止黏性土壤对钾的固定。腐植酸的某些部分为黄腐酸等低分子腐植酸，对含钾硅酸盐、钾长石等矿物有溶蚀作用，可以使其缓慢分解，增加钾的释放量，提高速效钾的含量。

土壤中有相当数量的微量元素储备，但可被植物吸收的有效部分太少。泥炭腐植酸与难溶性的微量元素可以发生络合反应，生成溶解性好、易被植物吸收的腐植酸微量元素络合物，有利于根部吸收或叶面吸收，促进植物将吸收的微量元素从根部向地上部分转移，从部分叶片向其他叶片扩散。

（三）冲施肥

冲施是一种施肥方式，是将水溶性肥料或者悬浮性肥料用水溶解或者用水稀释为悬浮状，然后随水冲灌于田间垄沟或植物根际的过程。用于冲施使用的肥料叫冲施用肥料，简称冲施肥。冲施用的肥料一般能迅速地溶解于水中，更容易被作物吸收，而且其吸收利用率相对较高。有些冲施用肥料虽然不能完全溶于水中，因为在制备过程经过严格的微细化，颗粒粒度小于400目，完全可以通过喷灌滴灌喷嘴或滴管，不会沉淀堵塞喷嘴和滴管，可以应用于喷滴灌等设施农业，实现水肥一体化，达到省水、省肥、省工的效能。一般而言，冲施用肥料可以含有作物生长所需要的全部营养元素，如N、P、K、Ca、Mg、S以及微量元素等，可以根据作物生长所需要的营养需求特点来设计配方，科学的配方不会造成肥料的浪费，使得其肥料利用率差不多是常规复合化学肥料的2～3倍。冲施肥可以让种植者较快地看到肥料的效果和表现，随时可以根据作物不同长势对肥料配方做出调整。冲施肥方法简便，可以随着灌溉水包括喷灌、滴灌等方式进行灌溉时施肥，既节约了水，又节约了肥料，而且还节约了劳动力，在劳动力成本日益高涨的今天使用水溶性肥料的效益是显而易见的。除此之外，冲施肥使用后一般无负面效应。营养成分易于吸收、不易被土壤固定，不板结土壤，无毒害残留；不受土壤条件和作物生长季节的限制，施用方便，且不易损伤作物；在作物生长旺盛季节，用普通方法追肥时，往往因肥料养分释放转化慢、肥效迟，而影响到产量和品质。特别在冬季大棚栽培作物时，常因低温、日照不足等情况，用常规土壤追肥法，往往效果不理想。若因地制宜选用对路的优质冲施肥品种，用水冲施，则效果良好。当前使用的冲施肥，一般多是含有多种营养成分的复混肥，能满足作物对多种养分的需要，十分符合未来肥料发展方向和现代农业集约化发展的需求。由此来看，冲施肥的发展前景十分广阔。

泥炭冲施肥既可以是将泥炭、无机肥料、微生物菌剂等原材料，经科学加工、复配在一起而生产的粉状复合型制剂，也可以是将泥炭和无机肥料，科学配制而成的有机-无机膏状复合冲施肥。这些新型复配制冲施肥的突出优点是：集有机肥的长效、无机肥的速效、生物肥的稳效、微生物肥的增效于一体，使用这一种肥料即可满足作物对多种营养元素的需求。冲施肥中添加广谱型植物生长调节剂，具有促进细胞原生质流动、提高细胞活力、加速植株生长发育、促根壮苗、保花保果、提高产量、增强抗逆能力等功效。复硝酚钠作为冲施肥是一种强力细胞赋活剂，与植物接触后能迅速渗透到植物体内，促进细胞的原生质流动，提高细胞活力。能加快生长速度，打破休眠，促进生长发育，防止落花、裂果、落果，改善产品品质，提高产量，提高作物的抗病、抗虫、抗旱、抗涝、抗寒、抗盐碱、抗倒伏等抗逆能力。它广泛适用于粮食作物、经济作物、瓜果、蔬菜、果树、油料作物及花卉等。可在植物播种到收获期间的任何时期使用，可用于种子浸渍、苗床灌注冲施、叶面喷洒和花蕾撒布等。

泥炭制备冲施肥主要是悬浮肥料，是通过超微研磨将泥炭颗粒研磨到400目，并添加适量助剂防止颗粒长大和沉降而阻塞管道和喷嘴。通常加入少量黏土类矿物作为助悬剂，并将黏土矿物与水预先混合，用剪切力很强的搅拌装置打成泥浆后使用。

（四）泥炭生物肥

泥炭生物肥料都以泥炭有机质为基础，然后配以菌剂和无机肥混合而成。现代生物肥料产品则已经既能提供作物营养，又能改良土壤，同时还能对土壤进行消毒，即利用生物（主要是微生物）分解来消除土壤中的农药（杀虫剂和杀菌剂）、除莠剂以及石油化工等产品的污染物，并同时对土壤起到修复作用。狭义生物肥料是指微生物（细菌）肥料，简称菌肥，又称微生物接种剂。它是由具有特殊效能的微生物经过发酵（人工培制）后混合于泥炭载体而成的，因含有大量有益微生物，施入土壤后，或能固定空气中的氮素，或能活化土壤中的养分，改善植物的营养环境，或在微生物的生命活动过程中，产生活性物质，刺激植物生长的特定微生物制品。广义的生物肥料泛指利用生物技术制造的、对作物具有特定肥效（或有肥效又有刺激作用）的生物制剂，其有效成分可以是特定的活生物体、生物体的代谢物或基质的转化物等，这种生物体既可以是微生物，也可以是动、植物组织和细胞。泥炭作为生物肥料的重要功能成分，主要起到载体作用、碳源作用、能源作用和保护作用。

泥炭生物肥料与泥炭有机肥料、泥炭有机-无机复混肥和冲施肥一样，是农业生产中的重要肥源。由于化学肥料和化学农药的大量不合理施用，不仅耗费了大量不可再生的资源，破坏了土壤结构，还污染了农产品品质和环境，影响了人类的健康生存。因此，从现代农业生产中倡导的绿色农业、生态农业的发展趋势看，不污染环境的泥炭生物肥料，必将会在未来农业生产中发挥重要作用。

生物有机复合肥是汲取传统有机肥料之精华，结合现代生物技术，加工而成的高科技产品。其营养元素集速效、长效、增效为一体，具有提高农产品品质、抑制土传病害、增强作物抗逆性、促进作物早熟的作用。

施用固氮微生物肥料，可以增加土壤中的氮素来源；解磷、解钾微生物肥料，可以将土壤中难溶的磷、钾分解出来，转变为作物能吸收利用的磷、钾化合物，改善作物的营养条件。微生物肥料可制造和协助农作物吸收营养根瘤菌侵染豆科植物根部，固定空气中的氮素。微生物在繁殖中能产生大量的植物生长激素，刺激和调节作物生长，使植株生长健壮，促进对营养元素的吸收。微生物肥料可以增强植物抗病和抗旱能力。微生物肥料由于在作物根部大量生长繁殖，抑制或减少了病原微生物的繁殖机会；抗病原微生物的作用，减轻作物的病害；微生物大量生长，菌丝能增加对水分的吸收，使作物抗旱能力提高。使用微生物肥料后对于提高农产品品质，如蛋白质、糖分、维生素等的含量上有一定作用，有的可以减少硝酸盐的积累。在有些情况下，品质的改善比产量提高好处更大。

现在的生物肥已经从简单的微生物菌剂扩展到生物复合肥。生物复合肥是天然有机物质与生物技术的有效组合。它所包含的菌剂，具有加速有机物质分解作用，为作物制造或转化速效养分提供“动力”。同时菌剂兼具有提高化肥利用率和活化土壤中潜在养分的作用。生物有机复合肥料一般是以有机物质为主体，配合少量的化学肥料，按照农作物的需肥规律和肥料特性进行科学配比，与生物“活化剂”完美组合，除含有氮、磷、钾大量营养元素和钙、镁、硫、铁、硼、锌、硒、钼等中微量元素外，还含有大量有机物质、腐植酸类物质和保肥增效剂，养分齐全，速缓相济，供肥均衡，肥效持久。生物肥料具有协助释放土壤中潜在养分的功效。对土壤中氮的转化率达到 5%～13.6%；对土壤中磷、钾的转化率可达到 7%～15.7%和 8%～16.6%。由于生物复合肥中的活化剂和保肥增效剂的双重作用，可促进农作物中硝酸盐的转化，减少农产品硝酸盐的积累。与施用化学肥料相比，可使产品中硝酸盐含量降低 20%～30%，维生素 C 含量提高 30%～40%，可溶性糖可提高 1～4 度。产品口味好、保鲜时间长、耐储存。生物肥中的活化菌所溢出的孢外多糖是土壤团粒结构的黏合剂，能够疏松土壤，增强土壤团粒结构，提高保水保肥能力，增加土壤有机质，活化土壤中的潜在养分。生物肥能促进作物根际有益微生物的增殖，改善作物根际生态环境。有益微生物和抗病因子的增加，还可明显地降低土传病害的侵染，降低重茬作物的病情指数，连年施用可大大缓解连作障碍，促进作物早熟。生物肥料的功效是一种综合作用，主要是与营养元素的来源和有效性有关，或与作物吸收营养、水分和抗病虫有关。

推动发展功能性肥料的研究和产业化发展是国际、国内肥料发展的大趋势，是一项多学科合作的系统工程，需要科学家和肥料行业的共同努力，更需要国家在政策上进行扶持和推进。为了我国功能性肥料大力发展，不落后于世界，我们需要做好许多方面的工作：①增加机理性研究；②增加配方技术、生产工艺技术研究；③增加宣传力度，增加企业、农民对功能性肥料的了解；④加大对功能性肥料研究的投入，改善研发条件，壮大发展队伍；⑤给予功能性肥料的推广应用以资金、信贷扶持及优惠政策；⑥由国家倡议建立功能性肥料研究基地和示范性企业等。

第五节　泥炭功能肥料的制备

一、泥炭有机肥料的制备

适合制备泥炭有机肥的泥炭既可以用中高分解的藓类泥炭，也可以用中高分解的草本泥炭，木本泥炭因为吸附性能不及草本泥炭和藓类泥炭，更适合制备有机-无机复混肥和冲施肥。

中高分解的藓类泥炭和草本泥炭是制备泥炭有机肥的最好原料。首先，中高分解藓类、草本泥炭分解度高，腐植酸含量大，对动物粪便发酵过程中释放出的气体小分子、矿物营养离子具有较强的吸附能力，可以减低环境臭气，减少矿物离子淋失。草本泥炭和藓类泥炭均有丰富的纤维，容易形成较多的空隙结构，有利于发酵过程中氧气的进入。泥炭具有的超强吸水能力，将风干泥炭与动物粪便混合，可以将动物粪便中的水分吸收到泥炭中，降低粪肥中的水分，有利于发酵过程中通气，促进发酵过程进行。由于泥炭本身就是富含腐植酸的优质天然有机物，将泥炭和动物粪便混合发酵，可以充分发挥两者的优势，弥补各自的不足，生产出优质、绿色、安全、健康的有机肥。

泥炭有机肥发酵可以采取德国戈尔膜设备和工艺。因为戈尔膜可以隔绝发酵条垛气味外泄，对保护生产环境、稳定员工队伍是非常关键的。采用专用机械将泥炭和动物粪便混合完毕后，在露天晒场上堆成底宽 8m、高 2m、长度不限的大型条垛，条垛上覆盖戈尔膜，条垛底部从预制的通气排水通道中使用鼓风机送入空气，保证发酵过程中的氧气供应。一般 3～5d 即可开始发酵，7～15d 即可进入高温期，25～30d 即可完成第一阶段发酵。揭去戈尔膜，采用铲车将发酵物料倒堆，形成新的条垛，继续后熟发酵 10～15d 即可达到完全腐熟状态，粉碎过筛，去除超大颗粒和异常组分，包装入库。

二、泥炭有机-无机复混肥的制备

（一）泥炭有机-无机复混肥的产品标准

有机-无机复混肥是一种既含有机质又含适量化肥的复混肥。它是对动物粪便、泥炭等有机物料，通过微生物发酵无害化处理和有效化处理，并添加适量化肥或有益微生物菌，经过造粒或直接掺混而制得的商品肥料。有机-无机复混肥有机质部分是以腐熟动植物残体为主，能够向土壤提供有机质和有机营养元素，不会含有病原菌、寄生菌、虫卵和草籽，属于健康安全、绿色环保的新型肥料。未来中国肥料行业会向有机-无机复混肥方向发展，这将成为最终的发展趋势。低价的堆肥效果不显著，而做成有机-无机复混肥是最好的一种利用方式。现在我国氮肥的利用率始终是 30%左右，为提高化肥利用率发展控释肥，虽然也有突破，但主要是成本太高。因此要发展有机-无机肥料复混肥，将有机质和无机化肥结合起来，可以将氮肥的吸收率提高到 40%～45%。如果将有机-无机做成颗粒状，氮肥吸收率可以显著提高，这是提高肥料利用率比较可行的一条途径。

2009 年的 5 月 1 日正式实施的 GB 18877—2009，将有机-无机复混肥料产品分为Ⅰ型、Ⅱ型两种型号，并分别规定了指标。Ⅰ型总养分（$N+P_2O_5+K_2O$）含量≥15%，有机质含量≥20%，水分<20%；Ⅱ型总养分（$N+P_2O_5+K_2O$）含量≥25%，有机质含量≥15%，水分<20%。以泥炭为主要有机源的有机-无机复混肥不存在粪大肠菌群数和蛔虫卵死亡率问题。可以不用检测。在重金属限制指标方面，砷及其化合物（以As计）含量<0.0050%，镉及其化合物（以Cd计）含量<0.0010%，铅及其化合物（以Pb计）含量<0.0150%，铬及其化合物（以Cr计）含量<0.0500%，汞及其化合物（以Hg计）含量<0.0005%。除个别赋存于富含某种重金属矿物矿区的泥炭矿外，绝大多数泥炭的重金属含量不会超标，原料质量安全有可靠保障。

适合生产泥炭有机-无机复混肥的泥炭应该是中高分解的草本泥炭和藓类泥炭，因为中高分解泥炭纤维细碎，易于粉碎，不会影响复混肥造粒。从这个意义上来说，木本泥炭也是有机-无机复混肥的优质原料。木本泥炭腐植酸含量高，质地坚硬，易于研磨到粉细粒级，有利于造粒。

（二）生产工艺流程

1. 原料规格、配比

由于泥炭有机-无机复混肥要求总有机质含量≥20%，而中高分解度的泥炭有机质干基含量为≥50%，要保证泥炭有机-无机复混肥各项技术指标，就必须采用高浓度无机肥料，确保养分指标的实现。用于生产泥炭有机-无机复混肥的氮素肥料可以采用尿素，农用二级，含氮46%，含水<1%。磷素肥料可以采用磷酸二铵（氮18%，五氧化二磷46%）或磷酸一铵（氮素12%，五氧化二磷60%）；钾肥尽量用硫酸钾，农用，含氧化钾50%，含水<1%。泥炭应提前风干至水分20%。干基有机质50%，腐植酸大于30%。

每生产1t泥炭有机-无机复混肥，需要投入尿素220kg、磷酸二铵110kg、硫酸钾160kg、泥炭513kg。每吨产品营养成分为：氮12%，五氧化二磷5%，氧化钾8%，有机质25.6%，水分20%。颗粒强度>8N。

2. 生产工艺

泥炭有机-无机复混肥生产工艺流程见图9-4。

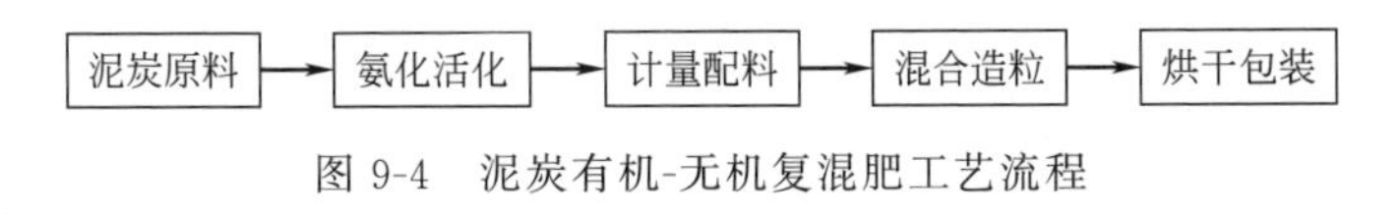

图9-4　泥炭有机-无机复混肥工艺流程

原料处理：选择下层分解度大于40%的草本泥炭，分层开采，避免混层。开采出的泥炭要单独存放干燥。待水分降到40%以下时，再用机械粉碎机粉碎至40目。

化学肥料密度不一，为防止混合过程中物料分选，需要将所有肥料粉碎至1mm以下，以便肥料和泥炭混合均匀。

配料：精确配料是实现产品配方目标的重要保证，也是产品质量的重要保证。

由于泥炭容重较轻，流动性不好，极易结拱造成出料不畅，影响配料精度。而程序配料采用的是料斗下的皮带机出料方式，可以保证顺畅出料，计量稳定可靠。目前程序配料及设备已经非常成熟，控制程度高，配方修改简单，生产过程可以记录存储，价格并不贵，所以能用程序配料的应该尽量采用程序配料装备和软件。

配方是有机-无机复混肥生产的关键，配方来自大量田间试验优化筛选。有了产品的农艺配方，在生产前还需要根据企业现有原料检验数据，进行工艺配方转换。一个良好的工艺配方转换方式可以根据现有原料的养分指标、水分指标和产品标准，进行科学的最优化计算，使得产品的养分、水分、硬度指标符合国家标准，同时又可以因为原料变化的养分指标和水分指标灵活调整。

混合：泥炭有机-无机复混肥的混合宜采用双轴搅拌机连续搅拌，以提高生产线运行效率。以往泥炭复混肥生产中因为泥炭重量轻，阻力小，为了配料均匀，多采用间歇式混合设备，工作效率比较低，需要进一步改进。

造粒：泥炭有机-无机复混肥最大的问题是因为泥炭的细小纤维存在造成盘式造粒成球困难，加之盘式造粒需要热风滚筒干燥，不仅增加能耗，过高干燥温度还会造成泥炭变性，影响泥炭腐植酸活性。所以泥炭有机-无机复混肥一般采用对辊挤压造粒和辊模挤压造粒。辊模挤压造粒因为粒形不是圆形，不利于机械施肥，外观不易被客户接受。而对辊挤压造粒粒型圆，效率高，机械磨损轻，能耗低，挤压成型颗粒冷却后即可恢复强度，基本上不需烘干，或者是即使烘干也不需较高温度和较长的时间。造粒完成后经过筛分机筛去微细粉末，即可包装入库。目前已有新型撞击造粒设备，产量高，成粒率高，允许高水分造粒，可望成为未来主流造粒设备。

粉尘、尾气处理：粉尘主要来自泥炭、肥料粉碎工序，除应设置半封闭料仓外，还应安装旋风除尘器。如果造粒后产品不需烘干，则生产过程无尾气排放。

3. 主要设备与车间平面布局

泥炭有机-无机复混肥生产所用设备包括：泥炭粉碎机、尿素粉碎机、笼式粉碎机、皮带秤与配料系统、双蛟龙混合机、对辊挤压造粒机、筛分机、自动包装机以及配套的传送带等辅助设备。

泥炭复混肥生产由 3 个工段组成，即原料粉碎处理工段、配料造粒和成品包装。其中原料粉碎处理工段粉尘较大，为避免干扰计量配料和混合造粒过程，应该将该工段与后续工段隔离，粉碎完毕的物料易于沉实结块，故不要粉碎存放时间过长。粉碎后的物料可以通过传送带送至配料车间对应的半开放的隔离栏中，便于铲车直接取料进料。各工序之间应尽量布置紧凑，减少占地面积和输送距离，降低投资。如果有烘干设备，要注意将烘干设备与其他设备拉开距离，防止散热对其他设备产生不良影响。

三、泥炭滴灌肥的制备

泥炭滴灌肥有水溶肥和悬浮肥两种。两种肥料形态不同，生产方式也有一定差异。前者可用水溶解，然后通过管道滴灌喷灌施肥。后者是一种悬浮肥，肥料质点颗粒可能不能完全溶于水，但因为肥料组分的颗粒质点事先经过超微研磨，颗粒粒径已经小于 400 目，不会阻塞滴灌滴头。

（一）滴灌泥炭腐植酸水溶肥制备

泥炭腐植酸水溶肥料是一种含腐植酸类物质的水溶肥料。泥炭腐植酸从泥炭中提取，能刺激植物生长、改土培肥、提高养分有效性和作物抗逆能力。产品质量需符合农业行业标准《含腐植酸水溶肥料》（NY 1106—2010）。产品按腐植酸含量分为大量元素型和微量元素型。大量元素型固体产品的腐植酸含量≥3.0%，大量元素含量≥20.0%；大量元素型液体产品腐植酸含量≥30g/L，大量元素含量≥200g/L；微量元素型固体产品的腐植酸含量≥3.0%，微量元素含量≥6.0%。

泥炭腐植酸是水溶肥的主要活性成分。从泥炭中提取的腐植酸具有显著的抗盐性和抗絮凝能力，易于与氮、钾及其他微量元素经过螯合、络合作用，制备成水溶性肥料，提高肥料养分的有效性。泥炭腐植酸水溶肥抗硬水能力强，适应区域广，促进生根，提高叶绿素含量，增加产量，改善品质效果显著。

泥炭腐植酸水溶肥的主体还是大量元素，但这些氮、磷、钾三大元素主要为可水溶的，如氮为硝态氮 NO_3-N、铵态氮 NH_4-N、脲态氮 U_{rea}-N，磷元素为水溶性磷 P_2O_5，钾为可溶性钾且为吸收转化效果好的磷酸二氢钾或者硝酸钾，三者都可全溶解于清水无杂质沉淀，从而极大地提高了养分吸收。

水溶肥应用中常配的有钙（Ca）、镁（Mg）、硫（S）、铜（Cu）、锰（Mn）、锌（Zn）、钼（Mo）、硼（B）八大种微量元素，大部分农作物都需要这些元素，如果在生长中后期大量短缺都会造成不同的问题。但这些中微量元素的配合方式和顺序有严格的规定，操作不慎就可能造成絮凝沉淀，影响肥效。

泥炭腐植酸水溶肥生产工艺流程如图 9-5 所示。

泥炭腐植酸水溶肥生产设备包括原料破碎研磨系统、杂物筛选系统、储料系统、电脑比例配料系统、原料输送部分、高效混合系统、成品输送系统、成品定量包装系统八大系统装置。

泥炭腐植酸水溶肥生产制造流程，大体分七个流程，首先是原料粉碎并对其进行过滤杂质处理，其次是按照配方比例利用电脑进行准确计算，然后将各个研磨碎的原料进行混合，采用热法进行生产，其中微量元素为高温螯合而成，与大量元素混合能更好地吸收，接下来就是一些包装等简单流程。

（二）泥炭悬浮肥生产

水溶肥料和悬浮肥料都是液体肥料或流体肥料，水溶肥料是指把作物生长所需

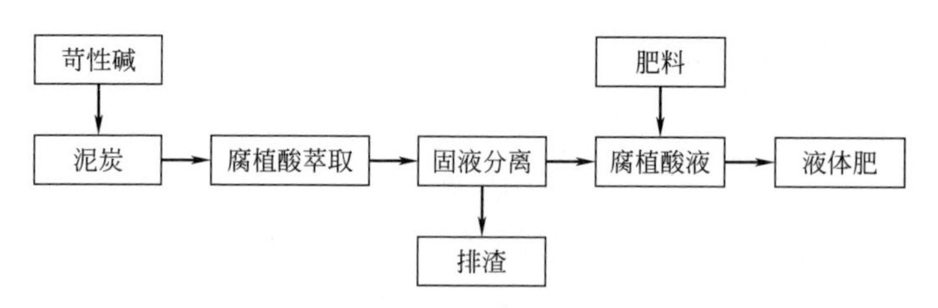

图 9-5 泥炭腐植酸水溶肥生产工艺流程

的养分全部溶解在水中，形成澄清无沉淀的液体，然后再喷施或滴灌施用。悬浮肥料中的养分和功能组分不能全部溶解，是通过添加助剂，使植物所需的养分悬浮在液体中。由于悬浮肥料颗粒已经完成超微化处理，可以通过各种规格的喷管。悬浮肥与水溶肥相比，悬浮肥中可以含有丰富的泥炭有机质，易于与无机肥料相互融合，在提高肥效的同时，可以有效改变根区土壤环境，用肥量小，施肥效果高。

悬浮肥制备生产目前尚无标准可循，企业可以根据产品原料性质和质量管理要求，制定企业标准，其工艺流程可参考图 9-6。如果企业投资能力比较强，可以将超微研磨后的物料浓缩、喷雾干燥，添加必要的分散剂、润湿剂、增强剂等助剂，制备成干燥的块状产品，缩小体积，便于储存运输。投资实力不足的企业可以将超微研磨后的物料浓缩至一定黏度后，直接采用塑料桶包装，以降低生产成本，提高产品竞争力。

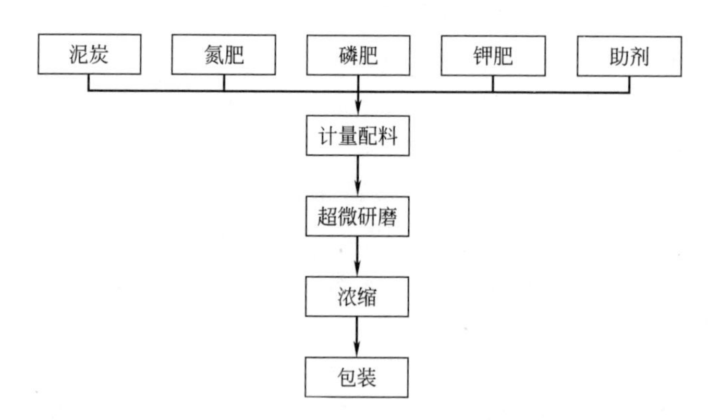

图 9-6 泥炭悬浮肥生产工艺流程

四、泥炭生物肥料的制备

（一）生物肥标准

微生物肥料是一类活菌制品，其效能与其菌类活性及使用方法有直接的关系。微生物肥料的核心是品种特定的、有效的、活微生物的有效活菌数。微生物肥料是一类农用活菌制剂，从生产到使用都要注意给产品中微生物一个生存的合适环境，水分含量、酸碱度、温度、载体中残糖含量、包装材料等都可能对活菌数产生直接影响。微生物肥料也有有效期问题，有些产品刚生产出来时活菌含量较高，但随着保存时间、运输方式、保存条件的变化，产品中的有效微生物数量逐渐减少，当减到一定数量时其有效作用显示不出来。因此，规定产品的有效期和正确使用方法意义重大。适用作物和适用地区，是微生物肥料有效作用的重要保证。微生物肥料作为活菌制品，其效能与其菌类活性及使用方法有直接的关系。农业部对生物肥的有效活菌数制定了明确标准。2012 年 6 月 6 日中华人民共和国农业部公告第 1783 号颁布的《生物有机肥》（NY 884—2012)，已经从 2012 年 9 月 1 日起实施（表 9-9)。

表 9-9 NY 884—2012 农业部《生物有机肥》标准

项目		技术指标
有效活菌数/(10^8cfu/g)	≥	0.20
有机质(以干基计)/%	≥	40.0
水分/%	≤	30.0
pH 值		5.5～8.5
粪大肠菌群数/(个/g)	≤	100
蛔虫卵死亡率/%	≥	95
有效期/月	≥	6

为避免生物肥中有机物和发酵过程带来的重金属污染，NY 884—2012 还规定了生物有机肥产品 5 种重金属限量指标。其中，总砷≤15mg/kg，总镉（Cd）（以干基计）≤3mg/kg，总铅（Pb）（以干基计）≤50mg/kg，总铬（Cr）（以干基计）≤150mg/kg，总汞（Hg）（以干基计）≤2mg/kg。

（二）生物肥生产

生物肥料（微生物肥料）的种类较多，按照制品中特定的微生物种类可分为细菌肥料（如根瘤菌肥、固氮菌肥）、放线菌肥料（如抗生菌肥料）、真菌类肥料（如菌根真菌）；按其作用机理分为根瘤菌肥料、固氮菌肥料（自生或联合共生类）、解磷菌类肥料、硅酸盐菌类肥料；按其制品内含物分为单一的微生物肥料和复合（或复混）微生物肥料。复合微生物肥料有菌、菌复合的，也有菌和各种添加剂复合的。中国目前市场上出现的品种主要有：固氮菌类肥料、根瘤菌类肥料、解磷微生物肥料、硅酸盐细菌肥料、光合细菌肥料、芽孢杆菌制剂、分解作物秸秆制剂、微生物生长调节剂类、复合微生物肥料类、与 PGPR 类联合使用的制剂以及 AM 菌根真菌肥料、抗生菌 5406 肥料等。

一级菌种是试管里斜面琼脂培养，根据需要添加不同的微量元素营养，培养基灌入试管/高压灭菌消毒/灭菌箱内接种/恒温培养；二级培养时广口瓶扩大培养，琼脂或固体培养基装广口瓶/高压灭菌/灭菌箱内接种/恒温培养；三级菌肥用二级菌种接种，大罐里生产（控温培养），培养基灭菌/24h后再蒸一次灭菌/室内消毒/用二级菌种接种/尽量恒温培养。三级培养菌经过严格消毒，才能接种。

泥炭干燥、粉碎、灭菌后，将具有解磷、解钾、固氮、地下害虫防治功能的菌剂按1∶500的比例均匀地加入，搅拌均匀，堆放发酵7d后可达到生物肥标准。

将发酵好的生物肥浇入一定比例的无机肥料，混合均匀。选择挤压造粒机、挤压抛球一体机等造粒。挤压造粒工艺依靠合理工艺参数控制无须干燥，以避免烘干造成菌数下降。造粒后经过筛分机筛去微细粉末，成粒灌袋包装，见图9-7。

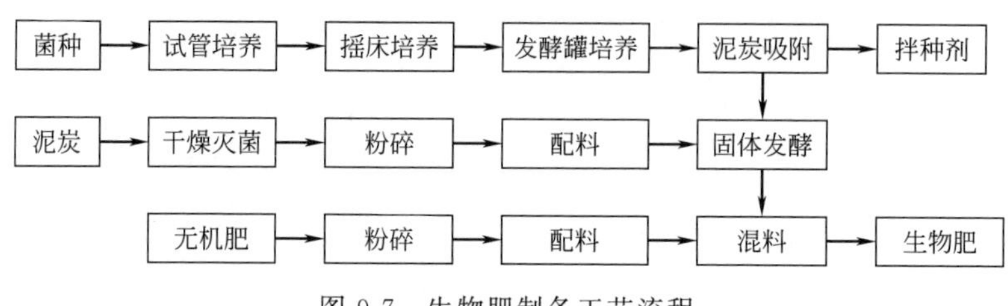

图9-7 生物肥制备工艺流程

生物肥料在中国生产，经历了几起几落的发展过程，发展较慢。20世纪50年代大力推广应用大豆、绿肥根际固氮菌。当时全国各地差不多每个县都有菌肥厂。这个时期的生物肥料生产只求产量，不顾及质量，持续时间很短。20世纪60年代末至70年代初，全国许多地方又恢复生物肥料生产和推广细菌肥料，大部分采用发酵生产。但后来许多地方用炉灰渣替代泥炭作吸附剂和载体，产品质量下降，农民不愿使用。这两个阶段的生物肥料生产有一个共同点是产品没有严格的质量监督管理。20世纪80年代初，中国生物肥料生产及应用由于其增产明显，品质改善，特别是对环保有特殊作用，又呈上升趋势，开始出现了固氮、解磷和解钾生物肥料。国外生物肥料生产技术和产品也开始涌入中国市场，我国生物肥料的生产又进入了一个新的发展时期。但仍然存在一些问题，影响生物肥产业快速发展。首先是生物肥料生产企业发展过快过多，规模小，设备工艺落后，职工素质不高，生物肥料产品质量参差不齐。其次，生物肥料多是传统的固氮、解磷、解钾细菌，有的甚至还在用酵母菌，缺乏新型高效产品；菌株目标效能不稳定，配方不尽合理、抗逆性差。再次，少数企业在宣传上夸大使用效果，把生物肥料当作是能医治百病的“神仙水”。生物肥料试验设计不合理、不科学，带来试验结果的不真实。检测标准不科学，带来了产品质量的不稳定和不真实。

参 考 文 献

[1] 陈淑云．中国泥炭．长春：东北师范大学出版社，1998：80-103.

[2] 成绍鑫．腐植酸类物质概论．北京：化学工业出版社，2007：21-41.
[3] 周霞萍．腐植酸新技术及应用．北京：化学工业出版社，2015：1-21.
[4] 周霞萍．腐植酸质量标准与分析技术．北京：化学工业出版社，2015：6-31.
[5] 利施特万，等．泥炭生产工艺学理化原理．长春：吉林省泥炭学会，1985.
[6] 赵秉强，等．新型肥料．北京：科学出版社，2013：96-118.

第十章 泥炭能源工程

泥炭是一种可燃有机岩，含碳量48%～60%，可燃基发热量21～24MJ/kg，高于木材，低于褐煤。泥炭含硫量小，灰分含量低，不黏结炉排和腐蚀锅炉，是一种环境友好燃料。全球泥炭地总面积400万平方公里，覆盖地球陆地面积的2%，泥炭中的总能量为80亿焦。随着世界人口不断增加，能源需求不断扩大，对生活能源、工业能源需求日益迫切。在全世界面临能源日益枯竭而价格不断高涨的前提下，泥炭作为一种可更新的生物成因能源，不仅是泥炭丰富国家能源就地开发利用的对象，还可以采用一定技术手段，将泥炭加工成商品燃料，进入国际市场销售，满足国际市场能源需求。泥炭能源开发对促进泥炭国际贸易、满足世界能源平衡也具有重要意义。

第一节　泥炭能源开发背景

泥炭能源利用历史已经超过2000年了，但真正开始大规模工业化开发能源泥炭还是第二次世界大战以后。从那时开始，将泥炭作为一种能源，把泥炭地作为一个天然资源，是一种新的发展趋势。泥炭是温带和寒温带的爱尔兰、英国、荷兰、德国、瑞典、波兰、芬兰和俄罗斯民用炊事和取暖木材最佳替代物。到了20世纪50年代，欧洲许多国家已经把泥炭作为最重要的燃料之一，爱尔兰、瑞典、德国、丹麦、芬兰以及苏联的许多加盟共和国中都实施了大型泥炭开发项目。20世纪中期，天然气和石油在家庭炊事和取暖使用量的上升导致泥炭在家庭使用量的下降。但由于电力的巨大需求，泥炭燃料在地方电站成为主要燃料来源。在60～200MW电站中泥炭燃料具有显著的竞争力，带动大面积泥炭地开发生产燃料泥炭，这样的电站在爱尔兰、芬兰和俄罗斯比比皆是。为这样的电站建设的相关技术得到很好的开发，最近泥炭已经在 20～1000kW 的小规模电厂建设中广泛应用。

1950 年在伦敦举行的世界电力大会是泥炭作为能源生产的里程碑事件。这次会议做出了一个加强能源泥炭国际合作的重要决定。根据这个决定，在爱尔兰国有企业慷慨资助下，1954 年在爱尔兰都柏林召开了第一届国际泥炭大会，打开了泥炭能源国际合作大门。1963 年在苏联列宁格勒召开了第二届国际泥炭大会，正式决定在 1968 年加拿大魁北克第三届国际泥炭大会上成立负责泥炭产业和学术国际交流和合作的非政府技术组织——国际泥炭学会。

20 世纪 60 年代，廉价的石油和煤炭影响了泥炭燃料的竞争力，能源泥炭的作用有所降低。但爱尔兰和苏联仍然把泥炭作为电厂重要燃料和家庭取暖的主要燃料，爱尔兰、白俄罗斯、俄罗斯、乌克兰和爱沙尼亚等国建设了大量泥炭砖工厂并投入运营。

在 20 世纪 60 年代末至 70 年代初期，芬兰提出了国际上第一个国家泥炭能源开发计划，计划在 1980 年将泥炭能源产量提高到 1000 万立方米。芬兰议会还为购买泥炭地和劳动力雇佣批准了相应所需资金。在芬兰政府强有力的领导下和各有关机构的积极工作基础上，加上中东战争导致石油国际市场价格蹿升，这个计划产量陡然提升，总产量增加到了 2040 万立方米（约合 170 万吨），泥炭能源生产的第一个目标已于 1986 年顺利实现。

能源泥炭开采作为相对昂贵的进口化石燃料石油和天然气，自 20 世纪 70 年代第一次能源危机后就深深吸引了发展中国家。泥炭能源开发也经常与农业发展紧密相关，能源泥炭开采结束后，泥炭农业利用继续跟进，或者两者紧密同时进行。可以预测到，只用很小规模的泥炭做燃料的发电机，就可以满足泥炭地农业用途的水量水位控制，从收入发电的观念来看，这种方式很可能是经济的理想的，促进了泥炭地集成综合发展。

20 世纪 70 年代是泥炭能源利用的一个转折点。一些国家在第二次世界大战后大面积疏干泥炭地用于造林，芬兰在 1950～1980 年期间 50%泥炭地疏干造林。西欧大面积泥炭地开垦作为农业用地，导致原始泥炭地面积增长停滞。与此同时，泥炭栽培基质开发应用导致泥炭开采利用逐年增加，也给泥炭地面积扩展造成很大压力，欧洲各国原始泥炭地面积越来越少。

加拿大和美国于 1970～1980 年期间对泥炭能源的经济、社会和环境效益进行了深入评价研究。研究结果表明，由于有廉价的石油、煤炭和天然气存在，泥炭燃料是没有竞争力的，因此只有加拿大中部的某些地区仍然用泥炭作为小规模地方性燃料，而泥炭只是加拿大和美国的基质原料，加拿大是目前国际园艺基质产量最大的国家。由于加拿大重视泥炭开发的环境保护，因此加拿大在国际泥炭和泥炭地环境事务中也发挥了重要作用。

科学技术进步和经济发展使泥炭能源利用从最初的直接燃烧泥炭获取热量，到对泥炭进行多种技术加工，提高能量密度，增加能量转化效率。进入 21 世纪以来，北欧的芬兰和瑞典能源泥炭新技术新工艺陆续投入应用，改善了泥炭能源利用方式和效益。芬兰提倡泥炭与木材混烧，利用泥炭燃料矿物成分高于木材燃料的特性，既解决了燃烧木材燃料造成的锅炉体积庞大的问题，也有助于控制燃烧过程，减少超热管的腐蚀。泥炭与木材混烧还具有减少二氧化硫排放量的作用，这是泥炭木材混烧所具有的独特优点。此外，由于泥炭燃料的物理特性决定了燃烧空间减少，一些因为空间和容量不能满足木材燃烧的锅炉也能广泛应用。

泥炭不仅在能源利用领域里市场广阔，在热化学加工领域也可以开发很多产品（表 10-1），俄罗斯泥炭工业研究所开发出的泥炭活性炭已经达到食品级，甚至用于放射性防护领域。

表 10-1　泥炭能源与热化学产品

原料	处理	初级产品	二级产品
中分解泥炭（粉末泥炭，棒状泥炭，泥炭砖）	水解	泥炭焦，焦油，热解天然气	冶金焦炭，活性炭，中性油，粗苯，原酸，原碱
	气化	合成气，水蒸气	油品，氢气，甲烷，甲醇，氨气
	加氢氢化	原油，天然气	油品
	提取	原料蜡，原料树脂，腐植酸盐，泥炭残渣	合成蜡，脂肪醇，脂肪酸，腐植酸
	氧化	有机酸，泥炭残渣	草酸，高级有机酸
弱分解泥炭（粉末泥炭，棒状泥炭）	水解	水解产品，泥炭残渣	食品酵母，酒精，糠醛
	化学活化		活性炭
	热处理		吸附材料
	纯化，肥料化		园艺泥炭

非洲中部和东南亚国家也曾在泥炭能源开发方面进行了努力和尝试。布隆迪在西方国家支持下建立了一个小规模泥炭燃料企业。印度尼西亚和马来西亚于1980～1990 年利用本国蕴藏丰富的泥炭资源进行了泥炭燃料开发试验。由于这些国家当时经济困难，投资不足，这些泥炭燃料运营机构逐渐关闭，放弃了泥炭能源利用项目。由芬兰泥炭能源专业咨询公司提供支持的卢旺达泥炭发电项目几经周折，直到最近才重新招标启动。

东南亚丰富的泥炭储量已经引起国际社会和国内主管部门的关注。为了泥炭地开发需要，这些国家实施了移民计划，疏干了大面积泥炭地用于农业种植。1996 年在印度尼西亚加里曼丹实施了著名的大规模水稻项目，对大约 100 万公顷泥炭地排水用于造林和水稻种植。由于移民们在泥炭地排水，砍伐焚烧泥炭地树木，造成了巨大火灾，导致森林泥炭地的巨厚泥炭层被从上到下全部烧毁。

泥炭除了能源利用外，还可以混合一定量的矿质土壤，以增加沙土的水分固定容量，提高黏性土壤的水分入渗率，或者用于某些特殊植物盆钵栽培的酸性土壤。

泥炭的工业利用包括有价值的碳水化合物提取，泥炭因为具有不良热导性质，可以在建筑工业中用作隔热材料。但是这些用途比起能源利用还是相对较少。

泥炭开采仅仅是泥炭地土地利用的一种选择，同样受到其他替代土地利用方式的竞争，如农业和保护。在某些地方泥炭开采是期望的项目因为地下资源是干旱土壤的良好改良剂。

泥炭燃料的活力依据于很多地方因素，如现有其他燃料、劳动力、材料成本、运输距离、气候条件和可能的运营规模。泥炭利用可能对当地农村的社会经济产生影响，所有这些包括未来湿地开发后农业利用中的土地演变过程都应该慎重考虑。

第二节　泥炭能源的环境冲突

全球泥炭地总面积400万平方公里，占陆地总面积的2%，泥炭地是高浓度的碳储库。全球积聚在泥炭地中的总碳量为300～500Gt，相当于大气碳含量的一半，泥炭地中的碳储存对全球碳循环和全球环境变化具有特殊意义。全球泥炭蕴藏丰富地区集中在寒温带和热带，是泥炭能源开发的重点地区。

泥炭是一种重要的能源来源，是社会、经济发展和人民生活福祉的基础。泥炭地具有重要的生态和环境功能，是经济、社会和环境可持续发展的条件。因此，泥炭能源的开发受到了广泛的社会关注，引起了长期持续的环境论战。

北美和俄罗斯一直把泥炭地作为农业开发目标，一些特殊类型具有重要保护价值的泥炭地比较少见，所以对泥炭地保护和开发的争论远不像北欧和东欧地区那样激烈。加拿大是世界原始泥炭地面积最大最集中的地区，俄罗斯西伯利亚广袤土地覆盖着深厚的未曾被人类活动触及的泥炭矿层。但近些年来，这些地区的泥炭能源开发已经开始受到国际环保的关注。尽管欧盟范围内仍有50%的泥炭地处于原始状态，但能源泥炭开发仍然招致了强大的反开发运动，英国、爱尔兰和德国反应更加激烈。在瑞士，所有泥炭地全部被保护起来，不允许任何泥炭开发。北欧国家的自然保护组织和环境主管机构也在严密监测泥炭开采和泥炭利用所产生的环境影响，每年都提出许多新的限制措施，环境立法不断收紧对泥炭的开采。管理泥炭的欧盟环境事务越来越多，芬兰和瑞典加入欧盟以后，作为两个在泥炭能源开发中占据举足轻重地位的国家，他们对泥炭保护的回应也格外引人注目。所以芬兰在启动能源泥炭开发项目时，就明确将泥炭能源开发面积限制在全国泥炭总面积的1%以下，并保证受保护泥炭地面积每年以一定速度持续增加。一些环保组织针对泥炭资源的消耗和温室气体排放提出了增加泥炭地保护数量、减少泥炭燃料开发的强烈要求，并在一些国家建立了更多泥炭地保护区，限制泥炭开采。

这些关注和论战的核心问题是泥炭资源储量的可持续性与二氧化碳排放的增加，温室气体排放已经成为讨论能源泥炭环境影响的主要问题。如何保证泥炭地面积保持不变或持续增加，如何定义泥炭燃料，关系到泥炭能源的发展和未来。如果将泥炭被定义为化石原料，燃烧时二氧化碳排放就被列入国际气候变化议定书计算项目。由于这种分类和计算模型没有将泥炭每年增长、泥炭地开采后地上生物质生产固碳能力考虑在内，计算结果与实际情况差距较大，因而遭到芬兰和瑞典泥炭工业的强烈批评。20世纪末期，芬兰贸易工业部邀请了由三个国际权威机构认可的美国、英国和芬兰的著名泥炭地专家和气候变化专家对泥炭燃料定义和计算模型进行了深入研究，发布了《芬兰在温室气体平衡中作用》报告，比照木材燃料将泥炭定义为生物质燃料，将泥炭看作是可缓慢更新的自然资源，而不再看作是化石燃料，报告提出的温室气体计算方法也得到了各方的承认，2000年11月欧盟议会修订了欧盟理事会关于国际电力市场中的可更新能源法令，将泥炭列入可更新能源，泥炭燃烧排放温室气体的计算已经得到IPCC的充分认可。

环保人士和湿地保护人士看见了泥炭燃烧必然排放二氧化碳，加快了泥炭地中储存的有机碳向无机碳转化，所以对泥炭能源开发提出种种质疑。但是，如果把泥炭燃料对气候变化的影响观察尺度放大到200～300年或更长时间，泥炭燃料开发对气候变化和环境影响就可能是微乎其微的。根据泥炭积累规律，泥炭形成和积累一般要经过数千年时间，在泥炭积累起始的200～300年里，泥炭地表层的活性层有机碳输入量远远大于分解量，泥炭地具有湿地特有的捕集大气碳素的碳汇作用。随着泥炭积累时间延长，泥炭积累厚度增加，泥炭地有机碳的分解增加，甲烷也逐渐开始形成和释放，碳汇效率逐步降低，碳源效应逐渐增强。在自然环境和人类活动干扰保持不变情况下，一个泥炭地必然会由最初的碳汇状态发展到碳平衡状态，最终演变到大气碳源状态。泥炭地在大气二氧化碳的源汇地位，不仅取决于泥炭地类型和沉积环境，更取决于泥炭地所处的自然历史阶段。泥炭能源开采主要选择碳平衡泥炭地或碳源状态的泥炭地。一旦泥炭开采完毕，泥炭迹地就开始重建泥炭积累过程，重新形成和积累，回到大气碳汇阶段。而再次重新开始积累泥炭的湿地，由于养分供应更加充足，更加有利于造炭植物生长，植物生物生产量高，固定大气碳素能力强，更会增进碳汇效应。

开采燃料泥炭可以直接改变泥炭地的积水还原环境，不利于甲烷的生成，直接减少泥炭地中甲烷排放，使泥炭地对气候变暖的影响降低至1/20。另外，尽管泥炭地温室气体研究较多，但现有数据对泥炭地温室气体排放和吸收仍较大的不确定性，因此，燃料泥炭开采对气候变化的影响程度也是不确定的。而在200～300年的时间尺度上分析，一个泥炭地经过40～50年开采完毕后，可以通过造林形成新的生物燃料，泥炭地森林对二氧化碳吸收和泥炭地甲烷释放的减少，已经完全可以补偿由于泥炭燃烧产生的二氧化碳。根据科学计算，这种条件下的泥炭燃料开发对气候变化的影响仅仅相当于天然气开发对气候的影响水平。而将泥炭地改造成农田或者直接排水造林所造成气候影响可能远远超过石油和煤炭开采对气候变化的影响。事实上，要维持泥炭地对气候变化的稳定性，只有最大限度地避免泥炭沼泽受到气候、人为等不利因素影响，而这在当今全球变暖、资源能源需求加剧的情况下又是不可能完全做到的。

因为泥炭的90%重量是水，排水是泥炭燃料开发的先决条件。在泥炭开采前开挖排水沟的初期，泥炭地中大量水分被释放出来，携带着固体颗粒输送到河流或者是湖泊中去。对于排水中悬浮的固体颗粒和化学成分，目前已经开发了多种多样高效的机械的、化学的技术，用以减少排水渠道中的释放，水质净化水平达到国家环境保护标准，减轻了泥炭能源开发造成的排水所产生的环境影响。不同国家水法不同，但新的欧盟水框架指令（第2000/60/EC）将给水质管理提供统一标准，既保护当地环境，当然也保护泥炭工业。

由于泥炭中的天然二氧化硫含量远远低于煤炭中的二氧化硫含量，因此，泥炭与煤炭相比，更是清洁环保能源，不会造成酸雨问题。而采用新型锅炉技术可以使泥炭燃烧释放的温室气体含量得到有效控制，氮氧化物的排放也保持在合理的水平。从石油到煤炭再到泥炭，显著地减少了以泥炭为主要燃料的热电联产企业所在地区的二氧化硫排放。根据当前的排放限额，泥炭燃料燃烧甚至不需要使用化学纯化方法和设备就可以达到排放标准。尽管环境问题在现今社会和商业项目决策起到中心控制作用，但它也是诸多问题中的一个而已。在欧盟能源政策白皮书中，欧盟委员会强调欧盟能源政策的集成统一，将可持续经济成长、创造就业条件、居民福祉纳入通盘考虑，并充分考虑能源的供给安全性以及社会经济的协调性。

第三节　泥炭热值与影响因素

泥炭能源利用与农业利用所依据的标准是不同的。用于农业的泥炭重点考察其纤维含量、缓冲容量和化学性质，而用于能源的泥炭则侧重于考察其热值、灰分和硫分。

将泥炭与其他化石燃料的特征特性对比，可以看出泥炭仍然处于煤演变过程的早期阶段，尚属于从原始植物经历一定的生物化学过程，发生了一定的物理、化学性质的基本改变。主要表现为泥炭水分含量高、含碳浓度低（很大部分以挥发分状态存在）。泥炭干燥后的热值高于木材而低于褐煤。

从表10-2可以看到，与木材、褐煤、烟煤、石油的热值相比，泥炭热值与木材相似或略高一点，但低于煤炭和石油。从木材到石油，含碳量逐渐提高，含氧量、含氮量逐渐降低，氢含量逐渐缩小。由此可以看到，从原始的植物到泥炭和煤炭，碳素不断聚集，氢和氧含量不断减少，使得燃料的热值不断提高。泥炭作为煤炭演替的第一阶段，生物地球化学作用导致碳素聚集度提高，含氧量和含氢量逐渐减少，热值有所提高，具备了泥炭能源开采的可能性。而泥炭的含硫量仅为0.1%～0.2%，低于褐煤、烟煤甚至石油，是仅次于木材的清洁燃料。

表 10-2 各种燃料的热值比较（干基）

项目	木材	泥炭	褐煤	烟煤	燃油
C/%	48～55	50～60	65～75	76～87	83～86
H/%	7.0～6.0	7.0～5.0	5.5～4.5	5.0～3.5	11.5～12.5
O/%	43～38	40～30	30～20	11～3	2.5～1.5
N/%	<0.6	2.5～0.5	2.0～1.0	1.2～08	0.3～0.2
S/%	0.02～0.06	0.1～0.4	1～3	1.0～3.0	2.0～2.8
挥发分/%	85～75	70～60	60～40	50～5	—
灰分/%	0.1～2	2～15	6～10	4～10	
熔点/℃	1350～1450	1100～1300	1100～1300	1100～1300	
容重/(kg/m^3)	320～420	300～400	650～780	728～880	
热值/(cal/kg)	3400～4500	3400～4600	4800～6800	6800～8000	9900～10000
热值/(MJ/kg)	17～20	20～23	20～24.49	28～332	41.48～41.90

泥炭的主要可燃部分是碳，纯碳的发热量是 33.9MJ/kg，因为碳占泥炭组分的 50%～60%，因此，其发热量应该在 16.95～20.34MJ/kg，说明泥炭发热量与泥炭有机质和有机组成有密切关系，沥青、腐植酸、木质素含量高的泥炭发热量也高，而纤维素和易水解物含量大的泥炭，则发热量低。这是因为泥炭分解后，容易水解的有机组成中氧的成分比较高，随着氧化进行，氧的含量逐渐降低，热值随之升高。泥炭的碳素氢素含量对于作为燃料来说是十分显著的，随着泥炭分解的进行，碳和氮明显提高，而氧和氢明显下降。

泥炭分解度对泥炭元素组成也有一定影响，分解度增加，碳素富集（表 10-3），泥炭热值增加，这是因为泥炭分解后，易水解成分较少，纤维素含量增加，由此导致泥炭碳素富集，而氢、氧含量减少，热值增加。所以用于燃料的泥炭的分解度最少要在 H3 以上为好。

表 10-3 不同分解度泥炭的元素含量（Ekono，1984）

元素	分解度(Von Post)		
	弱分解泥炭 H1～H3	中分解泥炭 H4～H6	高分解泥炭 H7～H10
碳	48～50	53～54	58～60
氢	5.5～6.5	5～6	5.0～5.5
氮	0.5～1	1～2	1～3
氧	38～42	35～40	30～35

泥炭矿产中的无机物质无论从质量到数量都对泥炭灰分有较大的影响，泥炭中的灰分是评价泥炭燃料性质的重要指标，泥炭的热值高低与泥炭的灰分有密切关

系。一般来说，灰分含量高，则相应地含碳物质含量降低，造成泥炭热值越低。含有大量矿质土壤的泥炭都具有较高的灰分含量，质量优良泥炭的灰分含量在1%～7%，但泥炭灰分达到20%时就不能用作燃料。

灰分中的二氧化硅和三氧化二铝可以提高泥炭熔点，如果灰分中的二氧化硅和三氧化二铝含量超过总灰分50%，则有利于提高泥炭灰分的熔点，减少炉壁的黏结。氧化钙和三氧化二铁具有降低灰分熔点的作用，在藓类泥炭灰分中含量较低。泥炭中硫元素含量通常低于0.1%～0.4%，尽管个别地区的泥炭硫含量可能高达4%，变幅0.03%～0.7%，但绝大多数泥炭的硫含量都低于烟煤和褐煤，因而是环境友好型燃料。

同一类型泥炭，其能值高低与水分关系很大，因为每蒸发1kg的水，需要消耗2327J热量，泥炭含水量越高，热值的利用率越低。所以泥炭能源产品都千方百计降低水分，以提高单位体积的热能。泥炭干基灰分含量在2%时，含水量为20%，热值为14.5MJ/kg；含水量增加到70%，有效热值则降低到4.5MJ/kg。同样，泥炭含灰分10%时，水分含量在20%，有效热值达到11.5MJ/kg；但是当水分含量增加到70%，有效热值则降低到2.5MJ/kg。泥炭湿度与有效热值关系见图10-1。因此，如何降低泥炭含水量，既能有效提高泥炭燃料的有效热值，又能保证泥炭储备安全，降低生产成本是世界各地泥炭能源企业努力奋斗的管理目标。

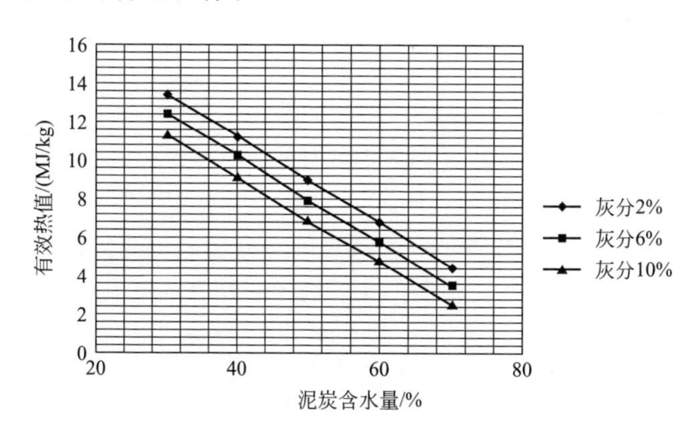

图10-1 泥炭湿度与有效热值关系

泥炭颗粒分布和流动性也会影响泥炭的燃料性质。理想的粒度分布目前未知，但是粉尘必须避免，一方面因为粉尘对操作工人健康不利，并可能导致自燃，因此泥炭中细颗粒的比例必须尽可能地低。另一方面，粗颗粒和纤维材料不利于泥炭处理，因此中等粒径的颗粒比例较高是最理想的，鉴于这个原因，最适合作为燃料的泥炭可能就是这些中等分解度的泥炭。此外，颗粒分布也影响外能源泥炭的容重和空气孔隙度。从安全角度看，粒径大、空气孔隙度高的能源泥炭在储存时非常容易产生内部自热升温。

第四节　泥炭燃料的类型

常见的商品燃料泥炭除了粉状泥炭、棒状泥炭、泥炭砖之外，还有近年投入生产的泥炭颗粒燃料、泥炭气化产品、泥炭液化产品。

一、粉末泥炭

粉状泥炭是从泥炭地表切割下来的松散的多种粒径泥炭颗粒混合物，根据生产方式、泥炭分解度和泥炭类型的不同，颗粒 3～8mm 不等。泥炭在 0.5～2cm 深度切割。规则地散布在开采区地表，通过阳光和风力作用使其干燥。因为粉末泥炭的低容重和相对高湿度，粉末泥炭单位体积的热值很低，也限制了其经济运输距离。

二、棒状泥炭

风干泥炭棒是一种手工或机械挤压的泥炭燃料，产品的形状既有柱状的，也有饼干状的，完全取决于生产方式。手工切割的棒状泥炭大约为 125mm×125mm×300mm，而机械切割的棒状泥炭长度在 10～30cm，直径 5～10cm。在棒状泥炭生产过程中，泥炭被压缩成一定形状，在空气和阳光干燥过程中，泥炭进一步收缩，强度进一步提高。空气干燥的棒状泥炭比粉末泥炭每单位体积的热值更高，因此运输成本更加经济合理。

三、泥炭砖

人工干燥和压缩制备泥炭砖具有规则的外形（图 10-2），比粉状泥炭更易于储藏和运输。粉末泥炭湿度在 40%～55%，如果采用液压法生产泥炭砖，就必须人工干燥到 10%～20%，干燥成本偏高，加之外力撤出后，泥炭砖的外形即刻回弹，达不到规定的泥炭砖强度。东北师大泥炭研究所采用挤压式制砖机制备泥炭砖，泥炭湿度可在 45%～55%，可用粉状泥炭原料直接制备。如果粉状泥炭水分太低，

图 10-2　泥炭砖

则制出的泥炭砖表皮破裂，外观不好，强度不能保证。制出的泥炭砖再采用常规黏土砖干燥方法，在防雨棚内堆叠成花格砖垛，通过风干降低泥炭砖内的水分，也是一种经济成本低廉的制砖方法。

商品泥炭燃料的燃烧性质可以通过燃料的湿度、容重、热值和挥发分测定。表10-4列出了三种泥炭燃料和木材、褐煤的性质对比。不同泥炭燃料的湿度、容重差别很大，并直接影响泥炭的燃烧性质和热值。

表 10-4 不同泥炭燃料的热值性质

项目	泥炭			木材	褐煤
	粉末	棒状	泥炭砖	生物质	
干物质有效热值/(MJ/kg)	18～22	18～22	18～22	18～19	20～24
应用湿度有效热值/(MJ/kg)	7～12	11～14	17～18	12～13	11～14
挥发分(干)/%	65～70	65～70	65～70	75～85	50～60
应用湿度容重/(kg/m^3)	300～400	300～400	700～800	320～420	650～800
应用湿度/%	40～55	30～40	10～20	30～35	40～60

粉状泥炭的应用湿度是40%～55%，其有效热值只有7～12MJ/kg；棒状泥炭的应用湿度降低到30%～40%，其有效热值则提高到11～14MJ/kg，有效热值与木材、褐煤接近。将泥炭制成泥炭砖，则产品应用湿度降低到10%～20%，其有效热值则提高到17～18MJ/kg，高于木材和褐煤。从表10-4也可以看到，泥炭热值高低与泥炭燃料密度有重要关系。泥炭压制密度越大，泥炭燃料能值越高。当然泥炭密度大，要求泥炭水分越低，否则泥炭燃料的强度无法保证。要降低泥炭水分，提高泥炭密度，就要求增加泥炭燃料加工成本，换来长途运输的便利，只要这种成本上升能够抵消运费，扩大泥炭运输半径，提高市场供应能力。这需要进行严格科学的技术经济分析。

四、泥炭颗粒燃料

将粉状泥炭人工干燥后，采用挤压式造粒机，将泥炭喂进挤压机螺旋压力腔内捏合搅拌，压力辊迫使进入模具孔，挤出的颗粒以一定长度自动断裂，得泥炭颗粒燃料（图10-3）。泥炭颗粒燃料含水量只有10%左右，颗粒密度高，热值高，既可以用于大型工业装置发电和区域供热，也可以用于带有自动喂料的家用锅炉。泥炭颗粒是现代电厂最好的煤炭替代物，瑞典和芬兰都把泥炭颗粒替代煤炭用于锅炉燃料发电供热。

由于制备泥炭颗粒的粉状泥炭和木屑经过人工干燥具有较低的水分含量，因此泥炭颗粒的热值和燃烧性能与煤炭十分接近。煤炭被泥炭颗粒替代后，泥炭燃烧的热能释放与煤炭十分相似，而泥炭与木屑混合的颗粒燃料甚至有更低的硫化物释

图 10-3　泥炭颗粒燃料

放。通过添加不同比例的木屑，甚至可以像天然气一样的气体释放物，而热量动力丝毫没受损失。

泥炭颗粒可以通过更换固体燃料燃烧器或炉排类型来替代石油用于大型建筑的取暖。根据瑞典和芬兰的工业数据，泥炭颗粒无论是燃料质量还是价格，都是有竞争力的。

五、泥炭气化产品

泥炭气化是将泥炭在流化床中通过不同的空气介质进行气化的过程。最初的气化产量只能达到 1.7～5.24MJ/m 的低值煤气。后来采用空气和蒸汽作为气化剂，可以生产 4～6MJ/m^3的气态燃料，用纯氧和蒸汽或者用其混合物作气化剂时，可以产生 10～20MJ/m^3的中等热值的气化燃料。加拿大魁北克采用泥炭喷嘴流化床，制备的煤气富含 CO 和 H_2，可用于合成氨原料气和冶金还原气。20 世纪美国现在煤气工艺研究所通过泥炭加氢气化方式，可以达到日产 7080 万立方米，热值达到 8500kcal/m^3（1kcal=4.18kJ）。生物气化也是泥炭气化的重要方面，采用 8%的盐酸在 132℃、压力 2MPa 下水解，水解液引入甲烷菌产生沼气。瑞典将泥炭就地围起，用酸处理，酸解液引入甲烷菌进行厌氧发酵，将五碳糖、六碳糖转化为甲烷。结果表明，100mL 水解液中含有 20mg 甲烷。泥炭气化是泥炭能源利用的崭新尝试，气化技术本身没有什么巨大难度，生产天然气替代能源在技术上也是可行性的，美国已经有了一个实验装置，芬兰也利用泥炭气化燃料建设了合成氨生产厂，但是大规模工业化应用例证还不多见。

六、泥炭液化产品

近年来瑞典、加拿大、冰岛、德国、美国、法国等都进行了一氧化碳、一氧化碳和氢气的合成气在升温加压下直接液化含水泥炭的试验研究，使泥炭转化为沥青以代替重油作为锅炉燃料，热值可比泥炭高出一倍。泥炭转化沥青还可以进一步加氢制成石油产品。

现阶段工业规模的合成燃料都是用煤作原料采用 Fischer-Tropsch 方法合成生产的。由于泥炭本身具有相当高的氧含量，所以泥炭不像煤炭那样适于直接液化。但由于泥炭具有低硫特性，也使泥炭具有独特的优势。一些重要的氢化、热解、Fischer-Tropsch 合成、水解等重要化工过程都在泥炭液化中进行了广泛尝试，实验室的泥炭液化开发工作仍然在进行中，商业应用也在积极筹备中。不同泥炭燃料的应用热值见表 10-5。

表 10-5 不同泥炭燃料的应用热值

燃料类型	应用基泥炭湿度/%	容重/(kg/m^3)	应用湿度的有效热值	
			MJ/kg	GJ/m^3
泥炭砖	15	750	17.0	12.0
泥炭颗粒	15	750	17.0	12.0
泥炭颗粒	30	550	14.0	7.7
粉末泥炭	45	350	10.5	3.7
棒状泥炭	35	350	12.8	4.5
褐煤	9	800	25.0	20.0
无烟煤	5	870	29.3	25.4
重油	—	950	40.6	39.0
轻油	—	950	42.7	41.0

泥炭能源产品如泥炭砖、泥炭颗粒和泥炭炭化产品在技术上是可行的，但在经济可行性上应该根据具体情况进行专门例证研究，不宜贸然上马。

第五节 泥炭燃料再加工

为了提高泥炭燃料的能值，减少运输体积，扩大泥炭燃料市场覆盖范围，将从泥炭地开采出来的泥炭经过一系列加工处理，转化成能值密度更大，运输效率更高的泥炭燃料。从泥炭产品转化角度来说，泥炭砖化、泥炭颗粒化和炭化方法在技术上是可行的，但是，它们的经济可行性应该根据项目实施地点经济社会情况进行具体分析，有的转化在某国可行，在另外一国可能完全不可行。而泥炭气化、液化方法目前在技术和经济上都是不可行的，也不推荐这些技术向发展中国家转移。

一、热液处理泥炭燃料

泥炭热液处理是一个改变泥炭物理性状并提高机械除水能力的过程。开发这种技术是为了能在任何季节在未排水泥炭地上开采泥炭，并将其转变为类似煤炭一样的燃料。世界各国维持投入大量财物人力研究开发，但该泥炭处理方法迄今尚未商业化。

热液处理泥炭需要让泥炭上的束缚水解除束缚，所以可以采用机械方法脱出泥炭中的水分。研究工作表明，在200℃温度下，泥炭中的水分可以通过滤层下渗除去，泥炭含水量可从90%降低到80%左右；在300℃温度下，泥炭水分可以降低到70%～75%。过滤后的泥炭在200℃温度下经过机械压榨，其水分含量可降低到60%左右；在300℃温度下机械压榨，其水分可以降低到50%～55%，达到一般自然晾晒含水量。

热液处理需要大量的热能，而这项技术成败关键就在于能否在热能处理中循环利用热。所以这个技术的关键点是热液处理系统中的热转化设备及其控制以及污染问题。

经过热学压榨处理的泥炭再通过棒状挤出机或颗粒机，即可生产出能量密度较高的泥炭燃料。目前世界上尚没有热液处理过程实现商业化运行，但是有几个试验装置是示范生产线。目前看试验结果上不是令人鼓舞的。可见这个技术的问题是过于理想化，尚不足以在发展中国家采用。

二、泥炭炭化

通过干馏泥炭生产的固型泥炭焦已经有数百年的历史，准确可以计算的起始时间是17世纪初叶。高质量低灰分的泥炭焦只能从很好分解的灰分少于4%的泥炭生产。在泥炭炭化过程中，碳的含量从55%（质量分数）提高到90%，得到高等级产品。泥炭焦的机械强度不如从煤炭和褐煤制备的焦强度大，但是泥炭焦低灰分、低硫分、低磷分的特性，使得泥炭焦在电冶金与吸附剂和活性炭制造上有极大的竞争力。

工业上泥炭炭化一般要提高温度在800～900℃，而家庭使用的燃料棒泥炭炭化温度只需要450～500℃。

三、泥炭砖化

在泥炭丰富的俄罗斯、丹麦、英国、爱尔兰等国都有利用泥炭制备泥炭砖作为家庭燃料。俄罗斯有29个泥炭砖工厂，最大的工厂年产量在28万吨，全国年产泥炭砖500万～600万吨。白俄罗斯自20世纪50年代建设有各种规模各种技术方案的泥炭砖厂。对泥炭的干燥方式采取了管式干燥器、启动燃气干燥器、启动蒸汽干燥器和蒸汽-燃气滚筒干燥器等多种方式进行泥炭干燥。爱尔兰与1981年建设了年产13万吨的泥炭砖工厂，采用自动控制和计算机操作生产。泥炭砖在欧洲已经实现工业化生产。

泥炭砖生产过程中使用人造设备将泥炭水分从55%降低到10%，降低了粉末泥炭湿度。在泥炭砖生产过程中不添加任何黏合成分。粉末泥炭首先混合到湿度均匀，容重和灰分均匀，然后用锤石粉碎机粉磨，过筛，然后用热气流干燥。干燥的泥炭用简单的曲柄挤出机挤压出泥炭砖。放在铁制的清洗链上冷却，产品包装，或者直接堆放储存。

单块泥炭砖尺寸是 186mm×70mm×(30～40) mm，含水量 8%～10%，容重 1000～1200kg/m^3，净热量 20～21kJ/kg。这种产品主要用于家庭小型锅炉、炉灶、开放的壁炉等。

四、泥炭颗粒化

泥炭颗粒的原料准备与泥炭砖相似。泥炭颗粒的致密化采用一个排布了很多孔的模具，这些孔绕着内部压力辊旋转，压力辊迫使进入模具孔，颗粒挤出后在适当的长度自动断裂。泥炭颗粒既可以用于工业装置，也可以用于带有自动喂料的家用锅炉。将泥炭制备成颗粒有许多重要效益，由于泥炭和木质具有较低得水分含量，使得颗粒的热值和燃烧性能与煤炭十分接近。所以煤可以被泥炭和木屑置换，而不损失热量动力。

泥炭燃烧的特殊释放系数与也与煤炭十分相似，换句话说，泥炭颗粒燃烧释放物在法律化与煤炭完全相似。泥炭与木屑混合的颗粒燃料甚至有更低的释放系数。通过添加不同比例的木屑，可以产生像天然气一样的气体释放物。泥炭颗粒是现代电厂最好的煤炭替代物，瑞典把泥炭定义为可更新生物燃料，泥炭颗粒在芬兰也被用于煤炭锅炉的燃料发电。

在烧煤还是烧泥炭颗粒之间，泥炭颗粒无论是燃料质量还是价格，都是有竞争力的。WAPO 公司 Haukineva 颗粒燃料厂位于芬兰西南部，已经全面投产。该厂年产 66000t 泥炭颗粒燃料，用于民用消费，部分出口欧洲。这个工厂也能转换成生产木质燃料，如用锯末或泥炭混合木屑制备的混合燃料。由于木质颗粒的原料生产具有 75%的水分含量，所以泥炭颗粒燃料的年产量能够达到 50000t 左右。该厂从 2003 年 1 月开始投资到生产历时 1 年时间，夏季开始土建施工，秋季开始设备安装。小规模试车在次年 3～4 月，然后进入商业化生产。整个工厂总投资 725 万欧元，提供 12 个就业机会。

工厂建设和经营受多种因素影响，首先是原料来源。所有原料均来自工厂周围幅圆 10～20km 范围内，根据计算，以年产 66000t 泥炭颗粒燃料计算，需要 43 万立方米粉末泥炭。按这个量计算，相当于大型载重汽车每小时进来一辆。Haukineva 也具有良好的基础设施条件，铁路线从工厂旁边经过，使得工厂极为容易地将产品输送到变的市场和港口。Haukineva 位于物流中心点上。工厂的原料接收机是由 WAPO 的 Kiuruvesi 工程设备公司制造，泥炭干燥设备由丹麦的 Atlas-Stord A/S 公司提供，蒸汽锅炉由坦普雷 JAL 能源公司提供。生产锅炉由 Lapua Firm Pamac Power 公司提供。造粒机由丹麦 Sprout Marador A/S 公司提供。

电厂锅炉产气输入功率为7.4MW，其燃料同样采用泥炭颗粒。锅炉所产生的蒸汽用于泥炭干燥泥炭，这个干燥器容量为每小时6000L水，电厂所用发电机曾在瑞典用过，费用比较节省，共有三个颗粒压制机，每个每小时生产4.5t，因为平均产量是9.5t，所以第三个机器是作为备份。特别强调安全，除了防爆防护和应急手段外，防火也得到了重点关注，整个工厂自动监控和应急响应。

五、泥炭气化

泥炭热气化过程涉及泥炭颗粒与空气、氧气、蒸汽或者上述物质的混合物的粒度分布。目前有两种方法生产不同热值的泥炭能源产品：用空气和蒸汽作气化剂时，可以生产每立方米4～6MJ的低值燃料；用纯氧和蒸汽或者用他们的混合物作气化剂时，可以产生10～20MJ的中等热值的气化燃料。气化过程没有什么巨大难度，生产天然气替代能源在技术上也是可行性的，这样的气化过程在美国已经有了一个实验装置。在芬兰也有一个合成氨厂利用泥炭气化燃料用于合成氨生产。

六、泥炭液化

现阶段工业规模的合成燃料都是用煤作原料采用Fischer-Tropsch方法合成生产的。由于泥炭授体具有相当高的氧含量，所以泥炭不像煤炭那样适于直接液化。但是泥炭低硫分，也显示出应有的优势。几个重要过程，如氢化、热解、Fischer-Tropsch合成、通过水解过程进行的乙醇生产都在当前广泛应用，实验室的开发工作仍然在进行中，商业应用也在积极筹备中。

泥炭能源产品处理方法中，泥炭砖、泥炭颗粒和泥炭炭化在技术上是可行的，但是它们的财务可行性应该根据具体情况进行专门单独的例证研究。例如，在芬兰，上述产品在经济上就是不可行的。泥炭的气化液化方法技术上和经济成本上目前都不可行，所以转移技术到发展中国家也是不现实的。

第六节　泥炭能源利用

泥炭作为燃料在芬兰和爱尔兰具有重要的工业意义，在这两个国家里，能源泥炭已经实现工业规模开发。芬兰和爱尔兰等国家，树木稀少，历史上泥炭就广泛用于炊事和家庭供热。爱尔兰大规模家庭和工业泥炭利用十分广泛，爱尔兰Bord na Móna公司属于国企，专门负责泥炭生产管理。他们生产的粉末泥炭用于发电，出售的高密度压缩干燥的泥炭砖等加工泥炭用于家庭取暖。泥炭砖是无烟燃料，在家庭壁炉燃烧时无烟，因而广泛用于爱尔兰城镇和城市，而燃烧无烟煤也是被禁止的。在芬兰，泥炭常常混入20%～60%的木质物质用于发电和供热，泥炭提供大约6.2%的全国能源产量，仅次于爱尔兰。芬兰将泥炭划入可缓慢更新生物质能源。

泥炭发电的基本过程是传送带从库房将泥炭燃料输送到锅炉的筒仓，有的电厂也从筒仓采用螺旋给料机向锅炉送料。泥炭配合木材在锅炉里燃烧时，热能放出来，转化成进入锅炉的热水流管道中，然后水在高温高压下蒸发。使用的锅炉是装设了集成加热装置的循环流化床锅炉，这种锅炉装备了1个鼓，这个鼓在固定压力下能够自然循环功能。蒸汽驱动汽轮机，进而驱动同一个轴上的电机，从而将机械动能转化为电能。然后通过变压器将电机的电能输入当地的电网中，从电网上，把电输送给用户。从汽轮机中间渗漏的热能转送到小区热网交换器的管道中，这些热能通过小区热泵将热水泵送到小区管网中，如果汽轮机不工作，则小区的热交换站热交换器就负责小区的热生产管理。如果小区不需要取暖加热，通过汽轮机的蒸汽就可以输送到凝结器中去，利用湖水将蒸汽降温，并返回汽轮机的蒸汽循环中。从小区换热站返回的热水和从凝结器返回的水经过净化后，再重新回到电厂储水罐中，从那里进入到新的循环中去。为了提高热效率，凝结水在进入供水罐前要用低压预加热，预加热所需的能量来自汽轮机中间渗漏的能量。这个工厂的效率改善还通过用塑料管交换器进行热回收，这个热回收还用于燃烧空气的预加热。泥炭和木材燃烧所产生的气流在静电除尘器净化后冷却，在进入灰烬堆前以气流热回收方式降温。木质材料与泥炭混合后，可以解决这个问题，主要是增加了灰烬的熔点，锅炉效率和轮转稳定性增加，在寒冷时期，泥炭燃料中的较高能量密度使得泥炭燃料具备较高的热效率。

泥炭电厂锅炉高42m，宽24m，深8m。电厂最大产能时的锅炉输出是480MW，用40%木材、60%泥炭，运输这些燃料每天需要100辆卡车，如果是铁路专用线，每天需要80节车厢。木材和泥炭物流的稳定供应具有挑战性，秋季和春季农村道路遭受雪、冰和地表霜的影响，冬季气温常常下降到－35℃，每天需要庞大数量泥炭物料集中在储运终点，等待运输到电厂。从森林和泥炭地向电厂运送燃料会增加燃料价格，为了降低运输成本，一般采取木材就地破碎方式，将树木枝丫破碎，以减小运输体积。当电厂木材用量比例提高后，泥炭用量增加，就需要输入一定比例硫分，以确保燃烧高效和锅炉的安全使用。

泥炭电厂主要利用本地粉状泥炭和森林废弃物，对当地经济起到重要的拉动作用。自从1970年的世界能源危机，能源泥炭的重要性迅速提升，对泥炭燃料锅炉提供了一系列财政补贴政策，但泥炭电厂仍然需要上缴能源和二氧化碳征税。在瑞典，泥炭主要用于小区取暖和发电，全国有40个CHP工厂，只有很少数量的能源泥炭用于工业。不同的泥炭产品用于不同的锅炉，粉末泥炭，棒状泥炭和泥炭砖再粉碎。目前的年燃料泥炭相当于35万吨石油消耗，足以为10万个家庭取暖，能源泥炭价格通常低于木材燃料的价格。在芬兰，泥炭被认为是缓慢更新的生物质能源，这个词在瑞典泥炭委员会也经常用到。在欧盟分类和联合国气候变化公约中，泥炭仍属于化石燃料。所有国家在都需要向公约报告泥炭地的二氧化碳释放量，以便更合理地调整排放因子考虑降低二氧化碳排放。一旦泥炭的年生成量大于年开采量，就可以认为泥炭是生物燃料。

参 考 文 献

[1] Matti Hilli. The position of peat should be secured. Peatlands International，2002，1：21-23.

[2] Matti Hilli. Vapo's Haukineva pellet plant completed，peat pellets can replace coal and oil. Peatlands International，2002，1：24-25.

[3] Shane Ward. What is peat and where dose it fit which the European energery classification? Peatlands International，2000，1：13-18.

第十一章

泥炭健康工程

泥炭健康工程是将泥炭科学理论和技术应用到人类健康领域，将泥炭及其药物成分通过采集、提取、处理、加工、使用、治疗等一系列过程，以达到安全高效地改善人类健康的目的。泥炭健康工程是根据泥炭药物学特性和时代发展、社会需求与疾病谱的改变提出的一种新型健康保健理念和方式。泥炭健康工程旨在普及科学而系统的泥炭健康理念和泥炭药物知识，切实改善中国以家庭为单元的社会大众的健康状况，是专注健康事业、推动全民健康、情满中华的“爱心工程”。

泥炭健康工程的主要依据是物理学、化学、有机化学、药物学、药理学以及由此产生的泥炭物理学、泥炭化学、泥炭有机化学、泥炭浴疗学、泥炭药物学、泥炭化工学、泥炭开采工程学和系统分析等。在泥炭基础研究领域，应用物理学、化学、生物学原理和实验技术等，分析泥炭性质、特征和活性结构，探索泥炭药物治病机理，不断改进泥炭药物使用效果。泥炭药物开发与设计：将泥炭性质和药物效应研究成果应用于疾病治疗过程中所遇到的各种问题，选择不同的方法、特定的材料并确定符合治疗技术要求和效果的设计方案，以满足安全、高效的要求。泥炭的采集和处理：泥炭开采场地的选择，开采层位的确认，开采设备、储存方式、保藏方式、运输方式的选择，人员的组织和设备利用都要达到既经济又安全的要求并能达到质量要求。在泥炭治疗操作方面，考虑人和经济因素的情况下，选择泥炭浴、泥炭美容、泥炭药物及其相应的房间布局、操作设备、使用工具、辅助材料和操作流程，进行泥炭药物产品的试验和检查。管理机器、设备以及动力供应、产品运输和通信联络，使各类泥炭资料经济可靠地运行。健康工程的管理及其他职能：品牌的建设、人员的培训、产品的宣传、出口产品的注册、标准的审定、包装的完善等。

泥炭健康工程是具有巨大市场潜力的新兴产业，包括泥炭药物产品、泥炭保健用品、泥炭美容产品、泥炭营养食品、泥炭浴疗相关设备、休闲健身、健康管理、健康咨询等多个与人类健康紧密相关的生产和服务领域。泥炭健康产业是辐射面广、吸纳就业人数多、拉动消费作用大的复合型产业，具有拉动内需增长和保障改善民生的重要功能。

第一节　泥炭性质与健康工程的关系

泥炭中的某些造炭植物原本就是药用植物，具有一定的药理作用。泥炭在形成过程中，造炭植物残体经过生物地球化学作用，又产生了多种抗生素、维生素、腐植酸、有机酸、氨基酸等新生物质。泥炭蜡中含有甾族激素，是典型的生理活性物质，是合成激素的重要原料。泥炭中的腐植酸具有多种生物活性，是泥炭浴和泥炭药物中不可缺少的组成成分。实际上，对那些靠近泥炭沼泽居住的人群来说，利用泥炭、沼泽底泥和泥炭水浆治疗疾病可能从有人类以来就已经开始。我国早在明代就有乌金散的重要记载，中欧国家泥炭用于医疗和化妆品也有数百年的历史。第一个有记载的泥炭浴实体是 19 世纪中欧的捷克，德国目前仍然保存并继续对外提供泥炭浴 SPA 场所就有 60 个，奥地利、匈牙利、捷克、斯洛文尼亚、波兰、希腊等国也都有数量不等的泥炭浴场所。此外在芬兰、美国发达国家泥炭浴仍很流行。泥炭之所以在健康工程领域具备如此巨大，与其特殊的物理性质、有机化学性质和药物性质分不开。

一、泥炭物理性质

泥炭有许多其他材料所不具有的物理特性，正是这些特性控制着泥炭的药用价值，决定着泥炭的药用价值。

（一）孔隙度

泥炭孔隙度在泥炭药用中发挥重要作用。泥炭的吸收容量大小决定于泥炭孔隙度，泥炭表面活性也与泥炭孔隙度有极大关系。测定泥炭孔隙度的标准方法是水银孔隙度仪，而实际检验中常用的方法是乙醇或甘油测定泥炭的固体比重，然后再将比重与容重的比值计算出泥炭的孔隙度。泥炭孔隙度测定时泥炭样品必须干燥，最好采用冷冻干燥方法，以防止泥炭在干燥过程中收缩变形，影响孔隙分布。

泥炭可以按泥炭孔隙度变化划分为不同类型。芬兰坦布雷大学测定研究证明，泥炭孔隙度与腐殖化程度具有显著相关性，腐殖化程度越高，泥炭的孔隙度越小。冰冻对泥炭孔隙度也有一定的影响，基质生产中经常采用冻结泥炭的方式，促进泥炭结构的疏解，提高泥炭的孔隙度。因为冻结作用，泥炭孔隙度增加，泥炭残体细胞也发生了相应改变。

（二）颗粒大小

泥炭颗粒大小是指泥炭中相互独立可以分离的单体粒径尺寸。泥炭粒径大小与泥炭分解度有直接关系，泥炭腐植酸程度越大，泥炭颗粒越小。泥炭颗粒越小，越有利于有效成分释放，有利于泥炭与患处接触。泥炭颗粒分布可以用粒度分析仪测定。测定时应使用新鲜样品，干燥样品泥炭的粒径可能因为干燥过程中的摩擦早已不能代表真正的泥炭颗粒大小，而泥炭医药都是采用鲜样制备，所以新鲜样品的颗粒大小测定才对医药泥炭评价有价值。

（三）pH值

藓类泥炭pH值在3.5～5，酸性较强。苔草泥炭pH值在4.5～7，略高于藓类泥炭。药用泥炭的酸度可以通过添加黄铁矿来强化，中欧某些富含硫铁矿泥炭的pH值甚至低到1，虽然泥炭pH值低到不能用于医疗用途，但仍可以看到黄铁矿对泥炭pH值的调节作用。

（四）水分含量

自然状态的泥炭含水量极高，大约占90%，按质量分数表示。泥炭含水量采用泥炭的鲜重和烘干重之差计算。药用泥炭从地下采出，不能降水，不能干燥，在粉碎磨细过程中，泥炭含水量已经达到饱和程度。泥炭的含水量和均质化程度取决于泥炭类型和分解度，通常苔草泥炭比藓类泥炭分解度更高，但藓类泥炭比苔草泥炭均质程度更高。

（五）干容重

泥炭的干容重可以用单位体积内的泥炭干重来计算。泥炭干重测定简单而精确，但泥炭体积测定误差较大，主要误差来自体积测定，因此尽量采用相对较大的体积，或者在体积测定中尽量必须压缩样品。一般地，泥炭容重测定体积使用1000mL基本上可以满足精度要求。

（六）灰分含量

灰分含量大小既取决于泥炭类型，也取决于泥炭腐殖化程度。分解度低的藓类泥炭灰分含量甚至会小于1%，但底层分解度大的泥炭灰分含量会明显升高，一般会提高到8%～10%。草本泥炭的灰分含量较高，在北欧地区草本泥炭灰分一般在4%～10%，在中温带地区的中国泥炭灰分提高到30%以上，特别是河流型泥炭地因为汇聚大量泛滥河水携带矿物质，泥炭灰分含量甚至可能高于50%。

泥炭灰分测定依据ISO 1171和DIN 51719标准，在850℃下灼烧泥炭，通过灼烧前后的重量差计算泥炭灰分含量。根据我国泥炭标准，泥炭灼烧温度550℃即可达到完全灰分程度，满足灰分测定要求。

（七）持热量

泥炭持热量是泥炭医疗的重要特性，泥炭持热量高，治疗维持时间长，治疗效果就会明显增长。泥炭持热性可在实验室条件用2/3泥炭和1/3水的混合物在42℃初始温度下测定温度随时间的变化率，用纯水的水温下降为对照。自然状态下药物泥炭含水 90%～92%，泥炭干重 5%，泥炭混合物在 20min 内温度只降低 1℃，而纯水对照的温度降低达到 3～4℃（图 11-1）。当然，即使泥炭持热性是良好的，在一些治疗中也必须补充额外的热量，特别是面部护理和使用泥炭厚度较大时，就需要额外增加热量。

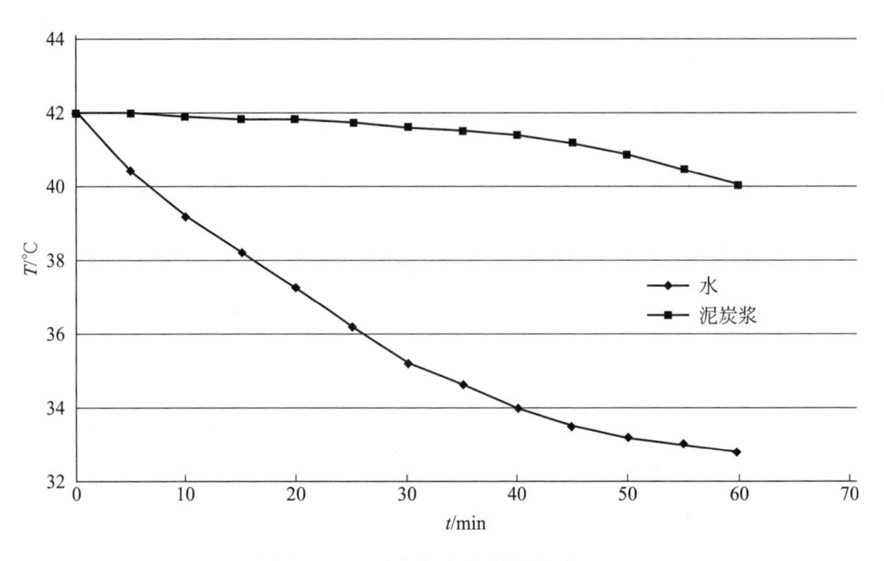

图 11-1　泥炭与水的持热性对比

二、泥炭有机化学

泥炭的药用成分主要来自泥炭有机物质。泥炭中最重要的有机物质是脂类化合物和腐植酸。泥炭脂类化合物也称为苯沥青，苯沥青可以分离为泥炭蜡和松香两个组分。泥炭腐植酸分为黑腐植酸、棕腐植酸和黄腐酸三部分。除此之外，泥炭有机物还有果胶、半纤维素和纤维素等碳水化合物。

（一）泥炭沥青

因为泥炭造炭植物组成不同，在泥炭中转化程度不同，经受微生物消解作用也不同，所以从泥炭中提取的沥青成分比较复杂。目前还无法列出泥炭沥青的所有组分，其中一个重要原因是泥炭组分以及分解程度不同。

泥炭沥青可以用 1∶9 的丙酮-二氯甲烷混合物溶剂提取，提取物可根据在 −10℃或 −18℃乙醇中的溶解性和沉降性区分出泥炭蜡和树脂两部分。大约 1/2 苯沥青有机物可以用气相色谱仪检出，其化合物成分主要有直链烷烃、异戊二烯直链脂肪酸、二羧酸、酮类、环状衍生物（如甾醇、环萜）和酚类化合物等。从泥炭中提取的沥青提取物总量变化很大，高者含量达到 15%，含量低者甚至无法检出。

（二）碳水化合物

泥炭含有多种可以水解的碳水化合物，如果胶、苷、半纤维素以及不可水解和不溶的纤维素。果胶是可在热水中溶解的半乳糖酸聚合物。总的来说，泥炭中的碳水化合物对泥炭在浴疗和药物治疗中的生物活性贡献尚不明确，但是因为碳水化合物常与腐植酸聚合在一起，所以有时在泥炭药学价值中也有一定的作用。在强烈分解泥炭中，碳水化合物明显下降而腐植酸和沥青明显增加。芬兰南部的几个泥炭沼泽中的腐殖化程度 3～4 的泥炭中，碳水化合物水解产物是葡萄糖（含量超过 20%），其次是木糖、半乳糖和甘露糖，平均含量在 1.4%～3.3%。

（三）腐植酸

泥炭腐植酸主要由碱可溶的棕黑腐植酸和水可溶的黄腐酸组成。尽管泥炭腐植酸年龄远远小于煤炭腐植酸，含量也相对较少，但泥炭腐植酸的结构仍然尚未查明。近年来有科学家通过研究水体腐植酸，发现腐植酸的分子链相当松弛，易于分离，易于聚合不同类型的化合物。泥炭腐植酸的生物活性研究资料很多，泥炭腐植酸也是泥炭中最具有生物活性、最具药用价值的重要成分。泥炭腐植酸含量与腐殖化程度关系密切，深度分解泥炭的腐植酸可能超过 50%，轻微分解泥炭的腐植酸含量只有 20%左右，而其中的黄腐酸只有百分之几。

腐植酸是死亡植物残体经过生物地球化学转化形成的具有天然活性和药用价值的羟基羧酸混合物。我国在 1500 多年前的明朝就认识和利用了腐植酸。李时珍的《本草纲目》中的“乌金散”就是现在的腐植酸。国内外大量研究和药理试验从中医、西医两个方面证实了腐植酸药理作用和药用价值，为腐植酸在健康领域利用和医药市场开发奠定了坚实基础。

三、泥炭健康工程与泥炭特征组分

一个泥炭要用于人类健康，必须对泥炭和泥炭地进行系统深入的研究，这些研究包括泥炭的物理性质、泥炭化学性质、泥炭生物性质以及泥炭的层位变化和泥炭的质量变化。其中包括泥炭的分解度（von post 尺度），含水量，灰分含量，酸碱度，持热量，33 种元素包括汞、砷、铅、铬、镉等重金属含量，泥炭有机组成中的苯沥青（树脂和蜡）、果胶、半纤维素、纤维素、胡敏素、黑棕腐植酸、黄腐酸等（图 11-2）。只有分解最强烈的泥炭最适合用于泥炭健康材料，在泥炭健康工程中，百分之百使用天然泥炭而不加任何人工添加剂，才能确保其使用效果，绿色健康，安全可靠。在泥炭的各种技术指标中，符合下列指标的泥炭是最适合用于人类健康工程的。

藓类泥炭灰分含量<5%，苔草泥炭灰分<10%，腐殖化程度>H7，腐植酸含量>30%，同时要测定持热量、甾醇总量、个别甾醇、雌激素含量以及其他化合物含量等。

尽管泥炭浴疗和泥炭性质研究资料非常丰富，但仍然需要不断探索泥炭治疗效果和泥炭成分关系，需要探索泥炭浴疗和泥炭药物分类，需要建立统一分析方法，

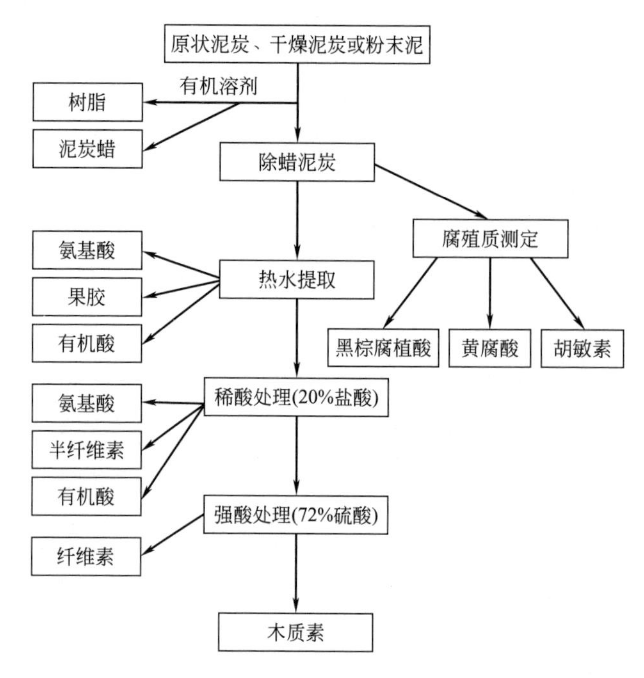

图 11-2　泥炭特征组分

并在不同实验室之间用统一的分析方法对同类泥炭样品进行校核测试。应该广泛搜集和比较不同泥炭类型的药用效应资料，定义腐植酸和其他生物化学因子在泥炭药用效果中的关系。泥炭生物学、生理学活性成分和含量分析是极其重要的，要在地区或全球进行统一的泥炭浴和泥炭药物分类，没有统一的、可靠的分析方法是不可行的。

第二节　医用泥炭质量需求与加工处理

一、泥炭质量

藓类泥炭和苔草泥炭都可以用于泥炭浴和泥炭医疗，可以单独用，也可以混合起来用，使效果进一步提高。

用于医疗的泥炭腐植酸化程度最好是6～10，藓类泥炭至少要6～8，苔草泥炭最好是8～10。随着腐殖化程度的提高，泥炭腐植酸含量也随之升高，泥炭的医药价值进一步提高。因此在泥炭开采之前要对深度腐殖化泥炭的赋存位置进行勘探研究，深度腐殖化泥炭的药用价值必须建立在其赋存位置和性质特征研究基础上，因为深度腐殖化泥炭一般都在泥炭层底部，既不方便开采，储量也不丰富。

泥炭的灰分含量最好小于10%，在藓类泥炭中最好小于4%。因为高灰分意味着高比例的矿物质，会导致有机化合物的比例相应降低，影响泥炭的药用效果。

由于泥炭含有大量多种有机化合物，而直到目前为止，这些化合物的药物效应研究仍不能给出明确清晰的结论，加之泥炭有机化合物的理想效果还取决于使用的方式和位置，所以对泥炭药物的有机质组成给出精确技术指标，仍然是十分困难的。好在现有研究已经发现，腐植酸是泥炭药用价值中最有价值的组成成分，腐植酸含量越高，泥炭的药物效果越好。同样，药用泥炭中的激素含量也因为研究工作不够深入，尚不能给出明确的限值指标。

理想的泥炭 pH 是 3.5～4.5，但用于人类皮肤的药用泥炭 pH 值应该是 4.5，最低是 4，最高不能超过 5.5。最酸的藓类泥炭 pH 值小于 3。泥炭浴所用泥炭应该比皮肤使用泥炭有较低的 pH 值，以便防护有害微生物。放射性活性不能超过 100Bq/kg，多数情况下放射性活性最好低于这个指标，但在基岩或土壤中放射性铀含量较高时也是可以利用的。

泥炭和泥炭矿产的课题是研究泥炭医药泥炭浴的前提，从表 11-1 可见，藓类泥炭灰分含量大多小于 10%，但增加了苔草组合以后，泥炭中灰分含量增加，相应地 pH 值也随之提高。藓类泥炭与藓类＋苔草泥炭相比，棕黑腐植酸和黄腐酸含量相对较低，但藓类泥炭仍可以达到 40%以上的较高含量，达到医药利用水平。

表 11-1 不同来源泥炭的有机组成

泥炭类型	单位	藓类＋苔草	藓类	苔草	藓类＋苔草	藓类＋苔草	苔草	苔草	苔草＋藓类
腐殖化程度	H	8	9	6	8			4～7	9
灰分含量	%	12	3	5	57	42	16		17
含水量	%	86		87	85		90	90	87
pH		5.7	4.0	5	4.5	4.8	4.4	4.1	4.1
硫	%	0.3		0.7					
棕黑腐植酸	%	29	40	26	38	33	46	35	34
黄腐酸	%	10	12	20	24				19
胡敏素、木质素	%	41	20				11	31	
沥青	%		11			4.4			
果胶质	%	0.3	4	0.4	0.5	2.6	4.5	2.4	0.7
纤维素	%	9	7	15	14	8		5	17
半纤维素	%	11	5	6	7		22	17	5

二、泥炭开采和处理

要将泥炭用于泥炭浴和泥炭医疗，泥炭原料必须来源于未污染的泥炭沼泽，开采提取过程和使用的方法卫生安全也是极为重要的。药物泥炭只能从现代泥炭地水位下面更深的泥炭矿层中提取，此处可能存在少量的有害甲烷。泥炭一般采用挖掘机开采，挖掘机的挖斗必须事先清理干净，泥炭的转运工具也必须提前仔细清理。仅仅靠肉眼检查还不够，还必须确保开采机械没有事先用于非药物泥炭的工程或垃圾的挖掘工作。在已经干燥的泥炭地开采，还必须事先将表层退化泥炭剥离。

泥炭在开采和处理过程中必须小心谨慎，避免暴露在空气中。在泥炭粉碎磨细过程中也不能与空气接触。通常情况下药物泥炭必须磨细到一定粒度，特别是泥炭腐殖化程度小于6～7时必须进行粉碎磨细，保证产品使用效果。最适合的粉磨机械是大型工业绞肉机，通过绞肉机的强烈挤压搅拌，达到粉碎磨细的目的。绞磨机使用后不能再用于其他目的，以防止污染，避免该机械粉碎其他物料之后再次用于泥炭粉碎。泥炭磨细后，必须立即进行均质化处理，然后包装在密闭容器内。当然如果泥炭属于深度腐殖化的，可能不需要机械粉磨。

用于美容的泥炭比用于泥炭浴的泥炭更需要进一步均质化，有时可能要用厨房蒸馏器，其大小取决于要处理的泥炭量。均质化最后要对泥炭浆过筛，以剔除个别颗粒超过标准的残渣。在泥炭加工处理过程中，泥炭药商还可以自己开发自用机械设备。

泥炭在粉碎、磨细、均质化处理和储存过程中一定要保持水分，防止过干、冻结、固定成型或过热。发现霉菌菌毛都必须立刻清除，因为这些霉菌对泥炭有机物质和药物活性是有毒的，这些物质在温度超过40℃、缺少氧气条件下会被杀死，所以泥炭药物在处理过程中必须保持泥炭原有水分不变。包装以后，泥炭应该保存在室温或低于室温，用于家用药物泥炭应该保存在冰箱里，水分添加只有在治疗过程中（除了泥炭浴），其他用途尽量不加，多数情况下，泥炭自身含有的水分已经足够了。

药用泥炭的生产者和出口者需要依法注册，泥炭包装上必须印制生产者名字、生产日期、包装日期、泥炭组分、质量检定指标等。最好签注检测者名字，注明泥炭储存和使用有效时间，提供正确的储存温度，明确注明正确的使用方法和步骤，确定用户按照指定方法逐步操作，以避免出现使用事故。

从有利获取反馈信息、加强产品宣示角度看，产品包装标识中最好能标识泥炭地位置、泥炭开采时间、产品半衰期，让消费者知道产品对环境的影响。泥炭是可循环的天然材料，所以，泥炭产品的包装最好也使用可循环材料，以强化产品的绿色、健康、环保优势。除此之外，泥炭药物生产者和和泥炭医疗从业者都应该拥有医疗保险。

近年来泥炭来源成为德国健康产业面临的实际问题。德国拥有60个泥炭浴从业者，超过了德国所拥有的泥炭矿点数，1/3的泥炭浴从业者不得不加入从邻国购买泥炭的行列，因而给泥炭开采、运输、保存提供了新的商机和挑战，因为要在泥炭开采、运输、处理过程中保持水分不低于65％、防止失水是非常艰难的。许多地方，泥炭浴用过后泥炭会重新送回泥炭地，可以反复使用。泥炭浴在芬兰没有这个问题，因为芬兰泥炭的利用量仍然小于每年泥炭的生成量。

用于医药用途的泥炭不应含有有害健康的微生物，如真菌、大肠杆菌和其他某些致病菌。泥炭中的微生物可以通过培养基培养的方式进行鉴定和定量。泥炭中可以检测出一些正常生活环境存在的微生物，这些微生物对健康也没有什么危害，但不能超过极限数量，否则可能会产生不雅气味。一般用每毫升 1000 个微生物个体作为药物泥炭微生物指标上限，在天然状态下未受污染的泥炭大都符合下述指标：沙门氏菌绝对不能出现在医疗泥炭中，在酵母和菌膜中沙门氏菌的含量不能超过 100 个/kg 泥炭。泥炭药物产品的清洁度可以通过对保存在不同温度下泥炭包装内的泥炭样品菌落数量来测定。

众所周知，来自植物材料泥炭药剂在某些情况下可能导致人的过敏反应，一部分过敏原因是泥炭中含有的花粉。泥炭因为经历过腐殖化过程，一般都被认为是完全无害的，过敏测试一般通过高质量的皮肤处理产品和泥炭材料，由专门的医学研究中心做全面的表皮测试。

泥炭用于泥炭浴和药物疗法的用量还是很小的，所以就为泥炭沼泽很少的国家开展泥炭医疗创造了条件。北欧北美这些国家拥有巨大面积的泥炭地，这些泥炭地中有许多是深度腐殖化的泥炭，为这些国家提供了良好的地点选择和类型选择机会。

此外，用于泥炭药物的标准需要进一步研究，泥炭浴和泥炭药物在广泛应用前需要研究证明是有效的，因为泥炭的效果因泥炭地类型和地点有所不同，一个地点的泥炭效果很好，换个地点的泥炭可能没有效果。因为每一个泥炭沼泽都是不同的。

泥炭在医疗健康领域的广泛应用令人鼓舞，而且医用泥炭使用量少，对环境影响也小，对地方农村经济带动效应明显，尤其可以带来新的为医药健康服务的住宿饮食的商业活动和劳动就业。

目前不同实验室使用不同检测方法，这些方法应该事先进行校核，以便泥炭检测数据能在国际范围相互比较，特别是有机化合物测定和检测。考虑到泥炭浴疗、泥炭药物疗所用泥炭质量分类，另外一件重要事情就是避免有害物质进入泥炭，最好通过对仔细选择泥炭采集地点、开采方式、开采工具、运输方式和加工方式等方面进行系统管理，避免泥炭及其产物受到外来物污染的风险。

第三节　泥炭医学效应

泥炭处理的效应来自于泥炭具有保持热量的能力使得相对高温和不同的生物活性物质的导入，提供一个抗病毒、抗腐的激素的性质的作用。泥炭医药这些特性已经广泛出现在国际文献中，尽管从皮肤中移除微生物并不是泥炭资料过程中的防腐功劳，而是激活细胞组织开始对抗微生物和病毒。泥炭并不是直接杀死细菌，尽管泥炭中的某些植物也有某种抵抗病菌的能力。

泥炭的医疗效果最初是热物理效应，所以高温利用受到很多人的认可。但也有人强调泥炭中腐植物质在泥炭生物化学医疗作用中发挥着主导作用。

从前面章节可以看到，泥炭在医疗中的作用来自泥炭中存在的有机物质，尽管实际上可能存在数千种有机物质，但我们不可能全部研究和描述清楚它们的全部效应。泥炭中活性化合物可能在治疗过程也会有不同反应，有必要进行泥炭医疗效果的唯一性测试，以确认泥炭的真实医疗效果。由于泥炭医疗还存在相当的不确定性，现在还难以把泥炭放在常规医疗治疗首选位置上。

一、泥炭的物理效应

泥炭医药的物质效应有两种类型：①泥炭医药效应通过静水压下的身体功能变化发挥作用；②肌肉神经活动，内部腺体分泌物，血液循环，肺部功能，肾功能。

这些效应取决于泥炭类型和使用的方法，如全身使用还是局部使用，全身使用如泥炭浴会刺激肺部血液循环，而在泥炭浴中使用坐姿会刺激骨盆和生殖器。

温度对泥炭浴效果起到重要作用。原因是低温用于明确急性病症，高温主要用于慢性病治疗。冷盆浴可导致血管收缩，所以血液集中在体内，而热泥炭浴浆将血液冲向体表。泥炭的局部效应包括疼痛缓解、外围器官的循环、预防感冒和肌肉放松。患者的自己感受或来自反馈的信息对选择泥炭浴的温度至关重要。温热效应可以刺激神经系统和激素活动，心跳加快，改善免疫防卫机制。泥炭浴比普通水浴更能够温暖身体，在泥炭浴中人体血液循环更快速，则手比身体其他部位可以更快地热起来。

泥炭的物理效应已经在文献中广泛深入地阐述了，效果好坏主要取决于泥炭的腐殖化程度，矿物质含量以及泥炭采集、处理的使用方式。

芬兰的一个研究发现，在时长 22min 的泥炭浴后，浴者的心跳每分钟提高了 33 次，同时他们的体重下降 40～940g，而同样的体重降低在普通的水浴却没有发现。在泥炭浴结束时仍能保持水温 38.4～42℃。

身体过热是促进血液循环的重要方式，而在泥炭浴中可以快速实现，因为泥炭中的热量是通过泥炭悬浮液传导给身体的，这就通过稀释血液达到循环的效果，热量可以穿透皮肤进入身体内部，并发挥作用。这与水浴的情况完全不同，水浴的时候热是通过对流的方式传导的，所以当水温达到 40℃时皮肤会感觉到很热，而在泥炭浴中 40℃会感觉很舒服。

另外，一些研究发现，泥炭浴改善了子宫动脉的血液循环，这种现象说明泥炭浴不仅仅有热量物理效益，还存在某些化合物起到一种稀释血液的作用。

二、泥炭脂类化合物的生物学效应

总的来说，泥炭的复杂组成结构为开发泥炭医药和扩大泥炭生物化学应用提供了极大可能，泥炭脂类物质提取物展现了对活细胞的不同生物化学机制和生物化学反应，这种反应类型叫生物活性。

生物活性是生物或某物质的生物学效应，是描述这些生物材料和酶、荷尔蒙、维生素以及组织和器官中正常条件下的因生物材料作用反应引起的变化。生物活性是一种可以测量的物理量，单位 IU，相当于某一数量的生物活性化合物可产生某一确定生物反应的量。另一个测量的物理量，是 IC，即某一有效物质在 50%效应发生时所用的生物材料用量。此处浓度，意思是给定物质在目标组织内的有效物质的浓度（mg/kg，g/kg)，反映类脂类物质提取物的生物活性。目前类脂提取物的生物活性研究资料较少，即使有些资料，也因使用泥炭类型不同而呈较大差异。芬兰开发了一种具有杀放线菌、杀真菌、抗浮肿、抗炎症和具皮肤疾病处理效果的泥炭药剂。泥炭提取剂的有害性用老鼠半致死剂量 3g/kg 表示。也有研究表明：脂类化合物能抑制大肠杆菌 1257 和葡萄球菌 906 菌株，但没发现抗真菌效应。

可以肯定地说，泥炭中脂类化合物和脂溶化合物的潜在使用效果尚未得到深入研究。特别是这些泥炭脂类化合物组成和性质受多种因素影响，如泥炭形成植物组成、分解度、细菌活性和化学因素等。单个生物活性可隐藏或者被互相抵消，泥炭脂类化合物的医疗效应、医疗功能必须具体情况具体分析。

三、腐植酸效应

泥炭中最重要的生物活性组分就是腐植酸、酯和叶酸。腐植酸可以抑制病毒和细菌活动。泥炭中的生物活性成分，尤其是腐植酸通过扩散或胞饮方式穿透皮肤，吸收风湿性因子，正常化激素活动，改进血液循环，刺激消化代谢。

泥炭腐植酸和其他提取物具有影响蛋白质合成和软肌肉的收缩作用。绝大多数国际腐植酸药物研究都集中在易于测定的泥炭组分中，未来研究将集中在较少进入药物成分作用。

深度腐殖化的苔草泥炭是用于治疗风湿痛的最好材料，因为苔草含有大量胡敏素，可以固定透明质酸酶分子，使透明质酸酶长链分子不能打开，这就防止身体中透明质酸的移除，也就减少了风湿病人的疼痛，从而防止软骨病和关节肿胀发生。泥炭中含有的硫化氢可以移除身体中的废物和有毒物，可以缓解风湿病人的痛苦。

泥炭药物中含有雌激素和可的松可以刺激荷尔蒙的正常化。雌激素只有藓类泥炭才有存在，这些雌激素是最好的泥炭药物，在各地都有广泛应用。藓类泥炭中类固醇含量的确高于草本泥炭的。泥炭药物用于引导 pH 改变，可以有效防止细菌和病毒活性。胡敏素对有毒物质的固定也有试验证实，胡敏素将固定干扰荷尔蒙结构的颗粒物质，使荷尔蒙活性立即回到正常状态。

用泥炭棉球进行的阴道测试试验证明，pH 值有一个明显下降，对阴道黏膜的治疗也十分有效。也有另外的迹象表明，泥炭有能力预防肿瘤。雌激素可以增加产子量在动物试验中已经得到了证明。

西医学、药理学研究结果证明，腐植酸能够被人体或其他生物直接吸收进入体液，对动物、植物和微生物都具有免疫调节和增强的功能。黄腐酸通过对免疫功能的调节和增强可用来治疗消化道炎症、溃疡、出血，改善微循环，治疗高血压等，也用于治疗风湿性关节炎和止血等。腐植酸的抗炎、退热和镇痛作用，与非甾体抗炎药的药理特性相似，主要是抑制前列腺素 E 的合成，具有活化胃上腺皮质的功能。腐植酸有抑制胃酸分泌的抗酸作用，对胃黏膜细胞有直接保护效果；同时黄腐酸能够替代前列腺素，对胃黏膜有直接保护作用；在胃溃疡灶肉眼可见黏膜增生区、黏膜肌层和再生肌的长度比对照组明显增加，表明腐植酸对促进黏膜组织和肌层再生有明显作用，并能促进伤口愈合。腐植酸对正常人和高血压病人都能改善微循环功能；腐植酸在改善心肌营养血流量的同时，有明显正性心力作用，对强化心肌供氧供血有明显效果。黄腐酸有凝血作用，可加快凝血活酶和凝血酶的生长，止血效果类似于云南白药；黄腐酸对小鼠和家兔体外血栓的形成有明显抑制作用（主要是通过抑制血小板凝集而抗凝血），抗血栓作用甚至优于丹参注射液和维脑路道注射液。黄腐酸能使肾上腺明显增重，抗坏血酸含量明显降低和胸腺萎缩，显示腐植酸有促进肾上腺皮质功能的作用；黄腐酸注射液具有明显抑制甲状腺的吸碘功能；黄腐酸可能具有调节甲状腺和调节 CAMP（环磷酸腺苷）水平作用；肌注黄腐酸，可使血糖反应降低 50%以上，显示黄腐酸具有保护胰岛 B 细胞的作用。

在中医方面，经过大量中医药科学深入研究，明确了腐植酸药物具有清热解毒、祛风燥湿、脱毒排脓、去腐生肌、杀虫消肿、滋阴养血的作用；对治疗烧烫伤、疮疖痈疽、蛇伤痔疮、外伤止血等有显效；对慢性和急性湿疹、扁平疣、各类癣、稻田性皮炎的皮肤病和脱发症有显效。腐植酸具有益气健脾和胃渗湿、解表和中、理气化浊、增强脾胃功能的作用；对急（慢）性肠炎、胃十二指肠溃疡、单纯消化不良和菌痢有显效；对神经系统具有行气解郁、养心安神的作用，对神经衰弱、神经官能症有较好疗效。腐植酸和其他中草药一样，具有扶正祛邪、协调阴阳、补偏救弊的作用，并可与其他中草药配合使用，疗效更佳。鉴于腐植酸分子结构尚未查明，无法申请国家药准字批文，多数腐植酸医药都以重要制剂的方式进入医药市场。

泥炭腐植酸是腐植酸的一种，与煤炭腐植酸相比，泥炭腐植酸年龄小、活性强、药理作用显著。近年来云南韵雅公司与云南省肿瘤医院合作，开展了肿瘤的辅助治疗研究，在肿瘤患者放化疗期间采用泥炭腐植酸口服液进行免疫增强处理。结果证明泥炭腐植酸既可以减轻肿瘤患者的疼痛，又能改善患者的食欲，避免患者因化疗、放疗造成的食欲不振，改变了因放化疗造成的身体抵抗力和免疫力下降问题。对照试验发现，口服泥炭腐植酸的肿瘤患者在放化疗过程中，白细胞数量未见明显降低，证明泥炭腐植酸在肿瘤治疗中的特殊作用。云南肿瘤医院的大量临床试验为泥炭腐植酸在肿瘤治疗中开辟了巨大市场空间。

第四节　泥炭健康适用领域

泥炭健康领域覆盖范围较广，泥炭用量较大。泥炭健康治疗大多在各地广泛分布的SPA盆浴中进行。在欧洲每年消耗泥炭可达5万吨，每年泥炭浴客可达300万人。在德国大约有10%的泥炭浴在家里做，90%在泥炭浴提供场所做。在德国病人进行泥炭浴疗所产生的开支经医生确认签字后可由健康保险报销。在德国传统的泥炭浴疗程是四周，每周做三次泥炭浴。

一、风湿和运动器官问题

泥炭药物对风湿、关节、软骨状况均具有较好的疗效，泥炭药物可用于减缓疼痛，减慢组织变化，剔除风湿因子。

二、青春痘

青春痘的症状可以通过泥炭药物缓解，面部用泥炭处理可以成功地软化面部皮肤，除掉非纯洁组织，修复损坏的组织，某些情况下，皮肤的颜色也可以减轻。青春痘可借助泥炭浴洗脱身体代谢废弃物的方式得到改善。

三、血肿

泥炭药物可用于消除外科手术引起的血肿，使用时泥炭药物加温到48～50℃，用于皮肤表面大约0.5～1h。

四、湿疹和皮疹

使用泥炭药物后，皮肤上的过敏反应会明显降低，但该方法对哮喘病人需要谨慎使用。泥炭药物可以去掉刺激，降低有特异皮炎导致的过敏程度。对于湿疹和皮疹，采用泥炭药物治疗在家里泥炭浴中也能得到上述效果，患者完全可以买药后回到家里自我治疗。

五、银屑病

泥炭可以除掉增厚的皮肤表面的死皮，将死皮作为代谢废弃物去除。但是经过少量治疗，皮肤颜色将会重新出现，刺激敏感降低。

六、溃疡

泥炭可以通过刺激细胞活性防止炎症来加速皮肤再生长。

七、皮肤癣菌

泥炭可以通过促进皮肤剥离缓解真菌对足部的侵入，以减缓真菌的生长。泥炭能促使患部皮肤的酸性，而皮肤通常是中性的，从而促进该区域的活性，例如脚趾之间。趾甲下面的真菌生长时，单独使用泥炭药物非常难以治疗的，通常需要配合其他治疗手段。

八、肌肉紧张和肿胀

使用泥炭糊和泥炭浴都可以取得缓解肌肉急性紧张和慢性肿胀的作用，肌肉急性紧张是用冷泥炭糊和冷泥炭浴，肌肉慢性肿胀可以用泥炭浴治疗。

九、外围器官循环

毛细血管低效流动的后果是营养缺乏和废弃物运输效率下降。糖尿病和肾病患者经常经历这种问题，泥炭浴或泥炭糊能够膨胀毛细血管，改善循环。

十、减肥

感到减肥困难的人可以借助泥炭浴降低体重，使用泥炭浴后将在细胞水平的氧摄取和代谢功能发挥得更好。泥炭医药对降低体重的作用，并不会受不适当的生活方式、隐私习惯和不适当的锻炼所影响。

十一、缓解压力

泥炭医药有总体放松和胁迫减缓的作用，泥炭桑拿可以是非常愉快的社交活动，使参与者忘记他们每一个人的责任和禁忌。

第五节　泥炭在美容中的应用

泥炭美容产品可以用于面部美容，用于足部、手部以及全身的护理。泥炭在美容领域的应用是利用泥炭改进皮肤表层血液循环和代谢改进效应，加之泥炭中所含有的激素对皮肤的药用价值而产生美容效果的。泥炭美容过程所需的激素浓度很难测定，有时即使按照一定浓度使用泥炭药物，但因为泥炭激素太敏感，以至于还未渗透到皮肤下面，其浓度已经发生了改变。

泥炭质量是泥炭美容护理中最需要重视的内容。为了防止过敏反应，每个产品投放市场之前都要先进行皮肤药物学测试，以便确信其是否有刺激作用或者过敏反应。没有上述刺激和过敏性质的泥炭，才能够提供可靠的使用效果。这些泥炭的采集也要在正在发育泥炭地的适当深度采集，泥炭的运输处理包装也必须是卫生安全可靠密闭的。泥炭的酸性越高，其中的细菌含量会越低。人类皮肤的 pH 大约为

4～5，如果采用泥炭 pH 与人的皮肤接近或略低于人手 pH，就有利于控制不利细菌生长扩展到降低实质性危害程度。

用于美容的泥炭应该是极为细腻的，因为美容泥炭要在皮肤上涂覆停留一段时间，以便于泥炭中的药物成分被皮肤最大程度吸收。市场上有些泥炭美容产品还添加了某些成分，如芬兰所称的蜂蜜泥炭。

泥炭美容通常用于治疗干燥、粗糙、老年皮肤，蜂窝织炎，青春痘，皮脂腺分泌不平衡，皮肤发红和刺激。治疗后的皮肤更有弹性、柔软、湿润。除个别反复治疗也不见效的病例外，泥炭美容很少是副效应的、以刺激形态出现的。但是，既然有个别案例出现，就必须明确指出泥炭药物的不适合人群，尤其是那些具有特殊皮肤的人群。泥炭美容效果不佳的另外一种原因也可能是泥炭质量不佳。需要提示的是，刚刚治疗过的皮肤颜色暂时变红并不是泥炭药物不良反应，它可以简单解释为泥炭具有拔干皮肤的作用。

泥炭头发洗护产品会给头发提供更柔顺，更弹性，更自然的颜色，摆脱头皮屑的烦恼。

第六节　泥炭健康服务

泥炭药物、泥炭健康产品在人类健康中的应用可以采取多种方式实施，实施的方式取决于人群对象和治疗的目的。

一、泥炭浴

利用 SPA 馆的浴盆，用管子注入泥炭悬浮液后可进行泥炭浴疗。泥炭浴后可以将悬浮液排放到一个沉降池储存起来，然后导入废物系统。在中欧的泥炭浴系统中，使用后的泥炭不是直接作为废物排入下水道的，用过的泥炭可以先沉降，然后将沉降后的泥炭运到泥炭地注入沼泽中。

德国泥炭浴一般用 1/3 的水，加 2/3 的鲜泥炭，加水量的多少取决于泥炭中的水分。实际上，泥炭悬浮液的泥炭固体干重的百分数是 5%，水分的百分数是 95%。如果浴盆足够大，泥炭比例可以再大一些。

根据现代浴盆的尺寸规格，一个浴盆大约能装 30～100kg 鲜泥炭。浴盆中泥炭的深度应让泥炭浆盖住身体轮廓，以便尽可能节省泥炭用量。泥炭中的水越少，泥炭接触身体皮肤的比例越高，泥炭浴的作用效率也越高。泥炭用量也取决于泥炭类型，即藓类泥炭可以少用，苔草泥炭可以多用。判断的原则是浴盆中的泥炭混合物均匀一致。在泥炭表面上画一个图形，这个图形保持 1min 不变即可。从图 11-3 中可见一个浴盆所需要的泥炭与水的比例。

从图 11-3 可见：由于刚刚开采处理的泥炭含水量为 62%，含泥炭固体物质为 5%，则泥炭浆的总物质量为 67%。另外补加 33%的水分，则配合成了泥炭浴盆中

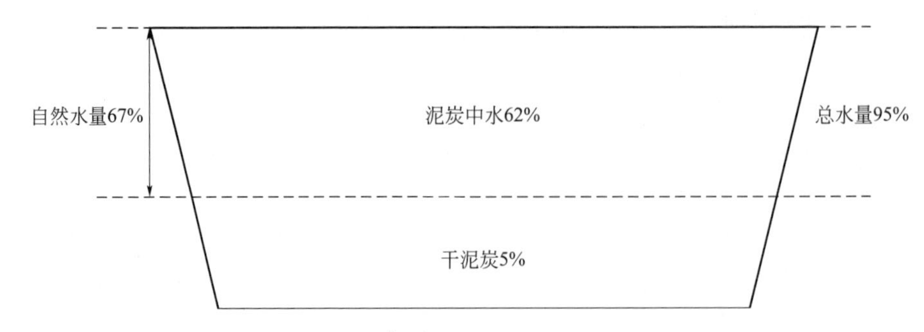

图 11-3　泥炭浴中泥炭物料与水分的关系

总泥炭干物质 5％、水 95％的泥炭浴浆，用于患者的泥炭浴治疗。

泥炭浴中的泥炭浴与水混合物的温度最好加热到 39～42℃，也有人建议加温到 37～38℃，以适合心血管病患者使用。使用较高温度要依据患者的症状和治疗有利程度确定。如流感、风湿症、癌症、妇科整形手术康复病症中，因为热量不能够从患者体表快速散发，泥炭浴会让患者体温快速升高，有利于病患的治疗。而在别的情况下，低温泥炭浴在湿疹治疗中可能有特殊作用。在低温泥炭浴中，泥炭浆的温度可能只有几摄氏度。

对于泥炭浴在什么温度合适仍然有很多争议，即使 35～37℃也会导致体温升高，产生了物理效应，泥炭中的某种药物成分在温度达到 40℃以上时可能会失去药效，所以非常高的温度可能会因为物理效应最大化而牺牲某些生物化学效应。如果一个洗浴过程太热，这个泥炭浴可使人忍受不了 20min，所以对人来说就是温度太高。

不建议向心脏疾病和高血压患者推荐高温泥炭浴。但有人制备一个内部能流动冷水的螺旋管，将螺旋管放在患者胸前，就可以减轻高温的压力，使心脏病、高血压人也能享受泥炭浴的治疗福利。另外，如果泥炭温度较高，将人的胸部离开水位高一点就可以基本缓解高温的胁迫。

泥炭浴不适应人群或禁忌是孕妇、急性炎症和脑出血。但是这样的患者要进行泥炭浴，只要使用中等温度和较低泥炭浓度，一般不会发生什么不可逆转的不良反应。有人建议泥炭浴用 37～38℃温度，250～300mL 事先准备好的泥炭药物加入浴盆就可进行泥炭浴。总的来说，在缺乏专业指导情况下，使用 38～40℃进行泥炭浴是可行的。

一般建议的泥炭浴时间是 20min，如果患者对泥炭浴的温度能够承受，泥炭浴的时间可以延长到 30min，在这段时间里，由于泥炭具有较强的热量保持能力，泥炭浴的温度只可能降低 1～2℃。如果患者不习惯泥炭浴的温度，第一次泥炭浴时可以先停留 10min 左右，以后再逐渐延长时间。泥炭浴的药用价值可以在每周进行 2～3 次泥炭浴、连续 3～5 周得到显效。

泥炭浴完成后应洗一个淋浴，然后至少休息 20min，在此期间身体继续出汗。

事实上，休息至少要到感觉到身体恢复正常，出汗已经停止，如果需要尽可能休息 2h。

在家利用原有的浴盆进行泥炭浴时，如果泥炭粉末属于极细的，洗浴完成后泥炭粉末可以随水排入下水道。不含粗糙固体颗粒的泥炭也能在现今家庭浴盆中使用，特别是那些拥有气流或水流进行按摩的浴缸。

芬兰开发的专业化泥炭浴缸带有一个罩子，患者躺在浴缸中的阶梯状位置上，身上涂满泥炭浆，然后盖上盖子，身体上的泥炭在蒸汽下保持湿润不干，温度可以用控制器控制恒温。泥炭浴完成时，水流会喷入浴缸，洗去患者身上的泥炭，让身体干净，然后再跨出浴盆。这种浴盆全身洗浴每次大约消耗 1～1.5kg 泥炭，十分经济实惠。

二、全身护理

泥炭药物用于全身涂抹或面膜，必须事先加热到 42～44℃。但加热用具绝对不能使用微波炉，因为微波会破坏其中的药用成分。一般 1～2L 一个包装的泥炭用 60℃水浴加热 15min 就可达到所需要的温度。全身涂抹治疗前应先洗净身体，通过桑拿浴去掉老皮，以利于药物作用。

治疗时首先用适量泥炭糊完全覆盖患处皮肤，抹平成薄层状。在人躺下之前要先将背部抹好，然后再抹前面、面部和头发。如果使用的泥炭糊足够细而且容易抹平的话，一般抹厚 1～2mm。在涂抹之前加入少量热水可有助于泥炭糊的涂抹，有时也可以涂抹在纱网上或其他中介材料而不是直接涂在皮肤上，让泥炭糊慢慢渗透到皮肤上。从效果上看，一般不推荐这种做法，因为这种做法会大大降低治疗效果。

全身涂抹泥炭用量大约为每人 0.5～1.5kg 泥炭。泥炭糊涂抹完成后，要立刻覆盖上一层薄膜，防止泥炭干燥，保持泥炭层温度。在不覆膜情况下，泥炭可能会完全干燥，降低使用效果。由于泥炭糊干燥情况下移动困难，泥炭会黏结在头发和汗毛上，导致干燥泥炭很难从皮肤上洗掉，所以，使用塑料薄膜可以保持泥炭糊湿润，便于治疗后泥炭的清洗。

在治疗过程中可以借助外部加热器补充热量。在治疗胳臂、大腿时可以将胳臂和大腿放置在水浴中，涂抹的泥炭要用塑料薄膜保护，不使其被水洗掉。这种治疗可以在任何地方进行，时间在 20～60min。当然可以采用在治疗床上全身涂抹并用塑料薄膜保护的方法，也可以用桑拿浴中全身泥炭涂抹或特殊蒸汽浴中的全身涂抹加塑料薄膜覆盖代替。

泥炭浴做完之后，要用水洗去身上的泥炭，但不要用任何肥皂、香皂，洗干净之后才可以使用润肤露等。如果治疗以后感受不舒服，应该立即休息一会。这种治疗效果要依靠连续多次治疗，即每周一个疗程，每周 2～3 次，连续 3～4 个疗程。

泥炭的全身治疗需要专业药剂师操作，或由其他受过训练的人涂抹后覆盖塑料膜。家庭使用就可以自行处理了。

三、局部药糊

对退行性关节炎、关节痛、运动受伤、银屑病、血肿等，可以使用局部药糊治疗。这种治疗方式中，泥炭糊要在患处涂抹到足够厚度，以便能维持温暖很长一段时间。一个治疗大约耗时 20min。对于关节炎，泥炭糊可以用塑料膜包裹，使其覆盖在患处几个小时，必要时甚至可以包裹过夜。泥炭糊上还可以放置一条厚毛巾以保持泥炭糊的温度，热水袋、热水瓶、热毛巾都有可用于保持泥炭治疗区域的温度，提高治疗效果。

治疗结束后，揭去药糊，洗净皮肤上含有药物的精油油脂。如果下次再次使用药糊，可以将药糊保存在常温冰箱中。普通病人可以连续用 3～4 次，每次用时添加少量热水，补偿蒸发损失水分。泥炭药糊在有效期到达之后应该丢弃，或者混合到园土中。

四、足部治疗

泥炭用于足部治疗可以在足底脚面直到小腿中部全部涂满泥炭，然后用塑料膜包裹，放在水温 40～43℃的水浴中，有利于压迫塑料膜和药物直达足部，每次治疗最好在 20～30min。

经常定期进行足部泥炭治疗有利于改善足部血液循环，治疗以后会感觉到温暖，保证了正常睡眠。足部治疗另外的好处是减少皮肤的干燥、减轻足部急性水肿、改善关节活动性、减轻腿部抽筋疼痛、放松腿部。一些足疗效果还可能在身体的其他部位显现，如头疼缓解、胁迫症状缓解、坚硬皮肤斑块的软化、伤口的愈合和脱皮、结痂、减少脚部出汗、减轻脚气等。

五、手部处理

手部泥炭治疗原则与足部类似。手部泥炭治疗和足部泥炭治疗都可以使用泥炭，包括过夜方式加强使用效果。手指宜用棉布、棉花包裹物，以提高使用效果。手部治疗在泥炭使用范围内的效果与脚部是相似的。

六、面部护理

面部护理需要特别准备泥炭药物，至少要用很细的泥炭颗粒。泥炭包使用前应该用水浴加热，但温度不要超过 60℃。高过这个温度，泥炭的有效成分会失去效果。对 100g 的泥炭包，在 60℃水中 5min 即可。

为了涂抹方便，可以在泥炭糊中加入少量的热水。涂抹前皮肤应该事先清洗或褪去老皮。泥炭涂抹上面部、颈部之后立即用纱布覆盖，或用带孔薄塑料膜以便露出鼻子、眼睛和嘴巴。面部最好覆盖上毛巾保温，包紧使泥炭作用 20～40min。

面膜也可以在室温下使用，泥炭将皮肤上毛孔紧贴在泥炭上，有利于移除肿胀物，但治疗青春痘或面部皮疹时，泥炭可以事先放到冰箱里冷却，而不是加热。因为这样有助于减低炎症，治疗完成之后面部皮肤应该用热水清洗干净。

泥炭也可以用于眼部的药糊，缓解眼部和周围肌肉的压力。

七、头发护理

用泥炭用力揉搓头发和头皮 20min，最好 30～40min，可以让泥炭与头发、头皮发生作用。用热水洗去泥炭，如果事先将泥炭加温到 40～44℃，或者整个处理过程在桑拿浴中进行效果更好。

近年来泥炭香波已在市场上出售，但坚持单独用泥炭的仍然很多。因为泥炭更天然、纯粹，也更有效，不仅有利于头发活力，也有利于头皮健康。

八、棉塞

泥炭棉塞主要用于不孕不育、术后妇科治疗和控制阴道酵母菌数量，中欧捷克等国许多 SPA 专门治疗这种疾病。

九、冷敷

泥炭也可以用于冷冻治疗，在急性炎症、肌腱损伤、肿胀、风湿痛下泥炭冷敷会取得良好的效果。冷敷最好在 2℃温度，一次冷敷 20～30min。

十、泥炭桑拿

泥炭桑拿完全可以利用原有的桑拿设施，只不过原有的桑拿木凳等最好用塑料薄膜覆盖，或者穿上塑料衣，防止泥炭掉落到木质器材上导致难以洗掉，弄脏器材。解决上述问题的办法是用烹调油加一点焦油混合，然后反复粉刷木板椅。如果桑拿是完全铺装的木质瓦楞，更容易使其保持清洁。

蒸汽桑拿更适合用于泥炭桑拿，因为稳定的空气湿度可以保证身体上的泥炭避免干燥。泥炭桑拿不会堵塞下水道，因为泥炭都是非常细的，容易流动。桑拿泥炭可以直接购买成包的，如果自己直接购买泥炭原料自己磨细，要保证泥炭粉末磨得足够细腻。

一旦桑拿已经加温到相对温和的 60℃温度，就应该短时间坐进桑拿室让皮肤的毛孔打开，开始流汗。然后用水润湿身体，以便让皮肤接受泥炭中的生物活性物质。

成包的桑拿泥炭可以放在室温下，使温度上升，或者放在 60℃水浴中足够长时间使其升温到 40～44℃，然后转移部分泥炭到一个碗里用水混合，检查混合后的泥炭是否能够泼洒出去。如果太稠，再加少量热水。在急性疼痛和炎症情况下，最好先用不加温泥炭，但桑拿浴里面的热量仍然可以使泥炭热起来，发挥作用。

走进桑拿浴中，将身体所有部位都撒满泥炭浆液，在病患处可以加量撒布泥炭浆液。泥炭浆液的厚度尽量厚一点，以便在桑拿过程中不会迅速干燥，也可以用泥炭糊覆盖头和头发，但不要进入眼睛、鼻子和嘴巴里。这种泥炭桑拿每个人使用0.5～1.5kg泥炭就可以覆盖全身。

坐在温热潮湿的桑拿浴房中15～20min（如果你要进入或走出桑拿浴几次，要在最后一次不再出桑拿浴时再涂抹泥炭）。最重要的是要在桑拿浴完成后大量饮水，因为人的代谢率在桑拿中会快速提高。同样因为使用泥炭的原因，如果感觉到疲乏，建议立即离开桑拿，用水洗去泥炭，稍事休息，然后再用水，不用香波洗去头发上的泥炭，因为泥炭将要养护你的头发。

泥炭治疗不会弄干皮肤，相反泥炭会湿润皮肤。如果皮肤感觉到干燥和粗糙，立即使用油性的润肤露。虽然身体在桑拿后还在不断地出汗，但泥炭桑拿后感觉到皮肤是柔软的，整个身体是轻松愉悦的。最好一周重复做几次泥炭桑拿，在专家指导下，可以多接受更多的泥炭药物治疗。

第七节　医用泥炭的开采加工

泥炭除了用于美容医疗，还可以用于许多泥炭健康项目。这些泥炭健康项目在原料处理、加工和管理方面都有一些需要注意的问题。

一、健康护理用泥炭开采

健康泥炭的一些产品可以在医生指导下用于饮料内服。当然在胃、肠、胆疾病如胃酸过多时严格不能使用泥炭口服产品。健康护理用泥炭开采应尽可能使用底部泥炭，因为底部泥炭分解度大，腐植酸活性高，使用效果好。此外底层泥炭受人类活动或自然环境变化小，污染轻，使用底部泥炭更加安全。

在健康泥炭开采时，应尽可能使用抽吸设备，不要打乱上部泥炭层结构，减少混层对泥炭品位的影响。开采抽吸出的泥炭浆要立即封闭，减少外部环境变化的影响，尽快运回厂区加工处理。产品制备完成后要立即包装，排除空气，防止质量变化。

二、健康泥炭产品加工

泥炭药物在中东欧已经广泛使用多年，近年芬兰使用增加更多，生产了大量个人卫生用品，如洗面乳、润肤露、肥皂、香波、头发调理剂、皮肤露、泥炭油、滴眼液、漱口水、牙膏和美容产品、酒饮料等。奥地利在泥炭健康产品开发得最多。但这些产品中没有一个是单纯使用泥炭的，它们都含有一定的配方成分，泥炭使用的比例和添加剂成分因产品不同而有明显差异。

药物泥炭在俄罗斯和白俄罗斯都有很多开发产品，如TORFOT就是用于眼科疾病治疗的泥炭药物，拥有特殊的药物性质。

白俄罗斯也有一种香波，代表着高度加工处理的泥炭矿物产品，已经不像泥炭那样的颜色，而芬兰生产的泥炭香波和肥皂则有褐色黄褐色特征，沼泽地水的香波在挪威也有生产。

三、泥炭沼泽地水的利用

在泥炭地附近，可以使用泥炭沼泽地里的水进行泥炭浴，如国际著名的奥地利Bad Neydharting就使用附近的沼泽水进行泥炭浴。泥炭沼泽中的水含有的活性成分比泥炭活性还高。泥炭沼泽水治疗的建议温度是35～37℃，洗浴时将沼泽水稀释即可，在芬兰已经建成这样的服务设施。在这些服务设施中，泥炭浴既可以将泥炭沼泽水引入在浴盆中进行，也可以让人直接进入沼泽地中洗浴（安全前提下）。实际上没有必要禁止人进入沼泽地洗浴，当然冬季在泥炭沼泽地里洗浴必须有足够的勇气和身体活力，因为即使在夏季，北半球沼泽地的水也是很凉的。

四、动物医药和营养中的应用

可采用外用或内服方式以泥炭治疗牛、马、猪、羊、鸡、猫、狗和兔等家畜家禽疾病。外用泥炭主要用于皮肤感染、湿疹、掉毛和蹄病，内用药主要用于室内养殖动物，如鸡、猪等的消肿，以及治疗胃溃疡和其他消化类疾病。此外，抗生素过敏、肝功能异常、免疫力低下等疾病，都可以通过泥炭制剂得以缓解。

泥炭制剂也可以用于补充喂食动物，尤其可以在特殊生长期内用以克服断奶问题，刺激生物活动，促进生长，改善血细胞计数，增强抗感染能力。痕量元素也可以加入到泥炭制剂当中，泥炭中腐植酸就可以作为微量元素的重要转运者。德国的HUMOGRAN药片含有藓类泥炭，主要用于小型家畜、家禽，如猫和鸡的治疗。

五、加强科学研究，促进泥炭健康产业发展

泥炭用于泥炭浴和药物疗法的用量还是很小的，所以在泥炭沼泽很少的国家开展泥炭医疗也不会因为资源受到太大限制。北欧北美等国拥有面积巨大的泥炭地，交通方便，这些泥炭地底部都有深度腐殖化泥炭，具备广泛开展泥炭健康工程的区位优势和资源优势。一种泥炭地是否满足美容、医疗条件，需要进行全面彻底的分析研究，对泥炭药效也需要进行科学的医学验证。由于不同实验室中使用的检测方法都不一致，这些方法都应该进行校核，以便泥炭检测结果能在国际范围相互比较，尤其是有机化合物的测定和检测。考虑到泥炭浴疗、泥炭药物所用泥炭的质量分类，对不利物质的限制也十分重要，最好通过对泥炭采集地点的仔细选择，认真系统仔细研究这些特征、药物价值，对泥炭药物和泥炭原料的进出口也是十分重要的。

需要对泥炭药物标准进行研究，在产品广泛应用前需要研究验证产品是确切有

效的。因为泥炭的效果因泥炭地类型和地点有所不同，一个地点的泥炭效果很好，换个地点的泥炭可能没有效果。因为每一个泥炭沼泽都是不同的，应该综合考虑泥炭开发对地方经济发展和农民就业的积极意义，这样对一些已经失去湿地功能和效益的泥炭地的开发就会有客观公平的态度。

尽管大量研究报告描述了泥炭的药物效果，但对于泥炭中到底哪种成分是关键组分、这种关键作用是如何影响的仍然缺少明确答案。因此研究泥炭和泥炭产品的物理、化学性质的独立性以及研究这些性质对药用效应的关系将是十分重要的。这些研究成果一定会进一步给泥炭药物泥炭浴疗的应用和开发提供更精确的指导。目前泥炭药物的主流观点认为是腐植酸、胡敏素在治疗中的温度效应是关键因素，而其他有机化合物的效应并没有得到适当解释，一些有益生理效应都被完全解释为泥炭药物对缓解胁迫能力上。有研究指出，强烈分解的苔草泥炭可能不再拥有那么多生物活性了。显然进一步对不同类型、不同分解度泥炭进行比较研究十分重要。应该充分发挥国际泥炭学会的人才和行业优势，联合开展协作研究，这对泥炭健康产业发展是十分重要的。

泥炭健康工程在我国方兴未艾，要进军泥炭健康产业，必须做好以下四点。

1. 前期调研

要推进泥炭健康工程，必须进行前期调研。联合或委托市场研究公司进行市场调研，了解市场需求潜力，选定目标市场方向，发现市场机会。

2. 现金流

泥炭健康工程不仅需要一定的进入成本，同时要做好一年甚至多年的持久战准备，要避免在中期投入和后期投入上的认识不足，造成现金流枯竭，导致企业失败。

3. 产品

泥炭健康产品不要多，最好专注于某一个领域的一到两个产品，进行尖端突破；产品所定位的细分市场进入时竞争并不强烈；产品的潜在市场要大，否则很难有大的作为。

4. 营销

对于泥炭健康工程而言，项目战略的成功离不开强大的营销团队，拥有一支强大的营销团队是战略转型成功企业的共性，应该通过招聘人才自建，或者依靠专业营销公司。

参 考 文 献

［1］ Andre Michael. A New view on quality controlled application of peat in medical treatment. Peatland International，2003，1：25-29.

［2］ Lishtvan I，Beilkevich. Medical Properties of peat. International Peat Journal，1987，2：163-179.

第十二章 泥炭标准化与检验工程

标准化是人类文明发展的重要技术保障，是一切产业规范发展的基础，标准化水平已成为各国各行业核心竞争力的基本要素。一个企业，一个行业，乃至一个国家，要在激烈的国际竞争中立于不败之地，必须深刻认识标准对行业技术进步、规范运行与社会发展的重要意义。质量检验是对产品的一项或多项质量特性进行观察、测量、试验，并将结果与规定的质量要求进行比较，以判断每项质量特性合格与否的一种活动。检验监督和标准化管理是一个产业列车前行的双轮，行业鲲鹏飞翔的两翼。检验是所有行业产品质量管理和行业经营秩序规范的重要手段。要加快泥炭产业的健康规范发展，就必须建立和加强泥炭检验检测体系建设。泥炭检验工程包括泥炭检验实验室建设、检验管理制度建设、质量体系认证管理、检验方法和标准运用等。泥炭产业是我国的新兴产业，标准化工作尚属空白。如何在我国泥炭标准化的一张白纸上，画出最新最美的画图，引领和规范泥炭产业健康发展，是泥炭标准化工程的重要内容。

第一节　泥炭标准化的概念与原理

一、标准和标准化的概念

标准的核心是统一，是对重复性事物和概念的统一规定；标准的任务是规范，是对各种各样的市场经济客体的限定和约束。从本质上看，标准就是规范市场经济客体的“法律”。

市场经济由主体和客体构成。主体是市场上从事交易活动的组织和个人，组织和人的行为要靠法律来规范和约束；客体是市场上经营和交换的产品与服务，产品和服务依靠标准来规范和管理。可见，标准具有鲜明的法律属性，它和法律法规一起，构成车之二轮、鸟之两翼，共同保障着市场经济规范、有序运行。特别值得提出的是，强制性标准是通过国家的强制力来保障实施，强制标准本身就是一种技术法规；推荐性标准虽然不强制普遍采用，但一经接受并采用，或各方商定纳入经济合同中后，也将成为各方必须共同遵守的技术依据，同样具有法律上的约束性。

标准化是指在经济、技术、科学和管理等社会实践中，对重复性的产品和服务通过制定、发布和实施标准而达到统一，以获得最佳市场秩序和社会效益的过程。泥炭标准化以获得国家、泥炭行业、泥炭企业最佳生产经营秩序和经济效益为目标，对国家、泥炭行业和泥炭企业的生产经营活动范围内的泥炭产品和服务，制定和实施国家、行业和企业标准，实现对泥炭经营活动的管理和规范。换句话说，泥炭标准化是为在一定的范围内获得最佳秩序，对实际的或潜在的问题制定共同的和重复使用的规则，即制定、发布及实施泥炭标准的过程。泥炭标准化的重要意义在于改进泥炭产品、服务的适用性和规范性，防止假冒伪劣，打破贸易壁垒，促进泥炭产业技术合作。

二、标准化的作用

标准化是一项复杂的系统工程，具有系统性、国际性、动态性、超前性、经济性、抽象性、技术性、连续性特征。通过标准化以及相关技术政策的实施，可以整合和引导社会资源，激活科技要素，推动自主创新与开放创新，加速技术积累、科技进步、成果推广、创新扩散、产业升级以及经济、社会、环境的全面、协调、可持续发展。

标准化是现代化生产的重要手段和必要条件，一个泥炭企业、一个泥炭行业要实现科学管理和现代化管理，提高泥炭产品和服务质量，保证安全健康，发展泥炭产品品种，组织专业化生产，合理开发利用泥炭资源，节约能源和节约原材料，推广泥炭行业新材料、新技术、新科研成果，消除贸易障碍、促进泥炭国际贸易发展，标准化可以发挥重要作用。标准化可以发展泥炭产品品种，提高企业应变能力，以更好地满足社会需求。随着科学技术的发展，生产的社会化、专业化程度越来越高，泥炭生产规模越来越大，技术要求越来越复杂，分工越来越细，泥炭生产协作越来越广泛，这就必须通过制定和使用泥炭标准，来保证泥炭行业内外各生产部门的活动在技术上保持高度的统一和协调，以使泥炭生产正常进行。所以，泥炭标准化为组织现代化泥炭生产和泥炭产品应用创造了前提条件。科学管理是依据泥炭生产技术的发展规律和客观经济规律对泥炭企业进行管理，而各种科学管理制度的形式，都以泥炭标准化为基础，也就是说，泥炭标准化为泥炭企业、泥炭行业的科学管理奠定了基础。标准化可以保证泥炭产品和服务的质量，维护泥炭消费者利益。

标准化应用于泥炭科学研究，可以避免在泥炭研究上的重复劳动；应用于泥炭产品设计，可以缩短设计周期；应用于泥炭生产，可使泥炭生产在科学、有秩序的基础上进行；应用于管理，可促进泥炭产业的统一、协调和高效率。可以说，泥炭标准化可以促进泥炭产业发展，提高泥炭行业经济效益。一项泥炭科研成果，一旦纳入相应标准，就能迅速得到推广和应用。因此，标准化可使泥炭新技术和新成果得到推广应用，从而促进泥炭产业技术进步。因此，泥炭标准化是泥炭科研、泥炭生产、泥炭使用三者之间的桥梁。如果泥炭环保标准、泥炭卫生标准和泥炭安全标准制定发布后，用法律形式强制执行，对保障人民的身体健康和生命财产安全具有重大作用。

标准化标志着一个行业新标准的产生。通过泥炭标准化以及相关技术政策的实施，可以整合和引导社会资源，激活泥炭科技要素，推动自主创新与开放创新，加速泥炭技术积累、泥炭科技进步、泥炭成果推广、泥炭创新扩散、泥炭产业升级以及经济、社会、环境的全面、协调、可持续发展。

标准化管理是一套全新的管理体制，遵循戴明 PDCA 管理模式，建立文件化的管理体系，坚持预防为主、全过程控制、持续改进的思想，使泥炭行业和泥炭企业的管理工作在循环往复中螺旋上升，实现泥炭行业业绩改进的目标。泥炭标准化管理的一个重要思想就是要求泥炭行业和泥炭企业按照 PDCA 循环开展评价工作，周而复始地进行“计划、实施与运行、检查与纠正措施和管理评审”活动，实现泥炭行业和泥炭企业持续改进的目标。

三、标准化的原理

任何一种物质运动和经济活动都要遵循一定的科学原理，泥炭标准化主要遵循统一原理、简化原理、协调原理和最优化原理。

（一）统一原理

统一原理是为了保证泥炭产品和服务所必须遵守的秩序和效率，对泥炭产业和服务的形成、功能或其他特性，制定适合一定时期和一定条件下的统一规范，并使这种一致规范在所有泥炭企业和泥炭市场在功能上达到等效一致。

标准化统一原理的目的是保证泥炭产品和服务必须遵循秩序和效率，从而确定特定泥炭产品和服务的规范一致。在同类泥炭产品和服务中选择规范一致，包含该类产品必须具备的必要功能。应该提出的是，统一是相对的，泥炭标准的一致规范，只适用于一定时期和一定条件，随着时间的推移和条件的改变，旧的统一就要由新的统一所代替。

（二）简化原理

简化原理是为了泥炭标准执行的经济有效，对泥炭标准化对象的结构、形式、规格或其他性能进行筛选提炼，剔除其中多余的、低效能的、可替换的环节，精炼并确定出表达泥炭产品和服务最核心的技术指标，并保持泥炭产品和服务的整体构成精简合理，使泥炭产品和服务功能效率最高。

简化原理的目的是保证泥炭行业和泥炭企业经营活动的经济高效，使之更有效地满足泥炭产业发展需要。泥炭标准简化的原则是从全面满足泥炭产品和服务基本需要出发，保持泥炭产品和服务整体构成精简合理，使泥炭产品和服务功能效率最高，满足全面需要的能力。泥炭标准简化的基本方法是对处于自然状态的泥炭产品和服务性状进行科学的筛选提炼，剔除其中多余的、低效能的、可替换的环节，精练出高效能的能满足全面表征泥炭产品和服务所必要的指标。泥炭标准简化的实质不是简单化而是精练化，其结果不是以少替多，而是以少胜多。

（三）协调原理

泥炭标准的协调原理是为了使泥炭标准的整体功能达到最佳并产生实际效果，必须协调好泥炭标准内外相关因素之间的关系，确定为建立和保持相互一致，适应或平衡关系所必须具备的条件。

协调原理的目的在于使泥炭标准的整体功能达到最佳并产生实际效果。泥炭标准的协调对象是泥炭标准内相关因素的关系以及泥炭标准与外部相关因素的关系。与泥炭产品和服务性状通过标准建立相互一致关系、相互适应关系和相互平衡关系，以保证技术经济指标平衡与有关各方利益矛盾的平衡。泥炭标准协调的方式是有关各方的协商一致、多因素的综合效果最优化和多因素矛盾的综合平衡等。

（四）最优化原理

泥炭最优化原理是按照特定的目标，在一定的限制条件下，对泥炭标准系统的构成因素及其关系进行选择、设计或调整，使之达到最理想的效果。

泥炭标准化最优化原理的目的是促进泥炭产品和服务内容最优、执行最高效、指标最科学、功能最完备，使泥炭标准的运行更加自觉，摆脱盲目被动状态。泥炭标准的最优化是以系统论的原理为基础，针对泥炭标准化中的多种方案、多种途径、多种选择进行科学分析，选出最佳途径和方案。根据局部效益服从整体效益的要求，泥炭标准化要根据已经确定的目标，正确处理泥炭标准化局部利益和整体利益、当前利益和长远利益的关系，确保泥炭产业的系统效益和长远效益最优。泥炭标准最优化是把优化实现贯穿系统分析始终，泥炭标准化过程的各个阶段都要体现。泥炭标准化的优化绝对性和相对性要紧密结合，在追求优化时不一定绝对优化，而是遵循少数服从多数原则。

第二节　泥炭标准化的意义

随着贸易自由化在全球的推进，标准已成为发达国家新贸易保护主义的主要表现形式。经济全球化浪潮使标准竞争上升到了战略地位。在知识经济时代，一项具有战略意义的技术标准被国际性的标准化组织承认或采纳，往往可带来极大的经济利益，甚至能决定一个行业的兴衰，影响国家的经济利益。因此，泥炭标准化不仅是各个国家标准化战略的组成部分，也对泥炭产业竞争、发展具有重大的推动意义。泥炭标准化作为国家标准化的重要组成部分，同样受到了广泛关注。标准是走向国际市场的“通行证”，要实现国际贸易的顺利进行，产品就必须跨越标准这道“槛”。只有充分认识标准在国际竞争中举足轻重的地位，深入贯彻实施标准化战略，才能在激烈的国际竞争中处于主动地位，实现产业和经济的跨越式发展。

一、泥炭标准化有助于参与国际竞争

20 世纪 90 年代后期，特别是进入 21 世纪以后，发达国家纷纷制定各自的标准化发展战略，以应对因经济全球化对自身带来的影响。由于 WTO 对关税和配额等传统贸易保护手段作了限制，发达国家往往利用标准的合法性和隐蔽性，作为新型非关税壁垒的主要手段，达到限制他国产品出口、保护本国产业的目的。标准涉及的技术指标种类和数量越来越多，要求越来越苛刻，修订越来越频繁，发展中国家一般很难达到。随着新贸易保护主义势力的不断抬头，由标准引发的贸易摩擦还会不断加剧。中国的泥炭产业要在全球化背景下实现资源资本双向流动，参与国际竞争，没有泥炭标准的国际化是不可能的。

欧盟、美国、加拿大、日本等国家和地区千方百计地在国际标准化活动中争取主动权、发言权，竭力在国际标准中反映本国的要求、体现本国利益，绞尽脑汁地争夺制定国际标准的主导权，凭借强大的技术创新优势，不遗余力主导国际标准的制定，瓜分了一半以上的 ISO、IEC 等国际标准组织秘书处，将国家标准化作为国家战略，不允许因为标准化战略失误影响国家经济利益。作为国家标准化战略的组成部分，泥炭标准化工作自然就受到这些国家的关注和重视。欧盟在已取得国际标准竞争丰硕成果的基础上，进一步推行国际标准化战略，牢牢地控制住国际标准的制高点。欧洲标准化委员会（CEN）明确提出要建立强大的欧洲标准化体系，统一欧盟各国在国际标准化组织中的标准化提案，将成员国制定并实施的国家泥炭标准升级为欧盟标准（CEN 标准），建立以欧盟标准为基础的国际标准，达到支持欧洲统一市场、增强欧洲产业在世界市场上的竞争力、将欧洲技术扩大到全世界的目的。欧盟的德国、法国标准中都有许多泥炭标准，欧盟的基质和土壤调理剂产品和检测标准在国际泥炭产业中独树一帜。美国凭借经济实力、技术能力最强的超级大国优势，在控制国际标准化技术委员会秘书处现有领导权的基础上，全力争夺国际标准的制高点。美国鼓励承担更多的 ISO、IEC 秘书处工作，建立稳定的标准化经费支持机制，强调在国际标准中反映美国的观点和原则，改进美国标准体系中政府和非政府机构间的沟通，使美国制定的泥炭检测分析标准受到世界泥炭行业的广泛认同。日本依靠强大的经济实力和技术能力，拼命争夺国际标准的制高点。日本推进战略性的国际标准化活动，培养国际标准化专家，促进标准化活动与研究开发的一体化，使日本泥炭腐植酸研究工作基础扎实深入，标准化工作独具特色。

我国政府十分重视标准化工作，明确把实施标准化战略作为我国科技发展的两大战略之一，标准化战略已上升为国家意志。我国根据国际发达国家标准化发展趋势，将我国标准化战略放于公众十分关注的健康、安全和环境保护领域及其他社会热点问题，加大政策和财政支持力度，鼓励相关单位积极参与国际标准、国家标准和行业标准的制定，积极培养标准化人才，提高我国在国际标准化工作中的作用，参与国际标准制定修编，不遗余力地把我国标准变成国际标准。

经济全球化和现代农业的迅猛发展，给我国泥炭产业发展带来了机遇和挑战，也把泥炭标准的竞争推向国际竞争前沿。近年来我国经济发展迅速，特别是加入WTO后，我国把倡导循环经济、发展现代农业、建设创新型国家列为基本国策，泥炭因其绿色环保、功能多样的显著特色得到了政府和企业广泛关注，形成了对泥炭产品的巨大市场需求，国外泥炭品牌和泥炭产品也陆续进入我国，国内企业陆续远赴海外投资开采泥炭，引进国内稀缺的优质战略资源，泥炭产业国际竞争已经展开。由于泥炭产业属我国的新兴产业，也属于边缘交叉科学，涉及学科领域广泛多样，现有学科领域和经济管理体系不能完全，因此，泥炭标准化工作一直处于边缘状态，泥炭产品标准编制和评审很难找到对口的标准化技术委员会；泥炭行业标准化建设工作缺乏长、中、近期的规划；泥炭行业专家缺乏系统的标准化编制和审查方面的训练，严重制约了我国泥炭产业的健康发展，也不利于我国泥炭企业参与国际竞争，争取国际竞争的主动权。泥炭标准的缺失还导致泥炭产品质量良莠不齐，行业市场秩序混乱，假冒伪劣产品充斥市场，迫使企业恶性竞争，滥采乱挖，粗制滥造，浪费资源，破坏环境。特别是缺乏全国统一的泥炭标准，不能为政府执法部门提供科学依据，直接影响了泥炭行业质量管理水平和管理力度，不利于泥炭行业的健康发展。由于尚未建立全国性泥炭标准化技术委员会，不能参与国际对口泥炭标准化工作，就不利于我国吸取国际泥炭标准化先进经验，保障我国泥炭产业健康发展。

“得标准者得天下”，标准是市场竞争的制高点，标准是一种游戏规则，谁的技术成为标准，谁制定的标准为世界所认同，谁就会获得巨大的市场和经济利益，拥有泥炭市场的控制权。标准竞争已成为继产品竞争、品牌竞争之后，又一种层次更深、水平更高、影响更大的竞争形式。我国泥炭产业只有加紧完善以专利和技术标准为依托的自主创新体系，才能在激烈的国际竞争中胜出。通过标准与专利的融合，实现泥炭专利标准化、泥炭标准垄断化，就可以最大限度地获取国际泥炭市场份额和垄断利润，带领我国泥炭企业从卖产品的二流泥炭企业，逐步向卖专利、卖标准的一流泥炭企业和超一流企业发展，培育壮大我国的泥炭产业。

二、泥炭标准化有利于泥炭资源环境可持续发展

由于泥炭和泥炭地拥有多种商业用途和多种环境效益，因此泥炭开发和保护一直是国内外广泛争议的课题，也是事关社会、经济和环境可持续发展的重要问题。

由于泥炭开发涉及因素太多，以往的泥炭无序开发的确造成了泥炭资源的浪费和环境的破坏，因此政府主管部门采取一刀切的方式锁紧了泥炭矿产资源的勘探和开采权，虽然暂时起到了控制泥炭和泥炭资源环境迅速恶化的趋势，但与此同时，也极大地限制了泥炭产业资源输入，影响到了社会资本进入到泥炭领域，制约了泥炭产业的发展。事实上，自然界中的泥炭地很可能因为人为和自然因素造成退化失衡，失去了湿地功能和效益，已经丧失了泥炭保护的价值。这样的泥炭地如果不开发利用，泥炭也会逐年分解消耗，造成泥炭资源的无谓浪费。只有建立和贯彻严格的资源利用和环境保护标准，才能从源头促使企业节约泥炭资源和能源，减少和预防环境污染，实现经济、社会和人口、资源、环境的协调发展。

由于泥炭市场需求旺盛，一些泥炭企业受利益驱使盲目开采、私挖乱采造成泥炭资源浪费和自然环境的破坏。政府行政主管部门简单机械地执行湿地保护政策，不能根据泥炭地赋存现状判定和颁发泥炭开采许可证，合理开发利用和保护泥炭资源，就会限制和卡死泥炭产业。泥炭地是人类社会的环境资本，如果被无谓破坏，就可能永远失去其重要功能和价值，而过度开发将导致人类生存、生产资源的迅速耗失。正确的途径是选择可持续发展的理念和做法，科学判定泥炭地保护、利用方向，合理开发和利用泥炭资源，保证社会、经济和环境的可持续发展。因此，建立泥炭地状态判别标准，可以使政府主管部门提供颁发或拒绝泥炭勘探证和开采证的科学依据，就可以针对不同泥炭地的赋存状态确定泥炭地具备开发条件还是应该赋予保护，使泥炭勘探证和开采证颁发有法可依，有据可查。应在建立泥炭开采许可证制度的同时，建立泥炭开发保护技术标准，严格按照技术标准审定颁发泥炭开采许可证。在批准颁发泥炭开采证之前，必须进行环境影响评价；在泥炭资源开采设计时，应进行系统的土地复垦与湿地恢复重建规划；在泥炭资源的开发利用过程中，应按照 ISO 14000 体系建立环境管理标准，努力提高资源开采效率，减低贫化率，减少泥炭资源的浪费和损失，降低泥炭开发利用对周边环境的影响，构建人与环境相互关联、和谐共进的资源经济复合系统。泥炭矿床地下水位高，含水量大，泥炭矿石硬度低，矿层品位变化大，质量控制困难，开采难度大，需要系统的泥炭开采和加工标准，合理布局泥炭开采加工程序顺序，严格限定开采方式和开采设备，提高开采回收率和商品率，避免资源浪费和环境退化。

三、泥炭标准化有利于规范行业秩序，促进公平竞争

当前我国泥炭市场存在的突出问题是：由于没有国家泥炭质量标准，泥炭定价背离价值，不能充分反映泥炭价值。一些泥炭企业乱挖滥采，以次充好，正规生产企业优质产品却销售困难。随着国外泥炭企业和泥炭产品不断进入中国，不尽快建立泥炭国家标准，就更加不利于规范泥炭市场秩序、提高国内泥炭企业的竞争力、培育民族泥炭品牌。

泥炭属于特殊的有机矿产资源，其取样方法、测试项目和测试方法与常规土壤

和其他非金属矿物分析方法有显著差别。由于缺乏全国统一的泥炭分析标准，不同检验部门采用不同的测试手段、测试方法、试剂浓度、反应时间和计算常数，造成了不同检验单位出具的测试结果无法对比使用，直接影响泥炭与腐植酸产品市场交易公平性，也影响泥炭科学数据的互比和共享，制约泥炭与腐植酸产业发展和科技进步。

泥炭产业是我国的新兴产业，许多泥炭产品属于创新产品，在现有国家产品目录中找不到恰当的归属类别，产品管理也处于不同主管部门交叉地带或没有明确的主管部门。没有泥炭产品国家标准，就不利于企业技术创新和产品创新，无法遏止假冒伪劣产品的泛滥，不利于促进正规企业发展。同时，没有泥炭产品的国家标准，也不利于泥炭产品走向国际市场、参与国际竞争。欧盟在泥炭和泥炭产品方面编制发布了一系列专门标准，形成了泥炭标准和产业优势，国际标准化组织颁布了一系列腐植酸标准，我国应该根据我国泥炭资源优势和技术优势，加紧编制与国际标准接轨的国家标准或专门的国际标准，为我国泥炭腐植酸产品国际竞争奠定坚实基础。

在泥炭企业管理中，标准也事关企业的生存与发展。标准是泥炭企业组织生产和经营的依据，高标准才有高质量。没有泥炭标准化的进步，就没有泥炭产品质量的成功。如果泥炭标准过低，即使产品百分之百符合标准，其质量和价值也不会高。因此多数泥炭企业都将产品企业标准高于国家标准，甚至优于世界先进国家标准。质量是泥炭企业的生命，而泥炭标准是泥炭产品质量的前提，只有抓住了泥炭标准这个根本，泥炭企业方能立于不败之地。

因此，建立全国泥炭标准化技术委员会，积极参与国际泥炭行业对口标准化机构相关活动，吸收国际先进标准化技术和经验，组织行业内外部专家编写制定我国泥炭产业标准化体系建设规划，制定评审我国泥炭系列标准，对提升我国泥炭和泥炭产品标准化管理水平，规范行业秩序，提高泥炭产品质量和泥炭资源的技术附加值，提升我国泥炭产业国际竞争力，引领泥炭产业健康发展，具有重要意义。

第三节　泥炭标准化工程

标准化是指在一定范围内获得最佳秩序，对实际的潜在的问题制定共同的和重复的规则的活动。泥炭标准化是以泥炭产业为对象，运用“统一、简化、协调、选优”原则，通过制定和实施标准，把泥炭产业产前、产中、产后各个环节纳入标准生产和标准管理的轨道。泥炭标准化通过把先进的科学技术和成熟的经验组装成泥炭标准，推广应用到泥炭生产和经营活动中，把科技成果转化为现实的生产力，从而取得经济、社会和生态的最佳效益，达到高产、优质、高效的目的。泥炭标准化融先进的技术、经济、管理于一体，使泥炭产业发展科学化、系统化，是实现泥炭产业战略重要基础性工作。

泥炭标准化是一项系统工程，泥炭标准化工程的基础是泥炭标准体系、泥炭产品质量监测体系和泥炭产品评价认证体系建设。三大体系中，泥炭标准体系是基础中的基础，只有建立健全涵盖泥炭开采、加工、生产、使用各个环节的标准体系，泥炭生产经营才有章可循、有标可依；泥炭产品质量监测体系是保障，它为有效监督泥炭产品和农产品质量提供科学的依据；泥炭产品评价认证体系则是评价泥炭产品状况，监督泥炭标准化进程，促进品牌、名牌战略实施的重要基础体系。三大基础体系是密不可分的有机整体，互为作用，缺一不可。泥炭标准化工程的核心工作是标准的实施与推广，是标准化基地的建设与蔓延，由点及面、逐步推进，最终实现泥炭生产的基地化和泥炭基地的标准化。同时，泥炭标准化工程的实施还必须有完善的泥炭产品质量监督管理体系、健全的社会化服务体系、高度的泥炭产业化组织程度和高效的泥炭市场运作机制作保障。

泥炭标准化工程是综合运用系统科学、管理科学、数学、经济学和行为科学与方法，通过机构建设、标准管理、标准宣贯等一系列手段，解决泥炭标准化建立、实施和发展的具体问题，实现泥炭标准化健康高效发展。泥炭标准化是一个系统工程，是综合运用泥炭标准化系统的内外因素作用，对泥炭产业标准化过程进行管理的过程。通过泥炭标准化机构建设、标准管理制度和宣传贯彻等一系列活动，实现标准化系统的高效运转。

泥炭标准化工程在国外发展及应用的实践表明，泥炭标准化与管理有机结合对提高泥炭行业生产率及效益，提高泥炭标准化系统综合素质，增强泥炭行业在开放经济条件下的国际市场竞争能力和知识经济环境中的综合创新能力，赢得泥炭生产、流通和应用系统、管理系统及社会经济系统的高质量、可持续发展等，具有不可替代的重要作用。

我国泥炭企业及泥炭产业经济系统面临着资源利用率低，质量和效益不高，产品综合结构不合理，环境适应性较差，国际竞争力及创新能力弱，泥炭标准化和内部管理软，技术与管理脱节，特色化缺乏，产品、市场、技术发展不平衡，泥炭企业与泥炭市场和政府及其他企业间关系欠规范、不稳定等诸多问题和困境。泥炭标准化工程是泥炭企业和整个泥炭产业经济摆脱困境、赢得竞争优势的有效武器，需要从机构建设、协调配合、政策引导、企业参与、专家保证等方面开展工作。

一、国家标准化管理委员会

我国标准化工作实行统一管理与分工负责相结合的管理体制。按照国务院授权，在国家质量监督检验检疫总局管理下，国家标准化管理委员会统一管理全国标准化工作。国务院有关行政主管部门和国务院授权的有关行业协会分工管理本部门、本行业的标准化工作。如涉及农业标准化工作，由农业部组织管理；涉及建筑工程的标准，由住建部管理；涉及健康卫生方面的标准，由卫生计生委管理；涉及军事用途的标准，由军委相关部门管理。省、自治区、直辖市标准化行政主管部门统一管理本行政区域的标准化工作。市、县标准化行政主管部门和有关行政部门主管，按照省、自治区、直辖市政府规定的各自的职责，管理本行政区域内的标准化工作。泥炭标准化无主管部门，单独从地方政府直报，或者根据标准的性质通过相关部委申报立项和审批。

国家标准化管理委员会的工作可以分为三大类：国家标准化法律政策制定，批准和管理全国标准化技术委员会，全国标准的立项、评审和发布。国家标准委负责拟定和贯彻执行国家标准化工作的方针、政策；拟定全国标准化管理规章，制定相关制度；组织实施标准化法律、法规和规章、制度。国家标准委负责批准和管理全国标准化技术委员会的成立、管理工作，只有经过国家标准委批准的全国专业标准化技术委员会，才有制定、修订、评审和宣贯国家标准的权利。所以要具备制定泥炭国家标准的权利和资质，就必须通过国家标准委批准成立全国泥炭标准化技术委员会。国家标准委负责组织、协调和编制国家标准（含国家标准样品）的制定、修订计划，组织国家标准的制定、修订工作，负责国家标准的统一审查、批准、编号和发布。全国泥炭标准化技术委员会成立以后，所有的标准化项目都必须上报国家标准委，取得编制计划，然后才能进入编制、评审和发布实施。国家标准委统一管理制定、修订国家标准的经费和标准研究、标准化专项经费。管理和指导标准化科技工作及有关的宣传、教育、培训工作。此外国家标准委还负责协调和指导行业、地方标准化工作；负责行业标准和地方标准的备案工作。代表国家参加国际标准化组织（ISO）和其他国际或区域性标准化组织（CEN），负责组织 ISO、IEC 中国国家委员会的工作；国内各部门、各地区参与国际或区域性标准化也需要通过国家标准委组织管理。

二、全国泥炭标准化技术委员会

全国泥炭标准化技术委员会是根据《中华人民共和国标准化法》的有关规定，经国务院标准化行政主管部门即国家标准委会同有关行政主管部门按国家统一规划组建的泥炭领域内从事全国性标准化工作的技术工作组织。泥炭标准化技术委员会由泥炭行业生产、开发、科研、保护、教学、监督检验、经销等方面专家组成，全国泥炭标准化技术委员会筹建发起单位东北师范大学泥炭研究所，作为秘书处挂靠单位。

由于泥炭产业尚无明确行业主管部门，所以申报成立全国泥炭标委会是通过地方标准化行政管理机构即吉林省质量技术监督局，向国家标准化委提交成立申请报告。申请报告中详细阐明了组建全国泥炭标准化技术委员会的必要性，论述了泥炭行业现状及其发展趋势、泥炭行业发展对标准化工作的需求以及泥炭行业国内外及国际标准化活动现状等；提出了拟负责的泥炭行业制修订国家标准的详细专业领域和国家泥炭标准体系表，并附加了泥炭领域 7 名来自不同单位专家对泥炭标准体系表的书面论证材料；列出了泥炭标委会成立后近期工作计划，并提出了泥炭行业已有的并拟由全国泥炭标准化技术委员会负责的国家标准计划项目和国家标准维护清单，简要介绍了秘书处承担单位相关信息，提交了全国泥炭标准化技术委员会初步组成方案建议和秘书处承担单位承诺。

国家标准委在收到筹建申请书后，审核无误后在国家标准委网站公示，征求各方面对成立泥炭标准化技术委员会的意见，避免泥炭标准化技术委员会业务范围由其他标委会产生交叉和重叠，确认无误后最后向筹建单位下达筹建文件。筹建单位再根据国家标委会批准筹建文件，进行委员征集、机构建设、标委会章程制定、工作计划制定等工作，60d 内将筹建文件汇编上报国家标准委，由国家标准委真实下达成立批准文件，签发全国泥炭标准化技术委员会公章、证书、编号等。至此全国泥炭标准化技术委员会正式宣告成立。

全国泥炭标准化技术委员会的会员征集要凭国家标准化批准筹建文件向有关单位发函征集委员，并将征集委员函在本单位和国家标准委网站上公布。技术委员会原则上应以企业为主体，由来自生产、使用、经销等方面的企业和科研院所、检测机构、高等院校、相关部门、行业协会（学会）、消费者代表、认证机构等相关方的代表组成，委员组成应有广泛代表性。技术委员会委员应达到一定数量。技术委员会应由 25 名以上委员组成，其中主任委员 1 人，副主任委员若干人，秘书长 1 人，副秘书长若干人。根据需要技术委员会可设若干顾问委员（不超过 5 人），由国内知名专家担任。

主任委员由相关单位向筹建单位推荐，原则上应为相关领域国内权威专家。副主任委员由相关单位向筹建单位推荐，原则上应为国务院有关行政主管部门、行业协会或骨干企业、龙头企业的代表。秘书长由秘书处承担单位向筹建单位推荐，原则上应为秘书处承担单位技术专家。副秘书长由相关单位向筹建单位推荐，原则上应为骨干企业、龙头企业或国务院有关行政主管部门、行业协会的代表。

全国泥炭标准化技术委员会的职责是遵循国家有关方针政策，向国务院标准化行政主管部门和有关行政主管部门提出泥炭标准化工作的方针、政策和技术措施的建议。按照国家制定、修订标准的原则以及采用国际标准和国外先进标准的方针，负责组织制定泥炭行业标准体系表，提出泥炭行业制定、修订国家标准和行业标准的规划和年度计划的建议。根据国务院标准化行政主管部门和有关行政主管部门批准的计划，协助组织泥炭行业国家标准和行业标准的制定、修订和复审工作。组织泥炭行业国家标准和行业标准送审稿的审查工作，对标准中的技术内容负责，提出审查结论意见，提出强制性标准或推荐性标准的建议。受标准制定部门的委托，负责组织泥炭行业国家标准和行业标准的宣讲、解释工作；对泥炭行业已颁布标准的实施情况进行调查和分析，做出书面报告；向国务院标准化行政主管部门和有关行政主管部门提出泥炭行业标准化成果奖励项目的建议。受国家标准委批准和委托，承担国际标准化组织和其他标准化技术委员会对口的标准化技术业务工作，包括对国际标准文件的表态，审查我国提案和国际标准的中文译稿，以及提出对外开展标准化技术交流活动的建议等。此外，泥炭标委会还可以受国务院有关行政主管部门委托，在产品质量监督检验、认证和评优等工作中，承担本专业标准化范围内产品质量标准水平评价工作。受国务院有关行政主管部门委托，可承担泥炭行业引进项目的标准化审查工作，并向项目主管部门提出标准化水平分析报告。在完成上述任务前提下，技术委员会可面向社会开展泥炭行业标准化工作，接受有关省、市和企业的委托，承担泥炭行业地方标准、企业标准的制定、审查和宣讲、咨询等技术服务工作。

泥炭标准化技术委员会经费主要来自标委会单位委员和通讯成员交纳的费用，开展泥炭标准咨询、服务工作的收入，以及有关方面对本专业标准化工作的资助，国家没有为标委会下达的专门业务经费。技术委员会经费用于：技术委员会会议等活动经费；向委员提供资料所需费用；有条件可对制定、修订标准提供补助；标准编写审查费。制定、修订标准所需经费主要由计划项目主管部门提供必要的标准补助费。技术委员会秘书处经费的预、决算应由技术委员会审定，秘书处执行。秘书处应每年向全体委员作经费收支情况报告，并书面报告技术委员会的主管部门和国务院标准化行政主管部门。

三、泥炭标准制定流程与管理

标准化技术委员会根据国务院标准化行政主管部门和有关行政主管部门编制制定、修订标准计划的要求，提出国家标准或行业标准制定、修订计划项目的建议。行业标准的计划建议，报行业标准归口部门和有关行政主管部门，经行业标准归口部门协调后列入行业标准制定、修订计划。国家标准的计划建议报技术委员会主管部门、国务院有关行政主管部门和国务院标准化行政主管部门，经协调后，列入国家标准制定、修订计划。

技术委员会根据国务院标准化行政主管部门和有关行政主管部门下达的计划，协助组织计划的实施，指导和督促分技术委员会、工作组或标准主要负责起草单位进行标准的制定、修订工作。

工作组或标准主要负责起草单位在调查研究、试验验证的基础上，提出标准征求意见稿（包括附件），分送技术委员会有关委员以及有代表性的单位和个人征求意见，征求意见时间一般为两个月。工作组或标准主要负责起草单位对所提意见进行综合分析后，对标准进行修改，提出标准送审稿，报秘书处。

秘书处将标准送审稿送主任委员初审后，提交全体委员进行审查（可用会议审查、也可用函审）。秘书处应在会议前一个月或投票前两个月，将标准送审稿（包括附件）提交给审查者。审查时原则上应协商一致。如需表决，必须有全体委员的3/4以上同意，方为通过（会审时未出席会议，也未说明意见者，以及函审时未按规定时间投票者，按弃权计票）。对有分歧意见的标准或条款，须有不同观点的论证材料。审查标准的投票情况应以书面材料记录在案，作为标准审查意见说明的附件。

审查通过的标准送审稿，由工作组或标准主要负责起草单位根据审查意见进行修改，按要求提出标准报批稿及其附件，送技术委员会秘书处。工作组或标准主要负责起草单位应对标准报批稿的技术内容和编写质量负责。

标准报批稿经秘书处复核，秘书长签字后，送主任委员或其委托的副主任委员审核签字报下达标准项目计划的主管部门审核。国家标准报国务院标准化行政主管部门，行业标准报行业标准归口部门，批准发布。分技术委员会审查通过的标准报批稿，送技术委员会秘书处按上述规定的程序办理。技术委员会对分技术委员会审查通过的标准报批稿，有权提出复议和修改意见。

技术委员会一般每年召开一次年会（可与审查标准结合进行），总结上年度工作，安排下年度计划，检查经费使用情况等。技术委员会应每年向国务院标准化行政主管部门及其主管部门书面报告一次工作。

四、泥炭标准化宣传贯彻

技术标准的实施，就是要将技术标准规定的各项要求，通过一系列具体措施予以贯彻执行。只有通过实施，才能实现制定技术标准的各项目的，充分发挥标准化的作用。一般说来，只有通过实施，才能实现制定技术标准的目的，在社会生产实践中加以运用，才会显示出它的作用和效果。因此，必须通过有组织、有计划、有措施地开展宣传贯彻技术标准的活动，使其得到全面有效的执行，才能使制定技术标准的目的得以实现。只有通过实施，才能检验技术标准的适用性。技术标准在实施时难免会出现许多在起草制定过程中未能考虑周全的问题。这些问题反映出来，有助于技术标准的进一步修改和完善，使其更好地实现预定的目的。只有通过实施，才能促进技术标准的发展。技术标准的实施也是推动标准化不断向前发展的最重要的环节。

技术标准的宣传实施是一项复杂细致的工作。由于各类技术标准都有不同的对象和不同的内容，其实施对于生产、管理上的影响作用也有所不同，很难采用统一的方法，但是一般来说，大都包括组织宣贯、贯彻执行、监督检查等几项主要任务。

技术标准的宣贯。宣贯是技术标准实施过程中的一项重要工作。技术标准的宣贯，主要包括以下内容：通过提供技术标准文本和有关的宣贯材料，使有关各方知道技术标准，了解技术标准，并能正确地认识和理解其中规定的内容和各项要求，同时做好技术咨询工作，解答各方面提出的问题；通过对各技术标准中各项重要内容及其实施意义的说明，使有关各方提高对实施技术标准意义的认识，取得各方的支持和理解；通过编写新旧技术标准内容对照表，新旧技术标准更替注意事项和参考资料，以及有关实施的一些合理化建议等，使有关各方做好各种准备，保证技术标准的顺利实施。技术标准宣贯的主要形式，除了编写、提供各类宣贯资料外，一般还采用举办不同类型培训班、组织召开宣贯会等。

技术标准的贯彻执行。根据技术标准的性质，技术标准的贯彻执行分以下三种形式。

1. 强制性标准的贯彻执行

我国的标准化法规定，强制性标准必须执行，不得擅自更改或降低强制性标准规定的各项要求。为了保证强制性标准得到贯彻执行，企业研制新产品、生产老产品，进行技术改造，从国外引进设备和技术时，必须充分考虑，符合有关强制性标准中规定的各项内容。一切工程建设的设计和施工都必须按照强制性标准进行，不符合强制性标准的工程设计不得施工、不得验收。

2. 推荐性标准的贯彻执行

推荐性标准是由有关各方自愿采用的标准，不强制要求执行，但可以采取多种措施鼓励有关方面贯彻执行。在下列情况下则应严格执行推荐性标准：一是被法规、规章所引用时，便成为相关法规、规章的一部分，在该法规、规章约束范围内成为必须贯彻执行的技术标准；二是被合同、协议所引用时，由于合同、协议受相关法律约束，推荐性标准一经引入合同、协议便相应具有了法律约束力，不贯彻执行有关规定，便要承担相应的法律责任；三是被使用者声明其产品符合某项推荐性标准时。

3. 技术标准实施的监督检查

技术标准实施后，必须经常性地进行各种形式的监督检查，以便保证技术标准得到认真贯彻执行，这是技术标准实施过程中的重要一环。

第四节　泥炭标准化管理

为了保证标准化的统一性、实用性，国家在标准化管理上实行了一系列统一管理措施。

一、标准类别划分

根据标准的性质，标准分为国际标准、区域标准、国家标准、行业标准、地方标准、企业标准，不同标准具有不同的使用范围和管理要求。

(一) 国际标准

国际标准是指国际标准化组织（ISO）、国际电工委员会（IEC）和国际电信联盟（ITU）制定的标准，以及国际标准化组织确认并公布的其他国际组织制定的标准。国际标准既包括三大国际标准化机构制定的标准，如 ISO 标准、IEC 标准和 ITU 标准，也包括其他国际组织制定的标准。ISO 编制的一些涉及泥炭的国际标准主要是泥炭检测方法标准，很少涉及产品标准。

（二）区域标准

区域标准是指由区域标准化组织或区域标准组织通过并公开发布的标准。区域标准的种类通常按制定区域标准的组织进行划分。目前有影响的区域标准主要有：欧洲标准化委员会（CEN）标准，欧洲电工标准化委员会（CENELEC）标准，欧洲电信标准学会（ETSI）标准，欧洲广播联盟（EBU）标准，独联体跨国标准化、计量与认证委员会（EASC）标准，太平洋地区标准会议（PASC）标准，亚太经济合作组织/贸易与投资委员会/标准与合格评定分委员会（APEC/CTI/SCSC）标准，东盟标准与质量咨询委员会（ACCSQ）标准，泛美标准委员会（COPANT）标准，非洲地区标准化组织（ARSO）标准，阿拉伯标准化与计量组织（ASMO）标准，等。在欧盟标准中，泥炭标准众多。在泥炭标准中，欧盟泥炭标准是最多的，例如涉及基质、土壤调理剂、泥炭前后出版了 10 多个标准，对泥炭和基质产业发展发挥了重要作用。

（三）国家标准

国家标准是指由国家标准机构通过并公开发布的标准。对需要在全国范畴内统一的技术要求，应当制定国家标准。我国的国家标准是指对在全国范围内需要统一的技术要求，由国务院标准化行政主管部门制定并在全国范围内实施的标准。各国的国家标准有自己不同的分类方法，其中比较普遍使用的方法是按专业划分标准种类，我国国家标准的种类就是采用了按专业划分的方法。由于我国泥炭产业发展浅近，目前还没有一部国家泥炭标准，泥炭标准化已经落后于产业发展。

中华人民共和国国家标准是指对我国经济技术发展有重大意义，必须在全国范围内统一的标准。对需要在全国范围内统一的技术要求，应当制定国家标准。我国国家标准由国务院标准化行政主管部门编制计划和组织草拟，并统一审批、编号和发布。国家标准在全国范围内适用，其他各级标准不得与国家标准相抵触。国家标准一经发布，与其重复的行业标准、地方标准相应废止，国家标准是四级标准体系中的主体。强制性国家标准代号：GB；推荐性国家标准代号：GB/T。

新的国家标准颁布之前，要进行样品的收集、检测、数据整理、会议讨论等步骤，所收集的样品大多数是行业内的大型企业、龙头企业等，中型的、小型的没资格，而这些企业的内控标准比一般企业的内控标准要高一点，所以在对样品进行检测、数据分析的时候，都是以对行业有影响的大型企业的产品质量作为参考依据的，这样制定出来的标准对一般企业而言，觉得高于自己的产品内控标准也是很正常的。

（四）行业标准

行业标准是指由行业组织通过并公开发布的标准，在中国也称为部颁标准。对没有国家标准而又需要在全国某个行业范围内统一的技术要求，可以制定行业标准。工业发达国家的行业协会属于民间组织，它们制定的标准种类繁多、数量庞大，通常称为行业协会标准。我国的行业标准是指由国家有关行业行政主管部门公开发布的标准。根据我国现行标准化法的规定，对没有国家标准而又需要在全国某个行业范围内统一的技术要求，可以制定行业标准，行业标准由国务院有关行政主管部门制定。

行业标准是指在全国范围内各行业统一的技术要求。行业标准是对国家标准的补充，是在全国范围的某一行业内统一的标准。行业标准在相应国家标准实施后，应自行废止。目前，国务院标准化行政主管部门已批准发布了61个行业的标准代号。强制性行业标准代号：××；推荐性行业标准代号：××/T。

（五）地方标准

地方标准是在国家的某个地区通过并公开发布的标准。我国的地方标准是指由省、自治区、直辖市标准化行政主管部门公开发布的标准。对没有国家标准和行业标准而又需要在省、自治区、直辖市范围内统一的工业产品的安全、卫生要求，可以制定地方标准。根据我国现行标准化法的规定，对没有国家标准和行业标准，而又需要在省、自治区、直辖市范围内统一的工业产品的安全、卫生要求，可以制定地方标准。

地方标准由省、自治区、直辖市人民政府标准化行政主管部门编制计划，组织草拟，统一审批、编号、发布，并报国务院标准化行政主管部门和国务院有关行政主管部门备案。地方标准在本行政区域内适用。在相应的国家标准或行业标准实施后，地方标准应自行废止。地方标准代号为“DB”加上省、自治区、直辖市的行政区划代码，如福建的代码为35。福建强制性地方标准代号：DB35；福建推荐性地方标准代号：DB/T35。从2012年起，东北师范大学泥炭研究所和吉林省质监标准化技术中心在吉林省质量技术监督局的支持下，先后以编制、等同采用和修改采用等方式，编制出版了12项泥炭标准，填补了我国泥炭标准的空白。

（六）企业标准

企业生产的产品没有国家标准、行业标准和地方标准的，应当制定相应的企业标准。对已有国家标准、行业标准或地方标准的，鼓励企业制定严于国家标准、行业标准或地方标准要求的企业标准。企业标准是由企业制定并由企业法人代表或其授权人批准、发布的标准。企业标准与国家标准有着本质的区别，首先，企业标准是企业独占的无形资产；其次，企业标准如何制定，在遵守法律的前提下，完全由企业自己决定；再次，企业标准采取什么形式、规定什么内容，以及标准制定的时机等等，完全依据企业本身的需要和市场及客户的要求，由企业自己决定。

企业标准是对企业范围内需要协调、统一的技术要求、管理要求和工作要求所制定的标准。企业产品标准其要求不得低于相应的国家标准或行业标准的要求。企业标准由企业制定，由企业法人代表或法人代表授权的主管领导批准、发布。企业产品标准应在发布后30日内向政府备案。此外，为适应某些领域标准快速发展和快速变化的需要，于1998年规定在四级标准之外，增加一种“国家标准化指导性技术文件”，作为对国家标准的补充，其代号为“GB/Z”。指导性技术文件仅供使用者参考。

标准分为方法标准和产品标准两种，一般来说企业标准绝大多数都是产品标准，基本不涉及方法标准（有些外资企业也有自己的方法标准），但是国标和行业标准中这两种标准都包含；就产品标准来说，国标或行标是基准，为最低要求，同样的企业标准要求应高于国标或行标；不会出现对某一产品同时存在国标、行标和企标的情况，从级别上说国标高于行标，这两种标准可以互相转化，既可以由行标升为国标，也可以由国标降为行标，但是企标可以和他们其一并存。

制定好企业标准具有战略意义，企业在新产品开发时应与企业标准制定同步进行。应注意以下几方面问题：①标准制定应与新产品开发同步进行，以免新产品开发完成投入批量生产时没有标准。②新产品标准应在新产品开发完成后，开始批量生产时做到产品定型、标准定稿、审查备案、手续齐全。新产品开发首先应考虑标准，及时收集标准资料，掌握标准信息，一旦发布同类产品的国家标准、行业标准或地方标准之后，技术水平低于上级标准水平的企业标准即行废止。③严于国家标准或行业标准的新产品内控标准，即使上级部门发布了同类产品标准的仍然有效。④企业标准修订应有一定的周期（一般1～3年），应因地因时制宜。客观地对标准不完善的地方加以修订补充，才能保证产品质量逐步上升使企业立于不败之地。“质量是企业的生命”，保证质量的基础是标准，企业在新产品开发中，对其标准一定要认真制定好。

面对不同级别不同层次的标准，是该执行国家标准、行业标准还是企业标准呢？简单说来就是，国家标准就是必须遵守的，行业标准只是对单一的这种行业适用。企业标准只是在企业内部有效。通常情况下我们选用标准时的顺序为：国标→行标→企标。当同时发布有同类产品的国家标准、行业标准或地方标准之后，企业制定和执行标准是要有国标和行标时优先选用国标和行标，没有国标和行标时制定企业标准。但在有国标和行标时制定的企业标准必须高于国标和行标，指标低于国标和行标的企标为无效标准。如果企业标准高于行业标准或者国家标准，也可以执行所备案的企业标准。否则，按照这个顺序执行国家标准、行业标准、企业标准。可以这样认为：国标、行标、企标允许同时存在，但前提条件是制定标准时，企标优于（高于）行标，行标又优于（高于）国标。

二、标准属性类别

我国政府根据标准的属性和作用，将标准划分为强制标准和推荐标准两种。不同属性标准有不同的立项、管理和宣贯方式。

（一）强制性标准

国家通过法律的形式明确要求对于一些标准所规定的技术内容和要求必须执

行，不允许以任何理由或方式加以违反、变更，这样的标准称为强制性标准，包括强制性的国家标准、行业标准和地方标准。对违反强制性标准的，国家将依法追究当事人法律责任。

我国标准化法规定：保障人体健康，人身，财产安全的标准和法律，行政法规规定强制执行的标准惠强制性标准。强制标准领域包括：①药品标准、食品卫生标准，兽药标准；②产品及产品生产、储运和使用中的安全、卫生标准，劳动安全、卫生标准，运输安全标准；③工程建设的质量、安全、卫生标准及国家需要控制的其他工程建设标准；④环境保护的污染物排放标准和环境质量标准；⑤重要的通用技术术语、符号、代号和制图方法；⑥通用的试验、检验方法标准；⑦互换配合标准；⑧国家需要控制的重要产品质量标准；省、自治区、直辖市政府标准化行政主管部门制定的工业产品的安全、卫生要求的地方标准。

（二）推荐性标准

我国推荐性国家标准的代号是GB/T。推荐性标准是倡导性、指导性、自愿性的标准。通常，国家和行业主管部门积极向企业推荐采用这类标准，企业则完全按自愿原则自主决定是否采用。有些情况下，国家和行业主管部门会制定某种优惠措施鼓励企业采用。企业采用推荐性标准的自愿性和积极性一方面来自于市场需要和顾客要求；另一方面来自于企业发展和竞争的需要。企业一旦采用了某推荐性标准作为产品出厂标准，或与顾客商定将某推荐性标准作为合同条款，那么该推荐性标准就具有了相应的约束力。

推荐性标准在以下情况下必须执行：①法律法规引用的推荐性标准，在法律法规规定的范围内必须执行；②强制性标准引用的推荐性标准，在强制性标准适用的范围内必须执行；③企业使用的推荐性标准，在企业范围内必须执行；④经济合同中引用的推荐性标准，在合同约定的范围内必须执行；⑤在产品或其包装上标注的推荐性标准，产品必须符合；⑥获得认证并标示认证标志销售的产品，必须符合认证标准。

标准分类除了属性分类之外，根据标准管理的需要，还可以按行业、性质、功能分类。

目前我国按行业归类的标准已正式批准了57大类，行业大类的产生过程是：由国务院各有关行政主管部门提出其所管理的行业标准范围的申请报告，经国务院标准化行政主管部门（目前是国家标准化管理委员会）审查确定，同时公布该行业的标准代号。

按标准的专业性质，将标准划分为技术标准、管理标准和工作标准三大类。在标准化领域中，对需要统一的技术事项所制定的标准称为技术标准；而对需要协调统一的管理事项所制定的标准称为管理标准；为实现工作（活动）过程的协调，提高工作质量和工作效率，对每个职能和岗位的工作制定的标准称为工作标准。

按标准的功能分类和社会对标准的需求，为了对常用的、量大面广的标准进行管理，将重点管理的标准分为基础标准、产品标准、方法标准、安全标准、卫生标准、环保标准、管理标准。

三、标准制定程序

国家标准制定程序划分为九个阶段：预备阶段、立项阶段、起草阶段、征求意见阶段、审查阶段、批准阶段、出版阶段、复审阶段、废止阶段。对其他标准制定有简化程序。见表 12-1。

表 12-1　标准制定程序

<table>
<tr><th>程序步骤</th><th>正常国标制定</th><th>采用国际标准</th><th>国标修订与他标转化</th></tr>
<tr><td>预备阶段</td><td>√</td><td rowspan="4">√</td><td rowspan="4">√</td></tr>
<tr><td>立项阶段</td><td>√</td></tr>
<tr><td>起草阶段</td><td>√</td></tr>
<tr><td>征求意见阶段</td><td>√</td></tr>
<tr><td>审查阶段</td><td>√</td><td>√</td><td>√</td></tr>
<tr><td>批准阶段</td><td>√</td><td>√</td><td>√</td></tr>
<tr><td>出版阶段</td><td>√</td><td>√</td><td>√</td></tr>
<tr><td>复审阶段</td><td>√</td><td>√</td><td>√</td></tr>
<tr><td>废止阶段</td><td>√</td><td>√</td><td>√</td></tr>
</table>

对等同采用、等效采用国际标准或国外先进标准的标准制、修订项目，制定国家标准可以采用快速程序，可直接由立项阶段进入征求意见阶段，省略起草阶段。

对现有国家标准的修订项目或我国其他各级标准的转化项目，制定国家标准可以采用快速程序，可直接由立项阶段进入审查阶段，省略起草阶段和征求意见阶段。

制定技术标准程序的 9 个阶段，在实际操作中，为了适应现代科学技术的飞速发展，加快技术标准的制定速度，可以根据实际情况，在保证质量的前提下，简化各阶段的某些环节或步骤。特别对企业制定企业标准而言，可自行规定标准制定程序。

（一）预备阶段

每项技术标准的制定，都是按一定的标准化工作计划进行的。技术委员会根据需要，对将要立项的新工作项目进行研究及必要的论证，并在此基础上提出新工作项目建议，包括技术标准草案或技术标准的大纲，如拟起草的技术标准的名称和范围，制定该技术标准的依据、目的、意义及主要工作内容，国内外相应技术标准及有关科学技术成就的简要说明，工作步骤及计划进度，工作分工，制定过程中可能出现的问题和解决措施，经费预算，等等。

（二）立项阶段

主管部门对有关单位提出的新工作项目建议进行审查、汇总、协调、确定，直至列入技术标准制定计划并下达给负责起草单位。在评定制定标准的必要性时应考虑：该项目是否能够促进贸易，保护消费者权益，保证接口、互换性、兼容性或相互配合，改善安全健康，保护环境；标准的可行性和适时性；其实施结果是促进还是限制竞争，或新技术的发展是增加还是减少使用者的选择性。此外还要分析该项目与现行有关技术标准、法规或其他文件，以及它们涉及的特性和水平，在技术上协调的需要，考虑是否可能将现成的较完善的文件经过少量修改或不经修改而接受成为一项技术标准。

（三）起草阶段

负责起草单位接到下达的计划项目后，即应组织有关专家成立起草工作组，通过调查研究，起草技术标准草案征求意见稿。

进行广泛的调查研究，这是制定好技术标准的关键环节。进行调查收集资料主要有三种：①收集试验验证资料，特别是列入技术标准中的指标，必须以试验数据为依据，重点收集原始数据和鉴定结果及结论，必要时还可以收集有关企业中相同对象的同类型原始技术资料和试验、检测数据作为参考。②收集与生产制造有关的资料。要了解有关生产厂家的生产数量、产品质量、最大生产能力、生产条件、技术水平及生产中的关键问题等。③国内外有关标准资料，包括同一或同类标准化对象的各种技术标准和有关科技文献、出版物，如专利情报和专利说明书、发明证书、样本和样机、产品目录、手册等。通过分析、对比这些技术标准和有关科技文献、出版物中提供的大量技术情报和技术数据，了解国内外有关科学技术发展的趋势和最新成就，在制定技术标准时作为参考和借鉴。

经过调查研究之后，根据标准化的对象和目的，按技术标准编写要求起草技术标准草案征求意见稿，同时起草编制说明。编制说明的内容一般包括：工作简况、任务来源、协作单位、主要过程等；技术标准编制原则和确定技术内容的论据，主要试验（或验证）的分析、综述报告、技术经济论证、预期的经济效果；与国际、国外同类技术标准水平的对比情况，或与测试的国外样品、样机的有关数据对比情况；与现行法律、法规和相关技术标准的关系；重大分歧意见的处理经过和依据；实施技术标准的要求和措施建议；等。

（四）征求意见阶段

标准征求意见稿编写完成以后，要分发给相关企业、科研、教育、检测等单位的专家广泛征求意见。必要时还可以对一些主要问题组织专题讨论，直接听取意见。标准编写工作组对反馈意见要认真收集整理、分析研究、归并取舍，完成意见汇总处理对征求意见稿及编制说明进行修改，完成技术标准草案送审稿。

(五) 审查阶段

送审稿的审查，由技术委员会组织进行。对技术经济意义重大、涉及面广、分歧意见较多的技术标准，送审稿应组织会审，其余的函审。标准审查会议上要在审查协商一致的基础上，由负责起草单位形成技术标准草案报批稿和审查会议纪要或函审结论。

(六) 批准阶段

主管部门对技术标准草案报批稿及报批材料进行程序、技术审核，完成必要的协调和完善工作。报批稿经主管部门复核后批准，并统一编写后发布。

(七) 出版阶段

技术标准出版稿统一由指定的出版机构负责印刷、出版和发行。

(八) 复审阶段

为了保证技术标准的适用性，在其实施一段时间后，必须根据科学技术的发展和经济建设的需要对技术标准的内容及其中规定的要求是否仍能适应当前的科学技术和生产先进性的要求进行审查，这种定期审查称为复审。复审工作由该项技术标准的主管部门或标准化专业技术委员会组织有关单位进行。

(九) 废止阶段

对于经复审后确定为无存在必要的技术标准，经主管部门审核同意后发布，予以废止。

第五节 泥炭标准编写要求

每位起草标准的人员或者标准审查人员，都要清楚地意识到制定标准需要遵循的基本原则。只有这样才能使制定出的标准真正起到应有的作用。

一、基本要求

首先，标准所规定的条款应明确而无歧义，并且应满足以下基本要求。

(一) 内容完整

标准的“范围”划清了标准所适用的界限，在一项标准的“范围”所划定的界限内，就应将所需要的内容规定完整。不应只规定了部分内容，其他需要的内容却没有规定，或规定在另外的标准中。这样破坏了标准的完整性，将不利于标准的实施。具有相同目的或需要的标准使用者不能通过同一项标准满足其需要，这无疑是标准制定工作的失误。

(二) 清楚、准确、相互协调

标准的条文应具有用词准确、逻辑严谨的文风。标准的条文要做到逻辑性强，用词禁忌模棱两可，防止不同的人从不同的角度对标准内容产生不同的理解。

起草标准时，不但要考虑标准本身的清楚、准确，还要考虑到相关标准或一项标准的不同部分之间的相互协调。

（三）充分考虑最新技术水平

在制定标准时，标准中所规定的各种内容应是在充分考虑技术发展的最新水平之后确定的。请注意，这里是要“充分考虑”，并不是要求标准中所规定的各种指标或要求都是最新的、最高的。但是，它们应是在对最新技术发展水平进行充分考虑、研究之后确定的。

（四）为未来技术发展提供框架

起草标准时，不但要考虑当今的“最新技术水平”，还要为将来的技术发展提供框架和发展余地。因为，即使目前标准中的内容是最新的技术水平，但是经过一段时间，有时是很短的时间，某些技术（如信息技术）就有可能落后，标准中的规定就有可能阻碍技术的发展。在起草标准时，从性能特性的角度提出要求，并且尽量不包括生产工艺的要求，是避免阻碍技术发展的方法之一。

（五）能被未参加标准编制的专业人员所理解

参与标准编制的人员，经过了多次对标准草案的讨论，非常熟悉标准中所规定的技术内容，往往容易忽视标准中具体条文的措辞。但是，标准起草者认为表述得很清楚的内容，对未参加标准编制的人员，即使是相关专业的人员，未必就能很容易理解，如果表述得不清楚，还可能造成误解。

为了使标准使用者易于理解标准的内容，在满足对标准技术内容的完整和准确表达的前提下，标准的语言和表达形式应尽可能简单、明了、易懂，还应注意避免使用口语化的措辞。特别是在采用国际标准，翻译相应文件时更应注意这一点。另外，标准中的条款是要给相应专业人员使用的，因此，并不是要使所有人都能理解，只要求使相应的专业人员能够理解。

二、标准编写的统一性要求

统一性是标准编写及表达方式的最基本的要求。统一性是指在每项标准或每个系列标准内，标准的结构、文体和术语应保持一致。统一性强调的是内部的统一，即一项标准内部或一系列相关标准内部的统一。这种统一将保证标准能被使用者无歧义地理解。如果一项标准中的各个部分或系列标准中的几个标准一同起草，或者所起草的标准是一项标准的某个部分或系列标准中的一个标准，这时，应在以下几个方面注意标准的统一问题：

① 标准结构的统一：标准的结构尽可能相同，标准的章、条的编号也应尽可能相同。

② 文体的统一：类似条文应由类似措辞来表达；相同条文应由相同的措辞来

表达。

③ 术语的统一：在每项标准或系列标准内，某一给定概念应使用相同的术语。对于已定义的概念应避免使用同义词。每个选用的术语应尽可能只有唯一的含义。

以上这些要求对保证标准的理解性将起到积极的作用，“结构、文体和术语”的统一，将避免同样内容不同表述对标准使用者产生的误导。另外，从标准文本的自动化处理这方面考虑，统一性也将使文本的计算机处理，甚至计算机辅助翻译更加方便和准确。

三、标准间的协调性

统一性针对的是一项标准内部或一个系列标准内部，而协调性是针对标准之间的，它的目的是“达到所有标准的整体协调”。由于标准是一种成体系的技术文件，各有关标准之间有着广泛的内在联系。各种标准之间只有相互协调、相辅相成，才能充分发挥标准系统的功能，获得良好的系统效应。要达到所有标准整体协调的目的，应注意如下两个方面：

1. 遵循共同的基础标准

每项标准应遵循现有基础标准的有关条款，尤其涉及下列有关内容：标准化术语；术语的原则与方法；量、单位及其符号；缩略语；参考文献；技术制图；图形符号。

2. 遵循特定技术标准

对于特定技术领域，还应考虑涉及诸如下列内容的标准中的有关条款：极限与配合；尺寸公差和测量的不确定度；优先数；统计方法；环境条件及有关试验；安全；化学。

四、标准编写的适用性

适用性强调两方面的内容：

（一）立足实施

标准的内容应便于实施，在起草标准时，应时时想到标准的实施。如果标准中有些内容拟用于认证，则应将它们编为单独的章、条，或者编为标准的单独部分。这样将有利于标准的使用。

（二）便于引用

标准的内容应易于被其他标准所引用，标准的内容不但要便于实施，还要考虑到易于被其他标准、法律、法规或规章所引用。例如，在起草无标识的列项时，应考虑到，这些列项是否会被其他标准所引用。如果被引用的可能性很大，则应考虑使用带有标识的列项。同样对于标准中的段，如果会被其他标准所引用，则应考虑改为条。

五、标准编写的计划性

为了保证一项标准或一系列标准的及时发布，在制定标准时应遵守标准制定程序，还需要遵守若干相关文件，例如：国家标准管理办法、行业标准管理办法、地方标准管理办法、企业标准化管理办法以及《国家标准制定程序的阶段划分及代码》(GB/T 16733—1997) 等。

第六节　采用国际标准

我国泥炭产业起步晚，技术研发弱，现有标准很少，为了赶超国际先进水平，我们应该初期尽快引进和采用国际标准，具备条件时再陆续编制制定我国标准。

一、采用国际标准的意义

1. 采用国际标准有利于促进技术进步

制定标准必须以先进的科技成果和经验为依据。国际标准汇集了该专业国际一流专家的智慧，包含着许多科技成果，可提供大量技术信息和数据，反映当代发达国家的水平，并与科技发展同步。采用国际标准实质上是一种技术引进或转让。对发展中国家来说尤为重要。通过采用国际标准，可促进本国技术进步和产品开发，提高标准水平和产品质量，增强市场竞争能力。

2. 采用国际标准有利于消除贸易壁垒

消除贸易壁垒是国际标准化的目的和使命。由于国际标准是国际协调、趋同存异的结果，而 WTO/TBT 也要求各成员国在制定技术法规、标准和合格评定程序时，以国际标准或其相应部分为基础。所以，国际标准能最大限度地包容共性而被各国所接受，从而减少分歧、消除争端。采用国际标准将有效地克服贸易中的障碍，促进自由贸易。

3. 采用国际标准有利于加强各国间的经济、技术交流与合作

经济全球化以及跨国公司迅速发展，国家之间、地区之间的合作研究、合作开发、合作生产、合作贸易，以及技术交流越来越多，网络经济、电子商务、物流业的快速发展，都有赖于国际标准的支持。可以说，国际标准是国际经济技术交流与合作的基础。采用国际标准才能找到更多共同的技术语言，便于跨国、跨地区交流与合作，促进科学技术和经济共同发展。

二、采用国际标准的程度和方法

国家标准与国际标准的一致性程度分为三种：等同、修改和非等效。与国际标准的一致性程度为“等同”和“修改”的国家标准被视为采用了国际标准，而与国际标准的一致性程度为“非等效”程度的国家标准不被视为采用了国际标准，仅表

明该国家标准与国际标准有对应关系。

(一) 等同采用

等同采用是国家标准与国际标准在技术内容和文本结构方面完全相同；或者国家标准与国际标准在技术内容上相同，但可以包含小的编辑性修改。由于国际标准化组织是以西方国家标准化机制为基础建立起来的，西方国家的标准与国际标准较协调；同时，国际标准大多以西方国家语言发布，因此，西方国家在采用国际标准时多采用签署认可法、封面法和重新印刷法，很多情况下都不需编辑性修改，所以在西方国家之间一般都是绝对等同采用。相反，由于汉语还不是ISO/IEC官方语言，为了适应我国的语言习惯，在采用国际标准时，不可避免地要进行一些编辑性修改。所以，我国标准等同采用国际标准通常属于等同采用。"等同"条件下的编辑性修改包括：数学符号、印刷错误的修改，页码变化，为了与现有的系列标准一致而改变标准名称。

由于泥炭重量因水分差异较大，所以泥炭贸易大多以体积计算。但是泥炭体积测量一直缺乏公认的标准，导致泥炭贸易争端频发。欧盟标准12580是关于泥炭体积测量的地区性标准，解决了泥炭贸易交流过程中计量方法和标准问题。由于欧洲是ID泥炭产业发源地和主要生产地和应用市场，所以欧盟标准在世界各地应用广泛。鉴于泥炭贸易缺乏实用可靠的体积测量标准而引发的类似问题在中国也时有发生，吉林省地方标准编制过程中采用等同方式，对欧盟标准的12580进行了编辑性修改，按照中国标准GB 200001.1标准进行文字、体例上的局部修改完善，使之符合中国标准编辑要求。在内容上，吉林省地方标准删除和修改了原标准封面前言、标准文字说明和最后的标准数据，将章节文号做了适当理顺，形成中国地方标准的标准文本，经吉林省吉林省质量技术监督局组织专家评审，通过上报发布实施。

(二) 修改采用

修改采用的含义是国家标准与国际标准之间允许存在技术性差异，这些差异应清楚地标明并给出解释。修改采用包括：①国家标准的内容少于相应的国际标准，例如，国家标准不如国际标准的要求严格，仅采用国际标准中供选用的部分内容；②国家标准的内容多于相应的国际标准，例如，国家标准比国际标准的要求更加严格，增加了内容或种类，包括附加试验；③国家标准更改了国际标准的一部分内容，例如，国家标准与国际标准的部分内容相同，但都含有与对方不同的要求；④国家标准增加了另一种供选择的方案，例如，国家标准中增加了一个与相应的国际标准条款同等地位的条款，作为对该国际标准条款的另一种选择。

修改程度所允许的技术差异不再是"小的技术差异"的概念，还包括原"非等效"所包括的情况。"修改"程度所允许的技术差异看似"宽松"了，但它更强调了对于技术差异的说明和标识的要求。客观上，严格按"修改"程度的标识技术性差异的要求去做，会限制一些原本打算以“修改”程度采用国际标准的标准。因为标识较多的技术性差异会很麻烦或者有些差异确实难以标识和解释，这样会使这些标准只能以“非等效”程度去对应国际标准。

因为现有的国家泥炭标准中有些内容不如国外先进，但国外标准的某些方面又不符合中国实际，就需要在国内标准基础上对国际泥炭标准选择性采用，保留国外标准的核心骨干部分，将其余中国标准紧密结合，从而编制一个既符合中国国情，又能体现国际水平的国家标准。

三、现有涉及泥炭的国际和区域标准

国际标准是指ISO、IEC、ITU制定的标准，以及ISO确认并公布的其他国际组织制定的标准。万国邮政联盟（UPU）、联合国粮农组织（UN/FAO）、国际羊毛局（IWS）、国际焊接学会（IIW）、国际棉花咨询委员会（ICAC）、国际电影技术协会联合会（UNI-ATEC）、国际种子检验协会（ISTA）、国际半导体设备和材料组织（SEMI）等制定的标准也属于国际标准。国际标准还包括：一些区域性组织，如欧洲标准化委员会（CEN）、欧洲电工标准化委员会（CENELEC）、欧洲广播联盟（EBU）、亚洲大洋洲开放系统互联研讨会（AOW）、亚洲电子数据交换理事会（ASEB）等制定的标准。发达国家的国家标准，如美国国家标准（ANSI）、德国国家标准（DIN）、英国国家标准（BS）、法国国家标准（NF）、日本工业标准（JIS）、俄罗斯国家标准（ROCT）、瑞士国家标准（SNV）、瑞典国家标准（SIS）、意大利国家标准（UNI）；国际上有权威的团体标准，如美国试验与材料协会标准（ASTM）、美国石油学会标准（API）、英国石油学会标准（IP）、美国军用标准（MIL）、美国保险商实验室安全标准（UL）、美国电气制造商协会标准（NEMA）、美国机械工程师协会标准（ASME）、美国电影电视工程师协会标准（SMPTE）等。

这些国际标准中先后制定发布过大量泥炭标准。如国际标准化组织ISO的固体可燃矿物技术委员会和土壤质量技术委员会都涉足了泥炭有关标准化工作。美国ASTM、俄罗斯GOST、德国DIN都制定了大量的泥炭开采、加工、产品、检验等方面的国家标准，对规范和指导全球泥炭产业发展发挥了重要作用。特别是欧盟已经制定了统一的泥炭标准（CEN），在世界泥炭标准钟占有重要地位。

目前已经查到的其他国家和区域泥炭标准如下：

① ASTM D 4531—1986，泥炭和泥炭制品的体密度的实验方法

② ASTM D 4544—1986，泥炭沉积厚度的评估

③ ASTM D 5715—1995，评估泥炭及有机土壤腐殖质程度（目检/人工方法）标准试验方法

④ ASTM D 1997—1991，通过干重测定泥炭纤维含量的实验室方法

⑤ ASTM D 2944—1971，泥炭加工材料的抽样标准操作规程

⑥ ASTM D 2973—1971，泥炭材料总氮含量的标准测定方法

⑦ ASTM D 2974a—2007，泥炭与其他有机土壤的水分、灰分和有机质含量的标准测定方法

⑧ ASTM D 2976—1971，泥炭材料 pH 的标准测定方法

⑨ ASTM D 2977—2003，园艺泥炭颗粒粒径范围的标准测定方法

⑩ ASTM D 2978—2003，已加工泥炭体积的标准测定方法

⑪ ASTM D 2980—2004，水饱和泥炭的容重、持水量和空气量的标准测定方法

⑫ ASTM D 4427—2007，通过实验室测定的泥炭样品标准分类

⑬ ASTM D 4511—2000，基本水饱和泥炭的水力传导度的标准测定方法

⑭ ASTM D 4531—1986，泥炭和泥炭制品体密度测定方法

⑮ ASTM D 4544—1986，泥炭沉积厚度的评估

⑯ ASTM D 5539—1994，种子初始混合标准规范

⑰ ASTM D 5715—2000，评估泥炭及有机土壤腐殖程度（目测/人工方法）的标准试验方法

⑱ DIN 4047-4—1998，农业水利工程，第 4 部分：术语：泥炭和泥炭土壤

⑲ DIN 11540—2005，园艺和园林景观用泥炭和泥炭制品：测试方法，性质和规范

⑳ DIN 19682-12—2007，土质野外试验，第 12 部分：泥炭分解度测定

㉑ DIN 19683-14—2007，土质实验室物理试验，第 14 部分：沼泽土壤体积百分数测定

㉒ DIN 19684-3—2000，农业水利工程中土壤测定方法，化学实验室试验，第 3 部分：燃烧后土壤烧失量和残余物测定

㉓ DIN 19711—1975，水文地质学用图形和符号

㉔ DIN 21918-1—1999，泥炭矿床测量平面图，矿层，第 1 部分：术语，分类

㉕ DIN 51718—2002，固体燃料测试：泥炭水分含量和潮湿度测定

㉖ DIN 51719—1997，固体燃料试验　固体矿物燃料　灰分含量测定

㉗ DIN 51724-2—1999，固体燃料的试验　硫含量的测定　第 2 部分：种类

㉘ GOST 21123—1985，泥炭：术语和定义

㉙ GOST 27784—1988，土壤：测定土壤泥炭层含灰率的方法

㉚ GOST 27894.11—1988，农业用泥炭及其精制品：泥炭中碳酸钙和碳酸镁含量的测定方法

㉛ GOST 4.105—1983，泥炭和泥炭精练产品：指标项目

㉜ EN 15238—2006/AC，泥炭材料直径大于 60mm 的测定

㉝ EN 15428—2007，土壤改良剂和基质粒度颗粒大小分布的测定

㉞ EN 13651—2001，土壤改良剂和泥炭——可溶性营养物及氯化钙的提取

㉟ EN 13652—2001，土壤改良剂和泥炭水溶性营养素的提取

㊱ EN 13654，土壤改良剂和泥炭氮的测定

㊲ EN 15761—2009，预成型的泥炭——长度、密度、高度、体积和体积密度的测定

㊳ EN 16086-2，土壤改良剂和泥炭植物反应的测定　第2部分　水芹培养皿测定

㊴ EN 16086-1，土壤改良剂和泥炭植物反应的测定　第1部分　白菜培养皿测定

㊵ EN 16087-1—2011，土壤改良剂和泥炭有氧生物活性测定　第1部分：吸氧率测试

㊶ EN 16087-2—2011，土壤改良剂和泥炭有氧生物活性测定　第2部分：堆肥自加热测试

从以上泥炭标准目录可以看到，目前的泥炭标准大多为方法标准。这些标准恰恰是我国泥炭产业急需的。在我国泥炭产业起步期内，加快国外标准的引进和采用，是解决我国泥炭标准落后、研发投入不足的有效手段。我国的泥炭产品标准还可以根据我国市场和泥炭产品实际情况专门制定我国的泥炭产品标准，以提高我国泥炭产品竞争力，促进我国泥炭产业快速发展。

第七节　我国泥炭标准化重点领域

根据国家泥炭产业发展需求和泥炭科技发展现状，近期我国泥炭国家标准制定和采用国际和国外先进标准计划如下：

一、制定我国泥炭标准体系表，指导我国泥炭标准化工作

标准体系表指一定范围标准体系内的标准按特定形式排列起来的图表。各个层次的标准都有自已的体系表，如国家标准体系表、军用标准体系表、行业标准体系表、企业标准体系表等，各层次标准体系表的综合即构成总标准体系表。全国泥炭标准体系表是根据国家泥炭标准发展面临的问题和迫切需求，将未来一定时期内应有的全部标准，按照各类标准以至各项标准之间相互连接、相互制约的内在关系、优先顺序、与其他行业的配合关系以及需要与其他行业配合制定以及未来一定时期内继续使用的现有标准以及一定日期应制定、修订和更新的标准组成排列起来的标准体系图示。

制定全国泥炭标准体系表（见图12-1），就是描绘出泥炭标准化活动的发展蓝图，明确努力方向和工作重点。通过全国泥炭标准化体系表，可以了解国际、国外标准，为采用国际标准和国外先进标准提供全面情报。制定全国泥炭标准体系表，可以指导标准制、修订计划的编制。由于标准体系表反映了泥炭标准化全局，明确

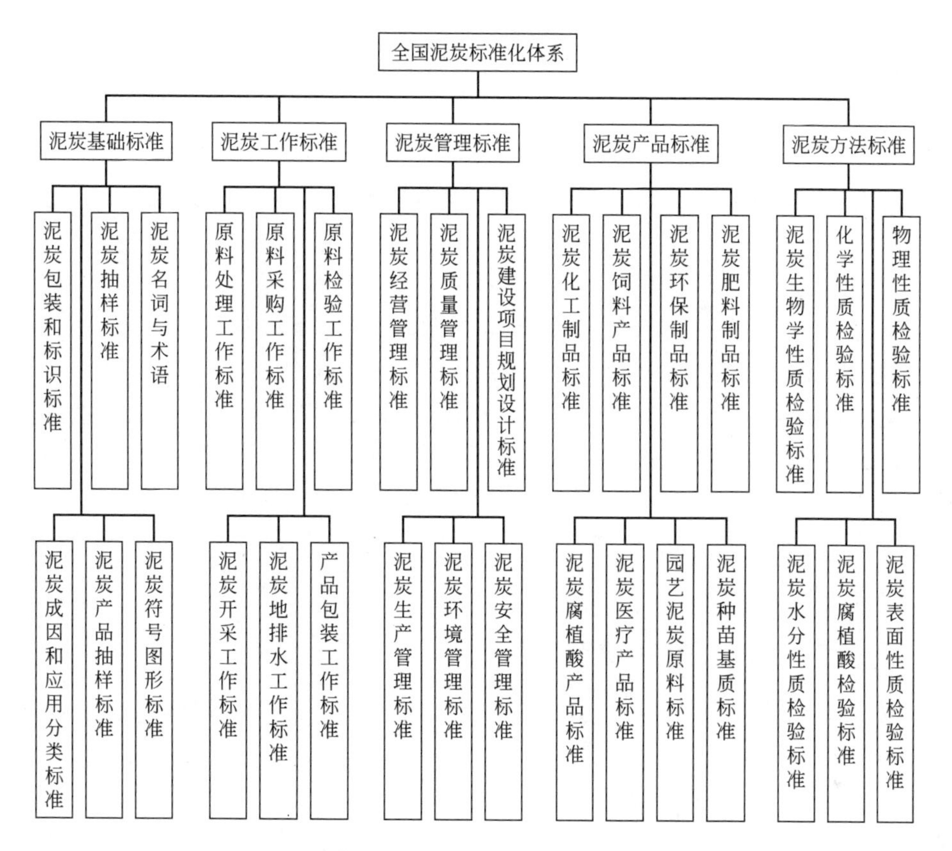

图 12-1 全国泥炭标准体系表

了与国外的差距和自己体系中的空白，因而可以抓住主攻方向、轻重缓急，避免计划的盲目性和重复劳动，节省人力、物力、财力，从而加快标准的制定速度。建立泥炭标准化体系表，可以建立和健全现有的泥炭标准体系，使体系构成达到系统化、规范化、科学化。建立全国泥炭标准体系表，有助于促进泥炭的科研和生产工作，有利于生产科研人员利用国际先进标准试制新产品。此外，全国泥炭标准化体系表还可以对企业标准化建设有一定的推动作用，应用利于企业采纳和应用国际国内先进标准，有利于企业参与国际、国家、行业和企业标准的编制和宣贯。

二、加快采用国际泥炭标准步伐，快速提高我国泥炭标准化水平

采用国际标准指的是结合我国的实际情况，将国际上先进的标准进行分析研究，将适合我国的国际标准和国外先进标准的内容，通过分析研究，不同程度地纳入我国的各级标准中，并贯彻实施以取得最佳效果的活动。采用国际标准，可以快速提高我国管理水平，为我国泥炭产业发展服务。我国泥炭产业起步晚，基础弱，泥炭标准化基本上处于空白状态，加快泥炭标准化步伐，就必须积极采用国际先进标准，促进我国泥炭产业发展，减少技术性贸易壁垒，提高我国泥炭产品质量和技

术水平。

我国将采用国际标准工作作为一项既定的技术经济政策，近些年，世界各国制定和采用的技术法规和质量标准数量急剧增加，有的国家为了维护国家安全、保护人类健康以及保护环境，制定了内含技术壁垒的技术法规、标准和合格评定程序，起到关税所不能起到的作用，成为目前国际货物贸易中最主要、最隐蔽，也是最难对付的贸易壁垒。

为使国际贸易自由化和便利化，在技术法规、标准、合格评定程序以及标签、标志制度等技术要求方面开展国际协调，遏制以带有歧视性的技术要求为主要表现形式的贸易保护主义，最大限度地减少和消除国际贸易中的技术壁垒，为世界经济全球化服务，贸易技术壁垒协定（WTO/TBT 协定）以协调技术要求为目的，突出论述了实现技术协调的两项基本措施：采用国际标准和实施通报制度。采用国际标准是指技术法规、标准和合格评定程序的制定要以国际标准为基础，为在尽可能广泛的基础上对技术法规、标准和合格评定程序进行协调。实施通报制度是指当各成员国制定与国际标准不一致的技术法规和合格评定程序时，要向 WTO 秘书处通报。

三、重点泥炭标准化领域

根据国内泥炭产业发展需求和泥炭标准化现状，未来一个时期我国标准化领域重点工作如下：

(一) 基础标准领域

重点编制泥炭名词与术语、泥炭抽样标准、泥炭产品包装和标识标准等。

(二) 泥炭管理标准

重点编制泥炭地赋存状态评价指南、泥炭开采迹地恢复重建标准、泥炭矿山开发利用方案编制标准、泥炭地排水设计标准、泥炭开采设计标准、泥炭劳动保护与安全生产标准、泥炭质量管理标准、泥炭技术管理标准、泥炭生产管理标准、泥炭设备与基础设施管理标准、泥炭安全管理标准、泥炭职业健康管理标准、泥炭环境管理标准、泥炭信息管理标准等。

(三) 泥炭原料和产品标准

重点编制：泥炭原料分级标准、园艺泥炭原料标准、绿化泥炭标准、肥料泥炭原料标泥炭基质产品标准、泥炭腐植酸产品标准、泥炭土壤调理剂产品标准、泥炭基质产品标准、泥炭蜡产品标准、泥炭浴产品标准。

(四) 泥炭分析标准

重点编制：泥炭分解度测定标准、泥炭残体组成分析标准、泥炭纤维含量测定标准、泥炭有机组分系统分析标准、泥炭体积测定标准、泥炭三相体积测定标准、泥炭收缩和沉降测定标准、泥炭粒度测定标准等。

（五）等同采用或修改采用国际标准和国外先进标准

例如：

ASTM D 1997—1991，用干燥物质作泥炭样品纤维含量的实验室测定的测试方法

ASTM D 2974a—2007，泥炭和其他有机土壤水分、灰分和有机物的标准试验方法

ASTM D 2977—2003，园艺用泥炭材料粒度范围的标准测试方法

ASTM D 2980—2004，水饱和泥炭物质的容重、吸水量和含气量的标准试验方法

DIN 11540—2005，园艺相关和园林设计用泥炭和泥炭制品、试验方法、性能和规范

EN 15238—2006/AC，泥炭材料直径大于 60mm 的测定

EN 15428—2007，土壤改良剂和基质粒度颗粒大小分布的测定

EN 13651—2001，土壤改良剂和基质——可溶性营养物及氯化钙的提取

EN 13652—2001，土壤改良剂和基质水溶性营养素的提取

EN 15761—2009，预成型的基质——长度、密度、高度、体积和体积密度的测定

EN 16086-2，土壤改良剂和基质植物反应的测定　第 2 部分：水芹培养皿测定

EN 16086-1，土壤改良剂和基质植物反应的测定　第 1 部分：白菜培养皿测定

EN 16087-1—2011，土壤改良剂和基质有氧生物活性测定　第1 部分：吸氧率测试

EN 16087-2—2011，土壤改良剂和基质有氧生物活性测定　第 2 部分：堆肥自加热测试。

第八节　泥炭检测实验室建设

质量检验就是对产品的一项或多项质量特性进行观察、测量、试验，并将结果与规定的质量要求进行比较，以判断每项质量特性合格与否的一种活动。检验监督和标准化管理是一个产业列车前行的双轮，行业鲲鹏飞翔的两翼。检验是所有行业产品质量管理和行业经营秩序规范的重要手段。检验实验室建设和管理是实现行业质量管理的基础。检验实验室建设涉及实验室的土建施工、设备配套、人员培训、质量管理、技术标准和不同级别实验室的申报批准。

一、泥炭检测实验室建设的意义

国家实行行业质量检验管理，产品质量检验是产品质量监督工作的重要组成部分，是履行行政职能的重要技术支撑，也是消费者权益与经济发展的技术保障。我国检验建设工作和产品质量监督在产业技术服务、规范企业生产销售行为、提高产

品质量和提高产品竞争力方面发挥了重要作用，为促进国民经济建设和社会发展做出了重要贡献。

在国家、行业和企业建立泥炭产品检验实验室，提升泥炭检验能力，可以促进泥炭产品质量稳步提高。随着我国社会主义市场经济的发展和对外开放，技术性贸易壁垒带来的挑战日益严峻，对产品质量检验能力的要求越来越高，检验机构只有严格内部管理，努力提升检验能力，才能破解技术性贸易壁垒，提高我国泥炭产业市场竞争力，满足我国经济发展的需要发挥重要作用。

在泥炭企业建立产品检验实验室，可以判断泥炭产品质量是否合格，确定泥炭产品质量等级或产品缺陷，收集质量数据，并对数据进行统计分析，为泥炭产品质量改进提供依据。当泥炭生产者和使用者双方因产品质量问题发生纠纷时，检验检测手段可以判定质量责任，保护消费者的合法权益，维护市场经济秩序。在市场经济条件下，一般的产品质量问题主要依靠市场竞争来解决。通过市场竞争中的优胜劣汰机制，促使企业提高产品质量，增强市场竞争能力，而这一切都离不开检验检验检测工作。

建立泥炭检验实验室，配备先进精良分析测试仪器，培养严格科学的泥炭检测人员，可以为泥炭产品科研提供可靠测量技术手段，测得准确的数据。清洁规范的实验室环境、严格周密的检测检验管理体系、规范统一的检测标准，可以为社会和企业提供规范化、标准化测试数据，保障社会进步和企业发展，推动泥炭新兴产业形成和发展，促进泥炭科技成果推广和应用。

二、国家对检测机构的管理

国家对承担政府部门产品质量监督、产品质量检验、产品质量争议仲裁检验等工作，并以国家产品质量监督检验中心名义向社会出具具有证明作用数据和结果的质量检验机构实行授权制度。国家认证认可监督管理委员会（以下简称国家认监委）统一管理和组织实施国家质检中心授权和监督检查工作。申请以国家质检中心名义从事产品检验的机构应当经国家认监委授权后，方可在授权范围内开展活动。

国家质检中心应当按照相关技术规范或者标准要求的程序，在授权证书的有效期和授权范围内，对外出具产品质量检验报告，并在检验报告封面适当位置加盖国家质检中心授权标志章。国家质检中心应当对其出具的产品质量检验报告的真实性和公正性负责，并承担相应的法律责任；不具有法人资格的，应当由其所属法人对其承担法律责任。国家质检中心通过承担或者参与国家标准、行业标准的制修订，检验技术、检验方法的开发和研究，实验室能力验证以及跟踪国际与国外先进标准、技术法规和合格评定程序动态研究等工作，以提高其产品质量检验能力。

企业根据生产和科研需要，自行建立的泥炭检验检测实验室，无须上级报批，但必须对检验结果负责。实验室的管理、培训、人员、设备、药剂等参照国家实验室标准。企业实验室检验检测所依据的标准应以国家标准为主，没有国家标准，执行行业标准，没有行业标准，执行企业标准，但企业标准的质量控制程度应该高于国家标准。条件具备的企业实验室应该申请国家计量认证和实验室认证认可评定，以提高企业实验室检测水平和可信度。在为市场和客户提供产品检验报告时，应承担相应的法律责任。

国家认监委对国家质检中心进行定期监督评审或者不定期监督检查。对其检验技术能力和管理体系进行考核；对国家质检中心主要管理人员、组织机构、检验能力、主要设备设施等发生重大变化或者出现申诉、投诉情形的进行重点监督检查。涉及单位：国家级专业产品质量监督检验中心，行业部门产业监督检验中心，省级产品质量检验检测院（有的市级也有产品检验中心），企业产品检验实验室。

国家对检验检测机构申报、建设、评审、认证、管理有严格的流程。包括实验室规划建设、管理体系建立与实施和国家评审验收三个基本步骤，涉及设计方案、土建施工、仪器设备购置调试、质量手册编制、人员培训、启动运行、评审验收等多个重要环节。

三、检验质量管理和培训

质量监督和验证是市场经济和质量保证的客观要求，企业实验室的检验质量管理主要是企业通过内部检验系统的正常运转，对原材料和外购原料进行把关的质量监督，对产品设计质量的监督，对产品形成过程的质量监督，对产品进入流通领域的质量监督，等等；企业通过建立和完善用户满意度评价体系，定期对用户进行调查和访问，取得产品进入流通领域之后，用户对质量的直接评价。从而，为企业不断改进目标和策略提供科学依据。企业通过各种形式和渠道，积极参与和配合消费者的民间团体组织，对自身产品和服务质量进行评价，以真正体现企业的社会责任。市场经济就是法制经济，企业通过认真学习和遵守法律制度正确地约束自身的经营行为和维护自身的合法权益。国家对泥炭产品可能实行定期和不定期的抽查监督，起到监督企业经营行为、保护消费者合法权益、维护社会经济秩序的重要作用。

在质量检验中，由于主客观因素的影响，产生检验误差是很难避免的，甚至是经常发生的。测定和评价检验误差的方法可以采取重复检查，由检验人员对自己检查过的产品再检验1～2次，查明合格品中有多少不合格品及不合格品中有多少合格品。复核检查：由技术水平较高的检验人员或技术人员，复核检验已检查过的一批合格品和不合格品。改变检验条件：为了解检验是否正确，当检验人员检查一批产品后，可以用精度更高的检测手段进行重检，以发现检测工具造成检验误差的大小。建立标准品。用标准品进行比较，以便发现被检查过的产品所存在的缺陷或误差。由于各企业对检验人员工作质量的考核办法各不相同，还没有统一的计算公式；又由于考核是同奖惩挂钩，各企业的情况各不相同，所以很难采用统一的考核制度。但在考核中一些共性的问题必须注意，就是质量检验部门和人员不能承包企业或车间的产品质量指标；再就是要正确区分检验人员和操作人员的责任界限。

四、泥炭实验室检测项目与仪器

专业从事泥炭检验检测的实验室国内很少，目前从事对外泥炭检验检测服务的除了东北师范大学泥炭沼泽研究所中心实验室之外，部分农业院校和农业科研单位实验室提供部分项目的检验检测。由于泥炭和泥炭产品的特殊性，泥炭检测项目、检测方法、检测标准、检测仪器都有其独特之处，需要根据泥炭原料性质的特殊性，采取科学专业的检测方法和仪器，才能取得可靠精确的检测结果。

（一）泥炭检测项目

1. 泥炭物理性质检测分析

吸湿水、自然含水量、容重、植物残体、孢子花粉、纤维含量、发热量、润湿角、水分能量、总孔隙度、水分孔隙度、空气孔隙度、最大持水量、毛管水上升高度、颗粒组成、颗粒强度、分解度等项目。

2. 泥炭化学性质检测分析

pH 值、粗灰分、纯灰分、灰成分（K，Na，Ca，Mg，Cl^-，CO_3^{2-}，HCO_3^-，SO_4^{2-}）、有机质、有机组分系统分析（苯萃取物、易水解物、腐植酸、难水解物、不水解物）、营养元素（全氮、全磷、全钾、速氮、速磷、速钾）、电导率、阳离子代换量、微量元素（Zn，Cu，Co，Ni，Ce，B，Mo），重金属元素（Se，Cd，Cr，Pb）等。

3. 泥炭生物学性质检测分析

细菌总数、好氧菌总数、厌氧菌总数、放线菌总数、真菌总数、铁细菌、反硫化细菌、纤维分解菌、芳香族菌、酶活性、微生物代谢产物等。

（二）主要检测仪器

精密天平、烘箱或真空干燥箱、显微镜、量热计、水分能量仪、土壤组筛等。泥炭物理性质检测，尤其是残体组成分析、纤维含量分析、泥炭分解度分析、基质三相组成分析等分析项目，对操作经验和熟练程度要求很高，不是高精尖仪器设备所能替代的。

pH 计、马弗炉、微波消解炉、分光光度计、原子吸收分光光度计、电感耦合等离子体发射仪、电导仪等。泥炭化学性质检测分析可能因灰分盐分干扰，需要灵活采用一些掩蔽剂。多数项目依靠仪器设备，精度可靠。但有机组成系统分析仍然需要精湛的分析操作技巧和成熟的工作经验。

培养皿、培养箱、微生物分析仪、红外光谱仪、紫外分光光度计等。微生物分析对技巧和经验要求更高。

第九节　泥炭、基质与土壤调理剂体积量的测定

一、泥炭、基质与土壤调理剂体积量测定的意义

由于泥炭、基质随湿度变化差异巨大，而泥炭和基质在储存运输过程中又不可避免发生湿度变化，影响到货产品重量，因此国内外泥炭和基质产品都以体积为计

量单位。由于国内缺乏准确可靠的体积测定装置，管理严格的泥炭企业在泥炭和基质产品计量包装时采取容重换算方式，而管理粗放的企业在计量包装时则采用估测方式，计量误差较大。泥炭和基质属于松散柔软物料，储存和运输极易造成体积压缩减少，用户感觉缺斤少两，易于引发贸易纠纷，影响市场经营秩序。因此，引进、推广使用准确可靠的体积计量方式对我国泥炭科研、生产、贸易、应用都有重要意义。

欧盟的 EN 12580 标准规定了泥炭原料、基质和土壤调理剂体积量测定方法和器具，操作简单，测定精度不受操作者影响，数据误差小，已经被世界各地广泛采用。东北师范大学泥炭研究所和吉林省质监标准化技术中心在吉林省质量技术监督局支持下，已经将该标准等同采用转化成吉林省地方标准，提供给国内企业尝试使用。

泥炭原料、基质和土壤调理剂的体积即该物料堆积密度，是指在常规条件下自然堆落、没有压缩的松散形态。由于这些材料非常松散柔软，很容易受外力不同而呈现松紧不一现象，影响测定结果精度。为解决上述问题，EN 12580 采用通过网状筛进料方法，根据物料颗粒大小不同，选取不同孔径的进料筛，用手拨动筛上物料，让其自然通过筛孔，无压力地落入测量桶，避免了人工直接投料到测量桶产生的物料松紧不一，影响测定精度的问题。通过这种不受人为操作影响的装置和方法，准确可靠地测定出桶内物料重量，再根据测量桶的容积换算出基质容重。有了容重数据，再通过地磅或其他衡器称量出待测泥炭、基质或土壤调理剂物料总重量，就可以根据容重换算出物料总体积。因为物料容重和总重数据来自当天现场测定的同一个物料，所以换算出的物料体积就是该物料在该湿度下的总体积。

二、测定工具

1. 测量筒

购买或定制专业测量筒（图 12-2），体积（20±0.4)L，内径 300mm，高度 283mm。自行制作时，保持高度直径比为 0.9∶1 或 1∶1，确保内径体积（20±0.4)L 即可。材质可选用铁皮、塑料、橡胶等，但筒体应具有较好强度，不会因变形影响体积精度。

体积标定：测量筒第一次使用前要先标定量筒内体积。将量筒注满 20℃水，称其重量。根据水在 20℃时每升水重量为 997.15g，换算出该量筒的真实体积 V_1。

2. 下料筛

选择订购筛孔孔径分别为（20±0.6)mm、(40±1.3)mm 和（60±2)mm 的三种规格下料筛，筛沿高度小于 50mm，便于手工拨动筛内物料，也能防止物料掉落筛外（见图 12-2)。

3. 接口环

接口环（图 12-2）直径与测量筒和下料筛相同，高度（75±2）mm。用于在工作时将测量筒和下料筛组合成一体。

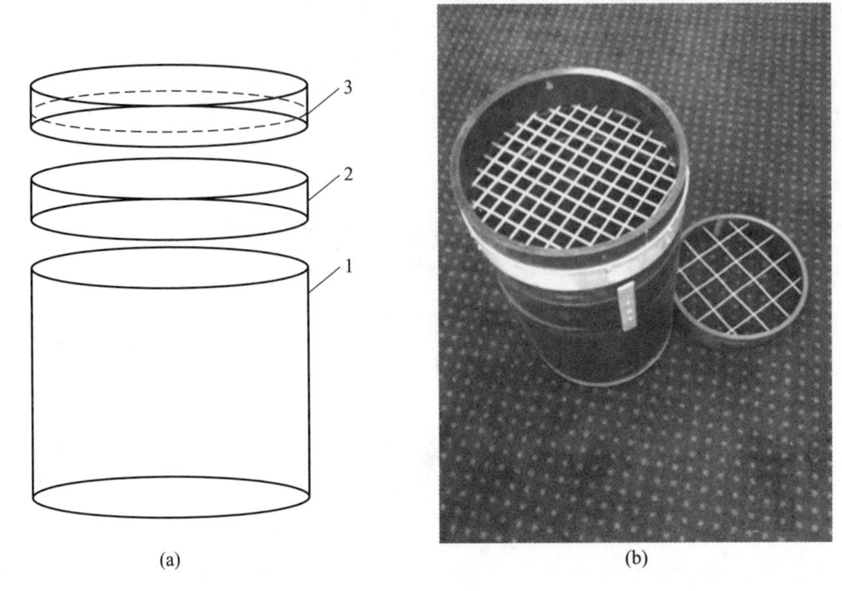

图 12-2 测定工具

1—测量筒；2—接口环；3—下料筛

4. 称重装置

根据测定物料重量大小，选择不同的称重器。不同称重器有感量要求，见表 12-2。

表 12-2 称重装置的最大称量与感量

物料重量/kg	普通称重器最大感量/g	电子称重器最大感量/g
>1～2.5	10	5
2.5～5	20	10
5～10	50	20
10～40	100	50
>40	200	100

5. 直边刮尺

刚性，长方形断面，长度比接口圈长 200mm 以上，用于刮平量筒上多余物料。

三、取样

取样应符合 GB/T 6679《固体化工产品采样通则》。用于容重测定的样品量至少取 30L。样品从袋装产品中采集，袋内物料容量要大于 50L。如果每袋内容物容量少于 30L，必须增加取样袋数，以确保样品量超过 30L。

四、操作步骤

① 使用适当称重器称量待测物料毛重（物料重+皮重），注记为 m_1。然后测

定皮重（即袋重、集装箱重、卡车重或车皮重），注记为 m_2。物料净重可以从 m_1-m_2 计算得知。

② 称测量筒，注记为 m_3，然后在测量筒上装上接口圈。测量筒要放置稳固水平，防止震动。

③ 待测物料如体积被压缩或干燥，应该根据生产商产品说明书打散、喷水，促使其恢复至初始状态。

④ 试用选择下料筛。先将最小孔径下料筛放在接口圈上，用一定量物料在筛网上拨动，如果筛网上剩余物料量小于总放入物料量的10%，则可采用该下料筛。如果筛上剩余物料量超过总放入物料10%，则须改换稍大孔径筛网试用，直到满足剩余物料量小于总物料量10%为止。如果60mm筛孔上所余物料超过总物料10%，证明该物料不适合用本标准。

⑤ 将已经选定的下料筛放在装在测量桶的接口圈上，用撮子或双手捧起约5L待测物料，放在下料筛的筛网上，用手左右拨动物料（不要使其细碎），让其通过筛网。剩余部分在通过时更要仔细拨动，不要造成细碎，改变粒径。

⑥ 取下下料筛和接口圈，用刮板刮去量测筒上多余物料。刮平时要用轻松锯齿状运动方式从物料中心向两边移动刮平，却不压缩物料。如果刮平后物料下陷有坑，可以用刮下的物料填充。

⑦ 称重量测筒和其物料质量，注记为 m_4。

⑧ 同一样品上述程序重复三次，取其平均值，检查测定误差。

五、结果计算和表达

1. 容重

计算物料的容重 D_b，用单位体积的重量表示，公式如下：

$$D_b=\frac{m_4-m_3}{V_1}$$

式中 m_3——测量筒的重量，g；

m_4——测量筒及其内容物的重量，g；

V_1——测量筒的体积，L。

2. 体积

按下列公式计算物料体积：

$$V_2=\frac{m_1-m_2}{D_b}$$

式中 V_2——待测物体积，L或 m^3；

m_1——毛重，样品加包装袋和车辆等重，kg或t；

m_2——皮重，包装物和车辆重，kg或t；

D_b——容重。

第十节　泥炭、基质和土壤调理剂基本物理性质的测定

泥炭、基质和土壤调理剂的容重、三相体积和收缩率是这些物料的基本物理性质，是表征泥炭、基质和土壤调理剂等物料性质特征的关键技术指标，也是上述产品质量检验的重要项目。虽然国内外也有一些简单方法，但普遍存在误差大、精度低、测定效果严重依赖操作技巧和经验、重现性低等问题。

欧盟标准 EN 12688 提出了泥炭、基质与土壤调理剂基本物理性质测定方法，其中包括容重、总孔隙度、空气孔隙度、水分孔隙度和物料收缩值指标。这个标准根据水分能量关系将孔隙形态与水分能量联系起来，采用压力膜测定，因此具有代表性好、重现性高的特点，已经在世界各地广泛应用。该标准适用于颗粒≤25mm 的硬型物料和≤80mm 的纤维状材料如泥炭、生物质发酵物、椰糠等材料的基本物理性质测定，但不适用于颗粒粗糙、没有毛细作用、非颗粒的、气孔关闭物料如石灰、岩棉、泡沫等的测定。

一、测定原理

所谓三相体积就是泥炭、基质或土壤调理剂物料中固体、气体和水体三相所占比例。对一定体积泥炭、基质和土壤调理剂物料来讲，扣除固体占据体积就是总孔隙，总孔隙中非水即气，水气此消彼长、相辅相成。水气比例的不同，对生长在其中的植物根系关系巨大，因为泥炭、基质和土壤调理剂通气透水条件好坏取决于上述产品的气体和水体所占比例。但是，由于泥炭和基质颗粒粒径大小不一，不同粒径对水的吸力不同，因而水气比例和水分有效性也就明显不同。研究资料已经证实，在 0～－1kPa 的吸力下，水因重力向下流动，所以在这个吸力下的孔隙空间里水会因为重力作用自动流出泥炭、基质和土壤调理剂，腾出的空间马上会被空气占据，所以 0～－1kPa 吸力下的孔隙空间就是空气占据空间。而在－1～－10kPa 吸力下的孔隙直径小于 0.02mm，空气无法进入，是水分可以占据的空间。但是，在－1～－5kPa 吸力下，植物根系渗透压明显大于基质对水的吸力。因此，在－1～－5kPa 吸力下的基质保存的水分就是可以被植物根系吸收的水分，因此称为有效水。而在－5～－10kPa 吸力下，植物根系渗透压小于基质对水的吸力，因此这部分水是被固体束缚的，因而是无效水，只有在极端条件下，才能被植物勉强吸收一点。因此，采用适当仪器测定出不同吸力条件下水分含量，就可以计算出该物料在这种吸力下的水分体积，数据精确可靠，不受试验条件和操作人员影响，是欧美泥炭产业和科研领域广泛应用标准方法。采用这种方法，还能同时测定泥炭、基质和土壤调理剂的容重和收缩率，因此在类似物料基本物理性质测定中有重要价值。

测定时将泥炭、基质或土壤调理剂样品浸没在水中直至饱和，然后放在特制的

沙箱中在－5kPa 吸力下使其平衡。然后把样品转移到双环样筒中，重新润湿样品，在－1kPa 吸力下平衡。样品平衡后，根据环中样品湿重和干重数据计算样品的物理性质。测定采用水吸力依次为－1kPa、－5kPa 和－10kPa。

为了避免歧义，该标准对一些名词术语作如下规定：总孔隙度是单位体积的泥炭、基质和土壤调理剂等物料扣除固体所占比例的部分。干容重是单位体积内泥炭、基质和土壤调理剂的干物质重量。比重是泥炭、基质和土壤调理剂固体物质（矿物质和有机质）总质量与这些颗粒所占体积的比值，这些物料颗粒内部孔隙和颗粒之间的空隙不包括在内。物料收缩值是潮湿泥炭、基质和土壤调理剂样品干燥后其体积损失量。空气体积是－1kPa 水吸力所占据的空间，水体积是在－1～－10kPa水吸力所固定的水体积空间。

二、测定装置

1. 样品环

样筒和固定圈，可用刚性的不会变形材料在 120℃的温度下制成，由上样品环、固定圈、下样品环、纱网固定圈和纱网组成（见图 12-3）。

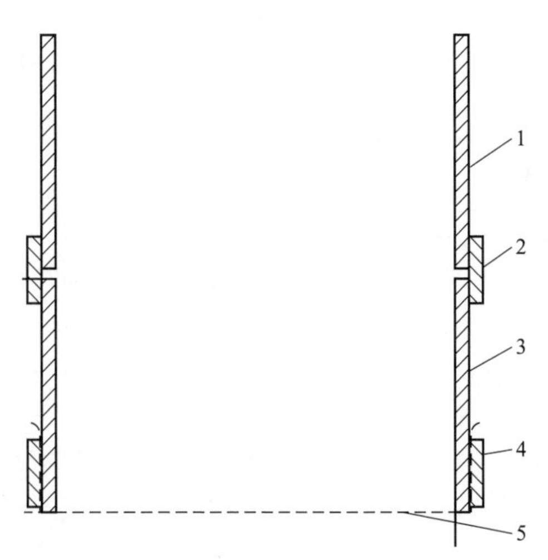

图 12-3　双环样筒结构示意图

1—上样品环；2—固定圈；3—下样品环；4—纱网固定圈；5—纱网

上样品环：样品环应单独制成，并测定其体积（V_1），记录其重量（m_1）。每个样品环须分别标记。样品环的内径（d_1）：(100±1) mm；高（h_1）：(50±1) mm。体积测定可通过测量平均高度（h_1）和平均直径（d_1）来确定，每个样品环高度至少测定十次重复。样品环平均直径（d_1）应该用游标卡尺从顶部、中部和底部分别重复测定。

固定圈：固定在样品环上，测试时可将上样品环固定在下样品环上。

下样品环：内径与上样筒相同，高度 (53±1)mm，材料和制作方式同上样筒。

纱网固定圈：高 20mm，直径比样品环大 7.5～8.5mm。用以固定纱网。

纱网：孔径 0.1mm，不可生物降解化纤。

2. 塑料管

直径约 14cm，高约 14cm，体积大约 21cm³。管一端绷紧纱布。

3. 水浴

至少能够固定 4 个塑料管，管可站立在粗筛网上。水浴用水装满，水深可超过塑料管顶部。

4. 沙箱

按照图 12-4 制作沙箱。可以采用方形不透水塑料箱，规格根据测定样品量确定。一般的沙箱规格为 80cm×40cm×30cm，容器壁厚 0.5cm。

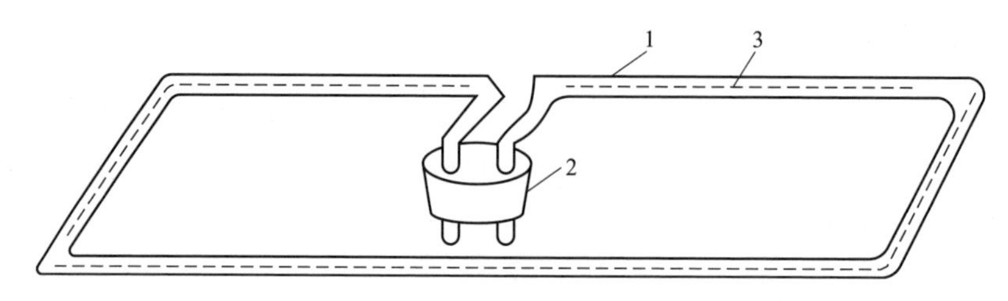

图 12-4 沙箱供水排水系统

1—尼龙纱；2—塞子；3—底槽

沙箱底部中心开孔，安装潮汐供水排水系统。供排水管用直径约 1cm PVC 管，用弯头组装成回形。在 PVC 管的下边每隔 1cm，切开 1cm 长狭缝，用尼龙纱缠绕包裹 PVC 管三层，防止细沙进入阻塞管道。用塞子将 PVC 管安在沙箱底部，用水泥或封胶将塞子固定在沙箱底面上，PVC 管四周离箱壁保持 2cm。将所有接口用水泥或防水胶黏合剂密封。按图 12-4 安装上述器件和外部管件。打开水龙头，冲刷排水系统排出空气。

沙箱内铺设专门组配好沙料，以获得所需要的吸力。为了建立标准化沙箱，应选用严格分级颗粒分布狭窄的水洗工业沙。从表 12-3 可以见到不同分级颗粒和相应吸力对应关系。如果能达到所要求孔隙值，也可以使用如玻璃微珠或氧化铝粉等其他材料。

表 12-3 沙箱中配制不同表面吸力的石英砂比例

典型的粒度分布/μm	用量(体积分数)/%		
	表面吸力－1kPa	表面吸力－5kPa	表面吸力－10kPa
＞600	1	1	1
＞200～600	61	8	1
＞100～200	36	68	11
＞63～100	1	20	30
20～63	1	3	52
＜20	0	0	5

用脱气蒸馏水充填管子，把试验箱装到一半的空间。将吸气瓶和真空泵连接。在池子底部撒上 1cm 厚粗砂覆盖排水系统表面，确保向排水口的斜度被砂质内部固定。其上添加 3cm 饱和细沙。打开水龙头，开动真空泵抽空水分，继续维持水位在沙面以上。当排水管看不到气泡时，关上水龙头，添加第二层饱和细沙。重复添加细沙和排除沙中空气操作，直到系统中没有空气迹象。最后从移除真空系统，通过调整排水水位瓶的外流高度，建立理想压力。打开水龙头，排掉多余水分。理想的水压是－h cm。在沙仍然湿润状态时，沙表面放置尼龙纱网。

为了测试沙在超过理想压力时拥有的进气量，应保持高度放置平衡 2d，以 10min 20cm 高度间隔提升水位，直至表面被水淹没，重新连接真空源，检查出口管中是否有空气出现。在填充容器的最后阶段，细料可能积聚在表面或悬浮在水中，放置过夜，在重新填充之前刮去容器中的材料。

空气可能随时进入，可用去空气水再次淹没沙盘，排水到预先设定的吸力。在沙箱变成空气封闭时，在图 12-5 中 8 点使用真空吸力，但只有在表面被水淹没时才可以这样做。否则空气就可能进入系统。

塑料管内待测样品的水吸力－5kPa 可从塑料管底部吸力计测量。样筒吸力－1kPa、－5kPa 和－10kPa 吸力，可从下环中间测定（见图 12-5）。吸力可采用张力计或压力膜测量。

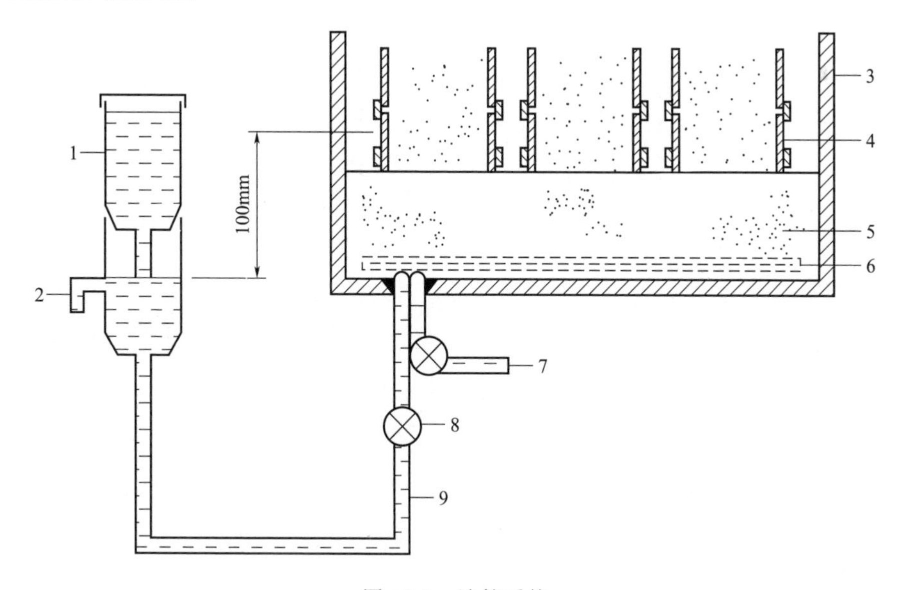

图 12-5　沙箱系统

1—水罐；2—吸力液面调节器；3—砂质吸力槽；4—双环样筒；5—标准沙；6—排水系统；7—出水口和龙头；8—水龙头；9—尼龙软管；100mm—液面高度差

5. 通风干燥箱

温度设置在（103±2)℃。

6. 分析天平

感量 0.1g。

7. 水浴、平浅托盘、勺或匙

容量约 50L。

三、测定步骤

1. 样品润湿

将样品在 −5kPa 吸力下饱和平衡。用部分润湿的样品填装 2 个塑料管，小心操作防止人为造成空隙。用橡皮筋捆绑化纤纱布封住管头，防止试样漏出管外。缓慢稳定地向水浴中注水，直到水位达到试样管上端 1cm（图 12-6）。注水过程大约需要 30min。如果试样管出现漂浮迹象，可在试样管上放置重物压制。允许水分从管上部蒸发扩散，同时应确保样品不被压实。保持水浴中的水位恒定，直到管中样品彻底浸湿（最多 36h）。

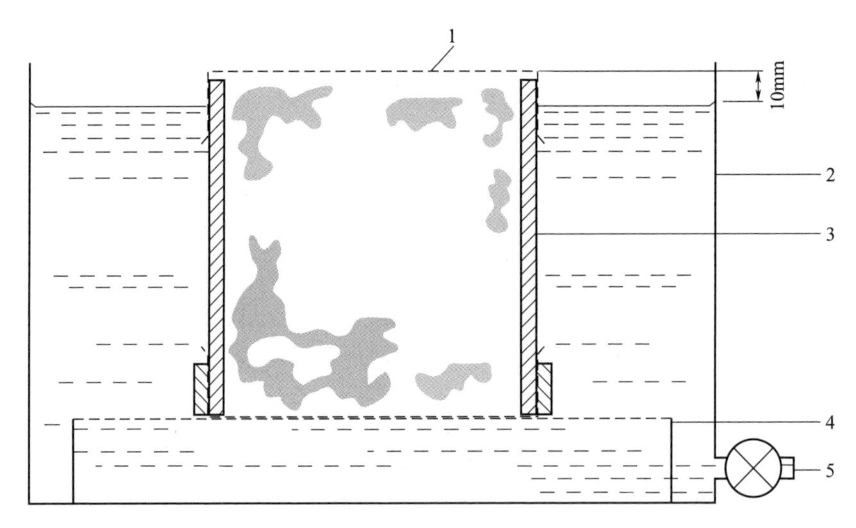

图 12-6　样品在水浴中湿润

1—尼龙纱；2—水浴；3—塑料管；4—网格；5—带水龙头的出水口

拆下试样管，立即放置在沙箱的 −5kPa 吸力标准沙上。试样管底部必须充分与沙接触。采用张力计或压力膜在管底连续测量 48h。

2. 样品环样品装填

用接口圈将纱网固定在下样品环上，将上样品环用接口圈固定在下样品环上。将塑料样品管中已达到平衡 −5kPa 的湿样品倾倒到干净桌面上，轻轻混合样品，注意不使样品受到任何物理影响。用平浅勺或匙转移约 50mL 混合样品到已经准备好了的样品环中，注意避免压实或人工造成的空隙，完全移除活动环。用样品装填 4 个样品环，将样品环放置在装有铁丝网架的水浴中。缓慢均匀地向水浴中注入清水，控制水位高度在距试样管顶部 1cm 高度。整个注水过程大约耗时 30min。保持水位 24h 恒定。也可以使用两个不同吸力水浴，一个－1kPa，另一个－5kPa。

3. 吸力

吸力控制在－1kPa，小心地拆下样筒，立即转移到具有－1kPa 吸力沙层的沙箱中，确保沙子和样筒底部紧密接触。盖上沙箱，从下环中部测量水吸力。定时检查，在吸力水平稳定管中不能有气泡存在，使用吸力达到平衡。整个测定过程至少需要 48～72h。

4. 环的分离

从沙箱中移出样筒，放置在平坦固体表面。小心向上拆下上环，用刀或直边钢尺无压实地刮出样筒顶部多余物料，纤维状材料最好用剪刀切断多余物，尽量小心，避免扰动。除去附着在样品环外侧的物料，并记录质量（m_2），注意不要转动样筒。

5. 吸力选择

可选吸－5kPa 及－10kPa 的吸力沙层测定。在－1kPa 吸力下，也可在－5kPa 和－10kPa 压力下测定空气和水体积。如果在－1kPa 水和空气体积测试数据可靠，以下操作可以跳过。

小心地将样筒放在沙箱沙层上，确保沙子和样筒下断面紧密接触。盖上沙箱，采用－5kPa 从环中测量。定期检查看吸力水平调节管中有无气泡存在。保持吸力直至达到平衡。至少 48h，至多 72h。记录质量（m_3）。

小心地将环放置在沙箱沙层上，确保沙和样筒下部之间紧密接触。盖上沙箱，用－10kPa 水压从样筒中部测量。定期检查看吸入水平调节管中是否有气泡存在。使用吸力直至达到平衡。时间至少要保证 48h，甚至 72h。记录质量（m_4）。

6. 干燥

将样品放置在烘箱中，在（103±2)℃下烘干至恒重（m_5）。不要因为移动、放置方式而改变样品结构。移出样品环，用游标卡尺测量样品环中干燥样品平均高度（h_2）（四次重复）和平均直径（d_2）（顶部、中部和底部各三次重复)；该操作不能测定粒状材料，因为它们不能在干燥中保持外形。在这些情况下，建议在干燥前测定其高度。

7. 有机质测定（W_{om}）

根据 EN 13039 方法测定有机质含量。

8. 灰分测定(W_{ash})

根据 EN 13039 测定矿物质含量。

四、结果计算

1. 样品环体积计算

$$V_1=\pi(0.5d_1)^2h_1$$

式中 V_1——样筒的体积，cm^3；

d_1——样筒直径，cm；

h_1——样筒高度，cm。

2. 干容重

$$D_{BD}=\frac{m_3-m_1}{V_1}\times 1000$$

式中 D_{BD}——干容重，kg/m^3；

m_1——样筒重量，g；

m_3——干样品加样筒重量，g；

V_1——样筒体积，cm^3。

3. 物料收缩率

$$S=\frac{V_1-V_m}{V_1}\times 100$$

式中 S——样品干燥后的收缩率（体积分数），%；

V_1——同一样品环的体积，cm^3；

V_m——干燥样品平均体积，cm^3。

4. 密度

$$P_D=\frac{1}{\dfrac{W_{om}}{100\times 1550}+\dfrac{W_{ash}}{100\times 2650}}$$

式中 P_D——物料密度，kg/m^3；

W_{om}——有机质的质量分数，%；

W_{ash}——灰分的质量分数，%；

1550——有机质密度，kg/m^3；

2650——灰分密度，kg/m^3。

因为泥炭、基质和土壤调理剂的密度测定比较麻烦，所以这里的密度数据采用有机质和灰分与密度数据的经验数值计算，简化了密度测定程序，但对草本泥炭的测定需要慎重，最好实测泥炭的有机质和灰分数据，再据此计算。

5. 总孔隙度

在－1kPa 吸力状态下，以下式计算样品总孔隙度：

$$P_S=\left(1-\frac{D_{BD}}{P_D}\right)\times 100$$

式中 P_S——总孔隙度（体积分数），%；

D_{BD}——物料容重，kg/m^3；

P_D——物料密度，kg/m^3。

6. 水体积分数

应用－1kPa、－5kPa、－10kPa 吸力下测定的物料干、湿重量，分别计算不同吸力下的水体积分数：

$$W_V(-1\text{kPa})=\frac{m_2-m_5}{V_1}\times 100$$

$$W_V(-5\text{kPa})=\frac{m_3-m_5}{V_1}\times 100$$

$$W_V(-10\text{kPa})=\frac{m_4-m_5}{V_1}\times 100$$

式中 W_V——水体积分数，在－1kPa、－5kPa 和－10kPa 吸力下测定，%；

V_1——样品环体积，cm^3；

m_2——湿样加样品环在－1kPa 吸力下的质量，g；

m_3——湿样加样品环在－5kPa 吸力下的质量，g；

m_4——湿样加样品环在－10kPa 吸力下的质量，g；

m_5——干燥样品加样品环质量，g。

7. 空气体积分数

应用－1kPa、－5kPa 和－10kPa 吸力下的样品水分，计算空气体积分数：

$$A_V(-1\text{kPa})=P_S-W_V(-1\text{kPa})$$

$$A_V(-5\text{kPa})=P_S-W_V(-5\text{kPa})$$

$$A_V(-10\text{kPa})=P_S-W_V(-10\text{kPa})$$

式中 A_V——湿样品在－1kPa、－5kPa 和－10kPa 水吸力下的空气体积分数，%；

P_S——湿样品在－1kPa、－5kPa 和－10kPa 吸力下的总孔隙度（体积分数），%；

W_V——湿样品在－1kPa、－5kPa 和－10kPa 的水吸力的水体积分数，%。

五、重复性与精度

为验证测定误差，上述测定应进行四次重复，比重计算应保证两个重复。

实验室间的测试结果报告精度应符合 ISO 5725 规定附录 B 的要求。不同类型基质样品物理性质的实验室间数据对比见表 12-4。

表 12-4 不同实验室对不同材料基本物理性质测定误差

样品	未施肥的泥炭与珍珠岩	发酵粗树皮	发酵秸秆和生活垃圾	施肥泥炭/蛭石基质	粗糙椰糠碎末	发酵绿色废弃物
消除异常后保留的实验室数目	10	11	12	15	16	15
数量的异常数(实验室)	1	0	0	1	0	1

续表

样品	未施肥的泥炭与珍珠岩	发酵粗树皮	发酵秸秆和生活垃圾	施肥泥炭/蛭石基质	粗糙椰糠碎末	发酵绿色废弃物
平均值/(kg/m^3)	102.5	190.6	322.3	174.8	72.2	281.7
重复性标准偏差	1.73	4.19	5.35	4.75	2.41	6.11
重复性相对标准偏差/%	1.67	2.20	1.66	2.72	3.33	2.17
重复性值	4.84	11.73	14.98	13.31	6.74	17.10
重现性标准偏差	2.55	8.24	14.28	12.21	8.38	16.97
重现性相对标准偏差/%	2.49	4.33	4.43	6.98	11.61	6.02
重现性极值	7.15	23.08	39.97	34.18	23.47	47.51

第十一节　泥炭、基质和土壤调理剂颗粒分布的测定

颗粒分布是泥炭、基质和土壤调理剂的重要指标。泥炭、基质和土壤调理剂颗粒大小与分布范围决定了泥炭、基质和土壤调理剂的水分、空气体积和对水分固定程度，是泥炭和专业基质必须提供的基础数据，越是接近植物根系水气需求的基质颗粒组成，越是好产品，越会受到用户追捧。因此，颗粒分布测定不仅是检验泥炭、基质和土壤调理剂产品质量的重要指标，也是比较不同企业产品质量、剖析产品构成的重要依据。

泥炭、基质和土壤调理剂颗粒分布测定操作并不复杂，但缺乏统一的各方认可的操作条件和规程，使得不同检测单位的数据无法互比。欧盟 EC 标准规定了泥炭、基质和土壤调理剂颗粒测定的术语、定义、原理、装置、取样、步骤、结果与计算和精密度，适用于粒径小于 60mm 的固体、非块状、无固定外形、松散物料的测定。测定原理是使用指定频率和幅度的筛分机上筛分风干泥炭、基质和土壤调理剂样品，测定通过不同筛孔物料物料百分数，用以计算上述物料的颗粒分布。

一、测试装置

1. 筛分机

可垂直横向振动，振幅可调，内带计时器。筛分时间可在 0.5～1.5mm 之内。振幅范围内可以 10s 振动、1s 静止的周期连续筛分 7min。

2. 测试筛

直径 200mm，沿高 55mm，不锈钢网，孔径 31.5mm、16mm、8mm、4mm、2.0mm、1.0mm。测试筛可以叠放，最上测试筛有盖子，最下测试筛有承接盘。

3. 干燥箱

强力排风，温度可调 (40+5)℃。干燥过程中必须防止轻微颗粒损失。

4. 干燥盘

数量 3 个，沿高（50±10）mm，最小底面积 400mm^2，可热防护 50℃。

5. 天平

量程至少 4kg，精度 0.1g。

6. 分样装置

任何可用来增加和减少样品，并能保护样品特征的装置均可，根据物料颗粒大小、种类和颗粒分布状况，分样装置的开口宽度应该是最大颗粒直径的 3 倍以上。

二、筛分机校正

筛分机第一次使用前，应按以下程序进行优化校正，且每年应该重复校正。

1. 测试样品

样品应质地均匀，泥炭类型单一，粒径<16mm，颗粒 0～1mm 占10%～40%。

2. 样品预处理

取测试样品的子样，手动筛除其中直径大于 16mm 颗粒。在 40℃温度下干燥样品 24h。放置筛子和承接盘在筛分机上，将最大孔径的筛具放在最上，其他孔径筛具按粒径大小依次向下排列。在最上层筛具里平摊样品，盖上盖子。打开筛分机，用最大振幅振动 7min，测定每个筛具里和承接盘中的不同粒径组分的重量，用毛刷清理筛具和承接盘，测定筛具和承接盘净重。

按后面的公式计算物料的粒度分布。如果 10%～40%的样品落入 0～1mm 组分中，则优化的程序可以用于选定样品的粒度测定。

3. 优化

按 10 等分划分振幅校正梯度，取待测样品 30 个，每个样品 500mL，样品中大于 16mm 的颗粒事先已经手动筛除。将这些样品尽可能平均地摊放到干燥盘上，放置干燥盘进入干燥箱以 40℃温度干燥 12h。干燥后样品湿度不能超过样品总重的 15%。对每一个设定振幅按以下程序筛分 3 个样品。

① 按孔径最大放在最上、孔径最小放在最下的顺序堆叠所有筛具，最下面筛具接承接盘，然后放置在振筛机上。

② 放置子样品在最上面筛具上，盖上盖子，将组筛固定到筛分机上，按设定振幅开机振动 7min。

③ 测定每一个筛具和承接盘重量和样品组分重量，用毛刷清理所有筛具和承接盘，三个子样全部按照此方式测定完成之后，再测定筛具和承接盘净重。颗粒分布按后面公式计算。

4. 理想振幅确认

按 5%概率扫尾所有值，确定是哪个振幅下，0～1mm 颗粒组分重量最大，这个振幅就可以选作标准振幅。如果超过 1 个振幅的 0～1mm 组分重量最大，则最小振幅的设定可以选作标准振幅。

三、样品测试

1. 概述

用于颗粒分布测试样品必须按照 EN 12579 标准取样。根据欧盟相关标准，用于测定样品可以是使用状态样品，也可用非使用状态样品。如某些泥炭、基质和土壤调理剂物料属于不流动的黏重样品，样品应该尽量选择即将使用的样品物料。测试样品处理按照 EN 13040:2007 标准第 7 款处理。

2. 样品用量测定

首先测定待测样品的体积（表 12-5），粉细物料样品量要小于粗样品用量，以降低堵塞筛孔的风险。

表 12-5　样品体积

筛具直径	子样量 0～8mm 粒径样品比例＜50％(重量比)	子样量 0～8mm 粒径样品比例＞50％(重量比)
300mm	375mL	125mL
200mm	750mL	250mL

在筛分机上放置孔径 8mm 孔径的样筛，筛具下放置收纳盘。用适当的分样装置减少样品的体积。转移适量样品（300mm 筛具取 375mL，200mm 筛具取 750mL）放入筛具，筛上放置盖子。固定筛具叠，开动筛分机，按设定标准振动 1min。如果试样湿度太大，要将湿样放在干燥炉中干燥 16h。因为样品湿度太高，样品则不能顺利过筛，会影响筛分结果。

筛分后，称筛重（C），受纳盘＋样品重（a），然后毛刷清理筛具和受纳盘，分别称重（筛重 b）和收纳盘重（d）。

按后面公式计算颗粒分布。

3. 空气干燥

用适当的分样装置取三份适量代表性样品，放入三个单独的干燥盘中，在干燥盘上尽可能均匀地摊平样品，然后称重。将干燥盘放入干燥箱中，在 40℃温度下至少干燥 16h，再称重，计算湿度损失。

干燥后，子样品的湿度不能超过总样重的 15％，样品的湿度测定按 EN 13040:2007 进行。

四、操作程序

样品干燥后 24h 内必须完成颗粒分布测定，测试前在干燥空气中储存样品，以保证筛分完成良好。

按筛孔大小叠放样品筛，最大筛孔放在上面，整叠样筛放在振筛机的受样盘上。在最上面筛具里摊平样品，盖好盖子，固定筛柱。开动筛分机振动 7min，振幅和周期按前面方式进行。测定每一个分布筛中样品重和受纳盘重和样品重。毛刷清理筛子和受纳盘。重复三次，然后测定空盘和空筛重，用后面公式计算颗粒分布。

五、计算和结果表示

（一）预处理样品的颗粒分布计算

筛上部分大于 8mm 的：

$$\text{筛上组分} > 8\text{mm}(\text{质量分数}) = \frac{c-d}{(c-d)+(a-b)} \times 100\%$$

筛上部分小于 8mm 的：

$$\text{筛上组分}\ 0 \sim 8\text{mm}(\text{质量分数}) = \frac{a-b}{(c-d)+(a-b)} \times 100\%$$

式中 a——承接盘+样重，g；

b——空承接盘重，g；

c——8mm 筛重+样重，g；

d——8mm 空筛重，g。

（二）样品颗粒分布计算

分部质量用样品总质量表示：

$$\text{分部颗粒}\ x(\text{质量分数}) = \frac{A_x}{\sum A_x} \times 100\%$$

式中 x——1，…，7，1 为 31.5mm 筛，2 为 16mm 筛，3 为 8mm 筛，4 为 4mm 筛，5 为 2mm 筛，6 为 1mm 筛，7 为承接盘；A_1，…，A_7（筛+样）重－空筛重。

对每一个颗粒分组都计算其平均值，然后四舍五入到最接近的百分数。然后按照下面的公式计算其三个样品的变异系数，按此计算 2～6 组分，或者只计算三个最大的组分。大于 31.5mm 的组分忽略不计。

如果变异系数大于 20%，该样品应该考虑均质化不够，分析应该全部重新做。

$$\text{均值}_x = \frac{\sum Z_x}{n}$$

式中，n 为样品重复数（3～4）。

$$\text{变异系数}_x = \frac{\sqrt{\sum (Z-G_x)^2/(n-1)}}{G_x} \times 100\%$$

六、精密度和重复性

不同实验室间精密度和精确度结果见表 12-6～表 12-12。

表 12-6 ＞31.5mm 颗粒的实验室间测定测定结果

项目	泥炭 2005	树皮 2005	发酵绿色废弃物 2005	珍珠岩 2005	粗泥炭 1997	发酵树皮 1997	备用泥炭 2005	备用树皮 2005	备用发酵绿弃物 2005	备用珍珠岩 2005
无异常实验室数量	15	16	16	16	10		16	16	16	16
异常实验室数量	1				0					
平均值/(g/L)	0.9	0.1	0.1	0.1	12.1		1.9		0.2	
重复性标准差	0.86				4.57	1.69				
重复性相对标准差	95.67				106.0	89.56				
重复极限(r=2.8)	2.42				12.79	4.72				
再现性标准差	1.43				7.57	2.37				
再现性相对标准差	158.5				175.5	126.0				
再现性极限(r=2.8)	4.01				21.19	6.64				

表 12-7 16～31.5mm 颗粒的实验室间测定测定结果

项目	泥炭 2005	树皮 2005	发酵绿色废弃物 2005	珍珠岩 2005	粗泥炭 1997	发酵树皮 1997	备用泥炭 2005	备用树皮 2005	备用发酵绿弃物 2005	备用珍珠岩 2005
无异常实验室数量	15	16	15	16	10		16	16	16	16
异常实验室数量	1		1		0					
平均值/(g/L)	0.9	0.1	0.1		12.1	1.9		0.2		
重复性标准差	0.86				4.57	1.69				
重复性相对标准差	95.67				106.0	89.56				
重复极限(r=2.8)	2.42				12.79	4.72				
再现性标准差	1.43				7.57	2.37				
再现性相对标准差	158.5				175.5	126.0				
再现性极限(r=2.8)	4.01				21.19	6.64				

表 12-8 8～16mm 颗粒的实验室间测定测定结果

项目	泥炭 2005	树皮 2005	发酵绿色废弃物 2005	珍珠岩 2005	粗泥炭 1997	发酵树皮 1997	备用泥炭 2005	备用树皮 2005	备用发酵绿弃物 2005	备用珍珠岩 2005
无异常实验室数量	16	16	15	16	9	8	16	16	16	15
异常实验室数量			1		0					
平均值/(g/L)	14.4	2.9	5.0		34.6	5.9	15.3	2.6	5.8	
重复性标准差	5.19	1.01	1.69		3.75	4.88	4.15	1.09	2.23	

续表

项目	泥炭 2005	树皮 2005	发酵 绿色 废弃物 2005	珍珠岩 2005	粗泥炭 1997	发酵 树皮 1997	备用 泥炭 2005	备用 树皮 2005	备用 发酵 绿弃物 2005	备用珍 珠岩 2005
重复性相对标准差	36.02	34.75	33.97		30.39	233.5	27.18	41.87	38.37	
重复极限(r=2.8)	14.54	2.84	4.72		10.51	13.66	11.62	3.06	6.25	
再现性标准差	7.17	1.7	2.19		6.13	5.92	5.69	1.50	2.65	
再现性相对标准差	49.70	58.48	44.12		49.67	283.2	37.29	57.53	45.56	
再现性极限(r=2.8)	20.06	4.77	6.14		17.17	16.57	15.94	4.21	7.43	

表 12-9 4～8mm 颗粒的实验室间测定测定结果

项目	泥炭 2005	树皮 2005	发酵 绿色 废弃物 2005	珍珠岩 2005	粗泥炭 1997	发酵 树皮 1997	备用 泥炭 2005	备用 树皮 2005	备用 发酵 绿弃物 2005	备用珍 珠岩 2005
无异常实验室数量	16	12	16	16	9	8	15	14	16	16
异常实验室数量		4	1		0		1	2		
平均值/(g/L)	14.9	70.0	21.1	7.1	13.7	5.4	15.7	68.4	21.50	7.1
重复性标准差	2.24	1.97	3.03	1.38	1.69	0.75	2.29	2.04	1.52	1.17
重复性相对标准差	15.04	2.82	14.35	19.46	34.67	38.55	14.59	2.98	7.08	16.42
重复极限(r=2.8)	6.28	5.52	8.50	3.87	4.74	2.10	6.43	5.71	4.26	3.28
再现性标准差	4.58	5.34	4.30	2.50	4.46	1.32	2.89	3.61	3.69	2.41
再现性相对标准差	30.72	7.63	20.33	35.17	91.35	67.81	18.34	5.28	17.19	33.79
再现性极限(r=2.8)	12.83	14.94	12.03	6.99	12.49	3.69	8.08	10.10	10.33	6.76

表 12-10 2～4mm 粒的实验室间测定测定结果

项目	泥炭 2005	树皮 2005	发酵 绿色 废弃物 2005	珍珠岩 2005	粗泥炭 1997	发酵 树皮 1997	备用 泥炭 2005	备用 树皮 2005	备用 发酵 绿弃物 2005	备用珍 珠岩 2005
无异常实验室数量	15	12	14	15	9	7	14	14	14	14
异常实验室数量	1	4	2	1		1	2	2	2	2
平均值/(g/L)	11.4	22.0	24.50	47.4	9.1	9.5	10.9	23.3	24.1	47.8
重复性标准差	1.61	1.72	1.51	2.23	1.50	0.83	1.03	1.67	1.28	1.78
重复性相对标准差	14.15	7.81	6.15	4.71	46.13	24.34	9.43	7.14	5.29	3.72
重复极限(r=2.8)	4.50	4.82	4.22	6.25	4.20	2.32	2.87	4.67	3.57	4.98
再现性标准差	2.66	4.93	1.84	3.72	2.62	1.97	1.32	3.87	1.66	2.24
再现性相对标准差	23.43	22.37	7.51	7.85	80.62	57.83	12.11	16.59	6.90	4.69
再现性极限(r=2.8)	7.45	13.80	5.15	10.42	7.35	5.50	3.69	10.84	4.66	6.27

表 12-11　1～2mm 颗粒的实验室间测定测定结果

项目	泥炭 2005	树皮 2005	发酵绿色废弃物 2005	珍珠岩 2005	粗泥炭 1997	发酵树皮 1997	备用泥炭 2005	备用树皮 2005	备用发酵绿弃物 2005	备用珍珠岩 2005
无异常实验室数量	14	15	16	15	9	7	15	14	14	14
异常实验室数量			1		0	1	0	1	1	1
平均值/(g/L)	11.70	2.2	18.5	17.60	7.6	13.50	11.7	2.3	18.20	18.0
重复性标准差	1.33	0.55	1.25	1.05	0.88	1.29	0.97	0.22	0.81	0.84
重复性相对标准差	11.38	24.36	6.74	5.95	32.45	26.83	8.27	9.41	4.43	4.67
重复极限(r=2.8)	3.72	1.53	3.50	2.93	2.46	3.61	2.72	0.61	2.26	2.36
再现性标准差	2.24	1.03	1.93	2.87	1.10	1.86	2.22	0.69	1.69	1.59
再现性相对标准差	19.17	46.00	10.41	16.32	40.58	38.75	18.95	29.67	9.27	8.86
再现性极限(r=2.8)	6.26	2.89	5.4	8.04	3.08	5.21	6.23	1.92	4.72	4.46

表 12-12　0～1mm 颗粒的实验室间测定测定结果

项目	泥炭 2005	树皮 2005	发酵绿色废弃物 2005	珍珠岩 2005	粗泥炭 1997	发酵树皮 1997	备用泥炭 2005	备用树皮 2005	备用发酵绿弃物 2005	备用珍珠岩 2005
无异常实验室数量	13	15	16	16	9	6	15	16	16	16
异常实验室数量	3	1				2	1			
平均值/(g/L)	42.1	3.0	29.9	27.4	22.4	66.5	43.60	3.3	29.1	26.60
重复性标准差	4.27	0.35	4.21	2.29	1.93	2.35	2.44	0.40	1.75	1.44
重复性相对标准差	10.13	11.62	14.06	8.35	24.13	9.90	5.59	12.03	6.01	5.42
重复极限(r=2.8)	11.96	0.98	11.79	6.41	5.40	6.58	6.83	1.11	4.89	4.03
再现性标准差	5.24	1.00	7.88	6.75	4.28	4.25	5.45	0.94	6.26	5.97
再现性相对标准差	12.43	33.16	26.30	24.62	53.49	17.91	12.48	28.57	21.52	22.44
再现性极限(r=2.8)	14.67	2.79	22.05	18.91	11.98	11.91	15.25	2.63	17.53	16.71

第十二节　泥炭基质和土壤调理剂植物响应测定

基质和土壤调理剂是一生物活性较强的产品，但是生物活性大小的评价需要一种客观可重复的方法予以测定。此外，泥炭基质和土壤调理剂产品上市前除了需要进行物理、化学和生物指标的测试之外，还需要测定植物响应，通过植物响应，确认该批产品是否安全，是否会在使用中出现烧苗、抑制现象，为企业安全生产奠定基础。因此，植物响应测定已经成为检验泥炭产品质量的有效手段。

一、测定原理

测定播种在受试材料与对照材料中的植物种子的萌发率和幼根长度，用以计算泥炭基质和土壤调理剂的技术指标。种植植物种类可以根据需要调整，如水芹、大白菜或生菜。

所谓植物响应是植物样本种子在泥炭基质或土壤调理剂中的发芽或生长的变化，方法中测定的是种子胚牙从种子伸出的过程。根长指数也是中的指标之一。根长指数是指泥炭基质或泥炭土壤调理剂中的发芽植物的根长与其他对照材料中发芽植物的根长差异百分数。活力指数是通过从植物发芽率和根长计算获得的指数。

二、材料与装置

水芹种子，发芽率≥95%。水，三级。培养皿，正方形，长 100mm，宽 100mm，高 18mm。培养箱，温度控制范围 (25±5)℃。土壤筛，孔径 10mm。滤纸，厚约 1.42mm。

三、操作步骤

1. 样品

用 10mm 孔径土壤筛筛分基质或土壤调理剂样品。剔除黏附在筛网上的非样品成分如塑料、金属、玻璃等异物，并记录其占总重量的百分数。

2. 程序

将试样充填培养皿，放平，用锅铲或刮刀无压力地刮平物料。在放种子的地方，剔除粒径大于 5mm 的颗粒。每个培养皿均匀间距播种 1 行 10 粒水芹种子，将种子轻轻压入试样 10mm，保证种子与试样接触良好。为了确保种子与试验材料紧密接触，可以用吸管给每一个种子滴一滴水。

盖上培养皿，在培养箱按与水平面呈 70°～80°角放置培养皿，将有种子的一端放置最上部，无种子的一端放在下面。培养箱保持黑暗，温度控制在 (25±5)℃ (见图 12-7)。培养 72h，测定发芽出苗率，测定幼苗根系长度，以 mm 为单位。如果培养皿中平均萌发率低于 85%，则测试无效，须重新育苗检测。

盖子可以使用橡皮筋固定，或用铝芯固定。如果培养皿由完全由铝箔包裹，在培养过程中，无须保持培养箱内黑暗。试验过程中可以拍摄系列数码照片，利用图像分析软件进行根长、根径分析，结果可用对照的百分数报告结果。

上述试验重复三次。取发芽率、根长数据。

3. 对照试验

用与受试材料中的纯泥炭按上述试验程序重复三次。幼苗根系可以保存在(5±3)℃的 50% (体积分数) 对氨基苯甲酸中，以备后期测定。

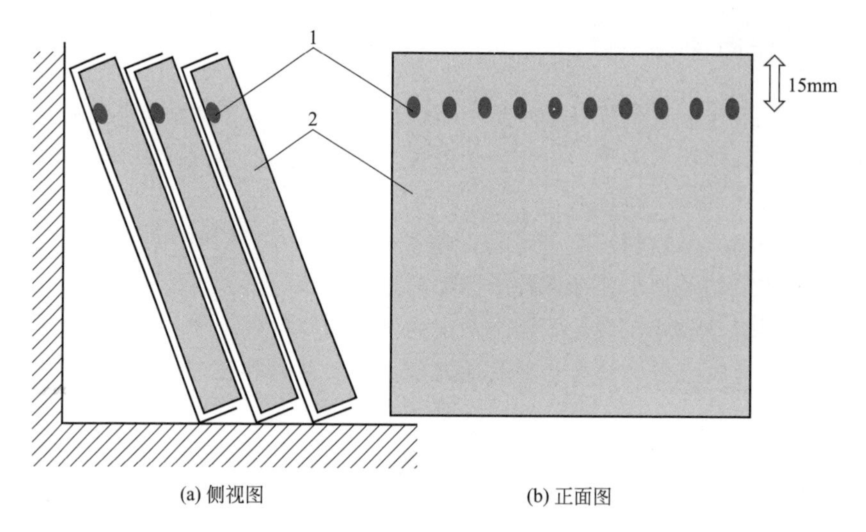

图 12-7　培养皿放置培养

1—水芹种子；2—基质或土壤调理剂

4. 试验数据处理

平均发芽率按下式计算。

$$\overline{G}=\frac{G_1+G_2+G_3}{3}$$

式中　$\overline{G}$——平均发芽率，%；

G_1——第一个培养皿发芽率，%；

G_2——第二个培养皿发芽率，%；

G_3——第三个培养皿发芽率，%。

四、结果计算

1. 发芽率变异系数计算

$$CVG=\frac{\sqrt{\frac{\sum(GR-AGR^2)}{2}}}{AGR}\times100\%$$

式中　CVG——种子发芽率的变异系数；

GR——发芽率；

AGR——平均发芽率。

2. 单一发芽皿平均根长度计算

$$RLP=\frac{\sum RL}{NGS}$$

式中　RLP——单一发芽皿平均根长度；

RL——根长度；

NGS——种子发芽的种子数。

3. 三个发芽皿平均根长度计算

$$ARLP=\frac{RLP(T_1)+RLP(T_2)+RLP(T_3)}{3}$$

式中 ARLP——三个发芽皿平均根长度；

RLP——单一发芽皿平均根长度。

T——培养皿序号。

4. 根长度变异系数计算

$$CVR=\frac{\sqrt{\frac{\sum(RLP-ARLP)^2}{2}}}{ARLP}\times 100\%$$

式中，CVR为根长度变异系数。

5. 根长指数计算

$$RI=\frac{\left(\frac{RL_{S_1}}{RL_C}+\frac{RL_{S_2}}{RL_C}+\frac{RL_{S_3}}{RL_C}\right)}{3}\times 100\%$$

式中 RI——根长指数；

RL_{S_1}——第一次重复幼苗的平均根长度；

RL_{S_2}——第二次重复幼苗的平均根长度；

RL_{S_3}——第三次重复幼苗的平均根长度；

RL_C——对照样本幼苗的平均根长度。

6. 活力指数计算

$$MLV=\frac{(GR_{S_1}\times RL_{S_1})+(GR_{S_2}\times RL_{S_2})+(GR_{S_3}\times RL_{S_3})}{3\times(GR_C\times RL_C)}\times 100\%$$

式中 MLV——活力指数（与对照相比）；

GR_{S_1}——第一次重复的发芽率，%；

GR_{S_2}——第二次重复的发芽率，%；

GR_{S_3}——第三次重复的发芽率，%；

GR_C——对照样本的平均发芽率，%；

RL_{S_1}——第一次重复的平均根长度；

RL_{S_2}——第二次重复的平均根长度；

RL_{S_3}——第三次重复的平均根长度；

RL_C——对照样本的平均根长度。

第十三节　泥炭与泥炭基质水分、灰分和有机质含量测定

泥炭与泥炭基质水分、灰分和有机质含量是泥炭、泥炭产品的关键技术指标，

是产品质量检验必测项目。但是国内尚无泥炭和泥炭产品上述项目测定应的国标、行标，给行业质量管理带来诸多不便。下面提出的检验方法可以作为泥炭和泥炭产品检验的标准方法。

一、仪器设备

天平，最大测量500g，感量0.01g。烘箱，可恒定（105±2)℃。马弗炉，能够产生恒定（550±22)℃和（750±38)℃。橡胶板、油画布与其他非吸收性材料。带盖铝盒，容量不小于100mL。瓷坩埚，容量不小于100mL。干燥器。

二、水分含量测定

1. 取样

取样程序应符合GB/T 6679的规定。

在橡胶片、油布或相似材料上放置样品并混合均匀。四分法弃去多余样品。存放试样，并将余下样品放在具有防水功能的单独容器中。上述步骤应连续快速操作。

2. 水分测定

标记铝盒与盒盖号码。在铝盒中放置重量不小于50g的测试样品，泥炭样品块体不大于30mm。立即盖上铝盒盖，称量并记录质量，精度0.01g。打开盒盖，放入烘箱中。应在2h内缓慢升温至105℃时计时。烘箱中干燥8h后，取出样品称重，再重新放入烘箱干燥1h，直到两次称重的样品质量没有变化后，再干燥1h，取出铝盒盖紧上盖，放于干燥器中冷却，然后称量并记录质量，精度0.01g。

湿基含水量计算：

$$M_{\mathrm{o}}=\frac{A-B}{A}\times 100$$

式中　M_{o}——湿基含水量，%；

A——测试样品的湿重，g；

B——测试样品的干重，g。

干基含水量计算：

$$M_{\mathrm{d}}=\frac{A-B}{B}\times 100$$

式中　M_{d}——干基含水量，%；

A——测试样品的质量，g；

B——干燥样品的质量，g。

三、灰分含量测定

标记测定瓷坩埚与盖的质量，精确到0.01g。放置风干试样1～5g，称量测定样品、坩埚和盖的质量，精确到0.01g。取下盖，并将瓷坩埚和盖一起放入马弗炉内，逐渐加温马弗炉至（550±22)℃，保持温度8h，所有样品完全灰化，直到两次称重的样品质量没有变化为止。盖好顶盖，移进干燥器冷却至室温，测定样品、瓷坩埚和盖的质量，精确到0.01g。

结果按以下公式计算：

$$A_d=\frac{C}{B\times(1-M_o)}\times 100$$

式中 A_d——干基灰分，%；

C——灰烬重量，g；

B——试样重量，g；

M_o——试样含水率，%。

四、有机质含量计算

结果按以下公式计算：

$$O_r=100.0-A_s$$

式中 O_r——泥炭有机质含量，%；

A_s——泥炭灰分含量，%。

参 考 文 献

[1] 中华人民共和国国务院．中华人民共和国标准化法．1988年12月29日中华人民共和国主席令第11号发布．

[2] 国务院中华人民共和国标准化法实施条例．1990年4月6日第53号令发布．

[3] 胡海波．标准化管理．北京：中国标准出版社，2013.

[4] 金燕芳，李海炅．企业标准化与法律法规．北京：中国计量出版社，2007.

[5] 徐京辉．产品质量分析与评价技术基础，北京：中国标准出版社，2007.

[6] 《检验检测机构资质认定文件及标准汇编》编写组．检验检测机构资质认定文件及标准汇编（修订版)．北京：中国标准出版社，2016.

[7] 国家标准化管理委员会．国际标准化教程．北京：中国标准出版社，2009：93-202.

第十三章 泥炭地保护和责任管理

泥炭沼泽是具有重要环境功能的生态系统、多种生物的栖息地和丰富自然资源的自然综合体之一。泥炭沼泽由水陆相互作用形成，其水文特征、生物地球化学过程和沼泽生物的适应性，使其具有独特的物理、化学和生物学结构及功能。泥炭地是蕴藏泥炭的地段，泥炭地拥有多种多样的自然资源，是人类生产生活的物质来源。根据泥炭地在全球环境变化中的地位、泥炭沼泽自身健康水平和泥炭地赋存的丰富自然资源，对泥炭地进行科学保护和责任管理是十分重要的，也是极具挑战性的。

泥炭地保护和管理是全球面临的紧迫任务。针对泥炭地保护和管理中存在的问题，国际泥炭学会积极推动泥炭地利益相关者参与制定《泥炭沼泽责任管理策略》，并于2010年编写出版了《泥炭沼泽责任管理策略》一书。这一策略广泛应用于泥炭沼泽保护、管理、开发利用与修复的认证。《泥炭地责任管理策略》于2012年瑞典斯德哥尔摩举行的第十四届国际泥炭大会上进行了大会陈述并分发给了所有入会者。该策略是一个全球性的文件，它提供了一个处理特定地方、国家或地区的泥炭沼泽利用问题的合作平台。

第一节 泥炭沼泽的保护价值

现代地球系统科学思想认为，地球环境的任何一个圈层、任何一个生态系统和任何一个过程都不是孤立的，它们的形成和发展包含着其他圈层、生态系统与过程的影响，并通过它们的形成和发展，影响其他圈层、生态系统与过程，表现出地球系统的整体行为。因此，全球环境问题必然对湿地生态系统和区域环境构成深远影响，湿地生态系统和区域环境问题又有可能发展成为全球问题。泥炭地的功能和效益见表13-1。

表13-1 泥炭地的功能和效益（据IMCG报告修改）

功能	类别	利用方向
生产功能	泥炭作为开采矿产沼泽在外地利用	农业中的腐殖质和有机肥 园艺基质 发电燃料 化工原料 垫褥材料 吸收过滤材料 泥炭纤维 建筑和隔离材料 人和动物的医药 花卉促进剂
	人畜用水	人、动物、植物用水
	野生植物	人与动物的食物和饲料 工业品的原料 药材
	野生动物	食物、毛皮和医药
	泥炭就地利用	原地栽培农作物 原地造林
空间功能	水库	水电站、饮用水、灌溉水、冷却水、休闲地
	鱼池	养鱼
	建设用地	都市、工业与基建开发
	废物填埋场	土地填埋场
	训练场	部队野战训练场
调节功能	全球气候调节功能	大气二氧化碳固定
	区域地方气候调节功能	增加地表湿度
	调节流域水文	削减洪峰，滞后洪水
	调节流域水化学	吸收固定污染物、沉积物
信息功能	社会历史功能	视觉愉悦，历史文化纪念地
	休闲健康功能	休闲养生，体育锻炼
	象征、精神和存在功能	某些重要宗教纪念地
	指示和认知功能	标准样地，标准剖面

一、聚碳作用对全球气候变化的影响

工业革命以来，人类活动对生物圈的影响已经从区域扩大到全球，特别是大气中二氧化碳、甲烷和其他温室气体浓度逐年增加。夏威夷 Mauna Loa 的观测结果表明，在过去的240年中，大气二氧化碳浓度已经从315μL/L增加到369μL/L

(Keeling，2000)。IPCC 警告，温室气体如果以目前的排放速率持续下去，2100年大气中二氧化碳浓度可能会增加到 540～970μL/L，全球平均气温升高 1.3～5.5℃（IPCC，2002)。在保持其他因素不变的条件下，如果大气二氧化碳浓度提高 1 倍，热辐射收支将减少 $4W/m^2$，导致热总收支的不平衡，为了使平衡得到恢复，地表和大气将增温 1.2℃。如果考虑热收支的正负反馈机制，大气中的二氧化碳浓度加倍后，地表平均温度增加将 2.5℃（Houghton，1998)。

造成大气二氧化碳浓度提高的原因除了工业、交通和能源消耗等人类活动向大气排放二氧化碳之外，生态系统碳循环过程产生的二氧化碳在全球二氧化碳排放中也占有相当比重。除此之外，全球碳汇与已知的碳源之间还存在（1.3±1.1)PgC（PgC 指 1m 深度的土壤有机碳总质量，$1Pg=10^9t$）的碳汇缺口（黄耀，2002)。一些研究证明，储存在湿地中的碳素占陆地碳素总量的 15%，泥炭地可能是那个缺失碳汇的组成部分。因为无烟煤、烟煤、褐煤都是在聚碳环境中通过聚碳作用形成的，而聚碳过程的结果必然造成大气二氧化碳的固化沉积，从而减少大气二氧化碳的浓度。温带泥炭地尤其在大气碳平衡中具有特别意义（Sjörs，1996，1997)，森林到泥炭地演化过程也反映了聚碳作用与大气的相互作用（Klinger，1994)。根据南极洲冰芯分析结果，聚碳作用与冰期和间冰期的周期性出现有一定的相关关系。在最近的 21.8 万年期间，CO_2 和冰体积之间存在显著的位相滞后，表现为 CO_2 浓度高时冰体积减少，CO_2 低时冰体积增加（Saltzman 和 Verbitsky，1998)。因此，Fanzen 提出了泥炭地气候调控机制假说，认为温带泥炭地中的聚碳作用是整个晚显生宙的主要气候调控机制之一，聚碳作用对晚新生代冰期和间冰期转换起到重要作用（Fanzen，1996)。因为气温与大气中的 CO_2 和 CH_4 有协变关系，泥炭地的聚碳作用对控制大气二氧化碳浓度、减少温室效应、减低全球气温上升有重要意义。

北半球的很多陆地都适于泥炭形成和积累，泥炭地形成以后，结构和功能都相对非常稳定，只有遭遇外部强烈的扰动才能破坏和消失，所以泥炭地是大气二氧化碳的稳定汇。泥炭除了因不断积累而垂直增长外，还具有显著地横向扩展能力。泥炭地边缘湿生环境使邻近的潜育沼泽或其他陆地系统泥炭化，泥炭场的边界区成为向外扩展的生长点，使泥炭地成为不断增长的碳库。俄罗斯西北部的一个高位泥炭地边缘的扩展平均值为 30～50cm/a，而在最近的 200 年内，边际扩展速度达到了 53cm/a。在自然条件下，一块 $100hm^2$ 的泥炭地每年能扩展 0.2～$0.4hm^2$，一块 $1000hm^2$ 的泥炭地每年能扩展 $0.65hm^2$（Kuzmin，1994)。在垂直方向上，泥炭地因分解缓慢因而对碳的固定效率比森林更高。泥炭累积随泥炭地的增加呈指数规律增长，导致大气中二氧化碳浓度持续降低，直至达到能激发一个新冰期的临界水平。根据南极东方站 Vostok 冰芯研究结果，Weichselian 间冰段开始时的大气 CO_2 浓度是 240～250μL/L。如果聚碳作用使大气二氧化碳浓度降低到这个临界水平，气温就会持续下降，甚至引发新的冰期来临（Franzer，1996）。

泥炭地碳积累对全球气候变化有直接作用，但泥炭地中的碳量估计的准确性取决于全球泥炭资源评估的可靠性。Sjörs（1980）估计泥炭中世界碳含量约为 300×10^9t，而 Moore 和 Bellamy（1974）得出的数字为 150×10^9t。Sjörs（1980）认为，虽然泥炭地是一个长期碳储存，但它们对 CO_2 短期积累的作用几乎忽略不计。碳的全球生态系统周转几乎不会受到泥炭地的破坏而受到影响。地球上其他生态系统碳变化比泥炭地更加重要。

Winkler 和 DeWitt（1985）在讨论美国泥炭采掘的环境影响时，研究如果所有泥炭资源在相对较短的时间内燃烧，二氧化碳循环的全球平衡可能受到破坏。这种性质的研究必须得到事实和定量信息的支持。Sjörs 坚持认为，似乎没有问题的是，全球泥炭资源的一小部分将被人类利用，因为很多实际上是不可接近的，甚至更多，由于挖掘困难和运输，在经济上是不可开发的成本。由于凉爽的气候、低营养含量和不适当的物理特性，将大多数泥炭地用于农业或林业也是不切实际的。因此，虽然燃烧泥炭有助于当代全球大气二氧化碳的增加，但其贡献将继续从属于其他化石燃料。此外，通过原位的泥炭的剧烈燃烧，空气的 CO_2 含量显著增加仅是理论上的可能性。摩尔和贝拉米（1974）说，“投机科学小说”说，燃烧 500×10^9t 的泥炭资源将增加“温室效应”，改变全球气候。资源规划必须基于严格的事实，而不是这种猜测。

二、生物多样性保护功能

生物多样性丧失是全球环境恶化的基本特征（温刚，等，1997）。泥炭沼泽生态系统的结构和功能取决于生物多样性的状态。遗传多样性的损失，可能降低物种的生存力，物种灭绝使物种多样性降低（马克平，1998）。湿地物种多样性丧失和湿地环境的变化又影响全球环境的变化。我国幅员辽阔、自然条件复杂，导致湿地生态系统多种多样。湿地景观、环境的高度异质性，又为众多野生动物植物栖息、繁衍提供了基地，沼泽地物种多样性极为丰富。赵魁义（1996）统计，中国湿地已知高等植物 825 种、被子植物 639 种、鸟类 300 种、鱼类 1040 种，分别占已知动植物种数的 2.8%、2.6%、26.1% 和 37.1%。其中许多是濒危或具有重大科学价值和经济意义的类群。中国位于澳大利亚—东亚、印度—中亚迁徙水禽飞行路线上，每年约有 200 种的数百万只迁徙水禽在中国湿地内中转停歇或栖息繁殖。亚洲 57 种濒危水禽中，中国湿地就发现了 31 种。全世界鹤类有 15 种，中国湿地就占 9 种。中国湿地还养育着许多珍稀的两栖类和鱼类特有种。湿地可以为某些物种，特别是某些植物种完成其生命循环提供所需的生境。有些物种可能依赖湿地完成其复杂生命循环的一部分，如鱼和虾需借助湿地完成产卵并度过幼年期。

三、小气候调节功能

湿地是多水的自然体。发生在湿地能量转换中的大气、植被和土壤表面之间的辐射过程、感热和潜热交换，土壤中热传导和土壤气隙的热量传输，发生在水文过程中的大气降水和地表地下径流的输入，湿地表面的水气蒸发，植被的蒸腾水，汽在地表和近地面大气的凝结，液态水的流动与渗透，冰雪的融化和冻结等，都直接间接地受到气候和环境的影响，也直接间接地影响气候和环境。陈刚起（1992）认为：湿地对局部气候有明显冷湿效应。由于湿地土壤积水或经常处于过湿状态，水的热容量大，消耗太阳能多，地表增温困难。蒸发是耗热过程，观测结果证明，沼泽蒸发是水面蒸发的 2～3 倍，蒸发量越大，耗热量越多，导致湿地区气温降低。强烈蒸发导致近地层空气湿度增加，气候较周边地区冷湿。三江平原的东部湿地区比已垦湿地区气温低 0.4℃，大于 10℃的有效积温比已垦湿地区低 122.4℃。

湿地的蒸腾作用可保持当地的湿度和降雨量。湿地产生的晨雾可以减少周围土壤水分的丧失。如果湿地被破坏，当地的降雨量就会减少，对当地的农业生产和人民生活就会产生不利影响。三江平原的原始湿地比开垦后的农田贴地气层日平均相对湿度高 5%～16%，绝对湿度（水汽压）高 300Pa（刘兴土，1988）。中国博斯腾湖及周围湿地总面积为 1410km^2，湿地通过水平方向的热量和水分交换，使周围地方的气候比其他地方略温和湿润。由于湿地的存在使博斯腾湖比其他地区气温低 1.3～4.3℃，相对湿度增加 5%～23%，沙暴日数减少 25%（马学慧，1991）。

四、水文与地球化学调节功能

水文是泥炭沼泽中最重要的因子（Mistch 和 Gosselink，1986）。泥炭地一般都位于地表水和地下水的承泄区，是上游水源的汇聚地，具有分配和均化河川径流的作用，是流域水文循环的重要环节。水分输入与输出的动态平衡还为泥炭地创造了有别于陆地和水体生态系统的独特物理化学条件。泥炭地的水文情势影响着泥炭地生物地球化学循环，控制和维持泥炭沼泽生态系统的结构和功能，影响着土壤盐分、土壤微生物活性、营养有效性等，进而调节着生活在泥炭地中的动植物物种组成、丰富度、初级生产量和有机质积累。泥炭地中生物地球化学过程不仅造成物质化学形态的改变，还通过水分-沉积物交换和植物摄取途径，影响到物质在沼泽地内循环和沼泽地外有机质输入、输出的空间移动（Atlas 和 Bartha，1981）。植物吸收二氧化碳，转化为有机质或泥炭积存在泥炭地中，可以降低大气中二氧化碳含量，减轻温室效应的影响。湿地植物对水中有毒物和污染物的吸收、固持作用，可以净化水质，减轻水质污染，有利于下游地区环境和社会发展。泥炭地与周围环境的物质交换越丰富，其生物地球化学过程越开放。

泥炭沼泽对整个流域水文情势具有重要的调节或控制作用。泥炭沼泽的价值就是泥炭具有容水水库作用，增加集水区和景观地表蓄水。但湿地水文过程极其复杂，难以量化。在自然条件下，泥炭沼泽作为水平衡库，在暴雨和干旱期间呈现平滑外流。而排水泥炭地由于强烈的蓄水功能，在干季和雨季转化过程中，可以控制水分的排除，使泥炭沼泽维持强大的蓄水功能，对径流控制效果比在不排水条件下控制效果更加明显。天然泥炭沼泽由于大部分时间完全充满水分，所以吸水效果并不必排水泥炭沼泽蓄水效果更强。排水泥炭最初可以储存更多的水，因此才可以控制更多的洪水。但是，泥炭沼泽排水最终破坏了泥炭沼泽的吸水海绵效应，并最终储层功能夜间丧失。因此，泥炭地排水水文效应应该在集水区控制的层面上考虑问题，而不是局部效果。

未改造的泥炭沼泽可以吸附环境中释放到沼泽中的元素和化合物。当除去泥炭时，这些吸附性质丧失并可导致严重的环境降解。通常重金属如汞、铅、镉、砷、锌和硒被束缚在泥炭沉积物中。泥炭沼泽中的泥炭既能吸附空气中的金属，又能吸附水中的金属，然后以各种方式分布在整个泥炭中。森林沼泽通过吸附作用成为集水区的自然过滤器。芬兰和瑞典的研究表明，湖泊中重金属汞和铅的高水平可归因于泥炭地上游的排水。同样，在美国西部从排干泥炭地的沟渠中发现有毒的硒水平。

泥炭有不同浓度的各类营养，这些营养物质可以通过泥炭地排水释放。有的泥炭地排出中的氮浓度比未排水的高 3 倍，磷浓度高 28 倍。泥炭中储存的磷从泥炭突然释放到径流中可引能起相邻湖泊、河流和河口系统的富营养化。但是，大多数热带泥炭营养物质浓度非常低，其排水营养含量很低，不可能发生地表水的富营养化。用于集约农业的蔬菜生产的富营养泥炭中可能营养含量明显增加。

第二节　泥炭地保护面临的问题

我国泥炭地分布面积广，储量大，泥炭类型丰富。泥炭在工业、农业、医药、环保等领域应用十分广泛，泥炭地在提供动植物生境、水文调蓄、气候调节、水质净化及环境信息存储等方面具有重要的生态环境功能。泥炭地是陆地生态系统中最具经济价值的生态系统，泥炭地及其资源中蕴含巨大的经济利益，使得泥炭地生态系统受到社会经济系统的不断干扰、破坏，导致两个系统间的冲突不断发生。这种冲突具体表现为：社会经济发展对泥炭地野生动植物、泥炭的商业性利用，造成泥炭地生态系统的破坏；农业排水垦殖等开发性活动对泥炭地土地类型的转变，造成泥炭地生态系统的干扰破坏。在我国由于短期或单一的部门的发展战略，使有的地方泥炭地已经枯竭或退化，从而引发不同的用户群体之间的冲突（表 13-2）。具体的冲突如下：泥炭地排水可能会影响其生产功能、生物多样性功能和减缓气候变化功能，加重火灾风险。泥炭地排水和用于森林种植会影响他们的生物多样性，并且限制了它们的休闲、浆果采摘和科学研究等作用；严格的自然保护可能会影响当地的社会经济状况，尤其是在发展中国家。

表 13-2 泥炭地保护与不同利用方式的协同和冲突

保护目标 / 利用选择	生产	生物多样性保护	减缓气候变化	降低火灾危险
泥炭地种植	协同	协同	协同	协同
自然保护	冲突	协同	协同	协同
还湿	冲突	协同	协同	协同
泥炭开采	协同	冲突	冲突	协同
保护性农业	协同	冲突	冲突	协同
保护性林业	协同	冲突	冲突	协同
废弃闲置	冲突	冲突	冲突	冲突

一般的泥炭地保护目标包括发挥其生产功能、生物多样性保护功能、减缓气候变化功能和降低火灾风险功能等。那么在退化泥炭地上种植芦苇等经济植物，就可以发挥泥炭沼泽的生产功能，生长的芦苇也有利于保护生物多样性。维护泥炭地湿生环境有利于减缓泥炭地通气造成泥炭分解产生二氧化碳，增加温室气体排放。湿润环境也有利于控制泥炭地火灾风险。泥炭地的自然保护因为要限制人类活动，因此与泥炭地的生产功能是冲突的，当然与生物多样性保护、减缓全球变化、降低火灾方向是协同的。对退化泥炭地采取还湿措施可能加重了泥炭地积水深度和积水时间，可能降低湿地的生产功能、因而与泥炭地的生产功能是冲突的。而与其他保护目标是协同相融的。泥炭开采对提高泥炭地生产功能，降低火灾风险肯定是协同相融的，而与湿地生物多样性保护和减缓气候变暖肯定是冲突的。如果将泥炭地开垦为农田或者排水造林，虽然有利于提高泥炭地的生产功能和减轻火灾风险，但与生物多样性保护和减缓气候变暖无疑是冲突的。但是，如果将泥炭地废弃闲置在那里，不管不理，不仅会与生产功能、减轻火灾风险相冲突，与生物多样性保护和减缓气候变暖也是严重冲突，完全闲置泥炭地其实既是自然资源的最大浪费，也是自然环境的最大破坏。

泥炭沼泽生态系统是一个自然生态系统，人类生产活动、资源开发、环境劳动属于社会经济系统。人类社会可以从泥炭沼泽生态系统获取自然资源，满足自己生产生活的需要，而社会经济系统也可能因为在泥炭沼泽生态系统获取资源同时对自然环境产生破坏和干扰。人类社会和自然生态系统交互作用地段就是冲突区域（图13-1）。合理利用和责任管理泥炭沼泽，就是要最大限度提高自然资源的利用，最大限度减少对自然生态系统的干扰，将冲突区域降低到越小越好，将协同区域增加到越多越好。

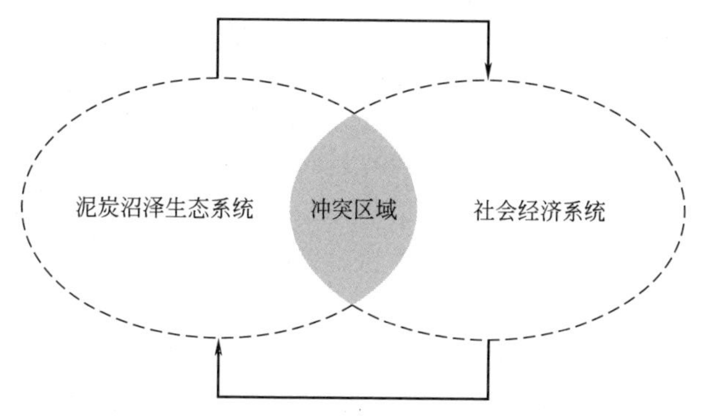

图 13-1 泥炭沼泽生态系统与社会经济系统冲突示意图

第三节 泥炭地合理利用

自从开始泥炭资源开发以来，泥炭地的管理并不是公众或政府首要考虑的事情，直到 20 世纪 90 年代初人们才冷静地思考关注泥炭地资源的合理利用与责任管理问题。而要科学地管理泥炭地，就必然引入泥炭地“合理利用”（wise use）的概念。

合理利用是西方生态学家提出的一个术语，其相应的中文翻译并不统一，国内学者一般将其译为合理利用、合理使用、明智使用或理智使用。国际泥炭地保护组织（IMCG）Hans Joosten 和国际泥炭学会（IPS）Donal Clarke 两位作者撰写的《泥炭沼泽和泥炭地的合理利用——背景和原则与决策框架》一书中将“泥炭地合理利用”定义为“现在和将来理性的人们不会指责的泥炭地的利用方式”。泥炭地合理利用概念的出现，根本原因在于泥炭地的多重功能和价值。泥炭地的多功能性导致出现泥炭地生态保护与经济利用之间的矛盾和冲突。合理利用概念试图协调上述矛盾和冲突，并实现相互之间的平衡。因此，合理利用原则体现在三个方面：①公共利益与私人利益的平衡；②效益与公正的价值调整；③可持续性。可见，泥炭地合理利用概念和本质中都融入了管理和保护的思想。所以泥炭地合理利用是在利用泥炭地资源的同时，在科学管理和保护的基础上尽可能地使泥炭地生态系统保持完整性，以促进经济、社会、环境的可持续发展

1994 年在英国的苏格兰爱丁堡泥炭地会议和挪威特隆赫姆召开的国际泥炭沼泽保护组织（IMCG）第六次会议上，将“泥炭地全球行动计划”（GAPP）草案写入了将在 1999 年哥斯达黎加首都圣何塞“拉姆萨尔公约”缔约方第七次会议文件，并开创性通过国际声明方式，明确地宣示了泥炭地需要合理利用和保护。1997 年，国际泥炭沼泽保护组织（IMCG）和国际泥炭学会（IPS）在德国的 Surwold 举行会议，会议确认了“泥炭地合理利用指南”主题。2000 年在加拿大魁北克市举行的最大规模的湿地与泥炭地国际泥炭会议上，IPS 和 IMCG 之间合作制定了泥炭地

全球行动指南（GGAP）。同年，“拉姆萨尔公约”的科学和技术审查小组（STRP）与拉姆萨尔公约的合伙人和上述组织团体一起合作，把这个“泥炭地全球行动计划”（GAPP）进行了修改完善，并在2002年在西班牙瓦伦西亚举行的拉姆萨尔公约缔约方第八次会议的第17条决议上得以认定。在这个指南基础上，2002年国际泥炭学会出版了由国际泥炭地保护组织（IMCG）Hans Joosten和国际泥炭学会（IPS）Donal Clarke撰写的《泥炭沼泽和泥炭地的合理利用——背景和原则与决策框架》，将泥炭地合理利用概念推向世界。至此，泥炭地合理利用的14条原则成为全世界推进泥炭地合理利用的指导原则。许多国际合作项目及国际组织都以合理利用的14条原则为指导，在世界各地开展推广与示范，合理利用的发展从此进入了推广与应用的新时期，并逐渐成为了一个衡量泥炭地是否得到有效管理的标准和平台。泥炭地合理利用概念和14个原则提供了指导泥炭地合理利用进程，以化解不同价值观与泥炭沼泽和泥炭地利用方式之间的矛盾。

湿地公约缔约方第八次会议的第17条决议的一个附件中要求湿地公约秘书处建立一个“泥炭地全球行动协调委员会”（CC-GAP），将合理利用指导方针、推荐规范和优先权为GGAP筹备实施计划。随后在2005年乌干达坎帕拉举行的湿地公约缔约方第九次会议的第2条决议中，强调了未来科学管理和实施计划的技术细节，强调要促进和确保泥炭地生态系统和其服务的合理利用，同时强化CC-GAP工作的多部门机制实施GGAP计划。CC-GAP由来源广泛的国际湿地组织和泥炭地团体与湿地公约高级顾问Tobias Salathe博士组成。该委员会第一次会议在2003年11月举行，到2006年先后举行过四次会议，全面详细讨论和修改“泥炭地全球行动实施计划”，为各方咨询做准备并分发给所有利益相关者。在这个草案准备过程中，最突出的问题是泥炭地合理利用的实施问题。在协调这个问题中两个机构发挥了重要作用：一个是为推广泥炭地合理利用概念促进政府、私营部门建立合作伙伴关系而成立于2001年的全球泥炭地倡议（GPI），另一个是为了帮助泥炭行业、科学家和非政府组织实现泥炭地合理利用问题进行对话的CC-GAP。在两个机构的推动下，全球泥炭地修复重建研究和泥炭产品认证项目超过100个，泥炭原料分类利用也在不断地发展，加快了泥炭地合理利用进程。2008年3月开始，欧洲泥炭和栽培基质协会（EPAGMA）要求国际泥炭学会为泥炭基础产品认证准备提案。

从上可见，泥炭地的生态、经济和社会价值得到广泛认同，泥炭地合理利用的理念已经被国内外社会各界广泛接受，泥炭地合理利用的国际机制、政府立法和管理已经或正在积极推进中。但是，由于泥炭地类型多样，面临的实际问题也各不相同，泥炭地的合理利用不仅仅需要理念和认识，更需要措施和手段，必须在不同层次上针对泥炭地实际问题，提出可操作性的管理方式。泥炭地合理利用是泥炭地管理的目标和原则，作为政府、社会和企业的利益相关者必须在合理利用的目标和原则基础上，遵循一定的程序和方法，建立泥炭地管理的愿景，确认泥炭地的价值和面临的问题，提出管理目标和优先行动计划，并积极组织贯彻实施和核查改进，才能把泥炭地合理利用的理念落到实处，保证泥炭地的生态、经济、社会效益可持续发展。

第四节 泥炭沼泽保护工程

泥炭沼泽保护是一个系统工程，需要从公众意识、保护理念、规划设计、投资建设、管理维护等多种途径和手段出发，才能达到预期目的。

一、明确术语概念，针对性保护泥炭资源

要保护泥炭沼泽首先要明确泥炭沼泽、泥炭地和湿地的概念。保护泥炭沼泽首先是要保护具有泥炭积累过程、具备湿地功能和效益的泥炭湿地，对已经因各种自然和人为因素导致失去泥炭积累过程、失去湿地功能和效益的退化泥炭地或变更泥炭地则不属于泥炭沼泽保护范畴。退化泥炭沼泽的修复重建可以在泥炭沼泽保护区的试验区进行。

要深刻认识到中国泥炭沼泽形成环境和泥炭积累过程的特殊性，由于大气降水小于蒸发，我国泥炭沼泽只能分布于地下水出露或地表水汇聚并稳定储存的负地形部位，因而造炭植物只能以草本植物为主，形成的泥炭只能以富营养的低位泥炭为主。一旦泥炭沼泽的水源条件和水文情势发生改变，泥炭积累过程和湿地功能必然发生改变，湿地效益随之下降。而我国人口众多、土地压力大、经济发展迅速，人类活动对泥炭地水源环境影响深刻而剧烈。一旦泥炭地水分来源改变，泥炭沼泽退化便不可避免，难以扭转。而寒温带泥炭沼泽富集区的泥炭发育条件与此完全不同，那里泥炭沼泽发育完全依靠大气降水为主，地表水地下水变化对泥炭发展影响不大，即使泥炭完全开采完毕，造炭植物群落也会重新在开采迹地遗留的泥炭层上重建扩展恢复起来，10～20 年即可重新恢复泥炭积累过程和湿地功能效益。因此，我国的泥炭地保护要立足实际，量力而行，不要盲目承担与寒温带泥炭地同样的国际履约义务，因为草本泥炭沼泽的恢复和维护成本远远大于藓类泥炭沼泽。

二、分类管理，合理利用

应积极推行泥炭地状态评估，对目标泥炭地的赋存状态、泥炭积累过程的有无、湿地水文情势和湿地植被组成变化趋势按照国家或行业标准进行全面系统定量评价，明确泥炭地的生态、功能、效益现状，提出泥炭地保护、利用方向。对一个泥炭地开发和保护的前提是泥炭地赋存状态进行评估，看泥炭地是否仍然具有湿地功能和效益，是否具有湿地保护价值。泥炭地状态评价就是采用科学严格的指标体系和调查数据，对泥炭地的泥炭层是否受到干扰、植被类型和水文情势是否发生改变进行定量计算，根据目标泥炭地泥炭形成层受干扰程度、植被类型和水文情势变化得分进行评判，确定泥炭地的最佳利用方式，从而为泥炭地开发和保护提供科学

依据。

根据泥炭地状态指数计算结果，可以将泥炭地状态划分为5种，即健康泥炭地、亚健康泥炭地、轻度退化泥炭地、中度退化泥炭地和重度退化泥炭地。其中，健康泥炭地利用方向是实施严格保护，绝不能施加任何干扰和开发。亚健康泥炭地应该针对发生的不利因素采取得力措施进行修复保护，恢复其自然状态，进入保护序列。轻度退化泥炭地必须采取坚决措施对导致退化的各种自然的和人为的干扰措施进行干预，重建泥炭地的湿地、水文和泥炭积累过程，保证泥炭地能够重回自然状态。对于中度退化泥炭地可以根据当属具体情况采取相应的利用性耕作或开采利用措施进行适当开发利用，开垦迹地进行恢复重建。对重度退化泥炭地建议由国土资源部门颁发泥炭勘探证和开采许可证，由具有一定技术、管理、经济实力企业投资进行泥炭开采和深加工，发挥泥炭的自然资源价值，满足社会对泥炭及其产品和服务的需求。

三、加强湿地保护立法执法，加强对有限泥炭沼泽保护

认真落实党的十八届四中全会关于全面推进依法治国的战略部署，尽快将湿地保护立法列入国家立法计划。国家林业局关于修改《湿地保护管理规定》的决定已经2017年11月3日国家林业局局务会议审议通过，已予公布，自2018年1月1日起实施。同时，推动全国各地健全湿地保护法规，严格依法保护管理湿地资源，加强有限面积的泥炭沼泽保护。认真贯彻执行湿地生态效益补偿制度，建立以自然保护区为主体，湿地公园和自然保护区、小区并存，其他保护形式互为补充的湿地保护体系。依法解决泥炭沼泽保护与经济社会发展产生的矛盾，根据泥炭沼泽具有多种服务功能和提供公共产品的特性，通过湿地生态效益补偿制度和公共财政投入，对泥炭沼泽规划范围内因保护湿地而受到直接经济损失的相关利益方给予适当补偿。加大执法治理力度，坚决制止非法侵占破坏泥炭沼泽行为，进一步完善泥炭沼泽保护体系，既要加强对泥炭沼泽的保护，又要积极开展退化泥炭沼泽湿地的恢复，不断扩大泥炭沼泽保护重点工程建设，进一步保护和恢复泥炭沼泽生态系统。

四、建立泥炭沼泽自然保护区和泥炭沼泽公园

具备自然保护区设立条件的泥炭沼泽，应当依法建立泥炭沼泽自然保护区。泥炭沼泽自然保护区的设立和管理要按照自然保护区管理的有关规定执行，有条件推荐为国际重要湿地的应当积极推荐国际重要湿地名录。以保护泥炭沼泽生态系统、合理利用泥炭沼泽资源、开展泥炭沼泽宣传教育和科学研究为目的，并可供开展生态旅游等活动的泥炭沼泽，可以建立泥炭沼泽公园。建立国家泥炭沼泽自然保护区和泥炭沼泽公园，应当具备下列条件：泥炭沼泽生态系统在全国或者区域范围内具有典型性；或者区域地位重要；或者泥炭沼泽主体生态功能具有典型示范性；或者湿地生物多样性丰富；或者生物物种独特；具有重要或者特殊科学研究、宣传教育

和文化价值。申请建立国家泥炭沼泽保护区和泥炭沼泽公园的，应当编制国家泥炭沼泽保护区或泥炭沼泽公园总体规划，以便为国家泥炭沼泽保护区或泥炭沼泽公园建设管理、试点验收、批复命名、检查评估提供重要依据。建立国家泥炭沼泽或国家泥炭沼泽公园，由省、自治区、直辖市人民政府林业主管部门向国家林业局提出申请，并提交总体规划等相关材料。国家林业局在收到申请后，对提交的有关材料组织论证审核，对符合条件的，同意其开展试点。对试点期限内具备验收条件的，省、自治区、直辖市人民政府林业主管部门可以向国家林业局提出验收申请，经国家林业局组织验收合格的，予以批复并命名为国家泥炭沼泽保护区或国家湿地公园。国家林业局组织开展国家泥炭沼泽自然保护区或泥炭沼泽公园的检查和评估工作。因管理不善导致国家泥炭沼泽保护区或公园条件丧失的，或者对存在问题拒不整改或者整改不符合要求的，国家林业局应当撤销国家泥炭沼泽保护区或泥炭沼泽公园的命名，并向社会公布。地方泥炭沼泽公园的建立和管理，按照地方有关规定办理。县级以上人民政府林业主管部门应当指导国家重要湿地、国际重要湿地、国家湿地公园、国家级湿地自然保护区保护管理机构建立健全管理制度，并按照相关规定制定专门的法规或规章，加强保护管理。因保护湿地给湿地所有者或者经营者合法权益造成损失的，应当按照有关规定予以补偿。

五、泥炭沼泽水文调控管理

泥炭沼泽保护管理的核心是水文情势的管理，而要加强泥炭沼泽生态系统的自然过程都依赖于水文情势的精心调控。泥炭沼泽水位的控制可以通过水坝、挡水堰、控制闸和泵等设施进行，而这些又取决于降水量和调控机制的巧妙程度。例如，泥炭沼泽排水口的挡水堰是最一般的水分调节办法，因为挡水堰所能做的就是维持最低水位。而水泵却可以主动控制排水量和指定时间内的湿地水深度，使其更接近于满足泥炭地管理目标。当泥炭地尚处于修复重建初期，只有少量植被生长时，春季落干会刺激暴露在底泥表面种子的萌发。但控制泥炭地水位在春季的落干后缓慢上升时，对维持耐淹植物生长有重要作用。冬季的薄薄浅水还会吸引野鸭来此嬉水觅食。第二年春季湿地水位再一次落干会促进后续植物群落的扩张，然后几个季节维持低水位会促进多年生湿地植物生长。维持连续数年的稳定水深可以促进湿生、水生植物及其底栖动物的生长，草本湿地植物繁茂生长后，一些耐阴的藓类植物也会陆续侵入定居，泥炭积累系统逐步恢复。

积极地管理泥炭沼泽可以发挥其水文循环功能。这些湿地功能包括增大河川流量、补给地下水、扩大潜在的水源供应与抗御洪水等。虽然泥炭沼泽发挥这些功能的机理尚不清楚，而且一个具体的泥炭沼泽也不会同时发挥这些功能。泥炭沼泽优势并不总是对减少径流、补给地下水发挥作用，长期稳定积累的泥炭沼泽在遭遇洪水时，往往会加大洪水流量和峰值。但保护某些具有较大保持水分能力的泥炭地，可以使其在洪水过后缓慢释放给地表径流和地下水层。用于径流调控的泥炭地的湿地管理比较简单，只要维持这类湿地于自然状态即可。如果泥炭沼泽固持了上游洪水过多，湿地植被就会随之变化，因为泥炭沼泽生态系统会适应新的水文条件。

一般地说，泥炭地水文管理成效取决于水位控制维持时间的长短。泥炭沼泽上游集水区水文状况的改变对下游泥炭地的影响十分巨大，特别是我国山区沟谷泥炭沼泽完全依靠上游地表水和地下水来维持泥潭沼泽生态系统的发育演化，一旦泥炭地上游水源的水量、水质发生改变，对泥炭沼泽生态的影响是致命的，而且这种水源变化干扰一旦发生，短期内改变是十分艰难的。所以，参与水库调度管理满足泥炭地对水需求是十分必要的。农业灌溉和湿地对水的需求明显不同，农业灌溉需要在整个夏季生长季都供水，而泥炭地只需周期性充水，尤其在晚冬或早春则不需要充水。农业灌溉需要可靠的年周期供水，而泥炭湿地却要进行变化的水文情势管理。如果在湿润年份泥炭湿地的最低水量优先给予满足，次年的农业灌溉和湿地管理就能互相兼容。湿地水分管理与农业灌溉不同，灌溉需要年年如此的水分循环，湿地水分管理常常需要考虑5～10年长时间规模。在湿润年份，上游储水区向湿地释放时，湿地会被水淹。在农业灌溉需水较少时，湿地获得水量就会增多。泥炭地的最低排水量和持续时间可通过适当水文模型计算获得，到第二年，当农田需水时可以再从湿地取水供应农田。

如果泥炭地上游来水遭到破坏和改变，就必然造成对泥炭地水文情势的干扰，这就需要考虑泥炭湿地的人工灌水，当然成本高昂，泥炭地保护和管理就需要考虑投资收益。水源可以来自地下水和地表水或外地调水。在灌溉区，渠道和灌溉基础设施可用于向湿地输水。如果没有现成的灌溉工程，在湿地周围建设一定的水位调控设施也十分必要。此外，可以改变泥炭地入水口或在出水口建坝，防止过量水进入湿地，阻止泥炭地水排出。

泥炭沼泽管理的目的不仅仅是维持特殊湿生生态条件，还必须调控水文情势去适应重要种属和群落对水需求。对泥炭沼泽来讲，不可能像矿质湿地那样，每四年落干湿地一次以控制鱼类过量繁殖，快速地灌水以控制香蒲，周期性落干以满足喜好水鸟种属繁殖。泥炭沼泽必须保持水文情势的稳定，绝对不能出现周期性落干事件，因为一旦泥炭地表落干，大量空气就会进入地表枯枝落叶和泥炭层中，加速有机物质的分解，提高土壤微生物种群数量和活性，降低泥炭的形成和积累。当本泥炭地供水来源不足时，就必须从域外调水以满足泥炭地渍水还原环境对水的需求。泥炭地水位控制理想工具是水闸和河堤工程等。由于特殊植被需水量信息不完整，泥炭地水文调控的手段和方法要根据当地情况灵活掌握。加强对湿地植物和动物水分需求的研究，可以为湿地水分管理提供依据。学术刊物报道的植物种属和群落对水需求数据都用平均值或短期实验值来表示，使用这些数据要考虑其时效性。泥炭地天然水文情势偶尔会产生极端条件，这对维持湿地生物学完整性十分重要，而平均水文条件对植物生长维持是适当的，但植物繁殖就需要极端事件或极端事件的结合。例如灯心草、针蔺需要长达4～9个月的长期淹水，而有的植物仅需要每10～

20 年一次泛滥。

六、积极推行泥炭地责任管理，提高泥炭地保护管理能力

加强泥炭沼泽保护管理机构与队伍建设，建立健全泥炭沼泽自然保护区和泥炭沼泽公园管理机构，落实人员编制，完善管理制度。积极推行不同层级的泥炭地责任管理战略，健全部门间泥炭地保护管理合作机制和社会参与保护机制，加强部门协作，共同推进泥炭地保护与管理工作。探索共管共建模式，正确处理好泥炭资源保护与利用关系，协调处理好泥炭地保护与社区居民之间的关系，构建泥炭地社区共管共建共享机制。强化泥炭地科学研究，开展泥炭地保护与修复技术研究，建立泥炭地可持续利用示范基地，不断提高泥炭资源的综合利用率和科技含量，为泥炭地保护提供技术支撑。

七、在保护好泥炭地的基础上予以合理利用

保护好现有泥炭地，在恢复其湿地环境、水文情势、生态及生物链的基础上予以合理利用。实行保护性利用，不能影响湿地的环境风貌，不能污染湿地水体及其生物链。灵活利用湿地特色，优化其环境风貌，多方式、多形态予以利用。根据当地湿地实际，结合相关的文化资源，运用文化创意和相应的科技手段，创新湿地资源利用方式，发展相关的水文化创意旅游，提升其吸引力和利用效益。

八、加大资金投入力度，确保保护管理实施

我国泥炭地总面积 104 万公顷，泥炭总储量 124 亿立方米。近年来，党中央、国务院高度重视湿地保护管理工作，国家林业局积极作为，相关部门大力支持，紧紧围绕保护湿地生态系统、改善湿地生态功能这一目标，采取了一系列有效措施，泥炭地保护管理工作得到了明显加强，陆续批准建设了吉林哈尼自然保护区、吉林雁鸣湖自然保护区、黑龙江雁窝岛自然保护区等一系列泥炭沼泽保护区，已初步建立了以国家重要湿地、湿地自然保护区和湿地公园为主体，自然保护小区和其他保护形式为补充的湿地保护网络体系；泥炭沼泽保护总面积达 16.0 万公顷，使全国约 6％的泥炭沼泽和 10％～20％的湿地野生动植物种得到了初步保护。但同时也面临着湿地保护投入不足、湿地保护管理能力不强、湿地功能退化等一系列问题。建议国家从项目资金、科学研究、对外交流与合作等多个方面，进一步加大对全国泥炭沼泽保护的支持力度。

九、加强公众意识宣传教育，提高全民保护泥炭沼泽积极性

首先是严格控制游客数量。为避免人类活动对泥炭沼泽造成重大影响，防止人为践踏对泥炭沼泽的破坏影响。泥炭沼泽公园必须修建栈道用于游客通行，一旦游客临近或达到事先设定人数，湿地公园就不再放行；提倡用软木雕刻动物模型，既

减少了制作费用，又不会伤害动物公园，还可以出售软木，供游客亲手制作小动物模型；合理设计公园设施和路线，制定最佳观赏时间，提供大量资料供游客取阅。估算游客感觉疲惫的行走距离，设置可供休息的小亭子待游客坐下一看，就能发现旁边有湿地动植物的小图片、小资料，寓教于乐，一趟旅行下来，游客们玩得尽兴，也学得开心。

要积极发挥泥炭沼泽保护区和泥炭沼泽公园的科研基地功能，坚持观察记载。在保护区设置大量摄像头，需要时可随时拉近镜头，在不打扰鸟类的同时，方便了科研人员或游客的近距离观察。在实践中提高湿地保护意识，提倡研究和观赏湿地生物时不打扰小动物，保持安静，公园也应开辟专门的区域供游客近距离接触湿地动植物。要设置野生动物保护所，吸引大量游客，尤其是中小学生前来参观，可以亲自用小网兜等工具捕捞鱼虾和昆虫，在显微镜下观察并学习相关的生物知识；游客可以伸手到水池里摸一摸鱼，大人小孩都捋袖子齐上阵，学生们可以自己踩水车扬水，将水引入湿地。工作人员还可种上各种湿地常见的植物，让学生们辨识。强化区域联动共同保护湿地资源，有的泥炭地资源可能跨越了多个国家和地区，因此，区域联动、通力协作就成为保护湿地及其他生态环境的必然选择。澳大利亚、日本每年都会出资召开研讨会，供沿途的国家交流数据，共享资料。美国还为一些水鸟装上小型卫星跟踪装置，动用 3 颗卫星进行全程监测，所得数据无偿提供给 22 个国家和地区的相关组织。

第五节　泥炭沼泽责任管理的概念和进展

一、泥炭沼泽责任管理的概念

“责任管理”（responsibility management）是源自于企业管理的词语，是“负责任的管理”。全面责任管理包括将管理责任融入企业战略和管理系统、企业内部责任制度化、企业改进和创新三方面。责任管理偏向于管理，是一个动态的管理过程，是企业、组织、团体和个人实行自我管理的一种新的创新管理模式。责任管理的主要内容包括培养利益相关者的责任意识，如何解释什么是责任，如何建立责任管理体系，如何建立企业、组织和个人内部问题解决体系，如何建立利益相关者责任意识的修炼体系。与传统的泥炭沼泽管理方法相比，责任管理是一种可行性、可操作性很强的管理方法。其根本目的是在当前泥炭沼泽资源面临多重威胁、多重管理条件下，获取泥炭沼泽管理目标的最大化。

泥炭沼泽责任管理概念的发展大体经历了三个阶段：第一阶段，泥炭沼泽责任管理理念初步形成阶段；第二阶段，泥炭沼泽责任管理理念体系的形成阶段；第三阶段，泥炭沼泽责任管理的构建阶段，并最终形成泥炭沼泽管理战略。“泥炭沼泽责任管理”是在 2010 年国际泥炭学会与泥炭沼泽利益相关方共同编写出版的《泥炭沼泽责任管理策略》一书中提出的，书中将泥炭沼泽责任管理定义为：根据一定准则和在“泥炭沼泽合理利用”框架内，通过保护它们的环境、社会和经济功能，尊重它们地方、区域和全球的价值观，来进行泥炭沼泽的管理。可以说，责任管理是将“企业责任管理”概念和泥炭沼泽“合理利用”概念紧密结合，根据泥炭沼泽利益相关者（政府、企业、团体及个人）的要求，制定泥炭沼泽合理利用的责任目标及管理和实施机制，有效履行泥炭沼泽合理利用管理的经济、生态、法律、道德和文化责任，对实施过程和实施结果进行控制与评估，以达到泥炭沼泽资源利用与责任能力相匹配，泥炭沼泽合理利用责任能力与社会期望相协调，泥炭沼泽资源的经济利用和生态保护之间的矛盾（或冲突）相平衡，最终达到经济、社会与环境“互赢”的动态管理过程。

泥炭沼泽责任管理和泥炭沼泽合理利用是相辅相成密不可分的，合理利用是泥炭沼泽责任管理的最终目标和原则，责任管理是泥炭沼泽进行合理利用的手段和方法。泥炭沼泽责任管理是在泥炭沼泽合理利用理念基础上提出的新型泥炭沼泽管理理念，其根本目的和手段是采用企业责任管理理念和手段，在全面分析辨识泥炭沼泽面临的问题和干扰基础上，制定泥炭沼泽利益相关者的责任意识，建立责任管理体系和相应问题的解决策略，达到泥炭沼泽合理利用的目的。

二、国外泥炭沼泽责任管理进展

《泥炭沼泽全球行动指南》为国家、区域和国际行动提供了一个促进泥炭沼泽合理利用、保护和管理的战略发展框架，同时指导机制可以促进国家、区域和政府的国际合作，私营部门、非政府机构的投资和采取行动来支持该战略，通过《拉姆萨尔公约》《生物多样性公约》《气候变化框架公约》和其他特定的国家、区域或国际文书，来促进采用和支持泥炭沼泽的全球行动。在中欧国家，已建立了泥炭沼泽和泥炭沼泽合理利用的战略和行动计划，IMCG 和 IPS 对全球泥炭沼泽进行分类和术语项目合作，建立了术语、植物学、动物学、水文学、功能和价值、区域化和数据整合八个工作组。在西欧，一个国际重要生物多样性保护泥炭沼泽认证项目已经开发，国际鸟盟、世界自然保护联盟、濒危物种贸易公约、伯尔尼公约和波恩公约都用红色数据书籍记录认证的泥炭沼泽。东南亚已经建立泥炭网络（SEA-PEAT），在 2001 年以来陆续召开了一些对湿地和泥炭沼泽管理的重要区域会议，其中《雅加达声明》强调了热带泥炭沼泽合理利用和保护的重要性，几乎所有的亚洲国家政府和主要的非政府组织的代表通过了提供指导亚洲湿地合理利用问题的重要的槟榔屿宣言。由马来西亚全球环境中心（GEN）引导的东南亚泥炭沼泽行动计划和管理计划已经出台。为了物种生存的达尔文倡议以及泥炭沼泽生物多样性保护项目进展顺利。“拉姆萨尔公约”已经建立了一个网站，网站中列出了在全球国际重要湿地网的国际重要湿地当中代表性不足的湿地类型。

国际泥炭学会通过编制泥炭沼泽责任管理策略来作为全球泥炭沼泽战略的第一

步，并于2008年在爱尔兰举行的第13届国际泥炭大会上被采纳。在2008～2010年期间，国际泥炭和泥炭沼泽的科研机构、工业企业和国际非政府组织的代表在赫尔辛基、阿姆斯特丹、布鲁塞尔、贝尔法斯特和于韦斯屈莱举行了会议，进一步认定并推进了该战略。经过认真的研究和磋商，泥炭沼泽责任管理策略的最后文件通过国际泥炭学会主席指导小组和国际泥炭学名科学顾问委员会主席的编辑，并在2010年10月在阿姆斯特丹的讨论会上被采纳。为了实现其策略的目标，国际泥炭学会通过委员会和国家委员会定期举办会议、研讨会和讲习班，聚集泥炭和泥炭沼泽不同领域的专家、商业、科学、文化以及监管部门发布科学、工业和服务方面的最新研究成果，并出版论文集等方式来实现其泥炭沼泽责任管理策略。

泥炭沼泽责任管理拥有广泛的国际意义。它们合理利用的实施，不仅是与国际泥炭学会实施有关，而且与《拉姆萨尔公约》《联合国气候变化框架公约》(UNFCCC)、《生物多样性公约》(CBD)、《迁徙物种公约》(CIMS)和其他国际文书和协议等密切相关。许多组织，包括国际泥炭沼泽保护组织(IMCG)、湿地国际(WI)和世界自然保护联盟(IUCN)等在制定行动计划和管理措施时发挥了关键作用。该协会的湿地科学家(SWS)和世界自然保护联盟生态系统管理(CEM)委员会在这一进程中也做出了宝贵的贡献。

第六节　泥炭地管理中存在的问题

泥炭沼泽是陆地生态系统中最具经济价值的生态系统之一，泥炭沼泽及其资源中蕴含巨大的经济利益，使得泥炭地生态系统受到人类社会经济系统的干扰和破坏，导致两个系统间的冲突不断发生。这种冲突具体表现为：社会经济发展对泥炭地野生动植物、泥炭的商业性利用，造成泥炭地生态系统的破坏；农业排水垦殖等开发性活动对泥炭地土地类型的转变，造成泥炭地生态系统的干扰破坏。在我国由于土地资源紧张，部门利益交叉，泥炭地资源管理政出多门，更加容易引发不同用户利益相关者之间的冲突。

一、术语和概念混淆造成管理界限不清，政策不明

很多政府官员甚至个别环保专家都把湿地和泥炭地概念混为一谈，概念混淆成为泥炭地责任管理面临的突出问题，造成泥炭地管理界限不清，政策不明。泥炭地是有泥炭赋存的地段。其中，正在形成和积累泥炭的泥炭沼泽是湿地类型之一，属于湿地保护对象。而曾经形成和积累泥炭，但由于后天自然或人为因素改变导致湿地积水干涸、湿地植被退化、泥炭积累中断的地段，则因为丧失了湿地功能和效益，失去了湿地保护价值，已经不属于湿地保护对象。我国地处大陆性季风气候区，蒸发量大于降水量，所以只有在山区沟谷和平原古河道局部水分稳定地段发育积累泥炭，其他绝大部分地区只能发育没有泥炭积累的矿质湿地。我国湿地总面积

5300 万公顷，其中泥炭地总面积为 1 亿公顷，非泥炭地总面积为 5196 万公顷，泥炭地面积只占湿地总面积的 1.9%，即使泥炭地开发导致湿地面积减少，对全国湿地面积影响也十分有限。而在这 104 万公顷泥炭地中，仅有不到 40%面积的泥炭地仍处于湿地状态，超过 60 万公顷泥炭地已经退化或被开垦为农田、林地和牧场，失去了湿地保护价值，不属于湿地保护范畴。开发已经失去湿地功能和效益、没有保护价值的退化泥炭地，根本不存在破坏湿地问题。

二、过分强调泥炭地生态价值，忽视泥炭产品对环境修复的作用

泥炭沼泽是具有重要湿地功能和效益的自然生态系统，具有较大的保护价值。但退化或变更泥炭地则失去了湿地功能和效益，没有湿地生态价值。将退化或变更泥炭地中的泥炭开发出来，加工成泥炭产品，不仅不会破坏环境，还因为泥炭是设施园艺、土壤修复、功能肥料、海绵城市建设不可替代的绿色资材，具有极大的环境修复作用。泥炭纤维含量丰富，通气透水性好，不携带病菌、虫卵和草籽，重金属含量远低于国家限量标准。泥炭富含有机质和腐植酸，可以修复退化土壤，减轻土壤重金属污染，减少化肥流失，提高作物产量，改善农产品品质，提供优质供给。泥炭开发是将退化泥炭地中冗余资源通过市场配置转移到急需泥炭的稀缺地区，泥炭开发是放大泥炭资源的经济、社会和环境价值的增值工程。由退化泥炭地开发改造形成的农田、林地和牧场，在采掘出多余泥炭后进行大规模复垦和土地整理，才能使土壤肥力得到提高，实现高产稳产的目标，所创造的经济、社会和环境效益远远大于原封不动的原始状态。

三、过分强调泥炭地是碳库，忽视退化泥炭地就是温室气体源头

泥炭地的确储存了大量碳素，是大气二氧化碳的碳库，但泥炭地退化后，因为通气条件改善，泥炭分解加剧，泥炭地中碳存量随着时间迅速降低，成为大气二氧化碳的源。100cm 厚度的泥炭层可在 50 年内分解殆尽，不可能留给子孙后代。抢救性开发退化泥炭地的泥炭资源，作为现代农业绿色资材用于栽培绿色植物，可以增加固定大气二氧化碳，实现二氧化碳排放和固定平衡。事实上，自然资源是开发还是保护要根据自然资源对人类生产生活价值和开发利用的经济、技术可行性与环境容纳程度实事求是地确定。人类要做到的是分类管理，合理利用，而不是一刀切式的禁止开采。

四、过分强调泥炭地生物多样性高，忽视多数泥炭地生物多样性单纯

湿地水文情势处于频繁变动之中，湿地微地貌复杂多样，会形成多种多样的微生境，不同微生境滋养不同植物、动物和微生物，所以湿地生物多样性是丰富多彩的。但泥炭沼泽水位变化平缓微小，微地貌随着泥炭积累增厚逐渐平坦均一。所以泥炭沼泽内部的植物种属相对单一，厌氧缺氧环境导致土壤动物和土壤微生物区系

与数量比矿质湿地降低1～2个数量级。因为泥炭沼泽无法提供丰富多样的食物来源，固定栖息生活在泥炭沼泽中的水禽、动物少之又少。由此可见，泥炭地生物多样性远远低于湿地生物多样性。至于已经开垦成农田、林地或牧场的退化泥炭地，其生物多样性更低，说泥炭地生物多样性高是没有理论依据的。

五、错误推论泥炭资源稀缺，发展泥炭产业是无本之木

我国泥炭总储量124亿立方米，扣除50%泥炭保护储量，现有泥炭可供开发100年以上。全球泥炭地总面积400万平方公里，进入商业开采不足1%，后备储量巨大。按每年新生泥炭厚度0.5mm计算，全球每年可新生泥炭储量20亿立方米。只要控制开采量小于泥炭生成量，泥炭即可实现供需动态平衡，而目前全球泥炭开采总量不超过1亿立方米，不及每年生成量的1/20。所以，泥炭产业并非无本之木。欧洲人口稀少，泥炭市场空间有限，近年来一直在积极开发亚洲和中国市场，欧美泥炭公司在中国设立销售处已有20余处，年泥炭进口量已经超过100万立方米，并逐年增长。邻近中国的俄罗斯萨哈林岛上，泥炭总储量10.47亿吨，泥炭总面积26.4万公顷，泥炭矿床总计200处。国家电网正在立项开发该岛泥炭，未来进入中国市场将更加便捷。所以，发展我国泥炭产业有丰富的资源保障。

妖魔化泥炭开发已经给我国泥炭产业发展造成巨大负面影响，我国政府应加紧建立政策支持手段，营造促进泥炭新兴产业形成发展环境。通过对泥炭地状态的定量评价，判别泥炭保护或开发方向，对泥炭地实行分类管理和合理利用。宜保则保，宜开则开，打开前门，堵住后门。对湿地水文情势健全、湿地植被完整、泥炭仍在积累中的泥炭沼泽要建立自然保护区坚决保护；对湿地水分已经干涸、湿地植被丧失、泥炭积累中断的退化泥炭地，要依法颁发泥炭勘探证和开采证，鼓励有资金、有技术、有市场的企业进入泥炭产业，进行泥炭科学开采和深加工，提高泥炭技术附加值，创造税收，增加就业，促进地方经济发展；要坚决制止无证开采、越界开采，严查滥采乱挖、采优弃劣、浪费资源、破坏环境行为，规范泥炭矿业秩序。

泥炭产业知识技术密集、资源绿色安全，符合我国创新、绿色、开放、协调、共享的发展理念，成潜力大，综合效益好，对我国经济社会全局和长远发展具有重大引领带动作用。强化我国泥炭开发政策支持力度，营造良好泥炭产业发展环境，培育和促进泥炭新兴产业形成和跨越发展，打造绿色创新动力，对促进我国现代农业、环境修复、功能肥料、健康医疗、海绵城市建设领域的科技进步，调整产业结构，提供优质供给，推进现代化建设，建成小康社会，都具有重要的现实意义和长远的战略意义。

六、泥炭地管理机制问题多

目前我国对泥炭沼泽自然保护区的责任管理不够完善，对泥炭沼泽自然保护区

的布局和类型等情况没有进行合理利用分析评估，泥炭沼泽自然保留区域相对偏少，禁渔、禁猎、禁伐等其他保护形式也较少。我国虽然已经在一些区域建立了泥炭沼泽自然保护区，但对现有保护区的管理保护力度不够，造成工作被动。

目前，我国没有出台关于泥炭沼泽合理利用的专门法律、法规；现有的相关法律、法规中，对泥炭沼泽合理利用的规定较笼统，且不成系统，可操作性比较弱，难以充分发挥作用。在执法方面，专业执法人员很少，甚至有的地方没有专业的执法人员，对执法工作的正常开展有一定的影响。

泥炭沼泽的合理利用涉及范围广，不同区域由于在泥炭沼泽资源合理利用方面的利益与目标不同，矛盾相对突出，缺乏相应的协调机制，对泥炭沼泽的责任管理就会产生一定影响。

目前我国对泥炭沼泽合理利用的监测系统没有达到相关要求，监测的标准数据不一致，没有达到信息资源共享机制。

我国泥炭沼泽合理利用监测与评价体系不健全，导致有关泥炭沼泽的建设开发项目没有得到有效的监测和评价，泥炭沼泽合理利用管理动态无法监督，重要泥炭沼泽的破坏和消失无人注意。对泥炭沼泽经济和社会效益评估工作开展得少，导致政府部门和社会公众无法对泥炭沼泽的效益做出正确评价，影响了对泥炭沼泽的合理利用工作。

目前，我国对泥炭沼泽合理利用的基础研究设施还非常薄弱，特别是对泥炭沼泽的价值、作用、结构、功能、演替规律等方面的研究，制约了泥炭沼泽合理利用的发展。

资金投入不足是我国自然环境保护普遍存在的问题。目前，泥炭沼泽合理利用工作尚无固定的资金来源，无法满足泥炭沼泽生态环境保护和科研的需要，这个问题不解决，将在很大程度上影响泥炭沼泽责任管理的实施。

泥炭沼泽责任管理社区参与是一项刚刚萌发的事业，目前我国社会民众还普遍缺乏泥炭沼泽责任保护意识，对泥炭沼泽功能的重要性、价值认识薄弱。泥炭沼泽合理利用社区参与的宣传、教育工作滞后。

第七节　泥炭沼泽责任管理框架

泥炭沼泽责任管理不仅是一个全新的管理理念，也是一套成熟的行之有效的实用方案，按照这个方案的每个步骤认真操作，最终就会取得预期的管理目标。一般地，泥炭沼泽责任管理项目可以分解成使命、愿景、价值观、目标、行动以及核查与改进六大步骤，其中的三大主题、八个优先行动、行动战略目标等是泥炭沼泽责任管理框架的关键组成部分。

一、泥炭沼泽责任管理使命

把泥炭沼泽经济、环境和社会三方面的责任融合到泥炭沼泽责任管理战略的制定与实施当中，在管理中最大限度地为当代和子孙后代带来正面影响，参与满足和平衡各泥炭沼泽利益相关者的需求，是泥炭沼泽责任管理的使命。

二、泥炭沼泽责任管理愿景

通过保护泥炭沼泽的环境、社会和经济功能，保证它们的当地、区域和全球价值来促进泥炭沼泽的合理利用，同时让泥炭沼泽及其环境和社会价值成为独特的生物学、生态学和经济资源，是泥炭沼泽责任管理的愿景，也是吸引不同利益相关者共同参与、积极努力争取的共同目标。

三、泥炭沼泽责任管理价值观

“责任、灵活、创新、保护人与自然环境”是泥炭沼泽责任管理的价值观。价值观构筑了泥炭沼泽责任管理的基础，指导着泥炭沼泽责任管理行动。本着对社会负责任的态度，以合乎伦理道德的方式开展泥炭沼泽责任管理，保护环境并为本地社区带来发展动力。显然，对泥炭沼泽资源进行负责任的管理和合理利用是价值观的核心。

四、泥炭沼泽责任管理目标

建立泥炭沼泽责任管理手段，保护我国具有高保护价值的泥炭沼泽，负责任地管理利用中的泥炭沼泽，恢复干涸或退化的泥炭沼泽，帮助泥炭沼泽管理者和利益相关者辨识、分析和解决泥炭沼泽利用与保护的冲突，为我国泥炭沼泽合理利用与保护进行规划设计，为实现泥炭沼泽生态、社会和经济效益可持续发展提供可操作的技术手段。

五、泥炭沼泽责任管理行动

为实现泥炭沼泽责任管理愿景，泥炭沼泽应按照战略目标进行负责任地管理。泥炭沼泽责任管理主要包含三个主题、八个优先行动，具体如下：

（一）泥炭沼泽的价值和服务领域的管理行动

1. 明确泥炭沼泽对生物多样性的重要性

泥炭沼泽是由独一无二的自然资源形成的独特的生态系统，它对于地方、国家、区域和全球的生物多样性，基因资源、物种的保护以及物种生境水平具有重要的意义。泥炭沼泽包含独一的物种或只在泥炭沼泽中的物种和有一些稀有的植物和动物物种，其中有许多是具有高度适应特定生境条件的物种。不同类型的泥炭沼泽之间生物多样性有很大的差异。例如，热带泥炭沼泽是地球上生物多样性最丰富的生态系统。

2. 明确泥炭沼泽在水文和景观生态系统中的作用

泥炭沼泽可以调节水的质量和数量，既可以作为某些物质的“汇”，又可以作为某些物质的“源”，并可以影响河流和湖泊水的时间格局。因此，流域内泥炭沼泽的规模和状态直接影响水生生物的生境条件和水体的生态状况。根据泥炭沼泽在水文和景观生态系统内的位置，许多泥炭沼泽还有“隐形”的水调节功能，对人类社会具有重要的意义。在极端天气条件下，泥炭沼泽可以接收和储存来自降雨的水，并逐渐释放以减少对下游河道径流的影响。位于流域下部的泥炭沼泽可以作为水的过渡区，提供临时存储降雨和径流以及达到稳定状态的平衡流。位于洪泛区的泥炭沼泽，可以减轻下游洪峰移动，从而为下游的人类住区提供了一定程度的自然防洪。

3. 明确泥炭沼泽在气候变化中的作用

泥炭沼泽的形成和维持依赖于气候，特别是降雨和温度。温室气体在大气和泥炭沼泽间的交换呈现出时间和空间变化的多样性，因此泥炭沼泽的气候、水文和管理也是有差异的。泥炭沼泽可从大气吸收大量的二氧化碳，是全球主要的碳储存库。泥炭沼泽在吸收中大气 CO_2 的同时，还不断地排放 CO_2 和 CH_4，因此泥炭沼泽到底是大气 CO_2 的源还是汇，取决于泥炭沼泽环境温度和水位影响，而温度和水位又可能受植被砍伐、排水和未来气候变化的影响。在农业领域，泥炭沼泽排水和泥炭开采将导致大量的二氧化碳排放，同时泥炭沼泽排水也会排放一氧化二氮（N_2O）。因此，适当的管理可以保护泥炭沼泽的碳储存，对开采后的泥炭沼泽进行还湿，让造炭植物重新生长，可以减少温室气体的排放，同时也为固碳和泥炭的形成创造了条件。虽然泥炭沼泽及其管理方法影响气候变化，但其后变化是否影响泥炭沼泽碳素积累则尚不完全清楚，得到公认的是，泥炭沼泽退化对全球温室气体排放量具有显著的影响。

（二）泥炭沼泽开发利用的管理行动

1. 在泥炭沼泽进行经济活动的原因

泥炭沼泽除了具有重要的生态价值外，还是重要的经济资源，许多国家的泥炭利用已经有数百年的历史，并成为本地区的燃料、食品和生产资料的来源。尽管泥炭被广泛利用，但对处于自然状态的泥炭沼泽仍然相当大的比例，并保持完好，只是最近 100 年来，泥炭沼泽开发利用发生快速变化。随着区域发展、住房、能源、林业、园艺和农业对泥炭沼泽的需求量与日俱增，泥炭的开发利用随之发生陡然变化。泥炭沼泽能为本地区提供就业机会，创造社会福利，在某些国家泥炭沼泽还是国内能源的一个重要来源。泥炭是栽培基质的主要组成部分，是优良的土壤改良剂，还可以使用到现代农业生产中。

2. 开发后利用、恢复与复原与开发后的泥炭沼泽规划的重要性

对于以经济目的开发泥炭沼泽必须有一个后续规划。泥炭沼泽开发后接续的经济利用项目包括农业、林业、娱乐休闲、野生动物栖息地和生物多样性保护地等。开发后泥炭沼泽的准确定性是由规划书和经营许可证的相关规划决定的。出于自然

保护的考虑，泥炭沼泽开发后可能还需要有恢复措施，以复原原始生境条件，使泥炭沼泽能够保持生物多样性和减少二氧化碳排放量。开发后的泥炭沼泽如何利用取决于泥炭沼泽的类型、前期管理措施以及开发后泥炭沼泽的条件。根据泥炭沼泽开发后利用需求，泥炭沼泽可能需要进行还湿、恢复或复原管理。草本泥炭沼泽还湿后可以长期作为农业用途，或用于林地。在森林砍伐，排水或遭受火灾的热带泥炭沼泽中进行还湿和植被恢复也可以实现对土著物种的保护。在泥炭沼泽进行矿产开采，会导致上覆泥炭沼泽生态系统的退化，因此开发后泥炭沼泽利用规划中应该包含这种情况的具体规划措施。

（三）泥炭沼泽责任管理策略推广的管理行动

1. 利益相关者和公众之间的信息传播

为保证泥炭沼泽责任管理的成功采用和实施，利益相关者（如政府管理部门、科研院所、私营部门、非政府组织、地方社区和个人）需要了解各种问题，尊重彼此的意见，携手共进。为了促进这一点，教育、培训和信息传播是该目标和策略行动的重点。提高所有利益相关者的知识和技能，并促进共识以实现预期的结果尤其重要。

2. 当地居民参与

在泥炭沼泽管理中社区参与决策和实施进程的最终目标是提供给当地居民一种参与感，从而有利于当地居民了解关键问题和优先事项。而作为反馈给其他利益相关者，特别是私营部门和政府机构将会发现、了解，并能更好地关注当地的知识、经验、技能和实践。

3. 良好的治理和执法的重要性

“治理”是行使权力或权威，以政治的、经济的、行政的或其他方式管理资源和事务。治理包括机制、流程和机构，治理通过利益相关者和个人表达自己的利益，行使合法权利，履行自己的义务，来协调他们之间的分歧。“善治”是指主管管理资源和事务的方式是公开、透明、负责、公平以及响应人民的需求。良好的治理和执法有助于泥炭沼泽自然资源负责任的管理。

六、泥炭沼泽责任管理核查与改进

为全面推进泥炭沼泽责任管理，对现有泥炭沼泽管理系统、流程和政策等进行有效整合，需要设计实施三套重要的不同层次管理体系，以推进泥炭沼泽责任管理：

1. 责任管理策略推进体系

战略计划推进体系是泥炭沼泽责任管理体系的基石，用以设定泥炭沼泽责任管理的战略方向，对泥炭沼泽管理未来面临的风险和不确定因素做出评估。

2. 有效的管理体系

泥炭沼泽责任管理通过有效的运营管理体系来促使泥炭沼泽管理在安全、环境、健康、效率、可靠性等方面达到好的效能，确保把可操作的优化目标、计划、进程和行为渗透到日常的管理中。

3. 绩效衡量体系

通过对泥炭沼泽责任管理的使命、愿景、战略、价值观和目标实现程度进行评估，来评价泥炭沼泽责任管理对利益相关方的影响及其责任绩效。

第八节 不同层次泥炭沼泽责任管理战略

我国经济社会的飞速发展以及生态环境退化的强大压力，决定了我国必须走环境友好、资源节约的发展道路，建立资源合理利用型社会，这就对泥炭沼泽资源的管理提出了更高、更新的要求。泥炭沼泽责任管理涉及中央各部门（宏观）、省级和县级政府（中观）的不同层面，社会团体（企业、团体及个人）（微观）也在其中扮演着不可或缺的重要角色。因此，如何加强各层次政府的组织协调，如何充分发挥社会团体在泥炭沼泽责任管理中的作用，将直接影响到泥炭沼泽责任管理的成效。针对我国泥炭沼泽管理者层次的不同以及泥炭沼泽资源的分布及其特征，从宏观、中观和微观三个层次，系统地提出了实现泥炭沼泽责任管理的目标、对策及流程（图 13-2）。

一、宏观层次的泥炭沼泽责任管理战略

宏观层次的泥炭沼泽责任管理战略框架见图 13-2。

（一）宏观层次的泥炭沼泽责任管理战略的使命

维护国家生态安全，科学合理利用泥炭沼泽，改善泥炭沼泽生态环境，保障我国能获得泥炭沼泽资源可持续的自然服务。

（二）宏观层次的泥炭沼泽责任管理战略的愿景

建立泥炭沼泽责任管理手段，保护我国具有高保护价值的泥炭沼泽，合理开发利用失去湿地功能和效益的死亡泥炭沼泽，恢复重建具有水文和生物条件的退化泥炭沼泽，促进泥炭沼泽社会、经济、环境可持续发展。

（三）宏观层次的泥炭沼泽责任管理战略的价值观

“科学、高效、健康、和谐”是宏观（国家）层次的泥炭沼泽责任管理战略的价值观。其中，“科学、高效”是宏观（国家）层次的泥炭沼泽责任管理战略的价值观的核心。

（四）宏观层次的泥炭沼泽责任管理战略的目标

1. 泥炭沼泽价值和服务领域的管理目标

① 生物多样性管理目标：泥炭沼泽管理活动影响泥炭沼泽生态系统的栖息地、

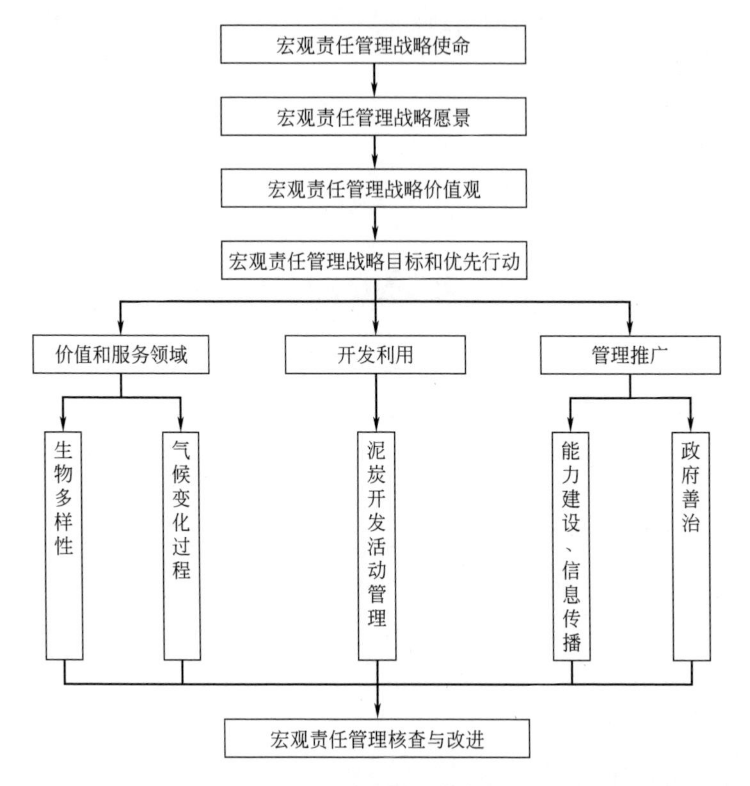

图 13-2　宏观层次的泥炭沼泽责任管理战略框架

物种或遗传的多样性，必须通过投资建设自然保护区，维持重要的典型泥炭类型和半自然泥炭生态系统的生物多样性和天然功能。

② 气候与气候变化过程管理目标：避免增加温室气体的排放，尽可能减少人类活动对泥炭沼泽温室气体排放的影响，保护泥炭沼泽碳存储的平衡。主要方式是对泥炭沼泽进行合理规划，采用相应管理策略、制度和碳储存技术，控制和减少泥炭沼泽温室气体的排放。

2. 泥炭沼泽开发利用的管理目标

经济活动管理目标：优先考虑失去湿地功能和效益的退化泥炭沼泽作为经济用途，避免开发具有高保护价值的原始或半原始的泥炭沼泽，以发挥其生物多样性或生态系统服务。在退化的泥炭沼泽中进行的经济活动，应避免对具有高保护价值的原始沼泽或泥炭沼泽的水文或生态的产生负面影响，保证其生物多样性和生态系统服务。在热带泥炭沼泽中，要避免为了农业或种植园的生产，而对其进行森林砍伐和排水。

3. 泥炭沼泽责任管理策略推广的管理目标

① 人力与机构能力、信息传播的管理目标：提高负责或参与泥炭沼泽管理者以及从事泥炭供应链工作的所有利益相关者的知识和技能，包括地方社区、个人和

公众。推进信息传播，促进泥炭沼泽功能及其对气候变化响应的理解，通过整理和评估不同类型泥炭沼泽的数据，加快信息共享。

② 政府善治的管理目标：在国家和地方各级各部门中设立规章制度和立法，以确保对泥炭沼泽负责任的管理。泥炭沼泽管理遵循“合理利用”的原则，决策过程要透明和公开。

（五）宏观层次的泥炭沼泽责任管理战略的优先行动

1. 泥炭沼泽的价值和服务领域的优先行动

① 生物多样性保护的优先行动：根据泥炭沼泽合理利用原则和国际生物多样性公约（CBD），来制定泥炭沼泽生物多样性保护的行动指南。广泛收集地方、国家和国际上对本地域泥炭沼泽生物多样性的研究数据，对它们进行审查、综合和整合。在泥炭沼泽责任管理战略当中需要明确指出，在泥炭沼泽进行各项行动时，必须确保持续地对其生物多样性和生态服务功能的维护和加强，同时还要考虑与泥炭沼泽生态和水文临近的周围环境。支持用“红”色标注汇编处于濒危和具有高保护价值的泥炭沼泽。

② 气候与气候变化过程的优先行动：在制定泥炭沼泽责任管理策略时，应参考温室气体排放的最新科学信息。泥炭沼泽的碳储存应该按照国际公约、国家法定要求以及管理计划的要求，积极采纳各种缓解气候变化的措施，包括增加泥炭沼泽碳储存和减少泥炭沼泽温室气体排放。应加深认识和理解泥炭沼泽和气候变化间的关系，科学解释责任管理概念和内涵，加强公众宣传和教育，向公众、企业和政府决策者提供泥炭沼泽管理的重要气候变化信息。鼓励科研机构提供准确而又基于科学为基础的泥炭沼泽信息资料。

2. 泥炭沼泽开发利用的优先行动

泥炭开发活动的优先行动：如果采用泥炭作为能源和再生能源，则必须确保是当地能源供应的必要组成部分，泥炭沼泽利用是最经济和社会获益最佳的方式。确保泥炭在园艺和其他用途的使用是基于泥炭合理利用目标，并且只有在其他的替代品难以获得的时候才能使用。

3. 泥炭沼泽责任管理策略推广的优先行动

① 人力与机构能力、信息传播的优先行动：在教育、培训和信息传播中重点进行以下内容：泥炭沼泽管理计划，泥炭沼泽和泥炭产品的生态、社会和经济价值，泥炭沼泽生物多样性、生境和自然资源的功能，泥炭沼泽保护，温室气体排放和泥炭沼泽管理之间的相互作用，恢复、复原以及泥炭沼泽开发后利用的管理。

② 政府善治的优先行动：政府提供最新的法规治理泥炭沼泽，并适当地逐步实施。泥炭沼泽管理人员的行为准则，要按照国家法律、国际协定和合理利用原则在每个区域进行规范。制定《全国泥炭沼泽合理利用规划》，统筹部署全国的泥炭沼泽的利用开发。建立泥炭沼泽资源合理利用-责任管理体系，在中央政府层面进

行跨部门、跨地区的综合协调和改革试点。鼓励对泥炭沼泽进行保护，对进行泥炭沼泽资源保护的地方部门和社会团体给予一定的资金支持，增加地方和社会团体对泥炭沼泽资源保护力度。要控制各地对泥炭沼泽资源的利用开发，增加利用成本，严格泥炭沼泽资源开发审批程序，减少对泥炭沼泽资源的利用程度。目前的泥炭沼泽生态保护与泥炭沼泽自然资源开发的立法属于部门立法，应当结合最新发展趋势重新拟定相关法律法规，不断修订现有泥炭沼泽法规中不合理的条款，与国际接轨。将泥炭沼泽责任管理的理念贯穿于林业、工业、农业、渔业、水利管理发展之中，并逐渐实现泥炭沼泽资源责任管理。建立和完善中央与地方政府的泥炭沼泽责任管理与协调机制，理顺不同政府部门之间和泥炭沼泽各利益相关方之间的协调与合作机制。

（六）宏观层次的泥炭沼泽责任管理核查与改进

1. 责任管理战略计划推进体系

每年国家层次的管理者都根据战略与规划委员会对泥炭沼泽外责任管理的进度进行全面检测，重新审视各地区泥炭沼泽各利益相关方的价值取向，并进一步明确或调整泥炭沼泽。

2. 有效的管理体系

为确保该责任管理的逐步完善，该管理体系制定了“持续创新，不断改进”策略。根据实际情况，对泥炭沼泽责任管理履责的优先领域逐年进行调整，并在报告中公布上一年安排的当年履责计划及其完成情况，以及下一年计划的任务和目标。就把泥炭沼泽责任管理逐步纳入到管理中，增强泥炭沼泽管理者履行职责的透明度和公信力。

3. 责任绩效评估体系

通过对宏观层次泥炭沼泽责任管理的使命、愿景、价值观、目标和优先行动实现程度进行评估，来评价泥炭沼泽管理者责任管理的绩效。国家层次的管理者组织各方召开会议，对各方的责任管理策略实施绩效进行评估，各方的责任管理策略每两年评估一次。

二、中观层次的泥炭沼泽责任管理战略

（一）中观层次的泥炭沼泽责任管理战略的使命

维护本地区泥炭沼泽生态系统自身的健康，发挥泥炭沼泽生态服务功能；协调本地区经济发展和泥炭沼泽保护的关系，落实国家层次的整体发展战略，让泥炭沼泽责任管理公平地、通畅地传递到本地区的每一个角落。

（二）中观层次的泥炭沼泽责任管理战略的愿景

建立适合本地区的泥炭沼泽管理与开发利用模式，推进政府和社区共管模式；建立泥炭沼泽责任“问责”制度，各部门分层管理；建立泥炭沼泽责任管理监测和

反馈评价体系。

（三）中观层次的泥炭沼泽责任管理战略的价值观

“科学、健康、公正、法治”是中观层次的泥炭沼泽责任管理战略的价值观。

（四）中观层次的泥炭沼泽责任管理战略的目标

1. 泥炭沼泽价值和服务领域的管理目标

① 生物多样性管理目标：在景观规划、土地利用规划以及管理程序当中，充分认识泥炭沼泽作为生物多样性和生态系统“服务源”的重要性。泥炭沼泽在规划和对特定位点实施管理干预时，采取一定的措施来保障泥炭沼泽的生态系统功能。泥炭沼泽在用于泥炭开采、林业、农业和其他用途之前，要在泥炭沼泽规划当中充分说明，并且要包含对生物多样性保护的措施。

② 水文学与水分调节管理目标：泥炭沼泽管理活动影响泥炭沼泽和其周围景观的水位、数量和质量，因此，管理目标必须要保持或恢复泥炭沼泽河流的水位、流动状态，使尽可能接近自然的条件。

③ 气候与气候变化过程管理目标：对泥炭沼泽进行合理规划，实施泥炭沼泽责任管理以及寻求泥炭沼泽开采迹地的最佳利用方式，以减少泥炭沼泽温室气体的排放，增加泥炭沼泽温室气体固定的潜力。控制和杜绝不合理的、非法的泥炭沼泽利用。适时监测泥炭沼泽的碳储存量和温室气体的排放量，以便获取不同管理制度下，采用“最佳实践”方法时泥炭沼泽的变化数据。

2. 泥炭沼泽开发利用的管理目标

① 在泥炭开发利用方面，要认识到只有大的而且完整的泥炭沼泽的环境服务才能为社会提供经济收益，如固碳、水量调节和生物多样性维护。为泥炭沼泽经济用途制定规划步骤时，需要平衡各方面的利益，使所有利益相关者形成公平的合作理念，并按照有关国际法规和公约，国家法律和法规以及合理利用原则进行合作。对于泥炭开采迹地的利用建议必须在经济利用的最初规划阶段就强制构建，并且提供具体的工作计划和财政方案，使之得以实施、监管和维持。只有当经济上可行、社会上急需的，并且可以有效地减少负面影响，才能考虑使用退化的泥炭沼泽进行林业、农业以及畜牧生产。当泥炭作为当地能源的主要来源时，才可考虑利用泥炭作为能源。提高泥炭能源的燃烧效率，以便为区域发展提供关键的支撑。

② 在开发后泥炭沼泽的利用、恢复与重建的管理方面，泥炭沼泽复原或修复应该在实际条件和合理的经济条件下，将破坏的生态功能尽可能地恢复到自然状态。应采取有效的程序，以确保泥炭沼泽在经济利用结束时不被轻易废弃。程序包括实施恢复、复原或其他利用规划，包括应急措施。防止废弃的泥炭沼泽进一步的排水和退化，应把通过政府项目加业界支持进行的泥炭沼泽复原作为废弃泥炭沼泽再利用的首要目标。

3. 泥炭沼泽责任管理策略推广的管理目标

① 在人力与机构能力、信息传播方面，要提高负责或参与泥炭沼泽管理者以及从事泥炭供应链工作的所有利益相关者的知识和技能，包括地方社区、个人和公众。推进信息传播，促进泥炭沼泽功能及其对气候变化响应的理解，通过整理和评估不同类型泥炭沼泽的数据，加快信息共享。提高对泥炭沼泽的文化及考古价值的认识。

② 在社区居民参与的管理方面，泥炭沼泽责任管理将改善当地经济，还可能改变环境和影响社会结构。所有的泥炭沼泽管理目标应该是促进当地民生，尊重他们的权利、遗产和传统。尊重和实现自由、知情和事先同意的原则。泥炭沼泽管理的信息要提供给土地所有者和当地居民。建立政府和社区共管模式。与当地社区和居民探讨泥炭沼泽责任管理实施的最佳方法。

③ 在政府善治的管理方面，地方各级各部门中设立规章制度和立法，以确保对泥炭沼泽负责任的管理。泥炭沼泽管理遵循“合理利用”的原则，决策过程要透明和公开。泥炭勘探和开采许可证的颁发要根据泥炭沼泽的赋存状态，建立评价标准，进行科学评估，以确定是否保护、开发或修复重建。达到开发利用标准的泥炭沼泽在颁发泥炭许可证之前，必须进行开发利用方案设计、环境影响评价以及矿山风险分析。建立自愿履行机制，明确泥炭开发的法律、制度和在相关国际协定的管理责任。原则、标准和指导措施是维持泥炭沼泽的生物多样性、生态系统及其社会文化价值的最大保证，可以防止企业泥炭开发过程中泥炭沼泽责任管理策略之外的行为对泥炭沼泽产生破坏。

（五）中观层次的泥炭沼泽责任管理战略的优先行动

1. 泥炭沼泽的价值和服务领域的优先行动

① 生物多样性的优先行动：泥炭生物多样性的监测要定期提供反馈信息，以改进管理决策水平。当对使用后的泥炭沼泽进行生态恢复规划时，应采取最佳的实践方法最大限度地恢复泥炭沼泽的生物多样性和生态服务功能。

② 水文学与水分调节的优先行动：对泥炭沼泽进行排水时，要考虑到泥炭沼泽本身及其相邻和下游地方的水质、水量和流体力学的重要性。泥炭沼泽的水文管理必须基于现有的知识和技术，并根据地区和国家立法、国际公约和优先事项实行。对泥炭沼泽进行排水时，要有完备的控制洪水和泥沙的系统。泥炭沼泽及其周边地区水的质量和数量要有计量标准，并设置公认的标准基线。限制泥炭沼泽的排水量，以便于当前及未来的土地利用和维护。对已经完成和正在进行的管理活动，以及基于水质、水量和流域持续监测的数据，要进行定期重新评估，以确保泥炭沼泽水文管理的绩效。

③ 气候与气候变化过程的优先行动：泥炭沼泽管理人员应进行碳素“生命周期”的分析，并把这一分析结果运用在设计管理操作中。泥炭沼泽在实施管理后应

具有低 CO_2 排放，高固碳潜力，同时还应具有泥炭沼泽所提供大时间尺度所涉及的其他服务功能。应加深认识和理解泥炭沼泽和气候变化间的关系，科学解释责任管理概念与内涵，加强公众宣传和教育，向公众、企业和政府决策者提供泥炭沼泽管理的重要气候变化信息。鼓励科研机构提供准确而又基于科学为基础的泥炭沼泽信息资料。

2. 泥炭沼泽开发利用的优先行动

① 经济活动的行动建议：要确保泥炭开采许可证颁发，必须在进行泥炭沼泽赋存状态评价，泥炭资源勘探和储量质量评价，泥炭开发利用方案、环境影响评价和矿山风险评价基础上完成。确保泥炭在园艺和其他用途的使用是基于泥炭合理利用目标，并且只有在其他的替代品难以获得的时候才能使用。评价泥炭沼泽在提高农业和林业生产力效能的时候，要选择更经济环保的用途。为了满足源于泥炭沼泽责任管理的产品和服务的市场需求，需要建立一个独立的认证系统，以便提供泥炭沼泽责任管理绩效的直接证据。

② 开发后泥炭沼泽的利用、恢复与重建的优先：在泥炭沼泽责任管理最初的规划过程中，要强制实施泥炭沼泽开发后利用规划。利用泥炭沼泽生态系统功能的最新研究进展，实施可接受和经得起检验的开发后再利用管理措施，以恢复泥炭沼泽生态系统。要考虑到利益相关者在泥炭沼泽开发后利用的建议，充分考虑泥炭沼泽所有权，以确保泥炭沼泽的可持续利用。在一个现实的时间表上监测和审查泥炭沼泽开发后利用方案的实施；咨询利益相关者的效益，同时要考虑土地所有权的问题以及传统的法定原则。

3. 泥炭沼泽责任管理策略推广的优先行动

① 人力与机构能力、信息传播的优先行动：在教育、培训和信息传播中重点进行以下内容：泥炭沼泽管理计划，泥炭沼泽和泥炭产品的环境、社会和经济价值，泥炭沼泽生物多样性、生境和自然资源的功能，泥炭沼泽保护，温室气体排放和泥炭沼泽管理之间的相互作用，恢复、复原以及泥炭沼泽开发后利用的管理。

② 社区居民参与的优先行动：鼓励土地所有者和当地居民，在其所有权、遵守共同的法律和尊重传统的权利上来承担泥炭沼泽责任管理，形成政府和社区共管模式。

③ 政府善治的优先行动：设立专门的机构，对本地区泥炭沼泽的价值、作用、结构、功能、演替规律进行检测和评估，并根据国家层次的整体发展战略确定适合本地区发展的泥炭沼泽开发利用模式。充分发挥各部门（林业、工业、农业、渔业、水利）的作用，责任落实到位，分工明确。鼓励各社会团体广泛参与泥炭沼泽的管理，努力形成政府和社区共管的发展模式。制定对关键利益相关方的高度透明、有效和可靠的监测和反馈评价程序，鼓励利益相关方承担义务。政府相关部门要定期向公众（企业、团体和个人）提供有关泥炭沼泽责任管理的政策法规文件、资料和服务咨询。

（六）中观层次的泥炭沼泽责任管理核查与改进

1. 责任管理策略推进体系

每个季度地区层次的管理者都根据中观层次的战略与规划委员会对泥炭沼泽责任管理的进度进行全面检测，重新审视本地区泥炭沼泽各利益相关方的价值取向，并进一步明确或调整泥炭沼泽责任管理的战略目标方向，对本地区泥炭沼泽管理未来面临的风险和不确定因素做出评估。

2. 有效的管理体系

为确保该责任管理的逐步完善，该管理体系制定了“持续创新，不断改进”策略。根据实际情况，对泥炭沼泽责任管理履责的优先领域逐季度进行调整，并在报告中公布上一季度安排的当季履责计划及其完成情况，以及下一季度计划的任务和目标。把泥炭沼泽责任管理逐步纳入到管理中，增强泥炭沼泽管理者履行职责的透明度和公信力。

3. 责任绩效评估体系

通过对中观层次泥炭沼泽责任管理的使命、愿景、价值观、目标和优先行动实现程度进行评估，来评价泥炭沼泽管理者责任管理的绩效。各地区层次的管理者定期组织各利益相关方召开会议，对各个泥炭沼泽的责任管理策略实施绩效进行评估，各方的责任管理策略每半年年评估一次

三、微观层次的泥炭沼泽责任管理战略

（一）微观层次的泥炭沼泽责任管理战略的使命

提高企业泥炭沼泽责任管理认识，增强泥炭沼泽管理责任自觉性，围绕泥炭沼泽资源高效利用和泥炭沼泽环境保护，科学有序地开展泥炭沼泽的开发利用。

（二）微观层次的泥炭沼泽责任管理战略的愿景

坚持泥炭沼泽合理利用的原则，平衡相关方利益，让社区体验到泥炭沼泽的生态服务和泥炭开发的福利。

（三）微观层次的泥炭沼泽责任管理战略的价值观

“高效、绿色、诚信、敬业”是微观层次的泥炭沼泽责任管理战略的价值观。其中对泥炭沼泽资源进行高效、绿色的利用是价值观的核心。

（四）微观层次的泥炭沼泽责任管理战略的管理目标

1. 泥炭沼泽价值和服务领域的管理目标

① 生物多样性管理目标：在对泥炭沼泽进行排水、开采、开发后利用时，以及在对退化的泥炭沼泽管理期间，要采取一定的措施维持和/或加强其生物多样性。在那些可能会永远消失的泥炭沼泽毗邻区域（例如水力发电中被淹没的泥炭沼泽或地下采矿需要清除上面覆盖的泥炭的区域），要尽可能地维持这些毗邻区域泥炭沼

泽的生物多样性。

② 水文学与水分调节管理目标：需要对泥炭沼泽进行排水和其他管理实践时，要避免造成泥炭沼泽地下水和地表水的质量和数量的退化。确保泥炭沼泽长期排水和泥炭开采可在经济有效的水文管理方式中实现。

③ 气候与气候变化过程管理目标：泥炭沼泽的管理规划中要确保泥炭沼泽的碳固定量。

2. 泥炭沼泽开发利用的管理目标

① 经济活动管理目标：在园艺、医疗等及其他用途利用泥炭时，可有限开采退化泥炭沼泽，以实现高品质生产输出，通过经济环保的方式进行有效生产。努力开发泥炭在栽培基质和作其他用途中适合的替代基质（部分或全部）。

② 开发后泥炭沼泽的利用、恢复与重建的管理目标：防止废弃的泥炭沼泽进一步的排水和退化，应把通过政府项目加业界支持进行的泥炭沼泽复原作为废弃泥炭沼泽再利用的目标。

3. 泥炭沼泽责任管理策略推广的管理目标

① 人力与机构能力、信息传播的管理目标：要推进信息传播，促进泥炭沼泽功能及其对气候变化响应的理解，通过整理和评估不同类型泥炭沼泽的数据，加快信息共享。要提高对泥炭沼泽文化及考古价值的认识。

② 社区居民参与的管理目标：泥炭沼泽责任管理将改善当地经济，还可能改变环境和影响社会结构。所有的泥炭沼泽管理目标应该是：促进当地民生，尊重他们的权利、遗产和传统。尊重和实现自由、知情和事先同意的原则。泥炭沼泽管理的信息要提供给土地所有者和当地居民。鼓励土地所有者和当地居民，在其所有权、遵守共同的法律和尊重传统的权利上来承担泥炭沼泽责任管理。与当地社区和居民探讨泥炭沼泽责任管理实施的最佳方法。

（五）微观层次的泥炭沼泽责任管理战略的优先行动

1. 泥炭沼泽的价值和服务领域的优先行动

① 生物多样性的行动建议：泥炭沼泽中进行的各项行动必须确保持续地维护和增强其生物多样性和生态系统的功能，同时考虑与泥炭沼泽生态和水文相连接的环境。泥炭生物多样性的监测要定期提供反馈信息，以改进管理决策水平。

② 水文学与水分调节的行动建议：对泥炭沼泽进行开发时，要尽可能地保持地面平整，以降低泥炭沼泽水文环境恢复的成本。对已经完成和正在进行的管理活动，以及基于水质、水量和流域持续监测的数据，要进行定期重新评估，以确保泥炭沼泽水文管理的绩效。

③ 气候与气候变化过程的行动建议：泥炭沼泽恢复和减少温室气体排放是泥炭加工利用碳补偿的一种手段，碳补偿可以作为以泥炭为原料的加工企业增加其产品碳平衡的一种方式。

2. 泥炭沼泽开发利用的优先行动

① 泥炭开发活动的行动建议：在泥炭沼泽开发利用规划阶段要进行环境和社会影响评估，开发和管理泥炭沼泽责任的要求是：环境委托赔付和社会影响评价，要包括工矿区外的与这个区域大小成比例的人为活动和发展的影响。泥炭沼泽开发前必须进行开发利用方案规划，包括泥炭沼泽开发后的利用规划。泥炭的开发，必须选择已经排水的或者已经退化的丧失湿地功能和效益的泥炭沼泽。选择成本低廉、环保，并能提高经济效益的最佳可行的泥炭沼泽利用方式。与关键的利益相关者进行协商。要认真考虑泥炭开发的短期和长期影响。

② 开发后泥炭沼泽的利用、恢复与重建的行动建议：在规划过程中，要明确合同双方对泥炭沼泽开发后利用规划的实施责任。泥炭沼泽利用终止时，要确保这个泥炭沼泽的景观条件适合复原和开发后利用。要考虑到利益相关者在泥炭沼泽开发后利用的建议，充分考虑泥炭沼泽所有权，以确保泥炭沼泽的可持续利用。

3. 泥炭沼泽责任管理策略推广的优先行动

① 人力与机构能力、信息传播的行动建议：提高参与泥炭沼泽管理的利益相关者的责任意识。引导社会对泥炭沼泽责任管理的关注，树立社会责任意识。倡导媒体宣传泥炭沼泽责任管理的活动和消息，定期开展多种形式的有关泥炭沼泽责任管理的专题宣传。鼓励非政府组织社会团体和个人开展与泥炭沼泽有关的科普和相关活动。各泥炭沼泽企业要成立社会责任相关的部门，树立社会责任观，将泥炭沼泽企业社会责任与企业伦理教育相结合。在参与泥炭沼泽管理的利益相关者（泥炭保护组织和泥炭企业）中，通过互联网等方式，共享泥炭沼泽最佳利用信息和专业知识。

② 社区居民参与的行动建议：利益相关者可以帮助制定决策和参与实施过程。管理人员可以提供利益相关者参与规划的机会，并在该地区土地利用规划现有框架下，努力改善这些管理过程。在规划过程的早期，要使用公开和透明的规划和管理程序，包括信息的传播，并强调泥炭沼泽对当地居民的意义，考虑并尊重他们的建议。考虑泥炭沼泽使用后可能利用的替代方案，为当地居民和环境提供可能达到的最好利益。

（六）微观层次的泥炭沼泽责任管理核查与改进

1. 责任管理策略推进体系

各微观层次的管理者，要定期组织各利益相关方对泥炭沼泽利用和管理方面未来面临的风险和不确定因素做出评估；并设定泥炭沼泽管理业绩目标，包括涉及泥炭沼泽责任的健康、环境、效率、安全、可靠性等各个方面，确保每项管理计划都符合泥炭沼泽责任管理的战略方向。

2. 有效的管理体系

为确保该责任管理的逐步完善，该管理体系制定了“持续创新，不断改进”策略。根据实际情况，对泥炭沼泽责任管理履责的优先领域定进行调整，把泥炭沼泽责任管理逐步纳入到管理中，增强泥炭沼泽管理者履行职责的透明度和公信力。

3. 责任绩效评估体系

通过对微观层次泥炭沼泽责任管理的使命、愿景、价值观、目标和优先行动实现程度进行评估，来评价泥炭沼泽管理者责任管理的绩效。

参 考 文 献

[1] 孟宪民．湿地管理与研究方法．北京：中国林业出版社，2001.

[2] 柴岫．泥炭地学．北京：地质出版社，1990：276-305.

[3] Steve Chapman. A RECIPE for peatland management? Options fot managing used peatlands that enhance biodiversity. Peatlands International，2004，1：28-29.

[4] International Peat Society. Strategy for responsible peat land and management. Peatland International，2010，2：1-29.

[5] Donal Clarke. Completion of the strategy for responsible peatland management. Peatlands International. 2010，1.

[6] Michael Trepel. Decision support for multi-functional peatland use. Peatland international，2010，1.

[7] Paul Short. Peatlands and the Canadian horticultural Industry. Peatlands International，2012，1：14-19.

[8] Paul short. Green rehabilitation opportunities for hazardous，waste sites，Peatlands International，2012，1：20-25.

[9] Kristina Holmgren. Comparision between climate impact reduced energy peat production and energy production using logging residues in Sweden. Peatlands International，2005，2.

第十四章 泥炭产业国际化

泥炭产业国际化是将泥炭作为资源实行跨国经营，服务于国家经济建设和人民生活的经营过程。从战略主体行为来看，泥炭产业国际化的第一层次是各个泥炭企业在全球范围内配置资源，采取资金技术走出去，资源产品引进来方式，满足国内市场对藓类泥炭资源品种和进口量扩大需求，其中鼓励和扩大国外泥炭企业扩大对中国出口。第二层次是在引进国外泥炭资源和技术同时，弯道超车，跨越发展，建立拥有自主知识产权功能基质智慧工厂智能生产线成套设备和配套技术，然后将中国泥炭产品和泥炭技术推入世界主流市场，占有相当的市场份额，培育和形成国际知名泥炭品牌，参与泥炭产业国际竞争。

陆上丝绸之路经济带西端的波罗的海、西北欧是世界藓类泥炭的主要输出国，21 世纪海上丝绸之路经过的热带岛国和印度次大陆是世界木本泥炭和椰糠的主要输出国，“一带一路”不仅是我国泥炭产业主要资源输入国，也是未来我国泥炭产业参与国际竞争的主战场。在我国积极转变经济发展方式，倡导科技创新，关注健康安全的今天，泥炭产业因其知识技术密集，原料绿色安全，资金物流横跨境内外，符合我国创新、绿色、开放、协调、共享的发展理念，成长潜力大，综合效益好，对我国经济社会全局和长远发展具有重大引领带动作用。加强中国泥炭产业能力建设，优化国内外泥炭产业发展环境，充分发挥“一带一路”平台优势，加快我国泥炭产业国际化步伐，不仅可以推动沿线国家泥炭产业要素自由流动、泥炭资源高效配置和泥炭市场深度融合，开展全产业链、高水平、深层次的泥炭产业合作，共同打造创新绿色动力，为沿线国家、特别是我国的现代农业和环境修复服务；还能在引进消化国外技术、装备、认证的基础上，创新发展，弯道超车，取得自主知识产权，在“一带一路”的中亚、东南亚等经济发展落后地区整合资源、技术和投资，实行泥炭产业跨国经营，构建国际先进、地区领先的泥炭产业集团，推进我国泥炭产业向全球产业价值链中高端迈进，不断强化我国泥炭产业对全球和沿线泥炭产业合作进程的主导性影响，与沿线各国共同打造政策协调、产业融合、资源共享的利益、责任和命运共同体。

第一节 泥炭产业国际化的可行性和意义

一、泥炭产业国际化的可行性

泥炭是未完全分解的植物残体堆积物，椰糠是椰壳加工中掉落的生物碎屑，两者都是生物成因有机物料。由于受地理区位和气候条件影响，我国主要发育积累低位草本泥炭，总储量虽高达124亿立方米，但严重缺少高位藓类泥炭、木本泥炭和椰糠资源，需要大量进口以满足国内市场需求。波罗的海三国、西北欧八国、俄罗斯、加拿大等北纬50°以北广大地区则因气候冷湿、积水稳定而大量发育积累高位藓类泥炭。热带海岛地区则因气候高温高湿而广泛发育积累木本泥炭，南亚次大陆地区因气候干热，成为全球椰糠的主产区。全球泥炭地总面积400万平方公里，按每年新生泥炭厚度0.5mm计算，全球每年泥炭新生泥炭达20亿立方米。全球泥炭开采面积不到泥炭地总面积的1%，年平均泥炭开采量为6820万立方米。由于全球泥炭年生成量远大于年开采量，因而1987年联合国大会将泥炭列为可更新资源，可见泥炭开采利用有充足持续、不断补充的后备资源。经过近百年持续发展，泥炭产业已经成为西方发达国家基础性支柱产业，泥炭产业技术先进，设备配套，市场成熟。泥炭、椰糠及其产品已经成为发达国家现代园艺、污染修复、功能肥料、医药健康和热电能源不可缺少优质资源。由于西方人口密度小，需求疲软，西方泥炭产业把亚洲和中国看作潜在的巨大市场，目前已有30多家西方泥炭企业进驻中国，全球泥炭市场已经战略东移。充足的国内泥炭储备和不断扩大的国外泥炭供应为我国泥炭产业快速发展提供了可靠原料保障。

波罗的海三国和其他西北欧国家虽然泥炭开采加工工艺先进，装备配套，自动化程度高，开采迹地修复技术成熟，但是目前基质制备设备仍不能完全达到2mm级别的精确粒径筛选；制备工艺尚未达到粒径组配的功能基质、智慧基质水平；土壤修复尚不能满足我国复杂严峻的退化污染土壤修复需求；泥炭产品流通仍然沿袭渠道推广促销方式。我国泥炭产业完全可以在引进消化吸收西方发达国家装备工艺基础上，进行改进创新，弯道超车，数年时间即可超越国外50年发展过程，达到国际领先水平，实现向国外输出技术、资金、设备和管理的目标，实现建设中国泥炭产业国际化目标。当前国内加快现代农业发展，加强生态文明建设，形成了对泥炭产品的重大需求。加快中国泥炭产业能力建设，加快泥炭产业国际化步伐，推动沿线国家泥炭产业要素自由流动、泥炭资源高效配置和泥炭市场深度融合，开展全产业链、高水平、深层次的泥炭产业合作，协同打造创新绿色动力，为沿线国家、特别是我国的现代农业和环境修复服务，具有极大的资源、技术、人才、资金和政策可行性。

二、泥炭产业国际化的意义

依托“一带一路”平台优势，紧密结合经济全球化深入发展的新形势，统筹泥炭产业国内国际两个大局，充分利用国际国内两种资源两个市场，实现资金技术走出去，资源效益带回来，促进沿线泥炭产业要素有序自由流动、泥炭资源高效配置和泥炭市场深度融合，加强国内泥炭产业能力建设，加快泥炭产业国际化步伐，推进我国泥炭产业向全球产业价值链中高端迈进，不断强化我国泥炭产业对全球和沿线泥炭产业合作进程的主导性影响，与沿线各国共同打造政策协调、产业融合、资源共享的利益、责任和命运共同体，具有如下重要意义：

1. 有利于在全球配置资源，加快生产要素跨境流动，满足国内泥炭产业发展和市场需求

改革开放40年来，我国取得了举世瞩目的伟大成就，但受地理区位、资源禀赋、发展基础等因素影响，我国泥炭资源呈现总量和品种稀缺，泥炭产业方兴未艾；而西北欧、俄罗斯、加拿大、热带国家泥炭资源富集、泥炭产业技术先进。从太平洋到波罗的海，从中亚到印度洋和波斯湾，沿线各国资源禀赋各异，经济互补性较强，彼此合作潜力和空间大。“一带一路”连接亚太经济圈和欧洲经济圈，亚太经济圈市场规模和潜力独一无二，欧洲经济圈泥炭资源丰富，技术先进，但需求疲软。只要沿线各国积极推动贸易和投资便利化，尽快消除贸易壁垒、降低贸易和投资成本，就能有效推进我国泥炭产业发展。“一带一路”倡议是推进泥炭多边跨境贸易、交流合作的重要平台，也是沿线国家合力打造平等互利、合作共赢的“利益共同体”和“命运共同体”的重要途径。通过“一带一路”可以有效促进泥炭产业要素有序自由流动、泥炭资源高效配置和泥炭市场深度融合，推动沿线各国实现泥炭产业经济政策协调，开展更大范围、更高水平、更深层次的泥炭产业合作，共同打造开放、包容、均衡、普惠的泥炭产业合作架构。

2. 有利于消除泥炭资源投资贸易壁垒，降低泥炭投资贸易成本

依托“一带一路”平台，加快泥炭投资贸易便利化进程，消除泥炭投资贸易壁垒，创造中国企业对国外泥炭矿产投资和泥炭资源贸易机会，以拓宽我国投资贸易领域，把泥炭投资和泥炭贸易有机结合起来，以投资带动贸易发展，进而优化我国投资贸易结构，挖掘我国投资贸易新增长点，促进我国与相关国家的贸易平衡。泥炭资源和泥炭产业属于国家鼓励支持的用于现代农业和环境修复的清洁、可再生资源开采和加工贸易投资领域，可与相关国家深入开展泥炭资源深加工技术、装备与工程服务合作，能够形成资源合作上下游一体化产业链。借助“一带一路”平台，可以优化泥炭产业链分工布局，推动上下游产业链和关联产业协同发展，在国内外适当地区建立泥炭研发、生产和营销体系，提升区域泥炭产业配套能力和综合竞争

力。探索泥炭投资合作新模式，鼓励合作建设境外泥炭经贸合作区、跨境泥炭经济合作区等各类泥炭产业园区，促进泥炭产业集群发展。

通过双边多边投资保护协定，避免双重征税协定磋商，保护泥炭投资者和泥炭贸易经营者的合法权益。通过与沿线国家海关加强泥炭贸易信息互换、监管互认、执法互助合作；通过与沿线国家检验检疫部门加强泥炭检验检疫、认证认可、标准计量、统计信息合作，加强泥炭供应链安全与便利化合作，推进跨境监管程序协调，推动泥炭检验检疫证书国际互联网核查，开展“经认证的经营者”（AEO）互认，以降低泥炭非关税壁垒，提高泥炭技术性贸易措施透明度，提高泥炭贸易自由化便利化水平，推动世界贸易组织《贸易便利化协定》生效和实施，简化泥炭通关条件，降低泥炭贸易成本。

3. 有利于开辟欧亚陆桥泥炭通道，加快物流速度，满足中国内陆泥炭市场需要，增加俄罗斯资源开发

泥炭、椰糠属于体轻价廉物品，为降低运输成本泥炭进口均采用海运方式，距离远，速度慢，时间长。但是我国幅员辽阔，海运进口泥炭仍然需要长途陆路运输才能到达内地。近年来海运价格不断上涨，加上港口到内地的陆路运输成本提高和中欧班列回程的价格优惠，海运价格已无太大的价格优势。此外，俄罗斯是世界第一泥炭资源蕴藏大国，泥炭开发政策开放。由于俄罗斯泥炭资源多集中在内陆地区，陆路运输成本高成为阻碍泥炭开发和输出的重要因素。通过“一带一路”的欧亚陆桥通道和双边多边协定，共同打造泥炭新亚欧大陆桥，建立中蒙俄国际泥炭经济合作走廊，共同建设通畅安全高效的泥炭运输大通道，可能将俄罗斯泥炭大量引进中国，尤其是引进到那些海运无法到达的我国内陆干旱地区，促进我国内陆地区现代农业发展和环境修复。以“一带一路”为依托，建设沿途区域泥炭物流中心和泥炭自贸区，可以形成辐射“一带一路”的高标准泥炭自贸区网络，最终形成沿线国家泥炭生产、流通、市场规模效应，由此促进区域内各国的经济繁荣、社会进步、区域安全，以经促政、以政促稳，相互作用，相得益彰。

4. 有利于推进泥炭产业转型升级，增强泥炭产业国际竞争力

“一带一路”平台对泥炭产业来说，是一个转型升级、生产力水平提高的机遇。既要充分利用“一带一路”所创造的有利外部环境来推动泥炭产业转型升级和技术创新，加强泥炭产业能力建设，加快泥炭产业国际化步伐，又要与多边合作伙伴互利共赢，为他们企业和国家经济发展造血。我国泥炭产业起步晚，技术落后，相对西方发达国家泥炭产业仍有一定差距，但可以通过“一带一路”平台推进企业兼并重组、设立研发中心方式走出去，到国外收购泥炭矿权、泥炭企业和泥炭品牌，取得合法泥炭资源矿权和生产能力，彻底改变国内泥炭企业资源不足、技术落后局面，彻底改变合作方资金不足、市场萎缩境况，实现互利共赢。通过设立行业研发中心方式引进、消化、吸收国外泥炭装备和工艺技术，加大改造创新力度，取得自主知识产权，支持和促进泥炭产业弯道超车，跨越发展。政府可以通过招商引资，提供配套基础设施，吸引外国先进泥炭企业到中国建厂生产，产品不仅可以进入中国市场，还能成为出口东南亚市场的生产基地。对中亚、东南亚经济基础和技术薄弱国家，政府可以推动并出资，与沿线相关国家谈判协商建立泥炭产业园区，为中国泥炭企业抱团出去参与国际泥炭产业竞争创造条件，避免个别企业单打独斗地走出去所面临的不利局面。泥炭企业可以走出去，到这些国家建厂生产泥炭产品，帮助沿线各国创造亟须解决的就业、发展问题。加大对中国泥炭企业、中国泥炭品牌和中国泥炭产品的推广，坚决打击各种假冒伪劣产品和侵权行为，树立中国泥炭产品和中国泥炭产业形象。充分利用现代信息技术，打造网络“丝绸之路经济带”和“21 世纪海上丝绸之路”，拓宽泥炭产业经贸途径。

5. 有利于培育绿色创新动力，推动我国农业转型升级和生态文明建设

近年来中共中央、国务院先后下发了《关于印发“十二五”国家战略性新兴产业发展的通知》《关于“十三五”国家科技创新规划的通知》《关于加大改革创新力度，加快农业现代化建设的若干意见》《关于加快转变农业发展方式的意见》等一系列培育新兴产业、推动创新发展的重要文件，党的十八届五中全会又明确提出了创新驱动、生态文明、经济转型、开放合作的发展理念。依托“一带一路”平台优势，培育泥炭新兴产业，再造绿色生命动力，可以针对性贯彻落实党的十八届五中全会精神和国务院关于大力发展战略性新兴产业等一系列战略部署，推进泥炭新技术、新产品、新业态形成，对促进我国农业产业结构调整、转变经济发展方式、提供优质供给、去库存、补短板、增价值、推进我国现代化建设、促进经济社会可持续发展、建成小康社会、实现中国梦，都具有重要现实意义和长远战略意义。

泥炭和椰糠都是重要的可更新生物质资源和新型绿色农业资材。泥炭和椰糠清洁、安全、可生物降解；通气、透水、缓冲容量大；低灰分、高腐植酸、抗污染能力强；品位稳定、结构松软、便于商业化加工；富碳、低硫、有效热值高。泥炭是生产热电的清洁能源，培育新生种苗的襁褓，修复退化土壤的女娲，栽培优质蔬菜的温床，维护人类健康的良药，再造绿色、再造生命的最佳基质，泥炭和椰糠是世界公认的绿色、有机、清洁、健康资源。泥炭新兴产业以技术创新为驱动力，以绿色健康为着眼点，以种苗培育、基质栽培、土壤修复、功能肥料、医药健康、绿色能源为目标市场，经济效益高，资源消耗少，环境污染低，辐射带动力强。加快培育和发展泥炭新兴产业，可以建立工业控制型、环境友好型和生态保育型农业，减轻耕地、水等自然资源压力，缓解经济发展和环境容量矛盾；可以促进农业生产由以数量效益型向质量效益型转变，引导和培育新兴市场，为用户提供优质供给，满足消费者质量需求；可以促进国际国内两个市场联动，加强一、二、三产业融合互动，推动传统产业升级，确保国家粮食安全、农产品质量安全、环境生态安全和农民持续增收，走出一条中国特色农业可持续发展道路，为“四化同步”发展和全面建成小康社会提供坚实保障。泥炭是西方国家电热重要来源和现代农业的物质基础，泥炭开采、加工、应用、保护、设备、标准、检验和协会管理已经形成了完整的产业体系，泥炭产业已经成为欧美国家的支柱产业。我国经济发展迅速，经济实力增强，设施农业面积逐年增加，但也存在化肥农药滥用、土壤退化污染严重、食品安全堪忧、农业生产物质基础薄弱等问题。依托“一带一路”平台，发展泥炭产业，打造绿色创新动力，可以带动泥炭土壤调理剂在设施农业重迎茬退化土壤的广泛应用，有效改善土壤结构，调节土壤酸性，增加土壤有机质和养分，提高土壤微生物活性，固化土壤重金属，修复污染土壤环境，控制农业面源污染治理，在培育农产品产量质量金山银山同时，打造农业环境的“绿水青山”，实现经济新常态下的绿色发展，为人民福祉和民族长远未来，推进可持续发展和美丽中国建设；大力转变经济增长方式，推进供给侧改革，建设美丽中国，坚持可持续发展，发挥重要作用。

第二节　泥炭产业国际化环境

一、宏观政策环境分析

党的十八届五中全会明确提出了创新驱动、生态文明、经济转型、开放合作的战略决策，中共中央、国务院先后下发了《关于印发“十三五”国家战略性新兴产业发展规划的通知》《关于加大改革创新力度，加快农业现代化建设的若干意见》《关于加快转变农业发展方式的意见》《积极推进“互联网＋”行动的指导意见》《关于推进农业废弃物资源化利用试点的方案》等一系列文件，对转变农业生产方式、改进现代农业技术、开发新型农业资材、推进“互联网＋”现代农业、推进农林废弃物资源循环利用、加快退化污染土壤修复提出了明确目标和要求。党的十八大提出到2020年人均GDP翻两番和全面建设小康社会的目标，我国进入工业化、信息化、城镇化、市场化、国际化深入发展新阶段，使我国面临前所未有发展机遇，也将长期面对能源、资源、环境、技术和外部需求等方面因素的制约，新矛盾新课题不断出现。经济全球化不断推进，新一轮生产要素重组和国际产业转移出现新趋势，全球范围内企业跨国经营再掀新的高潮，我国企业从以商品流动为主向商品和要素全面双向流动的国际化全方位开放已经开始。拓展对外开放广度和深度，提高开放型经济水平，创新对外投资和合作方式，已经成为我国泥炭企业国际化经营战略的方向，必将对我国泥炭产业跨国经营发展产生重要推动作用。资源性投资是我国近期海外投资的主要战略目标，其中获取制约我国经济发展的生产性资源是现阶段海外投资必须考虑的投资重点。泥炭是一种宝贵的绿色有机矿产资源，在现代农业、环境修复、功能肥料、海绵城市、医疗保健等领域有广泛用途。利用我国泥炭企业和雄厚资金基础和丰富人才优势，联合大专院校、科研院所技术力量，采取国内外先进成熟工艺技术和生产设备，投资建设国外泥炭综合生产基地，开展泥炭产品研发、生产、销售国际化经营，培育我国泥炭跨国公司和国际知名品牌，推动泥炭产业的生产要素跨境流动，优化资源配置，实现“资金、技术走出去”和“资源、产品引进来”目标，提升我国泥炭产业国际化经营水平，开辟参与经济全球化的新途径，开创新型泥炭产业国际化发展的新局面，符合国家宏观经济政策和海外投资战略目标，有利于推动我国循环经济、绿色食品生产，是落实科学发展观有效途径，属于现阶段海外投资的重点领域。

泥炭产业国际化经营是在与本国不同的国际环境下，为实现我国对外开发、对内搞活的战略决策，对国内外的生产要素进行合理配置，在泥炭综合开发领域进行有计划经营、有组织控制的活动。经营环境不同、经营部门独立在海外工作的现实情况，决定了泥炭产业国际化必须重视东道国的政治、经济环境。我国与波罗的海三国、德国、荷兰、芬兰、瑞典、加拿大、俄罗斯等国分别签订了战略合作伙伴关系协定，由中方提供资金技术，外方提供资源土地，联合开发所在国泥炭资源，大部分产品返销到我国，部分高技术产品直接进入国际市场。这些国家政府重视对外招商引资，制定了许多优惠政策，其中包括土地、资源、电力等方面的优惠政策。采取资金、技术和管理投入方式，通过当地政府优惠低廉价格获得资源开采证，可以大幅度降低项目投资成本，减少资金投入。上述国家泥炭资源丰富，泥炭产业规模巨大，泥炭开发属于鼓励开发资源领域，只要办理矿产开采手续同时，完成相应的环境评价和开采规划设计，履行相关手续，政府就会给以支持和帮助，泥炭资源开发的政策环境优于国内。

二、行业环境分析

泥炭是沼泽中死亡植物残体积累转化形成的有机矿产资源。泥炭有机质、腐植酸含量高，纤维含量丰富，疏松多孔，通气性好，比表面积大，吸附螯合力强，有较强的离子交换能力和盐分平衡控制能力，在现代农业、石油、建材、化工、电力、环保等领域有广泛应用。泥炭中腐植酸的自由基属于半醌结构，既能氧化为醌，又能还原为酚，具有较高的生物活性、生理刺激作用和较强的抗旱、抗病、抗低温、抗盐渍作用，可以有效防止化肥流失、农药污染，具有提高产量、改善品质、修复受损环境、促进现代农业发展的显著作用。因此，泥炭在农业、园艺、工业、环保、医疗等领域具有广阔的市场前景和巨大的经济价值。国际上泥炭在农业中应用十分广泛，园艺泥炭已经成为一个庞大的产业。欧洲每年泥炭开发 6400 万立方米，其中用于园艺的泥炭就达 2500 万立方米。近 30 年来我国经济发展迅速，特别是加入 WTO 后，我国把倡导循环经济、发展现代农业、建设创新型国家列为基本国策，泥炭因其绿色环保、效果独特的显著特色得到了市场和企业广泛关注。面对加入世界贸易组织后的国际市场竞争，我国加快了农业产业结构调整和科技进步，促进了现代农业已朝着高产、优质、高效、无污染的方向迈进，形成了对泥炭产品的现实市场需求，农业企业和农民的经济实力和科技意识已经愿意接受或有能力接受环保绿色、科技含量高的泥炭高新技术产品，泥炭企业逐渐增加，泥炭开发和应用数量逐年增多，泥炭需求日益旺盛，国内泥炭企业和泥炭产品数量快速增长，国外著名泥炭企业也陆续进入中国，一个新兴的泥炭产业正在形成和发展，泥炭产业对国民经济的重要作用正在日益显现。据不完全统计，国内泥炭企业约100家，进口泥炭企业20余家，全国每年自产泥炭和进口泥炭约200万立方米，椰糠200万立方米，并且每年以15%的速度递增。泥炭在种苗培育、无土栽培、海绵城市建设、功能肥料、健康医疗等领域泥炭潜在需求可达2.5亿立方米，年行业产值1000亿元。

三、竞争环境分析

我国泥炭总储量124亿立方米，总量居世界前列。但我国泥炭类型以低位草本泥炭为主，灰分含量高，分解度大，工业加工价值低。受原料质量、储量和技术限制，我国泥炭企业大多以泥炭原料生产销售为主，企业规模小，经营利润低，品牌影响力弱。随着改革开放和社会进步，现代农业和环境建设发展迅速，泥炭需求由淡转旺。特别是高档花卉栽培面积的迅速扩大，导致对高位藓类泥炭产生巨大需求，国外泥炭品牌和泥炭产品开始大举进入中国市场，市场竞争更加激烈。

如果用红海代表所有现有泥炭企业已知的市场空间，为掌握现有需求和客户，控制更大的市场占有率，泥炭企业必须无时不刻地寻求超越对手的办法，才能生存发展，导致泥炭企业乱挖滥采，以次充好，既浪费了宝贵资源，也扰乱了行业经营秩序。近年来，由于进入泥炭产业的企业越来越多，运输成本不断上升，市场空间愈来愈拥挤，营利和成长展望愈来愈狭窄，行业供过于求，即使争夺到了市场份额也不足以让企业维持高效能、高利润，割喉战把泥炭市场染成一片血腥。

泥炭企业要启动和保持获利性增长，就必须超越产业竞争，开创全新市场，这其中既包括突破性增长业务（如传统的以生物质发酵为主要原料的生物基质基础上，出现以泥炭或进口泥炭为主要原料的高端基质），也包括战略性新业务开发（创造新市场、新细分行业甚至全新行业）。有的泥炭公司跳出传统泥炭企业经营模式，超越传统产业竞争，引领和带动了功能基质新兴产业形成和发展，开创了全新的蓝海市场，企业迅速做大做强，给我们提供了推进蓝海战略经营的深刻启示。泥炭企业如果沉陷在红海，就等于接受了泥炭商战的限制，必须在有限的泥炭原料市场竞争中求胜，却忽视了在更广阔的领域内开创新市场的可能。因此，我国泥炭产业国际化战略必须将视线超越竞争对手，研究买方需求，将不同市场的买方价值元素筛选并重新排序，让企业将创新与效用、价格与成本整合一体，为用户创造价值，创造新的需求。同时，必须挑战传统价值和成本的权衡取舍关系，不是比照现有产业最佳实践去赶超对手，而是通过改变产业未来重新设定游戏规则；不是瞄准现有市场“高端”或“低端”顾客，而是面向潜在需求的买方大众；不是一味细分市场满足顾客偏好，而是合并细分市场整合需求，从而使我国泥炭产业跨越现有竞争边界，掌握新的营利和成长机会，创造高营利成长机会。

第三节　泥炭产业国际化发展能力分析

一、企业投资能力评估

目前我国从事泥炭进口贸易的企业有三大类别：第一类是国外泥炭企业或品牌的代理代表处和代理商，拥有自己的品牌、资源和资金，这类企业属于市场领军者，泥炭进口的数量规模会随着市场需求扩大陆续加码，不用担心投资能力问题。第二类是国内泥炭生产商，应多数企业以原料生产为主，自由资金有限，投资海外获取资源的可能性不大。第三类是泥炭行业之外的新进投资者，这些投资者包括私企和国企两种，他们都是看到泥炭是个新兴产业，绿色健康，科技专业，市场广阔，竞争力低，确认泥炭产业是一个极有价值的投资领域。这两种投资者都是自己原来业务领域的佼佼者，企业资金充裕，人力资源雄厚，企业规模大，管理规范，股权管理和资本运营手段强劲，具备大规模投资海外泥炭产业化项目的资金实力和项目管理能力。

二、人力资源评估

经济全球化的重要特点是竞争的全球化，竞争全球化的实质是人才竞争的全球化，人才竞争全球化的核心是优秀管理人才和高层次科技人才的竞争。面对经济全球化，泥炭企业必须打入国际市场，参与国际竞争，实施全球化战略和“走出去”战略，而实施这一战略能否成功取决于是否具有开拓国际市场、通晓国际惯例、懂得国际规则的国际化优秀企业家人才。一些新近泥炭行业的私企国企重视人才培养和选拔，积聚了大批拥有独特创新思维、创新观念和敢于承担风险、拥有其高超领导艺术和创新的潜能、确保创新目标的企业管理队伍，为优秀企业家成长创造了良好软硬环境，提供了施展才华的广阔空间。泥炭产业国际化开发除了项目管理、经营管理、资本运营、国际贸易、市场运营等方面的高级人才外，项目实施的工程技术、质量控制、生产工艺、新产品开发创制等方面的将才、帅才可以通过公开招聘、委托培养、合作共建等方式陆续进入公司队伍。在当前市场经济发育和人才自由流动的条件下，迅速提高泥炭产业国际化人才储备是现实可行的。

三、原料资源分析

全球泥炭地中面积 400 万平方千米，泥炭总储量 5000 亿吨，其中 80%属于藓类泥炭，集中分布于北温带的西北欧、加拿大和俄罗斯等地。在南亚还有 2000km^2 的木本泥炭资源，总储量 2322 万吨。俄罗斯泥炭总储量 1800 亿吨，属于鼓励开发资源领域，一些泥炭资源甚至作为发电厂的燃料，泥炭资源消耗数量庞大。俄罗斯泥炭集中分布在俄罗斯西欧平原、西西伯利亚和远东地区。其中库页岛州泥炭蕴藏丰富，开发潜力巨大。由于泥炭开发加工成本受制于自然、社会、经济等多种条件，因此，在原料地选择方面，一定要选择储量巨大、矿层深厚、泥炭质量高、交通方便、排水去路畅通的泥炭矿作为目标矿产地，与地方政府谈判，要求以低廉的土地资源价格出让，以最大限度降低项目投资和经营成本。理想的泥炭矿总面积应该达到100hm^2，储量200万吨（约1000万立方米）以上，按年开采加工10万吨计算，可以连续开采20年，符合最佳经营年限要求。泥炭矿层平均深度要达到3m以上，泥炭产状水平，质量变化规律。泥炭地要紧邻大型河流，便于排水渠道设计和畅通排水去路，以利于以后的机械化开采，提高劳动生产率，降低产品成本。泥炭必须以高位藓类泥炭为主，以满足我国对稀缺高位藓类泥炭的需求。从库页岛州的聚碳环境和聚碳过程分析，符合上述开发条件的泥炭地是容易选择的。

四、创新能力和技术资源分析

自主创新是科技发展的灵魂，也是泥炭产业国际化实现更快更好发展的动力源泉。在当前日新月异的科学技术变革和日益强化的资源环境约束面前，企业自主创新能力和技术资源基础是企业能否壮大发展的关键因素。一些刚刚进入泥炭行业的企业，缺乏进行泥炭技术创新的基础，但并不意味着建立强大的技术创新能力需要走很长的道路。其一，从国内外泥炭产业技术市场看，一些国内外技术储备急于获得新市场，这为公司进行必要的技术引进和主动选择创造了条件，使自主创新有可能站在较高的起点上，并支付较低的成本，发挥后发优势。其二，国内泥炭科技人才和技术储备已有相当基础，一些科研机构和人才在国内外有很高声誉，试验设施和仪器装备条件精良，为企业建立产学研合作机构、培养创新能力奠定了基础。其三，泥炭产品的巨大内需市场和国际高附加值产品市场为这些泥炭人才和科研设施提供了技术创新的广阔空间。其四，一些公司资金实力雄厚，科研创新投入能力增强，有利于快出成果，快出人才。其五，市场经济发展，激励创新的体制和机制逐步建立，有利于吸引极力人才，提高自主创新能力。我国泥炭企业应该确立企业在自主创新中的主体地位，加快产学研相结合的技术创新体系建设，大力开发具有自主知识产权的关键技术和核心技术，努力提高原始创新、集成创新和引进消化吸收再创新的能力，努力实现泥炭新技术新产品的产业化。

东北师范大学泥炭沼泽研究所是我国唯一以泥炭资源基础理论和开发利用为对象的综合性研究机构，具有深厚的学科积累和雄厚的人才优势，教育部湿生态与资源环境研究中心、国家环境保护湿地生态与植被恢复重点实验室和吉林省湿地生态与资源工程中心均挂靠在该研究所。该所研究手段先进，仪器设备精良。全国泥炭标准化技术委员会挂靠在东北师范大学泥炭研究所，成为我国泥炭行业标准制定、评审和检测的权威机构，对规范我国泥炭行业经营秩序，带动泥炭行业健康发展将发挥巨大作用。研究所成立近60年来，在泥炭资源领域开展了大量科学研究工作，全面掌握了我国泥炭资源性质、质量、分布规律和开发利用条件，并在此基础上，开展了“泥炭饲料添加剂”“泥炭钻井泥浆助剂”“泥炭生物菌肥”“泥炭水煤浆稳定添加剂”“一体化育苗营养基”等系列泥炭产品研制开发，取得了自主知识产权，多数产品已经进入产业化生产，实现了从概念创新到产业创新的跨越，引领和带动我国泥炭新兴产业的发展，取得了显著的经济、社会和环境效益，泥炭所科研人员也在实践中历练和增长了产业化、工程化经验和才干。通过几代人的不懈努力，东北师范大学泥炭沼泽泥炭研究所建立了我国泥炭科学基本理论体系和研究方法，先后出版了《泥炭地学》《泥炭资源的开发利用》等16部专著，在各类学术刊物上发表论文300余篇，荣获全国科学大会奖，国家教委科技进步二、三等奖和省科委科技进步一、二等奖，为我国的泥炭科学发展和资源开发做出了突出贡献。泥炭所国际合作交流广泛，与世界上6个国家的著名泥炭研究机构建立了合作关系，掌握泥炭行业国际发展动态。先后有6人担任国际、国内泥炭专业协会理事、常务理事、秘书长和专业委员会主任等，在国内泥炭学界享有崇高声望。

五、经营成本分析

在海外进行资金和技术投资，进行泥炭开发和产品生产，实现国内外市场开发和销售，是一个产品和企业完整经营过程。从企业经营角度出发，企业的利润是由产品的销售收入减去产品的生产成本和销售成本。生产成本包括直接生产成本、间接生产成本、摊销折旧和财务税收，销售成本包括销售税金、市场开发、渠道管理、运输仓储、促销费用等。判断项目盈利与否、偿债能力和经营风险大小，需要进行系统的项目损益分析、现金流量分析、资产负债分析和风险分析。根据我国泥炭产业国际化战略目标和产品战略，第一期项目主要经营专业基质、土壤调理剂和功能肥料。与直接进口国外品牌泥炭原料相比，在国外泥炭地直接投资进行泥炭深加工，由公司自行管理、机械化开采加工，从劳动力成本、生产管理、运输距离、包装方式等方面将降低成本20％～60％，拥有比国外同档次泥炭产品更大的利润空间。如果产品在进口关税方面享受优惠政策，企业的经营利润会一步增加。与采用国内泥炭资源生产泥炭颗粒相比，在国外建厂生产泥炭颗粒会增加产品的运输成本和进口关税。但在国外建厂生产泥炭颗粒可以发挥规模优势，在大规模工业化生产条件下的产品成本大幅度下降会抵消产品从国外到国内的运输成本和关税成本。总的来看，在国外建厂生产泥炭颗粒与国内生产具有相似的经营空间。而在泥炭产业国际化二期战略目标中，公司看将进一步开发高技术附加值的泥炭产品，直接面向国际市场需求，企业经营空间会进一步扩大，经营利润会迅速提高。

根据市场调查结果，上海港进口泥炭原料清关后的价格对大型批发商的价格为240/m^3，对小型批发商的价格为250元/m^3。调价石灰调整酸碱度的泥炭原料价格为300元/m^3，相当于每立方米泥炭原料的调酸成本为50元。泥炭原料的市场批发价格为400元/m^3，零售价格在500元/m^3。进口基质价格为483～533元/m^3（300L压缩包145～160元，250L压缩包110～125元），市场零售价格在550～650元/m^3。杭州锦海农业科技有限公司采用进口泥炭生产基质，其产品批发价格 480 元/m^3，市场销售价格 500～550 元/m^3。由于专业基质大多是集团客户，售后服务成本包含在产品批发价格中，所以面向集团客户的产品批发价格与零售价格比较接近。

泥炭进口运输通常采用 40ft（1ft＝0.3048m）集装箱，但冬夏泥炭干燥程度不同，泥炭体积和重量都有一定差异。夏季泥炭水分可以降低到 40%～43%，夏季每个集装箱可装 450 包。冬季水分可能达到 47%，冬季每个集装箱可装 420 包。这种因为不同季节太阳辐射差异造成的含水率在 40%～50%是可以接受的。40ft 集装箱配货毛重为 22t，体积为 65m^3。因为泥炭压缩比为 1∶2，所以 40ft 集装箱可以装货 130～135m^3。但在夏季含水率低到 40%～43%时候，以往的 38t 泥炭体积可以降到 120m^3，可见，泥炭含水量越低，运输量越大，相对运费越低。按 38t 120m^3 集装箱计算，夏季每个集装箱可以装 450 包，冬季可以装 420 包。

国产基质产品包装容积有 50L、60L 不等，每袋重量 20kg，含水量 45%。夏季每袋 16～18kg，每袋容积≥65L。低于这个指标，可能被投诉，也可能造成利润流失。可见基质产品的水分、容积、重量的精确控制非常重要，实现标准化生产是当务之急。

目前进口泥炭和基质大多采用欧洲配方，他们的宣传和理念也是欧洲标准最佳。但实际上中国的自然环境、使用方式、操作技术与欧洲有许多差异，欧洲基质如果不根据中国国情进行适当调整，就会失去中国市场。某些公司采用贴牌生产基质，从国外直接进口销售，水土不服，客户投诉和损失严重，现在市场已经不买单了。此外，进口泥炭 0～10mm 粒度、0～20mm 粒度和 10～30mm 粒度看似是粒度分选，实际上其内的粒度仍然不是确切的指标，并不能达到分选和粒径组配的目的。采用上述粒度配出的栽培基质结构，都对植物生长有很大影响，适合欧洲的基质结构在中国可能不一定适合，需要根据中国国情进行改造开发。目前只有少量公司坚持进行粒径配比研究并添加了启动肥料，而多数泥炭和基质公司相差很远。所以只有根据中国国情，研究开发适合中国栽培环境、栽培技术的专业定制基质产品，并形成稳定的产品质量，才能形成自己独立的产品品牌。此外，进口泥炭原料的企业和财务要求清晰完整的财务记录，保证企业信用，以便实现进口账期 120d 零担保。

第四节　泥炭产业国际化发展战略选择

泥炭产业的国际化经营是我国泥炭企业在全球经济一体化浪潮中的必然选择，泥炭企业如何进入国际市场，如何在国际经济环境中求得生存，已经成为我国泥炭企业面临的首要工作。因此，研究国际化经营内容，分析国际化经营面临的负责环境，制定正确的国际化经营机制和竞争战略是必要的。

根据我国泥炭企业公司企业内部资源分析和国际国内泥炭市场的现实条件，推进企业国际化的战略是：以推动生产要素跨境流动，优化资源配置为目标，实现“走出去”与“引进来”的协调发展，显著提升企业国际化水平，创造企业进一步参与经济全球化的新途径，开创开放型泥炭产业国际化发展的新局面。适应跨国经营趋势，以科学发展观为指导，以提高开放型经济水平为目标，借助政府提供的高效公共与中介服务为辅助，全面提升生产要素跨境流动水平，加强与国外泥炭资源合作开发；渐进推动从生产制造向研发和市场营销环节延伸，注重互利共赢，树立企业社会责任意识，搭建新形势下我国泥炭产业进一步参与经济全球化的新平台，形成经济全球化条件下参与国际泥炭产业合作和竞争新优势，为实现经济又好又快发展和推动建设和谐世界做出更大贡献。

一、泥炭产业国际化导入战略

企业进入国际市场的方式主要有三种模式：一是贸易式进入，二是契约式进入，三是投资式进入。即通过对外直接投资，采取投资新建、跨国并购（独资）和合资经营（股权投资）以及策略联盟等形式转移各种经营资源。实际上，泥炭企业进入国际市场的战略在选择方式上并不是单一的，也可能会同时采用几种方式进入，这取决于企业对客观情况和自身条件的判断。鉴于在西方国家办理全新泥炭矿开采证所需手续烦琐，泥炭矿从开始建设、排水到开始投产销售产品大多需要经历2～5年建设准备期，时间漫长，根据泥炭资源这种开发特点和东道国的社会经济条件，我国泥炭产业国际化导入战略应该分成两步走：第一步，通过资金、渠道和市场投入方式，获取对方的泥炭资源所有权和经营权。技术投入可以与设备、市场投入相互配合，或者采取许可证贸易方式和补偿贸易方式，以获取泥炭资源和产品作为投资回报方式。生产设施可以采取投资新建和合资经营的方式，沿袭原有品牌和管理模式，进行泥炭资源开发和产品制备，开发国内市场，实现将国外稀缺资源引进国内的战略目标。第二步，通过新产品开发国际市场，将泥炭产品生产和销售转移到中亚、东南亚市场，实现泥炭产业的国际化经营。

二、泥炭产业国际化产品战略

根据国内泥炭市场处于低端竞争的红海现状，我国泥炭企业必须跳出传统泥炭企业经营模式，超越产业竞争，开创全新市场，实施蓝海战略，推动价值创新。根据我国泥炭企业泥炭产业国际化项目的战略目标和市场战略，获取国内经济建设急需的高品位泥炭资源及其制品是企业重要市场目标。因此，泥炭企业泥炭国际化项目的产品战略是既要在原有泥炭市场基础上开发突破性增长业务的产品，也要开发战略性新业务产品，创造新市场、新细分行业甚至全新行业，实行多样化组合产品战略。对前者来说，可以生产、销售用于高档花卉栽培的压缩藓类泥炭，填补国内企业藓类泥炭品种的空白。通过明确的产品定位和品牌建设，将产品定位与竞争品牌区别开来，突出产品的原料纯正稳定、生产管理精良、技术服务专业的品牌形象，迅速打开国内高档泥炭原料市场。对于后者来说，可以发展大规模泥炭颗粒的生产经营，满足国内绿色食品生产资料对腐植酸颗粒的需求。国内商品有机肥生产尚少有规模化、标准化产品，泥炭颗粒可以直接按比例混配氮磷钾颗粒作为BB肥使用，方法简便，直观高效。该产品市场潜力巨大，空间广阔，绿色环保，技术成熟，设备完善，易于形成大规模工业化生产条件，有利于迅速收回投资，提高企业经济效益。在矿产资源综合利用方面，高档花卉栽培基质可以利用泥炭地上层优质藓类泥炭，泥炭颗粒可以利用泥炭地下层的中位或低位泥炭，这就实现了自然资源的综合利用，提高矿产回收率。

在产品战略中可以采取差异化产品战略，以使企业产品、服务、企业形象等与竞争对手有明显的区别，以获得竞争优势，创造被全行业和顾客都视为是独特的产品和服务，培养用户对厂牌的忠诚。在差异化战略中，要在产品质量差异化、产品可靠性差异化、产品创新差异化、产品特性差异化、产品名称差异化、服务差异化和形象差异化方面不断强化，打造泥炭企业的独特品牌形象。在强调产品的差异化战略同时，也要在重点产品领域重点瞄准某个特定的用户群体，某种细分的产品线或某个细分市场，重点投入资源，创造巨大有效的市场力量，使企业专心地为较窄的战略目标提供更好的服务，充分发挥自己的优势，取得比竞争对手更高的效率和效益。产品战略也是阶段性战略，不同发展阶段可以主推不同产品。当前可以进入规模化生产的泥炭产品是泥炭硝基腐植酸、高档蔬菜花卉栽培基质和棒状泥炭燃料。中期可以进入工业化中间试验和市场前期开发的泥炭产品是水煤浆调整剂、泥炭饲料等。未来可以进入生产的泥炭产品是石油钻井助剂、泥炭活性炭等。

三、泥炭产业国际化技术创新战略

在泥炭产业国际化发展中，技术创新与客户价值是企业制定技术战略时需要考虑的两个重要方面。泥炭企业技术创新活动必须针对关键客户价值要素展开；必须结合自己的资源和技术能力，选择能够有效提升关键客户价值的技术创新活动；技术创新带来的价值提升必须得到客户感知。由于泥炭产品的优质、环保和价格是泥炭行业的三个关键客户价值要素，针对客户价值创新开展的技术创新才能带来客户价值的有效提升，进而提高企业的绩效。对现有产品可以通过新技术、新材料、新结构显著改变而改善性能，使传统泥炭产品获得新生，并与竞争品牌区别开来，提高企业的竞争优势和竞争潜力。应该投入大量精力、财力，运用新技术、新工艺、新材料、生产制造新产品，通过新产品的创新提高市场占有率。保证企业生产一代，研发一代，储备一代。

四、泥炭产业国际化人才战略

国际化企业是知识和技术密集的高技术企业，其生存与发展的内在动力在于创新能力，而创新能力取决于创新人才。具有创新意识、创新思维、创新能力的创新人才是泥炭产业国际化持续创新的基础、提升创新能力的关键、可持续发展的根本保证。泥炭产业国际化企业的优秀企业家、高层次科技人才是最重要的人力资本。加大科技人才资源开发的力度，努力营造聚才、育才、用才的良好环境，形成人才培养、引进、使用的良性运行机制，造就一支数量充足、素质优良、结构合理的高层次科技人才队伍，是获得科技竞争优势、增强科技创新实力的保障。可以通过招标招聘、委托培养、合作共建、校企联合实验室等方式培养积聚高层次科技人才，重点引进具有创新、创业精神，具有科技开发能力，特别是持有自主知识产权专利技术的高层次科技人才。加大公司对科技创新资金投入，搭建高层次科技人才充分发挥潜能、施展才华的舞台，保证科技资源配置突出重点，使科技资源向高层科技人才集中、倾斜，创建一流的科研机构，创造一流的科研环境，在事业发展中聚集高层次科技人才。按照市场规律配置高层次科技人才资源，强化创新人才的激励与约束机制，实行物质激励、精神激励、环境激励、权力激励、能力激励等相互交融的激励机制，采取高薪、年薪制、产权激励、股权激励和知识、技术、管理等多种生产要素参与分配等多种激励形式建立有利于创新人才脱颖而出的制度，通过建立和强化系统的、科学的、有效的激励与约束机制，充分体现尊重知识、尊重创造，尊重人才价值，充分调动优秀企业家和高层科技人才的培养使创新人才脱颖而出。

五、泥炭产业国际化标准战略

标准按其适用范围可分为国际标准、国家标准、专业标准和企业标准。标准化是现代技术经济科学体系的一个重要组成部分，也是泥炭国际化战略的基石。实行产品标准化策略可使企业实行规模经济，大幅度降低产品研究、开发、生产、销售等各个环节的成本而提高利润。在全球范围内销售标准化产品有利于树立产品在世界上的统一形象，强化企业的声誉，有助于消费者对企业产品的识别，从而使企业产品在全球享有较高的知名度。产品标准化还可使企业对全球营销进行有效的控制。跨越国界的产品标准化可降低成本。提升企业产品的国际声誉和国际竞争力。有利于企业之间形成国际战略同盟，有利于打破国际技术贸易壁垒。

采用国际标准指的是结合我国的实际情况，将国际上先进的标准进行分析研究，将适合我国的部分纳入到我国的国家标准中加以执行，以达到提高我国管理水平，为国民经济发展服务。采用国外先进标准是指把国际标准和国外先进标准的内容，通过分析研究，不同程度地纳入我国的各级标准中，并贯彻实施以取得最佳效果的活动。实行标准化能简化泥炭产品品种，加快泥炭产品设计和生产准备过程，保证和提高泥炭产品和泥炭工程质量；扩大泥炭组分件、型号的互换性，降低泥炭产品和泥炭工程成本；促进泥炭科研成果和新技术、新工艺的推广；实行标准化能合理利用能源和资源，更便于国际技术交流等。

在国内泥炭企业产业的国际化过程中，将同时面临国内企业和国外企业的双重竞争压力。既要与国内国外企业进行经营成本竞争，也要与国内国外企业进行产品竞争。国际化企业的竞争战略既要加强产品标准化的竞争优势，也要加强产品差异化竞争优势。在产品标准化领域，要充分利用自己国际化公司经营的优势，对泥炭产品的类型、性能、规格、质量、所用原材料、工艺装备和检验方法等规定统一标准，并使之持续贯彻实施。标准化的产品，如针对不同植物的育苗基质、不同植物的栽培基质、不同粒径的基质原料等，可以分别给予一定的符号或代号，加以统一规定，制成各种标准。标准化后，就可以根据不同的需要、用途，按照规定的标准组织生产和使用。产品的标准化指不管销往哪个国外市场，产品都基本不作修改。

产品差异化是指国际化泥炭企业以某种方式改变那些基本相同的产品，以使消费者相信这些产品存在差异而产生不同的偏好。按照产业组织理论，产品差异是市场结构的一个主要要素，企业控制市场的程度取决于它们使自己的产品差异化的成功程度。泥炭市场具有鲜明的完全竞争市场特征，产品同质化严重，拥有差异化产品的企业就拥有绝对的垄断权，这种垄断权构筑了其他企业进入该市场或行业的壁垒，形成竞争优势。同时，泥炭企业在形成泥炭产品实体要素上或在提供泥炭产品过程中，造成足以区别于其他同类产品以吸引购买者的特殊性，从而导致消费者的偏好和忠诚。这样，产品差异化不仅迫使外部进入者耗费巨资去征服现有客户的忠实性而由此造成某种障碍，而且又在同一市场上使本企业与其他企业区别开来，以产品差异为基础争夺市场竞争的有利地位。因此，产品差异化对于企业的营销活动具有重要意义。

参考文献

[1] Lappalainen E. Global Peat Resources. Jyska：International Peat Society and Geological Survey of Finland. 1996：358，appendices.

[2] 商务部，国家发展改革委，等．关于促进战略性新兴产业国际化发展的指导意见．商产发〔2011〕310号．

[3] 张蕴岭，袁正清．“一带一路”与中国发展战略．北京：社会科学文献出版社，2017.

[4] 金占明，段鸿．企业国际化战略．北京：高等教育出版社，2011.

[5] 逯宇铎，刘辉群．企业全球化经营与管理．大连：大连理工大学出版社，2007.